U0283197

住房和城乡建设部“十四五”规划教材
高等学校土木工程专业创新型人才培养系列教材

土木工程结构检测鉴定与加固改造

（第二版）

吕恒林　主　编
李延和　李海涛　周淑春　张　勤　孙　建　副主编
曹平周　主　审

中国建筑工业出版社

图书在版编目（CIP）数据

土木工程结构检测鉴定与加固改造/吕恒林主编；
李延和等副主编. --2版. --北京：中国建筑工业出
版社，2024.7. --(住房和城乡建设部“十四五”规划
教材)(高等学校土木工程专业创新型人才培养系列教材).
ISBN 978-7-112-30015-0

Ⅰ. TU317

中国国家版本馆 CIP 数据核字第 2024BD8690 号

本书依据国家和行业现有规范，介绍了各类土木工程结构检测、鉴定与加固改造的基本理论和技术，本书主要内容包括：土木工程结构检测、鉴定与加固改造的基本理论、方法与技术，多层砌体结构和底部框架砌体结构、多层和高层钢筋混凝土结构、多层和高层钢结构、单层门式刚架工业厂房及构筑物、钢筋混凝土桥梁结构、煤矿地面钢筋混凝土特种结构、水工混凝土结构、竹木结构、公路隧道混凝土结构等不同形式和功能结构的损伤劣化机理及危害、检测和加固方法、最新研究成果及工程应用案例，工程结构改造技术及工程应用案例。

本书可作为高等学校土木工程专业高年级本科生、研究生的教材及教师的教学参考书，也可供工程检测鉴定、加固改造设计、施工、监理及建设主管部门的相关技术人员参考使用。

为了更好地支持教学，我社向采用本书作为教材的教师提供课件，有需要者可与出版社联系，索取方式如下：邮箱 jckj@cabp.com.cn，电话（010）58337285。

责任编辑：仕　帅　吉万旺　王　跃
责任校对：张　颖

住房和城乡建设部“十四五”规划教材　高等学校土木工程专业创新型人才培养系列教材
土木工程结构检测鉴定与加固改造（第二版）
吕恒林　主　编
李延和　李海涛　周淑春　张　勤　孙　建　副主编
曹平周　主　审

*

中国建筑工业出版社出版、发行（北京海淀三里河路9号）
各地新华书店、建筑书店经销
北京龙达新润科技有限公司制版
天津安泰印刷有限公司印刷

*

开本：787毫米×1092毫米　1/16　印张：29½　字数：735千字
2024年8月第二版　2024年8月第一次印刷
定价：**78.00**元（赠教师课件）
ISBN 978-7-112-30015-0
（42202）

出 版 说 明

党和国家高度重视教材建设。2016年，中办国办印发了《关于加强和改进新形势下大中小学教材建设的意见》，提出要健全国家教材制度。2019年12月，教育部牵头制定了《普通高等学校教材管理办法》和《职业院校教材管理办法》，旨在全面加强党的领导，切实提高教材建设的科学化水平，打造精品教材。住房和城乡建设部历来重视土建类学科专业教材建设，从“九五”开始组织部级规划教材立项工作，经过近30年的不断建设，规划教材提升了住房和城乡建设行业教材质量和认可度，出版了一系列精品教材，有效促进了行业部门引导专业教育，推动了行业高质量发展。

为进一步加强高等教育、职业教育住房和城乡建设领域学科专业教材建设工作，提高住房和城乡建设行业人才培养质量，2020年12月，住房和城乡建设部办公厅印发《关于申报高等教育职业教育住房和城乡建设领域学科专业“十四五”规划教材的通知》（建办人函〔2020〕656号），开展了住房和城乡建设部“十四五”规划教材选题的申报工作。经过专家评审和部人事司审核，512项选题列入住房和城乡建设领域学科专业“十四五”规划教材（简称规划教材）。2021年9月，住房和城乡建设部印发了《高等教育职业教育住房和城乡建设领域学科专业“十四五”规划教材选题的通知》（建人函〔2021〕36号）。为做好“十四五”规划教材的编写、审核、出版等工作，《通知》要求：（1）规划教材的编著者应依据《住房和城乡建设领域学科专业“十四五”规划教材申请书》（简称《申请书》）中的立项目标、申报依据、工作安排及进度，按时编写出高质量的教材；（2）规划教材编著者所在单位应履行《申请书》中的学校保证计划实施的主要条件，支持编著者按计划完成书稿编写工作；（3）高等学校土建类专业课程教材与教学资源专家委员会、全国住房和城乡建设职业教育教学指导委员会、住房和城乡建设部中等职业教育专业指导委员会应做好规划教材的指导、协调和审稿等工作，保证编写质量；（4）规划教材出版单位应积极配合，做好编辑、出版、发行等工作；（5）规划教材封面和书脊应标注“住房和城乡建设部‘十四五’规划教材”字样和统一标识；（6）规划教材应在“十四五”期间完成出版，逾期不能完成的，不再作为《住房和城乡建设领域学科专业“十四五”规划教材》。

住房和城乡建设领域学科专业“十四五”规划教材的特点：一是重点以修订教育部、住房和城乡建设部“十二五”“十三五”规划教材为主；二是严格按照专业标准规范要求编写，体现新发展理念；三是系列教材具有明显特点，满足不同层次和类型的学校专业教学要求；四是配备了数字资源，适应现代化教学的要求。规划教材的出版凝聚了作者、主审及编辑的心血，得到了有关院校、出版单位的大力支持，教材建设管理过程有严格保障。希望广大院校及各专业师生在选用、使用过程中，对规划教材的编写、出版质量进行反馈，以促进规划教材建设质量不断提高。

住房和城乡建设部“十四五”规划教材办公室

2021年11月

序　言

以砖石、混凝土、钢材以及竹木等为基材建造的土木工程结构，承受荷载和环境等双重因素或多重因素的耦合作用，会经历损伤累积与交互作用的过程，从而引发结构耐久性下降和服役寿命缩短或终结。一些建筑经历火灾、风雪灾害和地震等作用而受损，影响结构安全性。通过鉴定与加固改造，既能增加建筑使用寿命，又能大幅度节约建造成本，适应国家节能环保可持续发展的要求。土木工程结构检测、鉴定与加固改造具有广泛的发展前景。

土木工程结构的检测、鉴定与加固改造涉及结构工程学、材料学、结构可靠性等方面理论，以及检测、修复、补强等工程技术，具有很强的综合性和实用性，既要满足国家和行业规范规程，也要融入高校科研成果和工程实践经验。

本书的主编吕恒林教授长期从事特殊环境中建筑材料与结构的检测鉴定、可靠性评价以及修复与加固研究，在工业与民用建筑抗震性能评定、老工业区建（构）筑物可靠性评定、老旧建筑安全性评定与改造、地下工程沉降引起建筑结构安全性评定等方面先后完成1000余栋建（构）筑物检测鉴定，并提出加固改造的建议、设计，指导相应的工程施工。部分研究成果被中国煤炭工业协会鉴定为在该领域达到了国际领先水平，获省部级奖励近10项。在国内外高水平期刊发表相关研究论文100余篇，申请发明专利近20项、授权10余项。南京工业大学李延和教授、东南大学朱虹教授和南京林业大学李海涛教授都是该领域的专家，他们分别在砌体结构、钢结构和竹木结构等结构鉴定与加固改造方面具有很高的造诣。南京工业大学王璐教授、河海大学张勤副教授、中国矿业大学刘书奎副教授和张强副教授的参与，使得本书内容由工业与民用建筑拓展到煤矿、水工、交通和隧道工程领域，可适用于不同高校的专业教学特点。

本教材不拘泥于对国家和行业规范规程的介绍，重点阐述原理、方法和技术，理论结合工程实践，强化基础与专业知识融合和延伸，注重学生解决工程实际问题能力的培养，以提高学生的工程师素养。同时，本书融入了高校科研成果和工程实践经验，学术水平高。本书的出版必将会对促进我国土木工程结构检测、鉴定与加固改造理论与技术水平的大幅提高发挥有力的推动作用。

本书可作为土木工程专业高年级本科生和硕士研究生的教材，也可作为从事土木工程鉴定与加固改造的技术人员和科研工作者的参考书。

河海大学

2023年4月

第二版前言

本书是为高等学校土木、水利、交通、海洋等工程专业高年级本科生及研究生编写的教材或教学参考书。本书作者均为长期从事土木工程结构检测鉴定与加固改造方面教学与研究的教师，具有丰富的经验。

2021 年国家新颁布了《既有建筑鉴定与加固通用规范》GB 55021—2021、《既有建筑维护与改造通用规范》GB 55022—2021，对既有建筑的鉴定、加固等环节做了进一步规范，本书针对性地进行了修订和完善。本书既包括了国家和行业规范中相关规程条款，也加入了作者在科研和工程实践过程中的思考和经验积累。在内容设计上涵盖土木工程不同领域、不同结构，在内容安排上注重不同专业（方向）或学科师生的需求，从损伤劣化机理和危害、检测内容和方法、加固理论与技术、工程案例等角度系统展开介绍。在形式安排上，首先介绍土木工程结构检测、鉴定与加固改造的基本理论、方法与技术，然后对多层砌体结构和底部框架砌体结构、多层和高层钢筋混凝土结构、多层和高层钢结构、单层门式刚架工业厂房及构筑物、钢筋混凝土桥梁结构、煤矿地面钢筋混凝土特种结构、水工混凝土结构、竹木结构、公路隧道混凝土结构等不同形式和功能结构分别展开介绍，最后系统介绍工程结构改造技术。

本书由中国矿业大学吕恒林主编，并对全书进行统稿。全书共分为 12 章，具体编写人员及分工如下：吕恒林、朱虹（第 1 章），李延和（第 2 章、第 12 章），周淑春、吴元周（第 3 章、第 4 章），孙建（第 5 章），丁北斗（第 6 章），刘书奎（第 7 章），吕恒林、吴元周（第 8 章），张勤（第 9 章），李海涛、王璐（第 10 章），张强（第 11 章）。在教材的编写过程中，参考并引用了一些公开出版的文献，在此向这些作者表示衷心地感谢。在本书出版之际还要感谢参加过课题研究和工程实践的相关人员。

由于作者水平所限，本书可能存在诸多不足甚至错误之处，恳请读者批评指正，以便及时改正（可将建议发送至：wyzcumt@126.com）。

编　者

2023 年 10 月

第一版前言

本书是为高等学校土木、水利、交通、海洋等工程专业高年级本科生及研究生编写的教材或教学参考书。本书作者均为长期从事土木工程结构检测鉴定与加固改造方面教学与研究的教师，具有丰富的经验。

本书既包括了国家和行业规范中相关规程条款，也加入了作者在科研和工程实践过程中的思考和经验积累。在内容设计上涵盖土木工程不同领域、不同结构，在内容安排上注重不同专业（方向）或学科师生的需求，从损伤劣化机理和危害、检测内容和方法、加固理论与技术、工程案例等角度系统展开介绍。在形式安排上，首先介绍土木工程结构检测鉴定与加固改造的基本理论、方法与技术，然后对多层砌体结构和底部框架砌体结构、多层和高层钢筋混凝土结构、多层和高层钢结构、单层门式刚架工业厂房及构筑物、钢筋混凝土桥梁结构、煤矿地面钢筋混凝土特种结构、水工混凝土结构、竹木结构等不同形式和功能结构分别展开介绍，最后介绍了工程结构改造技术系统。

本书由中国矿业大学吕恒林主编，并对全书进行统稿。全书共分为 11 章，具体编写人员及分工如下：吕恒林、朱虹（第 1 章），李延和（第 2 章、第 11 章），周淑春、吴元周、胡波（第 3 章、第 4 章），孙建（第 5 章），丁北斗（第 6 章），刘书奎（第 7 章），吕恒林、吴元周、周淑春（第 8 章），张勤（第 9 章），李海涛、王璐（第 10 章）。全书由河海大学曹平周教授主审。在教材的编写过程中，参考并引用了一些公开出版的文献，在此向这些作者表示衷心的感谢。在本书出版之际对参加过课题研究和工程实践的相关人员表示感谢。

由于作者水平所限，本书可能存在诸多不足甚至错误之处，恳请读者批评指正，以便及时改正（可将建议发送至：wyzcumt@126. com）。

编　者

2019 年 6 月

目　　录

第1章　绪　　论

本章要点及学习目标

本章要点：

(1) 鉴定加固学科发展的背景和意义；(2) 工程结构鉴定的原因；(3) 工程结构检测与鉴定的基本内容；(4) 工程结构鉴定的原则；(5) 工程结构鉴定的程序。

学习目标：

了解土木工程结构检测鉴定与加固改造的原因、意义、原则和程序，学会应用土木工程专业知识解决工程结构可靠性鉴定的方法，了解工程结构检测、鉴定与加固的基本理论。

1.1　鉴定加固学科的发展

1.1.1　背景和意义

土木工程的目的是形成人类生活或生产所需要的、功能良好且舒适美观的空间和通道。人类社会发展至今，土木工程活动从未中断，且在21世纪达到了相当高的水平。高层、超高层建筑越来越高，地下空间不断拓展，近海交通枢纽工程不断延伸，土木工程已呈现出“上天”“入地”“跨海”的发展趋势，随着世界各国发展战略的深入实施，重大工程结构将不断刷新人类纪录。与此同时，随着城市规模不断扩大，全世界越来越多的国家开始进入新建和维修改造并重的发展时期，发达国家则已经进入以维修改造为主的发展时期，各国普遍面临着基础设施陷阱问题，城市建设中既有建筑物的“保护”和“改造再利用”已引起广泛和高度的重视，基础设施维护管理的高效性对国家社会经济可持续发展显得日益重要。

随着我国基础设施建设逐步进入稳定期，基础设施陷阱问题也日益突出。一方面，我国基础设施建设曾经历了30余年粗放式发展，房屋建筑的平均寿命仅为25～30年，桥梁的寿命平均为25年，远低于欧美等发达国家。因此，最好的可持续发展思路是发展和运用维修与加固改造技术，尽量延长建筑物的使用寿命，从而减少建筑物的全寿命周期成本。另一方面，随着我国城乡一体化进程的加快，大量老旧工业建筑物和公共建筑物已不能满足现代的功能需求，迫切需要对这些建筑物进行维修、加固和改造以实现再利用，减少拆除重建，从而为建设资源节约型社会作出贡献。

“十三五”以来，国家对基础工程的管理提出了更合理、更科学的要求，除了对大型公共建筑、大坝、大桥及交通枢纽等工程实行了定期检测、监测外，对一般工业与民用建筑也正逐步纳入有章可循、有法可依的监管范畴。可以预见，土木工程结构检测、鉴定和加固将成为常规业务，土木工程结构检测鉴定与加固改造行业发展潜力巨大，相关技术体系也将不断发展和完善起来。

1.1.2 结构加固改造已成朝阳产业

20世纪90年代初，美国劳工部门预测“建筑维修改造业”将成为21世纪最受欢迎的九大行业之一。近年来行业发展证明，我国的建筑维修改造业已成为欣欣向荣的朝阳产业。

经过近30年的城市建设高速发展后，大规模的城市拆旧新建和新区建设的热潮已逐步消退，以商业大厦升级改造、综合大楼业态调整改造、文化街区整体改造、桥梁结构升级改造及工业厂房的升级改造为代表的现有工程结构改造行为已成为21世纪初的新常态。

据统计，2008年汶川地震以来，我国每年对现有建筑进行改造和抗震加固的施工面积已经超过当年新建建筑面积的25％。在建筑物维修改造工程中，结构加固费用占总造价的25％～30％，屋面维护系统改造费用占总造价的15％～25％，建筑的通风系统和其他服务设施改造和更新费用占总造价的30％～35％，建筑外观环境改造费用占总造价的10％～15％。

在交通工程方面，现有城市道路、公路及桥梁所承受的行车荷载越来越大。各种运输车辆超限、超载情况时常出现，造成桥梁相当严重的损坏。根据交通运输发展的需要，规范中设计荷载取值逐步增加，现有桥梁为适应行车荷载增大的升级改造任务相当重，我国已进入大量旧桥全面升级改造加固的阶段。

1.1.3 改造加固技术研究成为热点

从结构加固改造行业内的业务发展来看，为防止工程安全质量事故发生而进行加固的比重已直线下降，为适应城市建设发展需要而进行的工程结构改造综合治理比重直线上升，结构工程改造技术面临新的挑战，工程结构技术发展出现新的机遇，结构改造加固技术研究已成为工程领域的热点。

随着新材料、新设备、新技术及新设计理念的出现，结合商业建筑、公用建筑结构使用功能改变，厂房结构升级改造、地下空间拓展以及城市交通规划调整进行工程结构改造技术研究已取得一系列成果。

1.1.4 鉴定加固学科发展特点

工程检测鉴定与加固改造是保证工程结构安全使用，充分发挥工程结构的承载能力，节约和合理使用资源的具有特殊技术服务和工程实践背景的新兴学科。其发展既要依靠新理论、新技术、新材料进行创新以提高行业技术水平，又要结合原有工程的实际情况做到有法可依、有规可据以保证服务结果安全可靠、经济合理。经过多年发展，工程检测鉴定与加固改造学科已经进入了相对成熟的平静期，其具体表现为以下几点：

1. 已形成一套完整的学科体系

工程检测鉴定与加固改造学科在检测技术、鉴定理论、加固改造方法、加固材料及施工技术等各方面获得了系列研究成果，形成了一套完整的理论、方法与技术体系。这些成果直接服务于量大面广的工程检测鉴定与加固改造项目，取得很好的社会效益和经济效益。

2. 学科的标准化建设进程显著

经过学科内研究、设计与施工技术人员的努力，在系统研究和科学总结基础上开展标准化建设，取得了丰硕的成果：

1）已形成一个以现代化结构可靠性概念为基础，辅以工程经验判断并按实用公式表达模式的鉴定标准体系，该体系已在新、旧结构安全使用的保障方面起到重要作用。2021年颁布的国家规范《既有建筑鉴定与加固通用规范》GB 55021—2021、《既有建筑维护与改造通用规范》GB 55022—2021 进一步明确既有建筑检测鉴定要求，为强制性工程建设规范，全部条文必须严格执行。

2）已形成了以极限承载力计算、使用阶段验算为基础的结构加固设计标准体系。

3）针对工程结构功能升级、用途变化进行现代化改造的工作量逐步具有快速上升趋势，相关系列标准开始编写。

3. 促进科研工作向更深层次发展

基于新的检测仪器设备研发高效的检测技术研究，引入损伤力学的结构承载力抗震工程学等理论对结构加固改造设计方法进行创新改进，以新材料、新设备、新思路为基础开展的结构加固改造新方法及施工技术研究引领学科科研工作向更深层次发展。

1.2 结构鉴定加固的原因

工程结构在建造阶段可能发生设计和施工缺陷，长期服役过程中可能产生各种损伤累积，正常使用阶段可能遭遇自然和人为灾害，在使用过程中可能出现功能改变的需求等。先天的不足、后天的损伤、自身性能的退化以及外部条件的改变，均会导致结构性能退化或原有性能不能满足新的功能需求，这些都是导致工程结构需要进行鉴定加固的主要原因。

1.2.1 设计和施工缺陷

工程结构勘察和设计过程中，很难完全避免失误。这种失误有可能是源于设计人员本身的粗心大意，也可能是设计人员专业技术能力不足。某大型水泥厂，选址建在年降水量仅150mm 的半干燥地区，建设地点的土层由粉质黏土、粉质砂土和含粉砂砾组成。勘探过程中，勘探人员未对循环水漏失和孔周地表塌陷等现象引起重视，忽视了该地区粉质黏土具有严重湿陷性的特点，提供给设计人员较高的地基承载力。在一场大雨过后，水泥厂所在地基发生沉陷，建筑物发生较大沉降被迫拆除，地下水管断裂，造成了巨大的经济损失。

著名的塔科马海峡大桥垮塌事故则是由于设计缺陷造成的，如图 1.2-1 所示。该桥1940 年建成通车，仅服役 4 个月即垮塌。后来经事故调查发现，大桥垮塌当天的风并不特别大，垮塌的主要原因是桥在风的作用下产生了共振，振幅不断增大，直至桥梁破坏。这是由当时的知识局限性导致的设计缺陷，从此之后，空气动力学分析成了超高层结构和大跨结构设计的必备内容，新的桥型设计方案的可行性必须经过风洞模型试验验证。

相比设计而言，因施工管理不善造成的结构缺陷尤为常见。2016 年 11 月 24 日，江西省宜春市丰城电厂三期在建项目冷却塔施工平桥吊倒塌，如图 1.2-2 所示，导致横板混凝土通道倒塌，酿成了事故现场 74 人死亡和 2 人受伤的特别重大责任事故，该事故是近十几年来电力行业伤亡最为严重的一次事故。冷却塔总高度达 165m，事故发生时已经施工完成 70 余米，大约 25 层楼高度。经调查发现，此次事故与建设单位和施工单位压缩工期、突击生产、施工组织不到位、管理混乱等直接相关。为了赶工期，抢进度，人为缩短混凝土养护时间，未对混凝土强度进行检测就拆除模板，从而酿成不可挽回的灾难。而此类冷却塔事故国外早有先例，此次丰城电厂事故却仍然重蹈覆辙。

图 1.2-1　1940 年塔科马海峡大桥垮塌情景

图 1.2-2　2016 年江西丰城电厂事故现场

更多的病害情形是混凝土终凝后强度偏低甚至严重偏低，这给工程结构带来了永久的先天缺陷，成为结构长期的隐患。有时甚至在施工尚未结束、大楼还未封顶时，个别楼层的混凝土即出现严重的开裂或压酥现象，经取芯检测，发现该楼层混凝土强度等级推定值严重低于设计要求，必须立刻停工进行加固。

我国的个体承包施工单位较多，这些单位在施工时往往缺乏科学的管理制度和专业的技术人才。管理制度不完善或者不能严格执行，导致施工缺陷的产生。施工质量达不到现行规范与标准对工程结构的安全性要求，后果通常是比较严重的。

1.2.2　结构材料性能劣化

在没有特殊因素作用的情况下，结构的抗力随时间变化并不显著。因此，为便于设计和分析，我国现行的《工程结构可靠性设计统一标准》GB 50153—2008 将各种材料性能作为与时间无关的随机变量来考虑。但是，因严酷环境因素等综合影响造成的结构材料性能明显劣化现象已被广泛关注。目前，我国基础设施建设逐步进入到稳定期，面临的基础设施陷阱问题日益突出，基础设施性能劣化已严重影响社会经济运行效率。

钢材腐蚀是影响基础设施耐久性的最主要因素，给世界各国带来巨大损失，已经成为世界性难题。海洋是最苛刻的自然腐蚀环境，钢材在海洋环境中极易腐蚀，如：英国建造在海洋及含氯化物介质环境中的钢筋混凝土结构，因钢筋锈蚀需要重建或更换钢筋的占三分之一以上；我国使用 7～25 年的海港码头有近 90%的钢筋出现了锈蚀破坏，如图 1.2-3 和图 1.2-4 所示；全世界基础设施每年因为海洋腐蚀导致直接经济损失达 7000 亿美元。

混凝土碳化是影响混凝土结构耐久性的重要原因。空气中二氧化碳渗透到混凝土内，与其内部碱性物质发生化学反应后生成碳酸盐和水，使混凝土碱度降低的过程称为混凝土碳化，又称为中性化。当混凝土的碳化深度达到钢筋表面时，钢筋表面的钝化膜会被破坏，之后钢筋会逐渐锈蚀。钢筋锈蚀一旦发生，会产生多孔的氧化铁，并且在阳极区域内

图 1.2-3 桥墩浪溅区桥墩严重腐蚀

图 1.2-4 桥梁连接处严重腐蚀

堆积。锈蚀的产物体积是原来钢铁的 2～6 倍，在混凝土内部产生膨胀力，加速混凝土的开裂和保护层的脱落。当混凝土构件出现沿主要受力钢筋的锈胀裂缝时，意味着混凝土构件的承载能力已急剧下降。

当混凝土碳化、钢筋锈蚀、结构上疲劳交变荷载的反复作用等多重因素耦合发生时，钢筋混凝土结构材料的耐久性下降更快。疲劳荷载作用加速腐蚀介质的渗透过程，在微裂缝处产生应力集中，加剧冻融循环时水结冰产生的膨胀力等，而酸碱盐腐蚀、温差作用、冻融循环等环境因素进一步加速结构的疲劳破坏，导致结构大多不能达到设计使用寿命。同时当前设计规范对耐久性缺乏切实的要求和规定，在施工中也很难对建筑未来的耐久性进行评价，因此耐久性的设计评价并未真正落实。

1.2.3 突发灾害后结构损伤

建筑物在服役几十年甚至数百年内，不可避免会遇到地震、风暴、泥石流、火灾等自然或人为灾害。仅自 20 世纪以来，全世界范围内 8.0 级以上大地震就发生过二十余起，生命和财产遭受重大损失，无数建筑物倒塌或受损。我国是个多地震国家，地震活动分布范围广、频度高、强度大、震源浅，几乎所有的省、自治区、直辖市都发生过 6 级以上强震。20 世纪以来，全球 7 级以上强震之中，我国约占 35%。2008 年发生在我国四川汶川的 8.0 级地震，如图 1.2-5 所示。受影响的极重灾区有 10 个县市，还有较重灾区和一般灾区共二百余县市。灾害发生后，若干单位派员奔赴灾区展开大范围震害调查。将建筑结构按震后破坏程度分为四个等级，分别是“可以使用”“加固后使用”“停止使用”“立即拆除”。能够加固后使用的建筑物，在灾后重建的数年内开展了加固施工，而且，在汶川地震后，国家对《中华人民共和国防震减灾法》进行了修订，《建筑工程抗震设防分类标准》GB 50223—2008 等新的一系列抗震规范标准修订版陆续出台，修订了对重点设防类（也称乙类设防）的范围有所扩大，提高了学校、医院等人员密集场所的抗震设防水平，对生命线工程、次生灾害后果严重的建筑均有更严格的设防要求。另根据国家《建筑抗震设计规范》GB 50011—

图 1.2-5 2008 年汶川地震遗址

2010（2016年版），对某些地区房屋建筑的抗震设防烈度和设计基本地震加速度进行了调整提高。由此涉及的既有建筑也必须进行抗震鉴定和必要的加固。

火灾已经成为现代社会中严重危害公共安全的一种多发性灾害，城市建筑物火灾占我国每年发生火灾总数的60%以上。工程材料在火灾及高温作用下力学性能发生不同程度退化，混凝土虽然具有耐火性但表面可能烧酥或产生爆裂，钢材的力学性能随着升温急剧下降，木材则被燃烧成灰烬，因火灾造成的结构损伤或坍塌屡见不鲜。近20年来，我国高层建筑数量剧增。一旦发生高层建筑火灾，不仅火势蔓延快，而且火灾延时较长，结构受到的损伤相对更加严重。2010年11月15日，上海静安区一栋28层高层公寓起火，大楼过火时间约135min，如图1.2-6所示。2017年6月14日，位于英国伦敦西部的一栋24层住宅楼发生特大火灾事故，据报道这是英国自“二战”以来伤亡人数最多的一次火灾。准确掌握建筑物在遭遇火灾后的结构状况是有效控制和减少火灾危害的前提。火灾后不但要调查火灾原因，更重要的是及时地对火灾后的建筑物损伤情况进行分析和检测，进行安全性、适用性和耐久性鉴定，确定损伤等级，做出可靠性评估，并且加固修复以恢复使用功能。火灾后对损伤结构的检测鉴定与加固处理工作，技术性强、涉及面广，要综合考虑各种因素。

图1.2-6　2010年上海静安区高层公寓火灾后

此外，由于自然环境的变化，温室效应导致全球变暖，气候反常，海洋风暴增多，大型或特大型泥石流时有发生。泥石流爆发突然，携带巨大的石块高速前进，对建筑物造成冲刷、摩擦和堆积淤埋破坏。为了尽快重建家园，我们有必要对在自然或人为灾害中受损的建筑物进行科学的技术鉴定，判断其是否还能继续投入使用，对其适修性进行评估，进而确定加固方法并完成加固施工。

1.2.4　建筑物功能改造

我国正逐步进入新建工程与既有工程维修改造并举的时代。一方面，新建建设规模虽有所缩减但依然庞大；另一方面，存量土建工程规模更大。随着国家节能环保政策的强力推行，越来越多的存量土建工程面临着维修改造及功能提升。

据权威调查，我国建筑对维护、加固和改造的需求量年增长近50%。而新建项目在设计图纸总说明中均会明确指出“在设计使用年限内未经技术鉴定或设计许可，不得改变结构的用途和使用环境”，这样的说明出自各设计规范的强制性条文。因此，对既有建筑进行功能改造，必须建立在科学的鉴定与合理的加固设计与施工基础之上。基于技术鉴定的结果，才能明晰建筑当前的状态，最终才能决定相关结构构件是否需要进行加固或耐久性处理。如建筑物仅仅是进行局部改造且改动不大的情况下，经设计许可亦可省去鉴定环节，但仍需进行材料力学性能检测。不经检测鉴定即进行不恰当的功能改造的建筑物存在长期的隐患，在改造过程中或者改造后不久即发生局部甚至整体垮塌的事故，在国内外均屡见不鲜。

例如，著名的韩国三丰百货大楼倒塌事件。韩国三丰百货大楼最初的设计是一栋4层的办公楼，但在建设过程中，改成了一栋百货大楼。这一改动，导致许多承重柱被取消；同时，还进行了加层，改造后百货大楼因加热设备和空调设备的大量使用使得荷载大幅度增加，结构的实际负荷达到设计标准的4倍之多。再加上设备的随意挪动和设备启动后产生的动荷载效应，使得结构承重柱再也无法承受。终于在1995年4月大楼出现破坏前兆，6月的某日大楼岌岌可危，但是管理层罔顾建筑垮塌的危险继续经营，最终这栋韩国标志性的建筑在20s内夷为平地，成了韩国建筑史上空前的惨剧。虽然调查过程中发现，施工中存在削减承重柱截面和钢筋数量的偷工减料问题，但总体而言，这个事故主要是由于未经检测鉴定和加固设计就进行不恰当的功能改造造成的。

现实中，存在为数不少的违章工程，暴露出诸多安全隐患或已酿成严重安全事故。因野蛮装修、拆墙、破洞或涉及工程质量而引发官司和纠纷，为数众多。此类建筑要及时进行可靠性鉴定和必要的再设计加固。既有建筑改造已然成为我国经济社会发展和城市建设过程中的一项重要内容。需要从安全的角度、资源利用的角度以及功能拓展的角度来实现既有建筑的整体性功能改造。

1.3 结构检测与鉴定基本内容

工程结构在加固改造前，应进行必要的检测与鉴定，而获得检测结果又是开展鉴定工作的前提条件。所谓检测，是指用指定的方法检验测试某种物体（气体、液体、固体）指定的技术性能指标。在国民经济各领域，都涉及对产品进行检测的过程。对于土木工程，结构检测是对建筑物质量评定的重要依据，也是对建筑物进行鉴定与评估的基本依据。当建筑结构需要进行安全性鉴定、可靠性鉴定、抗震鉴定、功能改造前的鉴定、达到使用年限后继续使用的鉴定、灾后鉴定、工程质量的鉴定等鉴定需求时，应对既有建筑结构现状缺陷和损伤、结构构件承载力、结构变形等涉及结构性能的项目进行检测。

随着时代的发展，我国建筑行业取得了飞速进步，因而土木工程结构检测技术也有了一定的发展和突破，检测内容开始系统化，检测技术也日新月异。

1.3.1 基本工作内容

工程检测鉴定与加固改造的基本工作内容如下：

1. 现状检测鉴定

1）现状初步调查

对工程现状情况进行初步调查，收集已有的资料。即调查收集与工程有关的所有原始设计施工资料、工程使用记录等，并向知情人员进行调查。

2）现场检查检测

现场检查检测的目标是确定导致可见损坏的原因，以及确认结构的整体性和工作性能。检查结构的外观损伤情况，测量全面结构尺寸、检测结构构件配筋情况和结构构件损伤程度、检测结构材料力学性能是现场检查检测的主要工作。

3）试验室试验分析

现场取样送试验室试验获得结构材料的力学性能指标是对现场对结构材料力学性能检测的补充和验证。测验后需对试验室试验数据以及现场的观察记录进行仔细整理，并认真总结分析。

4）结构计算分析

结构计算分析是根据现场检测和试验室试验的数据采用计算机方法对结构进行计算分析，依据现行规范规定计算确定结构的承载力和变形情况。

5）鉴定报告

鉴定报告是检测现状鉴定的最终成果，它是制定加固改造方案的主要技术依据。鉴定报告的内容一般应包括：结构工程受损的范围、程度；结构工程的整体技术状态；造成结构及结构材料劣化、损坏的主要原因；建议的处理措施或对策。

2. 加固改造设计

在现状鉴定的基础上，确定结构加固改造方法，制定加固改造方案，经结构计算和设计后绘制加固改造设计施工图。

确定设计方案对加固改造使用的材料要求与新建材料的要求是不同的，设计人员必须考虑多种材料与原结构的相容性问题。此外，还要考虑材料对施工速度的影响，考虑加固改造过程中原结构的安全问题。

3. 加固改造施工

建筑物加固改造施工是一项专业性很强的工作。为了保证全面实现设计意图，施工单位应具有专业工程经验，具备特种专业工程的施工资质。

施工之前还应制定详细的施工组织设计，制定完善的施工操作过程。若使用新的加固材料和新的加固技术（现行规范规程中没有论述的）应依据新材料、新技术的科学鉴定报告和鉴定结论编制相关的施工操作规程。方法没有包括在现有的规程、规范中，则应从类似的工程项目中获取基于实践经验的、详细的数据资料，并制定有关操作规程。

4. 工程验收与工程效果检验

加固或改造完成之后要按照相关标准进行验收，主要是加固材料的抽检结果、加固施工工序的交接和质量检查结果、主要施工内容部位和施工操作困难处的检查结果以及技术资料的核查。

1.3.2 检测技术的发展

检测技术是土木工程结构鉴定的基础，随着科学技术和理论水平的提升而快速发展。目前，土木工程结构检测技术的发展有以下三方面趋势。

1. 检测内容逐渐系统化和全面化

传统的结构检测技术主要对材料的坚韧度、变形情况以及构件大小等方面进行检测，而当前材料、构件的力学特点、物理化学特性也包含在了检测工作里面，诸如混凝土材料的氯离子含量、含水率、抗渗性、水泥含量、pH 值以及混凝土里面钢筋的直径、具体位置、锈蚀情况，构件的外部温度、内部裂缝、动态静态应变情况以及动力反应等方面。针对建筑工程的稳定性以及安全性，工程结构监测涉及以上内容，另外，还包括建筑的持久性能和舒适度。可以说，对以上方面进行细致检测，可帮助我们对建筑物的质量以及使用性能有深入的了解和掌握，而这也使建筑物的质量以及日后的可靠性鉴定得到了保障。

2. 检测方法、手段向创新性发展

对于土木工程来说，其结构检测技术的发展目标就是更为方便、更为科学、更为准确以及更少损伤。随着科学技术的发展，新的检测项目也得到了开发与发展，因此工程结构检测技术也将变得愈加完善。当前，土木工程的施工质量已受到了社会各界的高度关注，所以结构检测技术也面临着新的挑战、新的问题，例如如何对混凝土结构内部缺陷进行判断、怎样对高强度的混凝土进行有效的强度检测、如何对刚开发的墙体砌筑材料进行检测等。为了使检测结果更为科学合理，进而提升土木工程的施工质量，我们就需采取合理的措施对检测技术进行提升和完善。

3. 检测设备向智能化以及集成化发展

随着时代的进步，对土木工程结构进行检测的设备也更为精良，这些设备将数据的采集和分析巧妙地结合在一起，在操作上也更为简便。例如，针对建筑物，动测设备可进行全面的频域分析以及时域分析；依据建筑物的温差，红外热摄像仪可及时对建筑物内部存在的破损以及裂痕进行捕捉；另外，电位差式钢筋腐蚀检测仪可依靠设备里面的轮式电极对混凝土里面钢筋的腐蚀情况进行分析，并进一步深入研究混凝土裂痕的长度、宽度以及分布情况等。由此可见，智能化以及集成化的发展趋势使检测仪器变得更为精确，也使检测结果的科学合理性得到保障。

1.3.3 鉴定技术的发展

既有结构可靠性评定的基本方法有三类：

1. 基于结构分析的评定方法

既有建筑物可靠性评定的本质是对未来的预测和判断，其主要评定方法是根据建筑物和环境自身的信息，推断结构的实际性能以及未来可能发生的变化，推断结构在未来时间里可能承受的作用，通过结构分析与校核，最终判定建筑物在目标使用期内的可靠性是否满足要求。这是一种基于结构分析的评定方法，在许多方面类似于结构设计中的分析和校核方法。

2. 基于结构状态评估的评定方法

由于建筑物已转变为现实的实体空间，并经历了一定时间的使用，结构材料、结构构件和结构体系实际的性能在使用过程中得到了历史的检验，并在一定程度上通过建筑物实际的状态表现出来。在某些情况下，通过检测和评估建筑物实际的状况，如变形、外观等状况，可直接判定建筑物在目标使用期内的可靠性是否满足要求，这是一种基于结构状态评估的评定方法。一般讲既有建筑物的评定方法或鉴定方法分为三种：传统经验法、实用鉴定法和概率鉴定法。传统经验法基本已被淘汰；对于工业与民用建筑，我国目前普遍采用的是《民用建筑可靠性鉴定标准》GB 50292—2015 和《工业建筑可靠性鉴定标准》GB 50144—2019 为代表的实用鉴定法，其他结构根据其功能和使用环境也有相应的国家规范或行业标准，如桥梁结构、水工结构等；但在一些原则性的规定和具体条款上已引入概率鉴定法的思想。从发展趋势上讲，概率鉴定法仍然是可靠性鉴定方法发展的方向，其理论基础是既有结构可靠性理论。

3. 基于结构试验的评定方法

在某些待定的情况下，采用基于结构分析和结构状态评估的方法可能都难以对既有建筑物的可靠性做出准确的评定，这时除了更深入的调查和精确的分析，还可考虑基于结构试验的评定方法，即通过现场或室内的试验检验和判定结构实际的性能，根据试验和分析的结果判定结构的挠度、裂缝宽度或承载力等是否满足要求。

1.3.4 加固改造技术的发展

土木工程结构修复、加固、改造技术与理论的发展是与其损伤劣化状况、功能需求以及新型材料的开发和应用密切相关的，具体包括以下3个方面：

1. 损伤劣化结构的修复补强

结构自身的缺陷或者使用环境造成的损伤劣化等原因，导致钢筋混凝土结构、钢结构等部分构件力学性能退化，结构内力重分布或局部应力集中，致使构件局部破损或失效。此外，受损构件的破坏机理与完好构件不同。以钢筋混凝土梁为例，当混凝土劣化甚至剥落，会导致钢筋混凝土梁有效截面积减小；钢筋锈蚀，致使其抗拉能力降低；劣化混凝土与锈蚀钢筋间粘结性能退化，协同作用机制改变。多方面因素的综合作用，使得钢筋混凝土梁可能会由适筋梁破坏转变为少筋梁破坏。因而，加固构件最基本的功能是修复补强。

2. 结构功能需求

建筑结构、桥梁结构以及特种结构的不同功能需求，也是促进加固改造技术发展的重要因素。

建筑结构：对于钢筋混凝土建筑和砌体结构房屋中的上部结构，其加固方法有加大截面法、预应力拉杆承托法、改变结构受力体系法、化学灌浆法、外部粘钢法等，对于相关结构地基，从基础加固、桩式托换到地基处理有二十余种。国家已发布了《混凝土结构加固设计规范》GB 50367—2013、《钢结构加固技术规范》CECS 77—1996、《砌体结构加固设计规范》GB 50702—2011 等标准对加固方法、施工及验收进行规范。

桥梁结构：车流量急剧增加以及荷载等级不断提高，加之车辆超载现象非常严重，对公路桥梁造成永久性损伤，严重缩短了桥梁的使用寿命。此外，由于桥梁运营环境恶劣、化学腐蚀、冻融循环等因素会降低材料与结构的耐久性，因此，部分既有桥梁已经不能适应现代交通运输的需要。因此，对可利用的公路桥梁进行检测、维修与加固改造，进而提高其承载能力和通行能力，可大大节约资金，具有重大的社会价值和经济技术价值。目前，我国已经发布了《城市桥梁结构加固技术规程》CJJ/T 239—2016、《公路桥梁加固设计规范》JTG/T J22—2008 等标准。

特种结构：应用于特种环境中的钢筋混凝土结构、钢结构等，因功能需求和使用环境的原因，其损伤劣化机理不同于一般大气环境中的建筑结构和桥梁结构，如煤矿地面的煤仓、井架、井塔等。目前，国家没有对于特种结构的检测鉴定和修复加固制定专门的规范规程，因而在实际操作中，更多的是依据建筑结构的相关规程进行处理，但机理上存在一定的不同。

水工混凝土结构：水工建筑物的病害主要包括裂缝、渗漏、冲蚀磨损和气蚀、冻融剥蚀、混凝土碳化和钢筋锈蚀、水质侵蚀等，其原因主要是干湿交替或冻融循环引起的热胀冷缩、水浪冲刷、海水侵蚀等。

竹木结构：竹木结构的整体修护是在木构件发生扭转、倾斜、拔榫等变形的情况下，对木结构整体进行维修或加固的。而对于木结构构件的破坏，则有多种修复方法。当木结构构件只有小部分发生腐蚀或破坏时，只需对构件的一部分进行修复。修复已破坏构件有以下四类基本方法：对构件进行局部置换、力学加固、砍割切削和用环氧树脂或木材填孔剂对破损部位进行修补。

3. 新型材料的开发和应用

结构维护、加固和改造的主要材料包括：修复补强的材料，保证结构新旧部分协同改造的粘结、锚固材料，增强结构耐久性的防护材料等。目前，应用较为广泛的有纤维材料（碳纤维、玻璃纤维以及其他复合纤维）、高性能复合水泥灌浆料、纤维编织网增强水泥基材料（TRC）等高性能水泥基复合材料，混凝土界面处理剂、环氧树脂砂浆等粘结材料，防腐材料、锈蚀钢筋除锈剂等防护材料。

在上述因素的共同影响下，结构的修复、加固和改造已经从最初的修复补强，逐渐拓展到受损构件的修复补强、建筑物的纠偏和平移、结构的加层改造、受损构件的替换等方面，具体将在后续章节结合具体工程项目介绍。

1.4 检测、鉴定与加固的原则和程序

1.4.1 检测的原则和程序

1. 检测的原则

检测工作对于发现问题，避免工程出现重大损失，提升建筑工程质量具有十分重要的作用。检测人员只有坚持检测原则、严格执行国家标准规范，对建筑材料及工程实体进行随机抽样、科学公正开展检测，才能得到具有足够准确度的检测结果，为鉴定工作提供可靠的依据。

在结构实体检测中，一般侧重于强度、耐久性、刚度和稳定性等技术指标，应针对不同指标项目选择合理方法进行实体检测，在提高准确性的同时，需要保证结构实体的安全性。检测时，不同的材料检测及工程实体检测的抽样检测过程是否严格、规范是直接影响检测结果准确度的关键。因此，检测方法的选择和抽样方案的选择，需要充分考虑结构实体的特点、具体的检测指标要求等，依据一定的原则进行。

1）检测方法的选择原则

工程结构检测时，检测方法的选择应依据以下原则：

（1）结构的检测，应根据检测项目、检测目的、建筑结构状况和现场条件选择适宜的方法。

（2）现场检测宜优先选用对结构或构件无损伤的检测方法。当选用局部破损的取样检测方法或原位检测方法时，宜选择结构构件受力较小的部位，并不得损害结构的安全性。

（3）当对古建筑和有纪念性的既有建筑结构进行检测时，应避免对建筑结构造成损伤。

（4）重要和大型公共建筑的结构动力测试，应根据结构的特点和检测的目的，分别采用环境振动和激振等方法。

（5）重要大型工程和新型结构体系的安全性检测，应根据结构的受力特点制定检测方案，并应对检测方案进行论证。

2）抽样方案的选择原则

工程结构检测时，抽样方案的选择应依据以下原则：

（1）外部缺陷的检测，宜选用全数检测方案。

（2）几何尺寸与尺寸偏差的检测，宜选用一次或二次计数抽样方案。

（3）结构连接构造的检测，应选择对结构安全影响大的部位进行抽样。

（4）结构构件性能的实荷检验，应选择同类构件中荷载效应相对较大和施工质量相对较差构件或受到灾害影响、环境侵蚀影响构件中有代表性的构件。

（5）按检测批检测的项目，应进行随机抽样，且应符合最小样本容量规定。

（6）《建筑工程施工质量验收统一标准》GB 50300—2013 或相应专业工程施工质量验收规范规定的抽样方案。

2. 检测的程序

《建筑结构检测技术标准》GB/T 50344—2019 中给出建筑结构检测的基本程序如图 1.4-1 所示。

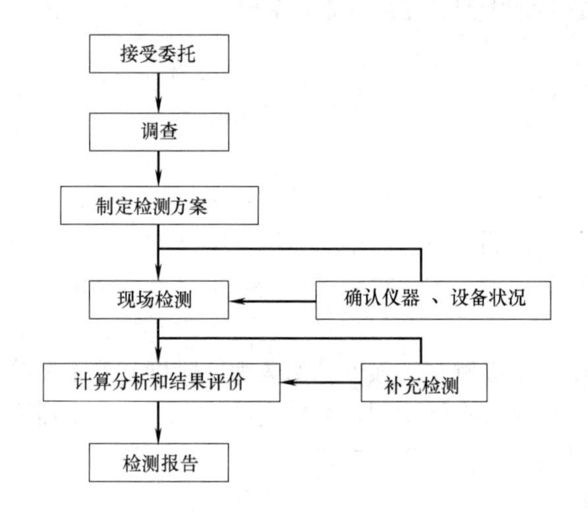

图 1.4-1　检测程序

国家和行业规范是进行土木工程结构检测的重要依据，具体根据结构的功能分别采用相应的规范。如建筑结构主要依据《建筑结构检测技术标准》GB/T 50344—2019、《混凝土结构现场检测技术标准》GB/T 50784—2013、《混凝土中钢筋检测技术标准》JGJ/T 152—2019、《回弹法检测混凝土抗压强度技术规程》JGJ/T 23—2011、《钢结构现场检测技术标准》GB/T 50621—2010、《砌体工程现场检测技术标准》GB/T 50315—2011 等，当国家规范与行业规范不一致时，以最新颁布的规范为准。

1.4.2　鉴定的原则和程序

《工业建筑可靠性鉴定标准》GB 50144—2019 和《民用建筑可靠性鉴定标准》GB 50292—2015 是目前常用的结构可靠性鉴定标准，对于鉴定的原则、程序和内容作了明确的规定。

1. 鉴定的原则

1）合法原则，涉及鉴定主体、鉴定方法、适用标准、鉴定材料的采集及鉴定程序等鉴定活动必须遵守国家有关法律、法规的规定，以确保鉴定结论的合法性。

2）公正原则，尊重科学、尊重事实，在鉴定工作中组织各方协同工作，站在公平的立场平等维护有关各方的合法权益，不得因当事人的地位不同适用不同的标准。

3）独立原则，在鉴定的过程中，不受双方当事人或其他人员的干扰，以事实为依据，以法律、法规和有关技术标准、规定为准绳，独立地运用建设工程的专业知识、经验和相关行业规定，出具鉴定报告。

4）从约原则，鉴定人应服从承发包双方的合同约定原则。只要当事人的约定不违反国家的规定，是合法有效的，不管双方签订的合同或具体条款是否合理。

5）取舍原则，当鉴定遇到不能判断或证据有矛盾难以做出判断时，鉴定人应结合案情按不同的标准和计算方法，作为有争议的意见提供当事人进一步举证，并根据证据成立与否出具不同的结论，让法院根据开庭和评议对鉴定结论进行取舍。

6）证据原则，鉴定人遵守实事求是、公平合理的原则同时，还应遵循实际可行的原则，在保证鉴定能够完成的情况下，尽最大可能反映和接近事实。

2. 鉴定的程序

鉴定按内容划分可分为工程质量、相邻施工影响、既有建筑物/构筑物安全现状、建筑物/构筑物改造可行性、工程事故原因及影响、灾后鉴定等。鉴定工作需要依据规范与标准、委托单位提供的相关资料以及现场检查与检测的结构进行，首先开展初步调查、详细调查与检测，然后才能进行鉴定，确定安全性、适用性和可靠性评级，给出鉴定结论，出具鉴定报告。《工业建筑可靠性鉴定标准》GB 50144—2019 和《民用建筑可靠性鉴定标准》GB 50292—2015 给出的鉴定程序如图 1.4-2 所示。

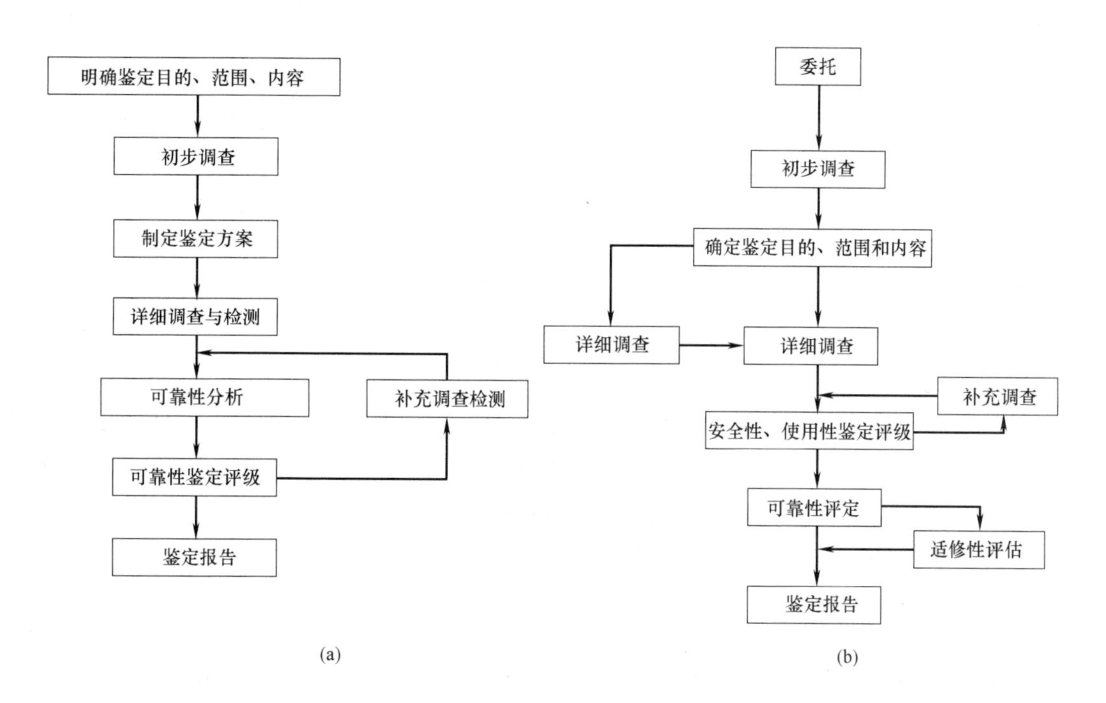

图 1.4-2 鉴定程序

（a）工业建筑；（b）民用建筑

当实体结构检测结果无法直接参照现有的可靠性鉴定标准给出合适的鉴定结果时，需要结合物理试验、数值模拟计算以及理论研究等多种方法进行完善和修订，如图 1.4-3 所示。

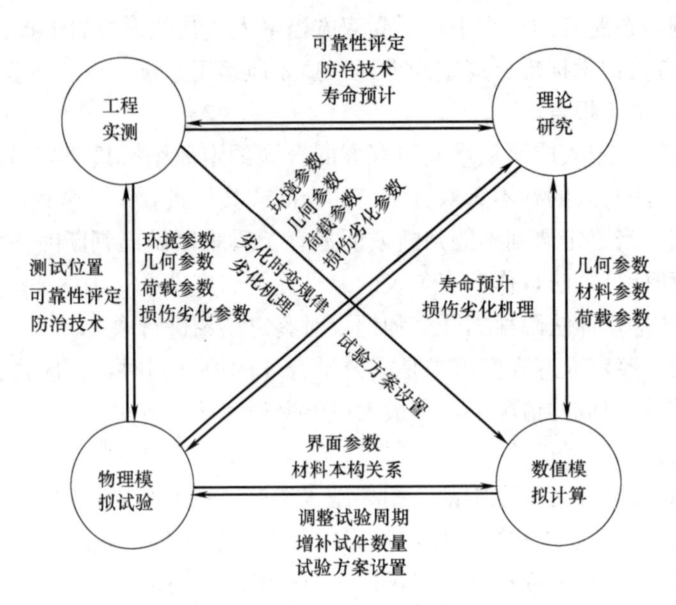

图 1.4-3　结构可靠性鉴定结果完善和修订方法

1.4.3　加固的原则和程序

加固设计不同于新建工程设计，其面对的既有建筑物不确定因素多、限制因素多，面临的新材料、新技术多，加固再设计当属结构设计的高阶段工作，对加固再设计人员的基础理论知识、专业技术能力和工程经验要求更高。所以，加固再设计要求结构工程师应在掌握领会设计规范、标准的基础上，借助现代计算分析技术，充分考虑加固后引起的强度、刚度变化及相应效果的评估，才能做出技术先进、经济合理、安全适用的再设计成果。加固设计必须遵循一定的原则和程序。

1. 加固的原则

(1) 先检测鉴定后加固原则

结构加固设计前，应遵照《工业建筑可靠性鉴定标准》GB 50144—2019 和《民用建筑可靠性鉴定标准》GB 50292—2015 等进行可靠性鉴定，具体根据结构功能参见国家和行业标准。根据鉴定结果，确定加固设计的内容和范围；同时，根据结构破坏后果的严重程度及使用单位的具体要求，确定加固后房屋结构的安全等级。

(2) 先整体后局部原则

加固设计中，当因整体改造或抗震设计等造成需要加固的构件较多时，应尽量优先利用结构刚度调整、改变力流传递路径等手段来全面控制结构的总体效应，从而减少对单个构件的加固量。同时，当对构件实施增大截面加固法加固时，应考察整个结构动力性能是否改变较多以及对其他相关构件承受荷载的增加是否在可承受范围内。

（3）尽量利用的原则

应尽量保留和利用原有的结构构件，尽量不损伤原结构，避免不必要的拆除和更换。保留部分要保证其安全性和耐久性，拆除部分要考虑其材料加以回收和利用的可能性。当结构构件性能整体退化不多或者改造后荷载效应超出原结构抗力不多时，可尽量调整结构用途或限制荷载的方法进行处理。减载处理方法可改用轻质隔墙、轻质保温或隔热材料，上部结构改用钢结构。楼面的设备布置在工艺允许的情况下合理移位，限制相邻楼层使用荷载以减弱改造部分新增荷载对整个结构的影响。

（4）与抗震设防结合的原则

近年来我国建筑物抗震设防的水准有较大变化，抗震设计规范条文也有重要调整。因此，既有建筑进行加固改造时，需要充分考虑与抗震设防相结合。设计中不应存在因局部加强或刚度突变而形成新的对抗震不利的薄弱部位，同时也要注意由于结构刚度的增大而导致地震作用增大所带来的影响。结构加固应满足抗震有关要求，并提高结构的延性和整体性。

（5）材料选用和强度取值原则

当需要利用原有材料性能时，原结构材料的强度应依据检测结果进行确定。当有可靠依据证明原结构材料种类和性能与原设计一致时，可按原设计值取用。加固所用材料中，钢筋一般选用 HPB300 级或 HRB400 级，混凝土强度应比原结构构件混凝土强度等级提高一级，且加固上部结构构件的混凝土强度等级不低于 C20，灌浆料强度等级不低于 C30，加固用混凝土或灌浆料内宜加入早强、免收缩、微膨胀等外加剂使其获得良好的施工性能和后期力学性能，加固所用胶粘剂及化学灌浆材料一般宜采用成品，其粘结强度应高于被粘结构件混凝土的抗拉强度和抗剪强度。

（6）设计施工相结合原则

加固方法的选择要充分考虑施工可行性和作业面条件，需要结合工程特点选择有利于施工实施的加固方法。加固施工往往是在荷载存在的情况下进行的，必须设置必要的临时支撑，防止和避免加固施工中发生安全事故，避免结构构件加固未完成前的受力状态与设计预期出现差异。加固设计计算中考虑了卸载的有利影响时，施工中必须采取主动卸载措施进行卸载。加固设计应与施工方法紧密结合，施工中保证新老界面连接可靠，协同工作。按照加固设计进行施工组织设计，并制定确保加固质量和安全的有效措施。

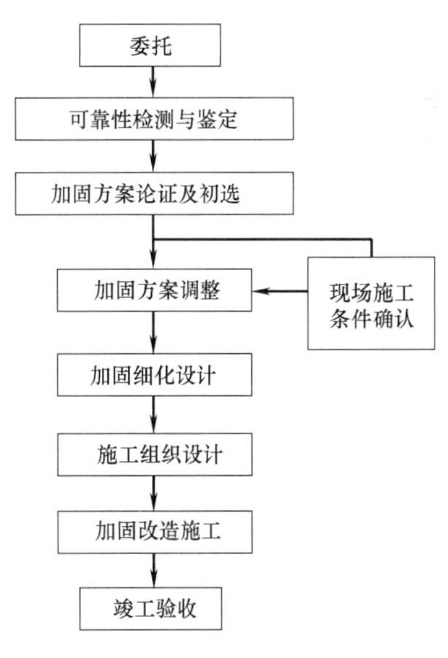

图 1.4-4　加固程序

2. 加固的程序

土木工程结构加固程序如图 1.4-4 所示。

结构物的检测鉴定结果是进行修复加固的重要依据，规范规程是选择修复加固方法的重要参考，但需要结合试验研究成果对加固方法进行进一步完善，或研究出新型加固方法，从而确保修复加固的效果。

本章小结

土木工程结构自建造开始，为满足适用性、安全性和耐久性要求，需要进行材料检测、结构鉴定甚至加固改造，因而鉴定加固学科得以快速发展。国家和行业规程对检测和评定的方法、设备、程序和依据等提供了明确的规定，结构检测过程中应熟练掌握常用仪器设备的使用方法，学会数据分析处理。结构鉴定应尊重国家和行业规程，结合工程实际开展。加固设计要求结构工程师应在掌握领会设计规范、标准的基础上，借助现代计算分析技术，充分考虑加固后引起的强度、刚度变化及相应效果的评估，才能做出技术先进、经济合理、安全适用的再设计成果。

思考与练习题

1-1 简述鉴定加固学科快速发展的原因。

1-2 简述工程结构检测与鉴定基本内容。

1-3 对于损伤劣化的结构，如果不能完全按照规范规程进行评定时，应该如何有效开展鉴定?

1-4 加固设计和加固材料的选择有哪些原则?

第2章　基本理论、方法与技术

本章要点及学习目标

本章要点：

(1) 结构检测鉴定及加固改造设计可靠性理论的基本概念、参数确定、结构分析及校核、极限状态及抗力确定；(2) 各类结构检测基本方法与技术；(3) 各类结构鉴定方法分类及评级标准；(4) 结构加固改造设计的基本原则、方法及加固技术应用；(5) 结构加固施工的基本工艺、措施及验收要求。

学习目标：

对土木工程结构检测鉴定与加固改造等有一个基本的了解，为后续章节的学习打下基础。

2.1　结构鉴定与加固改造设计的可靠性理论

2.1.1　结构可靠性定义与基本概念

1. 结构可靠性定义

结构鉴定与加固改造设计的理论基础是结构可靠性理论。结构可靠性理论是建立在概率论基础上，通过对各种不确定因素的分析来控制或评估结构的可靠性水平的方法。

结构在规定的时间内、在规定的条件下完成预定功能的能力称为结构可靠性。结构可靠性包括结构的安全性、适用性和耐久性，当以概率来度量时称为结构可靠度。

2. 基本概念分析

1）规定的时间

定义中“规定的时间”指设计工作（使用）年限或目标工作（使用）年限。《工程结构通用规范》GB 55001—2021 给出了相应的规定：普通房屋和构筑物为50年。

(1) 设计工作（使用）年限

结构的设计（使用）年限是指设计规定的结构或构件不需进行大修即可按其预定目的使用的时间。各类工程结构的设计使用年限是不同的，一般建筑结构按设计基准期为50年确定。桥梁结构的设计工作年限比建筑结构的设计工作年限要长，而大坝的设计工作年限更长。另外，设计工作年限也可以按业主要求确定。

(2) 目标工作（使用）年限

在既有结构的鉴定与加固改造中“规定的时间”定义为目标工作年限。目标工作年限可由业主和设计单位根据结构的使用功能要求、结构的现有技术状况（已使用年限、破损状况、维修状况等）、加固改造的技术水平以及加固改造的投资合理性进行综合分析确定。通常是业主提出要求，设计单位综合分析后提出建议，最后由业主确定。

2）规定的条件

规定的条件包括以下两方面：

（1）新设计结构的“规定条件”

新设计结构的“规定条件”一般是指正常设计、正常施工、正常使用和维护。

（2）既有结构的“规定条件”

既有结构的“规定条件”是指基于如下几种对结构可靠的影响情况确定的条件：

① 因设计失误、施工存在缺陷或发生工程、质量事故等造成的结构需加固处理。

② 因使用期间没有得到正常维护而受损、超常使用致结构损伤以及遭受外界（灾害）作用损坏等需进行加固处理。

③ 因使用功能升级或改变引起的结构改造加固。

④ 达到设计使用年限后需继续使用。

⑤ 因标准规范修订调整。

⑥ 因安全管理需要行业主管部门在权限内要求进行的鉴定和加固工作。

3）功能要求

功能要求指可靠性所包括的三个方面内容：

（1）安全性

结构安全性是指在正常使用情况下结构应能承受可能出现的各种荷载作用和变形而不发生破坏、偶然事件（如地震、爆炸等）下能保持结构整体稳定性的能力。

（2）适用性

结构适用性是指在正常使用条件下结构具有良好的工作性能，满足预定的使用要求，结构的变形、裂缝及振动等性能均不超过规定的限度。

（3）耐久性

结构应在正常使用情况下具有足够的耐久性能，完好使用到设计使用年限或目标使用年限。

4）结构功能的极限状态

以概率论为基础的极限状态设计法是由可靠指标度量结构构件的可靠度，采用分项系数的设计表达式进行设计的方法。当整个结构或结构的一部分超过某一特定状态就不能满足设计规定的某一功能要求，此特定状态称为该功能的极限状态。

结构功能的极限状态分为承载能力极限状态和正常使用极限状态两类。

（1）承载能力极限状态

该状态是结构或构件达到最大承载力，出现疲劳破坏或不适应连续承载的变形。超过该状态后结构或构件就不能满足安全性的要求。

（2）正常使用极限状态

该状态是结构或构件达到正常使用或耐久性能的某项规定限值。超过该状态后结构或构件就不能保证适用性和耐久性的功能要求。

2.1.2 结构抗力概念及分析

1. 结构抗力的可靠性分析及构件抗力分类

结构构件的抗力，广义地说是结构构件承受外加作用的各种能力。对应强度验算的结构构件承载力是一种抗力，结构构件的抗变形能力、抗裂能力等也是一种广义的抗力。

结构是一个复杂的体系，结构体系的抗力是存在不确定性的。结构抗力的影响因素（如结构几何参数、材料强度、设计的模式及其精度等）是一类随机变量。结构安全度通过失效概率 P_f 或可靠性指标 $[\beta]$ 来衡量。通过目标可靠指标可反算确定出承载力分项系数和荷载分项系数。用分项系数表达的设计式隐含了结构的失效概率，则按该设计式设计出来的构件已经具有某一可靠概率的保证。

结构构件的抗力又称为构件承载能力或承载力，结构构件承载力可分为如下 2 种类型：

1）构件设计承载能力

针对新设计结构构件，根据荷载效应要求设计确定构件的承载能力称为设计承载力。设计承载力属于主动的人为确定的承载能力范畴。

2）构件现有承载力

结构构件现有承载能力属实际存在而非人为控制的构件本身具备的能力。在役结构因设计施工缺陷或使用不当、结构使用功能改变或已到达工作年限（包括历史建筑或古代建筑）、结构设计标准提高（包括抗震抗风等能力设计标准提高）、结构遭受灾害（地震灾害，风灾、火灾、水灾、雪灾、爆炸）以及自然环境的影响（相邻建筑打桩施工影响，基坑施工或隧道施工影响）等均会造成结构承载能力的减小。结构构件剩余的承载能力即为构件现有承载能力。

2. 现有结构构件几何参数的确定

1）几何参数的含义

现有结构构件的几何参数是指结构体系几何形状的轴线尺寸和构件的截面尺寸。

结构体系几何形状的轴线尺寸是确定结构计算简图的依据。构件截面尺寸是结构分析计算中确定构件刚度和构件截面承载力计算的依据。

2）结构体系轴线尺寸的确定

现有结构的设计施工资料齐全及工程竣工验收合格时以结构设计施工图（竣工图）的相关尺寸为准。当现有结构存在以下情况时，应进行全面检测后给出相关数据：

（1）设计施工资料缺失，无法提供现有结构相关尺寸时；

（2）在使用过程中加建有新结构且无相应设计图时；

（3）使用不当或地基沉降造成结构过度变形或倾斜时；

（4）结构遭遇自然灾害，相邻位置基坑开挖、隧道开挖以及相邻建筑打桩施工等造成结构过大变形时。

3）构件截面尺寸确定

现有结构的设计施工资料齐全时，应进行抽样实测复核后确定。当遇到如下情况时，应进行全面检测后得出相关数据：

（1）对施工质量有怀疑或经抽查发现施工偏差较大时；

（2）结构遭遇到火灾、爆炸、撞击或腐蚀损伤造成构件截面减小时。

3. 现有结构构件材料强度取值

1）基本规定

原结构构件的混凝土强度等级、砌体强度等级以及受力钢筋抗拉强度标准值等应按下列规定取值：

（1）当原设计文件有效且不怀疑结构构件性能有显著退化现象时，可采用原设计参数。

（2）当结构可靠性鉴定给出现场检测结果时，应采用检测结果得出的推定值。

2）材料强度现场检测的基本要求

当需要从原结构、构件中检测其材料的强度时，除应按该类材料的现场检测标准要求选择检测和方法和抽样数量外，尚应遵守下列规定：

（1）受检构件应随机地取自同一主体（同批）。

（2）按检测结果推定单个受检构件材料强度值时，应按取最小值确定。

（3）按检测结果推定同类（同批）材料强度标准值时，应按下列方法计算确定：

① 当受检构件仅 2～3 个时，取其最小终值为材料强度标准值。

② 当受检构件数量 $n \geqslant 4$ 时，材料强度标准值（f_k）按下式确定：

$$f_k = m_f - k \cdot s \tag{2.1-1}$$

式中 m_f——按 n 个试件算得的材料强度平均值；

s——按 n 个试件算得的材料强度标准差；

k——与材料强度标准值计算系数，由表 2.1-1 查得。

材料强度标准值计算系数 k 值（$\alpha = 0.05$）　　表 2.1-1

c	n									
	4	5	6	7	10	15	20	25	30	50
0.99	—	—	5.409	4.73	3.739	3.102	2.807	2.632	2.516	2.296
0.90	3.957	3.4	3.092	2.894	2.568	2.329	2.208	2.132	2.08	1.965
0.75	2.68	2.463	2.336	2.25	2.103	1.991	1.933	1.895	1.869	1.811
0.60	2.102	2.005	1.947	1.908	1.841	1.79	1.764	1.748	1.736	1.712

注：1. α 为正态概率分布的下分位数；当材料强度标准值所要求的保证率 95%时，取 $\alpha = 0.05$；

2. c 为检测加固材料性能所取的置信水平（置信度）；对钢材取 $c = 0.90$；对混凝土和木材取 $c = 0.75$；对砌体取 $c = 0.6$。

2.1.3 结构上的荷载及荷载效应组合

1. 设计荷载

使结构产生内力或变形的因素称为“作用”，有直接作用和间接作用之分。施加在结构上集中力或分布力的集合定义为直接作用（又称为荷载）；外加变形或约束变形也会使结构内部出现应力和应变，即定义为间接作用。地震作用、温度变形、基础差异沉降、混凝土的收缩徐变等均属于间接作用。

为了适应多种极限状态的不同需求，根据荷载的统计分析概念结果，荷载的代表值分类如下：

1）荷载标准值

荷载标准值是荷载的基本代表值。

（1）永久荷载标准值

对于永久荷载（例如结构自重）标准值可通过结构尺寸和材料的重力密度确定。

（2）可变荷载标准值

对于可变荷载标准值，应将实际作用（荷载）按随机变量考虑，采用数理统计方法确定出已知设计基准期的最大荷载概率分布的某一分位值即作为可变荷载标准值。我国的《建筑结构荷载规范》GB 50009—2012 给出了建筑工程设计的荷载标准值。

2）荷载准永久值

准永久值是在结构设计中，正常使用极限状态下考虑荷载的长期效应的组合的荷载代表值。准永久值一般按照设计基准期 T 内荷载达到和超过总持续时间 T_q 与 T 的比值为 0.5 时的数值。设 Ψ_q 表示准永久值折减系数：

$$\Psi_q = 荷载准永久值/荷载标准值 \tag{2.1-2}$$

根据现有的统计，按偏于安全地取整和简化，式中 $\Psi_q<0.5$，《建筑结构荷载规范》GB 50009—2012 给出了相应取值。

3）荷载频遇值

对可变荷载，在设计基准期内其超越的总时间为规定的较小比率或超越频率为规定频率的荷载值。

2. 结构可靠性验算及加固改造设计的荷载值确定

1）结构上的荷载

作用于结构上的荷载标准值应根据调查或检测结果核实确定。

（1）当调查和检测的荷载标准值高于《建筑结构荷载规范》GB 50009—2012 的规定时，应采用调查或检测结果值。当施工荷载过大时，宜采取措施减小施工荷载。

（2）当调查和检测的荷载标准值低于《建筑结构荷载规范》GB 50009—2012 的规定时：①结构可靠性（安全性和使用性）验算的荷载标准值按规范采用；②结构加固设计计算中的基本雪压值、基本风压值和楼面活荷载的标准值在规范的规定基础上根据目标使用年限乘以表 2.1-2 规定的修正系数进行折减。

基本雪压、基本风压及楼面活荷载的修正系数 **表 2.1-2**

目标使用年限	10 年	20 年	30～50 年	备注
基本雪压或风压	0.85	0.95	1.0	中间值可按线性内插法确定；目标使用年限小于 10 年按 10 年取值
楼面活荷载	0.85	0.90	1.0	

注：对工业建筑进行可靠性鉴定时，楼面荷载按实确定（不折减），基本雪压和风压，在目标使用年限为 10 年时修正系数改为 0.9。

2）结构构件的自重

结构构件自重标准值应根据构件和连接的实际尺寸，按《建筑结构荷载规范》GB 50009—2012 给出的构件或连接的材料单位自重标准值计算确定：

（1）对难以实测的某些连接构造的尺寸，可按结构详图估算。

（2）当规范中给出的材料或构件单位自重标准值有上下限时，如果其效应对结构不利，则取上限值；如有利（例如验算抗倾覆、抗滑移、抗浮起等），则取下限值 。

（3）当遇到下列情况之一时，材料和构件的自重标准值应按现场抽样称量确定：

① 现行国家标准尚无规定。

② 自重变异较大的材料或构件，如现场制作的保温材料、混凝土薄壁构件等。

③ 有理由怀疑材料或构件自重的原设计采用值与实际情况有显著出入。

（4）现场抽样检测材料或构件自重的试样数量，不应少于 5 个。当按检测的结果确定材料或构件自重的标准值时，应按下式计算：

$$g_{k,sup}=m_g\pm\frac{t}{\sqrt{n}}s_g \tag{2.1-3}$$

式中 $g_{k,sup}$——材料或构件自重的标准值；

m_g——试样称量结果的平均值；

s_g——试样称量结果的标准差；

n——试样数量；

t——考虑抽样数量影响的计算系数，按表 2.1-3 采用。

计算系数 t 值 **表 2.1-3**

n	t 值	n	t 值	n	t 值	n	t 值
5	2.13	8	1.89	15	1.76	30	1.70
6	2.02	9	1.86	20	1.73	40	1.68
7	1.94	10	1.80	25	1.71	≥60	1.67

注：1. 当其效应对结构不利时，式（2.1-3）中取“+”号；

2. 当其效应对结构有利时，式（2.1-3）中取“−”号；

3. 对非结构的构配件，或对支座沉降有影响的构件，当其自重效应对结构有利时，应取其自重标准值 $g_{k,sup}=0$。

3. 荷载效应组合值

实际结构上总是同时承受着好几种荷载，通常情况下，除了恒载之外其他荷载在设计基准期内不可能同时全部出现最大值，所以存在组合问题。

针对所考虑的极限状态，应对可能同时出现的各种荷载进行荷载效应组合，求得组合后结构上的总效应。考虑到荷载出现的变化特征、荷载出现的可能性和荷载作用的不同方向性，可能会出现多种组合，应取所有可能组合中最不利的一组作为该极限状态的设计依据。

计算荷载效应组合设计值 S 时用到的相关作用效应的分项系数和组合值系数，应按《建筑结构荷载规范》GB 50009—2012 的规定取值。

2.1.4 结构构件现有结构抗力的确定

结构构件的抗力与其材料的力学性能、截面尺寸、受力模式以及计算方法有关。由于材料性能的随机性、截面尺寸和计算模式的不定性，构件的抗力是随机变量，只有采用概率论的方法分析才能得到抗力的平均值与标准差，进而可计算得出抗力的可靠指标和可靠度（失效概率）。

结构抗力分为承载能力极限状态下的承载力设计值和正常使用极限状态下结构构件应达到的规定限值。

1. 构件承载力设计值 R

设 R_k 为结构构件的承载力标准值，$\gamma_{R\alpha}$（大于 1）为承载力分项系数，则承载力设计值：

$$R=R_k/\gamma_{R\alpha} \tag{2.1-4}$$

也可表示为：

$$R=R(f\cdots,\alpha_k\cdots)/\gamma_{R\alpha} \tag{2.1-5}$$

式中 $\gamma_{R\alpha}$——承载力模型不定性参数，静力设计时取 $\gamma_{R\alpha}=1.0$；抗震设计时用抗震调整

系数 γ_{RE} 代替 $\gamma_{R\alpha}$；

f——材料的强度设计值（已考虑相应的分项系数）；

α_k——几何参数的标准值。

相关规范给出了不同受力构件承载力设计值的计算方法和公式。

2. 结构构件达到正常使用要求的限值

设 C 为结构达到正常使用要求的规定的变形、裂缝宽度、应力及自振频率等限值。各类结构构件的限值可查相关的规范要求获得。

2.1.5 结构分析与校核

1. 结构分析与校核的基本概念

结构分析是指结构荷载效应的计算，结构校核是指将结构荷载效应组合与结构抗力进行承载能力极限状态的比较校核和正常使用极限状态的比较校核。抗震设防的结构构件加固设计，除满足承载力和正常使用极限状态要求外，还应复核其抗震能力，不应存在因局部加强或加固后刚度突变而使结构出现薄弱部位。

2. 计算模型

结构分析与校核所采用的计算模型应符合结构的实际受力和构造情况，计算模型采用的各种近似假定和简化应有理论和试验依据，确保计算精度符合工程设计的要求。

3. 结构分析方法

一般情况下采用弹性分析方法，对连续梁板结构可考虑塑性内力重分布的调整，对复杂结构宜采用弹塑性分析的方法。当采用结构减隔震技术时，可采用结构抗震性能设计方法。

结构分析所采用的方法应满足下列要求：

1）静力平衡条件和变形协调条件。

2）节点约束条件和边界约束条件。

3）采用合理的材料本构关系或构件单元的受力-变形关系。

2.1.6 极限状态的表达式

1. 承载能力极限状态

对于承载能力极限状态，按荷载效应的基本组合，设计表达式如下：

$$\gamma_o S \leqslant R \tag{2.1-6}$$

式中 γ_o——结构重要性系数；

S——荷载效应组合的设计值；

R——结构构件抗力的设计值。

基本组合情况下设计值 S 应取下列组合值中的最不利值：

1）由可变荷载效应控制的组合，这里分别以不同的可变荷载效应为控制其组合最不利者逐次计算，选取其中最不利的荷载效应组合为设计依据。

2）由永久荷载效应控制的组合。

2. 正常使用极限状态

对正常使用极限状态，应根据不同的设计要求采用荷载（效应）的标准组合、永久组合或准永久组合，设计表达式如下：

$$S \leqslant C \tag{2.1-7}$$

式中　C——结构或构件达到正常使用要求的规定限值，例如变形、裂缝、振幅、加速度、应力等限值。

2.2　现场调查与结构损伤检测技术

2.2.1　现场调查及检测

1. 基本情况调查和工程资料收集

建筑结构检测工作中的现场调查和有关资料的收集是非常重要的。了解建筑结构和收集有关资料不仅有利于较好地制定检测方案，而且有助于确定检测的内容和重点。现场调查主要是了解被检测建筑结构的现有缺陷、使用期间的加固维修情况、使用功能变化及荷载变更等情况，同时应和委托方探讨确定检测的目的、内容和重点。其主要调查的工作内容为：

1）收集被检测建筑结构的设计图纸、设计变更、施工记录、施工验收和工程地质勘查等资料。

2）调查被检测建筑结构现状缺陷、环境条件、使用期间的加固维修情况、使用功能变化及荷载变更等情况。

3）走访有关人员并核实相关信息。

4）进一步明确委托方的检测目的和具体要求，并了解是否已进行过检测。

2. 砌体结构外观质量调查与检测

1）砌筑质量检测

砌筑构件体的砌筑质量检测可分为砌筑方法方式调查，灰缝质量、砌体偏差和留槎及洞口等项目检测。采取剔凿表面抹灰的方法检测时，应检测上、下错缝内外搭砌等是否符合要求。灰缝质量检测可分为灰缝厚度、灰缝饱满程度和平直程度等项目，其中灰缝厚度的代表值应按 10 皮砖砌体高度折算。灰缝的饱和程度和平直程度按《砌体结构工程施工质量验收规范》GB 50203—2011 规定的方法进行检测。

2）砌体结构的构造检测

砌体结构的构造检测包括砌筑构件的高厚比、梁垫、壁柱、预制构件的搁置长度，大型构件端部的锚固措施、圈梁、构造柱或芯柱设置、砌体局部尺寸和拉结钢筋等项目。

（1）砌体中拉结筋的间距和长度，可采用钢筋磁感应测定仪和雷达测定仪进行检测，检测时，首先将探头在纵横墙交接处或构造柱边缘附近的墙体水平移动，以确定拉结筋的长度。应取 2～3 个连续测量值的平均值作为拉结筋的间距和长度代表值。拉结筋的直径应采用直接抽样测量的方法检测。

（2）圈梁、构造柱或芯柱的设置，可通过测定钢筋状况判定；其尺寸可采用剔除表面抹灰的方法实测；圈梁、构造柱或芯柱的混凝土施工质量，可按混凝土的相关方法进行检测。

（3）构件的高厚比，其厚度值应取构件厚度的实测值。

（4）跨度较大的屋架和梁支承面下的垫块和锚固措施，可采取剔除表面抹灰的方法检测。

（5）预制钢筋混凝土板的支承长度，可采用剔凿楼面面层及垫层的方法检测。

（6）砌体砌块的灌孔率可采用超声对测的方法检测，灌孔后的砌体超声声速明显大于灌孔前的砌体超声声速，通过密布超声测点，可以检查砌体砌块的灌孔率。

3）砌体结构裂缝的检测

砌体结构裂缝的检测应遵守下列规定：对于结构或构件上的裂缝，应凿除砌体表面粉刷层后，测定裂缝的位置、裂缝长度、裂缝宽度和裂缝的数量；必要时应分析砌筑方法、留槎、洞口、线管及预制构件对裂缝的影响；对于仍在发展的裂缝应设置观测点并定期观测，记录裂缝发展速度的数据。

将结构或构件上的裂缝实际情况，翻样到记录纸上，得到裂缝的分布特征和形状特点示意图。可以拍摄照片和摄像，以便对裂缝原因进行分析。裂缝宽度检测主要用 10～20 倍放大镜、裂缝对比卡及塞尺等工具。裂缝长度可用钢卷尺测量，裂缝不规则时，可分段测量。裂缝深度可用极薄的钢片插入进行检测，也可钻芯或用超声仪进行检测。

裂缝的定期观测可以采用粘贴石膏饼法，将厚度 10mm 左右、宽 50～80mm 的石膏饼牢固地粘贴在裂缝处，定期观测石膏饼的裂缝出现和发展情况；也可采用粘贴应变片测量变形是否发展。

3. 混凝土构件外观质量与裂缝调查与检测

1）外观质量缺陷调查及检测

混凝土构件外观缺陷包括蜂窝麻面、孔洞、露筋、掉角及爆裂等，可采用目测、尺量以及摄影等方法检测。建筑结构工程质量检测时应对全部构件进行外观质量检测。混凝土构件外观缺陷，分为一般缺陷和严重缺陷。

混凝土内部缺陷或浇筑不密实区域的检测，可采用超声法、冲击反射法等非破损方法，必要时可采用钻芯法等局部破损方法对非破损的检测结果进行验证。采用超声法检测混凝土内部缺陷时，可参照《超声法检测混凝土缺陷技术规程》CECS 21—2000 的规定执行。

2）裂缝调查及检测

结构或构件裂缝的调查与检测，应包括裂缝的位置、形式、走向、长度、宽度、深度、数量，裂缝内有无盐析、锈水等渗出物，裂缝表面的干湿度，裂缝周围材料的风化剥离情况等。采用结构或构件的裂缝展开图和照片、录像等形式进行裂缝记录。

裂缝长度采用尺量，裂缝宽度采用裂缝刻度放大镜、裂缝对比卡测量等方法测量。同一条裂缝沿长度裂缝宽度是不同的，检测时应量测并记录裂缝的最大宽度。

裂缝的性质分为稳定裂缝和活动裂缝两种。采用超声法检测或局部凿开检查裂缝深度，必要时可钻取芯样予以验证。活动裂缝又称发展裂缝，应进行定期观测，活动裂缝的观测方法为在裂缝上做出标记，定期用裂缝刻度放大镜记录其变化，也可骑缝贴石膏锁定观测裂缝发展变化。

4. 钢筋配筋与锈蚀检测

1）钢筋间距和保护层厚度检测

钢筋的位置和保护层厚度采用磁感仪和雷达仪检测。磁感仪是应用电磁感应原理检测混凝土中钢筋间距、混凝土保护层厚度及直径的方法。雷达仪是通过发射和接收到的毫微秒级电磁波来检测混凝土中钢筋间距、混凝土保护层厚度的方法。

磁感仪的基本原理是根据钢筋对仪器探头所发出的电磁场的感应强度来判定钢筋的位置和深度，磁感仪有多种型号，早期的磁感仪采用指针指示，目前常用的数字显示或成像显示，利用随机所带的软件，可将图像传送至计算机，通过打印机输出图像。当混凝土保护层厚度为 10～50mm 时，应用校准试件来校准，电磁感应法钢筋探测仪的混凝土保护层厚度检测误差不应大于±3mm。

雷达仪是利用雷达波（电磁波的一种）在混凝土中的传播速度来推算其传播距离，判断钢筋位置及保护层厚度。雷达仪也有多种型号，多数为国外生产，近年来国内厂家也在研制，近期将投入市场。雷达法可以成像，宜用于结构构件中钢筋间距的大面积扫描检测，当检测精度满足要求时，也可用于钢筋混凝土保护层厚度检测。

2）钢筋直径检测

采用以数字显示的钢筋探测仪来检测钢筋的公称直径。采用校准试件，要求钢筋探测仪钢筋公称直径的检测误差小于±1mm。当检测误差不能满足要求时，应以剔凿实测结果为准进行修正。建筑结构常用的钢筋外形有光圆钢筋和螺纹钢筋，钢筋直径是以 2mm 的差值递增的，螺纹钢筋以公称直径来表示，因此对于钢筋公称直径的检测，要求检测仪器的精确度要高，如果误差超过 2mm 则失去了检测的意义。由于钢筋探测仪容易受到邻近钢筋的干扰而导致检测误差的增大，因此当误差较大时，应剔凿钢筋保护层，实测钢筋直径。

钢筋的公称直径检测采用剔凿的方法进行修正时，剔凿的数量不应少于 30％待测钢筋数量且不应少于 3 处。剔凿的时候不得损坏钢筋，实测采用游标卡尺量测，根据游标卡尺的测量结果，可通过相关的钢筋产品标准查出对应的钢筋公称直径。

3）钢筋锈蚀检测

混凝土结构中钢筋生锈需要有水和氧气与金属作用并发生电化学反应。钢筋锈蚀后，钢筋截面积减小，锈蚀物体积膨胀 2～4 倍，使钢筋与混凝土的粘结力降低，锈蚀产生的膨胀力还会引起混凝土顺筋裂缝，严重时造成保护层剥落。

检测钢筋锈蚀的方法有剔凿法、取样法、自然电位法和综合分析判定法。

（1）剔凿法

凿开混凝土保护层，用钢丝刷刷去浮锈，用游标卡尺测量钢筋剩余直径，主要量测钢筋截面缺损部位的钢筋直径，以此计算钢筋截面损失率。

（2）取样法

取样可用合金钻头、手锯或电焊截取，样品的长度视测试项目而定，若需测试钢筋的力学性能，样品应符合钢材试验要求，仅测定钢筋锈蚀量的样品其长度可为直径的 3～5 倍。将取回的样品端部锯平或磨平，用游标卡尺测量样品的实际长度，在氢氧化钠溶液中通电除锈。将除锈后的试样放在天平秤上称出残余质量，残余质量与该种钢筋公称质量之比即为钢筋的剩余截面率。当已知锈前钢筋质量时，取锈前质量与称量质量之差来衡量钢筋的锈蚀率。

（3）自然电位法

自然电位法是利用检测仪器的电化学原理来定性判断混凝土中钢筋锈蚀程度的一种方法，当混凝土中的钢筋锈蚀时，钢筋表面便有腐蚀电流，钢筋表面与混凝土表面间存在电位差，电位差的大小与钢筋锈蚀程度有关，运用电位测量装置，可大致判断钢筋锈蚀的范围及其严重程度。

钢筋锈蚀状况的电化学测定可采用极化电极原理的检测方法，测定钢筋锈蚀电流和测定混凝土的电阻率，也可采用半电池原理测定钢筋的电位。

（4）综合分析判定方法

综合分析判定方法，检测的参数可包括裂缝宽度、混凝土保护层厚度、混凝土强度、混凝土碳化深度、混凝土中有害物质含量以及混凝土含水率等，根据综合情况判定钢筋的锈蚀状况。

5. 钢结构表面缺陷及损伤检测

1）构件表面缺陷的检测

构件的表面缺陷可用目测或10倍放大镜检查。如怀疑有裂缝等缺陷，可采用磁粉和渗透等无损检测技术进行检测。

（1）磁粉检测原理及方法

借助外加磁场将待测工件（只能是铁磁性材料）进行磁化，被磁化后的工件上若不存在缺陷，则它各部位的磁特性基本一致且呈现较高磁导率，而存在裂纹、气孔或非金属物夹渣等缺陷时，由于它们会在工件上造成气隙或不导磁的间隙，它们的磁导率远远小于无缺陷部位的磁导率，致使缺陷部位的磁导率大大增加，磁导率在此产生突变，工件内磁力线的正常传播遭到阻隔，根据磁连续性原理，这时磁化场的磁力线就被迫改变路径而逸出工件，并在工件表面形成漏磁场。利用磁粉或其他磁敏感元件，就可以将漏磁场给予显示或者测量出来，从而分析判断出缺陷的存在与否及其位置和大小。

将铁磁材料的粉末撒在工件上，在有漏磁场的位置磁粉就被吸附，从而形成显示缺陷形状的磁痕，能比较直观地检出缺陷。

（2）渗透检测原理及方法

将一根内径很细的毛细管插入液体中，由于液体对管子内壁的润湿性不同，就会导致管内液面的高低不同，当液体的润湿性强时，则液面在管内上升高度较大，这就是液体的毛细现象。

液体对固体的润湿能力和毛细现象作用是渗透检测的基础。实际检测时，首先将具有良好渗透力的渗透液涂在被测工件表面，由于润湿和毛细作用，渗透液便渗入工件上开口型的缺陷当中，然后对工件表面进行净化处理，将多余的渗透液清洗掉，再涂上一层显像剂，将渗入并滞留在缺陷中的渗透液吸出来，就能得到被放大的缺陷的清晰显示，从而达到检测缺陷的目的。

渗透检测可同时检出不同方向的各类表面缺陷，但是不能检出非表面缺陷以及用于多孔材料的检测。渗透检测的效果主要与各种试剂的性能、工件表面光洁度、缺陷的种类、检测温度以及各工序操作经验水平有关。

2）连接的检测

钢结构事故往往出在连接上，故应将连接作为重点对象进行检查。

连接板的检查包括：①检测连接板尺寸（尤其是厚度）是否符合要求；②检查其平整度；③测量因螺栓孔等造成实际尺寸的减小量；④检测有无裂缝、局部缺损等损伤。

对于螺栓连接，可用目测、锤敲相结合的方法检查，并用扭力扳手（当扳手达到一定的力矩时，带有声、光指示的扳手）对螺栓的紧固性进行复查，尤其对高强度螺栓的连接更应仔细检查。此外，对螺栓的直径、个数、排列方式也要逐一检查。

对于焊接连接，可用超声探伤仪或射线探测仪检测焊缝缺陷。焊缝的缺陷种类有裂纹、气孔、夹渣、未熔透、虚焊、咬边、弧坑等。在对焊缝的内部缺陷进行探伤前应先进行外观质量检查。

（1）焊缝外观质量检查

焊缝外形尺寸一般用焊缝检验尺测量。焊缝检验尺由主尺、多用尺和高度标尺构成，可用于测量焊接母材的坡口角度、间隙、错位以及焊缝高度、焊缝宽度和角焊缝高度。

焊缝表面不得有裂纹、焊瘤等缺陷。

（2）焊缝内部缺陷的超声波探伤和射线探伤

碳素结构钢应在焊缝冷却到环境温度后，低合金结构钢应在完成焊接 24h 以后，进行焊接探伤检验。钢结构焊缝探伤的方法有超声波法和射线法。《钢结构工程施工质量验收标准》GB 50205—2020 规定，设计要求全焊透的一、二级焊缝应采取超声波探伤进行内部缺陷的检验，超声波探伤不能对缺陷做出判断时，应采取射线探伤，其内部缺陷分级及探伤方法应符合现行国家标准《焊缝无损检测　超声检测　技术、检测等级和评定》GB/T 11345—2013 或《焊缝无损检测　射线检测　第 1 部分：X 和伽马射线的胶片技术》GB/T 3323.1—2019 的规定。

6. 木结构的损伤检测外观质量调查与检测

1）木材（构件）缺陷检测

圆木和方木结构缺陷可分为木节、斜纹、扭纹、干缩裂缝、髓心和腐朽等；胶合木结构有翘曲、顺弯、扭曲和脱胶等；轻型木结构缺陷有扭曲、横弯和顺弯等。对承重用的木材或结构构件的缺陷，需要逐根进行检测。

木材木节的尺寸，可用精度为 1mm 的卷尺量测，对于不同木材木节尺寸的量测应符合下列规定：①方木、板材、规格材的木节尺寸，按垂直于构件长度方向量测。木节表现为条状时，可量测较长方向的尺寸，直径小于 10mm 的活节可不量测。②原木的木节尺寸，按垂直于构件长度方向量测，直径小于 10mm 的活节可不量测。木节的评定，应按《木结构工程施工质量验收规范》GB 50206—2012 的规定执行。

斜纹的检测，在方木和板材两端各选 1m 材长量测三次，计算其平均倾斜高度，以最大的平均倾斜高度作为其木材的斜纹的检测值。对原木扭纹的检测，在原木小头 1m 材上量测三次，以其平均倾斜高度作为扭纹检测值。

胶合木结构和轻型木结构的翘曲、扭曲、横弯和顺弯，可采用拉线与尺量的方法或用靠尺与尺量的方法检测；检测结果的评定可按《木结构工程施工质量验收规范》GB 50206—2012 的相关规定进行。

木结构的裂缝和胶合木结构的脱胶，可用探针检测裂缝的深度，用裂缝塞尺检测裂缝的宽度，用钢尺量测裂缝的长度。

2）尺寸偏差检测

木结构的尺寸与偏差可分为构件制作尺寸与偏差和构件的安装偏差等。木结构构件尺寸与偏差的检测数量，应根据实际情况确定。木结构构件，包括桁架、梁（含檩条）及柱的制作尺寸，屋面木基层的尺寸应以设计图纸要求为准，偏差应为实际尺寸与设计尺寸的偏差。

3）木结构连接检测

木结构的连接可分为胶合、齿连接、螺栓连接和钉连接等检测项目。当对胶合木结构的胶合能力有疑义时，可通过对试样木材胶缝顺纹抗剪强度试验来检测胶合能力。

螺栓连接或钉连接可按下列方法检测：

（1）螺栓和钉的数量与直径，直径可用游标卡尺量测；

（2）被连接构件的厚度，用尺量测；

（3）螺栓或钉的间距，用尺量测；

（4）螺栓孔处木材的裂缝、虫蛀和腐朽情况，裂缝用塞尺、裂缝探针和尺量测；

（5）螺栓、变形、松动、锈蚀情况，观察或用卡尺量测。

4）木材腐朽的检测

可用尺子量测腐朽的范围，腐朽的深度可用除去腐朽层的方法量测。当发现木材有腐朽现象时，宜对木材的含水率、结构的通风设施、排水构造和防腐措施进行核查或检测。对于受损构件要采取相应的处理措施。

2.2.2　材料力学性能检测技术

1. 材料性能现场检测的基本原则

结构材料力学性能检测结果是进行结构鉴定和加固设计计算的主要依据。现场检测的方法很多，这些方法的适用范围、测试程度以及操作难易程度等均有差别。结构材料力学性能检测应遵循如下基本原则：

1）应根据材料力学性能检测原因确定监测的范围、内容并制定合理的现场检测工作方案。

2）同一检测项目有多种方法可供选择时，应根据结构状况和现场条件选择相应的方法。在精度相当，操作可能条件下，宜选择对结构构件无损伤或损伤较小的方法。当检测方法对结构构件有一定损伤时，宜选择在受力较小的部位进行检测。

3）对同一种检测方法既有国家标准、行业标准，又有地方标准时，检测的基本原则、操作要求和检测结果的评价方法应按国家或行业标准执行；检测数据处理及判定曲线（例如测强推定曲线等）应按先地方标准、后行业标准或国家标准的顺序为判定依据，因为地方标准更符合当地工程的实际情况。

2. 混凝土抗压强度现场检测

1）现场检测获得的混凝土强度推定值的含义

混凝土结构设计参数是依据混凝土强度等级取值的，通过现场检测可提供结构混凝土检测龄期相当于边长为150mm立方体试件抗压强度特征值的推定值。依据该推定值确定混凝土的强度等级并查《混凝土结构设计标准》GB/T 50010—2010（2024年版）第4.1节中相关表格得出混凝土的轴心抗压强度标准值和设计值、轴心抗拉强度标准值和设计值以及弹性模量等。

当检测所推定的值在混凝土强度等级之间时，可以采用线性插值法确定混凝土的轴心抗压、抗拉强度等级标准值和设计值以及弹性模量。

2）现场检测的抽样数量

混凝抗压强度现场检测方法有单个构件检测、抽样检测和全数检测三种方法：①仅对具体构件混凝土强度检测时，可采用单个构件检测方式分别检测。②当需要采用抽样方式进行批量检测时，宜随机抽取样本。随机抽样时检验批最小样本容量按表 2.2-1 的规定确定。当不具备随机抽样条件时，可按待定方法抽取样本。③除委托方要求外，一般不进行全数检测。但是，对按计数抽样方法判定为不合格的检验批应进行全数检测。

检验批最小样本容量 **表 2.2-1**

样本容量		2～8	9～15	16～25	26～50	51～90	91～150	151～280	281～500	501～1200
检验类别及样本最小容量	A	2	2	3	5	5	8	13	20	32
	B	2	3	5	8	13	20	32	50	80
	C	3	5	8	13	20	32	50	80	125

注：1. 检测类别 A 适用于施工质量的检测；检测类别 B 适用于结构质量和结构性能的检测；检测类别 C 适用于结构质量和结构性能的严格检测或复检；
2. 无特别说明时，样本单位为构件。

3）混凝土强度现场检测方法

结构混凝土强度的现场检测方法可分为三种类型：

第一种方法称为局部破损法，它以在不严重影响结构构件承载能力的前提下，在结构构件上直接进行局部破坏试验或直接取样，将试验所得的值换算成特征强度，作为检测结果。属于半破损法的有钻芯法、拔出法、射钉法、剪压法等，目前钻芯法和拔出法使用较多，我国已制订相应的《钻芯法检测混凝土强度技术规程》JGJ/T 384—2016、《拔出法检测混凝土强度技术规程》CECS 69—2011 等技术规程。

第二种方法称为非破损法，它以某些物理量与混凝土强度之间的相关性为基本依据，在不破坏结构混凝土的前提下，测出混凝土的某些物理特性，并按相关关系推算出混凝土的特征强度作为检测结果。属于非破损法的主要有回弹法、超声脉冲法、超声回弹综合法、射线法等。其中回弹法及超声回弹综合法已被广泛用于工程检测，我国已制订相应的《回弹法检测混凝土抗压强度技术规程》JGJ/T 23—2011、《超声回弹综合法检测混凝土抗压强度技术规程》T/CECS 02—2020 等技术规程。此外，贵州、江苏、山东、陕西等地还结合本地区的特点制定地方规程。

第三种方法是局部破损法与非破损法的配合使用的综合法。综合法可提高检测效率和检测精度，因而受到工程界的广泛欢迎。

混凝土强度检测一般要根据工程具体情况选择适合的检测方法，确定科学的检测方案。

3. 砌体结构材料力学性能检测

砌体结构材料力学性能检测是工程结构检测的主要内容。《砌体工程现场检测技术标准》GB/T 50315—2011 编制组在对全国各有关单位选送的 15 种检测方法进行验证性考核后，确认并推荐了十种方法，如表 2.2-2 所示。

1）检测方法分类

根据检测内容来分有如下 4 类：

（1）砌体抗压强度检测方法

这类方法有原位轴压法和扁顶法。

（2）砌体抗剪强度检测方法

砌体力学性能检测方法适用范围及特点 **表 2.2-2**

序号	方法名称	适用范围	优点	缺点	测点数量及位置要求
1	原位轴压法	砌体抗压强度 240mm 厚砖墙	(1)测试结果可综合反映结构材料及施工质量的影响； (2)现场直接测试，直观性和可比性较强	(1)对砌体有局部损伤； (2)仅适用于 240mm 厚普通砖墙； (3)测试设备较重	(1)同一墙体上测点不宜多于 1 个，当确定需多于 1 个时，其水平净距不小于 2.0m； (2)测试部位宜选在墙体中部距楼地面 1m 左右的高度，槽间砌体每侧的墙体宽度应不小于 1.5m
2	扁顶法	(1)砌体抗压强度； (2)砌体的工作应力； (3)砌体的弹性模量	(1)测试结果可综合反映结构材料及施工质量的影响； (2)现场直接测试，直观性和可比性较强； (3)设备较轻； (4)测试内容多	(1)对砌体有局部损伤； (2)扁顶重复使用率较低； (3)当砌体的强度较高或太低时，难以测出抗压强度	(1)同一墙体上测点不宜多于 1 个，当确定需多于 1 个时，其水平净距不小于 2.0m； (2)测试部位宜选在墙体中部距楼地面 1m 左右的高度，槽间砌体每侧的墙体宽度应不小于 1.5m
3	原位单剪法	砌体抗剪强度	(1)测试结果可综合反映结构材料及施工质量的影响； (2)现场测试不许换算系数，直观性较强	(1)对砌体有局部损伤； (2)因为有了现浇钢筋混凝土传力，使测试时间拖长	(1)测点数量受窗洞中数量限制，每洞口下最多为 1 个测点； (2)测试位置为洞口下 2～3 皮砖范围内
4	原位单砖双剪法	砌体抗剪强度	(1)综合反映结构材料及施工质量的影响； (2)设备较简单，直观性较强	(1)对砌体有局部损伤； (2)砂浆强度低于 5.0MPa 时不宜采用	(1)可根据需要布置几个测点； (2)测点位置不应设在洞口边
5	推出法	砌筑砂浆抗压强度	(1)综合反映结构材料及施工质量的影； (2)设备较简单； (3)直观性较强	(1)对砌体有局部损伤； (2)当水平灰缝的砂浆饱满度低于 65%时，本方法不宜采用	(1)可根据需要布置几个测点； (2)测点应均匀布置在墙上，并避开洞口
6	筒压法	砌筑砂浆抗压强度	(1)属取样检测，现场取样操作简单； (2)可评定多品种砌筑砂浆； (3)可测定任意位置的砂浆强度	(1)直观性较差； (2)现有换算公式仅适用于普通烧结砖	(1)测点数量可根据需要确定； (2)每一测区距墙表面 20mm 以内的水平灰缝中凿取 4kg 砂浆片，砂浆片(块)的最小厚度大于 5mm； (3)每一检测单元内不应少于三个测区
7	砂浆片剪切法	砌筑砂浆抗压强度	(1)取样检测现场工作量较小； (2)试验工作较简单	(1)直观性较差； (2)需专用设备	测点数量可根据需要确定

续表

序号	方法名称	适用范围	优点	缺点	测点数量及位置要求
8	回弹法	砌筑砂浆抗压强度	(1)属无损检测; (2)操作简单	(1)当砌筑砂浆强度低于2.0MPa时,本方法不适用; (2)需专用设备	(1)测位数量可根据需要确定; (2)测位宜选在承重墙上,且面积不小于$0.3m^2$
9	点荷法	砌筑砂浆抗压强度	(1)属无损检测; (2)操作简单	当砌筑砂浆强度低于2.0MPa时,本方法不适用	测点可根据需要确定
10	射钉法	砌筑砂浆抗压强度	(1)属无损检测; (2)操作简单	(1)当砌筑砂浆强度低于2.0MPa时,本方法不适用; (2)需专用设备	(1)测点应在同一墙体的两面对应布置; (2)测点数量可根据需要确定

这类方法有原位单剪法和原位单砖双剪法两种。

(3) 砌体砌筑砂浆强度检测方法

这类方法有推出法、筒压法、砂浆片剪切法、回弹法、点荷法和射钉法。

(4) 砌体工作应力及弹性模量的检测方法

这类方法有扁顶法。

2) 各种检测方法的适用范围及特点

《砌体工程现场检测技术标准》GB/T 50315—2011中推荐的十种方法，因测试内容有所不同，采用的设备基本上是专用设备，使用上各有优缺点，所以在实际运用过程中，应根据工程的需要来选择合适的检测方法。

4. 钢筋和钢材力学性能检测

本节的钢筋主要指混凝土构件中的钢筋，钢材则是指钢结构、钢木结构以及组合结构中的钢材。

力学性能包括材料强度、伸长率、应力-应变关系、弹性模量等。

钢材检测方法主要有三种：①现场取样，送试验室做拉伸试验的方法，通过试验确定材料力学性能；②表面硬度法，即直接测试钢材上的布氏硬度，通过有关公式计算钢材强度；③化学分析法，即通过化学分析测量出钢材中有关元素的含量，然后代入有关公式可求出钢材强度。

5. 木材力学性能检测

木材力学性能可分为抗弯强度、抗弯弹性模量、顺纹抗剪强度、顺纹抗压强度等检测项目。

结构检测时，需要确定木材的强度等级。当木材的材质或外观与同类木材有显著差异时或树种和产地判别不清时，可取样检测确定木材的力学性能。

2.2.3　结构性能试验

结构性能试验方法，是指通过施加试验荷载并测试结构的变形发展、裂缝发展来评定结构的承载能力和变形能力的试验方法，具体而言，可分为现场荷载试验和极限荷载试验方法。当对结构的承载能力或变形能力有怀疑，或者是结构的使用功能（荷载）发生变化，或者是存在缺陷的结构经过加固后，常常需要进行现场荷载试验确定结构的承载能力和变形能力。

现场荷载试验可分为独立构件试验和结构体系共同作用试验。独立构件试验时要尽量将其与相关结构分离开来。现场试验的荷载是以重物、水或液压加载。

1. 试验准备

现场荷载试验的被检构件混凝土龄期不得少于28d。试验构件和结构部位的选择，取决于现场试验的要求、构件的相对重要性、结构上不同部位荷载的性质及支承试验构件的结构部位的可靠性。

1）被试验构件应尽可能地与其相邻的构件分隔开，一般可采用锯切法来分割。但采用这种方法费用很高，操作麻烦，且在许多情况下试验后的恢复工作很困难。对于预应力多孔板结构，可以采取将板缝间混凝土凿除的方法分割。当被试验构件的分割有困难时，可按图2.2-1的方式布置荷载。

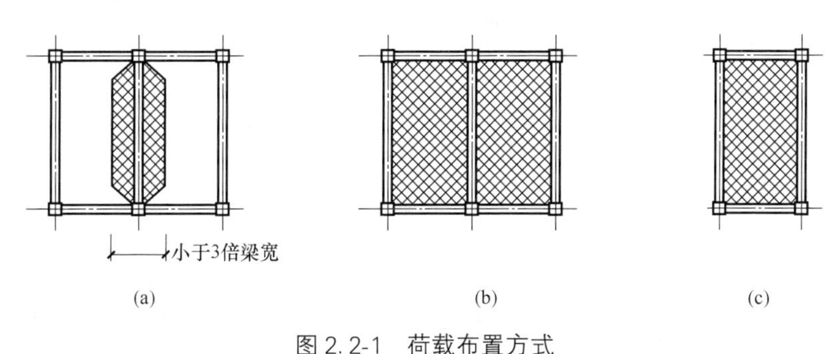

图2.2-1 荷载布置方式

（a）梁单独试验；（b）梁板同时试验；（c）板单独试验

2）应考虑被检构件支座的可靠性，以保证试验结果的准确性和试验过程的安全性。

3）搭设安全支撑，以保证在被检构件出现意外破坏时，试验人员及仪器安全。支撑的搭设高度要以保证构件坍塌变形时能及时撑住，在正常试验过程中又不妨碍被检构件的自由变形为原则。支撑还应有足够的承载能力，要求承受可能倒塌的构件的重量及全部试验荷载。

2. 仪器及布置

现场荷载试验主要是进行变形测量和裂缝观察。变形测量常用的仪器为百分表或千分表，裂缝观察可用刻度放大镜或裂缝卡。百分表（或千分表）布置在支座和跨中部位并固定于一个独立的刚性支座上。如果用脚手架来固定百分表（或千分表）时，要采取措施，保证测量人员站到脚手架上以后，不致影响仪表的读数。百分表量程的选择，应根据预估构件变形来确定，尽量避免试验过程中重调百分表。百分表（千分表）的安装，应当使测量人员测读方便，同时使仪表在试验过程中尽量少受到干扰。当构件变形较大、普通的机械仪表无法测量时，可把一个标尺固定在试验构件上，用水平仪进行监测。

3. 试验荷载及荷载分级

1）试验荷载确定

试验荷载标准值按下式确定：

$$Q_s = G_k + Q_k \tag{2.2-1}$$

式中　Q_s——试验荷载标准值（正常使用短期荷载检验值）；

G_k——永久荷载标准值（包括自重）；

Q_k——可变荷载标准值。

2）荷载分级

荷载为分级施加，每级荷载 $0.2Q_s$，每级荷载加载后持荷 15min。在持续时间内应仔细观察并记录裂缝的出现和开展情况。持续时间结束后，观察并记录构件的变形值。加载至 Q_s 值后持续 24h（恒载），观察裂缝及变形情况。其后仍按 $0.2Q_s$ 一级逐级卸载。同时，继续观察记录变形及裂缝情况。

4. 试验过程

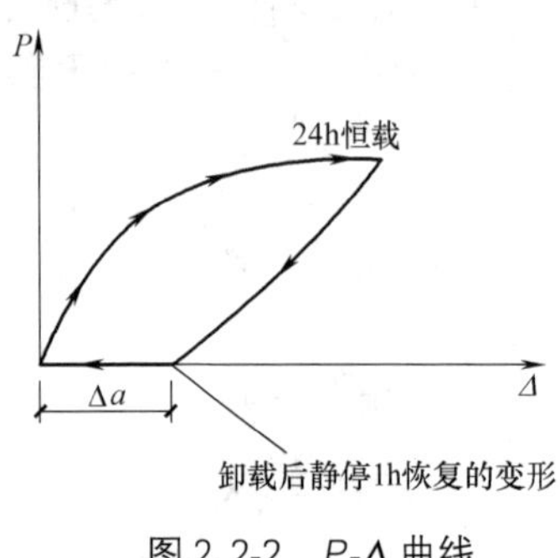

图 2.2-2　P-Δ 曲线

现场荷载试验的过程可通过荷载-变形曲线来反映，图 2.2-2 是一根梁的荷载-变形曲线。

由图 2.2-2 中曲线可发现，试件在恒载阶段出现了徐变效应，卸载阶段反映了恢复力特征。因为试验构件的恢复力不可能立即达到，因此卸载阶段出现了某些非线性特征。曲线还反映了残余变形的情况。

5. 试验结果分析评定

1）跨中挠度试验值

跨中挠度试验值可按下式计算确定：

$$a_t = a_q + a_j \tag{2.2-2}$$

式中　a_t——全部荷载（包括自重）作用下的构件跨中挠度试验值；

a_q——外加试验荷载作用下构件跨中的挠度实测值；

a_j——构件自重产生的跨中挠度值。

式（2.2-2）中的 a_q 和 a_j 根据试验过程测试结果进行分析计算确定，见式（2.2-3）和式（2.2-4）。

$$a_q = v_m - \frac{1}{2}(v_l + v_r) \tag{2.2-3}$$

$$a_j = (M_g / M_b) \times a_b \tag{2.2-4}$$

式中　v_m——外加荷载作用下构件跨中的位移实测值；

v_l、v_r——外加试验荷载作用下构件左、右支座沉陷位移实测值；

M_g——构件自重产生跨中弯矩；

M_b——从外加荷载至构件出现裂缝的前一级荷载为止的外加荷载值产生的跨中弯矩；

a_b——从外加试验荷载开始至构件出现裂缝的前一级荷载为止的外荷载产生的跨中挠度实测值。

2）裂缝观测

（1）板裂缝观测及记录

板裂缝观测包括板底跨裂缝和板面连座裂缝，测量裂缝宽度、长度并绘制裂缝图。

（2）梁的裂缝观测及记录

对正截面裂缝，应测量构件受拉主筋处的裂缝宽度；对斜截面裂缝，应测量构件腹部斜裂缝的宽度。应绘制裂缝展开图，标注最大裂缝宽度值、开裂部位及裂缝长度等。

3）残余变形分析

残余挠度百分率 η 按下式计算：

$$\eta=(\Delta a/a_{max})\times 100\% \tag{2.2-5}$$

式中　Δa——卸载并静停 1h 后的跨中残余挠度；

a_{max}——恒载 24h 后的跨中挠度值。

4）结果评定

当试验结果满足下列三个判断式之一时，可评定该构件能承受标准荷载，否则需做更进一步试验检验或对结构进行加固。

（1）跨中挠度

$$a_t\leqslant[a_s] \tag{2.2-6}$$

式中　a_t——跨中挠度实测值；

$[a_s]$——构件短期挠度允许值，按《混凝土结构设计规范》GB 50010—2010（2015年版）的规定取值。

（2）裂缝宽度

$$\omega_{s,max}\leqslant[\omega_{max}] \tag{2.2-7}$$

式中　$\omega_{s,max}$——试验构件最大裂缝宽度实测值；

$[\omega_{max}]$——构件最大裂缝宽度允许值，按《混凝土结构设计规范》GB 50010—2010（2015 年版）中的规定取值。

（3）残余变形

$$\eta\leqslant 15\% \tag{2.2-8}$$

式中　η——残余变形百分率计算值。

2.2.4　工程结构变形的检测技术

1. 建筑物的倾斜观测

选择需要观测倾斜的建筑物阳角作为观测点。通常情况下须对四个阳角均进行倾斜观测综合分析，才能反映整幢建筑物的倾斜情况。

1）所用仪器

建筑物倾斜观测所用的主要仪器是经纬仪。

2）经纬仪位置的确定

经纬仪位置（A，B，C，D）如图 2.2-3 所示，其中要求经纬仪至建筑物间距大于建筑物高度（$L>H+H'$）。

3）倾斜数据测读

如图 2.2-4 所示，瞄准墙顶一点 M，向下投影得一点 N，然后量出水平距离 a。另外，以 M 点为基准，采用经纬仪量出角度 α。

4）结果整理

根据垂直角 α 可按下式算出高度 H：

$$H=L\times\tan\alpha \tag{2.2-9}$$

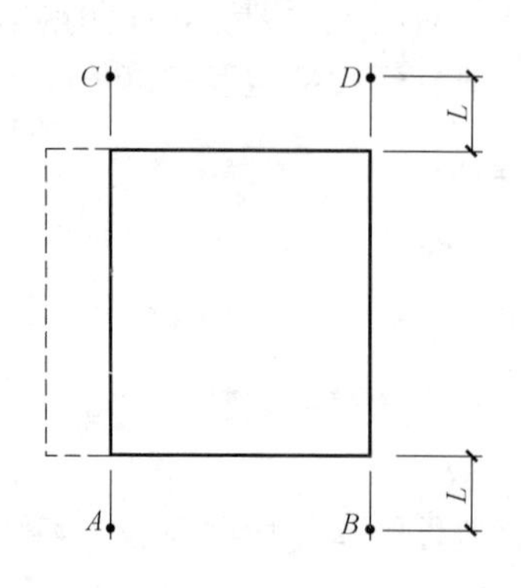

图 2.2-3　经纬仪位置图

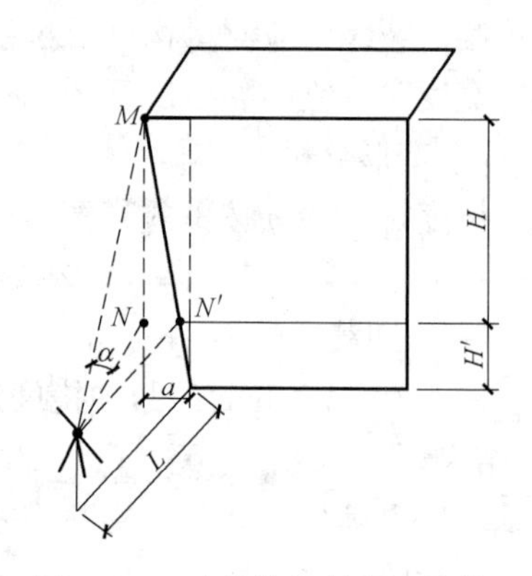

图 2.2-4　建筑物倾斜程度计算图

则建筑物的倾斜度 i：

$$i=a/H \tag{2.2-10}$$

建筑物该阳角的倾斜量 a：

$$a=i\times(H+H') \tag{2.2-11}$$

最后，综合分析四角阳角的倾斜度，即可描述整幢建筑物的倾斜情况。

2. 梁板结构现有变形的测量

测试梁板结构现有变形的常用方法有两种：

1）在梁板构件的支座之间拉紧一条细钢丝或琴弦，测量梁板跨中的钢丝或琴弦与构件的距离，将该距离减去梁板高度的制作偏差即得到构件跨中变形量。

2）采用水准仪，将标杆分别垂直地立于梁板构件的支座和跨中。通过水准仪测出同一高度时标杆上的读数，根据支座与跨中的读数对比并扣除梁板高度的制作偏差即可得出梁板构件跨中变形值。

3. 梁板高度制作偏差

梁板高度指梁的高度和板的厚度。

1）梁的高度制作偏差通过直接测量梁跨中和支座处板底至梁底的距离，然后两值相减即得。

2）板厚制作偏差则是通过在板跨中和支座处钻孔测量板厚，然后两值相减即得。

4. 建筑物沉降观测

建筑物的沉降观测包括：建筑物沉降的长期观测及建筑物不均匀沉降检测。

1）建筑物沉降的长期观测

为掌握重要建筑物或软土地基上建筑物在施工过程中沉降发展情况，及时发现有无影响建筑物安全使用的下沉现象，以便采取措施保证工程的质量和建筑物安全使用，需在一定时间内对建筑物进行连续的沉降观测。

（1）所用仪器

用于建筑物沉降观测的主要仪器为水准仪。

（2）水准点布置

在建筑物附近选择三处布置水准点，选择水准点位置的要求为：①沉降观测时间内水准点高程应无变化（保证水准点的稳定性）；②观测方便；③不受建筑物沉降的影响。

（3）观测点的布置

观测点的数目和位置应能全面反映建筑物的沉降情况。一般是沿建筑物四周 15～30m 布置一个，数量不宜少于 6 个。另外，在基础形式及地质条件改变处或荷重较大的地方也要布置测点。建筑物沉降观测的观察点一般是设在墙或柱上，用圆钢制成（图 2.2-5）。

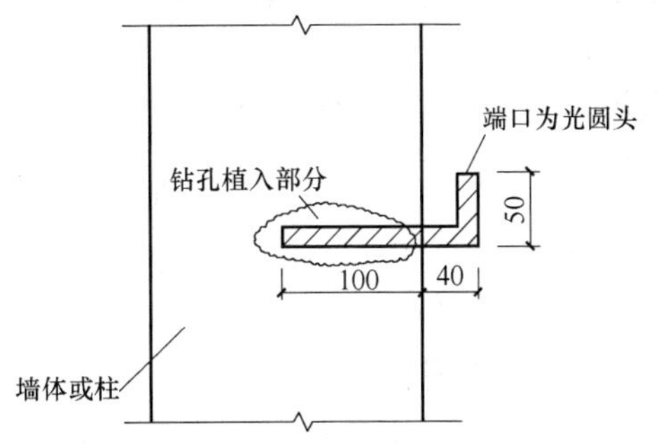

图 2.2-5 建筑物沉降观测点示意图

（4）数据测度及整理

水准测量采用闭合法。为保证测量精度，宜采用等级水准。观测过程中要做到固定测量工具，固定人员观测前应严格校验仪器。

沉降观测一般是在增加荷载（新建建筑物）或发现建筑物沉降量增加（已使用的建筑物）后开始。观测时应随记气象资料。观测次数和时间应根据具体情况确定。一般情况下，新建高层建筑或建于软土地基多层建筑物施工完一层（包括地下部分）应观测一次；工业建筑按不同荷载阶段分次观测，但施工期间的观测次数不应少于 4 次。已使用建筑物，则根据每次沉降量大小确定观测次数，一般是以沉降量在 5～10mm 以内为限度。当沉降发展较快时，应增加观测的次数，随着沉降量的减少而逐渐延长沉降观测的时间间隔，直至沉降稳定为止。

测读数据就是用水准仪及水准尺测读出各观测点的高程。水准尺离水准仪的距离为 20～30m。水准仪离前、后视水准尺的距离要相等（最好同一根水准尺）。观测应在成像清晰、稳定时进行，读完各观测点后，要回测后视点，两次同一后视点的读数差要求小于 ±1mm。将观测结果记入沉降观测记录表，并在表上计算出各观测点的沉降量和累计沉降量，同时绘制时间-荷载-沉降曲线（图 2.2-6）。

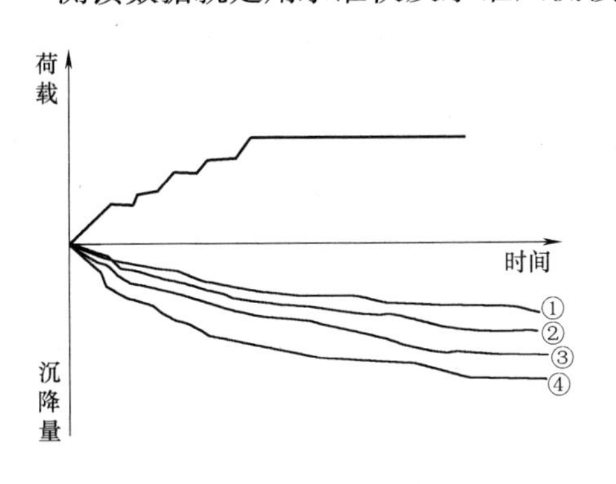

图 2.2-6 时间-荷载-沉降曲线

①～④—被测建筑物四个角沉测点编号

2）建筑物不均匀沉降检测

通过前述方法计算各观测点的沉降差，可获得建筑物的不均匀沉降情况。在实际工程中，如建筑物的不均匀沉降已经形成，则需检测建筑物的当前不均匀沉降情况。

（1）观测点选择

在对实际建筑物进行现场调查时，由于不均匀沉降已经发生，故可初步了解到建筑物不均匀沉降的情况。因此，观测点应布置在建筑物的阳角和沉降量大处，挖开覆土露出建筑物基础的顶面上。

（2）仪器布置及数据测读、整理

采用水准仪及水准尺。将水准仪布置在与两观测点等距离的地方，将水准尺置于观测点（基础顶面）。从水准仪上读出同一水平线上的读数，从而可算出两观测点的沉降差。同理可测出所有观测点中两两观测点的沉降差，汇总整理，即可得出建筑物的当前不均匀沉降情况。

2.3　结构鉴定的基本方法

2.3.1　工程结构鉴定的分类

工程结构鉴定是指通过调查检测及试验等手段获得工程结构的相关信息；通过力学分析、参数影响分析及可靠性分析等方法对工程结构构件的承载能力、抗变形能力及抗震防灾能力作出评估，进而参照相关标准规定进行鉴定评级，或参照相关设计规范进行分析给出鉴定结论和处理建议。

工程结构鉴定结论和处理建议可为工程质量事故处理、既有工程结构改造加固、既有结构抗震加固以及灾后加固处理提供技术依据。

1. 按鉴定内容分类

因工程质量问题、工程结构维修改造、工程结构使用功能变化、工程结构安全等级提高以及灾后加固处理等均需对工程结构进行鉴定。工程结构鉴定按内容分类如下：

1）工程质量及安全事故鉴定

新建工程中出现质量缺陷或出现不合格检验批时需进行结构构件或整体结构质量鉴定以确定其是否符合设计规范及施工图的要求，进而确定是否需要加固处理。

既有工程结构使用过程中出现结构构件变形过大、结构整体变形过大、结构及构件开裂破坏甚至垮塌等情况均需要通过检测鉴定找出原因，评价其安全等级并提出处理建议。鉴定时应以建造年代的施工质量验收规范和设计规范作为参考，以后需使用时间分类，以相关鉴定标准为依据；但提出处理意见或处理方案时宜参照现行的设计规范适当提高该结构的安全性和抗震能力。

2）工程结构可靠性鉴定

工程结构的可靠性鉴定包括结构的安全性鉴定、适用性鉴定和耐久性鉴定。鉴定时以现行设计规范为依据进行计算分析后按相应鉴定标准的规定评级。

（1）当工程结构遇到如下情况时需进行结构可靠性鉴定：

① 工程结构大修前或有定期检查要求的重要结构到期时；

② 工程结构使用功能升级或改变的改造前；

③ 工程结构延长设计使用年限时。

（2）当工程结构遇到如下情况时，需进行结构安全性鉴定：

① 因超载使用，违规拆改受力结构等使用不当，以及周围环境因素造成结构损伤时；

② 因灾害意外及人为故意破坏或战争等造成结构损伤时；

③ 因结构超期使用造成结构损伤时；

④ 因结构原有设计或施工质量缺陷造成结构损伤，或对结构的安全性存在怀疑时。

（3）当工程结构遇到如下情况时需进行结构适用性鉴定：

① 工程结构的日常维护或定期检查时；

② 工程结构有特殊使用要求时的专门鉴定。

3）房屋危险性鉴定

危险房屋鉴定是我国房屋安全管理过程中的特殊鉴定。危险房屋鉴定的目的是确定现有房屋的危险状态等级，为政府房屋主管部门如下工作提供依据：

（1）判定被鉴定房屋是否符合拆除要求；

（2）对危险房屋提出处理意见。

我国的《危险房屋鉴定标准》JGJ 125—2016 只用于危险房屋鉴定，而不能用于结构可靠性鉴定等其他类型的鉴定。

4）工程结构抗震鉴定

按照抗震设防要求对既有工程结构的抗震能力进行鉴定，可为工程抗震加固或采取抗震减灾措施提供依据。当工程结构遇到如下情况下需进行抗震鉴定：

（1）根据政府要求对既有工程结构进行抗震鉴定。具体分为如下两类：

① 未经抗震设计的老旧工程结构；

② 虽经过抗震设计但因为设防分类提高的重要工程结构（例如中小学校舍和医院建筑等）。

（2）既有房屋进行改造或房屋加层前。

（3）地震区划调整后设防烈度提高区域的工程结构在进行维修或装修前。

对建筑结构进行抗震鉴定的依据是《建筑抗震鉴定标准》GB 50023—2009，对桥梁结构进行抗震鉴定的依据是《铁路桥梁抗震鉴定与加固技术规范》TB 10116—1999，《公路工程抗震规范》JTG B02—2013 及《公路桥梁抗震设计规范》JTG/T 2231-01—2020。

5）灾后鉴定

工程结构遭受自然灾害（地震、火灾、风灾、洪涝灾害）、战争或恐怖破坏后需进行可靠性和抗震性鉴定处理，最常见的有地震后结构损伤鉴定和火灾后结构损伤鉴定。

（1）地震后结构损伤鉴定

地震后结构损伤鉴定是一项涉及面广的综合鉴定，目前我国已编制鉴定技术标准。鉴定工作可参照《灾损建（构）筑物处理技术规范》CECS 269—2010、《建（构）筑物地震破坏等级划分》GB/T 24335—2009 以及相关的抗震鉴定标准。

（2）火灾后结构损伤鉴定

火灾后结构损伤鉴定可参照《火灾后工程结构鉴定标准》T/CECS 252—2019 进行。

（3）风灾、雪灾后结构损伤鉴定

（4）洪涝灾害后结构损伤鉴定

2. 按鉴定工作方式分类

按鉴定的工作方式分为一般鉴定和应急鉴定。当遭遇灾害或工程质量及安全事故时应先进行应急鉴定，然后进行一般鉴定。

1）一般鉴定

一般鉴定分为初步鉴定和详细鉴定。

正常使用条件下的建筑物，由于使用年限较久性能劣化或使用功能改变，需要对建筑物结构的现状进行鉴定；即通过现场调查、检测、试验及评估分析提出鉴定报告，为建筑物的维修、改造及加固提供依据。

（1）初步鉴定

初步鉴定的目的是了解建筑物的历史和现状的情况，初步判定结构的损伤情况，为制定详细的检测鉴定工作方案提供有关依据。

（2）详细鉴定

详细鉴定的目的是通过结构质量评定和结构验算分析，为后续的维修、改造及加固设计提供可靠的资料和依据。

2）应急鉴定

地震、火灾、风灾、雪灾、洪涝灾害及工程质量安全事故后，需要进行应急鉴定。

应急鉴定主要是要求快速、直观、简单地对灾后（包括质量安全事故）建筑物进行现场调查和使用简单工具检测，依据鉴定人员的技术水平和丰富经验进行分析，快速地对灾后（包括质量安全事故）建筑物定性提出安全性鉴定意见。

应急鉴定结论主要分如下三种情况：

（1）判断建筑结构和结构构件是否基本完好，是否可在简单维修甚至不修理情况下使用。

（2）判断建筑结构和结构构件是否处于危险状态，作出是否立即拆除或立即采取安全措施的决定。

（3）处于基本完好和危险状态两种情况之外的情况，这类结构构件需要详细鉴定才能给出具体的鉴定评级。

需要指出的是对于经应急鉴定定性为介于基本完好和危险状态之间的灾损建筑，需进行详细的结构性能检测、结构受损程度及可靠性分析鉴定，即结构可靠性详细鉴定。

3）应急鉴定与详细鉴定的关系

应急鉴定从时间上要求及时，结果为定性结论，针对所鉴定的工程结构进行现场调查和采取简单工具检测后，依靠鉴定者的经验即可判断结构和构件是安全状态或处于危险状态。对于无法定性判断为安全或危险的结构，则需采取详细鉴定。此时，应急鉴定又是详细鉴定的基础。将应急鉴定与初步鉴定结合，初步了解结构的损坏情况，进而制定出详细鉴定工作方案并指导详细鉴定工作。

2.3.2　民用建筑可靠性鉴定

民用建筑可靠性鉴定是在安全性鉴定和正常使用性鉴定基础上的综合评定鉴定。

1. 民用建筑鉴定评级层次

民用建筑可靠性鉴定按照《民用建筑可靠性鉴定标准》GB 50292—2015 等相关标准进行。

安全性和正常使用性鉴定评级，按构件、子单元和鉴定单元三个层次进行。每一个层次分为四个安全性等级和三个使用性等级。将拟鉴定建筑物划分为若干个可以独立进行鉴定的区段，每一个区段为一个鉴定单元。子单元是鉴定单元中细分的单元，按地基基础、上部承重结构和围护结构划分为三个子单元。构件是子单元中可以进一步细分的基本鉴定单位，可以是单件、组合件或一个片段。构件分为主要构件和一般构件（其自身失效不会导致主要构件失效的构件）。

2. 可靠性鉴定的等级划分和工作内容

可靠性鉴定的等级划分和工作内容详见表 2.3-1。首先根据构件各检查项目评定结果确定单个构件等级，然后根据子单元各检查项目及各种构件的评定结果，确定子单元等级，再根据子单元的评定结果，确定单元等级。对于各层次的可靠性鉴定评级，应以该层次安全性和正常使用性的评定结果为依据确定。

可靠性鉴定等级划分和工作内容 **表 2.3-1**

<table>
<tr><td colspan="2">层次</td><td>一</td><td colspan="2">二</td><td>三</td></tr>
<tr><td colspan="2">层名</td><td>构件</td><td colspan="2">子单元</td><td>鉴定单元</td></tr>
<tr><td rowspan="7">安全性鉴定</td><td>等级</td><td>a_u,b_u,c_u,d_u</td><td colspan="2">A_u,B_u,C_u,D_u</td><td>A_{su},B_{su},C_{su},D_{su}</td></tr>
<tr><td rowspan="2">地基基础</td><td></td><td>按地基变形或承载力、地基稳定性(斜坡)等检查项目评定地基等级</td><td rowspan="2">地基基础评级</td><td rowspan="6">鉴定单元安全性评级</td></tr>
<tr><td>按同类材料构件各检查项目评定单个基础等级</td><td>每种基础评级</td></tr>
<tr><td rowspan="3">上部承重结构</td><td rowspan="2">按承载能力、构造不适于继续承载的位移或残损等检查项目评定单个构件等级</td><td>每种构件评级</td><td rowspan="3">上部承重结构评级</td></tr>
<tr><td>结构侧向位移评级</td></tr>
<tr><td></td><td>按结构布置、支撑、圈梁、结构间连系等检查项目评定结构整体性等级</td></tr>
<tr><td>维护系统承重部分</td><td colspan="3">按上部承重结构检查项目及步骤评定围护系统承重部分各层次安全性等级</td></tr>
<tr><td rowspan="6">正常使用鉴定</td><td>等级</td><td>a_s,b_s,c_s</td><td colspan="2">A_s,B_s,C_s</td><td>A_{ss},B_{ss},C_{ss}</td></tr>
<tr><td>地基基础</td><td></td><td colspan="2">按上部承重结构和围护系统工作状态评估地基基础等级</td><td rowspan="5">鉴定单元使用性评级</td></tr>
<tr><td rowspan="2">上部承重结构</td><td rowspan="2">按位移、裂缝、风化、锈蚀等检查项目评定单个构件等级</td><td>每种构件评级</td><td rowspan="2">上部承重结构等级</td></tr>
<tr><td>结构侧向位移评级</td></tr>
<tr><td rowspan="2">围护系统承重部分</td><td></td><td>按屋面防水、吊顶、墙、门窗、地下防水及其他防护设施等检查项目评定围护系统功能等级</td><td rowspan="2">围护系统评级</td></tr>
<tr><td colspan="2">按上部承重结构检查项目及步骤评定围护系统承重部分各层次使用性等级</td></tr>
<tr><td rowspan="4">可靠性鉴定</td><td>等级</td><td>a,b,c,d</td><td colspan="2">A,B,C,D</td><td>Ⅰ,Ⅱ,Ⅲ,Ⅳ</td></tr>
<tr><td>地基基础</td><td colspan="3" rowspan="3">以同层间安全性和正常使用性评定结果并列表达,或按《民用建筑可靠性鉴定标准》GB 50292—2015 规定的原则确定其可靠性等级</td><td rowspan="3">鉴定单元可靠性评级</td></tr>
<tr><td>上部承重结构</td></tr>
<tr><td>围护系统承重部分</td></tr>
</table>

当仅要求鉴定某层次的安全性或正常使用时，检查和评定工作可只进行到该层次相应程序规定的步骤。另外，民用建筑可靠性鉴定中还包括适修性评估，因其不影响可靠性评

级结果，所以本节未详细介绍。当需进行民用建筑适修性评估，也应按构件、子单元和鉴定单元分层进行。

3. 鉴定评级标准

1）安全性鉴定评级标准

民用建筑安全性鉴定评级标准，应按表 2.3-2 规定采用。

安全性鉴定分级标准 **表 2.3-2**

层次	鉴定对象	等级	分级标准	处理要求
一	单个构件或其他检查项目	a_u	安全性符合现行规范要求，具有足够的承载能力	不必采取措施
		b_u	安全性略低于 a_u 级要求，尚不显著影响承载能力	可不必采取措施
		c_u	安全性不符合 a_u 级要求，显著影响承载能力	应采取措施
		d_u	安全性极不符合 a_u 级要求，已严重影响承载能力	必须及时或立即采取措施

注：本表列出第一层次的 a_u、b_u、c_u、d_u 的分级标准和处理要求第二级、第三级的分级标准，可完全参照本表分级方法，区别在第二级处理要求上：A_u 级时可能有个别构件需采取的措施，B_u 级是少数构件需采取的措施，C_u 级是部分构件需采取的措施且个别构件需立即采取的措施，D_u 级是大部分或整个结构必须立即采取措施。

2）正常使用性鉴定评级标准

民用建筑正常使用性鉴定评级标准，应按表 2.3-3 规定采用。

正常使用性鉴定分级标准 **表 2.3-3**

层次	鉴定对象	等级	分级标准	处理要求
一	单个构件或其他检查项目	a_s	使用性符合现行规范要求，具有正常的使用功能	不必采取措施
		b_s	使用性略低于级要求，尚不显著影响 a_s 使用功能	可不必采取措施
		c_s	使用性不符合级要求，显著影响 b_s 使用功能	应采取措施

注：第二层次的分级标准将 a_s、b_s、c_s 改为 A_s、B_s、C_s 后参考表中方法分级，第三级改为 A_{ss}、B_{ss}、C_{ss} 后参考表中方法分级，处理要求参照表 2.3.2 附注方法修改。

3）可靠性鉴定评级标准

根据安全性鉴定和正常使用性鉴定结果进行综合评价，可不单列其评级标准，可靠性评级时按下述原则进行：

（1）当安全性等级低于 B_u 级时，结构可靠性评级应按安全性等级确定；

（2）除上述情形外，可按安全性等级和正常使用性等级中较低的一个等级确定。

2.3.3 工业建筑可靠性鉴定

1. 鉴定层次及分级

工业建筑物的可靠性鉴定评级应划分为构件、结构系统、鉴定单元三个层次，其中结构系统和构件两个层次应包括安全性等级和使用性等级规定。进而，必要时可由此综合评定其可靠性等级；安全性分四个等级，使用性分三个等级，各层次的可靠性分四个等级，并应按表 2.3-4 规定的评定项目分层次进行评定。当不要求评定可靠性等级时，可分别给出安全性和正常使用性评定结果。

工业建筑可靠性鉴定评级的层次、等级划分及项目内容 **表 2.3-4**

<table>
<tr><td>层次</td><td>Ⅰ</td><td colspan="3">Ⅱ</td><td>Ⅲ</td></tr>
<tr><td>层名</td><td>鉴定单元</td><td colspan="3">结构系统</td><td>构件</td></tr>
<tr><td rowspan="11">可靠性鉴定</td><td>一、二、
三、四</td><td rowspan="6">安全性
评定</td><td colspan="2">A,B,C,D</td><td>a,b,c,d</td></tr>
<tr><td rowspan="10">建筑物整体
或某一区段</td><td rowspan="2">地基基础</td><td>地基变形
斜坡稳定性</td><td rowspan="5">承载能力
构造和连接</td></tr>
<tr><td>承载功能</td></tr>
<tr><td rowspan="2">上部承
重结构</td><td>整体性</td></tr>
<tr><td>承载功能</td></tr>
<tr><td>围护结构</td><td>承载功能
构造连接</td></tr>
<tr><td rowspan="5">使用性
评定</td><td colspan="2">A,B,C</td><td>a,b,c</td></tr>
<tr><td>地基基础</td><td>影响上部结构正常
使用的地基变形</td><td rowspan="4">变形或偏差
裂缝
缺陷和损伤
腐蚀
老化</td></tr>
<tr><td rowspan="2">上部承
重结构</td><td>使用状况
使用功能</td></tr>
<tr><td>位移或变形</td></tr>
<tr><td>围护系统</td><td>使用状况
使用功能</td></tr>
</table>

注：1. 单个构件可按《工业建筑可靠性鉴定标准》GB 50144—2019 附录 A 划分。
2. 若上部承重结构整体或局部有明显振动时，尚应考虑振动对上部承重结构安全性、正常使用性的影响进行评定。

2. 鉴定评级标准

工业建筑可靠性鉴定的构件、结构系统、鉴定单元应按下列规定评定等级：

1）构件（包括构件本身及构件间的连接节点）

（1）构件的安全性评级标准

a 级：符合国际按现行标准规范的安全性要求，安全，不必采取措施；

b 级：略低于国家现行标准规范的安全性要求，仍能满足结构安全性的下限水平要求，不影响安全，可不采取措施；

c 级：不符合国家现行标准规范的安全性要求，影响安全，应采取措施；

d 级：极不符合国家现行标准规范的安全性要求，已严重影响安全，必须及时或立即采取措施。

（2）构件的使用性评级标准

a 级：符合国际按现行标准规范的正常使用要求，在目标使用年限内能正常使用，不必采取措施；

b 级：略低于国家现行标准规范的正常使用要求，在目标使用年限内尚不明显影响正常使用，可不采取措施；

c 级：不符合国家现行标准规范的正常使用要求，在目标使用年限内明显影响正常使用，应采取措施。

（3）构件的可靠性评级标准

a 级：符合国际按现行标准规范的可靠性要求，在目标使用年限内能正常使用或尚不明显影响正常使用，不必采取措施；

b级：略低于国家现行标准规范的可靠性要求，仍能满足结构可靠性的下限水平要求，在目标使用年限内能正常使用或尚不明显影响正常使用，可不采取措施；

c级：不符合国家现行标准规范的可靠性要求，影响安全，或在目标使用年限内明显影响正常使用，应采取措施；

d级：极不符合国家现行标准规范的可靠性要求，已严重影响安全，必须立即采取措施。

2）结构系统

结构系统的安全性评级使用性评级及可靠性评级方法均将a 、b、c、d分级改为A、B、C、D级后参考构件情况类推。

3）鉴定单元

一级：符合国际按现行标准规范的可靠性要求，不影响整体安全，在目标使用年限内不明显影响整体正常使用，可能有个别次要构件宜采取适当措施。

二级：略低于国家现行标准规范的可靠性要求，仍能满足结构可靠性的下限水平要求，尚不明显影响整体安全，在目标使用年限内不影响或尚不明显影响整体正常使用，可能有极少数构件应立即采取措施，极个别次要构件必须立即采取措施。

三级：不符合国家现行标准规范的可靠性要求，影响整体安全，在目标使用年限内明显影响整体正常使用，应采取措施，且可能有极少数构件必须立即采取措施。

四级：极不符合国家现行标准规范的可靠性要求，已严重影响整体安全，必须立即采取措施。

2.3.4 房屋结构危险性鉴定

当既有房屋结构出现承载构件承载能力、裂缝和变形不能作为安全使用要求现象时，应进行房屋的危险性鉴定。

1. 评定等级划分

房屋危险性综合评定分三个层次进行：

1）构件危险性鉴定

构件等级评定分为危险构件和非危险构件。

危险构件是指其承载能力、裂缝和变形不能作为安全使用要求的结构构件。

2）鉴定单元（房屋组成部分）危险性鉴定

鉴定单元指地基基础、上部承重结构、围护结构。鉴定单元等级评定分为a、b、c、d四个等级。

a级：无危险点（构件）；

b级：有危险点（构件）；

c级：局部危险；

d级：整体危险。

3）房屋危险性鉴定

等级评定分为A、B、C、D四个等级：

A级：结构承载能力符合正常使用要求，未发现有危险点（构件）；

B级：个别结构构件属于危险点，但不影响主体结构；

C级：部分承重结构承载能力不能符合安全使用要求，局部出现险情，构成局部危房；

D级：承重结构承载能力已不能满足安全使用要求，房屋整体出现险情，构成整幢危房。

2. 评定方法

采用多层次隶属函数法进行综合评定：

1）根据调整、查勘、监测、验算的数据资料进行分析，确定构件的危险性；

2）计算各鉴定单元的危险点的百分数，危险点的确定按结构类型的具体规定评定；

3）计算鉴定单元的隶属函数（μ_a，μ_b，μ_c，μ_d）；

4）计算房屋结构的隶属函数（μ_A，μ_B，μ_C，μ_D）；

5）最后根据隶属等级评定房屋危险等级；具体的隶属函数计算方法见《危险房屋鉴定标准》JGJ 125—2016。

3. 鉴定报告

鉴定报告包括房屋概况、鉴定目的、鉴定情况、损坏原因分析、鉴定结构（房屋危险性等级）及处理建议。

2.3.5 桥梁结构可靠性鉴定

《公路桥梁承载能力检测评定规程》JTG/T J21—2011 中对于桥梁结构的检测鉴定给出了明确的规定。

1. 一般规定

桥梁基本情况调查与检测应根据桥梁养护和运营情况，按照本规程规定之项目有针对地执行。桥梁的调查与检测工作应围绕结构构件承载能力评定这一主要目的实施。

桥梁基本情况调查内容包括桥梁的设计、施工、监理、监测、试验、养护及维修加固、桥址水文地质状况及其他历史资料等。

桥梁现场检测分为一般检查和详细检查两部分。桥梁检测应先进行一般检查，在一般检查的基础上再突出重点地进行详细检查。对于多跨或多孔桥梁，应根据一般检查情况，选择最具代表性的或最不利的桥跨进行详细检查，以评定其承载能力。桥梁检测工作一般流程如图 2.3-1 所示。

2. 桥梁基本情况调查

对需要评定的桥梁应进行实地考察，了解桥梁的基本技术状况。

搜集有关桥梁勘察设计、施工、监理和运营、养护、试验检测以及维修加固等方面的技术资料。

1）勘察设计资料

主要包括：桥位地质钻探资料及水文勘测资料、设计计算书及有关图纸、变更设计计算书及有关图纸等。

2）施工、监理、监控与竣工技术资料

主要包括：材料试验资料、施工记录、监理资料、施工监控资料、地基与基础试验资料、竣工图纸及其说明、交工验收资料、交工验收荷载试验报告、竣工验收有关资料等。

3）养护、试验检测及维修与加固资料

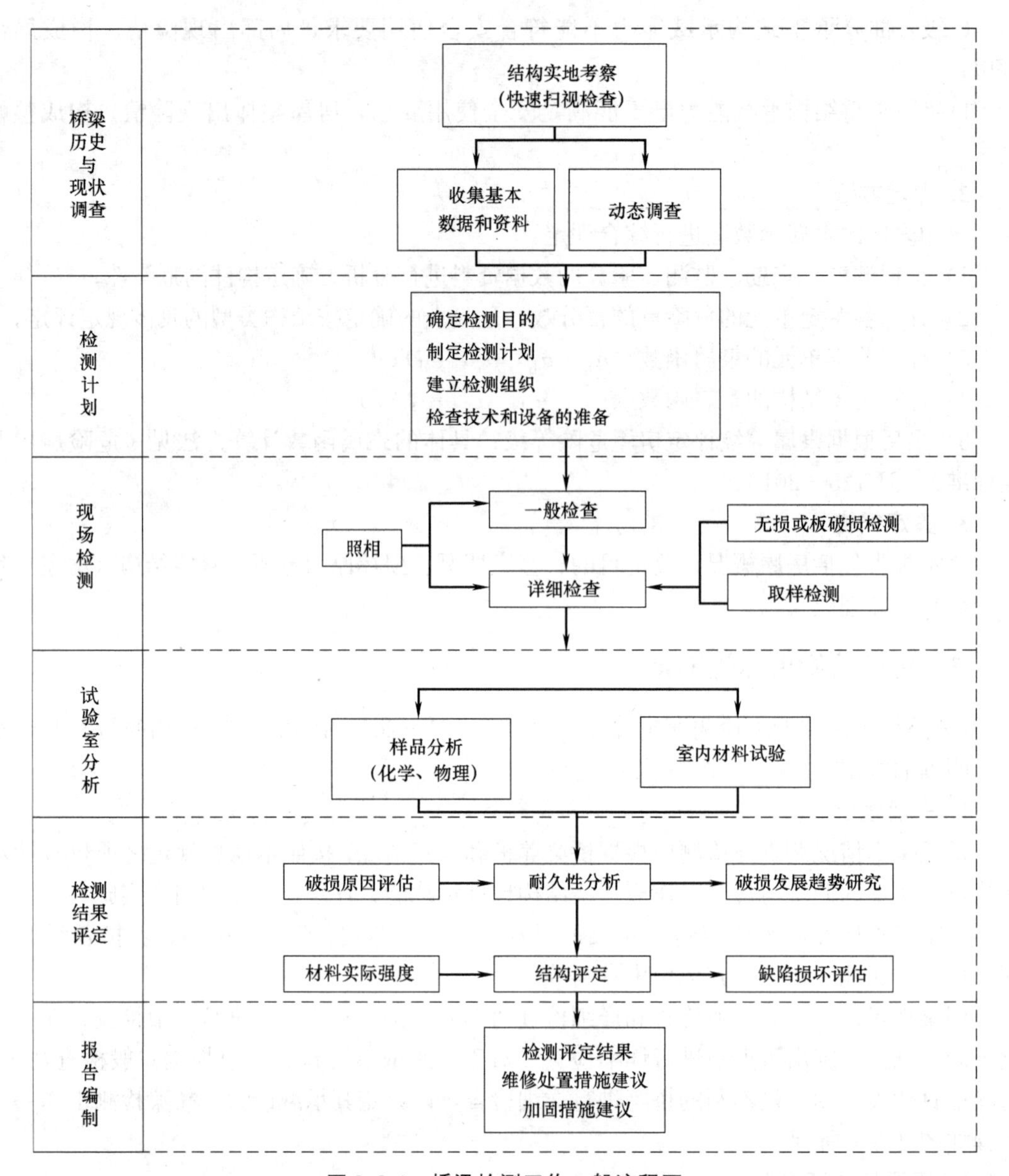

图 2.3-1 桥梁检测工作一般流程图

主要包括：桥梁检查与检测、荷载试验资料、历次桥梁维修、加固资料、历次特别事件记载资料等。

4）其他

调查了解桥梁病害史、使用中的特别事件、限重限速原因、交通状况、今后改扩建计划、水文、气候、环境等方面情况。

3. 桥梁一般检查与评定

桥梁一般检查参照《公路桥涵养护规范》JTG 5120—2021 有关桥梁检查部分规定之要点进行，检查的重点为与结构或构件承载能力有关的内容。

桥梁结构构件技术状况，分为良好状态、较好状态、较差状态、差的状态和危险状态，对应的最终评定标度值为1、2、3、4和5。

根据桥梁结构构件的检查结果，按照桥梁结构构件技术状况评定标准（表2.3-5～表2.3-9）所描述的各种状态的特征，评定出桥梁结构每一承重构件最终评定标度和技术状况。

混凝土及配筋混凝土上部结构表观缺损状况评定标准 **表2.3-5**

评定标度值	构件技术状况	评定标准
1	良好状态	①基本上完好无缺，但表面欠清洁； ②重点部位有少量裂缝，缝宽在限值范围内，间距大于50cm，缝长不足截面尺寸的1/3
2	较好状态	①有剥落、蜂窝麻面和露筋，其累计面积不到构件面积的3%； ②局部网状开裂，面积在0.5m^2以下； ③结合面开裂或有纵向裂缝，缝长小于1/8结合面长度或跨长； ④缝宽在限值范围内，缝长为1/3～1/2截面尺寸，间距大于30cm
3	较差状态	①剥落、蜂窝麻面和露筋累计面积为构件表面的3%～10%； ②钢筋锈蚀，或混凝土表面有锈迹； ③结合面开裂或有纵向裂缝，缝长为1/8～1/2结合面长或跨长； ④渗漏现象，或个别地方有钟乳石状悬挂沉积物； ⑤横向联系松动； ⑥局部网状开裂，面积为0.5～1.0m^2； ⑦缝宽在限值范围之内，间距大于20cm，缝长为截面尺寸的1/2～2/3
4	差的状态	①多处局部网状开裂，累计面积大于构件表面积10%； ②剥落、蜂窝麻面和露筋累计面积为构件表面积的10%以上； ③钢筋锈蚀剥落，或有顺主筋方向裂纹； ④结合面开裂或纵向裂缝，缝长大于1/2结合面长或跨长； ⑤严重漏水，多处有钟乳石状悬挂沉积物； ⑥横向联系严重损坏造成横向刚度明显降低； ⑦重点部位缝宽介于限值与1mm之间，缝长大于2/3截面尺寸，间距小于20cm； ⑧异常声音和振动
5	危险状态	①异常变形，如主梁跨中下挠过大、拱顶下沉等； ②横向有失稳迹象； ③裂缝大多贯通，缝宽大于1mm，间距小于10cm； ④主筋锈断； ⑤混凝土受压区出现压碎裂缝
备注	未做检查的构件其评定标度值取1	

砖石上部结构表观缺损状况评定标准 **表2.3-6**

评定标度值	构件技术状况	评定标准
1	良好状态	①基本上完好无缺； ②表面脏污或生长藓苔
2	较好状态	①砌缝中灌木、杂物丛生； ②局部砌缝灰浆脱落或横向开裂
3	较差状态	①砖石表面普遍风化，或砌缝灰浆脱落，或局部有渗漏现象； ②缝宽在限值范围内，且缝长小于1/2截面尺寸或跨长； ③局部剥落，或一般承重构件出局部砌体松动； ④一般承重构件出现异常变形，如侧墙鼓肚等

续表

评定标度值	构件技术状况	评定标准
4	差的状态	①多处出现严重渗漏,结构严重风化; ②缝宽大于限值,且缝长介于1/2～2/3截面尺寸或跨长之间; ③大面积剥落或砌体松动; ④主拱圈局部变形; ⑤个别石块脱落
5	危险状态	①缝宽大于2mm,缝长贯通截面尺寸或跨长;或发生开合现象; ②干砌拱桥出现走动变形; ③局部或相当一些石块脱落
备注	未做检查的构件其评定标度值取1	

钢结构表观缺损状况评定标准 **表2.3-7**

评定标度值	构件技术状况	评定标准
1	良好状态	涂层略有老化,表面污垢
2	较好状态	①涂层老化,脱落和膨胀面积在10%以内; ②焊接部位涂层裂纹; ③个别节点螺栓松动
3	较差状态	①涂层明显老化,脱落和膨胀面积为10%～50%; ②焊缝开裂后构件裂纹,截面削弱不到3%; ③个别次要构件出现局部异常变形; ④联结部位铆钉或螺栓损坏不足10%; ⑤表面锈蚀,截面损失在3%以下; ⑥行车稍感振动或摇晃
4	差的状态	①涂层显著老化,膨胀和脱落面积在50%以上; ②焊接开裂或构件裂纹,截面削弱3%～10%; ③个别主要构件出现异常变形; ④联结部位铆钉或螺栓损坏在10%～30%之间; ⑤表面严重锈蚀,截面损失为3%～10%; ⑥钢材变质; ⑦行车振动或摇晃明显或有异常音
5	危险状态	①焊缝开裂或构件裂纹和锈蚀剥落,截面削弱10%以上; ②较多主要构件出现异常变形,显著影响承载力; ③钢材明显变质,造成结构承载力明显降低; ④联结部位铆钉或螺栓损坏在30%以上; ⑤结构振动或摇晃显著、有不正常移动
备注	未做检查的构件其评定标度值取1	

索结构表观缺损状况评定标准 **表2.3-8**

评定标度值	构件技术状况	评定标准
1	良好状态	表面防护完好,锚头无积水,锚固区无裂缝
2	较好状态	表面防护基本完好,有细微裂缝,锚头无锈蚀,锚固区无裂缝
3	较差状态	表面防护有少数裂缝,伴有少量锈迹,锚头有轻微锈蚀,锚固区细小裂缝

续表

评定标度值	构件技术状况	评定标准
4	差的状态	表面防护普遍开裂，并有部分脱落，锚头锈蚀，锚固区有明显的受力裂缝
5	危险状态	表面防护普遍开裂，并有大量脱落，钢索裸露，钢索锈蚀严重，锚头积水锈蚀，锚固区有明显的受力裂缝，裂缝宽度大于0.2mm
备注	未做检查的构件其评定标度值取1	

下部结构表观缺损状况评定标准 **表2.3-9**

评定标度值	构件技术状况	评定标准
1	良好状态	①各部件完整，浅基防护处理效果良好； ②表面污秽，长有苔藓或植物丛生； ③少量线状短缝，宽度在限值范围之内； ④局部蜂窝麻面、剥落，深度不足1cm
2	较好状态	①局部网裂，面积不到$1m^2$或较多线状短缝；缝宽在限值范围内； ②砖石表面风化，或局部灰浆脱落； ③少数蜂窝麻面、剥落，深度不足2cm，面积不到3%； ④浅基未作防护处理，但未造成冲刷损毁
3	较差状态	①多处局部网裂，面积大于$1m^2$或大量线状短缝；缝宽超过限值； ②多处蜂窝麻面，剥落露筋，深度大于3cm，面积为2%～10%； ③砖石表面严重风化，或灰浆大量脱落； ④砌体松动，或严重漏水侵蚀，或局部鼓肚； ⑤浅基础局部侵蚀，或桥基局部有冲刷掏空迹象
4	差的状态	①表面普遍网裂；或较多线状通缝，缝宽超过限值； ②大量蜂窝麻面、剥落露筋，面积大于10%，或钢筋严重锈蚀； ③大面积砌体松动或鼓肚变形； ④桥基局部冲空或桩基有冲刷磨损现象； ⑤桩基环状冻裂，木桩腐朽或蛀蚀严重
5	危险状态	①墩台不稳定，有滑动、下沉、位移、倾斜及冻害现象； ②基础严重冲刷，20%以上基底掏空；或桩基严重冲刷磨损； ③变形大于规范控制值，或裂缝有开合现象
备注	未做检查的构件其评定标度值取1	

2.3.6 水工结构可靠性（安全性）鉴定

1. 水工结构可靠性（安全性）鉴定基本工作

水工混凝土结构可靠性鉴定的目的是按国家现行规范或合适的方法复核计算水工混凝土结构目前在各种荷载作用下的变形、强度及稳定等是否满足要求。在进行复核及安全鉴定时，有两个关键的问题：一是计算分析时采用的模型能真正反映结构的主要病害与缺陷，采用的设计参数（如混凝土弹性模量、泊松比等）真实可靠；二是结构抗力（如抗压强度、抗拉强度）应能反应结构的老化程度。目前的现场检测主要集中在对病害缺陷的普查、对浅层裂缝深度的检测、对浅层混凝土抗压强度的检测及混凝土碳化深度的检测等方面，应增加混凝土性能的深层检测，另外复核计算中所采用的混凝土的性能参数仍是原设计值，而混凝土实际性能与混凝土的老化程度有关，与温度等因素密切相关，与原设计值存在很大的差异，应进行全面分析确定出真实可靠的混凝土性能参数。因此，水工混凝土结构的安全鉴定应在下列三个方面开展工作：

1）混凝土裂缝或内部缺陷的测定。

水工结构的裂缝鉴定分为A、B、C、D四级，缺陷鉴定分为A、B、C三级，详细鉴定分类标准见第9章。

2）混凝土真实性能参数的确定。

可采用前期的监测资料确定混凝土结构总体的弹性模量、泊松比，采用钻芯法结合室内试验，确定混凝土的弹性模量、强度等。

3）安全鉴定综合评定。

水工结构的可靠性（安全性）鉴定是在裂缝及缺陷检测鉴定的基础上，采用结构材料检测结果对水工结构进行结构承载力变形复核后综合分析，给出可靠性（安全性）评定。

2. 水工结构可靠性（安全性）鉴定的分级方法

水工结构的可靠性（安全性）鉴定以裂缝结果、缺陷评级结果以及结构承载力和变形复核结果为依据进行评级（表2.3-10）。

水工结构可靠性（安全性）分级标准 **表2.3-10**

等级	分级标准	处理要求
一级	结构基本完好，或存在轻微的裂缝、缺陷，结构变形在规范的允许值范围内	不必采取处理措施
二级	存在局部裂缝和缺陷影响结构耐久性，结构变形接近规范的允许值	①进行结构裂缝和缺陷处理； ②设置变形观测点，观测时间半年以上
三级	裂缝宽度在0.2～0.4mm之间，或有渗透现象，结构缺陷在B级。经复核承载力在设计承载力90%以上，或变形值略微超过规范允许值	①进行结构裂缝和缺陷处理； ②设置变形观测点，观测时间一年以上
四级	裂缝宽度在不小于0.4mm，存在C级结构缺陷，经复核承载力在设计承载力90%以下，变形值超过规范允许值	立即进行处理

2.3.7 建筑结构抗震鉴定

1. 抗震鉴定的概念级

1）抗震鉴定的概念

抗震鉴定是指对现有建筑结构是否存在不利于抗震的构造缺陷和各种损伤而进行的“系统诊断”工作。

抗震鉴定的具体做法是根据各类建筑结构的特点、结构布置、构造和抗震承载力等因素，采用相应的逐级鉴定方法进行综合抗震能力分析，对现有建筑结构的整体抗震性能作出评价，最后给出鉴定结论。

2）现有建筑结构的后续使用年限

《建筑抗震鉴定标准》GB 50023—2009中对不同后续使用年限建筑的鉴定采用不同的抗震鉴定方法，其分类如下：

① 后续使用年限为30年的（简称A类建筑）采用该标准的A类建筑抗震鉴定方法；

② 后续使用年限为40年的（简称B类建筑）采用该标准的B类建筑抗震鉴定方法；

③ 后续使用年限为50年的（简称C类建筑）应按现行国家标准《建筑抗震设计规范》GB 50011—2010（2016年版）的要求进行抗震鉴定。

2. 抗震鉴定的两类鉴定法

我国的《建筑抗震鉴定标准》GB 50023—2009中采用了两类鉴定法。

第一级鉴定以宏观控制和构造鉴定为主进行综合评价，称为抗震措施鉴定。第二类鉴定以抗震验算为主综合构造影响进行综合评价，称为抗震承载力验算。

A类建筑抗震鉴定时，若第一级鉴定（抗震措施鉴定）的各项指标和内容满足鉴定要求时，除砌体结构、内框架和底层框架砖房需采用抗震横墙向间距和房屋宽度限值的抗震承载力简化验算后综合评定外，可直接评定为合格。

B类建筑抗震鉴定时，应在完成两级鉴定后综合分析得出评定结果。

综合分析评级的准则是：

1）当第一级（抗震措施）鉴定不满足要求而第二级鉴定的现有抗震承载力较高时，应计入构造影响系数进行综合抗震能力评定。

2）当第一级（抗震措施）鉴定满足要求，主要抗侧力构件中的抗震承载力等于或高于规定值的95%、次要抗侧力构件的抗震承载力等于或高于规定值的90%时，可评定为合格。

3. 按建筑类别确定的抗震鉴定要求及调整

1）不同设防类别建筑的鉴定要求

现有建筑按《建筑工程抗震设防分类标准》GB 50223—2008分为四类，其抗震鉴定要求如下：

（1）甲类（特殊设防类）

应专门研究其抗震鉴定要求，即按不低于乙类的抗震措施鉴定和高于本地区设防烈度的要求进行抗震验算后评定其抗震能力。

（2）乙类（重点设防类）

设防烈度为6～8度的地区，按比本地区提高一度的要求进行抗震措施鉴定。A类9度时按B类9度要求、B类9度时按C类9度要求进行抗震措施鉴定。抗震验算时按等于或高于本地区设防烈度要求进行。

（3）丙类（标准设防类）

按本地区设防烈度的要求进行抗震措施鉴定和抗震承载力验算。

（4）丁类（适度设防类）

设防烈度为7～9度地区，按比本地区降低一度的要求进行抗震措施鉴定。按比本地区设防烈度适当降低要求进行承载力验算。6度时可不作抗震鉴定。

2）场地条件、地基及基础情况对抗震鉴定要求的调整

现有建筑的抗震鉴定，以上部结构为主，而地下部分的影响也要充分注意。可根据建筑所在场地、地基和基础等有利和不利因素，做出下列调整：

（1）Ⅰ类场地上的丙类建筑，7～9度时，上部结构的构造鉴定要求，一般情况可降低一度采用。

(2) Ⅳ类场地、复杂地形、严重不均匀土层上的建筑以及同一建筑单元存在不同类型基础时，可提高抗震鉴定要求。

(3) 建筑场地为Ⅲ、Ⅳ类时，对设计基本地震加速度 $0.15g$ 和 $0.30g$ 的地区，各类建筑的抗震构造措施要求宜分别按抗震设防烈度 8 度（$0.20g$）和 9 度（$0.40g$）采用。

(4) 对全地下室、箱基、筏基和桩基等整体性能较好的基础类型，上部结构的部分抗震鉴定要求可在一定范围内适当降低，但不可全面降低。

(5) 对于密集的建筑，包括抗震缝两侧的建筑，应提高相关部位的抗震鉴定要求。

4. 抗震鉴定评级

鉴于现有建筑需要鉴定的数量很大，情况又十分复杂，需要根据实际情况对结果区别处理，使之在现有的经济技术条件下分别进行其最大可能达到的抗震防灾要求。

抗震鉴定的结果评级为合格、维修、加固、改变用途及拆除重建五个等级。

1) 合格

抗震鉴定的合格标准与建筑的后续使用年限有关，鉴定时应先选定后续使用年限后按具体要求进行逐级鉴定。满足抗震鉴定要求的评为合格。

2) 维修

综合维修处理，适用于仅有少数、次要部位局部不符合鉴定要求的情况。

3) 加固

有加固价值的建筑，包括：①无地震作用时能正常使用；②建筑虽已存在质量问题，但能通过抗震加固使其达到要求；③建筑因使用年限或其他原因（如腐蚀等），抗侧力体系承载力下降，但楼盖或支撑系统尚可利用；④建筑各局部缺陷多，但易于加固或能够加固。

4) 改变使用用途

这包括将生产车间、公共建筑改为不引起次生灾害的仓库，将使用荷载大的多层房屋改为使用荷载小的次要房屋，将使用上属于乙类设防的房屋改为使用功能为丙类设防的房屋等。改变性质后的建筑，仍应采取适当的加固措施，以达到相应使用功能房屋的抗震要求。

5) 拆除重建

无加固价值而仍需使用的建筑或在计划中近期要拆迁的不符合鉴定要求的建筑，需采取应急措施，如在单层房屋内设防护支架，烟囱、水塔周围划分为危险区，拆除装饰物、危险物及卸载等。

2.3.8　火灾后结构损伤鉴定

1. 火灾后结构损伤鉴定的特点

1) 结构损伤鉴定的含义

火灾后结构损伤鉴定主要是指结构构件的安全性鉴定，具体的检测鉴定工作就围绕“损伤”鉴定的概念进行。

2) 火灾后结构损伤鉴定的复杂性

(1) 火灾后结构损伤是非均匀的。

(2) 鉴于结构受火程度不同，各区域各楼层的火灾损伤是不同的。

(3) 同一区域或同一楼层由于火灾温度作用的不均匀性，其范围内各构件的损伤程度也是不同的。

(4) 即使同一构件，由于各部分受火作用程度不同其损伤程度也不相同。

(5) 火灾温度作用大的位置，结构损伤严重，可能会造成结构整体发生变形和位移，特别是钢结构会引起结构损伤的连锁反应。

3) 火灾后结构损伤鉴定工作主要内容

(1) 现场调查

现场勘查火灾后残留物状况，了解火灾作用过程，调查火灾前物品堆放位置，根据火灾荷载密度、可燃物特性、燃烧环境、燃烧条件、燃烧规律，分析区域火灾温度-时间曲线，也可根据材料微观特征判断受火温度。

(2) 结构构件专项检测分析

根据详细鉴定的需要，对受火与未受火的材料性能、结构变形、节点连接、结构构件承载能力等进行检测分析。

对于混凝土结构和砌体结构，应详细检测构件的破坏缺损、裂缝、变形、颜色、碳化及材料性能检测。

对于钢结构应详细检测构件的防火保护层、表层颜色、结构偏差变形、节点直接损伤以及材料性能检测。

对于结构整体应进行结构变形检测、结构尺寸复核。

(3) 结构分析与构件承载力校核

根据受火结构及构件的材料性能变化结果，几何参数变化结果，结构表面损伤、结构变形以及受力特征等进行结构分析计算和进行构件承载力校核综合比较后确定结构损伤程度。

2. 火灾温度判定

1) 火灾温度区域划分

因为火灾作用的不均匀性，建筑物各部分的火灾温度也不尽相同，所以确定火灾温度的概念定义为某温度区域内的最高温度。

火灾温度区域的划分原则为：①低温度区，$t\leqslant300$℃；②中温度区，$t=300\sim600$℃；③高温度区，$t\geqslant600$℃。

首先通过现场调查，根据现场可燃物的数量及分布、火灾蔓延方向、火灾持续时间及目测的结构受损情况对建筑物进行初步分区，进而采用检测手段确定各温度区域内的最高温度。应该指出，本节所述的火灾温度区域划分原则中的温度值仅是一种划分办法，实际工程中以此为原则，具体温度区域的温度值（最高）以实际检测结果为依据。对于高温度区，应对重要的构件给出具体的检测结果。

2) 建筑物火灾温度区域内最高温度及重要构件火灾温度判定

建筑物火灾温度的判定是一项复杂的工作，不能仅靠某种单一的方法来判定，应采用多种方法检测并根据现场调查的情况进行综合分析确定。常用的几种火灾温度判定方法介绍如下。

(1) 通过现场调查和检测，详细记录下混凝土表面的颜色，依据火灾后混凝土表面颜色判定受火温度，然后查表 2.3-11 得出混凝土构件的受火温度。

混凝土表面颜色与受火温度关系　　表 2.3-11

混凝土表面颜色	正常色	粉红色	粉红、初现浅灰白色	浅灰白色	浅灰白色、略现浅黄色	浅黄色
受火温度 t(℃)	0～300	300～500	500～600	600～800	800～900	＞900

（2）火灾后现场的残留物真实地记录了火灾时的情况。依据火灾后现场残留物的变态温度判定火灾温度，根据现场的未燃物或未烧损物品的变形等情况可确定火灾现场的受火温度。表 2.3-12 给出了部分物品的变态温度。

部分物品的变态温度　　表 2.3-12

材料	变态温度(℃)	备注	材料	变态温度(℃)	备注
木材	250	燃点温度	黄铜	900～1000	软化温度
尼龙、塑料制品	400～450	燃点温度	铸铁	1100～1200	有滴状物形成
玻璃	700～750	软化温度	银	950～960	熔化
铝合金	600～650	有滴状物形成	电风扇叶片	700	起熔点

（3）火灾的火焰作用以及火灾的高温作用均会使混凝土结构损伤，当其作用达到一定程度后可将混凝土表面烧疏。因此，根据烧疏层的厚度可确定构件的受火温度。经过 10 种火灾温度对近 1000 个混凝土试件的火灾试验和大量的试点工程实践，总结出构件受火温度与混凝土烧疏层厚度的关系，可用来判定火灾温度，见表 2.3-13。

火灾作用下混凝土烧疏层厚度与火灾温度关系　　表 2.3-13

火灾后混凝土烧疏层厚度(mm)	1～2	2～3	3～4	4～5	5～6	＞6
火灾温度(℃)	＜500	500～700	700～800	800～850	850～900	＞900

（4）电镜分析判定火灾温度。混凝土结构的结构组成在不同温度下其物相将发生不同程度的变化，这就为采用电子显微镜观察法创造了条件。用电子显微镜观察混凝土的显微结构特征，通过对显微结构特征的分析确定火灾温度的方法称为电镜分析法。

表 2.3-14 给出电镜观察的混凝土结构显微特征与火灾温度的关系。实际工程诊断时，在火灾区域内选取不同烧损程度的构件表面混凝土小块，用电子显微镜观察混凝土结构的显微特征，查表 2.3-14 可得火灾温度的判断值。

高温后混凝土在电镜下显微特征与火灾温度关系　　表 2.3-14

电镜下混凝土的显微特征	推定火灾温度(℃)
方解石集料表面光滑、平整，水泥浆体密集、连续性好	≤300
石英晶状体完整，水泥浆体中硅酸二钙开始脱水	300～400
硅酸二钙脱水，水泥石的晶状体轻微破坏，水泥浆浆体开始出现疏松，CH 晶型有缺损、破碎或裂缝	400～600
水泥浆体脱水并收缩成疏松体，CH 脱水分解，并有少量 CaO 生成	600～700
水泥浆体脱水并收缩成团聚体，浆体疏松有孔隙，有 CaO 生成并吸收空气中水分，内部结构破坏	700～800
水泥浆体成为不连续的团块状，空隙大，石英晶状体仍较完整，方解石出现不规则的小晶状体，开始分解	800～900
方解石分解成柱状，浆体脱水、收缩后空隙很大	＞900

需要指出的是，为了使判定结果更可靠，在抽取构件表面被烧损的混凝土块时应同时抽取构件内部未烧损的混凝土小块进行电镜分析，以便进行对比分析，提高判断结果的精度。

3. 火灾后结构分析与构件校核

1）结构分析和构件校核概念

火灾后结构分析主要指考虑结构构件在遭受火灾作用后，烧损构件截面发生变化、相关节点受火作用后性能变化以及受火高温作用后变形等，造成计算简图的变化因素，以结构实际作用荷载组合进行的荷载效应计算。

火灾后结构构件校核主要指考虑遭受火灾后，结构材料性能变化、直接状态变化以及结构构件外观损伤对构件承载能力的影响，将火灾后构件剩余承载力分析计算结果与火灾后荷载效应进行比较，得出承载力校核结果。

2）结构分析的实施

结构分析即是进行荷载效应计算，主要涉及如下 3 个方面：

（1）结构计算模型的确定

遭受火灾结构及构件在火灾温度作用下会发生损伤和破坏，其中结构表面的损伤会造成结构截面尺寸的减小，结构产生裂缝、爆裂等影响结构的节点受力性能，结构节点受力性能发生变化会影响结构的节点计算模式，结构产生的局部变形（基础破坏）会影响结构整体计算模式。因此应综合考虑上述因素，结合实际情况确定合理的结构计算模型。

（2）结构上荷载的确定

遭受火灾后结构上的荷载大部分被移走，部分固定设备和用具被烧坏，火灾后荷载效应计算时所考虑的荷载应按照火灾前的实际情况，考虑火灾后可能的用途改变以及荷载组合合理取值等因素来分析确定。荷载组合的极限状态选取承载力极限状态的组合，必要时应考虑地震、风载等作用的组合。

（3）结构分析方法

火灾后结构内力分析（荷载效应计算）以弹性分析为主，必要时考虑超静定性能和抗震要求等进行内力的调幅时以相关校准规范为准。

3）剩余承载力计算

结构构件的剩余承载力计算目的是用于结构构件校核以确定结构构件的损伤程度。

不同结构形式的构件火灾后构件剩余承载力的方法均不同，关键是通过检测得到火灾后结构材料力学性能变化，通过现场调查火灾后构件截面尺寸后确定计算参数。

4. 火灾后结构构件损伤评级

《火灾后工程结构鉴定标准》T/CECS 252—2019 将火灾后结构构件鉴定评级分为初步鉴定评级和详细鉴定评级。

1）初步鉴定（构造鉴定）评级标准

火灾后结构构件的构造损伤鉴定评级，应根据构件烧灼损伤、变形、开裂（或断裂）程度按下列标准评定损伤状态等级：

II_a 级：轻微或未直接遭受灼烧作用。结构材料及结构性能未受或仅受轻微影响，可不采取措施或仅采取提高耐久性的措施；

II_b 级：轻度烧灼，未对结构材料及结构性能产生明显影响，尚不影响结构安全，应采取提高耐久性或局部处理和外观修复措施；

Ⅲ级：中度烧灼尚未破坏，显著影响结构材料或结构性能，明显变形或开裂，对结构安全或正常使用产生不利影响，应采取加固或局部更换措施；

Ⅳ级：破坏，火灾中或火灾后结构倒塌或构件塌落；结构严重烧灼损坏、变形损坏或开裂损坏，结构承载力丧失或大部分丧失，危及结构安全，必须或必须立即采取安全支护、彻底加固或拆除更换措施。

注意：火灾后结构构件损伤状态不评Ⅰ级。

2）详细鉴定（承载力损伤鉴定）评级标准

火灾后结构构件承载力损伤鉴定评级，应根据检测鉴定分析结果，评为 b、c、d 级。

b 级：基本符合国家现行标准下限水平要求，尚不影响安全，尚可正常使用，宜采取适当措施；

c 级：不符合国家现行标准要求，在目标使用年限内影响安全和正常使用，应采取措施；

d 级：严重不符合国家现行标准要求，严重影响安全，必须及时或立即加固或拆除。

注：火灾后的结构构件不评 a 级。

3）火灾后结构损伤综合评级方法

通过初步调查及详细检测获得结构外观损伤情况、结构材料性能变化后进行结构分析与承载力复核，分别进行构造损伤评级和承载力损伤评级，进而进行综合评级。

综合评级原则如下：

（1）一般情况下按构造损伤评级和承载力损伤评级中评级等级的为准。

（2）当承载力损伤评为 b 级时，以构造损伤评级为标准采取相应措施。

5. 检测鉴定报告

火灾后结构损伤鉴定工作的目的不仅是给出鉴定结果，而且应给出一套详细调查成果，检测数据成果、结构性能检测成果、火灾温度区域划分、火灾后结构荷载效应分析、结构构件承载力损伤计算结果、火灾后结构损伤评级结果和建议的处理措施。因此，火灾后结构损伤鉴定工作给出的成果应是“火灾结构损伤检测鉴定报告”，其内容如下：

1）建筑、结构和火灾概况；

2）鉴定的目的、内容、范围和依据；

3）调查、检测、分析的结果（包括火灾作用和火灾影响调查检测分析结果）；

4）结构构件烧灼损伤后的评定等级；

5）结论与建议；

6）附件（各种检测数据及检测过程记录）。

2.3.9 应急鉴定方法

地震、火灾、风雪、洪涝等自然灾害或重大工程质量事故发生后，为了全面快速地掌握建（构）筑物损坏状况，使其影响程度减至最小，需要对受损建（构）筑物进行安全性应急鉴定，防止重大灾害或次生灾害的发生，为灾后重建、恢复生产提供决策依据，为快速恢复人民正常生活和财产安全提供保障。因此应急鉴定又可分为灾后应急鉴定和事故应急鉴定。

1. 地震后应急鉴定

1）震后建筑物应急鉴定等级划分

（1）划分标准的原则

因建筑物结构类型不同，其破坏方式、表现形式等均有区别，所以针对不同的结构类型划分判断标准具有科学性和合理性。

（2）等级划分

震后建筑应急鉴定破坏的等级可划分为结构基本完好状态、震后结构受损状态和震后结构危险状态。

① 震后结构基本完好状态

震后结构承重物件出现细微裂缝，但不影响结构安全使用；非承重物件存在一定损坏，但稍进行修理即可使用。

② 震后结构受损状态

震后结构承重构件出现较大裂缝，个别非承重构件明显或严重破坏，需对结构承重构件进行加固以及对非承重物件进行更换或大修。

③ 震后结构危险状态

震后结构承重构件严重破坏甚至倒塌，必要时需立即采取排险安全措施，最终进行拆除。

2）应急鉴定建筑物破坏等级判断表

表 2.3-15 列出了结构类型为砌体结构、多层框架结构、底框结构及内框架结构，震后应急鉴定的判断内容及标准。

震后应急鉴定判断标准 **表 2.3-15**

结构类型	内容	
	基本完好状态	危险状态
砌体结构	(1)承重墙体仅有少量细微裂缝(缝宽不大于 0.5mm)。 (2)非承重墙可有部分损坏,但未涉及承重体系。 (3)墙体或柱基本没有地震动变形引起的不均匀沉降。采用吊线坠等简单方法测定房屋四个阳角八个方向倾斜率均不大于 4.0‰	(1)纵横墙交接处或承重墙墙身处沿受力方向出现裂宽小于 2.0mm 或缝宽超过 1/3 的竖向裂缝。 (2)支承梁墙部墙体或柱截面因局部受压产生多条竖向裂缝或裂缝宽度已超过 1mm。 (3)墙柱因偏心受压产生水平裂缝,缝宽大于 0.5mm。 (4)墙体出现地震引起交叉裂缝且裂缝宽度达 0.5mm。 (5)因地基沉降造成的上部结构裂缝缝宽达 1mm 以上。 (6)采用吊垂线法测定房屋四个阳角八个方向倾斜出现倾斜率大于 10‰ 。若仅 1～2 处出现上述情况,可判断结构为局部危险状态,若 3 处以上出现上述问题则判断该结构为危险状态
多层框架结构	(1)框架梁柱出现裂缝宽度均不大于 0.20mm 或出现个别裂缝大于 0.20mm 但经分析为温度或收缩引起构造裂缝。 (2)因地基不均匀沉降引起倾斜不大于 4.0‰。 (3)现浇板裂缝不大于 0.2mm。 (4)预制板之间出现裂缝	(1)部分框架柱主筋压屈混凝土酥碎崩落、局部结构倒塌。 (2)框架梁跨中出现 0.5mm 以上受力裂缝或支座附近上段 0.4mm 以上的剪切裂缝。 (3)因地基不均匀沉降引起的房屋倾斜不小于 10‰。 (4)现浇板周边产生通长裂缝或板底产生交叉裂缝。 (5)预制板端部松散露筋,板端部支承出现脱落。若仅 1～2 处出现上述情况,可判断该房屋为局部危险状态,若大于等于 3 处出现上述情况可判定整个房屋为危险状态

续表

结构类型	内容	
	基本完好状态	危险状态
底框结构及内框架结构	(1)承重端基本完好,底框或内框柱梁部分出现裂缝但缝宽不大于0.2mm。 (2)现浇板裂缝均不大于0.2mm,预制板仅板缝出现裂缝。 (3)楼梯间端或非承重墙出现少量裂缝且缝宽不大于0.5mm。 (4)结构整体倾斜不大于4.0‰	(1)框架柱混凝土酥裂且主筋外露且压屈。 (2)屋架的支撑系统失效。 (3)承重墙多处明显裂缝,缝宽大于2.0mm。 (4)部分预制板端部支承出现脱落状态。 (5)房屋四角倾斜率达10.0‰

2. 质量安全事故应急鉴定

关于事故应急鉴定，主要根据结构安全性进行应急评定，分为下列4个等级：

a级：满足现行设计规范要求。

b级：略低于现行设计规范要求，但可不采取补强措施。

c级：不满足现行设计规范要求，应采取措施，或做进一步检测后决定。

d级：严重不满足现行设计规范要求，应考虑立即采取措施。

由于设计错误、原材料性能缺陷、施工质量低劣、环境条件变化、使用不当、地基不均匀沉陷等原因，往往使结构产生裂缝。建筑物的破坏往往始于裂缝。因此，如何鉴定裂缝、分析裂缝、控制裂缝是应急可靠性鉴定重要手段之一。因而应急鉴定时，可以通过外观检查，通过检查结构的外观裂缝来进行应急鉴定。一般可按受力裂缝和非受力裂缝来综合划分，如表2.3-16和表2.3-17所示。

受力裂缝宽度测定评定 **表2.3-16**

环境条件	构件类型	a	b	c	d
室内正常环境	主要屋架构件、主梁、屋面梁	≤0.15	≤0.20	≤0.30	>30
		≤0.25	≤0.30	≤0.40	>40
	一般构件	≤0.35	≤0.40	≤0.50	>50
露天或室内	主要构件	≤0.10	≤0.15	≤0.25	>25
高温环境	一般构件	≤0.15	≤0.20	≤0.30	>30

非受力裂缝宽带测定评定 **表2.3-17**

检查项目	构件类型	a	b	c
主筋锈蚀产生的主筋方向的裂缝	主要构件	无裂缝	无裂缝	>0.1
	次要构件	无裂缝	≤0.2	>0.2
热胀冷缩等作用产生的裂缝	主要构件	≤0.3	≤0.4	>0.4
	次要构件	≤0.6	≤0.6	>0.6

3. 其他应急鉴定

除地震灾害外，火灾、风灾、雪灾、洪涝灾害也是严重危及建筑物安全的自然灾害。对于这些灾害的应急鉴定工作仍然是以判断危险构件和基本受损构件为主。当然，此时的应急相对于地震后应急紧迫程度和范围有所减少。相应的工作介于工程质量事故应急鉴定与地震后应急鉴定之间，可参考前述方法。

2.4 结构加固设计的基本理论

2.4.1 结构加固的概念

1. 结构加固分类

结构加固分为安全性加固、耐久性加固和抗震加固三类。

安全性加固是指对静力加载作用下的单个构件、局部部位及整体结构的加固。

耐久性加固是指对结构构件存在的影响结构耐久性的缺陷进行修补处理或提高结构使用年限的加固措施。

抗震加固是指对不符合抗震鉴定要求的结构采取加固措施。

2. 结构加固的主要原因分析

1）地震、火灾、风灾、撞击、海啸以及洪涝灾害等造成结构损伤后，对受损结构构件采取加固措施，恢复原有的结构功能。关于地震灾害需特别指出的是，除了结构构件震后损伤加固外，更关注现有结构的抗震能力是否符合抗震鉴定标准的要求，对不满足抗震鉴定要求的结构及构件应采取抗震加固措施。

2）结构服役自达到了设计使用年限后的期望，使用的结构应采取加固措施满足安全性和耐久性的要求。

3）因设计失误施工质量问题或使用环境的不利作用（潮湿、腐蚀、施工影响等）造成结构无法满足使用要求而采取加固措施。

4）因使用功能升级、改变用途增加荷载及加层改造等造成的结构补强或加固。

5）因相关设计规范改版升级要求提高，现有结构装修或改造时必须参考新的标准规范要求而进行结构加固。

2.4.2 结构承载力加固设计的基本规定

1. 结构分析方法

加固设计采用的结构分析方法。以采用线弹性分析方法计算结构的作用效应为主，必要时可采用塑性分析方法进行补充。

2. 极限状态验算

结构加固计算时，应进行承载能力极限状态和正常使用极限状态的设计和验算。

1）结构上的作用，应经调查或检测核实。

2）被加固结构、构件的作用效应，应按下列要求确定：

（1）结构的计算图形，应符合其实际受力和构造状况；

（2）作用组合的效应设计值和组合值系数以及作用的分项系数，应按现行国家标准《建筑结构荷载规范》GB 50009—2012 确定，并应考虑由于实际荷载偏心、结构变形、温度作用等造成的附加内力。

3）结构、构件的尺寸，对原有部分应根据鉴定报告结果综合分析确定。

4）原结构、构件的材料强度等级应按下列规定取值：

(1) 当原设计文件有效，且不怀疑结构有严重的性能退化时，可采用原设计的标准值；

(2) 当结构可靠性鉴定认为应重新进行现场检测时，应采用检测结果推定的标准值。

5）加固材料性能的标准值应按现行国家标准《工程结构加固材料安全性鉴定技术规范》GB 50728—2011 确定。

6）验算结构构件承载力时，应考虑原结构在加固时的实际受力状况，包括加固部分应变滞后的影响，以及加固部分与原结构共同工作程度。

7）加固后改变传力路线或使结构质量增大时，应对相关结构、构件及建筑物地基基础进行必要的验算。

8）抗震设防区结构、构件的加固，除应满足承载力要求外，尚应复核其抗震能力；不应存在因局部加强或刚度突变而形成新薄弱部位。

9）结构承载力加固方法可用于结构的抗震加固，但具体采用时，尚应在设计、计算和构造上执行国家标准《建筑抗震加固技术规程》JGJ 116—2009 的规定。

2.4.3 结构抗震加固设计的基本规定

结构抗震加固中除满足承载力加固的基本原则外，还应满足如下规定：

1. 现有建筑抗震加固的设计原则

1）加固方案应根据抗震鉴定结果经综合分析后确定，分别采用房屋整体加固、区段加固或构件加固，加强整体性、改善构件的受力状况、提高综合抗震能力。

2）加固或新增构件的布置，应消除或减少不利因素，防止局部加强导致结构刚度或强度突变。

3）新增构件与原有构件之间应有可靠连接；新增的抗震墙、柱等竖向构件应有可靠的基础。

4）加固所用材料类型与原结构相同时，其强度等级不应低于原结构材料的实际强度等级。

5）对于不符合鉴定要求的女儿墙、门脸、出屋顶烟囱等易倒塌伤人的非结构构件，应予以拆除或降低高度，需要保持原高度时应加固。

2. 抗震加固的方案、结构布置和连接构造

1）不规则的现有建筑，宜使加固后的结构质量和刚度分布较均匀、对称。

2）对抗震薄弱部位、易损部位和不同类型结构的连接部位，其承载力或变形能力宜采取比一般部位增强的措施。

3）宜减少地基基础的加固工程量，多采取提高上部结构抵抗不均匀沉降能力的措施，并应计入不利场地的影响。

4）加固方案应结合原结构的具体特点和技术经济条件的分析，采用新技术、新材料。

5）加固方案宜结合维修改造、改善使用功能，并注意美观。

6）加固方法应便于施工，并应减少对生产、生活的影响。

3. 地震作用计算和抗震验算

现有建筑抗震加固设计时，地震作用和结构抗震验算应符合下列规定：

1）当抗震设防度为 6 度时（建造于Ⅳ类场地的较高的高层建筑除外），以及木结构和土石墙房屋，可不进行截面抗震验算，但应符合相应的构造要求。

2）加固后结构的分析和构件承载力计算，应符合下列要求：

（1）结构的计算简图，应根据加固后的荷载、地震作用和实际受力状况确定；当加固后结构刚度和重力荷载代表值的变化分别不超过原来的10%和5%时，应允许不计入地震作用变化的影响；在条状突出的山嘴、高耸孤立的山丘、非岩石的陡坡、河岸和边坡边缘等不利地段，水平地震作用应按现行国家标准《建筑抗震设计规范》GB 50011—2010（2016年版）的规定乘以增大系数1.1～1.6。

（2）结构构件的计算截面面积，应采用实际有效的截面面积。

（3）结构构件承载力验算时，应计入实际荷载偏心、结构构件变形等造成的附加内力，并应计入加固后的实际受力程度、新增部分的应变滞后和新旧部分协同工作的程度对承载力的影响。

（4）当采用楼层综合抗震能力指数进行结构抗震验算时，体系影响系数和局部影响系数应根据房屋加固后的状态取值，加固后楼层综合抗震能力指数应大于1.0，并应防止出现新的综合抗震能力指数突变的楼层。采用设计规范方法验算时，也应防止加固后出现新的受剪承载力突变的楼层。

（5）采用现行国家标准《建筑抗震设计规范》GB 50011—2010（2016年版）的方法进行抗震验算时，宜计入加固后仍存在的构造影响，并应符合下列要求：

对于后续工作年限40年以上的结构，材料性能设计指标、地震作用、地震作用效应调整、结构构件承载力抗震调整系数均应按国家现行设计规范、规程的有关规定执行；对于后续工作年限少于40年的结构，即现行国家标准《既有建筑鉴定与加固通用规范》GB 55021—2021规定的A、B类建筑结构，其设计特征周期、原结构构件的材料性能设计指标、地震作用效应调整等应按现行国家标准《建筑抗震鉴定标准》GB 50023—2009的规定采用，结构构件的“承载力抗震调整系数”应采用下列“抗震加固的承载力调整系数”替代：

A类建筑，加固后的构件仍应依据其原有构件按现行国家标准《建筑抗震鉴定标准》GB 50023—2009规定的“抗震鉴定的承载力调整系数”值采用；新增钢筋混凝土构件、砌体墙体可仍按原有构件对待。

B类建筑，宜按现行国家标准《建筑抗震设计规范》GB 50011—2010（2016年版）的“承载力抗震调整系数”值采用。

2.4.4 常用加固技术

1. 增大截面法

增大截面法是用增大结构构件或构筑物截面面积进行加固的一种方法。它不仅可以提高被加固构件的承载能力，而且还可加大其截面刚度，改变其自振频率，使正常使用阶段的性能在某种程度上得到改善。这种加固方法广泛用于加固混凝土结构中的梁、板、柱和钢结构中的柱、屋架（补焊型钢）以及砖墙、砖柱（增设砖或混凝土扶壁柱或混凝土围套）等。但采用这种方法会减小使用空间。

2. 外包钢加固法

外包钢加固法是一种在结构构件（或杆件）四周包以型钢进行加固的方法，分干式外包钢和湿式外包钢两种形式。这种方法可以在基本不增大构件截面尺寸的情况下提高构件承载力，增大延性和刚度，适用于混凝土柱、梁、屋架和砖窗间墙以及烟囱等结构构件和构筑物的加固。但这种方法用钢量较大，加固维修费用较高。

3. 预应力加固法

预应力加固法是一种采用外加预应力钢绞线或撑杆，对结构进行加固的方法。这种方法可在几乎不改变使用空间的条件下，提高结构构件的正截面及斜截面承载力。预应力能消除或减缓后加杆件的应力滞后现象，使后加杆件有效地工作。预应力产生的负弯矩可以抵消部分荷载弯矩，减小原构件的挠度，缩小原构件的裂缝宽度，甚至可使裂缝完全闭合。因此，预应力加固法广泛用于混凝土梁、板等受弯构件以及混凝土柱（用预应力顶撑加固）的加固。此外，还可用于钢梁及钢屋架的加固。预应力加固法是一种加固效果好而且费用低的加固方法，具有广阔的应用前景。

4. 改变受力体系加固法

改变受力体系加固法是一种通过增设支点（柱或托架）或采用托梁拔柱的办法以改变结构的受力体系（计算简图）的加固方法。增设支点可以减小结构构件的计算跨度，降低计算弯矩，大幅度地提高结构构件的承载力，减小挠度，缩小裂缝宽度。当对增设的支点施加预应力时，效果更佳。增设支点多用于大跨度结构，但采用这种方法会减小使用空间。

对于由多跨简支梁构成的公路或铁路桥梁及吊车梁等结构，也常采用在梁上增配负弯矩钢筋，补捣混凝土后浇层的方法加固。即把原来的单跨简支梁变为多跨连续梁，改变梁的受力状态，提高其承载力。

钢结构中，也常采用改变受力体系的加固方法，使部分杆件的内力降低，提高结构的承载力。例如，在钢屋架平面外采用增设支撑桁架、连杆、支点等办法，使屋架由平面结构变为空间结构；又如，把梁柱的连接由铰接改为刚接等。

5. 外部粘钢或纤维复合材料加固法

外部粘钢或纤维复合材料加固法是一种用胶粘剂把钢或纤维复合材料粘贴在构件外部进行加固的方法。常用的胶粘剂以环氧树脂为主配成。这种加固方法的优点是施工工期短，施工时可以不动火，加固后几乎不改变构件的外形和使用空间，却能大大提高结构构件的承载力和正常使用阶段的性能。

6. 化学灌浆法

化学灌浆法是一种用压送设备将用化学材料配制的浆液灌入混凝土构件裂缝的灌溉方法。因灌入的浆液与混凝土较好地粘结并增强构件的整体性，所以，它可恢复构件使用功能，提高耐久性，达到防锈补强的目的。

化学浆液有两种：一种是以环氧树脂为主而配制成的环氧树脂浆液，它具有强度高、粘结力强、收缩小的特点，一般用于修补宽度为0.2～0.5mm的裂缝；另一种是以甲基丙烯酸甲酯为主而配制的甲液，它具有可灌性好的特点，能灌入0.05mm宽的细微裂缝中，一般用来修补缝宽在0.2mm以下的裂缝。

化学灌浆法常被用来修补因裂缝而影响使用功能的结构，如水池、水塔、水坝等，也用来修补混凝土梁、板、柱等构件以及因钢筋锈蚀导致结构耐久性降低的构件。

水泥灌浆法是一种用压力设备把水泥浆液压入砖墙裂缝，使其黏合的修补方法。由于水泥浆液的强度远大于砌筑砖墙的砂浆强度，所以，用灌浆法修补的砌体承载力可以恢复如初，且费用较低，其缺点是需要专门的设备。这种方法主要用于因地震、温度、沉降等原因引起的砖墙裂缝的修补。

7. 加固地基基础的方法

地基基础的加固方法可分为基础加宽、加深及加固，桩式托换、地基处理等。

加宽基础的方法有直接加宽、抬墙梁加大基底面积和增设筏板基础等。这些方法施工简便，无须专门设备，常用于地基承载力不足及直接增层时的基础加固。当地基中有膨胀土或局部软弱土层等时，可分段挖去原地基土，新做混凝土墩或砖墩以加深基础。如果基础出现开裂，刚度或强度不足，那么，可采用化学灌注浆法、混凝土围套加固法或加厚基础法加固基础。桩式托换是用增设桩的办法来托换原基础。托换桩的承载力一般都较大，可用于承载力严重不足以及外套框架增层法的基础。地基处理的方法有石灰桩挤密地基和灌浆法加固地基两种，由于灌浆材料价格较高，因此，后者通常用于加固深度为 3～5m 的地基处理。

2.5 结构加固施工的基本要求

2.5.1 施工管理要求

1）结构加固工程施工现场质量管理，应有相应的施工技术标准、健全的质量管理体系、施工质量控制与质量检验制度以及综合评定施工质量水平的考核制度。

2）结构加固工程作为建筑工程的一个分部工程，应根据其加固材料种类和施工技术特点划分为若干子分部工程；每一子分部工程应按其主要工种、材料和施工工艺划分为若干分项工程；每一分项工程应按其施工过程控制和施工质量验收的需要划分为若干检验批。

2.5.2 施工质量控制要求

1）结构加固设计单位应按审查批准的施工图，向施工单位进行技术交底；施工单位应据此编制施工组织设计和施工技术方案，经审查批准后组织实施。

2）加固材料、产品应进行进场验收，凡涉及安全、卫生、环境保护的材料和产品应按规范规定的抽样数量进行见证抽样复验，其送样应经监理工程师签封；复验不合格的材料和产品不得使用；施工单位或生产厂家自行抽样、送检的委托检验报告无效。

3）结构加固工程施工前，应对原结构、构件进行清理、修整和支护。

4）结构加固工程的每道工序均应按规范及企业的施工技术标准进行质量控制：每道工序完成后应进行检查验收，必要时尚应按隐蔽工程的要求进行检查验收，合格后方允许进行下一道工序的施工。

5）相关各专业工种交接时，应进行交接检验，并应经监理工程师检查认可。

2.5.3 施工措施要求

1. 原结构及构件清理支撑

1）原结构清理

原结构的清理、修整和支撑主要包括下列内容：

（1）拆迁原结构上影响施工的管道和线路以及其他障碍；

（2）卸除结构上的荷载（当设计文件有规定时）；

（3）修正原结构、构件加固部位；

（4）搭建安全支撑及工作平台。

2）结构加固部位清理

修整原结构、构件加固部位时，应符合下列要求：

（1）应清除原构件表面的尘土、浮浆、污垢、油渍、原有涂装、抹灰层或其他饰面层；对混凝土构件尚应剔除其风化、剥落、疏松、起砂、蜂窝、麻面、腐蚀等缺陷至露出骨料新面；对钢构件和钢筋，还应除锈、脱脂并打磨至露出金属光泽；对砌体构件，尚应剔除其勾缝砂浆及已松动、粉化的砌筑砂浆层，必要时，还应对残损部分进行局部拆砌。当工程量不大时，可采用人工清理；当工程量很大或对界面处理的均匀性要求很高时，宜采用高压水射流进行清理。

（2）应采用相容性良好的裂缝修补材料对原构件的裂缝进行修补；若原构件表面处于潮湿或渗水状态，修补前应先进行疏水、止水和干燥处理。

2. 安全施工具体措施

1）加固工程搭设的安全支护体系和工作平台，应定时进行安全检查并确认其牢固性；

2）加固施工前，应熟悉周边情况，了解加固构件受力和传力路径的可能变化。对结构构件的变形、裂缝情况应设专人进行检测，并做好观测记录备查；

3）发现原结构或相关工程隐蔽部位的构造有严重缺陷时，应会同加固设计单位采取有效处理措施后方可继续施工；

4）对可能导致的倾斜、开裂或局部倒塌等现象，应预先采取安全措施；

5）在加固过程中，若发现结构、构件突然发生变形增大、裂缝扩展或条数增多等异常情况，应立即停工，支顶并及时向安全管理单位或安全负责人发出书面通知；

6）对危险构件、受力大的构件进行加固时，应有切实可行的安全监控措施，并应得到监理总工程师的批准；

7）当施工现场周边有环境影响施工人员健康的粉尘、噪声、有害气体时，应采取有效的防护措施；当使用化学浆液（如胶液及注浆料等）时，尚应保持施工现场通风量；

8）化学材料及其产品应存放在远离火源的储藏室内，并应密封存放；

9）工作场地严禁烟火，并必须配备消防器材；现场若需动火应事先申请，经批准后按规定用火。

2.5.4　加固工程验收

1. 检验批抽样要求

建筑结构加固工程检验批的质量检验，应按现行国家标准《建筑工程施工质量验收统一标准》GB 50300—2013 的抽样原则执行。

检验批中，凡涉及结构安全的加固材料、施工工艺、施工过程留置的试件、结构重要部位的加固施工质量等项目，均须进行现场见证取样检测或结构构件实体见证检验。任何未经见证的此类项目，其检测或检验报告，不得作为质量验收依据。

2. 检验批验收

检验批合格质量标准应符合下列规定：

1）主控项目的质量经抽样检验合格；

2）一般项目的质量经抽样检验合格；当采用计数检验时，除本规范另有专门规定外，其抽检的合格率应不低于80%，且不得有严重缺陷；

3）具有完整的施工操作依据、质量检查记录及质量证明文件。

3. 分项工程验收

分项工程的质量验收，应在其所含检验批均验收合格的基础上，按本规范规定的检验项目，对各检验批中每项质量验收记录及其合格证明文件进行检查。

分项工程合格质量标准应符合下列规定：

1）分项工程所含的各检验批，其质量均符合本规范的合格质量规定；

2）分项工程所含的各检验批，其质量验收记录和有关证明文件完整。

4. 分部工程验收

建筑结构加固子分部工程和分部工程的施工质量，应按《建筑结构加固工程施工质量验收规范》GB 50550—2010规定进行验收。

本章小结

本章首先介绍工程检测鉴定与加固改造的可靠性理论基本概念，进而分别介绍了结构检测及鉴定、加固改造设计及施工的基本方法和技术。

思考与练习题

2-1　可靠性理论的基本概念，工程结构检测鉴定和加固改造的可靠性理论涉及哪些内容？

2-2　工程结构鉴定分几种类型？

2-3　结构加固设计的基本原则是什么？

第 3 章　多层砌体结构和底部框架砌体结构

本章要点及学习目标

本章要点：

（1）砌体结构损伤劣化机理及其危害；（2）砌体结构检测鉴定方法与理论；（3）砌体结构修复加固方法和技术；（4）既有医院和中小学校舍建筑加固新技术。

学习目标：

（1）了解规范中关于砌体结构检测鉴定及加固方面的基本理论与方法；（2）了解砌体结构检测鉴定及加固的研究进展和应用现状；（3）掌握砌体结构承载力试验研究和可靠性评定基本方法。

3.1　损伤机理及其危害

3.1.1　砌体结构的裂缝

砌体结构出现裂缝的情况很普遍，其主要原因大致可以分为以下七个方面。

1. 地基不均匀沉降

地基不均匀沉降引起的裂缝较为常见。这类裂缝与工程地质条件、基础构造、上部结构刚度、建筑体形以及材料和施工质量等因素有关。常见裂缝有以下 5 种类型：

1）斜裂缝：这是最常见的一种裂缝，建筑物中间沉降大，两端沉降小（正向挠曲），墙上出现“人”字形裂缝，反之则出现倒“人”字裂缝。多数裂缝通过窗对角，在紧靠窗口处裂缝较宽。在等高长条形房屋中，两端地基不均匀沉降引起的裂缝比中间裂缝多。这种斜裂缝产生的主要原因是地基不均匀沉降，使墙身受到较大的剪应力，造成砌体的主拉应力破坏。

2）窗间墙水平裂缝：这种裂缝一般成对地出现在窗间墙的上下对角处，沉降大的一边裂缝在下，沉降小的一边裂缝在上，靠窗口处裂缝较宽。裂缝产生的主要原因是地基不均匀沉降，使窗间墙受到较大的水平剪力。

3）竖向裂缝：一般产生在纵墙顶部或底层窗台墙上。墙顶竖向裂缝多数是建筑物反向挠曲，使墙顶受拉而开裂。底层窗台上的裂缝，多数是由于窗口过大，窗台墙起了反梁作用而引起。两种竖向裂缝均呈现上宽，向下逐渐缩小的趋势。

4）单层厂房与生活间连接墙处的水平裂缝：多数是由温度差所引起变形造成，但也可由地基不均匀沉降，使墙身受到较大的来自屋面板水平推力而产生裂缝。

5）底层墙处水平裂缝：这类裂缝比较少见，主要原因是地基局部陷落。

以上各种裂缝出现时间往往在建成后不久，裂缝的严重程度随着时间逐渐发展，也有少数工程施工中已经出现明显不均匀地基下沉而造成的墙体裂缝，严重的甚至无法继续施工。

2. 温度变形

由于温度变化引起砖墙、砖柱开裂的情况较普遍。最典型的是位于房屋顶层墙处的“八”字形裂缝，其他还有女儿墙角裂缝，女儿墙根部的水平裂缝，沿窗边（或楼梯间）贯穿整个房屋的竖直裂缝，墙面局部的竖直裂缝，单层厂房与生活间连接处的水平裂缝，以及比较空敞高大房间窗口上下水平裂缝等。产生温度收缩裂缝的主要原因如下：

砖混建筑主要由砖墙、钢筋混凝土楼盖和屋盖组成，多数单层厂房与多层框架也是由钢筋混凝土结构与砖墙组成。钢筋混凝土的线膨胀系数为 $(0.8\sim1.4)\times10^{-5}$/℃，砖砌体为 $(0.5\sim0.8)\times10^{-5}$/℃，钢筋混凝土的收缩系数 $(15\sim20)\times10^{-5}$/℃，而砖砌体收缩不明显。当环境温度变化或材料收缩时，两种材料的膨胀系数和收缩率不同，因此将产生各自不同的变形。当建筑物一部分结构发生变形，而又受到另一部分结构的约束时，其结果必然在结构内部产生应力。当温度升高时，钢筋混凝土变形大于砖，砖墙阻碍屋盖（或楼盖）伸长，因此在屋盖（楼盖）中产生压应力，在墙体中引起拉应力和剪应力。当墙体中的主拉应力超过砌体的抗拉能力时，就在墙中产生斜裂缝（“人”字形缝）。女儿墙角与根部的裂缝主要原因也是屋盖的温度变形。贯穿型竖直裂缝的发生原因往往是房屋太长或伸缩缝间距过大。单层厂房在生活间处的水平裂缝除了少数是地基不均匀下沉造成外，主要是由于屋面板在阳光暴晒下温度升高而伸长，使砖墙受到较大的水平推力而造成的。

3. 结构受力

砖砌体受力后开裂的主要特征是：一般轴心受压或者小偏心受压的墙、柱裂缝方向是垂直的；在大偏心受压时，可能出现水平方向裂缝。裂缝位置常在墙、柱下部 1/3 位置，上下两端除了局部承压强度不够外，一般很少有裂缝出现，裂缝宽度 0.1～0.3mm 不等，呈中间宽，两端细。通常在楼盖（屋盖）支撑拆除后立即可见裂缝，也有少数在使用荷载突然增加时开裂。在梁底，由于局部承压能力不够也可能出现裂缝，其特征与上述类似。砖砌体受力后产生裂缝的原因比较复杂，设计断面过小，稳定性不够，结构构造不良，砖及砂浆强度等级低等均可能引起开裂。

4. 建筑构造

建筑构造不合理也能造成砖墙裂缝的发生。最常见的是在扩建工程中，新旧建筑砖墙如果没有适当的构造措施而砌成整体，在新旧墙结合处往往出现裂缝。其他因素，如圈梁不封闭、变形缝设置不当等均可能造成砖墙局部裂缝。

5. 施工质量

砖墙在砌筑中由于组砌方法不合理，重缝、通缝多等施工质量问题，在混水墙往往出现无规则的较宽裂缝。另外，留脚手眼的位置不当、断砖集中使用、砖砌平拱中砂浆不饱满等也易引起裂缝的发生。

6. 相邻建筑的影响

在已有建筑邻近新盖多层、高层建筑的施工中，由于开挖、排水、人工降低地下水位、打桩等都可能影响原有建筑地基基础和上部结构，从而造成砖墙开裂。另外，因新建工程的荷载造成旧建筑地基应力和变形加大，使旧建筑产生新的不均匀沉降，以致造成砖墙等处产生裂缝。

7. 其他

华南地区曾有硅酸盐砖砌体由于体积不稳定造成裂缝的报道，西南地区用蒸压灰砂砖在同样条件下比普通黏土砖砌体更易产生裂缝。近年来混凝土空心砌块作为一种新型墙体材料在某些地区得到了推广使用，砌块砌体较传统的黏土砖砌体更容易产生干缩和温度裂缝，在设计与施工中应引起重视。其他如地震引起的砖墙裂缝也较多见。

3.1.2 砌体结构的变形

1. 沿墙面的变形

沿墙面水平方向的变形定义为倾斜。沿墙面垂直方向的变形定义为弯曲。产生上述两类变形一般有以下几方面原因：

1）施工不良造成的倾斜

（1）灰缝厚度不均匀。

（2）砌筑砂浆的质量不符合规定。例如：砂浆的流动性大，受压后砂浆被挤出。

（3）砖的砌法不符合规定，以致砖的互相咬合不足而发生倾斜，此时墙面常伴有竖向裂缝。

（4）砌体采用冻结法施工，但未严格遵守规定要求。例如：①砂浆材料中混入了冰块；②采用了无水泥的砂浆；③砌筑砂浆的强度等级未按规定予以提高；④灰缝的厚度超过 10mm；⑤未作砌体解冻时承载能力的验算，以致解冻时强度不足。

2）地基不均匀沉降造成的倾斜

（1）地质均匀，荷载（主要是恒载与活载）不均匀造成的倾斜，如图 3.1-1 所示。

（2）荷载均匀，地质不均匀造成的倾斜，如图 3.1-2 所示。

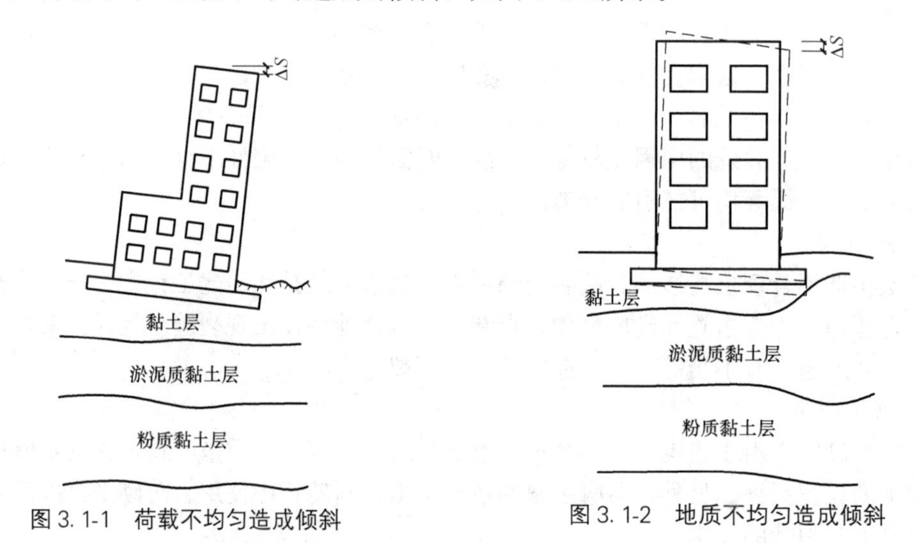

图 3.1-1 荷载不均匀造成倾斜

图 3.1-2 地质不均匀造成倾斜

3）横墙侧向刚度不足造成的倾斜

由于横墙高度大于宽度或开洞太多而侧向刚度不足，在水平荷载作用下的侧移超过规范规定的容许值，加上砖砌体是弹塑性材料，其侧移中有相当一部分是塑性变形，即外荷载取消后，侧移并不完全消失，而留有30%的残余侧移。图3.1-3所示单层房屋的宽度 B 小于高度 H，产生较大的侧移；图3.1-4所示横墙开洞较多，产生较大的侧移。

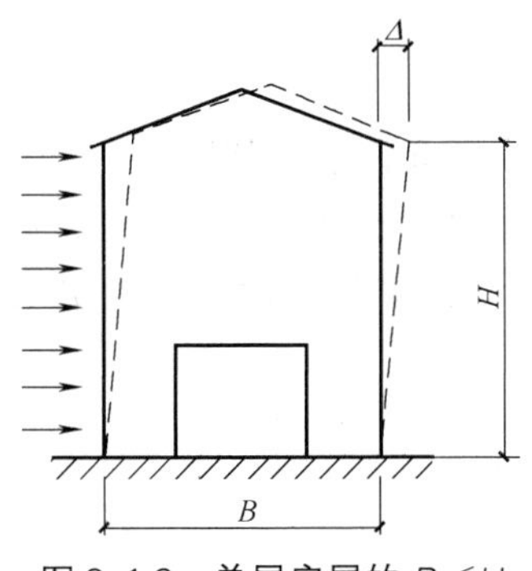

图3.1-3 单层房屋的 $B<H$

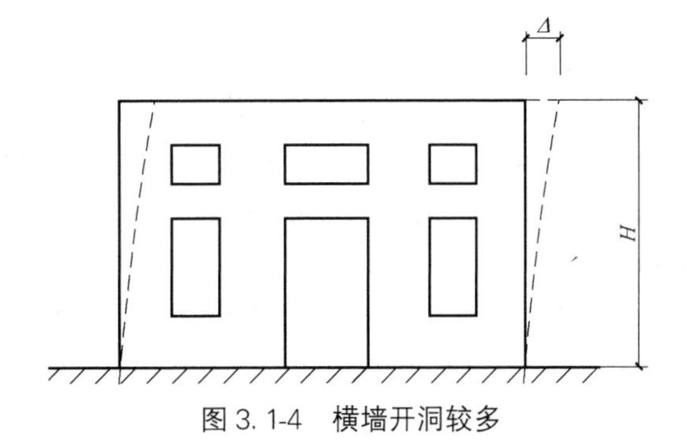

图3.1-4 横墙开洞较多

4）沿墙平面的弯曲

由于施工不良造成的弯曲原因同前，由于基础不均匀沉降造成的弯曲原因如下：

（1）荷载不均匀或地质不均匀，均有可能导致房屋的弯曲，包括向上或向下的弯曲。

（2）即使荷载与地质均为均匀，但是如果地基是高压缩性的，也会产生使房屋向下弯曲的沉降。这是由于基底应力的扩散，导致房屋纵向中点下地基的实际应力为最大而越向两端越小。基底中点下地基受到比附近更大的压应力，因而中点的沉降也必然比附近大，造成基础呈回弧形地向下弯曲，也带来上层建筑相同的弯曲变形。

2. 出墙面的变形

垂直于墙面的变形称为“出墙面变形”，即竖向平面变成曲面或斜平面，例如弯曲、倾斜等。

1）施工不良造成的变形

（1）操作技术不良，墙体两侧的灰缝厚度不均匀，造成弯曲或倾斜。当砌到一定高度后再发现，强行校正，此时灰缝实际厚薄仍然不均匀，在受到较大压力时，仍然恢复到原来的弯曲或倾斜状，如图3.1-5所示。

（2）冻结法施工未遵守规定；解冻时，受阳光照射的一面先解冻，在一定的竖向压力下，向阳面的灰缝压缩较大。承重墙表现为层间弯曲，越向下则弯曲度越大。非承重墙由于冻结法施工未能设置钢筋混凝土，圈梁水平方向刚度极差，仅靠联系墙牵制，在向阳倾斜时，为平面弯曲，如图3.1-6所示。当倾斜严重时，非承重墙与连系墙的连接破坏，以致整个墙体倒塌。

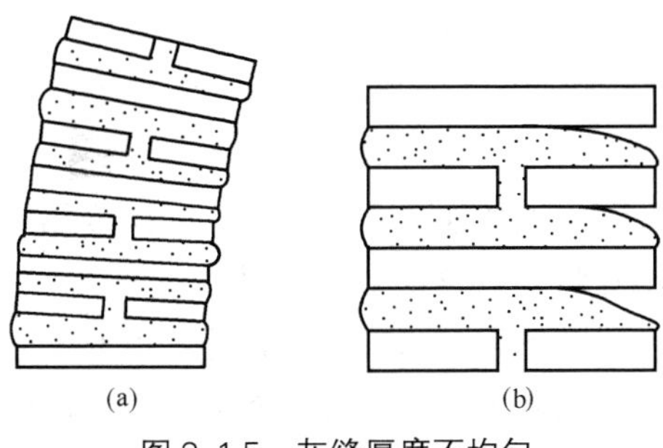

图3.1-5 灰缝厚度不均匀

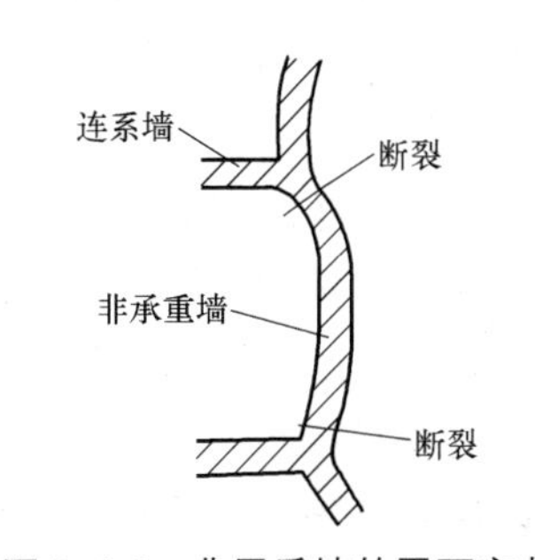

图3.1-6 非承重墙的平面弯曲

（3）端横墙与纵墙连接处的砌筑咬合不足，在横墙受到楼盖的连系墙偏心荷载时，墙面呈外凸的趋势。此时连接处将会发生断裂，端横墙将会发生向外凸的变形，如图 3.1-7 所示。

2）设计错误造成的变形

墙身刚度不足所引起的变形高厚比过大，超过规范规定的允许值，如图 3.1-8 所示。

（1）非承重墙：向水平面投视时可见其向外弯曲，向竖直面投视时可见其向外倾斜。

（2）承重墙特别是端部承重墙，水平投视可见其向外弯曲，竖直面投视可见其向外弯曲。

（3）当纵墙缺少与楼盖的水平拉结时，在风荷载作用下会产生向外的倾斜。

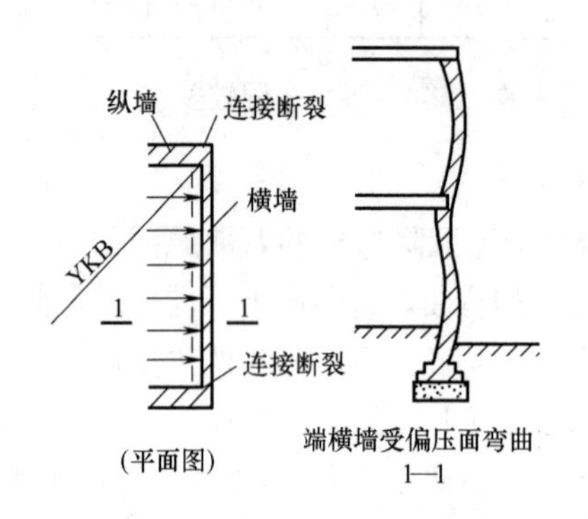

图 3.1-7　端横墙出墙面弯曲图

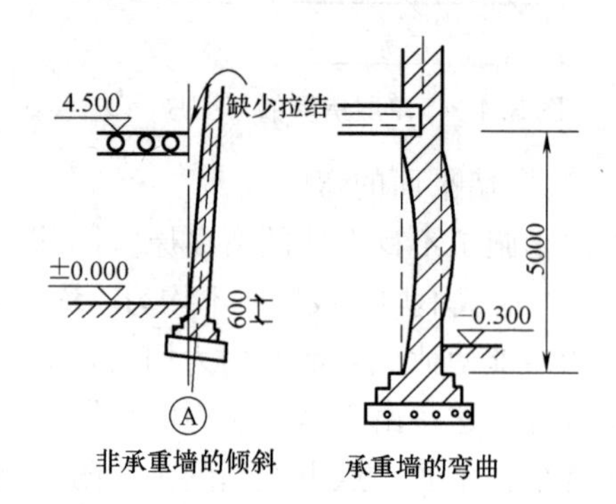

图 3.1-8　设计错误造成的变形

3）框架填充墙与排架围护墙的出墙面变形

（1）框架填充墙。墙的稳定性依靠两侧柱的拉结筋与上下顶连接，要求预埋在柱内的插筋位置必须在灰缝处。此外在砌到梁底时不允许与下面一样平砌，而应斜侧砌与斜立砌，并使砖角上下顶紧。

（2）排架维护墙。依靠从排架柱预埋锚固筋的伸出，与围护墙加强联系。同时，承墙梁必须装配成连续梁，其上下间距也不宜大于 4.0m。

4）出墙面强度不足引起的变形

变形特征同上，多发生在外墙与偏心受压墙，无论侧视或俯视，均可见出墙面的弯曲，而且大多向外弯曲。

5）地基不均匀沉降引起的出墙面变形

（1）由于墙体缺少水平向的拉结，在受到风吸力或楼盖的挤压后向外倾斜，造成基底外侧的应力偏大，基础随之转动。

（2）墙基的一侧有较大的长期荷载，该侧的地基压缩变形比另一侧大，基础发生转动，造成墙体出平面的变形。

（3）在靠近墙基的一侧挖土，或深度超过墙基使该侧的地基遭到扰动，或深度相同但由于“流砂”现象使该侧的地基土粒流失，造成基础倾斜并导致墙体倾斜。

（4）软土地基：架空地板下的基础，由于地板离基础较近，基础直接受到偏心荷载的影响，而设计时未按偏心受压基础设计，因而发生基础向内倾斜，墙体随之发生向内的出墙面弯曲。

3.1.3 砌体承载力不足的原因

1. 设计错误

采用的截面偏小、使用的砖和砂浆强度等级偏低、钢筋混凝土大梁支座处未设置梁垫、把大梁架在门窗洞上而没有设置托梁、砌体的高厚比等构造不符合规范规定等都会造成砌体承载力不足。这些问题的出现，一部分是由于设计和制图人员工作疏忽，如对建筑物的使用目的了解不透，采用的计算荷载偏小，或计算发生差错，或制图、描图时注错了尺寸、强度等级等而未被发现。另一部分是由于不按基本建设程序办事，不经正规单位设计，随便找不懂技术的人胡乱“设计”而造成的。浙江省绍兴市某乡于1980年盖了一座2层的办公楼，共517m^2，没有请设计单位设计，由一位油工画了一张草图便施工，刚施工到2层时，砖柱被压坏，整个房屋倒塌。后经验算，全部使用荷载加上去之后，砖柱安全系数只有0.29。

还有不经科学计算，根据领导命令或某些人的主观想象，对已竣工或正在施工的工程随便增层，加大了下部结构的荷载，造成下部结构承载能力不够。重庆市某商业单位修建了一栋面积为1000m^2的门市部，原为2层，未经结构计算便决定增加一层，加层后全部倒塌。另外，像泉州市欣佳酒店“3・7”坍塌事件、“4・29”长沙楼房坍塌事件等均是因不规范施工、不规范加盖等原因造成，该类事故往往会造成严重的人员伤亡和恶劣的社会影响。在其他省市也有不少随意增层造成房屋倒塌的教训。

2. 施工错误

1）砖的质量不合格

砖砌体的强度与砖和砂浆的强度成正比。施工中若使用了强度等级低于设计要求的砖，必定会降低砌体结构的强度，从而影响其承载能力。除了砖的强度等级对砌体的承载能力有影响外。砖的形状、焙烧情况、制砖黏土成分等，对砌体强度也有影响。需要特别指出的是，我国某些石灰石产地的黏土中含有大量石灰石小卵石，砖厂若在生产过程中筛选不严，把石灰石小卵石裹在砖坯中，蜡烧后，石灰石变成生石灰，藏在砖的内部，将严重影响砖的质量。这种砖，如不见水，强度还是很高的，但一润水，便“爆炸”（生石灰吸水熟化膨胀，把砖胀成酥松体）。工人把这种砖叫做“爆炸砖”。如果把它用在砌体结构上，必然会大大降低砌体的承载能力。

2）砂浆强度偏低

砂浆强度直接影响砌体的强度。如砂浆强度偏低，必然会降低砌体的强度。造成砂浆强度偏低的主要原因是：①使用了不合格的水泥，如水泥存放时间过长，降低了活性，或受潮、有结块，或由无资质（低资质）水泥厂生产的水泥强度不稳定等；②施工配比不准确，未按设计要求配置水泥、砂子和掺合料；③常温施工不润砖，砌筑时砂浆中的水分很快被砖吸干，造成水泥脱水，不能充分水化；④使用了不合要求的掺合料，如黏土混合砂浆用的黏土细度不合格，含有有害成分等。

3）灰缝砂浆饱满度不够

砖砌体通过砂浆将零星的砖块粘结在一起，其强度不仅取决于砖和砂浆的实际强度等级，而且也和灰缝砂浆饱满度有关。由于砌砖为手工操作，在砌体中，砖块之间的砂浆不可能铺得非常均匀、饱满、密实，砂浆和砖表面不可能很均匀地接触和粘结，存在一些空隙和孔洞，因此在砌体受压时，砌体中的砖块不是单纯地均匀受压，而是处于受压、受弯、受剪等复杂的受力状态之下。在使用同一种强度的砖和砂浆的情况下，砌体的实际强度随砂浆饱满度的变化而变化，灰缝砂浆饱满度高，砌体中空隙、孔洞就少，砌体的强度就高一些，反之，砂浆饱满度低的，砌体强度也低一些，大约在 20%范围内变化。为了保证砖砌体的抗压强度不低于设计规范中规定的数值，水平灰缝的砂浆饱满度必须达到73.2%以上。国家标准从有利于保证工程质量出发，并考虑到实际施工的可能性，规定砖砌体的水平灰缝的砂浆饱满度不得低于 80%。竖缝砂浆的饱满度，对砌体的抗压强度影响较小，但对砌体的抗剪强度有明显影响，故规范要求竖缝用挤浆或加浆方法施工，使其砂浆饱满。若砌体灰缝砂浆饱满度偏低，其强度将达到设计要求，从而降低了砌体的承载能力。造成砌体灰缝砂浆饱满度偏低的主要原因是：①砖的形状不合乎要求，如有的砖尺寸偏大，使灰缝厚度偏小，砌砖时，遇到砂浆里有较粗颗粒时，砖块不容易把灰缝挤实。有的砖挠曲变形，使灰缝厚薄不均，也不容易挤实。②砂浆和易性不好。如砂浆拌得太干，或骨料太粗，或没有掺入塑化料等，使砂浆和易性不好而挤不实。③施工时不润砖，砌筑时砖块很快把砂浆中的水分吸走，使砂浆失去和易性，因而也不能做到饱满、密实。④操作方法不当。部分地区习惯瓦刀砌法，这种操作方法缺点较多；不容易保证砂浆的饱满度。

4）组砌不合理

砖砌体是由砂浆将单个的砖块粘结在一起而成的。如果组砌不合理，也会降低砌体的承载能力。在施工中，较普遍存在的问题是砖墙的转角处及纵横墙交接处没有同时砌筑，留了直槎（包括凸出纵墙的马牙槎和凹进的母槎），接槎时又不注意，咬槎不严，尤其是纵横墙交接处，大多形成通缝，这样的砌体，纵横墙不能形成一个整体，大大降低了砌体的稳定性，遇到地震引起的水平力作用时，很容易被拉开。有时，施工单位为了节约材料，把一些半砖头用到砌体上，用量太多，太集中，也降低了砌体的承载能力。

5）随意打洞或留洞位置不适当

为了安装水、暖、电管线，在已经砌好的砖墙、砖柱上随意开槽打洞。例如开横槽，把 240mm 宽的墙凿去 12mm；或在柱子上打洞，把柱子截面凿去了一半；或在不允许留洞的地方，如独立砖柱、宽度小于 1m 的窗间墙、砖过梁上与过梁成 60°角的三角形范围内、梁或梁垫下及其左右各 500mm 的范围内，以及门窗两侧 180mm 和转角处 430mm 的范围内留脚手眼。这些做法，都严重地破坏了砌体结构，使其承载能力大大降低。

以上施工错误是一般建筑施工单位易出现的问题，至于某些施工技术较差的施工队伍，施工中出现的错误更为严重。如湖南省衡南县某社办工厂 1979 年修建的一座 1420m^2 混合结构建筑，2 层楼，木屋顶挂瓦，是由一位不懂建筑技术的人设计的。设计中错误百出，很不安全，而施工中更是极不严肃，随意修改设计，将原设计应为 M5 混合砂浆改为 M0.4 砂浆，对 490mm×490mm 砖柱采用包心砌法，用大量半砖头填心（砖柱采用包心砌法是非常危险的，各地发生过的一些砖柱倒塌事故，都与包心砌法有关）。240mm 厚砖墙采用五顺一丁、七顺一丁，最多达十九顺一丁砌筑，形成两堵 120mm 厚的墙。施工中不润砖，灰缝砂浆不饱满，粘结不牢，这样一个“先天不足、后天失调”“遍体鳞伤”的建筑，有关领导又主观决定再加 1 层，将木屋顶改为钢筋混凝土平屋顶，结果该工程在建成后倒塌，造成多人伤亡的严重事故。

3.2 砌体结构检测

砌体结构构件的检测内容主要有：强度，包括块材强度、砂浆强度及砌体强度；施工质量，包括组砌方式、灰缝砂浆饱满度、灰缝厚度、截面尺寸、垂直度及裂缝、翻体表层腐蚀深度等。

3.2.1 强度检测

砌体强度是由砌块强度和砂浆强度共同决定的。目前采用的砌体强度检测方法有：砌体整体直接检测法和砌块、砂浆分别检测法。整体直接检测法又可分为原位试验法和取样试验法。

1. 砌体原位试撞法

在墙体上直接进行抗压强度试验，加载装置可采用液压扁顶。液压扁顶尺寸有380mm×250mm×5mm 和 250mm×250mm×5mm 等多种，可根据砌体组砌尺寸不同而选用，崩顶是由两块薄钢片四面围焊留有油嘴的油囊，当用油泵供油时，油囊膨胀产生压力。试验时，每个测区选择 3 个测试部位，在待测的墙体上掏空两段水平灰缝的砂浆，掏空段上下对齐，间距可为 8 皮砖高度，插入油囊，用于动油泵加载（图 3.2-1），直至墙体开裂破坏，根据液压扁顶预先标定的油压-荷载关系，确定原位试验的破坏荷载。砖砌体抗压强度按下式计算：

$$f_{\mathrm{m}}=\frac{\sigma_{\mathrm{u}}}{\xi} \tag{3.2-1}$$

$$\xi=1.18+4\frac{\sigma_0}{\sigma_{\mathrm{u}}}-4.18\left(\frac{\sigma_0}{\sigma_{\mathrm{u}}}\right)^2 \tag{3.2-2}$$

式中 σ_{u}——砌体破坏时液压扁顶的压应力；

ξ——强度影响系数；

σ_0——所测部位上部荷载产生的垂直压应力，可由计算或实测确定。

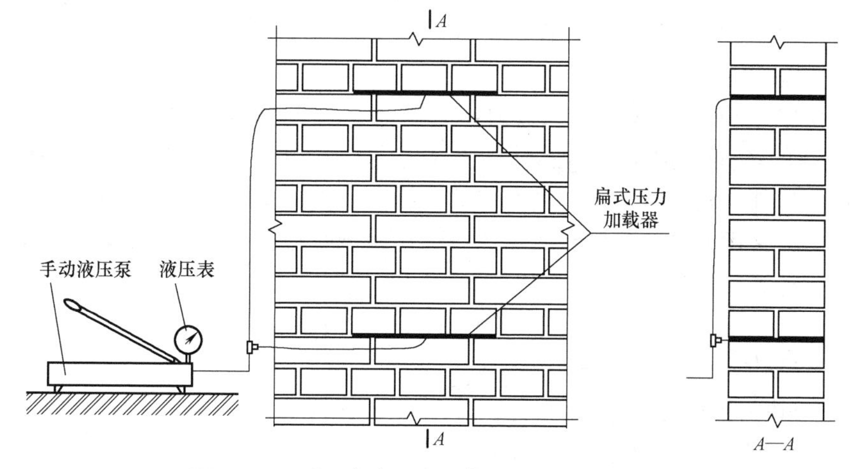

图 3.2-1 采用扁式压力加载器的原位试验装置

上述测试，也可在液压扁顶加压至砌体产生第一批裂缝出现时终止，以此时的开裂压应力 σ_{cr} 按下式估算砌体抗压强度。

$$f_m=\frac{\sigma_u}{\xi}=\frac{\sigma_{cr}}{\xi\cdot\xi_{cr}} \tag{3.2-3}$$

式中，ξ_{cr} 按砌体应力与应变关系曲线确定，砖砌体轴心受压试验表明，砌体初裂压力约为破坏压力的 50%～70%，一般取 $\xi_{cr}=0.6$。采用液压扁顶的砌体原位试验，湖南大学曾作过深入研究。

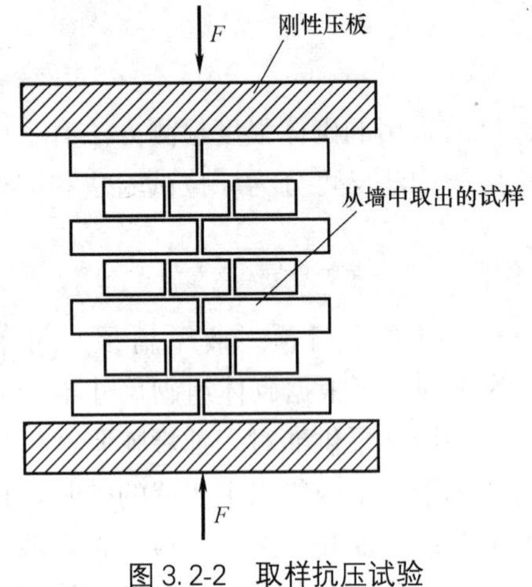

图 3.2-2 取样抗压试验

2. 砌体取样法

直接从墙体或柱子中截取试样（图 3.2-2），墙体试样的厚度同墙厚，长度约 370～490mm，高度约取截面较小边长的 2.5～3 倍，捆绑固定后运回试验室，上下受压面用水泥砂浆抹平，测量试件的高度及最小截面面积，进行抗压强度试验。取样和运输过程中应避免试件受扰开裂。当砂浆强度较低时，可尽量沿灰缝取出，得到的试件较为规则，易于确定受压计算面积。设破坏荷载为 N_i，计算承压面积为 A_i，则砌体抗压强度为：

$$f_i=\frac{N_i}{A_t} \tag{3.2-4}$$

在同一个测区，取样数量不应少于 3 块。计算出各块砌体试样抗压强度的平均值 f_m，则砌体抗压强度的标准值为：

$$f_k=f_m-1.645\sigma_f \tag{3.2-5}$$

式中 σ_f——砌体（毛石砌体除外）抗压强度标准差，取 $\sigma_f=0.17f_m$。

砌体抗压强度的设计值为：

$$f_d=\frac{f_k}{\gamma_f} \tag{3.2-6}$$

式中 γ_f——砌体材料分项系数，按规范取 $\gamma_f=1.5$。

3. 块材和砂浆分别测定法

若分别确定了块材和砂浆的强度等级，则可按《砌体结构设计规范》GB 50003—2011 确定砌体的各种强度指标。在结构可靠性鉴定中，评定砌体结构构件的承载力等级，依据的是结构构件的实际抗力与作用效应的比值，当块材和砂浆的实测强度与强度等级标志差距较大时，采用向较低强度等级靠的方法是偏于保守的，此时可用如下规范推荐的公式由材料强度计算砌体强度。

$$f_m=k_1(f_1)^{\alpha}\cdot(1+0.07f_2)k_2 \tag{3.2-7}$$

式中 f_m——砌体轴心抗压强度平均值；

f_1——块材抗压强度平均值；

f_2——砂浆抗压强度平均值；

k_1、k_2、α——与砌体类型有关的系数，按表 3.2-1 取用，表列条件之外均为 1。

各类砌体轴心抗压强度平均值计算中的系数 k_1、k_2、α 表 3.2-1

砌体种类	k_1	α	k_2
黏土砖、空心砖、非烧结硅酸盐砖	0.78	0.5	当 $f_2<1$ 时，$k_2=0.6+0.4f_2$
一砖厚空斗	0.13	1.0	当 $f_2=0$ 时，$k_2=0.8$
混凝土小型空心砌块	0.46	0.9	当 $f_2=0$ 时，$k_2=0.8$
中型砌块	0.47	1.0	当 $f_2>5$ 时，$k_2=1.15-0.03f_2$

块材强度的检测可直接取样进行材料强度试验。砂浆强度检测有回弹法、冲击法等。回弹法和冲击法无论是对块材还是砂浆，尚没有检测规程可依，都是以有关部门的研究成果为参考。

1）砖强度直接取样检测

在同一测区取有代表性的砖 10 块，将砖样切断或锯成两个半截砖，半截砖的长度不得小于 100mm，否则作废再取。将已切断的半截砖放入净水中浸 10～20min。取出后以断口相反方向叠放（图 3.2-3）。中间用 42.5 强度等级水泥调制的净浆粘结，厚度不超过 5mm。上下两表面用厚度不超过 3mm 的同种水泥浆抹平。制成的试件置于不通风的室内养护 3d，室温不低于 10℃。测量每个试件连接面的面积作为计算受力面积 A，在试验机上压歪破坏，测出破坏荷载 P，单块试样的抗压强度为：

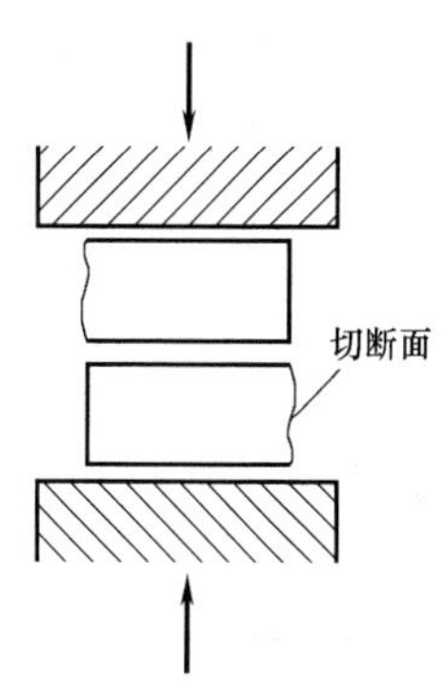

图 3.2-3 砖抗压强度试验

$$R_i=\frac{P_i}{A_i} \tag{3.2-8}$$

砖抗压强度标准值按下式计算：

$$f_k=\overline{R}-2.1S \tag{3.2-9}$$

式中 $\overline{R}$——10 块试样抗压强度平均值；

S——10 块试样抗压强度标准差。

根据试验得出的砖抗压强度平均值和标准值，按表 3.2-2 可确定的强度等级。

烧结普通砖强度等级划分规定 表 3.2-2

强度等级	抗压强度平均值 $\overline{R}$ 不小于	抗压强度标准值 f_k 不小于	强度等级	抗压强度平均值 $\overline{R}$ 不小于	抗压强度标准值 f_k 不小于
MU30	30.0	23.0	MU15	15.0	10.0
MU25	25.0	19.0	MU10	10.0	6.5
MU20	20.0	14.0	MU7.5	7.5	5.0

2）灰缝砂浆强度检测的灌入法

采用贯入法检测的砌筑砂浆应符合下列规定：①自然养护；②龄期为 28d 或 28d 以上；③风干状态；④抗压强度为 0.4～16.0MPa。

检测砌筑砂浆抗压强度时，应以面积不大于 $25m^2$ 的砌体构件或构筑物为一个构件。按批抽样检测时，应取龄期相近的同楼层、同来源、同种类、同品种和同强度等级的砌筑砂浆且不大于 250m^3 砌体为一批，抽检数量不应少于砌体总构件数的 30%，且不应少于 6 个构件。基础砌体可按一个楼层计。

被检测灰缝应饱满，其厚度不应小于 7mm，并应避开竖缝位置、门窗洞口、后砌洞口和预埋件的边缘。检测加气混凝土砌块砌体时，其灰缝厚度应大于测钉直径。多孔砖砌体和空斗墙砌体的水平灰缝深度不应小于 30mm。每一构件应测试 16 点。测点应均匀分布在构件的水平灰缝上，相邻测点水平间距不宜小于 240mm，每条灰缝测点不宜多于 2 点。

贯入深度的测量应按下列程序操作：

(1) 开启贯入深度测量表，将其置于钢制平整量块上，直至扁头端面和量块表面重合，使贯入深度测量表的读数为零（图 3.2-4）。

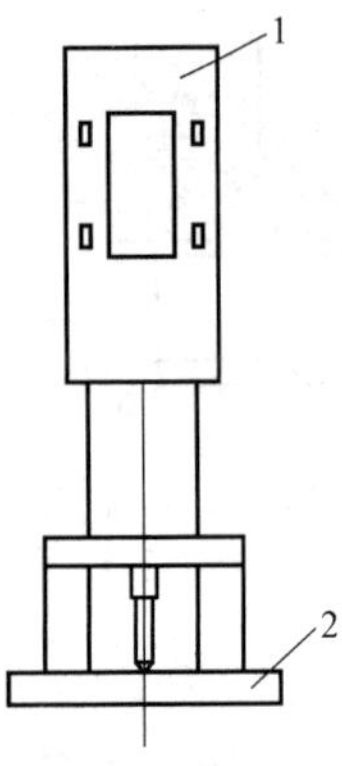

(2) 将测钉从灰缝中拔出，用橡皮吹风器将测孔中的粉尘吹干净。

(3) 将贯入深度测量表的测头插入测孔中，扁头紧贴灰缝砂浆，并垂直于被测砌体灰缝砂浆的表面，从测量表中直接读取显示值 d_i 并记录。

(4) 直接读数不方便时，可按一下贯入深度测量表中的“保持”键，显示屏会记录当时的示值，然后取下贯入深度测量表读数。

图 3.2-4　贯入深度测量表清零示意
1—数字式百分表；
2—钢制平整量块

当砌体的灰缝经打磨仍难以达到平整时，可在测点处标记，贯入检测前用贯入深度测量表测读测点处的砂浆表面不平整度读数 d_i^0，然后再在测点处进行贯入检测，读取 d_i'，贯入深度应按下式计算：

$$d_i = d_i' - d_i^0 \tag{3.2-10}$$

式中　d_i——第 i 个测点贯入深度值（mm），精确至 0.01mm；

d_i'——第 i 个测点贯入深度测量表读数（mm），精确至 0.01mm；

d_i^0——第 i 个测点贯入深度测量表的不平整度读数（mm），精确至 0.01mm。

3）灰缝砂浆强度回弹法检测

检测灰缝砂浆强度的回弹仪冲击能量很小，标称冲击动能为 0.19J，测强原理是砂浆表面硬度与抗压强度之间具有相关性，建立砂浆强度与回弹值及碳化深度的相关曲线，并用来评定砂浆强度。

检测前，按 250m^3 砌体结构或每一楼层品种相同、强度等级相同的砂浆划分一个评定单元，每 15～20m^2 面积测试墙体布置一个测区，测区大小一般约 0.2～0.3m^2，每一个评定单元布置不少于 10 个测区，如果测区中的回弹值离散性大，应适当增加测区数。测区宜选在有代表性的承重墙，测区灰缝砂浆表面应清洁、干燥，应清除勾缝砂浆、浮浆，用薄片砂轮将暴露的灰缝砂浆打磨平整后，方可检测。

每个测区弹击 12 点，每个测点连续弹击 3 次，前 2 次不读数，仅读取最后一次的回弹值，在测区的 12 个回弹值中，剔除一个最大值和一个最小值，计算余下 10 个值的平均值。当砂浆碳化深度小于 1.0mm 时，测区平均回弹值应根据砂浆湿度进行修正，即乘以一个 K＝1.17～1.21 的修正系数，当灰缝砂浆干燥时取小值，潮湿时取大值；当砂浆碳化深度大于 1.0mm 时；无需修正。

灰缝碳化速度的测定仍采用酚酞乙醇试剂。取出部分灰缝砂浆，清除孔洞中的粉末和碎屑，但不可用液体冲洗，立即用1%的酚酞乙醇溶液滴入孔洞内壁边缘，外侧碳化区为无色，内侧未碳化区变成紫红色，测量有颜色交界线的深度，即为碳化深度。

测区砂浆强度的评定，根据平均回弹值、平均碳化深度，并考虑灰缝砂浆的品种、砂子的品种进行强度评定。测区强度计算公式见表3.2-3。

已知砂子、砂浆品种的测区强度计算（MPa） **表3.2-3**

砂子品种 砂浆品种	平均碳化深度$\overline{L_i}$(mm)		
	$\overline{L_i}\leqslant 1.0$	$1.0<\overline{L_i}<3.0$	$\overline{L_i}\geqslant 3.0$
细砂 水泥砂浆	$f_{ni}=\frac{1.99\times10^{-7}R^{5.14}}{K_2}$	$f_{ni}=\frac{1.46\times10^{-3}R^{2.73}}{K_2}$	$f_{ni}=\frac{2.56\times10^{-6}R^{4.50}}{K_2}$
细砂 混合砂浆	$f_{ni}=\frac{2.41\times10^{-4}R^{3.22}}{K_2}$	$f_{ni}=\frac{8.27\times10^{-4}R^{2.92}}{K_2}$	$f_{ni}=\frac{4.30\times10^{-5}R^{3.76}}{K_2}$
中砂 水泥砂浆	$f_{ni}=\frac{9.82\times10^{-6}R^{4.22}}{K_2}$	$f_{ni}=\frac{5.61\times10^{-6}R^{4.32}}{K_2}$	
中砂 混合砂浆	$f_{ni}=\frac{9.92\times10^{-5}R^{3.53}}{K_2}$	$f_{ni}=\frac{8.59\times10^{-7}R^{4.91}}{K_2}$	

注：R为测区平均回弹值；K_2为强度子湿修正系数，$K_2=1.06-1.18$，灰缝干燥时取小值，潮湿时取大值。

各评定单元砌体灰缝砂浆强度的评定值，取该评定单元所有测区强度的平均值。评定单元砂浆强度的匀质性，可根据测区砂浆强度的变异系数进行区分。强度变异系数C_v，由单元砂浆测区平均强度f_n和强度标准差s按下式计算：

$$C_v=\frac{s}{f_n} \tag{3.2-11}$$

变异系数$C_v\leqslant 0.25$时，砂浆强度匀质性较好；当$0.25<C_v<0.4$时，砂浆强度匀质性一般；当$C_v\geqslant 0.4$时，砂浆强度匀质性较差。

4）砂浆或砖强度冲击法检测

冲击法检测的基本原理，基于脆性物体破坏能量定律，即强度高的材料破碎消耗的能量大，反之消耗的能量小。材料破碎后表面积增大，其破碎程度可用表面积的增量ΔA定量地表示。材料经多次冲击后的典型特性曲线见图3.2-5，曲线的起始段呈直线，表明材料表面积的增量ΔA与破碎冲击能量ΔW呈线性关系，继续增加能量消耗，曲线开始弯曲。冲击法检测砂浆或砖的抗压强度应运用冲击特性曲线的直线段，为了保证试验总能量消耗不超过线性关系的极限，对于不同强度的砂浆试样，可按表3.2-4选择合适的重锤和落锤高度，由此得出的砂浆表面积增量ΔA与破碎冲击能量ΔW的关系见图3.2-6。该图显示砂浆表面积的增量与破碎冲击能量之间的线性关系很好，每一条直线代表一种砂浆强度，各条直线可用不同的斜率ΔA区分。冲击试验的结果是得到试样的斜率，依据事先建立的材料与抗压强度之间的关系，就可以推算出材料的强度。

冲击试验的方法步骤，首先把从灰缝中取出的砂浆块凿成10～12mm直径的试料，进行筛分，将保留在孔径为12mm筛子上的试样作为试验用料。取180～200g试料放入烘箱内，对潮湿试样，需在50～60℃温度下烘干。试料冷却后将其分成3份，进行相同的试验，每份5g，放入冲击筒中，顶面摊平，选择合适的重锤和落锤高度，用自由落锤施加冲击荷载。试验分三个阶段，第一阶段冲击 2 次，然后筛分、称量 1 次；第二阶段冲击 4 次，然后筛分、称量 1 次；第三阶段再冲击 4 次，筛分、称量 1 次后结束。

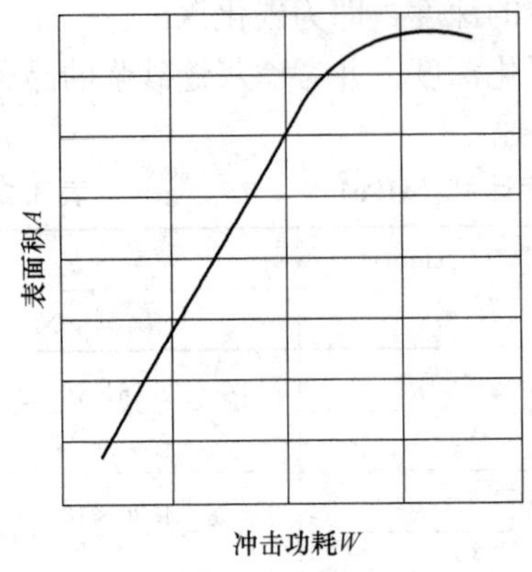

图 3.2-5 冲击功耗与表面积关系特性曲线

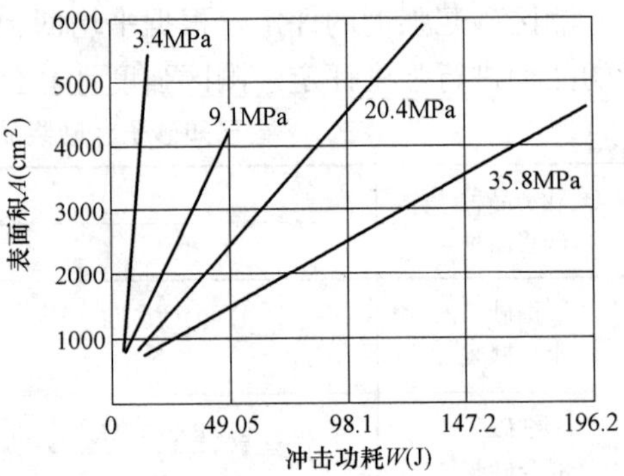

图 3.2-6 不同强度砂浆的冲击功耗与表面积关系

锤重及落锤高度选择 **表 3.2-4**

砂浆强度估计(MPa)	砂浆特征	锤重(kg)	落锤高度(m)	砂浆强度估计(MPa)	砂浆特征	锤重(kg)	落锤高度(m)
<5.0	疏松，手可以捏碎	1.0	0.10	20.0～30.0	使用工具才能破碎	2.5	0.36
5.0～10.0	棱角容易扳掉	1.6	0.12	>30.0	尖锐工具才能破碎	3.0	0.50
10.0～20.0	棱角不易扳掉	1.6	0.30				

破碎试料所消耗的功按下式计算：

$$W=G\cdot h \tag{3.2-12}$$

式中 W——冲击机械功；

G——锤重；

h——落锤高度。

对冲击后的试料采用多种孔径的筛子进行筛分，分别称量各筛号上的筛余量。冲击后试料的总表面积按下式计算：

$$A=\frac{1}{\gamma_0}10.5\sum\frac{Q_i}{d_{\mathrm{cp}i}} \tag{3.2-13}$$

式中 γ_0——试料的表观密度；

Q_i——各筛号的筛余量；

$d_{\mathrm{cp}i}$——各筛号上试料的粒径，见表 3.2-5。

各筛号试料的平均粒径 **表 3.2-5**

筛号粒径范围(mm)	1.2～1.0	1.0～0.5	0.5～0.25	0.25～0.12	0.12～0.06	0.06～0.03	0.03～0.015
平均粒径(mm)	1.097	0.722	0.361	0.177	0.0866	0.0433	0.022

4. 砌体抗剪强度检测

1）原位单剪法

选择砌体的门、窗洞口作为测区，试验段两头凿通、自由，加压面坐浆找平，垫上厚钢垫板，用千斤顶施加与受剪面平行的荷载（图 3.2-7），保持压力与受剪面基本在同一个平面内。若砌体沿通缝剪切破坏的荷载为 V，受剪面积为 A，则砌体的抗剪强度为：

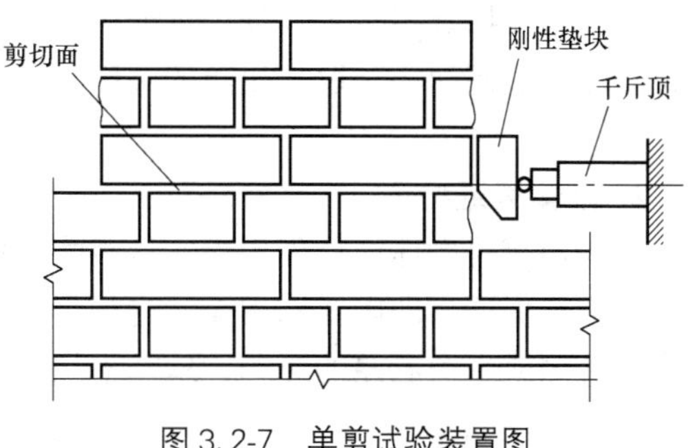

图 3.2-7 单剪试验装置图

$$f_{v,m}=\frac{V}{A} \tag{3.2-14}$$

2）原位双剪法

对砌体中非门、窗洞口边缘的单砖，两头凿通、自由，一端施加水平推力（图 3.2-8），直接测定该砖块沿上下两个受剪面破坏的抗剪强度。影响抗剪强度的因素有上部结构的压应力及内侧竖向灰缝的抗剪强度。按下式计算砌体沿通缝截面的抗剪强度：

$$f_{v,m}=\left(\frac{V}{2A}-\beta\cdot\sigma_0\right)/\alpha \tag{3.2-15}$$

式中 V——剪切破坏荷载；

A——单面剪切面积；

σ_0——上部结构的压应力；

β——σ_0 的影响系数，可取 $\beta=1.05$；

α——侧面竖向灰缝影响系数；当砖丁砌时，取 $\alpha=1.05$；当砖顺砌时，取 $\alpha=1.10$。

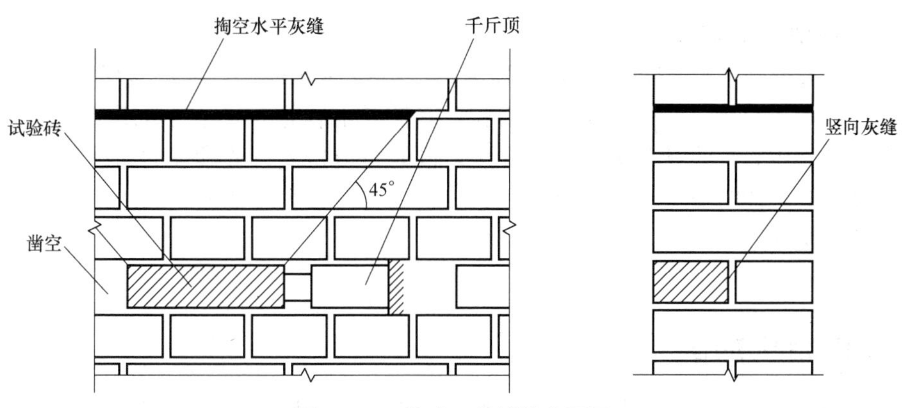

图 3.2-8 单砖双剪试验装置图

试验时也可消除 σ_0 的影响，采取的措施是将试验砖上方 45°范围内、上三皮砖的水平灰缝砂浆掏净，则 $\sigma_0=0$。

3.2.2 缺陷检测

1. 灰缝厚度及饱满度检测

灰缝厚度对砌体强度有重要影响，灰缝铺得厚，容易做到饱满，但会增大砂浆层的横向变形，增加砖的横向拉力；灰缝过薄则不易均匀；灰缝的合理厚度为 8～12mm，一般采用 10mm。

砖砌体水平灰缝砂浆的饱满度不得低于 80%，低于此值后，砌体强度逐渐降低，当砂浆饱满度由 80%降为 65%时，砌体强度下降 20%。砂浆饱满度检测的数量和方法为：

每层同类砌体抽查不少于3处，每处掀开3块砖，用刻有网格的透明百格网度量砖底面与砂浆的粘结痕迹面积。取3块砖的底面灰缝砂浆的饱满度平均值，作为该处灰缝砂浆的饱满度。

2. 砌体裂缝检测

设计规范对砌体结构仅要求作承载能力极限状态的验算，而正常使用极限状态则要求通过构造来保证，即砌体结构无需进行裂缝和变形验算。但在实际结构中，由于构造措施不当、日照或室内温差的影响、地基不均匀沉降及超载等因素，导致砌体开裂，影响建筑物的正常使用或安全。

在砌体结构鉴定中，对砌体开裂的调查，应在确定裂缝的长度、宽度、分布及其稳定性的基础上，重点分析裂缝产生的原因及其危害性。砌体结构的荷载裂缝直接危及结构安全，是砌体结构承载力不足的主要标志，如主梁支座下的受压砌体，当出现单砖开裂时，荷载约为破坏荷载的60%，当发展长度越过3～4皮砖的连通裂缝时，表明荷载已达到破坏荷载的80%～90%。当判明属于荷载裂缝时，不论其宽度，应高度重视。

对于非荷载裂缝，应分析其对结构整体性、观感和适用性的影响，表面有粉刷层时应辨别是否仅为粉刷层裂缝，必要时凿开粉刷层观察，对结构裂缝用裂缝标尺或读数显微镜检测其宽度，分析裂缝产生的原因，把检测结果详细地标注在墙体立面或砖柱的展开图上。

3. 砌体腐蚀层深度检测

砌体长期暴露在大气中，受冻融、腐蚀、机械碰撞的损伤，墙面逐渐由表及里地风化、疏松、剥落，减小了砌体的有效截面积，降低了承载能力。检测可用铲或锤等简单工具除去腐蚀层，用直尺直接量取腐蚀层深度，同时也应检测灰缝砂浆的腐蚀深度，已腐蚀的砂浆强度降低，通过感受铲除腐蚀层砂浆，将内外砂浆强度的变化和颜色的变化结合起来判断腐蚀层深度。

3.3 砌体结构加固

砌体结构由于材料来源广泛，施工方便，相对造价低廉，因而得到普遍应用。但由于设计、施工等方面的原因，在工程中常常会出现墙体裂缝、强度不足、错位和变形甚至局部倒塌等事故。因此，在工程中应根据不同的损坏程度，采取适当的方法对结构进行补强与加固。

3.3.1 结构裂缝处理

砌体出现裂缝是工程中非常普遍的质量事故之一。轻微细小的裂缝影响房屋的外观和使用功能，而严重的裂缝则会影响砌体的承载力，甚至会引起倒塌。对此必须认真分析，妥善处理。

一旦砌体发生开裂，应首先分析开裂原因，鉴别裂缝性质，并观察裂缝是否稳定及其发展状态。这可以从构件受力的特点，建筑物所处的环境条件，以及裂缝所处的位置、出现的时间及形态综合加以判断。如果在裂缝上涂一层石膏或石灰，经一段时间后，若石膏或石灰不开裂，说明裂缝已经稳定。在裂缝原因已经查清的基础上，采取有效措施补强。对于除荷载裂缝以外、不致危及安全且已经稳定的裂缝，常常采用填缝密封、配筋填缝密封、灌浆等修补方法。

1. 填缝密封修补法

砖砌体填缝密封修补的方法，通常用于墙体外观维修和裂缝较浅的场合。常用材料有水泥砂浆、聚合水泥砂浆等。这类硬质填缝材料极限拉伸率很低，如砌体尚未稳定，修补后可能再次开裂。

这类填缝密封修补方法的工序为：先将裂缝清理干净，用勾缝刀、抹子、刮刀等工具将 1∶3 的水泥砂浆或比砌筑砂浆强度高一级的水泥砂浆或掺有 107 胶的聚合水泥砂浆填入砖缝内。

2. 配筋填缝密封修补法

当裂缝较宽时，可采用配筋水泥砂浆填缝的修补方法，即在与裂缝相交的灰缝中嵌入细钢筋，然后再用水泥砂浆填缝。

这种方法的具体做法是在两侧每隔 4～5 皮砖剔凿一道长约 800～1000mm、深约 30～40mm 的砖缝，埋入一根Φ6 钢筋，端部弯直钩并嵌入砖墙竖缝，然后用强度等级为 M10 的水泥砂浆嵌填严实，见图 3.3-1。

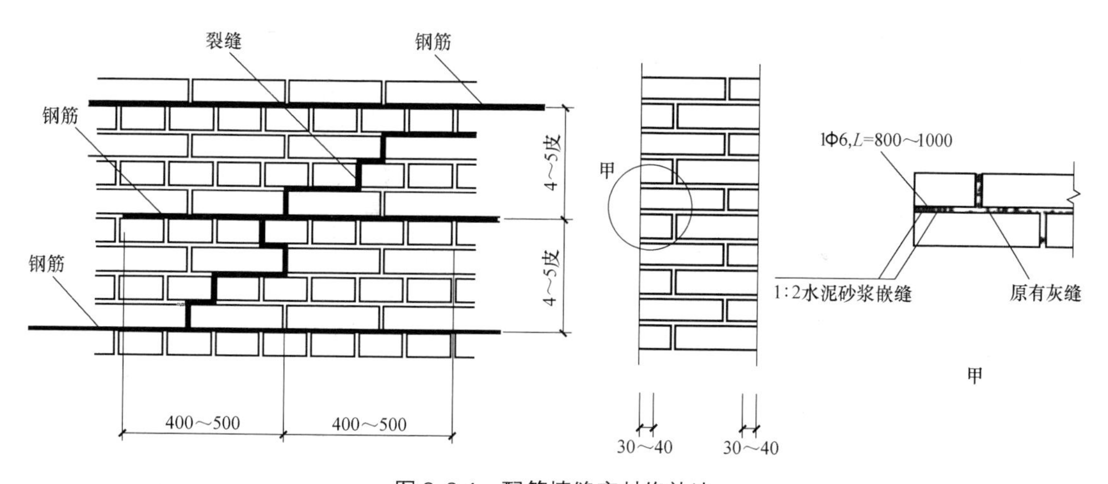

图 3.3-1　配筋填缝密封修补法

施工时应注意以下几点：①两面不要剔同一条缝，最好隔两皮砖；②必须处理好一面，并等砂浆有一定强度后再施工另一面；③修补前剔开的砖缝要充分浇水湿润，修补后必须浇水养护。

3. 灌浆修补法

当裂缝较细，裂缝数量较多，发展已基本稳定时，可采用灌浆补强方法。它是工程中最常用的裂缝修补方法。

灌浆修补是利用浆液自身重力或压力设备将含有胶合材料的水泥浆液或化学浆液灌入裂缝内，使裂缝粘合起来的一种修补方法，如图 3.3-2、图 3.3-3 所示。这种方法设备简单，施工方便，价格便宜，修补后的砌体可以达到甚至超过原砌体的承载力，裂缝不会在原来位置重复出现。

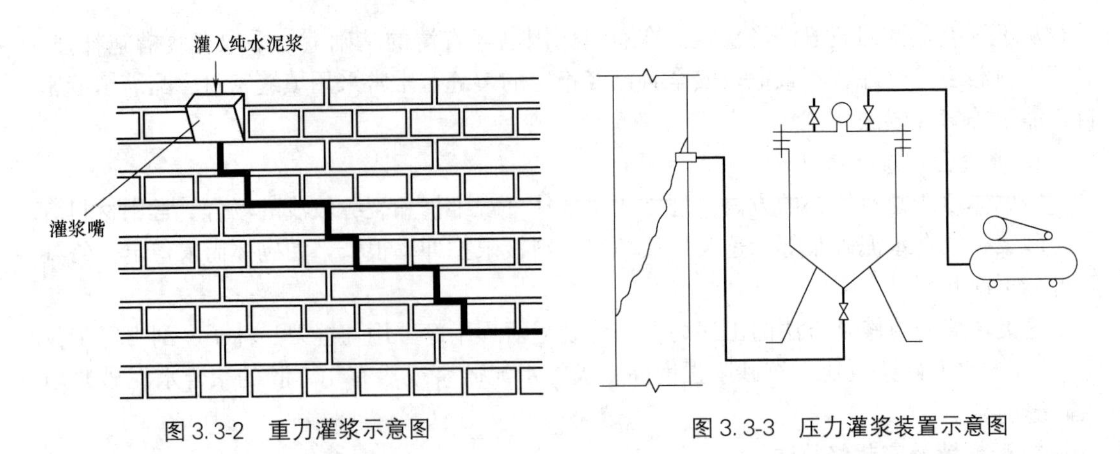

图 3.3-2 重力灌浆示意图

图 3.3-3 压力灌浆装置示意图

灌浆常用的材料有纯水泥浆、水泥砂浆、硅酸钠砂浆或水泥石灰浆等。在砌体修补中可用纯水泥浆，因纯水泥浆的可灌性较好，可顺利地灌入贯通外露的孔隙，对于宽度为3mm左右的裂缝可以灌实。若裂缝宽度大于5mm，可采用水泥砂浆。裂缝细小时，可采用压力灌浆。灌浆浆液配合比见表 3.3-1，表中稀浆用于 0.3～1mm 宽的裂缝；稠浆用于1～5mm 的裂缝；砂浆则适用于宽度大于 5mm 的裂缝。

裂缝灌浆浆液配合比 **表 3.3-1**

浆别	水泥	水	胶结料	砂
稀浆	1	0.9	0.2(107 胶)	
	1	0.9	0.2(二元乳胶)	
	1	0.9	0.01-0.02(硅酸钠)	
	1	1.2	0.06(聚乙酸乙烯)	
稠浆	1	0.6	0.2(107 胶)	
	1	0.6	0.15(二元乳胶)	
	1	0.7	0.01-0.02(硅酸钠)	
	1	0.74	0.055(聚乙酸乙烯)	
砂浆	1	0.6	0.2(107 胶)	1
	1	0.6～0.7	0.15(二元乳胶)	1
	1	0.6	0.01(硅酸钠)	1
	1	0.4～0.7	0.06(聚乙酸乙烯)	1

水泥灌浆浆液中需掺入悬浮型外加剂，以提高水泥的悬浮性，延缓水泥沉淀时间，防止灌浆设备及输送系统堵塞。外加剂一般采用聚乙烯醇或硅酸钠或 107 胶。掺入外加剂后，水泥浆液的强度略有提高。掺加 107 胶还可增强粘结力，但掺量过大，会使灌浆材料的强度降低。

配置浆液采用聚乙烯醇作外加剂时，先将聚乙烯醇溶解于水中形成水溶液，然后边搅拌边掺加水泥即可。聚乙烯醇与水的重量配制比为：聚乙烯醇：水=2：98。最后按水泥：水溶液（重量比）=1：0.7 比例配制成混合浆液。当采用硅酸钠作外加剂时，只要将 2%（按水重量计）的硅酸钠溶液倒入刚搅拌好的纯水泥浆中搅拌均匀即可。当采用 107 胶作为外加剂时，先将定量的 107 胶溶于水成溶液，然后用这种溶液拌制灌浆浆液。

另外，还有一种加氟硅酸钠的硅酸钠砂浆用于灌实较宽的裂缝，其配合比为：硅酸钠：矿渣粉：砂=(1.15～1.5)：1：2，再加 15%的纯度为 90%的氟硅酸钠。

灌浆法修补裂缝可按下述工艺进行：

（1）清理裂缝，使裂缝通道贯通，无堵塞。

（2）灌浆嘴布置：在裂缝交叉处和裂缝端部均应设灌浆嘴，布嘴间距可按照裂缝宽度大小在250～500mm之间选取。厚度大于360mm的墙体，应在墙体两面都设灌浆嘴。在墙体设置灌浆嘴处，应预先钻孔，孔径稍大于灌浆嘴外径，孔深30～40mm，孔内应冲洗干净，并先用纯水泥浆涂刷，然后用1∶2水泥砂浆固定灌浆嘴。

（3）将加有促凝剂的1∶2水泥砂浆嵌缝，以避免灌浆时浆液外溢。嵌缝时应注意将混水砖墙裂缝附近的原粉刷刷除，冲洗干净后，用新砂浆嵌缝。

（4）待封闭层砂浆达到一定强度后，先向每个灌浆嘴中灌入适量的水，使灌浆通过畅通。再用0.2～0.25MPa的压缩空气检查通道泄漏程度，如泄漏较大，应补漏封闭。然后进行压力灌浆，灌浆顺序自下而上，当附近灌浆嘴溢出或进浆嘴不进浆时方可停止灌浆。灌浆压力控制在0.2MPa左右，但不宜超过0.25MPa。发现墙体局部冒浆时，应停灌约15min或用快硬水泥砂浆临时堵塞，然后再进行灌浆。当向靠近基础或楼板（多孔板）处灌入大量浆液仍未灌满时，应增大浆液浓度或停1～2h后再灌。

（5）全部灌完后，停30min再进行二次补灌，以提高灌浆实度。

（6）拆除或切断灌浆嘴，表面清理抹平，冲洗设备。

对于水平的通长裂缝，可沿裂缝钻孔，做成销键，以加强两边砌体的共同作用。销键直径25mm，间距250～300mm，深度可以比墙厚小20～25mm。做完销键后再进行灌浆。

3.3.2　砖墙的加固方法

当砖墙裂缝过宽过深，可能危及房屋安全，经鉴定后确认墙体承载力或稳定性不足时，或因房屋增层、改变使用功能等原因引起砖墙承载力不足时，应及时进行加固。通常在加固施工前应先卸除外荷载，若卸除外荷载有困难时，应设置临时预应力支撑，以减小后加构件的应力滞后。常用的砖墙承载力及稳定性加固方法有扶壁柱法和钢筋网水泥砂浆法。

1. 扶壁柱法

扶壁柱法是工程中最常用的砖墙加固方法，它能有效地提高砖墙的承载力和稳定性。根据使用材料不同，扶壁柱有砖砌和钢筋混凝土两种。

1）砖扶壁柱加固

常用的砖扶壁柱形式如图3.3-4所示，其中（a）、（b）表示单面增设的砖扶壁柱，（c）、（d）表示双面增设的砖扶壁柱。增设的砖扶壁柱与原砖墙的连接，可采用插筋法或挖镶法，以保证两者共同工作。

如图3.3-4中的（a）、（b）、（c）所示，插筋法的连接具体做法如下：

（1）剥去新旧砌体间的粉刷层，并将墙面冲洗干净。

（2）在原有砖墙的灰缝中打入$\Phi^{b}4$或$\Phi^{b}6$的连接钢筋。如果打入钢筋有困难时，可用电钻钻孔，再将钢筋打入。插筋水平间距应不大于120mm（图3.3-4a），竖向间距一般以240～300mm为宜（图3.3-4b）。在砌筑扶壁柱时，插筋必须嵌入灰缝之中。

（3）在插筋的开口边绑扎$\Phi^{b}3$的封口筋（图3.3-4c）。

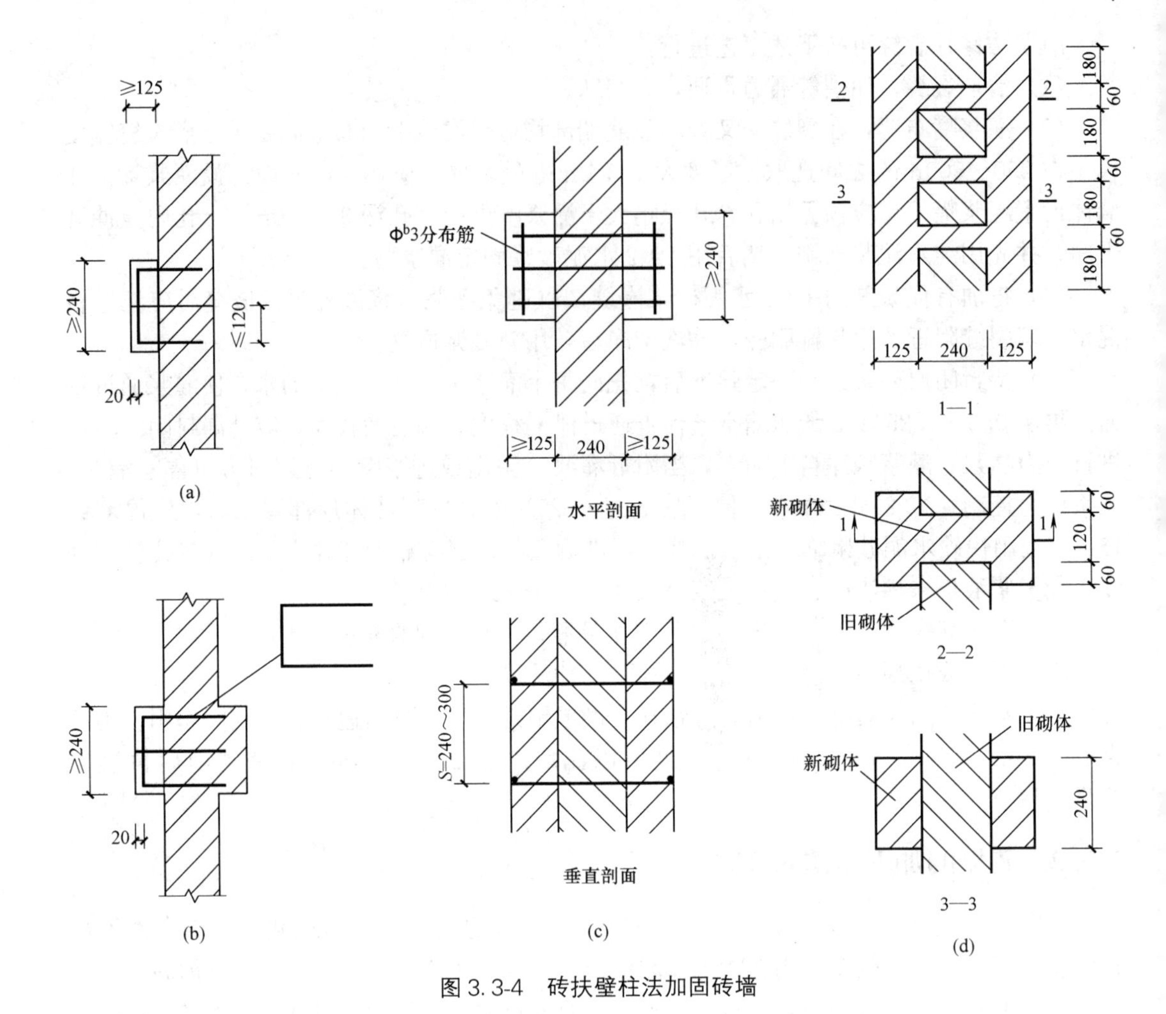

图 3.3-4　砖扶壁柱法加固砖墙

(4) 用 M5～M10 的混合砂浆、MU7.5 以上的砖砌筑扶壁柱。扶壁柱的宽度不应小 240mm，厚度不应小于 125mm。当砌至楼板底或梁底时，应采用硬木顶撑，或用膨胀水泥砂浆补塞最后 5 层的水平灰缝，以保证补强砌体能有效地发挥作用。

(5) 挖镶法的连接情况见图 3.3-4(d)。具体做法是：先挖去墙上的顶砖，在砌两侧新壁柱时，再镶入镶砖。为了保证镶砖与旧墙之间能上下顶紧，在旧墙内镶砖时用的灰浆最好掺入适量膨胀水泥。

砖墙所需增设的扶壁柱间距及数量，应由计算确定。考虑到原砖墙已处于承载状态，后砌扶壁柱存在着应力滞后，在计算加固后砖墙承载力时，应对后砌扶壁柱的抗压强度设计值 f 乘以一个 0.9 的折减系数。则加固后的砖墙受压承载力可按下式验算：

$$N \leqslant \varphi(fA + 0.9 f_1 A_1) \tag{3.3-1}$$

式中　N——荷载产生轴向力设计值；

φ——高厚比 β 和轴向力的偏心距 e 对受压构件承载力的影响系数，可按《砌体结构设计规范》GB 50003—2011 取用；

f、f_1——分别为原砖墙和新砌扶壁柱的抗压强度设计值；

A、A_1——分别为原来和新砌扶壁柱截面面积。

应当指出的是，在验算加固后砖墙的高厚比以及正常使用极限状态时，可不必考虑后砌扶壁柱的应力滞后，按一般砖墙的计算公式进行计算。

2）混凝土扶壁柱加固

混凝土扶壁柱的形式如图 3.3-5 所示，与砖扶壁柱相比，它可以帮助原砖墙承担较多的荷载，而混凝土扶壁柱与原墙的连接显得尤为重要。对于原来带有壁柱的墙，新旧柱间的连接如图 3.3-5（a）所示，它与砖扶壁柱基本相同。当原墙厚度小于 240mm 时，可凿去一块顺砖，使 U 形连接筋穿透墙体，并加以弯折（图 3.3-5b），形成闭口钢箍，并用豆石混凝土填实。图 3.3-5（a）、（b）、（c）中的 U 形箍筋竖向间距不应大于 240mm，纵筋直径不宜小于 12。图 3.3-5（d）、（e）所示为销键连接法，销键的纵向间距不应大于 1000mm。图 3.3-5（c）、（e）的加固形式可较多地提高原墙体的承载力，效果较好。混凝土扶壁柱常采用 C15 或 C20 混凝土浇筑，截面宽度不宜小于 250mm，厚度不宜小于 70mm。

经混凝土扶壁柱加固后的砌体已成为组合砖砌体，可按《砌体结构设计规范》GB 50003—2011 中的组合砌体计算。但考虑到新浇混凝土扶壁柱与原砖墙的受力状态有关，并存在着应力滞后，因此在计算加固后组合砖砌体的承载力时，应对新浇混凝土扶壁柱引入强度折减系数 α。此外，对于原砖墙，一般可不折减，但若已经出现破损，其承载力会有所下降，也可视破损程度不同乘以一个 0.7～0.9 的降低系数。

轴心受压组合砖砌体的承载力，可按下式计算：

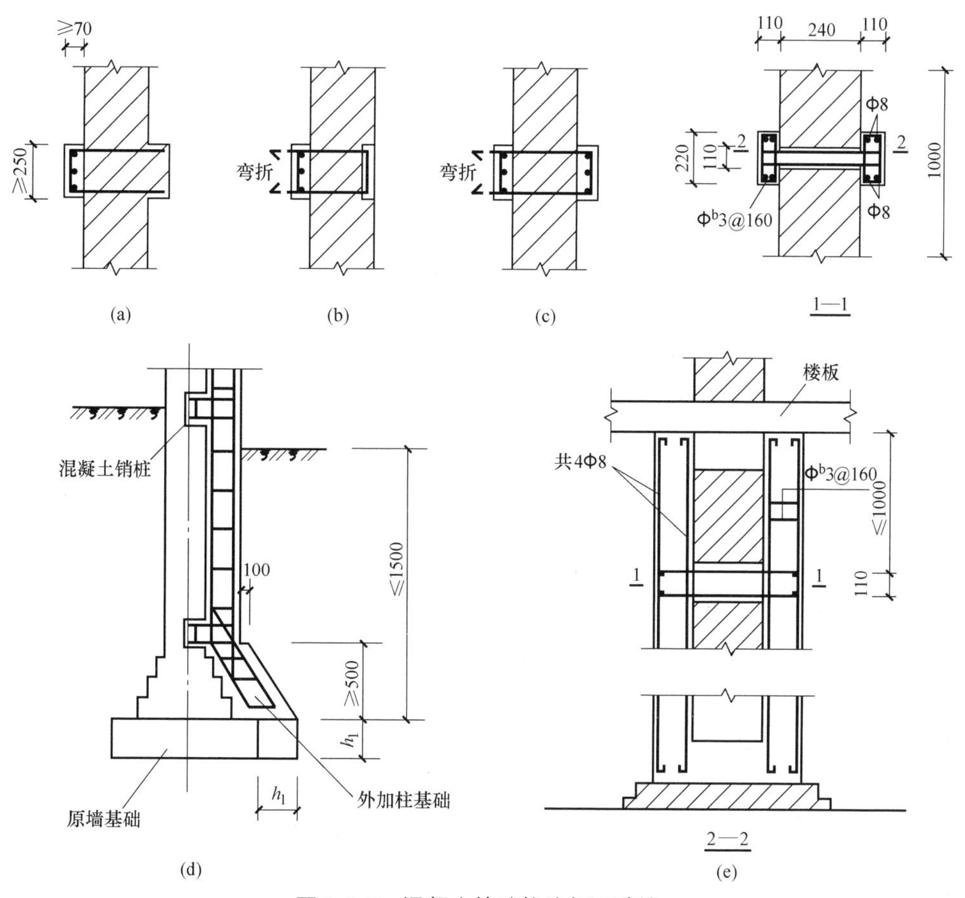

图 3.3-5 混凝土扶壁柱法加固砖墙

$$N \leqslant \varphi_{com}[fA+\alpha(f_cA_c+\eta_sf'_yA'_s)] \tag{3.3-2}$$

式中 φ_{com}——组合砖砌体构件的稳定系数，按《砌体结构设计规范》GB 50003—2011 表 8.2.3 取用；

α——新浇扶壁柱的材料强度折减系数；若加固时原砖砌体完好，取 $\alpha=0.95$；若加固时原砖砌体有荷载裂缝或破损现象，取 $\alpha=0.9$；

A——原砖砌体的截面面积；

f_c——扶壁柱混凝土或砂浆面层的轴心抗压强度设计值，砂浆的轴心抗压强度设计值可取为同等强度等级的混凝土设计值的 70%，当砂浆为 M7.5 时，其值为 2.6MPa；

A_c——混凝土或砂浆面层的截面面积；

η_s——受压钢筋的强度系数，当为混凝土面层时取 1.0，当为砂浆面层时取 0.9；

A'_s、f'_y——分别为受压钢筋的截面面积和抗压强度设计值。

偏心受压组合砖砌体的受力状态如图 3.3-6 所示。由图示的受力极限平衡条件，可得偏心受压组合砖砌体的承载力计算公式如下：

$$N \leqslant f'A+\alpha(f_cA_c+\eta_sf'_yA'_s)-\sigma_s\sigma A_s \tag{3.3-3}$$

$$\text{或 } Ne_N \leqslant fS_s+\alpha[f_cA_c+\eta_sf'_yA'_s(h_0-\alpha')] \tag{3.3-4}$$

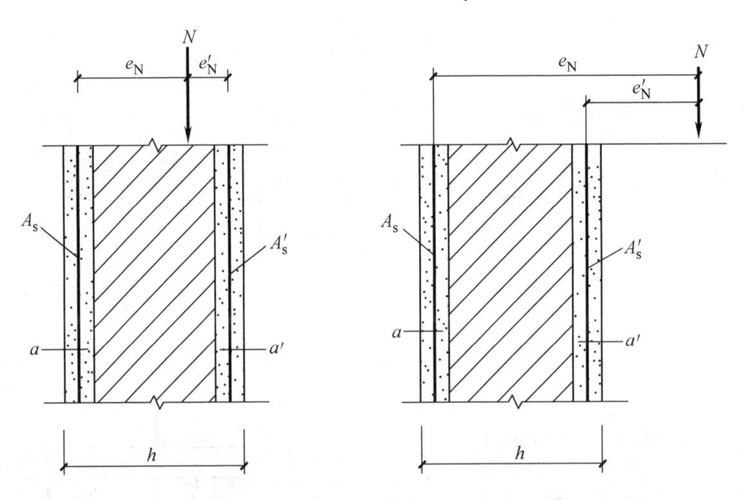

图 3.3-6 组合砖砌体偏心受压构件

此时受压区高度 x 可按下式确定：

$$fS_s+\alpha(f_cA_c+\eta_sf'_yA'_se'_N)-\sigma_sA_se_N=0 \tag{3.3-5}$$

$$e'_N=e+e_i-\left(\frac{h}{2}-\alpha'\right) \tag{3.3-6}$$

$$\text{或 } e_N=e+e_i+\left(\frac{h}{2}-\alpha\right) \tag{3.3-7}$$

$$e_i=\frac{\beta^2h}{2200}(1-0.022\beta) \tag{3.3-8}$$

式中 A——原砖砌体受压部分的面积；

A_c——混凝土或砂浆面层受压部分的面积；

S_s——砖砌体受压部分的面积对受拉钢筋 A_s 重心的面积矩；

e'_N、e_N——分别为钢筋 A'_s和 A_s 重心至轴向力 N 作用点的距离；

A_s——混凝土中受拉钢两截面积；

e——轴向力的初始偏心距；按荷载标准值计算，当 $e<0.05h$ 时，取 $e=0.05h$；

e_i——组合砖砌体构件在轴向力作用下的附加偏心距，与高厚比 β 有关；

h_0——组合砖砌体构件截面的有效高度，即 $h_0=h-\alpha$；

α'、α——分别为钢筋 A'_s和 A_s 重心至截面较近边距离；

σ_s——受拉钢筋 A_s 的应力；当大偏心受压时（$\xi<\xi_b$），$\sigma_s=f_y$；当小偏压受压时（$\xi\geqslant\xi_b$），$\sigma_s=650-800\xi$；

ξ——组合砖砌体构件截面受压区的相对高度；即 $\xi=x/h$；

ξ_b——组合砖砌体构件受压区相对高度的界限值，对 HPB 300 钢筋，取 0.05。

2. 钢筋网水泥砂浆法

钢筋网水泥砂浆加固砖墙，是在除去需加固的砖墙表面粉刷层后，两面附设钢筋网片，然后喷射砂浆（或细石混凝土）或分层抹上砂浆层。这种经加固后形成的组合墙体俗称夹板墙，它能大大提高砖墙的承载力及延性。

钢筋网水泥砂浆法适宜加固大面积墙面，目前常用于下列情况的加固：

（1）因房屋加层或超载而引起砖墙承载力的不足；

（2）因火灾或地震而使整片墙承载力或刚度不足；

（3）因施工质量差而使砖墙承载力普遍达不到设计要求；

（4）窗间墙等局部墙体达不到设计要求等。

下列情况不宜采用钢筋网水泥砂浆法进行加固：

（1）孔径大于 15mm 的空心砖墙及 240mm 厚的空心砖墙；

（2）砌筑砂浆强度等级小于 M0.4 的墙体；

（3）墙体严重酥松，或油污、碱化层不易清除，难以保证抹面砂浆的粘结质量。

喷抹水泥砂浆面层前，应先清理墙面并加以湿润。如原墙面有损坏或酥胎、碱化部位，应拆除修补。对粘结不牢或强度低的粉刷层应予铲除，并刷洗干净。水泥砂浆应分层喷抹，每层厚度不宜大于 15mm，以便压密压实。钢筋网水泥砂浆加固的具体做法参见图 3.3-7。

钢筋网水泥砂浆面层厚度宜为 30～45mm。当面层厚度大于 45mm 时，则宜采用细石混凝土。面层砂浆的强度等级一般可采用 M7.5～M15，面层混凝土强度等级宜用 C15 或 C20。

受力钢筋宜用 HPB 300 钢筋。受压钢筋的配筋率，对砂浆面层不宜小于 0.1%；对于混凝土面层，不宜小于 0.2%。受力钢筋直径可用不小于 8mm 的钢筋，其净保护层厚度不宜小于 10mm。

横向筋直径不宜小于 4mm 及 0.2 倍的受力钢筋直径，并不宜大于 6mm。横向筋间距不宜大于 20 倍受压主筋的直径及 500mm，但也不宜过密，不应小于 120mm。横向钢筋遇到门窗洞口，宜将其弯折 90°（直钩）并锚入墙体内。

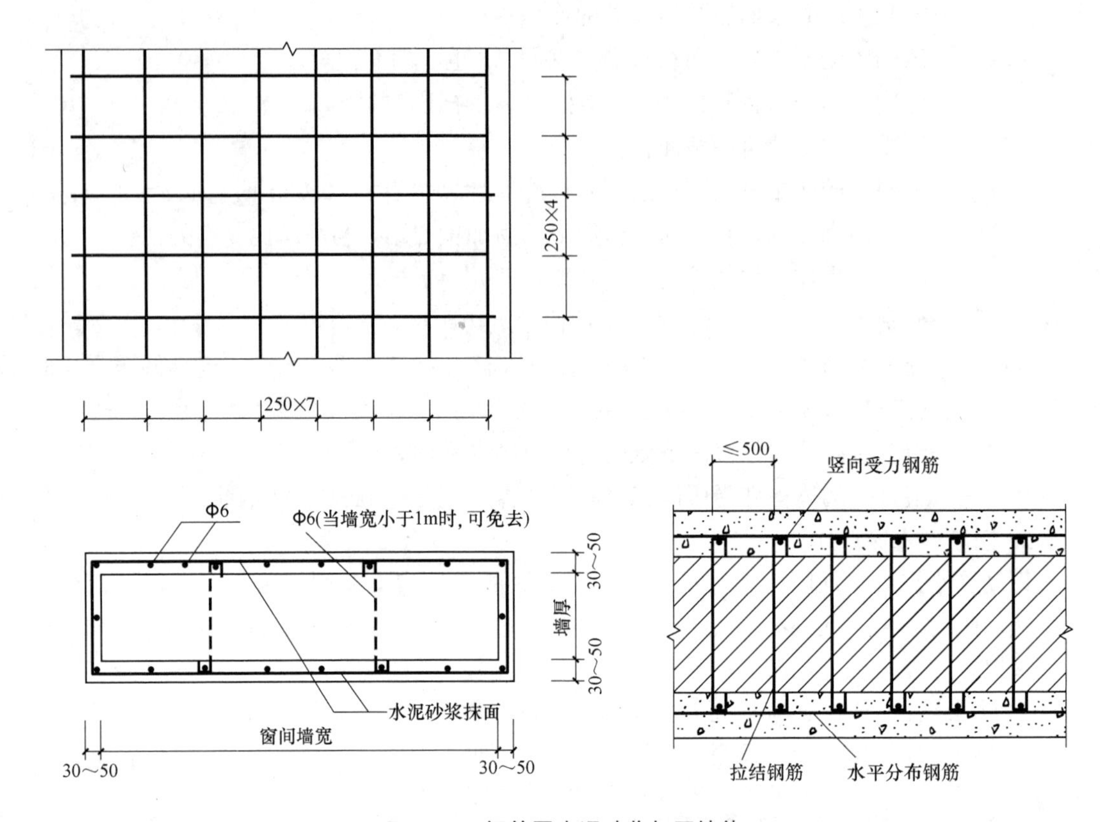

图 3.3-7　钢筋网水泥砂浆加固墙体

3.3.3　砖柱的加固方法

当砖柱承载力不足时，常用外加钢筋混凝土加固，包括侧面外加混凝土层加固（简称侧面加固）和四周外包混凝土加固两类，如图 5-46 所示。

1. 侧面外加混凝土加固

当砖柱承受较大的弯矩时，常常采用仅在受压面增设混凝土层（图 3.3-8a）或双面增设混凝土层的方法（图 3.3-8b）予以加固。

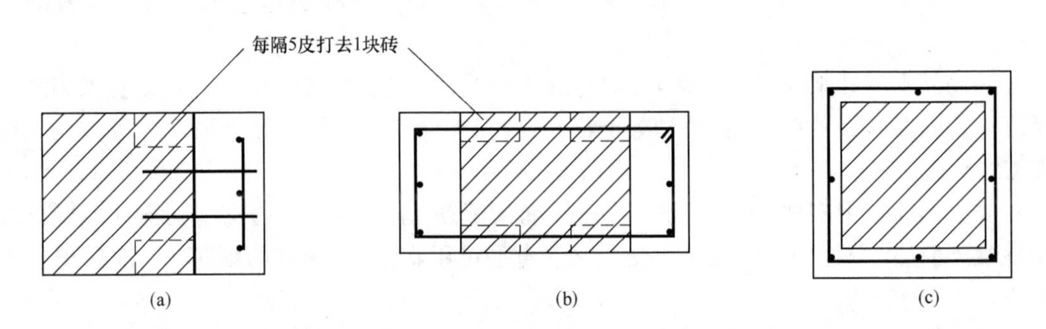

图 3.3-8　外加钢筋混凝土加固砖柱
（a）单侧加固；（b）双侧加固；（c）四周外包加固

采用侧面加固时，新旧柱的连接接合非常重要，应采取措施保证两者能可靠地共同工作。因此，两侧加固时应采用连通的箍筋；单侧加固时应在原砖柱上打入混凝土钉或膨胀螺栓等物件，以加强两者的连接。此外，为了使混凝土与砖柱更好地结合，无论单侧加固还是两侧加固，应将原砖柱的角砖每隔300mm（约5皮砖）打去一块，使后浇混凝土嵌入砖柱内，如图3.3-8（a）、（b）所示。施工时，各角都被打去的角砖应上下错开，并应施加预应力顶撑，以保证安全。

混凝土强度等级宜为C20，受力钢筋距砖柱的距离不应小于50mm，受压钢筋的配筋率不宜小于0.2%，直径不应小于8mm。

2. 四周外包混凝土加固

四周外包混凝土加固砖柱的效果较好，对于轴心受压砖柱及小偏心受压砖柱，其承载力的提高尤为显著，如图3.3-8（c）所示。外包层较薄时也可采用砂浆，砂浆强度等级不宜低于M7.5。外包层内应设置Φ4～Φ6的封闭箍筋，间距不宜超过150mm。

由于封闭箍筋的作用，砖柱的侧向变形受到约束，受力类似于网状配筋砖砌体。由此，四周外包混凝土加固砖柱的受压承载力可按下式计算：

$$N \leqslant N_1 + 2\alpha_1 \varphi_n \frac{\rho_v f_y}{100}\left(1-\frac{2e}{y}\right)A \tag{3.3-9}$$

当箍筋的长度为a、宽度为b、间距为s、单肢截面面积为A_{sv1}时，

$$\rho_v = \frac{2A_{sv1}(a+b)}{abs} \times 100 \tag{3.3-10}$$

式中 N_1——加固砖柱按组合砖砌体算得的受压承载力；

φ_n——宽厚比和配筋率以及轴向力偏心距对网状配筋砖砌体受压构件承载力的影响系数，按《砌体结构设计规范》GB 50003—2011附表5-6取用；

ρ_v——体积配箍配箍率（%）；

f_y——箍筋的抗拉强度设计值；

e——轴向力偏心距；

A——被加固砖柱的截面面积；

α_1——新浇混凝土的材料强度折减系数，它与原柱的受力状态有关，当加固前原柱未损坏时，取$\alpha_1=0.9$；部分损坏或应力较高时，取$\alpha_1=0.70$。

3.4 医院砌体结构加固新技术

3.4.1 结构受震破坏特征

医院建筑一般是由各单体建筑组成的建筑群，各部分既要有一定的联系，又需要有相对的独立性，通常由连廊（或辅助办公房）连成一个整体，建筑总平面形式为“一”“T”“工”“山”字等多种形式。医院建筑砌体结构一般具有层高大、局部大开间的特点，其变形能力小、延性差，抗剪、抗拉和抗弯能力都很低，抗震能力较差。医院建筑的震害特征与上述特点密切相关，分析历次震害，主要有以下几点：

1. 倒塌或局部倒塌

地震高烈度区砌体结构房屋倒塌占所有房屋倒塌的70%以上，尤其是医院等生命线建筑的倒塌，造成了巨大的损失，如图3.4-1和图3.4-2所示。乡镇医院建筑多为单面外廊式的砌体结构，结构纵向仅有两道抗震墙，结构冗余度不够。靠走廊一侧的纵墙开有较多的门窗，致使墙体刚度及抗震能力降低较多，地震中该道纵墙首先破坏，使整个结构形成机构，严重者倒塌。

图3.4-1 整体倒塌

图3.4-2 局部倒塌

2. 楼梯间的破坏

地震中，无论是高烈度区还是低烈度区，楼梯间的破坏均十分严重，墙体大多出现十字形裂缝，也有出现水平裂缝的，部分局部坍塌，如图3.4-3和图3.4-4所示。有些墙体开设洞口致使墙体普遍受到削弱，震害更为严重。楼梯的破坏主要为休息平台与平台梁间存在裂缝、楼梯板出现裂缝、梯梁混凝土脱落、钢筋屈服、对支撑柱的短柱效应等，如图3.4-5和图3.4-6所示。

图3.4-3 楼梯间墙体破坏

图3.4-4 楼梯间倒塌

3. 墙体破坏

横墙的破坏主要为十字交叉裂缝，也可见单向斜裂缝和水平裂缝、垂直裂缝，如图3.4-7和图3.4-8所示。纵墙的破坏主要表现为窗间墙的十字交叉裂缝：窗下墙体裂缝，多数为十字交叉斜裂缝；门窗洞口沿四角的斜裂缝，窗上为倒八字斜裂缝、窗下为正八字斜裂缝；也可见单向斜裂缝和水平裂缝、垂直裂缝，如图 3.4-9 和图 3.4-10 所示。纵墙的破坏总体较横墙破坏严重，外纵墙比内纵墙严重，大开间房屋内纵墙破坏亦较严重，窗间墙尺寸小得严重，纵横墙交接处未设构造柱者破坏较严重。

图 3.4-5 梯段板破坏

图 3.4-6 楼梯踏步横向裂缝

图 3.4-7 横墙十字交叉裂缝

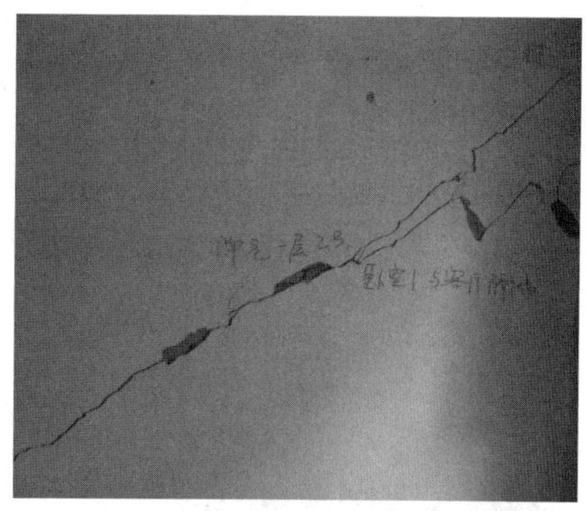

图 3.4-8 横墙斜裂缝

图 3.4-9 窗下墙十字交叉裂缝

图 3.4-10 纵墙脱落

4. 预制楼板的破坏

地震中出现了由于预制板的楼屋面结构整体性太差导致部分墙体未倒塌而预制楼板断裂、坠落的情况，从而发生了严重的次生危害，如图3.4-11和图3.4-12所示。因此加强预制楼板与墙体、板与板之间的连接即加强楼屋面的整体性还是很有必要的。

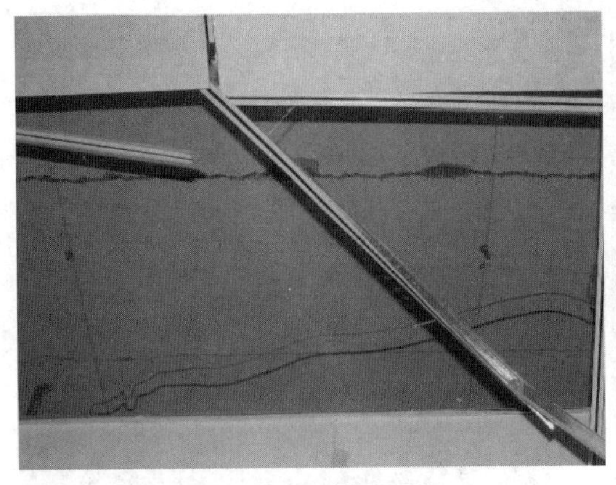

图3.4-11　楼板开裂

图3.4-12　楼板坠落

5. 圈梁、构造柱的破坏

圈梁和构造柱加强了对墙体的约束，提高了砌体房屋的整体性，可以有效地防止房屋的倒塌。地震中不少圈梁构造柱会出现断裂、钢筋扭曲变形，以及砖柱的斜向剪切裂缝和水平错位等现象，如图3.4-13和图3.4-14所示。

图3.4-13　构造柱主筋扭曲

图3.4-14　构造柱断裂

3.4.2　结构抗震加固技术

根据医院建筑砖砌体结构的特点并结合相关调研分析结果，设定一个典型的医院建筑砖砌体结构作为研究的原型。该建筑为四层砖砌体结构，建造年代约为20世纪90年代，层高为3.6m，平面形式为“一”字形，平面尺寸为49.8m×14.7m。楼地面为普通面砖面层，屋面为不上人屋面，楼屋盖为预制钢筋混凝土空心板。砖墙厚为240mm，墙体存在1000mm×2100mm门洞口以及1800mm×1800mm窗洞口。设计地震分组为第二组，场地类别为Ⅱ类。建筑结构空间布置图见图3.4-15，结构布置总平面图见图3.4-16。

1. 预制钢筋混凝土板墙（灌浆）加固砖砌体结构抗震性能

预制钢筋混凝土板墙与砖墙采用“灌浆”连接时记作加固试件 Q1，预制板墙尺寸如图 3.4-17 所示。为保证预制板墙与后浇带之间的可靠连接，板墙两侧均设置成马牙槎形，钢筋甩出 150mm，板墙上下两端的钢筋分别甩出 150mm 和 200mm，并将预制板墙与砖墙的接触面凿毛。吊装时将砖墙面清理干净，在预制板墙与砖墙之间留出 10mm 左右的灌浆缝隙，并在圈梁构造柱上每隔 500mm 植入一根Φ 6 钢筋。吊装就位后将预制板墙甩出钢筋与地梁和圈梁构造柱预留钢筋焊接，并在预制板墙上端及两侧后浇带部位的砖墙上每隔 400mm 开设 100mm×100mm 的洞口，并设置 4Φ 6 钢筋，以便后期灌浆形成混凝土键加强两侧预制板墙与砖墙的连接。后浇带模板支护完毕后，用发泡剂将窗洞口左右两侧及上方的缝隙封堵，仅预留窗洞口下方和预制板墙上方缝隙进行灌浆。无收缩自流平灌浆料具有快硬、早强、流动性好的特点。灌浆时从窗洞口上方注入浆料，应当控制好注入速度，让浆料逐渐流入板墙下方的缝隙中，确保浆料可以灌注密实。在极限荷载作用下，加固试件 Q1 破坏模式如图 3.4-18 所示。

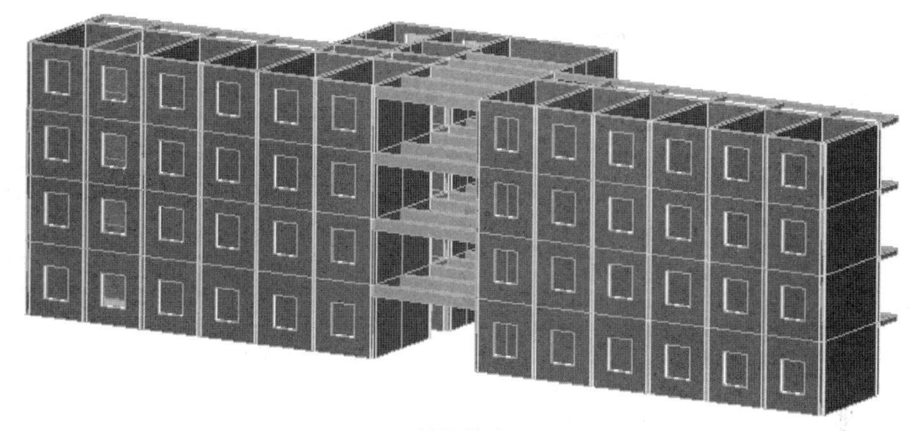

图 3.4-15 结构整体空间布置图

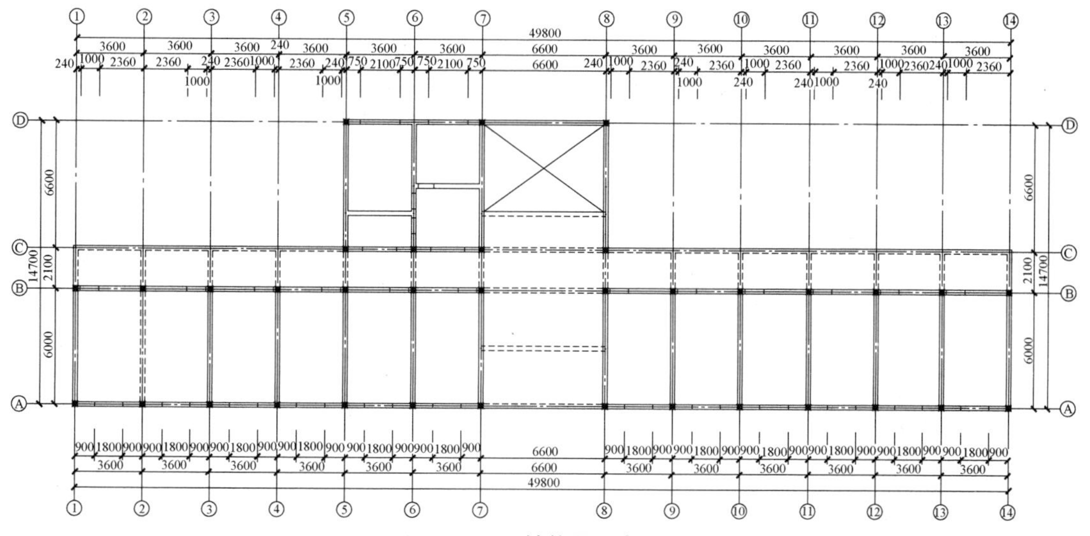

图 3.4-16 结构平面布置图

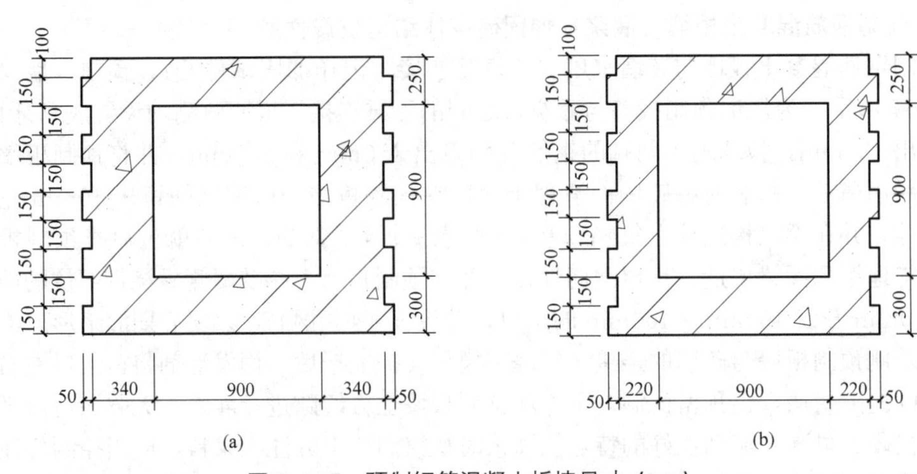

图 3.4-17 预制钢筋混凝土板墙尺寸（mm）

（a）预制钢筋混凝土板墙 1-1；（b）预制钢筋混凝土板墙 1-2

图 3.4-18 加固试件 Q1 破坏模式

1）荷载-位移滞回曲线

加固试件 Q1 的荷载-位移滞回曲线如图 3.4-19 所示。

2）骨架曲线

加固试件 Q1 的骨架曲线如图 3.4-20 所示。在加载初期，加固试件 Q1 的骨架曲线基本呈直线，之后骨架曲线开始弯曲，承载力达到峰值点后，骨架曲线开始缓慢地向位移轴

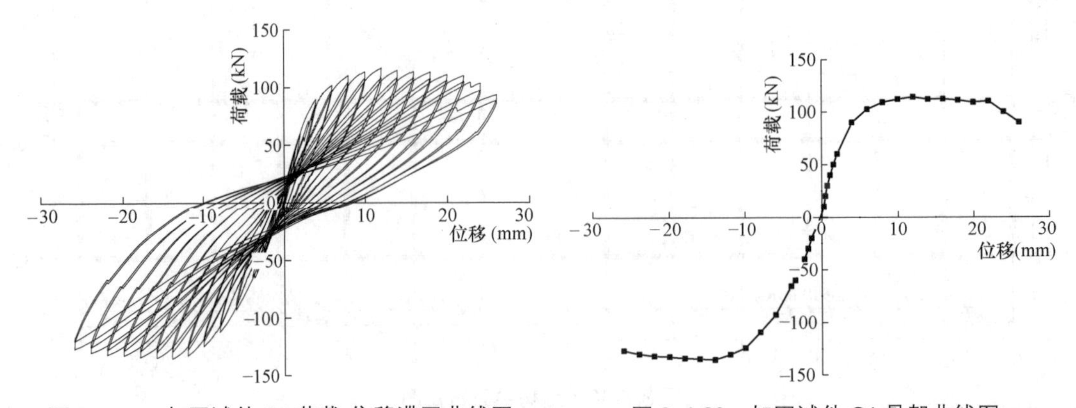

图 3.4-19 加固试件 Q1 荷载-位移滞回曲线图

图 3.4-20 加固试件 Q1 骨架曲线图

靠近，说明试件承载力并没有迅速下降而是缓慢降低，体现了很好的延性。该骨架曲线基本上是一个关于原点对称的图形，而且各点之间的过渡都较自然，负向加载过程中的曲线峰值点所对应的承载力峰值点要大于正向加载过程中的承载力峰值点，这与墙体砖块和砂浆强度不均匀以及灌浆料的不均匀性等因素有关。

3）抗震耗能特性

加固试件 Q1 损耗特性计算结果见图 3.4-21。试件在加载初期耗能值较少，随着荷载和位移的增大，其耗能值逐渐增大且基本呈直线增长。正向加载时在 $\Delta=+24$mm 时耗能值达到最大，随后有一定程度的降低，试件负向耗能值一直增大。相比于未加固试件，加固试件 Q1 的耗能性能有极大的提高，体现了很好的整体性抗震性能。

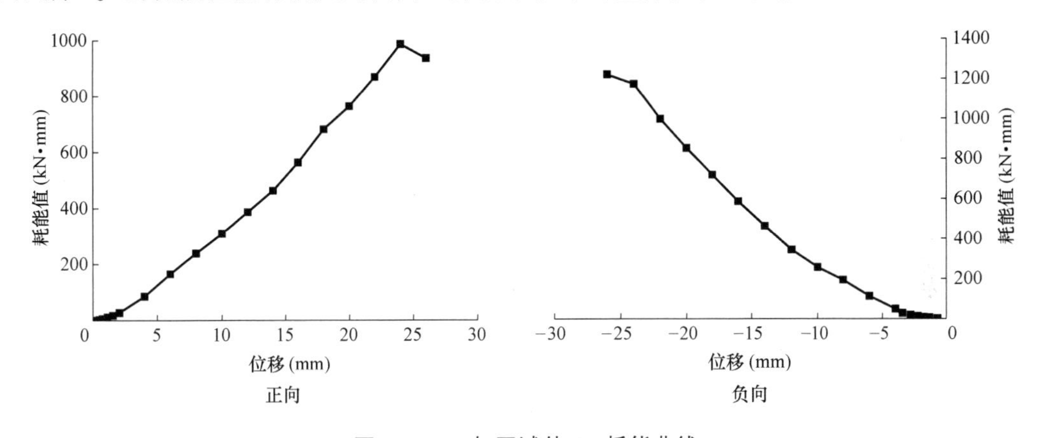

图 3.4-21 加固试件 Q1 耗能曲线

4）墙体变形特征

加固试件 Q1 在各级荷载位移峰值时各部分的侧移情况见图 3.4-22。由于两侧板墙的约束，试件各部分位移曲线基本呈直线发展。在加载至 $\Delta=\pm6$mm 之前，试件各部分位移基本相同，当加载至 $\Delta=\pm8$mm 时，砖墙位移开始大于两侧板墙的位移，此时在砖墙与板墙上部和下部交界处开始出现竖向裂缝。随着试件位移的增大，砖墙与板墙之间的位移差值也越来越大，当试件加载至 $\Delta=\pm26$mm，洞口最大位移差值达到 3.151mm，试件侧面最大位移差值达到 1.919mm。

负向荷载下试件各部位位移要略微小于正向荷载下相应位置的位移，这是因为正向荷载先于负向荷载作用，即便荷载归零时，试件顶部位移可以回到初始位置，但试件其余部位可能还存在一些残余变形，使得负向荷载下的位移要略小于正向荷载下的位移，以洞口砖墙上部位移为例，其正反向位移最大差值为 3.341mm。此外，可以发现在正负向荷载下洞口上部侧 1 的位移曲线末端都发生弯曲，这是因为加载后期板墙上侧角部混凝土由于被挤压而产生隆起现象，所以在正向荷载下其位移增幅有所降低，反之负向荷载下其位移增幅变大。

2. 预制钢筋混凝土板墙（螺栓）加固砖砌体结构抗震性能

预制钢筋混凝土板墙与砖墙采用“螺栓”连接时记作加固试件 Q2。预制钢筋混凝土板墙的尺寸如图 3.4-23 所示，下端钢筋甩出 100mm 与地梁上的预留钢筋焊接。为防止因局部应力过大而导致混凝土被压碎，在预制板墙内设置钢板预埋件并与预制板墙钢筋焊

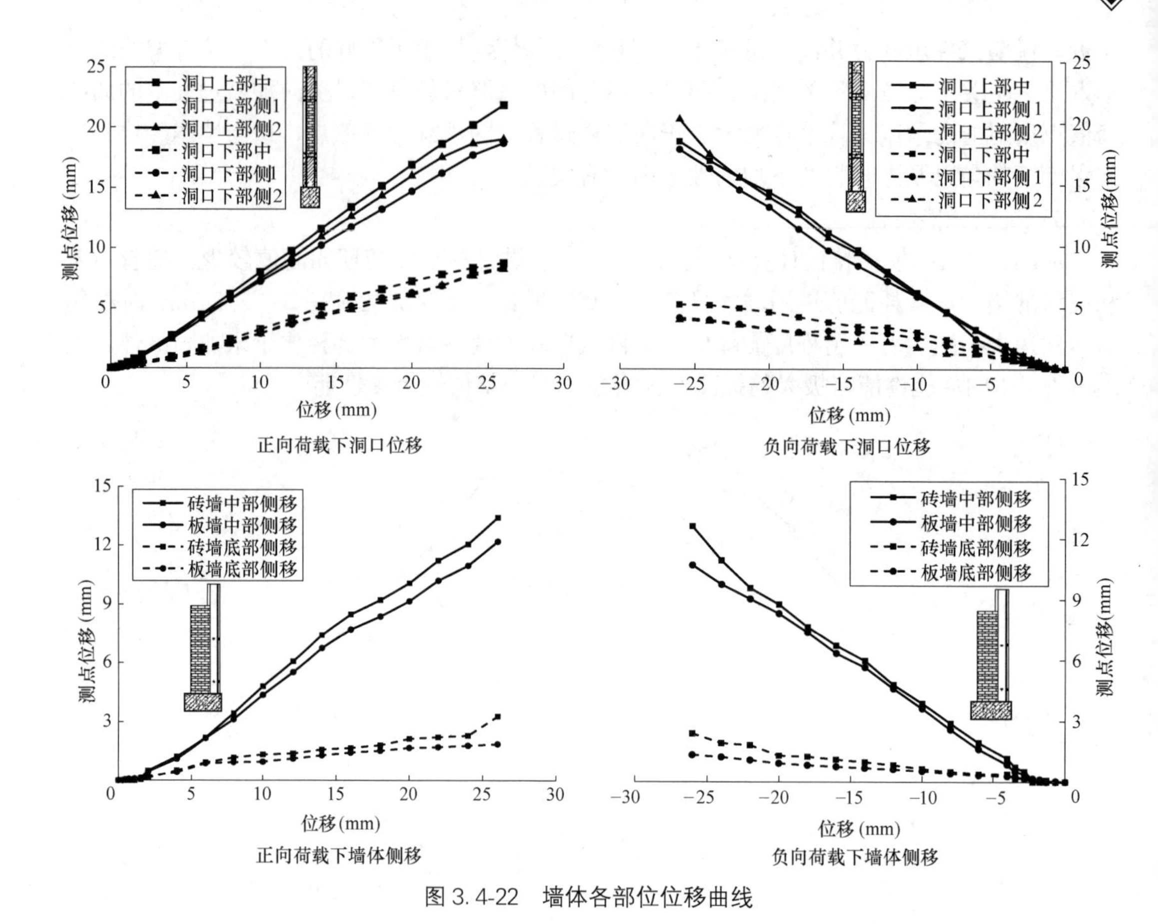

图 3.4-22　墙体各部位位移曲线

接。砖墙的圈梁构造柱上预埋 9 个 8.8 级 M14 高强度螺栓将预制钢筋混凝土板墙与砖墙连接起来，其位置与预制钢筋混凝土板墙中的预埋钢板相对应。在极限荷载作用下，加固试件 Q2 破坏模式如图 3.4-24 所示。

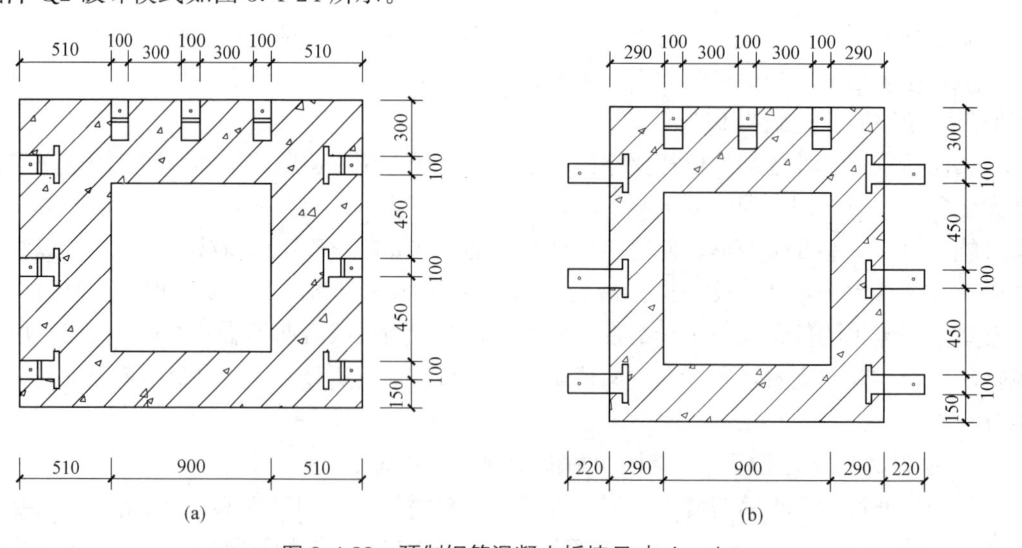

图 3.4-23　预制钢筋混凝土板墙尺寸（mm）
（a）预制钢筋混凝土板墙 2-1；（b）预制钢筋混凝土板墙 2-2

图 3.4-24　加固试件 Q2 破坏模式

1）荷载-位移滞回曲线

加固试件 Q2 的荷载-位移滞回曲线如图 3.4-25 所示。同样包括三个阶段：弹性阶段、弹塑性阶段、破坏阶段。当试件处于弹性阶段时，每级荷载对应位移的差值基本相同，滞回曲线呈直线上升，滞回环相互重合，包围面积很小。当试件处于弹塑性阶段时，随着荷载和位移的逐渐增大，滞回环包围的面积也越来越大，滞回曲线逐渐偏离荷载轴向位移轴靠近。当试件处于破坏阶段时，随着位移的增加，试件承载力仍能提高，滞回曲线到达最高点后，试件承载力开始下降直至最终破坏。

加固试件 Q2 的荷载-位移滞回曲线整体偏向位移轴，基本上呈反“S”形，相比于加固试件 Q1，加固试件 Q2 的荷载-位移滞回曲线不够饱满，每级荷载形成的滞回环所包围的面积也相对较小。

2）骨架曲线

加固试件 Q2 的骨架曲线如图 3.4-26 所示，曲线比较平滑且每个点之间的过渡也比较自然，基本上关于原点对称，曲线正反向峰值点所对应的承载力也基本一致。在位移控制加载后，曲线呈缓慢上升的姿态，表明试件承载力在位移控制时提高速度缓慢，而当曲线到达峰点后，试件承载力迅速下降。

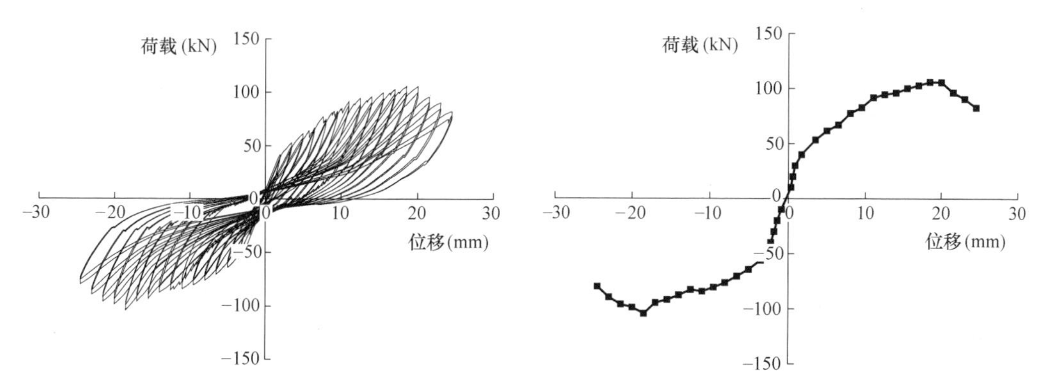

图 3.4-25　加固试件 Q2 荷载-位移滞回曲线　　图 3.4-26　加固试件 Q2 骨架曲线

3）抗震耗能特性

加固试件 Q2 损耗特性计算结果见图 3.4-27。试件在加载初期耗能值较少，随着荷载和位移的增大，其耗能值逐渐增大，试件正反向耗能值均在位移为 18mm 时达到最大值。但正向荷载下的耗能曲线基本呈直线增长，而反向荷载下耗能曲线波动较大，到加载后期其耗能值基本不再变化。

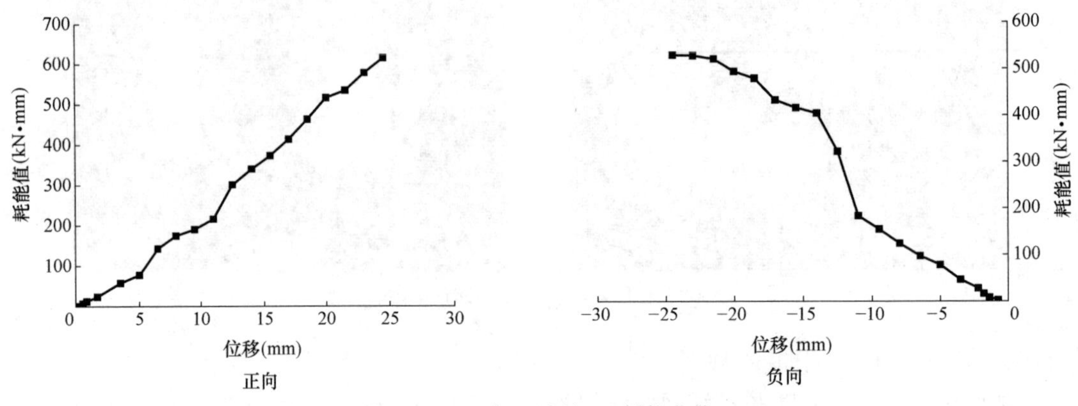

图 3.4-27　加固试件 Q2 耗能曲线

4）墙体变形特征

加固试件 Q2 在各级荷载位移峰值时各部分的侧移情况如图 3.4-28 所示。试件各部位位移曲线的波动较大，与加固试件 Q1 相比，加固试件 Q2 采用螺栓连接时板墙对砖墙的

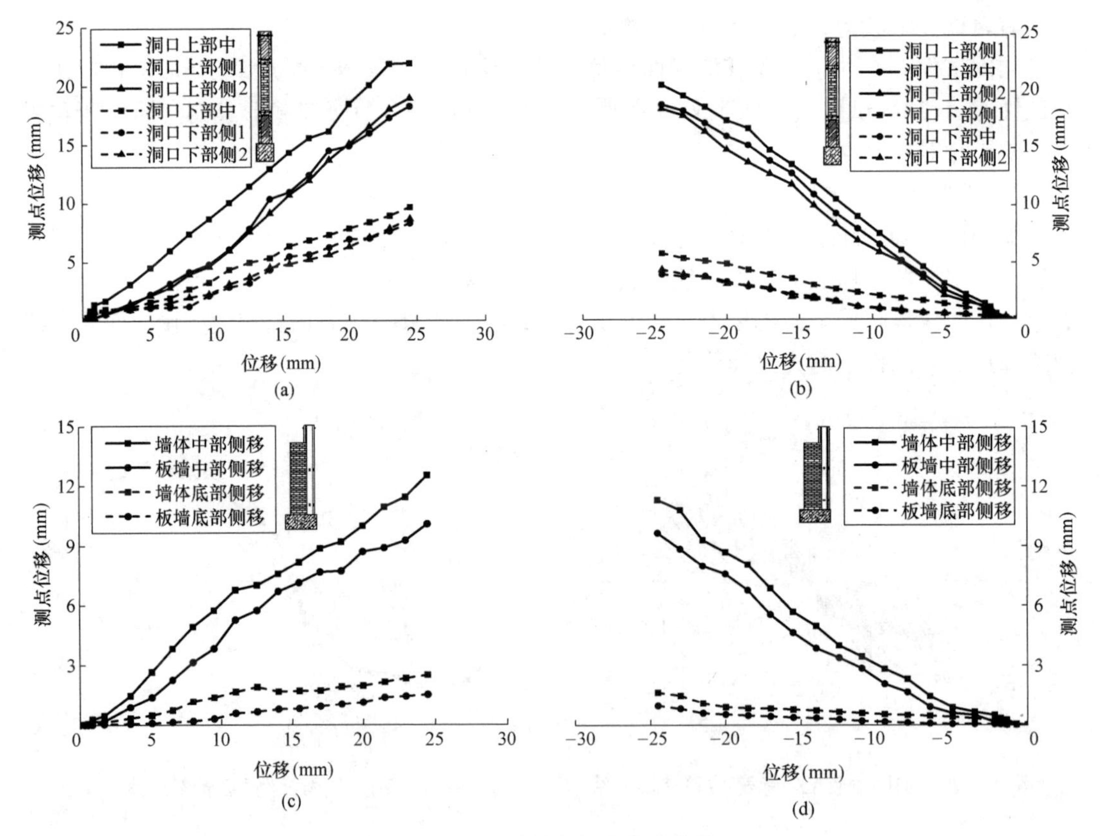

图 3.4-28　墙体各部位位移曲线

（a）正向荷载下洞口位移；（b）负向荷载下洞口位移；（c）正向荷载下墙体侧移；（d）负向荷载下墙体侧移

约束效果较差。试件在加载初期，砖墙和板墙的位移曲线就开始出现分离迹象，随着试件位移的增大，砖墙与板墙之间的位移差值也越来越大。加载至 $\Delta = \pm 26$mm，洞口最大位移差值达到 3.671mm，试件侧面最大位移差值达到 2.442mm。负向荷载下试件各部位位移也是略小于正向荷载下相应位置的位移，以洞口砖墙上部位移为例，其正反向位移最大差值为 2.195mm。

3. 预制钢筋混凝土板墙（灌浆＋螺栓）加固砖砌体结构抗震性能

预制钢筋混凝土板墙与砖墙采用“灌浆＋螺栓”连接时记作加固试件 Q3。其制作过程与加固试件 Q2 类似。吊装时预制钢筋混凝土板墙与砖墙之间预留出 10mm 的间隙以便注入灌浆料，并将预制钢筋混凝土板墙边缘处的缝隙用发泡剂封堵以防止浆料外流。测试内容和测试方法同加固试件 Q1 和 Q2，在极限荷载作用下，加固试件 Q3 破坏形态如图 3.4-29 所示。

图 3.4-29　加固试件 Q3 破坏模式

1）荷载-位移滞回曲线

加固试件 Q3 的荷载-位移滞回曲线如图 3.4-30 所示，同样包括三个阶段：弹性阶段、弹塑性阶段、破坏阶段。当加固试件 Q1 处于弹性阶段时，滞回曲线沿斜直线上升，正向和反向基本对称，滞回环相互重合，包围面积很小；当试件处于弹塑性阶段时，随着荷载和位移的逐渐增大，滞回环的面积逐渐增大，滞回曲线呈梭形且逐渐偏离荷载轴并向位移轴倾斜；当试件处于破坏阶段时，随着位移的逐渐增大，承载力仍能提高，在滞回曲线达到最高点之后的加载过程中，试件承载力随着位移的增大而急剧降低，仅仅形成两个滞回环试件就发生破坏。我们可以发现个别滞回环上出现锯齿状，这是由于加载后期板墙与砖墙之间发生错动，导致荷载有突变。

2）骨架曲线

加固试件 Q3 的骨架曲线如图 3.4-31 所示，该骨架曲线在承载力达到峰值点之前基本上是一个关于原点对称的图形，正反向承载力峰值基本相同，而且各点之间的过渡都较自然。在加载初期，加固试件 Q3 的骨架曲线基本呈直线，之后骨架曲线开始弯曲，随着位移的增加，试件承载力也在缓慢地提高，承载力达到峰值点后，随着位移的增加，试件承载力开始急剧降低，仅两级荷载过后试件就发生破坏。

3）抗震耗能特性

加固试件 Q3 损耗特性计算结果见图 3.4-32。试件在加载初期耗能值较少，随着荷载和位移的增大，其耗能值逐渐增大，在试件发生破坏之前耗能曲线基本呈直线增长。正向加载时试件在Δ=+18mm时耗能值达到最大，负向加载时试件在Δ=−16mm时耗能值达到最大，当加载至Δ=−18mm时，由于试件负向承载力突然降低，其耗能值也随之降低。

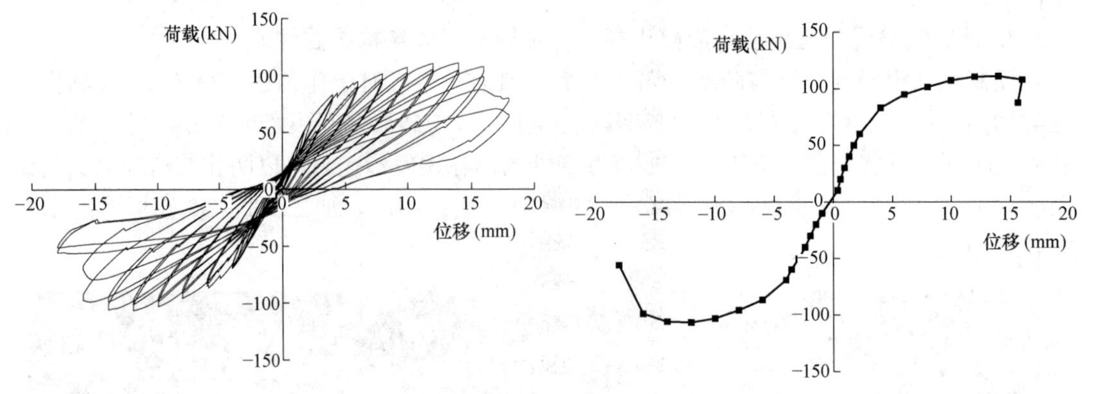

图 3.4-30 加固试件 Q3 荷载-位移滞回曲线

图 3.4-31 加固试件 Q3 骨架曲线

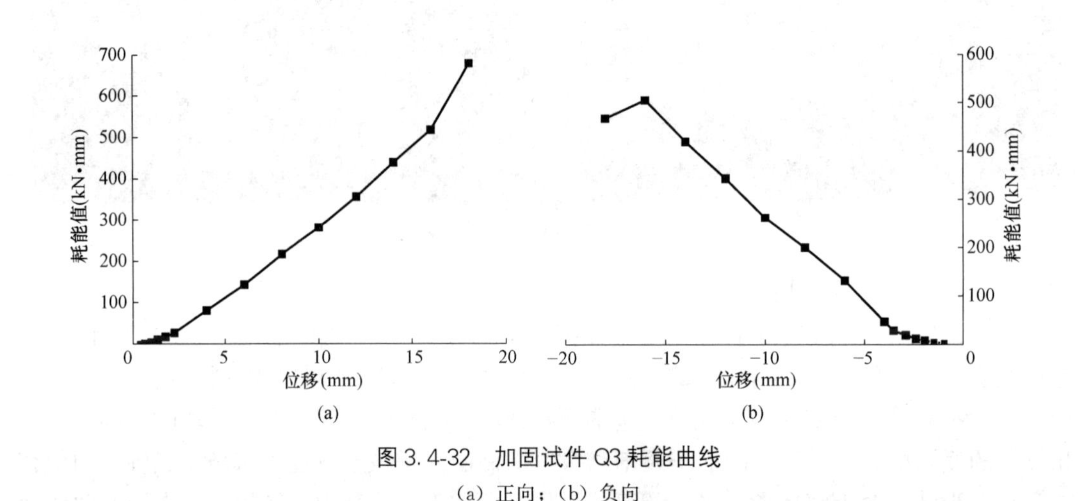

图 3.4-32 加固试件 Q3 耗能曲线

(a) 正向；(b) 负向

4）墙体变形特征

加固试件Q3在各级荷载位移峰值时各部分的侧移情况见图3.4-33。由于两侧板墙的约束，试件各部分位移曲线基本呈直线发展。加载至Δ=±6mm之前，试件各部分位移基本相同，当加载至Δ=±8mm时，砖墙位移开始大于两侧板墙的位移，随着试件位移的增大，砖墙与板墙之间的位移差值也越来越大，当试件加载至Δ=±18mm，洞口最大位移差值达到1.337mm，试件侧面最大位移差值达到0.938mm。

与加固试件Q1和Q2一样，负向荷载下试件各部位位移要也略小于正向荷载下相应位置的位移，以洞口砖墙上部位移为例，其正反向位移最大差值为2.402mm。对比与加固试件Q1和Q2，加固试件Q1的洞口砖墙上部正反向位移差值最大，加固试件Q2最低，表明加固试件Q1产生的残余变形较大。

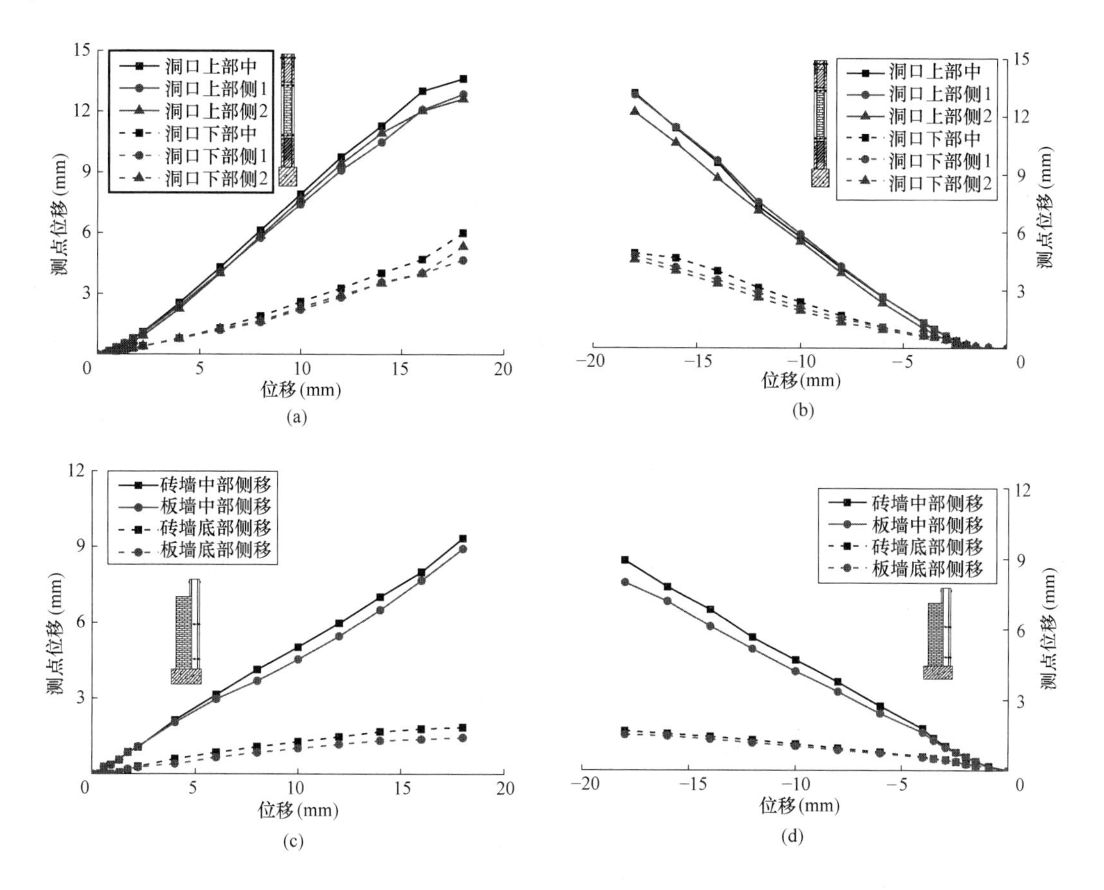

图 3.4-33 墙体各部位位移曲线

(a) 正向荷载下洞口位移；(b) 负向荷载下洞口位移；(c) 正向荷载下墙体侧移；(d) 负向荷载下墙体侧移

3.5 中小学校舍砌体结构加固新技术

3.5.1 结构受震破坏特征

1. 砖混结构校舍建筑特点

由于历史和结构本身的原因，中小学砖混结构校舍具有以下特点：

1）教学楼层数为 3～4 层，采用横墙或纵横墙承重体系，多为两道纵墙，多道横墙，纵向布置单面外走廊，宽度一般为 1.8～2m，平面图见图 3.5-1。

2）我国中小学校一个班级学生的人数一般是 40～50 人，教室一般长 9～10m，宽 6～7m，面积在 60m^2 左右。教室层高一般在 3～3.6m，两侧纵墙因采光需要开门窗洞较多且不均匀，纵、横墙间距较大。楼、屋面板采用的是预制空心板。

3）为满足上下交通联系，在建筑的中间或两端设置楼梯间。

2. 受震特征分析

根据汶川地震灾后震损情况调查，砖混结构校舍房屋常见的震害特征如下：

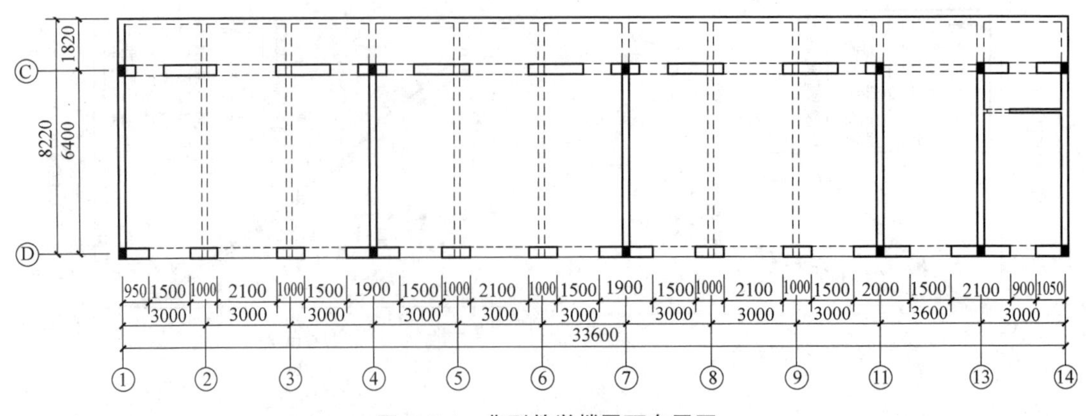

图 3.5-1　典型教学楼平面布置图

1）承重墙体的裂缝和破坏。在地震作用下，纵、横墙体常产生交叉裂缝。交叉裂缝或产生于整片墙上，或产生于窗间墙或窗肚墙上。墙体的破坏一般为剪切破坏，尤其是底层承重的墙体破坏严重。

（1）横墙：主要为“X”形裂缝，也可见单向斜裂缝和水平裂缝、垂直裂缝，如图 3.5-2 所示。斜向裂缝主要由墙体受到的剪力大于其抗剪承载力引起，而墙体在反复的剪力作用下则出现了十字交叉裂缝；横向裂缝主要出现在墙体的上部，接近楼面板（圈梁底部），主要由于圈梁（楼板）对墙体的约束不足引起；内外墙交接处咬槎不好的情况下容易产生竖直裂缝。

（2）纵墙：主要表现为窗间墙的“X”形裂缝；窗肚墙裂缝，多数为“X”形裂缝；门窗洞口沿四角的斜裂缝，窗上为倒八字斜裂缝、窗下为正八字斜裂缝；也可见单向斜裂缝和水平裂缝、垂直裂缝；如图 3.5-3 所示。砖混结构房屋受震害破坏的情况是：在地震作用下，剪力主要通过楼盖传至墙体，再传至基础和地基，这时墙体主要受到剪切破坏，当地震作用在墙体内产生的剪力超过砖混的抗剪承载力时，墙体就会产生水平裂缝、垂直裂缝或斜裂缝，当地震反复作用时，即形成交叉斜裂缝。纵墙的破坏总体较横墙破坏严重；大开间房屋内纵墙、尺寸小的窗间墙破坏亦较严重，纵横墙交接处未设构造柱者破坏较严重。

图 3.5-2　教室横墙破坏

图 3.5-3　底层纵向窗间墙破坏

2）纵横墙连接处的破坏。由于纵横墙连接不牢（如施工时留直槎和马牙槎），在地震作用下，内外墙交接处往往产生竖向裂缝后，纵墙外闪，导致局部或整片墙发生倒塌。

3）端边墙角破坏。震损严重或倒塌的部位多发生在房屋的端部或角落，在水平地震作用下，边角区域的构件缺乏横向可靠支撑，容易失去侧向约束而造成局部的破坏和倒塌。

4）楼梯间局部破坏。楼梯间刚度较大，故地震作用影响也较大，楼梯间设置在房屋端部时的破坏强于设置在中部。由于没有楼板作空间横向分割并且支撑墙体，楼梯间墙的自由高度较大，竖向压力较小，特别是在顶层，楼梯间墙达一层半高，因此顶层最易破坏。楼梯间墙有时还因为楼梯踏步嵌入墙体削弱了墙截面，造成较重的震害。

5）预制板解体和坠落。板与板之间连接不良，搁置程度不足，预制楼板为了设置教室、会议室等大空间，往往以混凝土大梁代替横墙，梁端搁在纵墙上。这种浮搁的支承方式加上纵墙常常震裂震散，很容易导致楼面坠落，如图 3.5-4 所示。震区一些学校教学楼一垮到底，与采用纵墙抬梁的结构体系有很大关系。

6）圈梁构造柱缺失及破坏。灾区倒塌的校舍都没有按规范要求设置圈梁构造柱，有些楼虽有圈梁但未设置构造柱，墙体未能受到有效约束无法整体受力，在地震作用下难免要发生破坏，如图 3.5-5 所示。

7）附属结构破坏。如突出屋面的女儿墙、烟囱、屋顶间等根部与下部结构连接薄弱，刚度与主体刚度形成突变，变形不协调，由于“鞭梢效应”加大了其动力反应，形成应力集中，地震时倒塌破坏也比较严重。

图 3.5-4 某幼儿园预制板坠落

图 3.5-5 圈梁、构造柱破坏

3.5.2 结构抗震加固技术

根据中小学教学楼的现状和特点，选取一典型单面走廊外挑式砖砌体结构教学楼作为试验原型。该楼建于 1989 年，共 4 层，层高为 3.6m，檐口标高为 14.4m，平面形式为“一”字形，平面尺寸为 40.5m×8.3m，建筑面积为 1345m^2，建筑远景见图 3.5-6。每层 4 间教室，楼梯间设置在中部，平面以楼梯间中线两边基本对称。上部结构主要采用纵横墙承重体系，每个房间纵墙上有两道承重梁，楼板采用预制混凝土空心楼板，基础类型为混凝土条形基础。抗震设防烈度为 7 度（0.10g），Ⅱ类场地，结构平面图见图 3.5-7 和图 3.5-8。

图 3.5-6 教学楼建筑远景图

根据原设计图纸，结合现场调查和检测，该教学楼的主要参数如下：

标准层高为 3.6m，底层层高为 4.2m；教室开间为 9m，进深为 6.5m，教室承重梁截面尺寸为 250mm×600mm，黏土砖墙厚为 240mm；两侧纵墙开门洞尺寸为 1m×3.2m，窗洞尺寸为 2m×1.5m，单面外挑走廊宽度 1.8m；墙角及纵横墙角设置了混凝土构造柱，截面尺寸为 240mm×360mm，楼层处设置了圈梁，截面尺寸为 240mm×300mm，悬挑走廊大梁尺寸为 240mm×450mm。

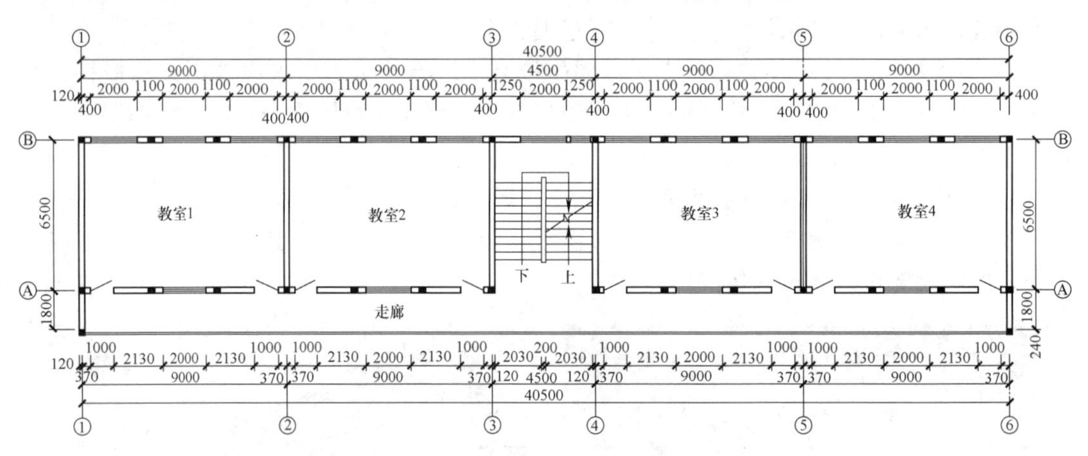

图 3.5-7 教学楼建筑标准层平面图

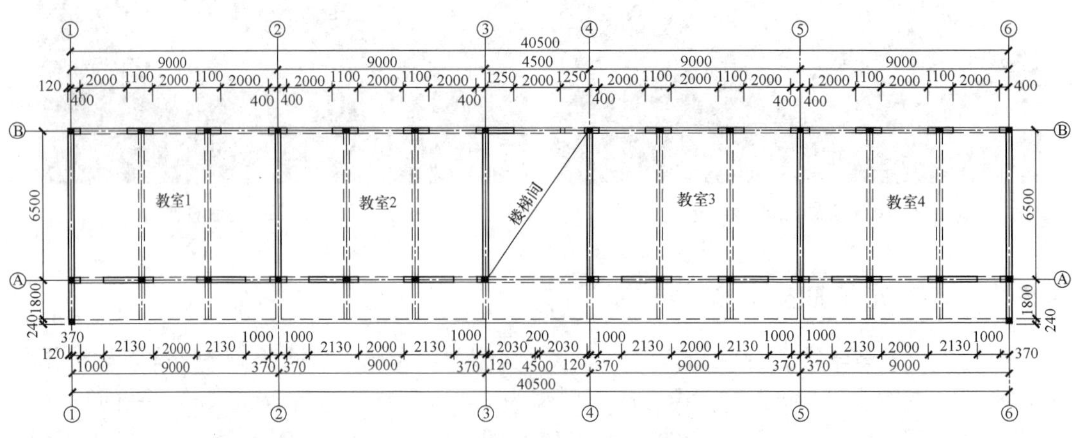

图 3.5-8 教学楼结构标准层平面图

1. 砖混结构受震破坏结果

该部分试验试件设计数量为 1 个，墙高、宽按照 1/3 缩比。最终破坏形态呈非对称的“X”形，叉形中间裂缝水平。试件 W1 部分破坏形态见图 3.5-9。

(a)　(b)　(c)　(d)

图 3.5-9　W1 破坏形态

(a) 墙体主裂缝；(b) 构造柱断裂；(c) 角部压碎砖墙；(d) 构造柱露筋

该破坏形态与地震作用导致的砖墙破坏形态比较相似，墙体是由于反复施加的剪力超过墙体的抗剪承载力而发生破坏。实际工程中若墙体的剪切破坏形态裂缝有两种：高宽比较大时，墙体一般沿 45°的方向产生交叉斜裂缝；若高宽比较小时，墙在产生斜裂缝时在墙体中部形成水平裂缝。

1）荷载-位移滞回曲线

原墙体试件 W1 的荷载-位移曲线见图 3.5-10。试件 W1 的受力状态大概可分为三个阶段，即弹性阶段、弹塑性阶段和破坏阶段。试验初始阶段采用荷载控制方式加载，试件的顶部产生的水平位移值较小，荷载-位移曲线基本呈斜直线，滞回环面积较小，残余变

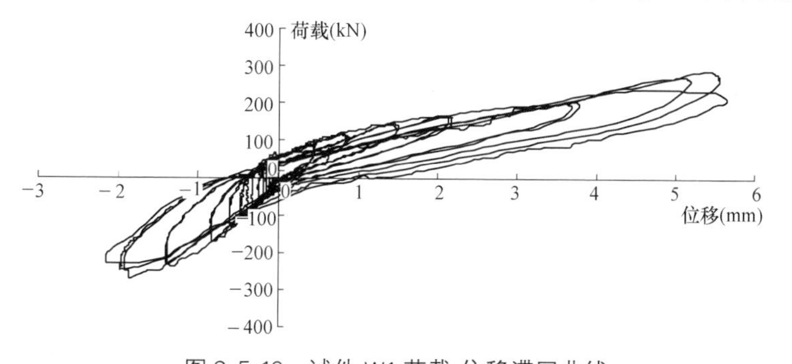

图 3.5-10　试件 W1 荷载-位移滞回曲线

形较小，构件处于弹性阶段。随着往复荷载的逐级增加，荷载-位移滞回曲线走势逐渐变得平缓，斜直线产生一定的弯曲，当墙体开裂后采用位移控制时，构件的承载力继续有所增加，表现出一定的弹塑性性质，但塑性性质不明显。当墙体达到极限荷载时，刚度急剧下降，残余变形较加载初期有明显增大，墙体裂缝急剧增多并扩展迅速，很快达到破坏荷载。

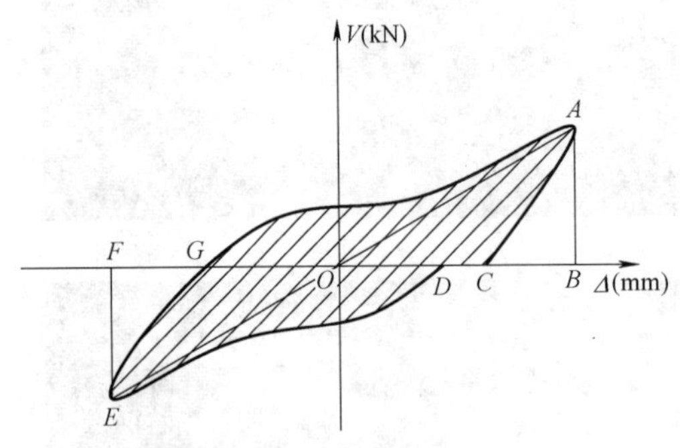

图 3.5-11 耗能特性计算简图

S_{ACG}、S_{EDG} 为曲线 ACG、EDG 与 X 轴围成的面积，S_{EOF}、S_{AOB} 为 OAB、OEF 与 X 轴围成三角形面积

2）抗震耗能特性

评定墙体的耗能能力的标准主要有两种：一种是根据《建筑抗震试验规程》JGJ/T 101—2015 的规定，采用能量耗散系数 E 来衡量试件耗能能力的优劣；另一种是通过等效黏滞阻尼系数来表示，它反应墙体吸收地震能量的能力，黏滞阻尼系数越大，吸收地震能量就越大，抗震性能也就越好。这两种方法都与荷载位移曲线所形成的面积有关，本文选用第一种方法，按式（3.5-1）、式（3.5-2）计算，计算简图见图 3.5-11，W1 的特征点对应的损耗特性计算结果见表 3.5-1 和图 3.5-12。

$$S=S_{ACG}+S_{EDG} \tag{3.5-1}$$

$$E=\frac{S_{ACG}+S_{EDG}}{S_{EOF}+S_{AOB}} \tag{3.5-2}$$

墙体 W1 能量损耗特性计算结果 **表 3.5-1**

初裂荷载		极限荷载		破坏荷载		S_u/S_c	S_w/S_c	E_u/E_c	E_w/E_c
S_c (kN·mm)	E_c	S_u (kN·mm)	E_u	S_w (kN·mm)	E_w				
82.75	0.562	687.10	0.34	760.11	0.454	8	9.19	0.605	0.807

研究表明砖砌体结构墙体的耗能能力较差，滞回环的面积随着试验的进行不断增加，开裂后耗能明显，随着试验的进行，其耗能越来越充分。

3）构造柱混凝土应变变化规律

试件 W1 在各级荷载峰值时的应变变化规律见图 3.5-13。试验过程中，顶端应变大于中间及底部的应变。

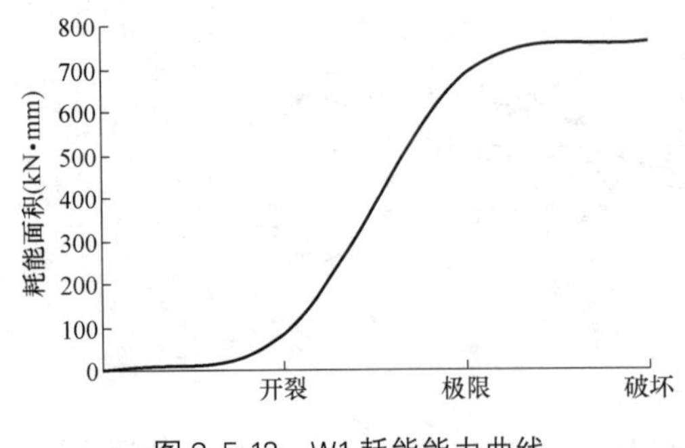

图 3.5-12 W1 耗能能力曲线

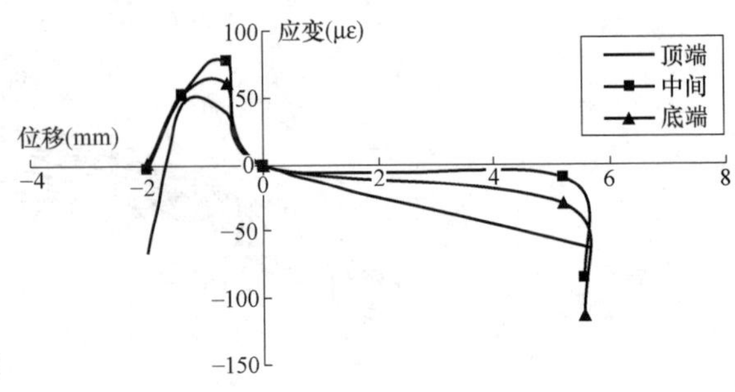

图 3.5-13 W1 构造柱混凝土应变曲线

2. 碳纤维布加固砖砌体结构墙体抗震性能

墙体试件碳纤维布粘贴采用 4 种方式，按照下面步骤进行，碳纤维布粘贴样式见图 3.5-14。

W2 是在墙两面粘贴交叉宽 100mmCFRP 布的试件，见图 3.5-14（a）。随着荷载的增加，开裂荷载时的裂缝宽度逐渐增大发展成墙体的主裂缝，裂缝延伸至墙体中间 1/4 时，

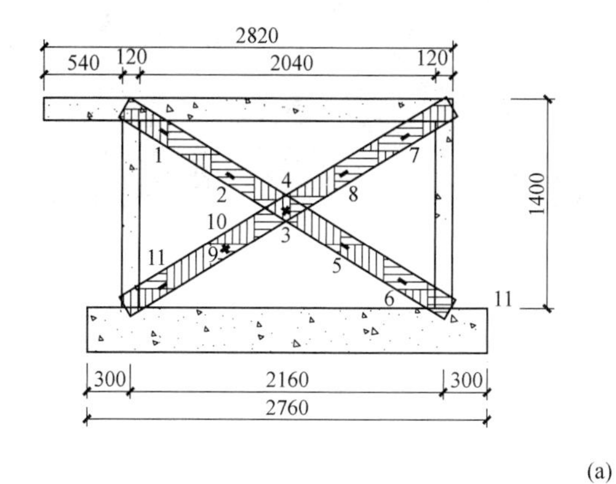

(a)

(b)

(c)

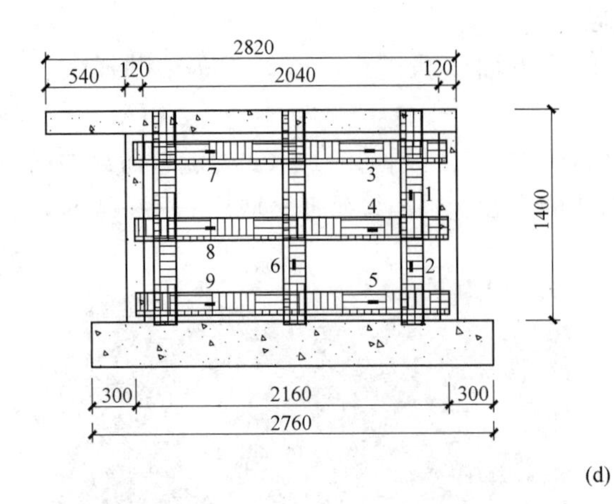

(d)

图 3.5-14　加固试件 W2～W5

(a) 加固试样 W2；(b) 加固试样 W3；(c) 加固试样 W4；(d) 加固试样 W5

裂缝向水平方向延伸，与之相伴的是墙体上的斜裂缝不断增多，右侧构造柱中部发生开裂，左侧角部位置的纤维布发生了轻微剥离。随后荷载继续增加，主裂缝在墙体中部贯通，纤维布被撕断，墙体的承载力迅速降低。

W3 是在墙两面粘贴交叉网状宽 100mmCFRP 布的试件，见图 3.5-14（b）。随着荷载的增加，裂缝的数量有所增加，主要分布在纤维布的附近，但是宽度和长度发展缓慢。随着变形的增加，在第一皮砖与地梁接触面产生了水平裂缝，反向加载后出现了在另一边出现了同样的水平裂缝，地梁和构造柱底端局部压碎，水平裂缝基本贯通，墙体的裂缝沿砖墙的一个对角形成主裂缝。

W4 是在墙两面粘贴交叉宽 300mmCFRP 布的试件，见图 3.5-14（c）。随着继续加载，裂缝逐渐向前水平延伸，构造柱三等分点（靠近地梁）部位出现了水平裂缝；最终裂缝接近贯通，墙体底部基本破坏。整个试验过程墙体底部三等分点处出现了沿灰缝向上发展的裂缝，其他位置基本无裂缝出现。

W5 是在墙两面粘贴水平竖向网状宽 100mmCFRP 布的试件，见图 3.5-14（d），其裂缝发展是从四角边缘位置向试件中部逐渐发展的。随着荷载的增加，墙体右下角的裂缝逐渐增多并不断向斜上方开展，此时墙体左上角出现了部分斜裂缝，右边中上部出现竖直裂缝。墙体裂缝分布呈以左右下墙角为起点的“人”字裂缝，其周围还有大量的短斜裂缝，裂缝分布底部多于上部。

1）荷载-位移滞回曲线

试件 W2～W5 的荷载-位移曲线见图 3.5-15。

图中曲线显示，加固试件的受力状态仍可分为三个阶段，与原试件 W1 相比，当试件达到极限荷载后直至破坏过程相对更明显，而非 W1 试件那样突然破坏；加固试件的残余变形较原试件明显增大；加固试件的滞回曲线较原试件 W1 有一定程度的改善，曲线的面积增大明显，说明粘贴 CFRP 布加固墙体能改善墙体的耗能能力。

2）骨架曲线

W1～W5 的骨架曲线特征点 A、B、C 点位移及荷载值见表 3.5-2，骨架曲线见图 3.5-16。

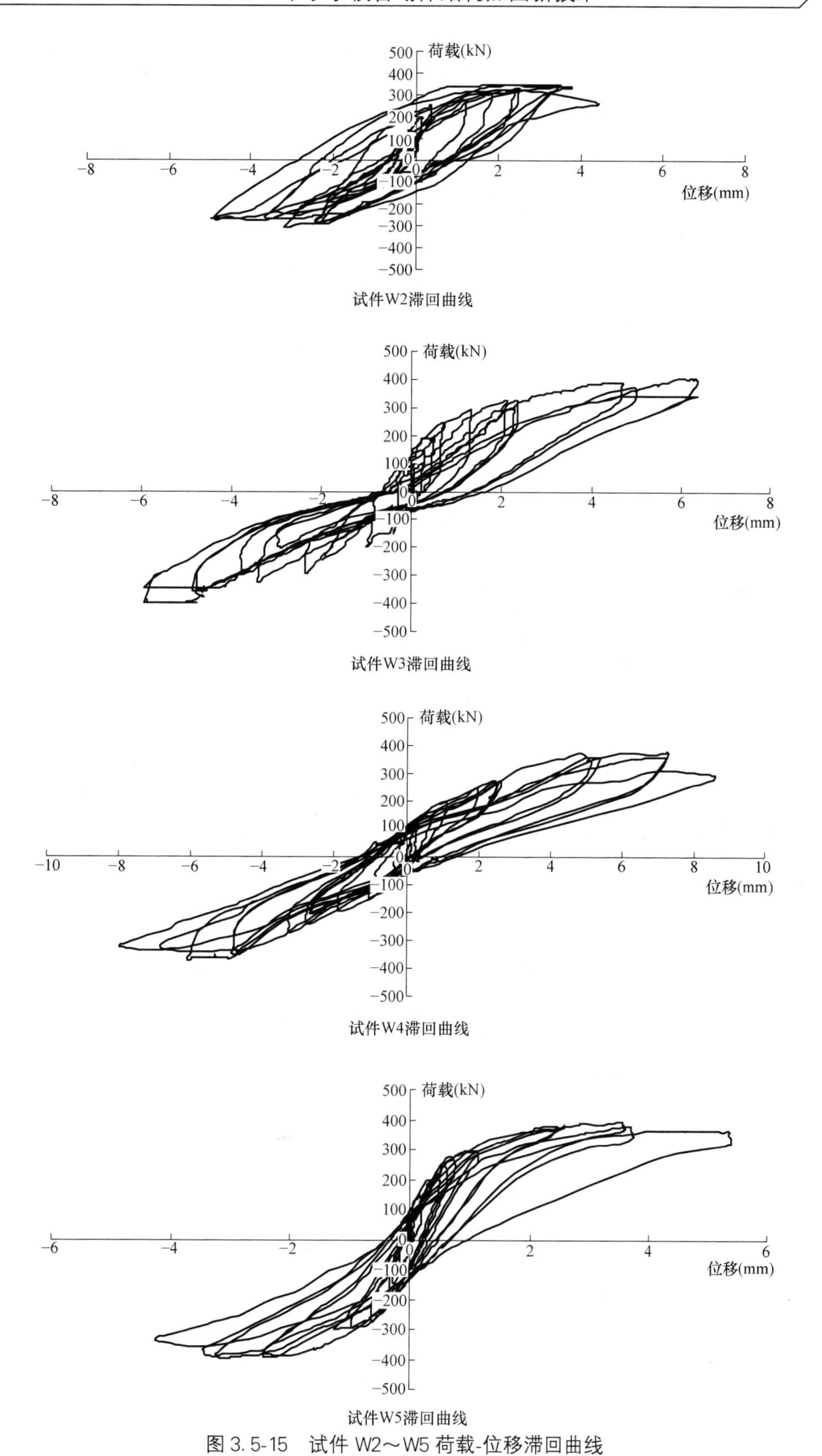

图 3.5-15 试件 W2～W5 荷载-位移滞回曲线

试件 W1～W5 骨架曲线特征点参数 表 3.5-2

试件编号	开裂点 A 位移(mm)	开裂点 A 荷载值(kN)	开裂点 A 荷载提高程度(%)	极限点 B 位移(mm)	极限点 B 荷载值(kN)	极限点 B 荷载提高程度(%)	破坏点 C 位移(mm)	破坏点 C 荷载值(kN)	破坏点 C 荷载提高程度(%)
W1	0.845	117.24		5.54	275.56		5.64	212.74	
W2	1.235	280.19	139.0	3.49	344.55	25.0	4.44	264.60	24.4
W3	1.325	294.17	150.9	5.945	406.74	47.6	6.35	342.95	61.2
W4	2.41	274.56	134.2	7.29	371.42	34.8	8.52	279.97	31.6
W5	0.68	274.57	134.2	2.58	381.6	38.5	5.39	327.43	53.9

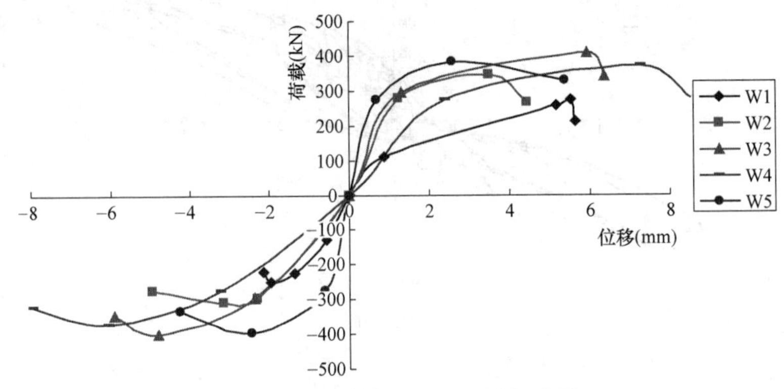

图 3.5-16 试件 W1～W5 骨架曲线

粘贴 CFRP 布能明显提高试件极限荷载，粘贴方式相同，增加碳纤维布宽度能提高试件的极限荷载；加固量相同的情况下，分散粘贴的方式优于集中粘贴方式，交叉网状的粘贴方式提高幅度最大优于水平竖向网状粘贴方式和交叉粘贴方式。

3）抗震耗能特性

各试件特征点滞回环面积及能量损耗系数 E 如表 3.5-3 所示，耗能能力曲线见图 3.5-17，加固试件能量损耗系数提高程度计算结果如表 3.5-4 和图 3.5-18 所示。

墙体 W1～W5 耗能特性计算结果 表 3.5-3

试件编号	初裂荷载 (kN·mm) S_c	初裂荷载 E_c	极限荷载 (kN·mm) S_u	极限荷载 E_u	破坏荷载 (kN·mm) S_w	破坏荷载 E_w	$\frac{S_u}{S_c}$	$\frac{S_w}{S_c}$	$\frac{E_u}{E_c}$	$\frac{E_w}{E_c}$
W1	82.75	0.562	687.1	0.34	760.11	0.454	8.3	9.19	0.605	0.807
W2	435.14	0.856	760.43	0.743	822.37	0.652	1.75	1.89	0.869	0.761
W3	434.73	0.803	1487.49	0.684	1362.47	0.646	3.42	3.13	0.207	0.804
W4	594.72	0.769	1674.86	0.676	1686.23	0.682	2.82	2.84	0.879	0.887
W5	162.33	0.91	473.18	0.487	1250.67	0.787	3.79	7.93	0.536	0.865

研究结果表明，用粘贴 CFRP 布加固来提高砖砌体结构墙体的抗震承载力是有十分有效的，加固试件的抗震承载力比未加固试件提高了 25.0%～47.6%。碳纤维布的粘贴方式对加固的效果有较大影响，加固方式相同，加固量越大，承载力越大；加固量相同

时，贴布的方式越均匀分散，加固墙的抗震承载力较未加固墙就提高得越多，交叉网状的粘贴方式提高幅度最大，优于水平竖向网状粘贴方式和交叉粘贴方式。

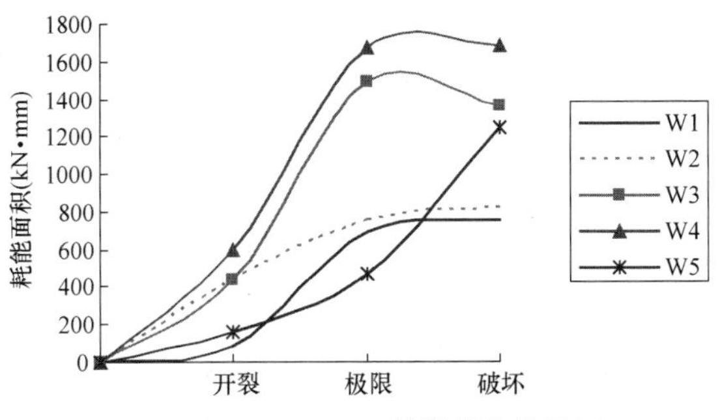

图 3.5-17 W1～W5 耗能能力曲线图

加固试件 W2～W5 特征点能量损耗系数提高率 **表 3.5-4**

试件编号	初裂荷载	极限荷载	破坏荷载
	$(E_{ci}-E_{c1})/E_{c1}$(%)	$(E_{ui}-E_{u1})/E_{u1}$(%)	$(E_{wi}-E_{w1})/E_{w1}$(%)
W2	52.2	118.6	43.5
W3	42.8	101.1	42.2
W4	36.7	98.7	50.2
W5	61.7	43.3	73.2

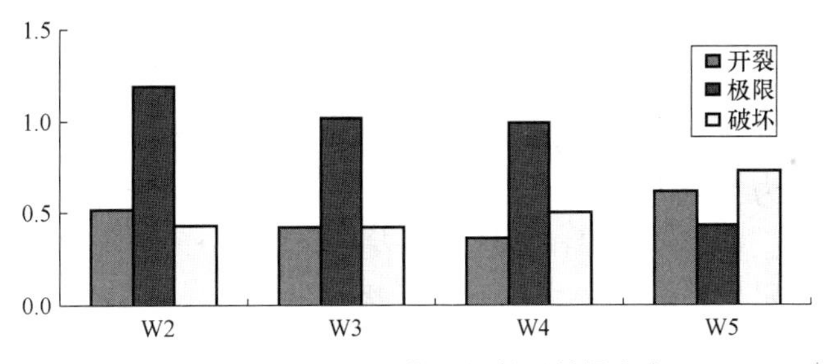

图 3.5-18 W2～W5 能量损耗系数提高率图

采用交叉网状和交叉贴布（300mm 宽）加固的变形能力优于水平竖直网状和交叉贴布（100mm 宽）的试件。布宽相同时，加固量越多，延性越大；贴布总量相同时，分散粘贴的延性更好，从而变形能力也越强。当提高承载力幅度较小，建议采用斜向交叉贴布的方式；承载力提高幅度较大时采用 W3 和 W4 的贴布方式（交叉 300mm 宽和交叉网状）；若要调整地震作用的分配，建议使用水平竖向贴布方式。

3.6 既有砌体结构加固案例

3.6.1 某医院门诊楼砖混结构检测鉴定及加固

1. 检测鉴定结果及建议

某卫生院门诊楼建造时间约为 1989 年，结构形式为地上主体三层，局部两层的砖砌体结构，一层主要为门诊室，二层为会议室和办公室，三层主要为办公室，平面形式为“一”字形，主体结构详见图 3.6-1。基础为钢筋混凝土条形基础，基础埋深 0.900m，该建筑上部结构承重体系分为竖向承重体系和水平承重体系，竖向承重体系为黏土砖墙，墙体厚度为 240mm，个别房间墙体厚度为 370mm；水平承重体系为现浇钢筋混凝土梁和装配式钢筋混凝土楼（屋）面板，楼梯部分为现浇钢筋混凝土板式楼梯，每层均设置有圈梁，女儿墙高度为 0.600m。

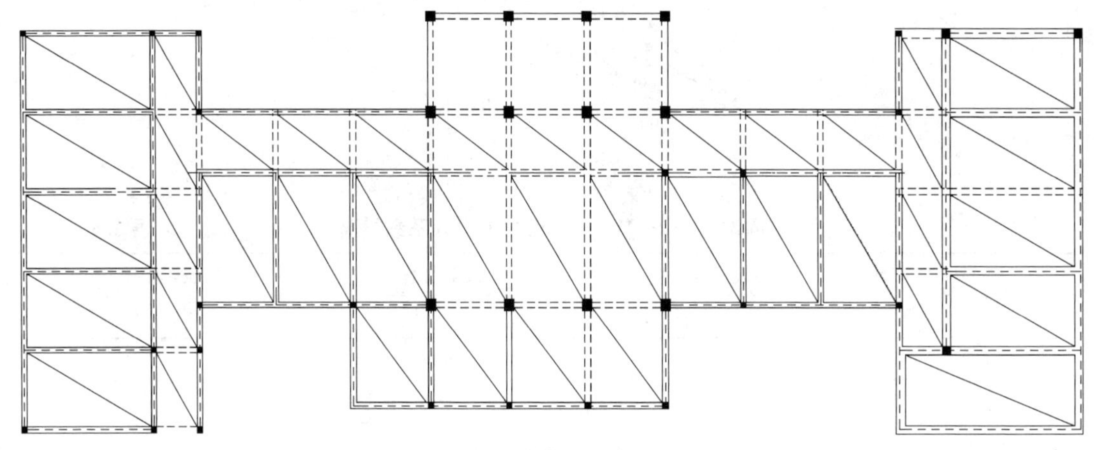

图 3.6-1 门诊楼一层结构平面图

根据《民用建筑可靠性鉴定标准》GB 50292—2015 规定，民用建筑安全性鉴定评级，应按构件、子单元和鉴定单元分三个层次，每一层次分为四个安全性等级。依据《建筑抗震鉴定标准》GB 50023—2009 以及现场调查情况，对该门诊楼砖砌体结构进行抗震承载力验算。结果表明：该部分各层纵横墙综合抗震能力指数多数在 0.65～4.00 之间，一层多数墙段综合抗震能力指数小于 1.0，二层部分墙段综合抗震能力指数小于 1.0，不满足抗震鉴定标准的要求。墙体的高厚比验算结果表明，该部分所有墙体的高厚比均在其允许范围内；故按构造评定构件的安全性等级为 c_u 级。

鉴定建议：对于局部加层的部位，建议将不同年代的建筑完全分离开，避免基础沉降不一致对上部承重结构的进一步破坏，对加层后上下层局部墙体不对齐的部位进行处理，同时还应对评为 c、d 级的构件进行分类修复补强，对 d 级构件及经复核验算不满足承载力要求的其他构件进行加固补强，并做好长期维护处理。

2. 加固设计及施工

采用 PKPM 软件进行承载力验算和加固设计，发现原结构不满足现行规范要求。需要加固处理的结果如下：

1）对于不同年代所建结构未设置变形缝的问题，采用增设普通烧结砖实心墙和现浇钢筋混凝土梁的方法，将不同年代的建筑完全分开。

2）对于门诊楼三层（2-10）×（M-T）轴线部分存在的问题综述如下：装配式钢筋混凝土板整体性较差，屋面梁承载力不足，构造柱设置不足，部分墙段及楼层综合抗震承载力不满足要求，局部上下墙体不对齐且未设置托墙梁等；对于以上所述问题，采用以下方法进行处理：拆除原有女儿墙、屋面和屋面梁，以及（7-10）×M、（2-10）×P 轴线部分等不满足要求的墙体，按设计要求增设普通烧结砖实心墙、轻质隔墙和现浇钢筋混凝土构造柱，采用现浇钢筋混凝土屋面和现浇钢筋混凝土梁，并重新砌筑女儿墙。

3）对于楼梯间墙体未闭合且构造措施不足的问题，采用增设单面或双面钢筋混凝土板墙、双面钢筋网砂浆面层，以及增大梯梁截面的方法进行加固处理。

4）对于部分墙体受压承载力和构造柱设置不满足要求的问题，采用增设单面钢筋混凝土板墙或钢筋混凝土组合柱或双面钢筋网砂浆面层的方法进行加固处理。

5）对于砌体局部尺寸不满足要求的问题，采用增设双面钢筋网砂浆面层或单面钢筋混凝土板墙的方法进行加固处理。

6）对于楼（屋）面梁承载力不足的问题，采用粘贴碳纤维布或增大梁截面等方法进行加固处理（根据现场实际情况而定）。

医院砌体结构加固施工过程如图 3.6-2 所示。

图 3.6-2 医院砌体结构加固施工过程

3.6.2 某小学教学楼砖混结构检测鉴定及加固

1. 检测鉴定结果及建议

某学校学生宿舍于 1997 年建设，建筑面积为 $1827m^2$，五层砖砌体结构、钢筋混凝土条形基础、普通烧结砖实心墙，楼盖为装配式钢筋混凝土板，部分采用现浇钢筋混凝土板，屋盖为现浇钢筋混凝土板。曾于 2008 年进行改造，在原有屋盖上加建钢屋面，1～3 轴外走廊栏杆处改为玻璃幕墙。

依据鉴定报告和后期现场勘查，该建筑加固前存在的问题主要有：总高度超过限值；内外墙交接处未设置构造柱；楼梯间设置在尽端，墙体未闭合且构造措施不满足要求；砌体局部尺寸不满足要求；部分楼层综合抗震承载力不足；部分墙段受压承载力不足；部分楼盖为装配式钢筋混凝土板，整体性较差；部分房间局部改作卫生间；楼梯间水平栏杆高度不满足要求。

2. 加固设计

通过 PKPM 系列软件的设计复核，针对鉴定报告和后期现场勘查提出的问题，采用以下方法进行加固处理：

1）对于高度超过限值的问题，采用增设单面或双面钢筋混凝土板墙的方法进行加固处理。

2）对于内外墙交接处未设置构造柱的问题，采用增设单面或双面钢筋混凝土板墙，且在墙体交接处增设相互可靠拉结的配筋加强带的方法进行加固处理。

3）对于楼梯间设在房屋尽端，墙体未闭合且构造措施不满足要求的问题，采用增设单面或双面钢筋混凝土板墙和梯梁增大截面的方法进行加固处理。

4）对于砌体局部尺寸不满足要求的问题，采用增设单面或双面钢筋混凝土板墙的方法进行加固处理。

5）对于部分楼层综合抗震承载力不足及部分墙体受压承载力不足的问题，采用增设单面或双面钢筋混凝土板墙的方法进行加固处理。

6）对于部分楼盖为装配式钢筋混凝土板，整体性较差的问题，采用板端角钢支承-板底粘贴碳纤维布，表面用聚合物改性水泥砂浆面层维护的方法进行加固处理。

7）对于部分房间局部改卫生间的问题，采用钢筋混凝土现浇层及板底满贴碳纤维布的方法进行加固处理。

8）对于楼梯间水平栏杆高度不满足要求的问题，采用加高栏杆或置换栏杆的方法进行加固处理，可由甲方自定，但应保证可靠连接，且栏杆自建筑面层起总高度不应小于1.1m。

本章小结

本章系统介绍了多层砌体结构和底部框架砌体结构损伤劣化机理、检测鉴定方法和技术以及相应的修复加固理论与技术，重点介绍既有医院和中小学砌体结构加固新技术和实践应用，可为此类项目检测评定提供参考。

思考与练习题

3-1 简述砌体结构的主要损伤劣化形式及影响因素。

3-2 简述砂浆及砌体材料强度对砌体结构可靠性的影响。

3-3 简述医院及中小学校舍应用砌体结构形式的利与弊。

3-4 砌体结构加固的要点是什么？

第 4 章　多层和高层钢筋混凝土结构

本章要点及学习目标

本章要点：

(1) 钢筋混凝土结构损伤劣化机理及其危害；(2) 钢筋混凝土结构检测鉴定方法及理论；(3) 钢筋混凝土结构修复加固方法和技术；(4) 既有医院和中小学校舍建筑加固新技术。

学习目标：

(1) 了解规范中关于钢筋混凝土结构检测鉴定及加固方面的基本理论与方法；(2) 了解钢筋混凝土结构检测鉴定及加固的研究进展和应用现状；(3) 掌握钢筋混凝土框架结构承载力试验研究和可靠性评定基本方法。

4.1　损伤机理及其危害

4.1.1　钢筋锈蚀

世界范围内，每年由于混凝土中钢筋锈蚀问题所造成的损失巨大。美国每年由于混凝土钢筋锈蚀造成的各类损失达 280 亿美元。由于冬季撒盐除雪，英国 1972 年建造的 11 座钢筋混凝土高架桥在使用两年后就发现混凝土顺筋膨胀的现象，30 年内累计耗费维修费用接近工程造价的 6 倍。20 世纪 50 年代，我国北方冬期施工时为使混凝土早强而人为添加氯盐的做法，致使许多建筑物因钢筋锈蚀严重未及设计使用年限即告破坏。我国沿海区域建设的公路桥梁受海洋环境侵蚀，加之重载车辆来往频繁，大量桥梁在服役 10 年左右即出现严重的损伤开裂和钢筋锈蚀。

混凝土是由水泥、水、粗骨料、细骨料和一些外加剂拌合，经过一定时间硬化而成的人造石材。混凝土中水泥的水化过程是一个连续复杂的物理化学变化过程，其主要水化产物如表 4.1-1 所示。

水泥加水拌合后的水化产物　　表 4.1-1

矿物	水	水化后的矿物
$3CaO \cdot SiO_2$	$+nH_2O$	$3CaO \cdot SiO_2(n-1)H_2O+Ca(OH)_2$
$2CaO \cdot SiO_2$	$+mH_2O$	$CaO \cdot SiO_2(m-1)H_2O+Ca(OH)_2$
$3CaO \cdot Al_2O_3$	$+6H_2O$	$3CaO \cdot Al_2O_3 \cdot 6H_2O$
$4CaO \cdot Al_2O_3 \cdot Fe_2O_3$	$+12H_2O$	$3CaO \cdot Al_2O_3 \cdot 12H_2O+CaO \cdot Fe_2O_3$
游离 CaO	$+H_2O$	$Ca(OH)_2$
$CaSO_4 \cdot 2H_2O$	$+nH_2O$	$3CaO \cdot Al_2O_3 \cdot 3CaSO_4 \cdot 31H_2O \cdot 3CaO \cdot Al_2O_3 \cdot 12H_2O$
MgO	$+H_2O$	$Mg(OH)_2$

从表中可以看出，水泥水化过程中，氧化钙与水反应会生产氢氧化钙致使混凝土孔隙中含有大量的 OH^-，呈现高碱性（pH 值可达 12.5～13.5）。此时，混凝土中的氢氧化钙提供的碱性环境，在钢筋表面形成了一层钝化保护膜（$nFe_2O_3 \cdot mH_2O$），使钢筋相对于中性与酸性环境下更不易腐蚀。但现实中，这种钝化膜易受到破坏，此时若混凝土中钢筋再同时满足一定条件，钢筋腐蚀现象就会发生。

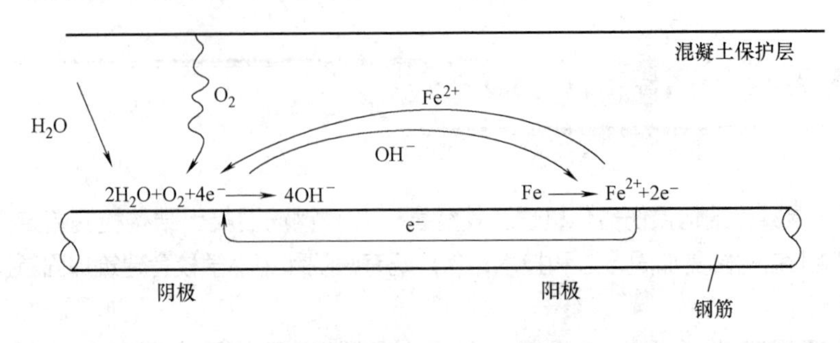

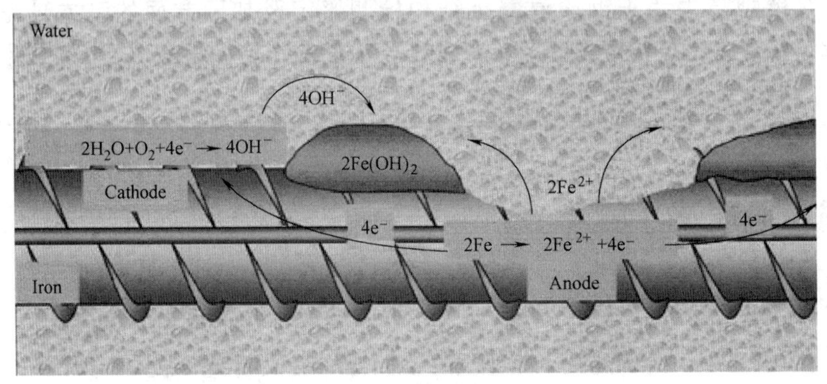

图 4.1-1 钢筋锈蚀机理

一般认为，导致钢筋腐蚀发生的外部因素（图 4.1-1）包括以下三个方面：

（1）钢筋表面存在电势差，不同区段间形成阴极-阳极；

（2）阳极区段钢筋表面处于活化状态，阳极发生如下反应：

$$2Fe-4e^- \longrightarrow 2Fe^{2+} \tag{4.1-1}$$

（3）混凝土内存在水分和溶解氧，阴极发生如下反应：

$$2H_2O+O_2+4e^- \longrightarrow 4OH^- \tag{4.1-2}$$

混凝土各处碱度差异性、钢筋中碳或其他合金元素的偏析以及钢筋内部应力残留均会造成钢筋表面电势差的存在。同时，钢筋混凝土结构受气候或环境影响，使用过程中或多或少不可避免地受水浸润，故存有水分和溶解氧。换言之，在一定程度上条件（1）和条件（2）总是满足的。因此，一旦钢筋表面钝化膜破坏，阳极产物 Fe^{2+} 与阴极产物 OH^- 结合生成氢氧化亚铁[$Fe(OH)_2$]，此产物再与水发生氧化反应生成氢氧化铁，即：

$$2Fe^{2+}+4OH^- \longrightarrow 2Fe(OH)_2 \tag{4.1-3}$$

$$Fe(OH)_2+O_2+2H_2O \longrightarrow 4Fe(OH)_3 \tag{4.1-4}$$

氢氧化铁进一步氧化形成疏松易剥落的铁锈体，包括约 4 倍于原体积的红锈体（$nFe_2O_3 \cdot mH_2O$）和约 2 倍于原体积的黑锈体（Fe_3O_4）。铁锈体积增加会挤压周边混凝土，引起混凝土沿钢筋方向开裂，即所谓的顺筋开裂。开裂后的混凝土，由于水分更易进入将加速内部钢筋的进一步腐蚀，故防止混凝土开裂是防止钢筋锈蚀的关键。

Cl^-是极强的阳极活化剂（去钝化剂）。由于Cl^-先通过混凝土保护层的薄弱处渗透且逐步积累于钢筋表面，对其钝化膜的破坏往往是局部的，常称为点蚀（或坑蚀）。这就形成了小阳极，而此时钢筋表面的大部分仍具有钝化膜，成为大阴极。整个过程见图4.1-2。而且Cl^-这一极强的去钝化剂，在诱发点蚀和点坑发展的过程中，几乎是不消耗的，仅起到催化剂或媒体的作用。

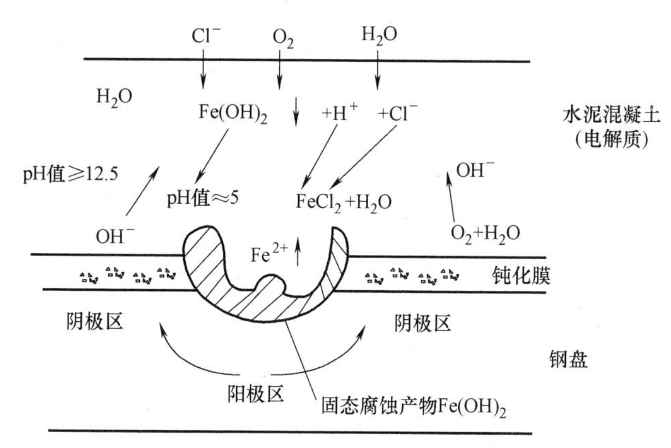

图4.1-2 氯离子（Cl^-）引起钢筋点蚀的腐蚀电偶示意图

从上述反应可以看出，最终氯离子并未成为腐蚀产物的一部分，而仍然以游离的氯离子形式存在。因此，由氯离子引发的钢筋腐蚀一旦开始就不会停止下来。除氯离子外，硫酸根离子对钢筋的腐蚀作用也不可忽视。混凝土受到硫酸盐侵蚀后，会发生一系列的物理化学反应，生成的钙矾石和石膏等产物会在混凝土内部积聚膨胀，导致混凝土内部结构发生变化、裂隙扩展、力学性能劣化，甚至结构破坏。在硫酸盐对混凝土造成物理化学腐蚀的同时，硫酸根离子还会通过扩散、吸附等方式进入混凝土中钢筋表面，影响混凝土中钢筋锈蚀。混凝土结构中钢筋持续锈蚀，带来的负面作用是多方面的：①钢筋越来越细，力学性能持续下降，屈服强度和延伸率都显著下降；②钢筋生锈后体积膨胀，会把周围的混凝土胀开，产生裂缝，严重的甚至会导致表面的混凝土脱落；③带肋钢筋要依靠钢筋表面的月牙形肋与混凝土锚固在一起，就像螺栓上的螺纹一样，不容易脱落，一旦钢筋锈蚀，月牙形螺纹被腐蚀破坏，带肋钢筋变成了光滑圆柱形，锚固性能大幅降低。

钢筋混凝土结构中的氯离子来源主要有两类：一是由于拌合混凝土或管道灌浆时混入，例如前文中提到的北方冬期施工为了混凝土早强而加入氯盐，或是采用氯离子含量过高的海砂；二是从外部环境渗透进入，例如海洋、化工生产等环境中氯离子更容易侵入钢筋混凝土结构中。

4.1.2 混凝土碳化

混凝土碳化是一个缓慢的过程，空气中CO_2气体渗透到混凝土内，并与其内部碱性物质起化学反应后生成碳酸盐和水，使混凝土碱度降低的过程称为混凝土碳化，又称作中性化。碳化发生是由于混凝土中含钙相碱性物质受到由空气中的二氧化碳作用形成碳酸钙所致。混凝土中水泥浆中含有25%～50%氢氧化钙［$Ca(OH)_2$］，则意味着新拌混凝土水泥浆体 pH 值至少为 12.5，而完全碳化后的水泥浆体（图 4.1-3）的 pH 值则会降低到 7 左右。

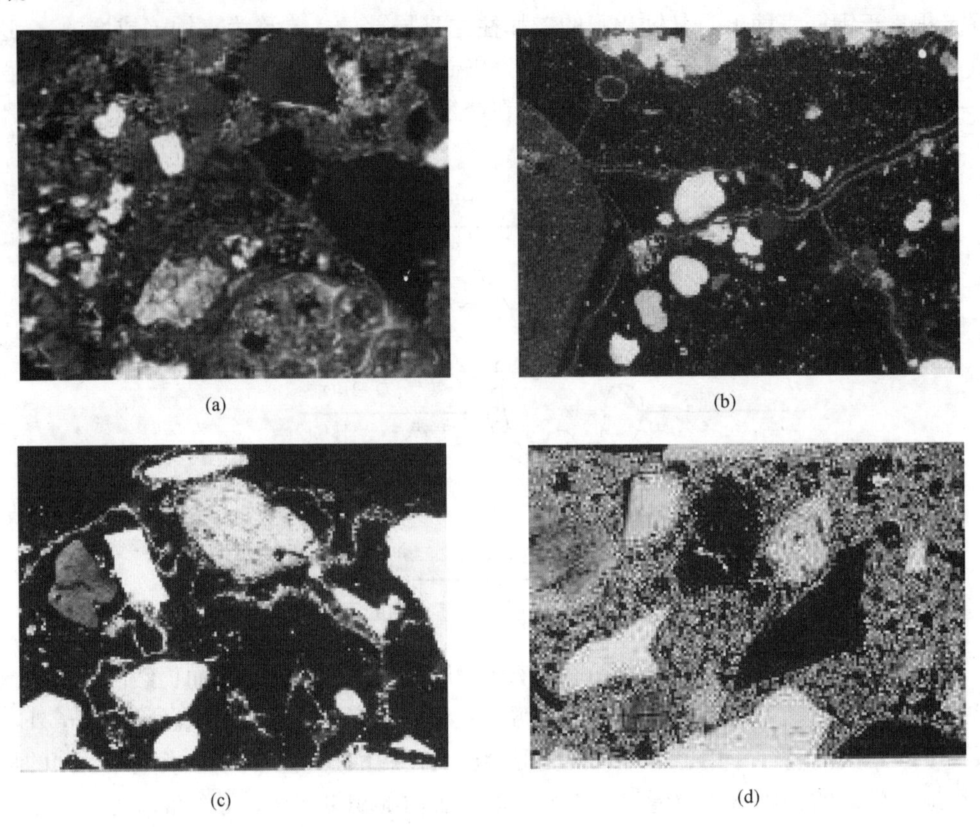

图 4.1-3 混凝土碳化

混凝土中大量存在的毛细管、孔隙或是内部缺陷，是空气中 CO_2 进入混凝土内部的通道，CO_2 进入混凝土后先溶于水形成碳酸并首先与混凝土中 $Ca(OH)_2$ 反应，生成 $CaCO_3$，即：

$$CO_2+H_2O\longrightarrow H_2CO_3 \tag{4.1-5}$$

$$Ca(OH)_2+H_2CO_3\longrightarrow CaCO_3+2H_2O \tag{4.1-6}$$

当水泥浆体中的 $Ca(OH)_2$ 除去后，CaO 会从水化硅酸钙（C-S-H）凝胶中释放，进而与碳酸反应生成更多的碳酸钙：

$$3CaO\cdot 2SiO_2\cdot 3H_2O+3H_2CO_3\longrightarrow 3CaCO_3+2SiO_2+6H_2O \tag{4.1-7}$$

$$2CaO\cdot SiO_2\cdot 4H_2O+2H_2CO_3\longrightarrow 2CaCO_3+SiO_2+6H_2O \tag{4.1-8}$$

CO_2 气体必须先溶于水形成碳酸后才能与混凝土中碱性物质反应，因此碳化过程必须有水存在。如果混凝土过于干燥（相对湿度 $RH<40\%$），CO_2 则不能溶解，碳化则不会发生。而另一方面，如果混凝土过于湿润（相对湿度 $RH>90\%$），混凝土中毛细管处于相对平衡含水量或饱和状态，外界气体渗入的可能性很低，同样碳化速率会很低。相对湿度 RH 在 40%～90%时，混凝土中碳化速率较快，碳化发生的最佳湿度条件为 $RH=50\%$。

研究表明，对应 t_1 和 t_2 两个时刻的混凝土碳化深度 D_1 和 D_2 与 CO_2 浓度（C_1、C_2）平方根成正比，即：

$$\frac{D_1}{D_2}=\frac{\sqrt{C_1t_1}}{\sqrt{C_2t_2}} \tag{4.1-9}$$

混凝土中材料组成变化也会显著影响混凝土碳化。通常，水泥用量越高、水灰比越小的混凝土强度越高，混凝土内部孔隙率越小，混凝土的抗碳化性能也就越好。利用粉煤灰等材料替代部分水泥以改善胶凝材料性质，因这些材料具有一定活性，能与水泥水化产物氢氧化钙结合，降低混凝土的碱度而使混凝土的抗碳化性能有所降低。水泥品种和粗骨料自身特性，以及养护方式的不同也会对配制出的混凝土抗碳化性能造成显著影响。此外，若混凝土中存在连通的微裂缝或是空隙，则也会大大降低混凝土的抗碳化能力。例如，由碱骨料反应导致的内部裂缝图 4.1-3（b）或是在低坍落度混凝土中空隙（图 4.1-3c），碳化多沿着这些裂缝或是空隙的边沿开展。

一般而言，碳化结果会导致混凝土内部孔隙减少，使得混凝土强度有所增加，因而对于没有配筋的混凝土结构而言是有利的。但是由于发生碳化的混凝土 pH 值降低，进而引发钢筋钝化层的破坏。一些情况下，随着 CO_2 的不断溶解渗入，大量的 HCO_3^- 则又会使生产的碳酸钙变成溶于水的碳酸氢钙而浸出水泥基，这一反应又被称为二次碳化，其反应过程如下：

$$H^+ + CaCO_3 \longrightarrow Ca^{2+} + HCO_3^- \tag{4.1-10}$$

二次碳化可能会发生在那些高水灰比的混凝土中，混凝土不够致密内部孔隙较多，容易渗入较多 CO_2 溶于水中产生 HCO_3^-。不同于通常的碳化过程，二次碳化的结果会导致混凝土孔隙率的增加，混凝土变软且更脆。二次碳化通常会在混凝土中形成“爆米花”形态的方解石晶体，并使得水泥基高度多孔（图 4.1-3d）。

4.1.3 混凝土碱骨料反应

碱骨料反应（AAR）也是影响混凝土耐久性最主要的因素之一，实际上是一组能够导致破坏性膨胀反应的合称，这些反应发生在水泥浆体中的碱与集料中活性组分（通常含有二氧化硅）间，如图 4.1-4 所示。

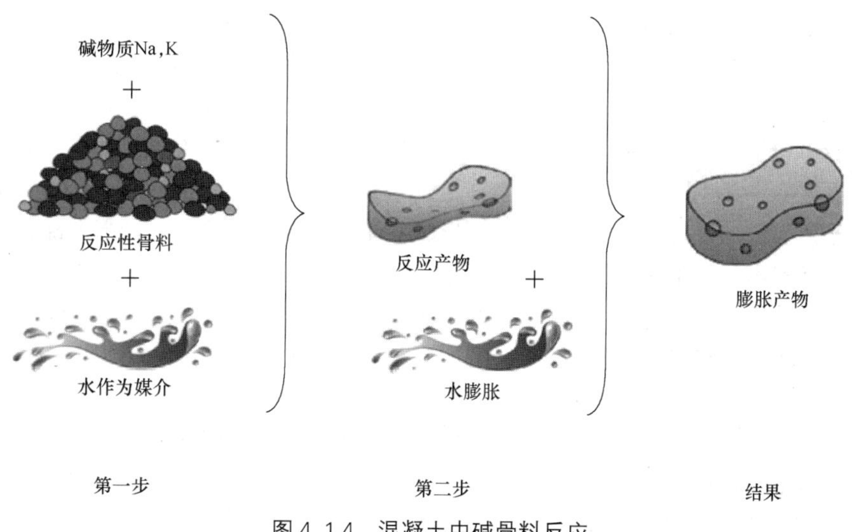

图 4.1-4 混凝土中碱骨料反应

碱骨料反应第一次被报道在20世纪40年代，从那时起有关受到碱骨料反应影响的水坝、发电站基础、公路桥梁、停车场、水库和多层建筑的报道不断增多。加拿大魁北克省的渥太华河上的Rapides-des-Quinze大坝，最初配备有4台涡轮发电机。1948年大坝加高7m，并增加了2台涡轮发电机，大坝全长172m。10年后，加高后大坝混凝土出现了快速但不均匀的膨胀、开裂和剥落等老化现象，同时大坝还出现了竖向变形，因此不得不对其进行多次修补加固。后经过调查发现，大坝混凝土中含有大量的石英和黑云母片岩等活性骨料。1923年和1948年不同时期浇筑混凝土和修补混凝土都发生了与黑云母片岩有关的碱-硅反应（ASR）。巴西Pinheiros河上建于1938年至1940年的Traicao混凝土重力坝，最大坝高24m，仅运营几年后就出现裂缝、渗漏和变形。造成这些问题的原因是坝体混凝土发生了碱-硅酸盐反应，碱活性矿物主要为反应较慢的变形石英。历经多年碱-硅反应，大坝混凝土产生膨胀。我国建于1984年的山东潍坊机场，混凝土中碱含量约3.9kg/m^3，20世纪90年代初33.3%跑道发生开裂。试验室鉴定证明，该机场混凝土主要为碱碳酸盐反应引起的。

4.1.4 混凝土冻融破坏

为使混凝土具备一定的和易性，拌制混凝土时加入拌合水总会多于水泥水化水，这部分多余水便以游离水形式滞留于混凝土中形成毛细孔占据一定体积。正常情况下，混凝土内部孔隙中存有空气，毛细孔中水结冰膨胀后，能起到缓冲作用，减小孔隙中的膨胀压力，避免混凝土结构破坏。但处于饱和状态下的混凝土，其内部毛细孔中水结冰膨胀时，胶凝孔中水处于过冷状态，胶凝孔中的水分便会向毛细孔中冰的界面渗透，这使得毛细孔中冰体积进一步发生膨胀。因此，饱和状态（含水量达到91.7%极限值）下混凝土，由于温度正负交替在其孔隙中形成冰胀压力和渗透压力联合作用的疲劳应力。这种疲劳应力反复作用使得混凝土由表及里剥蚀破坏的现象被称为冻融破坏，冻融破坏会降低混凝土的强度，影响结构安全性。

混凝土处于饱和状态和温度的正负交替是发生冻融破坏的必要条件，故冻融破坏一般发生于寒冷地区经常与水接触的混凝土结构物，如水位变化区的海工、水工混凝土结构物、发电站冷却塔、铁路桥涵以及与水接触部位的道路、建筑物勒脚、阳台等。相关调查结果显示，我国北方几乎所有的大型水工混凝土建筑物均存在局部或大面积的冻融破坏，而在气候较为温和但冬季依然会出现冰冻天气的华东、华中和西南高山地区，冻融破坏也是混凝土结构老化病害的主要现象之一。由此可见，混凝土的抗冻性是混凝土耐久性中最重要的问题之一。

影响混凝土抗冻性因素主要包括水灰比、含气量、混凝土含水量、水泥品种及集料质量，以及是否使用外加剂和混凝土受冻龄期长短等。一般认为混凝土水灰比直接影响其内部孔隙率和孔结构，水灰比越大可饱和的孔体积越大，并且孔径也越大，抗冻性必然降低，故国内外相关规范针对不同使用环境下混凝土的最大水灰比和最小水泥用量都进行了限制。饱和状态下混凝土冻害程度要远比非饱和混凝土严重，通常含水量小于总孔隙体积91.7%时就不会产生冻结膨胀力。同时，外界水分是由表及里进入混凝土内部的，因此混凝土表层含水率一般要大于混凝土内部，而表层温度亦要低于内部，故混凝土冻融破坏通常是从表层开始逐步向混凝土内部延伸的。含气量也是影响混凝土抗冻性能的重要因素，混凝土中加入引气剂对于提高混凝土的抗冻性能意义非凡，因为非连通的微细气孔在混凝土受冻初期能有效减小毛细孔中的静水压力，而在混凝土内部孔隙水结冰过程中又能抑制或是阻止水泥浆体中微小冰体形成和发展。混凝土龄期越长，水泥水化越充分强度就越高，抵抗冰冻膨胀的能力也就越好，因此要特别注意混凝土的早期受冻。

4.1.5 混凝土中的裂缝

1. 裂缝产生原因

由于混凝土材料不均匀性很强，其抗拉强度明显小于抗压强度，实际工程中大部分混凝土结构都是带裂缝工作的，因此混凝土开裂成为难以避免的工程难题。裂缝不仅影响结构外观，给使用者造成危险感；也严重地影响着构件的承载能力、耐久性以及抗渗性等各种性能。造成钢筋混凝土结构产生裂缝的原因有多种，如下所示：

1）混凝土干缩

混凝土在终凝前几乎没有强度或强度很小，或者混凝土刚刚终凝而强度很小时，受高温或较大风力的影响，混凝土表面失水过快，造成毛细管中产生较大的负压而使混凝土体积急剧收缩，而此时混凝土的强度又无法抵抗其本身收缩，因此产生龟裂。影响混凝土塑性收缩开裂的主要因素有水灰比、混凝土的凝结时间、环境温度、风速、相对湿度等。

对于这种原因导致的裂缝，一般所采取的措施为合理减少水泥用量，在保证混凝土具有良好工作性的情况下，应尽可能地降低混凝土的单位用水量，同时应特别加强潮湿养护。

2）温度裂缝

温度裂缝多发生在大体积混凝土表面或温差变化较大地区的混凝土结构中。对于大体积混凝土，其凝结和硬化过程中，水泥和水的化学反应会放出大量的热量聚集在混凝土内部，导致混凝土内部温度可能与外界环境温度相差很大，例如当水泥用量在 350～550kg/m^3，每立方米混凝土将释放出 17500～27500kJ 的热量，从而使混凝土内部温度升达 70℃左右甚至更高。混凝土内外温差造成内部与外部热胀冷缩的程度不同，使混凝土表面产生一定的拉应力，当拉应力超过混凝土的抗拉强度极限时，混凝土表面就会产生裂缝，这种裂缝多发生在混凝土施工中后期。此外，当施工过程中环境温度变化较大时，例如混凝土遭受寒潮的侵袭，会导致混凝土表面温度急剧下降而产生收缩，表面收缩受内部混凝土的约束将产生很大的拉应力而产生裂缝，这种裂缝通常只在混凝土表面较浅的范围内产生。

温度裂缝的走向通常无一定规律，大面积结构裂缝常纵横交错。梁板类长度尺寸较大的结构，裂缝多平行于短边，深入和贯穿性的温度裂缝一般与短边方向平行或接近平行，裂缝沿着长边分段出现，中间较密。裂缝宽度大小不一，受温度变化影响较为明显，冬季较宽，夏季较窄。高温膨胀引起的混凝土温度裂缝是通常中间粗两端细，而冷缩裂缝的粗细变化不太明显。此种裂缝的出现会引起钢筋的锈蚀、混凝土的碳化、降低混凝土的抗冻融、抗疲劳及抗渗能力等。

对于大体积混凝土，在其配合比设计时应注意选用低热水泥，在保证混凝土性能满足要求条件下，适量添加掺合料，同时在施工时应采用合理分层、分块的方式进行浇筑，必要时在搅拌混凝土时采用预冷骨料和预冷水，以及在混凝土内部埋设冷却水管等措施以减小混凝土内部温度。而对于由于外界温度变化导致的裂缝的预防，则需要在施工过程中关注天气预报，严寒天气要对混凝土进行防寒保护，高温天气则需采取一定的隔热措施，或是结构设计时就考虑到温度变化影响，采取合理的配筋或是施加预应力。

3）碱骨料反应引起裂缝

若配制出的混凝土中有足够的碱反应性骨料，在混凝土浇筑后就会逐渐反应，在反应产物的数量吸水膨胀和内应力足以使混凝土开裂的时候，工程便开始出现裂缝。这种裂缝和对工程的损害随着碱骨料反应的发展而发展，严重时会使工程崩溃。

日本从大孤到神户的高速公路松原段陆地立交桥，桥墩和梁发生大面积碱骨料反应开裂，日本曾采取将所有裂缝注入环氧树脂，注射后又将整个梁、桥墩表面全用环氧树脂涂层封闭，企图通过阻止水分和湿空气进入的方法控制碱骨料反应的进展，结果仅仅经过一年，又多处开裂。

4）钢筋锈蚀引起裂缝

由于混凝土质量较差或保护层厚度不足，混凝土保护层受二氧化碳侵蚀碳化至钢筋表面，使钢筋周围混凝土碱度降低，或由于氯化物介入，钢筋周围氯离子含量较高，均可引起钢筋表面氧化膜破坏，钢筋中铁离子与侵入到混凝土中的氧气和水分发生锈蚀反应，其锈蚀物氢氧化铁体积比原来增长约 2～4 倍，从而对周围混凝土产生膨胀应力，导致保护层混凝土开裂、剥离，沿钢筋纵向产生裂缝，并有锈迹渗到混凝土表面。由于锈蚀，使得钢筋有效断面面积减小，钢筋与混凝土握裹力削弱，结构承载力下降，并将诱发其他形式的裂缝，加剧钢筋锈蚀，导致结构破坏。

要防止钢筋锈蚀，设计时应根据规范要求控制裂缝宽度、采用足够的保护层厚度（当然保护层亦不能太厚，否则构件有效高度减小，受力时将加大裂缝宽度）；施工时应控制混凝土的水灰比，加强振捣，保证混凝土的密实性，防止氧气侵入，同时严格控制含氯盐的外加剂用量，沿海地区或其他存在腐蚀性强的空气、地下水地区尤其应慎重。

5）其他原因引起裂缝

除上述原因以外，荷载也是导致钢筋混凝土结构出现裂缝的原因之一。钢筋混凝土结构承受不同的外力荷载长期作用，其裂缝形状也有所不同，例如一根钢筋混凝土梁，其在受弯、受拉、受扭乃至局部荷载作用下，裂缝形态是迥然不同的，但荷载引起裂缝的开展方向大体上是与主拉应力方向是正交的。

对于荷载裂缝，各国结构设计规范中均采用的是控制裂缝宽度的做法。如新西兰规范对干燥环境下的允许裂缝宽度为 0.4mm，我国为 0.2～0.3mm，美国 ACI 224 规定的裂缝允许宽度为：干燥空气中 0.4mm，潮湿空气或土中 0.3mm，有除冰盐作用时 0.175mm，受海水溅射、干湿交替时 0.15mm，挡水结构（不包括无压力管道）0.1mm。

结构基础不均匀沉降也会导致裂缝产生，混凝土结构基础发生不均匀沉降时，结构构件受迫变形产生裂缝，而随着不均匀沉降的不断发展，裂缝也会进一步加重。避免这种裂缝的主要措施是根据地基条件和结构形式不同，因地制宜地采取合理构造措施，例如设置沉降缝。

2. 裂缝危害

由于混凝土结构自身特点，其内部可能存在大量的微裂缝，微裂缝无法凭肉眼辨别，肉眼可见裂缝一般以 0.05mm 为界（实际最佳视力可见 0.02mm），微裂缝对混凝土的正常使用无不良影响，因此可以认为具有小于 0.05mm 裂缝的结构为无缝结构，而大于 0.05mm 的裂缝则被称为宏观裂缝。裂缝又是可以自行愈合的，其机理是硬化水泥浆体中的氢氧化钙可与周围空气或水分中的二氧化碳结合（碳化）生成碳酸钙，碳酸钙与氢氧化钙结晶沉淀并积聚于裂缝内，这些结晶相互交织，产生力学粘结效应，同时在相邻结晶、结晶与水泥浆体、结晶骨料表面之间还有化学粘结作用，结果使裂缝得到密封，但是过宽的或还在发展的裂缝特别是裂缝还有水的流动就很难自愈合了，一般认为宽度小于 0.15～0.20mm 的裂缝是可以自愈合的。但是过宽的裂缝对混凝土结构会带来一系列的劣化作用：

1）水是一些腐蚀性盐进入混凝土内部的载体，碱骨料反应进行也需要水存在，因此抗水渗性能是混凝土结构耐久性核心问题，混凝土结构上过宽的裂缝会导致结构整体耐久性的降低。

2）对于挡水结构和地下结构，贯穿裂缝容易破坏结构的自防水性。

3）预应力桥梁结构上裂缝会使得刚度降低，严重时会导致桥梁无法正常使用。

4）混凝土结构遭遇地震作用时，原本宽度不大的裂缝会进一步开展，结构更易发生失效，降低了结构应有的安全度。

5）混凝土结构中重要构件上贯穿性裂缝，会改变结构的受力传力模式，降低结构的整体稳定性，危及结构承载力。

4.2 检测内容及方法

目前，钢筋混凝土是应用最多的一种结构形式，占结构总数的绝大多数。对于既有钢筋混凝土结构，出于各种原因可能导致其在服役一定时间后，结构的安全性、适用性或耐久性不再能够满足要求。结构检测是对既有钢筋混凝土结构进行可靠性鉴定和耐久性评估的必要步骤，是对结构进行后续加固或改造的依据。

混凝土结构检测内容较多，一般可分为外观检查和内部质量检测。外观检查较为粗略，仅可做定性判断，主要依赖目测，再辅以刀、锤、尺等简单工具。内部质量检测则需采用相应的专门仪器设备进行现场检测，按照相关规程或标准处理分析所得数据。按照其属性则又可分为：①几何量检测，检测内容包括结构沉降和倾斜等几何变形、混凝土保护层厚度、钢筋数量和位置、裂缝宽度等。②物理力学性能，如混凝土强度、结构承载力、结构自振周期及振型等。③化学性能，如混凝土碳化深度、钢筋锈蚀程度等。

混凝土结构的检测方法，一般分为如下四种类型：

1. 非破损检测

非破损法首先可用于混凝土材料强度的检测，该方法在检测时不会影响混凝土结构或构件的性能，不对混凝土强度直接进行测量，取而代之的是对混凝土的物理量进行测量，然后依据混凝土立方体试块强度与某些物理量的相关性来推算被测混凝土的强度标准值。常见的测混凝土强度的非破损方法主要有回弹法、超声波法和回弹-超声综合法等。

同时，非破损法亦可用来对混凝土内部缺陷进行检测。采用的方法主要包括超声脉冲法、脉冲回波法、雷达扫描法、红外热谱法和声发射法等。此外，还可以利用敲击、渗透、共振、电磁量测和微波等非破损检测方法，来确定混凝土的弹性和非弹性性能、耐久性能、受冻层厚度、含水率、钢筋位置与锈蚀程度，以及混凝土中水泥用量等。

2. 半破损检测

半破损法是以尽量减小对结构或构件承载力情况下，在结构或构件上直接进行局部破坏性试验，例如避开关键受力部位对混凝土进行取芯样然后在试验室测其强度。其他属于半破损检测的方法还有拔出法、射击法等，此类方法是通过局部破坏性试验以获得混凝土的实际力学性能，故不宜大范围内使用。

3. 破损检测

破损检测多用于建筑产品或半成品，如装配式梁柱等结构构件，按照相关试验规程施加外力观察其受力全过程，了解结构构件的真实力学性能。当需要真实了解既有结构中一些构件的力学性能时，对其进行原位破损性力学试验是十分必要的。

4. 综合法

由于混凝土自身特点，检测得到的数据往往具有较大的离散性，仅凭单一检测方法得到的结果往往不够准确。同时采取两种或两种以上检测方法，可获取多种物理量，据此建立混凝土结构性能与这些物理量间函数关系，从不同角度评价混凝土的性能，这种方法称为综合法。例如对于混凝土强度的检测，可以采用回弹法、超声法等非破损检测，亦可采用直接钻芯取样的半破损检测方法，各种方法都有其优点和缺点，如果在小面积上采用直接钻芯取样测强度方法，大面积上仍采用无损检测方法测混凝土强度，并利用钻芯取样数据对无损检测结果进行修正，不仅可以保证检测结果的准确性和可靠性，而且可以最大限度地减小破损性检测对既有结构的损害。目前常用的混凝土综合检测方法包括超声回弹综合法、超声钻芯综合法、声速衰减综合法，其中超声回弹综合法在我国已经得到广泛推广和应用，并已编入相应规范。

4.2.1 混凝土强度检测

关于混凝土强度检测的国家规范有《混凝土强度检验评定标准》GB/T 50107—2010、《钻芯法检测混凝土强度技术规程》JGJ/T 384—2016、《超声回弹综合法检测混凝土抗压强度技术规程》T/CECS 02—2020、《高强混凝土强度检测技术规程》JGJ/T 294—2013、《拔出法检测混凝土强度技术规程》CECS 69—2011 等，常用的检测方法有回弹法、钻芯法、超声波法、拔出法以及超声回弹综合法等。

1. 回弹法

回弹法是利用回弹仪检测混凝土强度的一种方法，属于非破损检测方法的一种。回弹仪是瑞士的施密特（E. Schmide）于 1948 年发明的，它用一个弹簧驱动的弹击锤弹击与混凝土接触的弹击杆，从而给混凝土施加动能，混凝土表面受到弹击后所产生的瞬时弹性变形的恢复力，使弹击锤带动指针弹回并指示出弹回的距离，也就是回弹值。检测时，弹簧驱动的重锤，通过弹击杆（传力杆），弹击混凝土表面，并测出重锤被反弹回来的距离，以回弹值（反弹距离与弹簧初始长度之比）作为与强度相关的指标，来推定混凝土强度的一种方法。由于测量在混凝土表面进行，属于一种表面硬度法，是基于混凝土表面硬度和强度之间存在相关性而建立的一种检测方法。

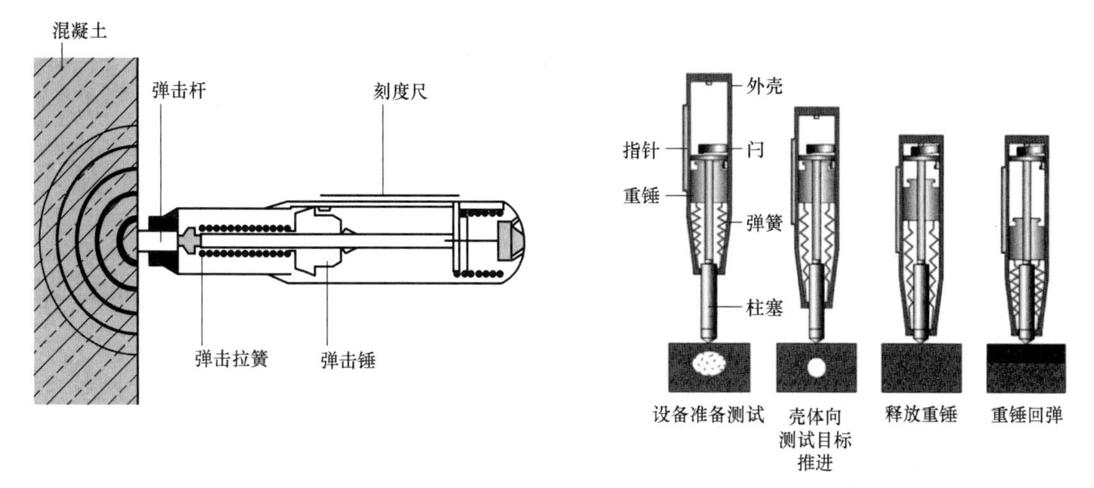

图 4.2-1 回弹仪内部构造和工作过程

回弹仪（图 4.2-1）主要由弹击锤、弹击拉簧、弹击锤和刻度尺构成，使用时首先将弹击杆伸出与混凝土表面接触，同时挂钩将弹击锤锁住，然后将回弹仪向混凝土表面推压，使弹击拉簧拉伸，当拉簧被拉伸到极限时，挂钩释放，弹机锤在拉簧的作用下撞击弹击杆，弹机锤撞击弹机杆后并被回弹，带动指针滑块记录回弹距离。回弹值是重锤冲击过程中能量损失的反映，它既能反映混凝土弹性性能，也与混凝土的塑性性能有关，自然与混凝土强度相关。许多研究者将回弹值与混凝土实际强度数值进行拟合，得到如图 4.2-2 所示的混凝土强度与回弹值关系曲线，亦被称为测强曲线，实际检测中即可依据测强曲线，利用测得回弹仪实际数据，推断混凝土强度。

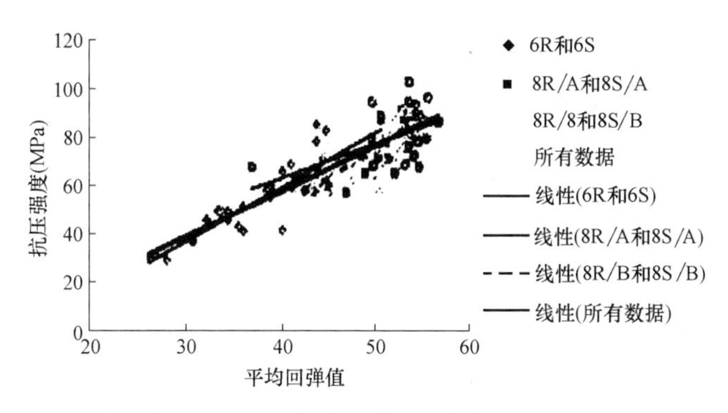

图 4.2-2 混凝土强度与回弹值关系曲线

利用回弹仪进行混凝土强度推断时，每一结构或构件测区的布置不少于 10 个，每个测区面积为 200mm×200mm，每个测区设置 16 个回弹点，且临近测点距离不宜小于 30mm，同一测点只可回弹一次。处理回弹数值时，还应从 16 个回弹值中剔除 3 个最大值和 3 个最小值，取剩余 10 个有效回弹平均值作为该区回弹测值，即：

$$R_{\mathrm{ma}}=\frac{\sum_{i=1}^{10}R_{\mathrm{m}i}}{10} \tag{4.2-1}$$

式中 R_{ma}——测试角度为 α 时测区平均回弹值；

R_{mi}——第 i 个测点的回弹值。

当回弹仪测试位置非水平方向时，回弹值需要按照不同角度进行相应修正（表 4.2-1）：

$$R_{ma}=R_m+R_a \tag{4.2-2}$$

回弹值角度修正　　**表 4.2-1**

R_{ma}	α 向上				α 向下			
	+90°	+60°	+45°	+30°	−30°	−45°	−60°	−90°
20	−6.0	−5.0	−4.0	−3.0	+2.5	+3.0	+3.5	+4.0
30	−5.0	−4.0	−3.5	−2.5	+2.0	+2.5	+3.0	+3.5
40	−4.0	−3.5	−3.0	−2.0	+1.5	+2.0	+2.5	+3.0
50	−3.5	−3.0	−2.5	−1.5	+1.0	+1.5	+2.0	+2.5

2. 钻芯法

钻芯法是利用专用钻机，从待检测结构混凝土中钻取芯样，并经切割打磨成圆柱体试样，然后再送至试验室内进行混凝土抗压试验，以测定混凝土强度的方法。该种用于检测混凝土强度或观察混凝土内部质量的方法，会对结构混凝土造成局部损伤，因此是一种半破损的现场检测手段。由于利用此种方法是通过采样试验确定混凝土强度，具有可靠和准确的特点，同时所取样还可直观判别混凝土密实度、集料粒径、级配和内部是否存在离析等内部质量状况。但由于钻芯对原结构会造成一定的局部损伤，因此取芯的位置、大小和数量要受到一定的限制。

抗压试验的芯样宜使用标准芯样试件，其公称直径不宜小于骨料最大粒径的 3 倍；也可采用小直径芯样试件，但其公称直径不应小于 70mm 且不得小于骨料最大粒径的 2 倍。钻取芯样时宜采用金刚石或人造金刚石薄壁钻头。钻头胎体不得有肉眼可见的裂缝、缺边、少角、倾斜及喇叭口变形。钻头胎体对刚体的同心偏差不得大于 0.3mm，钻头的径向跳动不大于 1.5mm。抗压芯样试件的高度与直径之比（H/d）宜为 1.00。芯样试件内不宜含有钢筋。如不能满足此项要求时，抗压试件应符合下列要求：①标准芯样试件，每个试件内最多只允许有二根直径小于 10mm 的钢筋；②公称直径小于 100mm 的芯样试件，每个试件内最多只允许有一根直径小于 10mm 的钢筋；③芯样内的钢筋应与芯样试件的轴线基本垂直并离开端面 10mm 以上。

现场取芯试样的端面粗糙不平，一般不能符合抗压试件的要求。有研究表明，锯切芯样的抗压强度比端面加工后芯样试件的抗压强度低 10%～30%。因此需要对取芯试样进行锯切和磨平加工，必要时还需用环氧胶泥或聚合物水泥砂浆补平，抗压强度低于 40MPa 的芯样试件，可采用水泥砂浆、水泥净浆或聚合物水泥砂浆补平，补平层厚度不宜大于 5mm；也可采用硫黄胶泥补平，补平层厚度不宜大于 1.5mm。

芯样试件进行抗压试验时，对于压力机及压板的精度要求和试验精度，与立方体试块是一样，应按现行国家标准《混凝土物理力学性能试验方法标准》GB/T 50081—2019 中对立方体试块抗压试验方法进行。芯样试件应在自然干燥状态下进行抗压试验，但若当结构工作条件比较潮湿，需要确定潮湿状态下混凝土的强度时，芯样试件宜在 20±5℃的清水中浸泡 40～48h，从水中取出后立即进行试验。试验测得芯样强度可以按照下式换算成边长为 150mm 的立方体抗压强度：

$$f_{cu}^{c}=\alpha\ \frac{4F}{\pi d^{2}} \tag{4.2-3}$$

式中 f_{uc}^{c}——混凝土芯样换算成标准立方体抗压强度值（MPa），精确至0.1MPa；

F——芯样抗压试验时测得的最大压力（N）；

d——芯试样的平均直径；

α——不同高径比芯样试件混凝土强度换算系数，按照表4.2-2取用。

芯样混凝土强度换算系数 **表4.2-2**

高径比	1.0	1.1	1.2	1.3	1.4	1.5	1.6	1.7	1.8	1.9	2.0
α	1.00	1.04	1.07	1.10	1.13	1.15	1.17	1.19	1.21	1.22	1.24

3. 超声波法

机械振动在介质中的传播过程叫做波。人耳能够感受到频率高于20Hz和低于20000Hz的弹性波，因此在这个频率范围内的弹性波又叫声波。频率小于20Hz的弹性波又叫次声波，频率高于20000Hz的弹性波叫做超声波。超声波能量比声波大得多，声束能量可以集中在特定方向上，即具有很好的指向性，超声波在异种介质的界面上将产生反射、折射和波型转换。利用这些特性，可以获得从缺陷界面反射回来的反射波，从而达到探测缺陷的目的。因此，可以利用超声波技术对混凝土的强度、弹性、内部缺陷等进行检测。但是，由于强度检测中的多种不确定性因素，导致了超声测强技术发展缓慢，随着科技研究与理论研究的深入发展，超声测强的应用日益增大。

超声波按照介质质点与波传播方向间的关系可以分为纵波、横波、面波。纵波是指传声媒质质点的振动方向与声波的传播方向相一致的声波，横波则是指传声媒质的质点振动方向与声波传播方向相垂直的声波，面波可视作是介质表面质点纵向和横向振动的合成，在固体表面传播。混凝土超声检测多采用的是“穿透法”，即使用两个超声探头，一个用来发射超声脉冲波，另一个则用来接收。超声波在混凝土中传播的速度与混凝土的组成成分，混凝土弹性性质，内部结构的孔隙、密实度等因素有关。混凝土弹性模量高、强度高、混凝土致密，超声波在混凝土中传播的速度也高，因此随混凝土强度不同，超声波传播的声速不同。超声波在所检测的混凝土传播，遇到空洞、裂缝、疏松等缺陷部位时，超声波振幅和超声波的高频成分发生衰减。超声波传播中碰到混凝土的内部缺陷时，由于超声波的绕射、反射和传播路径的复杂化，不同波的叠加会使波形发生畸变。因此当超声波穿过缺陷区时，其声速、振幅、波形和频率等参数发生变化。目前对混凝土的超声波检测主要是检测结构混凝土的强度，混凝土的密实度，有无空洞、裂缝等缺陷。

利用超声波进行混凝土检测时，主要通过对所采集超声波的一些声学参数进行分析，则可以获得混凝土材料性能和内部结构的相关信息。这些声学参数包括波速、振幅、频率、波形和衰减系数等。

超声波波速与介质的密度、弹性模量、泊松比以及边界条件有关，对于理想无限大固体介质其纵波和横波波速可利用下式进行计算：

$$V_{p}=\sqrt{\frac{E(1-\gamma)}{\rho(1+\gamma)(1-2\gamma)}} \tag{4.2-4}$$

$$V_{s}=\sqrt{\frac{E}{2\rho(1+\gamma)}} \tag{4.2-5}$$

式中　V_p、V_s——分别为纵波和横波波速；

E——介质的弹性模量；

ρ——介质的密度；

γ——介质的泊松比。

超声在固体中传播时，纵波和横波的波速之比约为 1.6～1.9。混凝土弹性性能越强，密度越小，则测得的超声波速越高，例如，若混凝土中存在孔洞、裂缝等缺陷时，超声波不再沿直线到达接收端，而可能在传播途中经过多次反射、绕射，传播路径变长，测得声时变长，计算波速也就降低了。

超声波振幅指的是接收到的首波前半个周期的幅值，它表示接收到的首波强弱，可以反映出超声在混凝土中传播过程中的衰减情况，超声的衰减与混凝土的黏塑性相关，因此可在一定程度上反映混凝土的强度。此外，当混凝土中有裂缝等缺陷时，超声波发生反射或绕射，振幅衰减较快，因此振幅也是判断混凝土内部是否存有缺陷的重要依据。

超声仪器发射出的超声波实际含有各种频率成分，混凝土内部若存在缺陷，则会使超声波发生绕射和反射，增加了实际传播路径，原波形中高频成分会减少，使得接收信号中主频发生下降，故可以通过比较发射信号和接收信号的频率变化情况，来判定混凝土内部是否含有缺陷或裂缝。

此外，当混凝土内部存在孔洞、裂缝等内部缺陷时，超声的传递路径会变得复杂，接收到的信号则会是直达波、反射波、绕射波的叠加，这样会使得波形发生畸变，因此也可以通过分析接收信号的波形特征，来判断混凝土内部是否存在缺陷。

超声法测混凝土强度则仅是利用了超声波波速这一声学参数，通过混凝土中超声脉冲的传播规律及其与混凝土强度之间存在的某种关系（测强关系曲线，如图 4.2-3 所示），通过对脉冲参数的具体分析，最终得出混凝土的强度。超声仪器所产生的脉冲，会进一步促使电压晶体获取高频脉冲。产生的脉冲会进一步传输到混凝土中，相应的接收转换器会接收混凝土中的信号数据，进而将超声波在混凝土中的传播距离与传播时间测量出来，进而计算出混凝土中超声波的传播速度。混凝土中声波的传播速度，能够详细地反应混凝土密实度。混凝土强度与混凝土密实度存在直接联系，即混凝土中的超声波声速与混凝土强度之间有密切关系。简言之，混凝土越密实，其强度就越高，混凝土中声波的传输时间就越短，声速越大。超声波检测法属于无损检测，可多次重复进行。

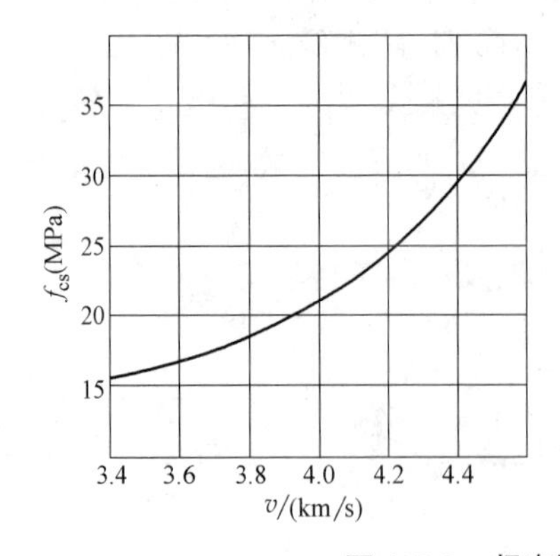

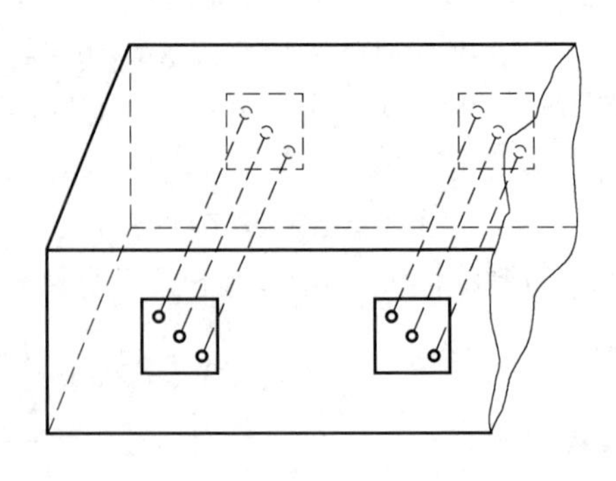

图 4.2-3　超声测强曲线及测点布置要求

超声法测混凝土构件强度时，与回弹法类似需要对构件划分测区，所不同的是超声法划分的测区必须包含两个测试面，每个测区内需布置3对超声波测点。应注意的是，通常超声波测强曲线上的波速指的是纵波波速，同时超声测强法不能采用平测法，检测时应尽可能使构件两侧探头轴线重合。

此外，关于试件横向尺寸的影响，在测量声速时必须注意。通常，纵波速度是指在无限大介质中测得，随着试件横向尺寸减小，纵波速度可能向杆、板的声速或表面波速度转变，即声速比无限大介质中纵波声速小。

4. 拔出法测定混凝土强度

拔出法测定混凝土强度时，先将金属材质的标准锚固件预埋在混凝土构件中，对于事先未设置预埋件的既有混凝土结构，则可采用在结构上钻孔、磨槽嵌入锚固件的做法，然后再利用拔出仪将预埋件拔出，利用测得的极限拔出力，结合已建立的拔出力与混凝土强度间关系来推定混凝土的强度。预埋拔出法适合于混凝土的现场控制，例如，决定拆模时间，对结构施加或释放预应力的适当时间，决定预制构件合适的吊装和运输时间，决定停止湿热养护或冬期施工停止保温的适当时间等。

拔出法测定混凝土强度试验装置主要包括钻孔机、磨槽机、锚固件及拔出仪等。钻机孔可以采用金刚石薄壁空心钻或冲击电锤，并应带有控制垂直度及深度的装置和水冷却装置，磨槽机可采用电钻配以金刚石磨头、定位圆盘机水冷却装置组成。拔出试验装置可采用圆环式或三点式。圆环式拔出试验装置的反力支承内径 $d_3=55$mm，锚固件的锚固深度 $h=25$mm，钻孔直径 $d_1=18$mm，如图 4.2-4 所示。圆环式拔出试验装置宜用于粗骨料最大粒径不大于 40mm 的混凝土。

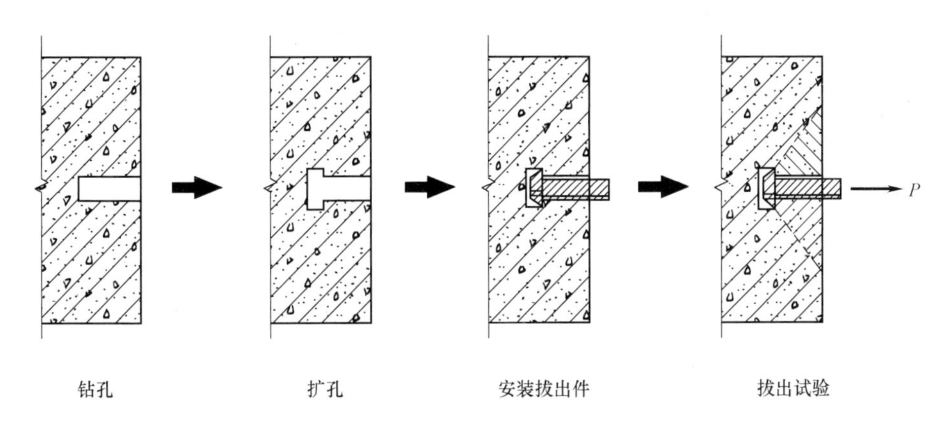

图 4.2-4 拔出法测定混凝土强度

三点式拔出试验装置的反力支承内径 $d_3=120$mm，锚固件的锚固深度 $h=35$mm，钻孔直径 $d_1=22$mm，如图 4.2-5 所示。三点式拔出试验装置宜用于粗骨料最大粒径不大于 60mm 的混凝土。

拔出法检测结构或构件混凝土强度可采用两种方式：

1）单个构件检测：主要是指对单个柱、梁、墙、基础等的混凝土强度进行检测，其检测结论不可扩大到未检测的构件或范围。

2）按批抽样检测：适用于同楼层、混凝土强度等级相同，原材料、配合比、成型

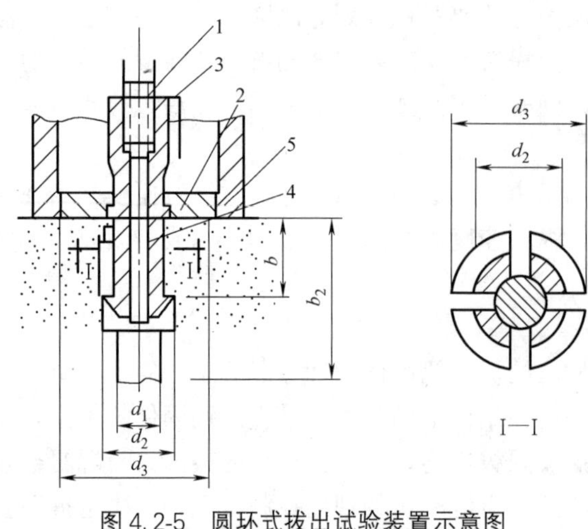

图 4.2-5 圆环式拔出试验装置示意图

1—拉杆；2—对中圆盘；3—胀簧；4—胀杆；5—反力支承

工艺、养护条件基本一致且龄期相近、构件所处环境相同的同种类构件的检测。

对于大型结构可按照施工顺序划分为若干个检测区域，每个检测区域作为一个独立构件，根据检测区域数量，可选择单个构件检测，也可选择按批抽样检测。按批抽样检测时，抽样数量不应少于同批构件总数的30%，且不能少于10件，每个构件不应少于3个测点。测点应布置在构件受力较小的位置，并尽可能布置在构件混凝土成型的侧面。两个测点间距离应大于10倍锚固深度，测点距构件边缘不应小于4倍锚固深度，测点应避开表面缺陷部位及钢筋、预埋件，反力支撑面应平整、清洁、干燥，对饰面层、漂浆应清除。

拔出测定混凝土强度试验步骤包括：①钻孔，用钻孔机在测试点钻孔，孔的轴线需要与混凝土表面保持垂直；②磨槽，采用磨槽机在孔中打磨，深度在3.6～4.5mm，四周槽深应基本均匀一致，同时应保证孔内清洁；③安装拔出仪，在孔中插入胀簧，把胀杆打进弹簧的空腔中，使簧片扩张以致簧片头牢牢嵌入沟槽中，然后将拉杆一端旋入胀簧，另一端与拔出仪连接；④拔出试验，调节反力支承高度，使拔出仪通过反力支撑均匀地压在混凝土的表面，然后对拔出仪施加拔出力，施加的拔出力应均匀、连续，即保证拔出力增长速率控制在1kN/s。拔出仪显示读数不再增加时，即表明混凝土已破坏，记录此极限拔出力读数后，回油卸载。

后拔出测定混凝土强度换算值为：

$$f_{cu}^{c}=A\cdot F+B \tag{4.2-6}$$

式中 f_{cu}^{c}——混凝土强度换算值（MPa），精确至0.1MPa；

F——拔出力（kN），精确至0.1kN；

A、B——测强公式回归系数。

对于圆环式拔出仪，测强公式中A和B数值分别为1.59和−5.8。按单个构件检测时其构件拔出力的计算如下：当构件拔出力中的最大值或最小值与中间值之差的绝对值大于中间值的15%时，取最小值作为该构件拔出力的计算值；当加测时，加测的2个拔出力和最小拔出力值相加后取平均值，再与原先的拔出力中间值比较，取两者的小值作为该构件拔出力的计算值。按批构件检测时，其强度的评定与回弹法评定相同。

5. 综合法

混凝土强度检测的综合法指的是采用两种或两种以上的单一方法，将获得物理参量与混凝土强度间建立综合相关关系。目前较为常见的综合法包括：超声回弹综合法和超声取芯综合法。综合法能够从不同角度综合评价混凝土的强度特征，可以较为全面地反映构成混凝土强度的多种因素，一定程度上降低具有相反作用因素的影响，故综合法相对于单一的混凝土强度测强方法而言具有较高的准确性和可靠性。

超声回弹综合法是我国目前应用最为广泛的一种综合法，我国为此颁布了《超声回弹综合法检测混凝土强度技术规程》CECS 02—2020，规程中提供的测强曲线可表示为如下形式：

$$f_{cu,i}^{c}=\alpha v_{\alpha i}^{\beta}\cdot R_{\alpha i}^{\gamma} \tag{4.2-7}$$

式中 $f_{cu,i}^{c}$——第 i 个测区混凝土强度换算值；

$v_{\alpha i}^{\beta}$——第 i 个测区修正后的波速值；

$R_{\alpha i}^{\gamma}$——第 i 个测区修正后的回弹值。

此外，式中的 α，β 和 γ 分别为测强曲线的拟合系数，对于粗骨料为卵石和粗集料为碎石取值有所不同，具体参见表 4.2-3。

混凝土粗骨料系数 **表 4.2-3**

粗骨料品种	α	β	γ
卵石	0.038	1.23	1.95
碎石	0.008	1.72	1.57

利用超声回弹综合法检测混凝土强度时，先进行回弹测试再进行超声检测，该方法的测区布置与回弹法一致，即在每个测区相对测试面上，分别布置 3 个测点，且需保证超声发射和接收换能器保持在同一轴线上。超声检测获得的声时值和声速值应分别精确至 0.1us 和 0.01km/s，超声测距误差应保证在 ±1% 之内。此时，测区声速以下式计：

$$v=\frac{3l}{t_1+t_2+t_3} \tag{4.2-8}$$

式中 v——测区声速值（km/s）；

l——超声测距（mm）；

t_1、t_2、t_3——测区中 3 个测点处测得的声时值。

特别地，当测试面为浇筑顶面或底面时，测区声速则按照下式进行修正：

$$v'=\beta v \tag{4.2-9}$$

式中 v'——修正后的测区声速值；

β——超声测试面修正系数，浇筑混凝土侧面时 β 取 1.0，浇筑混凝土顶面或侧面时，β 取 1.034。

将测得的第 i 个测区修正后的回弹值 $R_{\alpha i}^{\gamma}$ 和修正后的声速值 $v_{\alpha i}^{\beta}$，代入式（4.2-6）即可计算得到第 i 个测区的混凝土强度换算值 $f_{cu,i}^{c}$。

4.2.2 混凝土碳化深度检测

对测区混凝土进行碳化深度检测时，首先应采用电锤或冲击钻等器具在选定的检测位置上凿出孔洞。孔洞大小视碳化深度大小而定，一般直径为 12～25mm，孔洞内部需清理干净，然后需向孔洞内喷洒 1% 浓度的酚酞试液。酚酞试液的配制：每克酚酞指示剂加 75g 浓度为 95% 的乙醇和 25g 蒸馏水。

喷洒酚酞试液后，未碳化的混凝土变为红色，已碳化的混凝土不变色，测量变色混凝

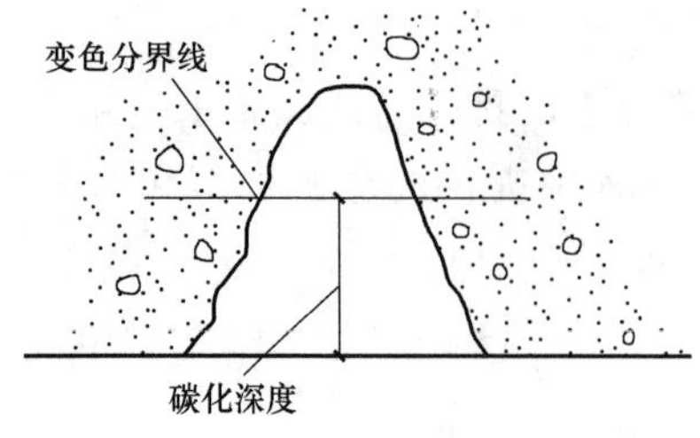

图 4.2-6　混凝土碳化深度测定

土前缘至构件表面的垂直距离即为混凝土碳化深度，如图 4.2-6 所示。碳化测区应选在构件有代表性的部位，一般应布置在构件中部，并避开较宽的裂缝和较大的孔洞。每个测区应置 3 个测孔，取 3 个测试数据的平均值作为该测区碳化深度的代表值。

测出混凝土实际碳化深度后，可利用下式计算钢筋保护层的剩余碳化时间 t_R（$D_0<D_1$）：

$$t_R=t_0\left(\frac{D_1^2}{D_0^2}-1\right) \tag{4.2-10}$$

式中　t_R——剩余碳化时间，即从测定时算起的碳化达到钢筋表面所需要的时间；

t_0——构件已使用的时间；

D_0——实测碳化深度（mm）；

D_1——钢筋保护层厚度（mm）。

4.2.3　钢筋锈蚀检测

钢筋的检测包括钢筋的数量、直径和位置。当钢筋发生锈蚀时，还应对锈蚀的程度进行检测。《建筑结构检测技术标准》GB/T 50344—2019 指出：钢筋位置、保护层厚度和钢筋数量，宜采用非破损的雷达法或电磁感应法进行检测，必要时可凿开混凝土进行钢筋直径或保护层厚度的验证。

雷达法是一种高频广谱电磁技术，它能够对地下或物体内不可见的目标或界面进行定位。利用雷达法检测混凝土构件中钢筋分布的方法为剖面法，即在混凝土构件表面上利用一对间距固定不变的天线沿测线剖面移动进行测量。工作原理为：高频电磁波以宽频带脉冲形式，通过发射天线被定向送入混凝土构件内部，经存在电性差异的混凝土体内分层界面、钢筋或缺陷反射后返回构件表面，由接收天线接收。电磁波在介质中传播的时间，称为双程走时。电磁波在介质中传播时，其路径、电磁场强度与波形将随所通过介质的电磁特性和几何形态而发生变化，通过对接收到的信号进行分析处理，即可判断混凝土内部结构、钢筋分布与缺陷等。根据电磁波双程走时与混凝土中电磁波的传播速度，可确定楼板内部的钢筋深度。雷达法检测混凝土中制筋分布的原理如图 4.2-7 所示。

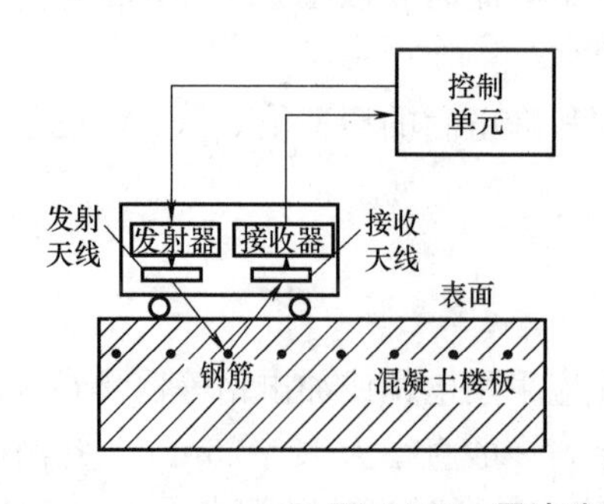

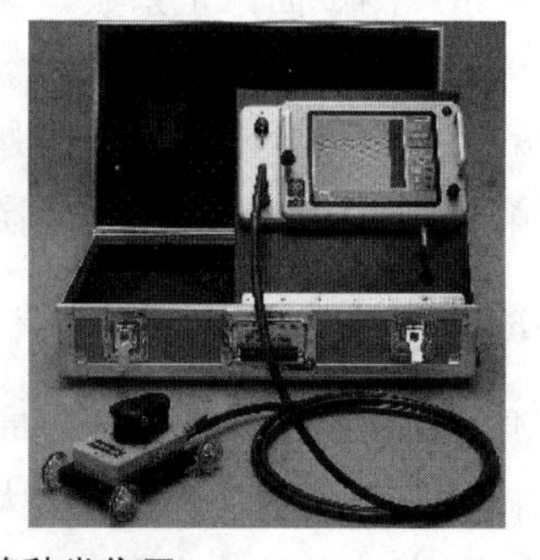

图 4.2-7　雷达法检测钢筋种类位置

电磁波在混凝土中传播速度可用下式表示：

$$v=\frac{c}{\sqrt{\varepsilon_{r}}} \tag{4.2-11}$$

式中 c——光波速度；

ε_{r}——相对介电常数；对于混凝土而言，相对介电常数为 6～16，该数值会受到混凝土的水灰比、骨料类型、养护条件、含水水量，以及混凝土的强度等级影响。

混凝土中钢筋埋深 H 可由下式给出：

$$H=\frac{1}{2}v\cdot t \tag{4.2-12}$$

式中 H——钢筋混凝土构件中钢筋埋深；

v——电磁波在混凝土中传播速度；

t——电磁波由表面传至混凝土内部钢筋处的双程走时。

事实上，为了使计算得到的钢筋深度更为精确，可采用现场实测该混凝土结构中电磁波速度值，其测量的方法有两种：已知厚度反求速度法（$v=2H/t$），比较常用的雷达共中心点法 $[v=\sqrt{(x_{i}^{2}-x_{j}^{2})/(t_{i}^{2}-t_{j}^{2})}]$。

钢筋锈蚀检测方法，包括裂缝观察法、取样检测法和自然电位法。钢筋锈蚀部分的体积将膨胀为原来的 2.2 倍，随着腐蚀的加剧，体积迅速增加，导致混凝土保护层膨胀开裂，梁、挂角部易受两个方向有害介质的侵蚀，所以一般沿梁、柱角处纵向主筋首先出现顺筋裂缝，若不及时加以处理，还将出现沿锈蚀箍筋的横向裂缝，裂缝宽度与锈蚀严重程度正相关，两者间的定量关系如表 4.2-4 所示。

混凝土构件损伤外观与钢筋截面损失关系 **表 4.2-4**

损伤外观	钢筋截面损失率	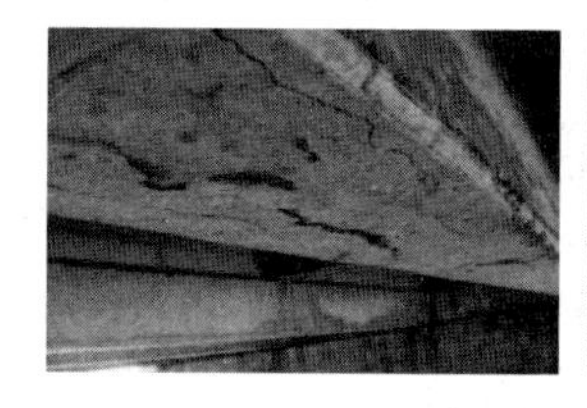 
无顺筋裂缝	0～1	
有顺筋裂缝	0.5～10	
保护层局部剥离	5～20	
保护层完全剥离	15～20	顺筋裂缝保护层剥离

钢筋混凝土构件上出现顺筋裂缝时，钢筋的锈蚀程度可依据下式进行估算：

$$\lambda=507e^{0.007a_{s}}\cdot f_{cu}^{-0.09}\cdot d^{-1.76} \quad (\text{裂缝宽度 } w<0.2\text{mm}) \tag{4.2-13}$$

$$\lambda=332e^{0.008a_{s}}\cdot f_{cu}^{-0.567}\cdot d^{-1.108} \quad (\text{裂缝宽度 } 0.2\text{mm}\leqslant w\leqslant 0.4\text{mm}) \tag{4.2-14}$$

式中 λ——钢筋截面损失率（%）；

a_{s}——混凝土构件的保护层厚度；

f_{cu}——混凝土立方体抗压强度；

d——钢筋直径。

取样法指的是凿开混凝土的保护层，观察并测定保护层厚度、钢筋位置、钢筋数量及锈蚀等情况，钢筋的残余直径可用游标卡尺测量，测量前应清除锈层使钢筋露出金属光泽，当钢筋锈蚀严重以至于需要对该构件承载力进行校核时，应截取钢筋试样进行抗拉试验，或测定钢筋的残余截面率。测定残余截面率过程如下，精确测量试样的长度，在氢氧化钠溶液中通电除锈，并测出除锈后试样的残余质量，残余质量与该种钢筋公称质量的比值即为钢筋的残余截面率。

电位差法是利用电化学原理，采用钢筋与混凝土表面的电位差来表征钢筋锈蚀程度的一种检测方法。其原理是，当混凝土中钢筋锈蚀时，钢筋表面便有腐蚀电流，钢筋表面则与混凝土表面之间存在电位差，电位差的量值与钢筋的锈蚀程度相关。运用电位测量装置测得钢筋表面与混凝土表面之间的电位差及其分布（图 4.2-8），可大致判断钢筋锈蚀的范围及严重程度。电位差法可用作对整个结构成构件中的钢筋进行全面检测，其结果可用来作定性参考，若定量分析可能存在较大偏差。

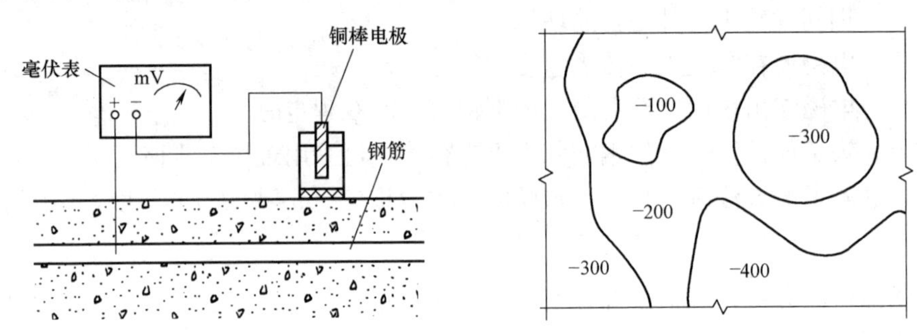

图 4.2-8　电位差及其分布图

4.3　钢筋混凝土结构加固

混凝土结构整体性加固，主要指结构受力体系的改变与整体部位的加固，包括结构梁、板、柱等构件的加固和基础的加固，下面主要介绍混凝土结构构件的加固方法。当建筑物中某部分结构构件不满足建筑使用功能要求或不满足结构承载能力要求时，则必须对这部分结构进行加固处理，混凝土结构的加固一般可分为直接加固和间接加固，设计时可根据建筑物结构实际情况和使用要求选择适当的加固方法。

4.3.1　加固特点

对已建混凝土结构进行加固后，存在着二次受力的问题，即加固前原结构已经承受荷载，通常称之为第一次受力，而结构在加固后属于二次受力，故结构加固有以下特点：

1. 应力与应变滞后性

加固前原结构有荷载作用，故已存在着一定的弯曲和压缩变形，新加部分必须在新增荷载时才开始受力，导致新加部分的应力应变滞后于原结构，新旧结构难以同时达到应力峰值。因此，对应力水平指标超过一定限值的结构进行加固时，必须采取有效的卸载措施，否则达不到理想的加固效果。

2. 新旧部分整体性

加固后的结构实际上属于组合结构，新旧两部分存在着整体工作问题，而整体工作的关键则在于新旧材料界面能否有效地传递剪力。根据中国建筑科学研究院的试验研究，混凝土加固结构新旧材料界面受剪承载力可按照下式进行计算：

$$\tau = f_v + 0.56\rho_{sv} f_y \quad (4.3\text{-}1)$$

式中 τ——新旧材料界面剪应力设计值；

f_v——界面混凝土抗剪强度设计值；

ρ_{sv}——横贯界面的剪切摩擦筋配筋率；

f_y——剪切摩擦筋抗拉强度设计值。

4.3.2 常用加固技术

钢筋混凝土结构加固方法很多，常见的加固方法有：加大截面法、外包钢加固法、预应力加固法、增设支点加固法、粘钢加固法，除此以外还有植筋加固法、焊接补筋加固法、喷射混凝土补强法及化学灌浆修补法，这些方法都有各自的特点和应用范围，其特点及应用范围见本书 2.4.4。

4.3.3 加固配套技术

1. 裂缝修补技术

裂缝修补技术是根据混凝土裂缝的起因、形状和大小，采用不同维护方法进行修补，使结构因开裂而降低的使用功能和耐久性得以恢复的一种专门技术，适用于已有建筑物中各类裂缝的处理，但对受力性裂缝，除修补外，尚应采用相应的加固措施。

外部修补法是用环氧树脂或水泥砂浆等胶结材料直接敷在构件裂缝处，将构件裂缝封闭，以阻止裂缝的进一步开展。内部修补法是用压力泵把胶结材料压力灌浆到混凝土裂缝中，结硬后起到补缝作用，并通过其胶结性使原结构恢复整体性。该方法适用于裂缝宽度较大，对结构的整体性、安全性及耐久性等有影响，或有防水防渗等要求的裂缝修补。

2. 托换技术

托换技术是托梁（或桁架）拆柱（或墙）、托梁接柱和托梁换柱等技术的统称，属于一种综合性技术，由相关结构加固、上部结构顶升与复位以及废弃构件拆除等技术组成，适用于已有建筑物的加固改造。与传统做法相比，该法具有施工时间短、费用低、对生活和生产影响小等优点，但对技术要求较高，需由专业技术工人来完成，才能确保安全。

3. 植筋技术

植筋技术是一项针对混凝土结构的较为简捷有效的连接加固技术，可植入普通钢筋，也可植入螺栓式锚筋，已广泛应用于已有建筑物的加固改造工程中。如：施工中漏埋钢筋或钢筋偏离设计位置的补救，结构预埋件漏留，构件加大截面加固的补筋，上部结构扩跨、顶升，对梁、柱的接长，房屋加层接柱和高层建筑增设剪力墙的植筋等。

4. 混凝土表面处理技术

一种是采用化学方法、机械方法、喷砂方法、真空吸尘方法、射水方法等清理混凝土表面污痕、油迹、残渣以及其他附着物的专门技术；另一种是采用柔性密封剂充填、聚合物灌浆、涂膜等方法对混凝土进行防水、防潮、防腐和防裂处理的技术。

其他与混凝土结构加固配套使用的技术，还包括：通过恢复混凝土的碱性（钝化作用）或增加其阻抗而使碳化造成的钢筋腐蚀得到遏制的碳化混凝土修复技术，以及结构整体及构件移位技术，楼层、屋盖顶升技术及调整结构自振频率技术等。

4.4 既有中小学钢筋混凝土校舍加固新技术

由于受到通风采光、建筑用途及布局等限制，中小学校舍建筑尤其是教学楼常为多层单跨外挑结构。由于单跨框架结构冗余度低，耗能能力较弱，抗侧移刚度小，地震时容易发生单个竖向构件破坏从而导致结构的整体连续垮塌（图 4.4-1），历次较大的地震中单跨框架结构震害较重，而多跨框架结构仅有少量破坏。

(a)

(b)

图 4.4-1 汶川地震中小学教学楼倒塌状况

（a）单跨框架结构倒塌；（b）带外廊框架柱的教学楼未倒塌

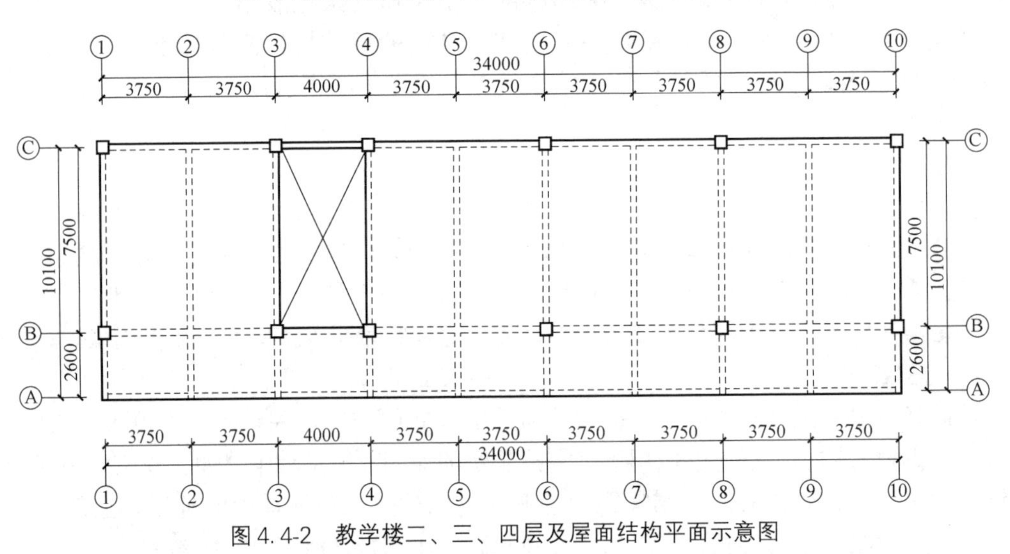

图 4.4-2 教学楼二、三、四层及屋面结构平面示意图

一个典型的多层单跨外挑框架结构教学楼如图 4.4-2 所示，该建筑实为徐州市某中学四层钢筋混凝土单跨外挑框架结构教学楼，1997 年设计，属于 B 类建筑，后续使用年限为 40 年，抗震设防烈度七度，地震加速度 0.1g，设计地震分组为第二组，抗震设防类别为乙类；基础为钢筋混凝土独立基础，楼、屋盖为现浇钢筋混凝土楼、屋盖。

此种类型建筑在结构布置方案、传力途径和连接构造等方面均存在严重缺陷：

1. 结构方案不利

1）抗侧力构件及质量分布不均匀。外挑走廊的宽度超过了进深尺寸的 20%，楼板的重量分布决定了质量中心，而作为抗侧力构件的柱在平面上的几何中心则成为刚度中心，因此造成了质心和计算刚心的不重合，在平面布置上形成了先天的不利，容易导致扭转。

2）房屋平、立面质量和刚度沿高度分布不均匀。结构沿竖向刚心与质心均不在一条直线上，即使在静力荷载作用下整个结构也受到了倾覆力矩的作用，质量偏于传递给一侧柱，则地震作用分配给该侧柱作用强于另外一侧柱。

3）楼面梁跨度一般在 6m 以上，两端固结在单跨框架梁上。所有楼面荷载均直接传递到框架梁上，梁端弯矩较大，因此框架梁往往截面较高、配筋率较大，而两侧框架柱则截面偏小，一般为构造配筋，对于形成“强柱弱梁”极为不利。

2. 传力途径不利

1）单跨框架结构全部荷载由一跨内的两根框架柱承担，没有备用的传力途径，冗余度不足，结构体系脆弱，地震作用时难免破坏竖向构件丧失承载力，进而引发连续倒塌。

2）外挑走廊处的悬臂结构为一次超静定结构，只有一道防线。当受到竖向地震作用时，根部弯矩变大后容易折断。

3. 连接构造

1）中小学校舍的多层单跨框架结构往往采用装配式楼、屋盖，通常预制楼板与主体无可靠的拉结措施，整体性较差，楼板本身也容易发生次生破坏。

2）地震作用下，填充墙作为框架结构的第一道抗震防线首先吸收地震作用而破坏，填充墙体与主体多数缺乏连接，使得填充墙的耗能性能未能充分发挥。

3）以往设计中楼梯没有参与抗震计算、仅对楼梯进行静力分析和设计，且楼梯间存在短柱等脆性部位，填充墙缺少与主体的拉结。作为重要的逃生通道，存在很大的安全隐患。

汶川大地震中，此类建筑损毁严重，造成重大人员伤亡，因此现行规范将校舍类建筑提高为重点设防类（乙类建筑），而单跨框架结构为乙类建筑禁用的结构体系，故全国大量中小学校舍亟待加固。

4.4.1 增设框架柱加固单跨框架结构

单跨框架结构超静定次数少、冗余度低，因此可以对其采用增设多余约束的方法加固处理，一般是在单跨框架结构的外挑走廊处增设一排框架柱，这种方法可以较大幅度地提高被加固构件的承载力，减小结构的变形，消除负弯矩和地震扭转效应的影响，从而增大既有构件的抗震能力。增设框架柱加固法对室内装饰和正常使用影响较小，但可能会影响走廊的净宽，且增设框架柱的位置及合适数量尚需进一步研究。

试件加固方案设计见表 4.4-1。

试件加固方案设计 **表 4.4-1**

试件编号	底部层高	单跨跨度	混凝土强度等级	加固方法	截面(mm)	主筋	箍筋
C1	1.36m	2.5m	C25	未加固	—	—	—
C2	1.36m	2.5m	C25、C30	增设框架柱	150×150	4Φ8	3.5mm 镀锌铁丝
C3	1.36m	2.5m	C25、C30	增设框架柱	165×165	6Φ8	3.5mm 镀锌铁丝

加载过程中，试件C1在靠近悬挑端的破坏表现为比较明显的“强柱弱梁”型破坏；而在远离悬挑端一侧虽然梁端出现较多裂缝，但是未形成塑性铰，而是在柱上端和柱脚分别出现塑性铰，最终导致整个框架破坏，梁端及柱端最终破坏形态见图4.4-3。试件C2在靠近新增柱一侧和远离新增柱的边柱一侧的破坏表现为比较明显的“强柱弱梁”型破坏，而在中柱一侧试件的塑性铰出现在中柱的柱顶和柱脚，而两侧的框架梁均未形成塑性铰，试件C2最终破坏形态见图4.4-4。试件C3在梁柱节点处和柱脚部位破坏较为严重，塑性铰首先出现在新增柱的梁柱节点处和柱脚，然后出现在中柱及边柱的柱顶和柱脚，而梁端均未形成明显的塑性铰，因此试件C3的破坏是典型的“强梁弱柱”型破坏，试件C3最终破坏形态见图4.4-5。

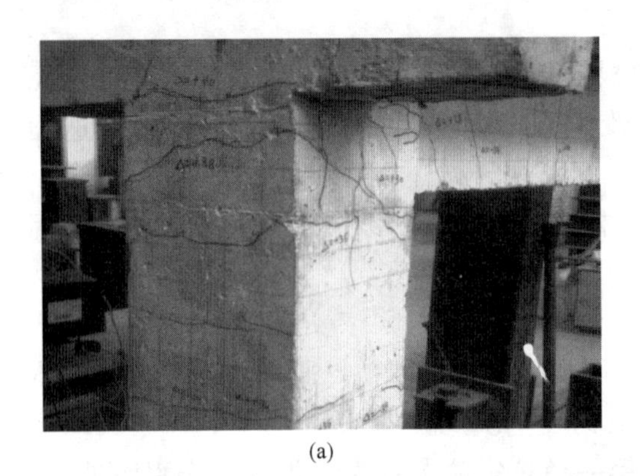

(a)

(b)

图4.4-3 试件C1破坏形态

(a) 远离悬挑端一侧梁端；(b) 靠近悬挑端一侧柱脚

(a)

(b)

图4.4-4 试件C2破坏形态

(a) 远离新增柱一侧梁端；(b) 新增柱一侧梁端

试验测得的各试件荷载-位移滞回曲线，分别如图4.4-6所示，可以看出与试件C2、C3相比，C1的滞回曲线表现出较为明显的捏拢现象，而C2、C3的滞回曲线则更加饱满、曲线正反向更加对称，并且正反向的荷载峰值都有明显提高，说明采用在悬挑端增设框架柱的方法加固后，结构的耗能能力增强、正反向的抗震能力更加接近，抗震能力有所提高。

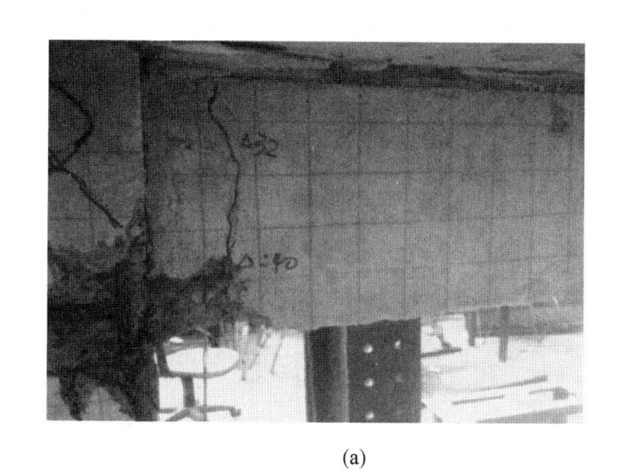

(a)

(b)

图 4.4-5　试件 C3 破坏形态

（a）新增柱一侧梁端；（b）中柱柱脚

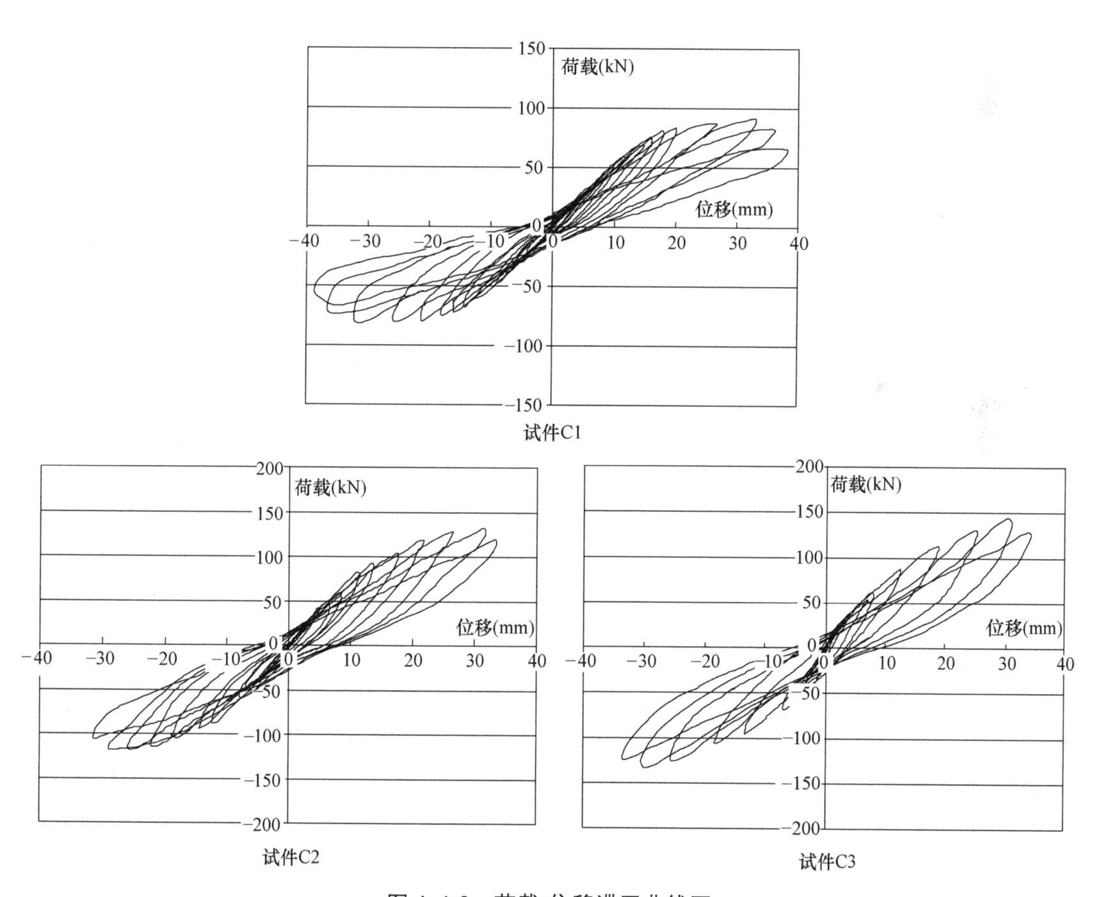

图 4.4-6　荷载-位移滞回曲线图

试件 C1～C3 的骨架曲线对比见图 4.4-7。试件 C2、C3 的最大承载力和极限承载力同 C1 相比均有不同程度的提高，其中 C3 提高的幅度比 C2 要大；试件 C2 和 C3 的屈服位移和极限位移均比 C1 要小，这说明采用在悬挑端增设框架柱的方法加固后，结构的承载能力和抗侧刚度均有所提高。试件 C2 和 C3 的骨架曲线比 C1 更加靠近荷载轴线，其中 C3 的曲线最为接近荷载轴线，这说明加固框架的初始刚度均比 C1 有所提高，C3 提高的幅度较大，即初始刚度提高的幅度与新增柱的加固量呈正相关关系。

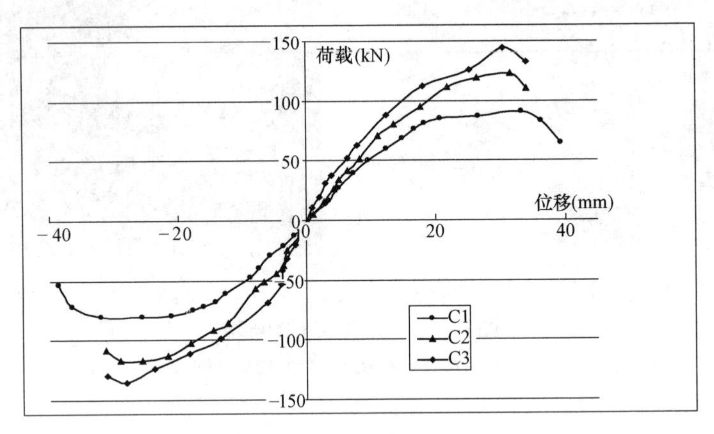

图 4.4-7 试件骨架曲线对比图

试件 C1、C2、C3 的延性系数见表 4.4-2。加固后结构的延性有所降低，抗侧刚度有所提高，并且随着新增柱加固量的增大，结构的延性系数也相应地降低，因此在进行加固设计时要注意控制新增框架柱的加固量使加固后结构的延性满足要求。

试件 C1、C2、C3 位移实测值及延性系数 **表 4.4-2**

项目	C1			C2			C3		
	正向	负向	均值	正向	负向	均值	正向	负向	均值
开裂位移(mm)	2.93	−2.25	2.59	1.17	−1.25	1.21	0.96	−1.12	1.04
屈服位移(mm)	8.83	−8.68	8.76	8.69	−9.69	9.17	8.51	−9.21	8.86
极限位移(mm)	38.16	−36.80	37.48	33.20	−34.29	33.75	32.16	−32.05	32.11
延性系数 μ	4.32	4.24	4.28	3.82	3.54	3.68	3.78	3.48	3.63
层间位移转角(开裂)	1/825	1/564	1/671	1/2046	1/1584	1/1785	1/2207	1/1921	1/2055
层间位移转角(破坏)	1/52	1/49	1/51	1/52	1/53	1/52	1/54	1/54	1/54

对比试件的刚度退化曲线（图 4.4-8），试件 C2 和 C3 在弹性阶段的初始刚度分别提高了 94.1%和 129.6%，可见增设框架柱后结构的抗侧刚度有所提高，并且随着新增框架柱加固量的增大，抗侧刚度也会相应增大。对比试件的耗能图（图 4.4-9），结构处于弹性工作阶段时，试件 C2 和 C3 的耗能值增幅明显大于试件 C1 的增幅，这说明加固后结构的耗能能力有所提高。结构进入弹塑性工作阶段后，由于损伤的积累，荷载增长比较缓慢，但是结构的耗能值仍然随着位移的增大而逐渐增大，这说明结构的耗能能力在不断提高。

通过对外挑走廊式单跨框架结构采用在悬挑端增设框架柱、使其成为双跨框架结构的方法加固后，结构的抗震性能试验研究及试验结果的初步分析，可得出如下结论：单跨框架结构在地震时普遍发生“强梁弱柱”型破坏，主要原因一方面是未考虑现浇楼板内的钢筋对框架梁承载能力的提高，另一方面是单跨结构梁端实配钢筋往往过多，因此较难实现理想中的“强柱弱梁”型破坏；增设框架柱加固后，均表现出较为明显的“强柱弱梁”型破坏，但与原结构在节点处较难形成刚性节点，结构遭遇强烈地震作用时节点处存在较大的弯矩，因此容易在节点处和柱端发生破坏。采用增设框架柱法加固后，试件的抗震能力、初始刚度、开裂荷载、屈服荷载、最大荷载、极限荷载、抗侧刚度和耗能能力均有所提高，且提高的幅度与新增柱的加固量呈正相关关系，但延性有所降低。

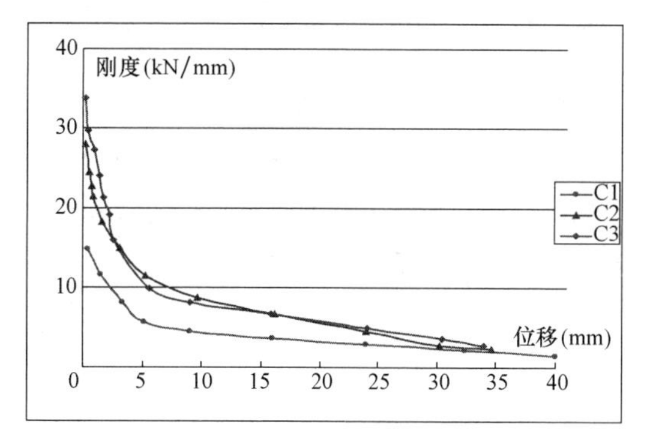

图 4.4-8 试件刚度退化曲线对比

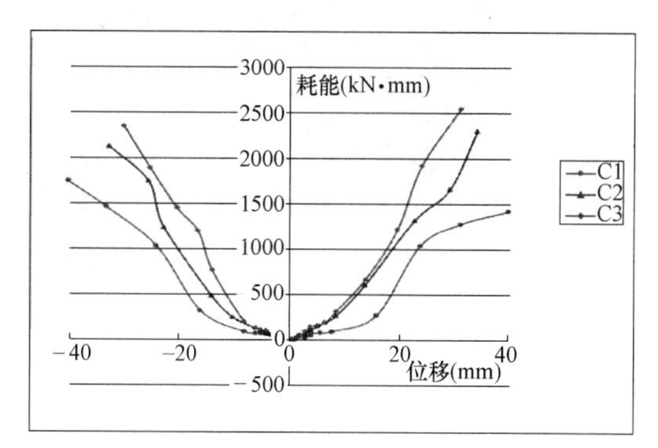

图 4.4-9 试件耗能对比

4.4.2 增设钢支撑加固单跨框架结构

增设钢支撑加固作为对单跨钢筋混凝土框架结构的一种抗震加固方法，能改变单跨框架结构的结构体系并增加其抗震防线，能够提高结构在小震下的抗侧刚度，显著改善结构在大震下的耗能能力，从而减小整个结构的地震作用。这种加固方法施工周期短，占用空间少，对建筑物的功能与立面影响较小，因此在实际抗震加固工程中应用较为广泛。

试验模型的原型仍同 4.4.1 节，试件方案设计见表 4.4-3，原型试件与上节相同（试件 C1），试件 C4 和 C5 在试件 C1 的基础上增设钢支撑，节点部位设置了预埋件，用于固定后加钢支撑。预埋件和节点板使用 Q235 钢板，经过对钢支撑的强度和稳定性验算确定支撑杆件分别为 L40×4、L50×4 的等边角钢，新增钢支撑按照压杆设计，其杆件的长细比分别为 100、80，焊缝和紧固件连接处均按照《钢结构设计标准》GB 50017—2017 进行计算。

试件加固方案设计 **表 4.4-3**

试件编号	框架形式	底部层高	单跨跨度	混凝土强度等级	加固方法
C1	单跨单层	1.36m	2.5m	C25	未加固
C4	单跨单层	1.36m	2.5m	C25	增设钢支撑
C5	单跨单层	1.36m	2.5m	C25	增设钢支撑

试件 C4 和 C5 的破坏形态基本一致，在靠近或远离悬挑端一侧主梁梁端首先出现裂缝，随后另一侧的梁端出现裂缝，随着水平荷载的增大，原有裂缝变宽、变长，框架梁上裂缝逐渐增多并向跨中发展，接着柱上端和柱脚开始出现水平裂缝并向柱中发展、梁端混

凝土被压酥，此时钢支撑出现变形，直至与框架两侧的梁柱节点连接处屈曲，最终框架梁在梁端形成塑性铰，导致连接支撑的预埋件与框架梁端的混凝土脱离，试件的承载力迅速下降，整个框架破坏，试件 C4 和 C5 最终破坏形态见图 4.4-10。

(a)

(b)

图 4.4-10　破坏形态

(a) 试件 C4 钢支撑变形及局部屈服；(b) 试件 C5 靠近悬挑端一侧梁端及预埋件破坏

对比试件 C1、C4、C5 的荷载-位移滞回曲线（图 4.4-6a、图 4.4-11）：当水平荷载小于开裂荷载时，试件处于弹性工作阶段，此时钢支撑还没有发挥出其作用；当水平荷载大于开裂荷载时，滞回曲线逐渐偏离直线向位移轴倾斜，滞回环的面积逐渐增大，此时钢支撑已承担了部分水平荷载并限制了结构的侧向位移；当水平荷载达到屈服荷载时，滞回环的面积逐渐增大并且偏离坐标原点，试件上的裂缝不断增多扩大，钢支撑出现变形。此时试件已经处于弹塑性阶段，此时钢支撑承担了大部分的水平荷载，限制了结构的位移。

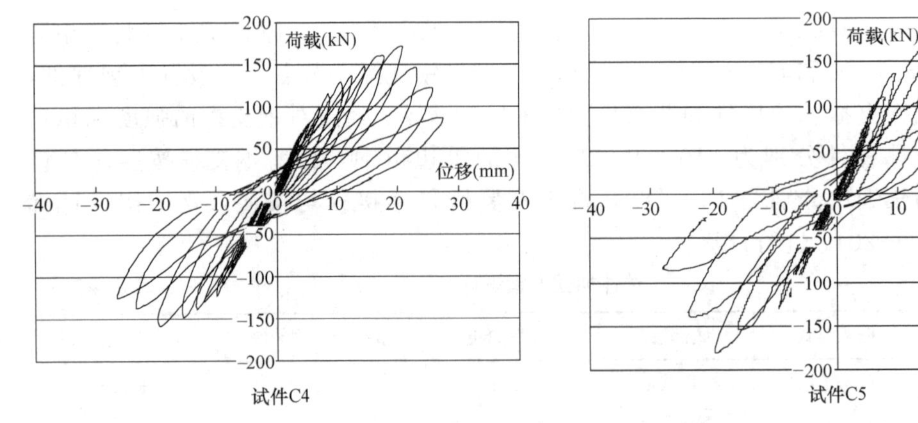

图 4.4-11　荷载-位移滞回曲线图

根据试件 C4、C5 的延性系数见表 4.4-4，对原结构采用在框架内部增设钢支撑的方法加固后，结构的延性有所降低，结构的抗侧刚度有较为明显的提高，限制了结构的位移。随着新增钢支撑长细比的减小，结构的延性系数也相应地降低，因此在进行加固设计时要注意控制新增钢支撑的长细比，使加固后结构的延性满足要求。

试件 C4、C5 位移实测值及延性系数 **表 4.4-4**

项目	C4			C5		
	正向	负向	均值	正向	负向	均值
开裂位移(mm)	1.20	−0.92	1.06	1.08	−0.78	0.93
屈服位移(mm)	8.11	−8.23	8.17	8.47	−7.95	8.21
极限位移(mm)	24.56	−24.61	24.59	24.05	−24.02	24.04
延性系数 μ	3.03	2.99	3.01	2.84	3.02	2.93
层间位移转角(开裂)	1/2645	1/2811	1/2725	1/3104	1/2825	1/2963
层间位移转角(破坏)	1/64	1/68	1/66	1/72	1/70	1/71

对比试件的刚度退化曲线（图 4.4-12a），试件 C4、C5 在弹性阶段的初始刚度分别是试件 C1 的 3.23 倍和 3.45 倍，可见增设钢支撑后结构的抗侧刚度有所提高，并且随着新增钢支撑长细比的减小，抗侧刚度也会相应增大。

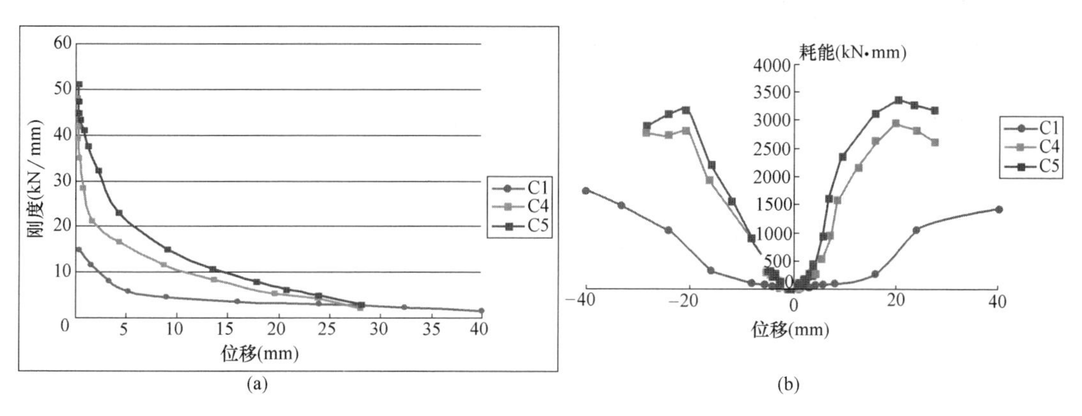

图 4.4-12 对比

（a）试件刚度退化曲线对比；（b）试件耗能对比

对比试件的耗能图（图 4.4-12b）可知结构处于弹性工作阶段时，试件 C4 和 C5 的耗能值增幅明显大于试件 C1 的增幅，这说明加固后结构的耗能能力有所提高。结构进入弹塑性工作阶段后，试件 C4 和 C5 的正向耗能值均大于反向耗能值，这与试验正向加载时结构破坏严重的现象相一致。进入破坏阶段后，试件 C4 和 C5 的正反向耗能值均有所降低，原因可能是随着钢支撑的屈曲和梁端塑性铰的产生，钢支撑参与整体耗能的能力降低，这与试验现象也相互一致。

试验过程中钢支撑应变有如下变化规律：在试件进入屈服阶段之前，钢支撑的应变处于弹性阶段，靠近节点板处钢支撑的应变基本为拉应变，压应变比较小，试验后期，荷载-应变均表现得较为杂乱，产生这种现象的原因可能是随着裂缝的开展和梁端塑性铰的产生，钢支撑的受力表现得较为复杂、没有规律性所造成的。试件 C4 的框架梁在一侧的梁端混凝土被压酥，框架梁在梁端形成塑性铰，导致连接钢支撑的预埋件与框架梁端的混凝土脱离，此时远离悬挑端一侧的钢支撑受力突然增大，在应变位置处发生屈曲破坏，试件的承载力下降，这与试验现象较为一致，因此，在增设钢支撑的施工中应特别注意预埋件与原结构的连接。

试件 C4 和 C5 均首先在梁端形成塑性铰而柱端破坏较轻，说明在框架内部增设钢支撑能有效改善原结构的受力形态，使塑性铰首先出现在梁端，可以实现塑性铰的转移。

采用增设钢支撑法加固后，试件的抗震能力、初始刚度、开裂荷载、屈服荷载、最大荷载、极限荷载、抗侧刚度和耗能能力均有所提高，且提高的幅度与新增钢支撑杆件的长细比有关，但延性有所降低；钢支撑的应变在靠近节点板处基本为拉应变，而腹杆中部的拉应变和压应变则较为均匀。试件开裂后钢支撑的应变迅速增加，说明此时钢支撑承担了部分内力，加固效果较为显著；梁端出现塑性铰后，由于预埋件与混凝土之间的滑动导致钢支撑参与整体耗能的能力降低，因此施工时应注意钢支撑与原结构的连接，以增强钢支撑与原结构的协同工作能力。

4.4.3　增设抗震墙加固单跨框架结构

除了在框架内部安装钢支撑提高单跨框架结构抗震性能外，还可以采用增设抗震墙加固，该加固方法可以从根本上改变单跨框架结构的结构体系，是提高结构抗震能力及减少扭转效应的有效方法。

试验结构原型选自徐州市某小学四层钢筋混凝土单跨外挑框架结构教学楼，2002 年设计，属于 B 类建筑，后续使用年限为 40 年，抗震设防烈度七度，地震加速度 0.1g，设计地震分组为第二组，抗震设防类别为乙类；基础为钢筋混凝土独立基础，楼、屋盖为现浇钢筋混凝土楼、屋盖。结构平面图见图 4.4-13。通过缩尺模型拟静力试验研究，考察原结构及分别采用在框架内部、外部新增抗震墙的加固方法时结构的破坏形态与加固效果，对比其抗震性能的改善情况。

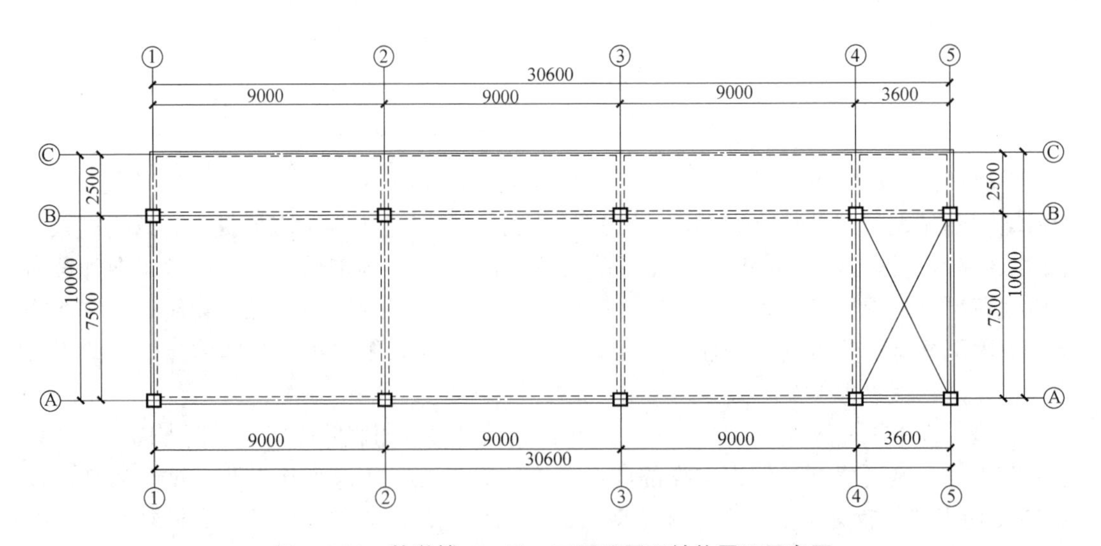

图 4.4-13　教学楼二、三、四层及屋面结构平面示意图

试验采用实际结构的缩尺模型，所使用的材料与原型结构的材料相同，共制作三个试件，分别为未采取任何加固措施的试验模型和选用内部新增抗震墙、外部新增抗震墙两种加固方式的试验模型。试件总体方案设计见表 4.4-5。

试件总体方案设计 表 4.4-5

试件编号	框架形式	底部层高	单跨跨度	混凝土强度等级	加固方法
S1	单跨单层	1.35m	2.5m	C30	未加固
S2	单跨单层	1.35m	2.5m	C30	内部新增抗震墙
S3	单跨单层	1.35m	2.5m	C30	外部新增抗震墙

试验过程中，试件 S1 在低周反复荷载作用下，在靠近悬挑端一侧表现出较为明显的“强柱弱梁”破坏类型；而在远离悬挑端一侧，在梁柱节点靠近柱端部分破坏较为严重，而梁端未能形成较为明显的塑性铰，最终破坏形态见图 4.4-14。试件 S2 的极限破坏模式表现为抗震墙间的框架梁梁端截面屈服后，抗震墙变为主要承受水平力构件，其底部在水平荷载作用下混凝土保护层剥落，混凝土被压碎，对应墙端纵向钢筋被压屈。其破坏机制表现为较为明显的“强柱墙弱梁”型破坏，最终破坏形态见图 4.4-15。试件 S3 的破坏机制表现为第一道抗震防线抗震墙首先破坏，然后该侧框架柱出现柱铰及柱身的破坏导致框

(a)

(b)

图 4.4-14 试件 S1 破坏形态

(a) 最终破坏形态；(b) 远离悬挑端一侧柱端破坏形态

(a)

(b)

图 4.4-15 试件 S2 破坏形态

(a) 最终破坏形态；(b) 远离悬挑端一侧抗震墙破坏形态

架承载力严重下降而结构破坏；相对的框架梁及悬挑端框架柱破坏较轻，破坏导致框架承载力严重下降而结构破坏；相对的框架梁及悬挑端框架柱破坏较轻，尚未出现明显的端部塑性铰，但悬挑端一侧梁端裂缝多而密，表明该部位较之该侧框架柱更为薄弱，最终破坏形态见图 4.4-16。

(a)

(b)

图 4.4-16　试件 S3 破坏形态
（a）最终破坏形态；（b）远离悬挑端一侧抗震墙及框架柱底部破坏形态

三个试件滞回曲线的发展趋势较为接近，均为初期接近直线形，随后滞回环不断增大并向位移轴倾斜，说明结构的耗能值增大，刚度出现退化。比较而言，试件 S2 的滞回曲线对称性较好，加固后正反向抗震性能较为接近，而试件 S3 滞回环正反向滞回曲线对称性较差，结构沿单跨反向抗震性能提升较大，因而导致加固后结构正反向抗震性能差距较大。试件 S1～S3 的荷载-位移滞回曲线见图 4.4-17。

采用增设抗震墙的方法能够增加原结构的承载能力，增长幅度主要与新增抗震墙的数量有关，内部新增抗震墙能够均匀提高单跨框架正反两方向的抗震性能，而外部新增抗震墙对提高原结构反向抗震性能较为明显。

试件 S1～S3 的延性系数见表 4.4-6。试件 S2、S3 延性系数均小于 S1，各试件的正向延性系数均大于反向延性系数，同时 S2 为三个试件中延性系数最小者，表明新增抗震墙在提高结构承载能力的同时会降低原结构的延性，且随着抗震墙数量的增多延性降低程度会越大，因此在进行抗震加固方案设计时需注意控制新增构件的数量与位置使加固后结构延性满足要求。

试件特征位移实测值及延性系数　　**表 4.4-6**

项目	S1		S2		S3	
	正向	负向	正向	负向	正向	负向
开裂位移(mm)	3.14	−2.27	0.41	−0.97	0.64	−1.77
屈服位移(mm)	10.03	−8.56	12.1	−11.4	9.83	−11.72
极限位移(mm)	38.28	−31.55	30.38	−26.28	32.14	−27.11
延性系数 μ	3.81	3.69	2.51	2.31	3.27	2.31
层间位移转角(开裂)	1/573	1/791	1/4433	1/1847	1/2829	1/1015
层间位移转角(破坏)	1/47	1/57	1/59	1/61	1/54	1/54

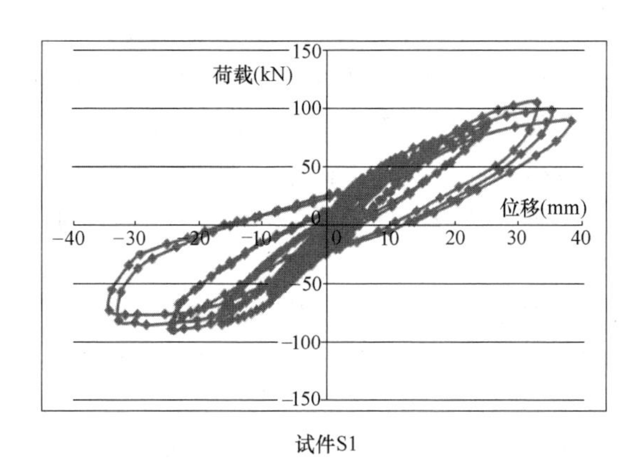

试件S1

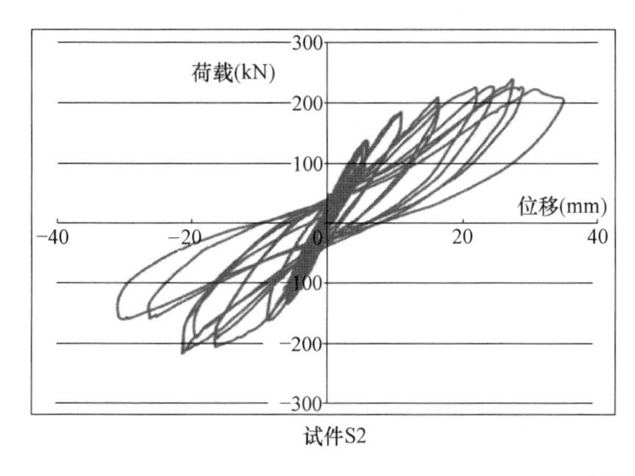

试件S2

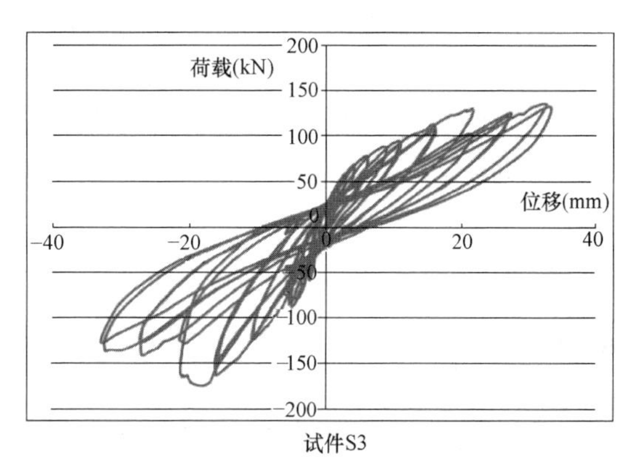

试件S3

图 4.4-17　荷载-位移滞回曲线图

对比试件的刚度退化曲线（图 4.4-18），试件 S2、S3 的初始刚度均要大于 S1，说明新增抗震墙后结构的刚度会增大，且增长幅度与抗震墙数量呈正相关。试件 S1 与 S2 的刚度退化规律较为接近，而试件 S3 在抗震墙开始集中破坏时刚度退化较快，与试件 S3 抗震墙非对称布置有一定关系。当达到极限状态时三个试件的最终刚度均较为接近，符合试验中抗震墙先破坏而后由框架部分承担水平力直至破坏的试验现象。

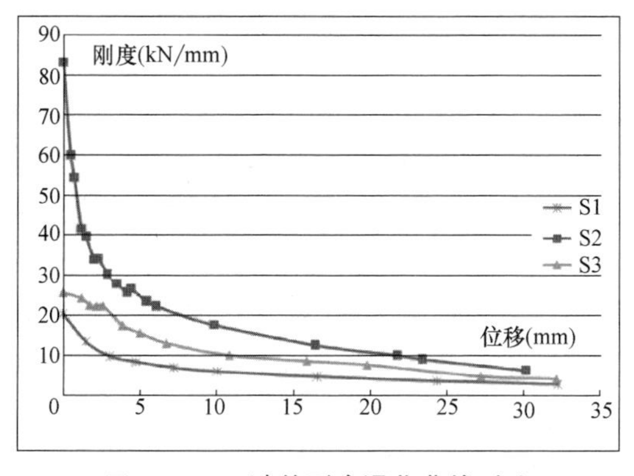

图 4.4-18　试件刚度退化曲线对比

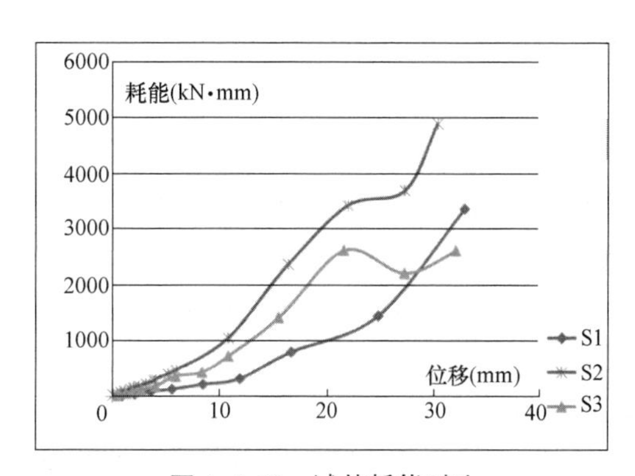

图 4.4-19　试件耗能对比

对比试件的耗能（图 4.4-19），试验加载初期，结构处于弹性工作状态，各试件耗能均较小；随着加载的进行，控制位移不断增大，试件的整体耗能均在增加；当结构新增抗震墙破坏后，S2 的耗能曲线图出现一平台段，而后继续增长；而 S3 则存在下降段，随后耗能虽有增长，但最终的耗能低于 S1，这是由于试件 S3 外部新增抗震墙与一侧框架柱相连，前期破坏虽集中于抗震墙上，但相连的框架柱亦受到影响，破坏较无抗震墙时为重，当抗震墙破坏后，此框架柱破坏已较重，而框架的其他主要梁柱构件此时裂缝等尚未完全开展，破坏相对较轻，故此框架柱成为薄弱环节，随着加载的进行，破坏加重导致框架破坏，而此时其他的梁柱构件尚未完全破坏，框架的耗能能力未能充分发挥。

由各试件的破坏模式及形态可以得出，采用新增抗震墙加固后，抗震墙确实起到了为单跨框架新增抗震防线的作用，同时，采用在框架内部对称增加抗震墙的加固方法对于改善单跨框架的破坏模式起到了积极作用，使框架由一侧柱铰破坏改变为梁构件先出现塑性铰，而后抗震墙、框架柱依次破坏的“强柱墙弱梁”型破坏模式。

采用增设抗震墙加固后，结构的承载力及整体刚度有了大幅度的提升，且增幅与抗震墙的数量呈正向关系，同时抗震墙的布置会对结构的正反向承载力的提高幅度造成影响。但结构的延性有所降低，且结构刚度的提高与延性的下降与抗震墙的数量呈正相关，因此在进行抗震加固方案设计时需注意控制新增构件的数量与位置，使加固后结构延性满足要求。

4.5 工程案例

4.5.1 某小学混凝土结构教室检测鉴定与加固设计

1. 检测鉴定结果及建议

小学阶梯教室原结构形式为一层钢筋混凝土框架结构，于 2001 年进行加固改造，改造后建筑面积为 320m^2，结构形式为两层钢筋混凝土框架结构，楼（屋）盖为装配式钢筋混凝土板，基础形式为钢筋混凝土柱下条形基础。

依据鉴定报告，该建筑加固前存在的问题主要有：该工程为单跨框架结构；框架抗震等级为三级，抗震等级及构造措施不满足要求；部分框架柱截面宽度不满足要求；部分钢筋混凝土框架梁承载力不满足要求；楼（屋）盖为装配式钢筋混凝土板，整体性较差。

加固前本工程抗震设防烈度为 7 度（0.10g），建筑安全等级为二级，抗震设防类别为丙类（标准设防类），框架抗震等级为三级；加固后本工程抗震设防烈度及建筑安全等级不变，抗震设防类别为乙类（重点设防类），框架抗震等级为三级，剪力墙抗震等级为二级；设计地震分组为第二组。后续使用年限为 30 年。

经现场检测及采用 PKPM 软件进行设计复核验算，如图 4.5-1 所示。依据《民用建筑可靠性鉴定标准》GB 50292—2015、《建筑抗震鉴定标准》GB 50023—2009 和《建筑抗震设计规范》GB 50011—2010（2016 年版），该建筑鉴定结果如下：

1）该建筑主体结构安全性鉴定评级为 C_{su}，适修性鉴定评级为 Br；

2）该建筑主体结构不能满足 A 类建筑抗震鉴定要求和后续使用年限为 30 年的要求；

3）依据《民用建筑可靠性鉴定标准》GB 50292—2015 和《建筑抗震鉴定标准》GB 50023—2009 等标准和规范，需对该建筑单跨框架的预制楼板整体性较差、部分钢筋混凝土梁柱承载力不足等问题进行修复、加固和维护处理。

图 4.5-1 某小学阶梯教室 PKPM 模型

2. 加固设计

通过 PKPM 系列软件的设计复核，针对鉴定报告和后期现场勘查提出的问题，采用以下方法进行加固处理：

1）对于该工程为单跨框架结构、原结构为三级框架、部分构造措施不满足要求、框架角柱箍筋未全长加密、框架柱截面宽度不满足要求的问题，采用增设短肢钢筋混凝土抗震墙，并与原有基础连接，改变结构体系为框架-剪力墙的结构的方法进行加固处理，剪力墙抗震等级二级，框架抗震等级二级；

2）对于部分钢筋混凝土梁承载力不满足要求的问题，采用增大截面法或粘贴碳纤维布的方法进行加固处理；

3）对于楼（屋）盖为装配式钢筋混凝土楼（屋）盖、整体性较差的问题，采用板底粘贴碳纤维布的方法，为保证板端支承长度采用加板端角钢支承的方法进行加固处理；

4）对于女儿墙上附加装饰栏杆无锚固问题，拆除附加的装饰栏杆至原女儿墙压顶位置。

4.5.2 某办公楼检测鉴定

某办公楼主体结构形式为地下 1 层、地上 2 层钢筋混凝土框架结构，平面形式为“L”形，如图 4.5-2 所示。上部承重结构体系分为竖向承重体系和水平承重体系，竖向承重体系为现浇钢筋混凝土柱，水平承重体系为现浇钢筋混凝土梁和现浇钢筋混凝土楼（屋）面板承重体系；楼梯部分为现浇钢筋混凝土板式楼梯，基础为现浇钢筋混凝土独立基础加构造防水底板。

根据《民用建筑可靠性鉴定标准》GB 50292—2015 相关条款，结合结构基本情况、调查结果、结构实体检测结果、工程施工资料复核结果等，对主体结构进行安全性鉴定。结果表明：该建筑主体结构安全性鉴定评级为 B_{su} 级，总体施工质量满足设计和相关规范要求；主体结构施工资料基本齐全并满足设计和相关规范要求；个别构件外观质量、截面尺寸、钢筋保护层厚度等不满足设计和规范要求，建议进行修复。

图 4. 5-2 主体结构施工现状

加固建议如下：①对存在外形缺陷、外表缺陷、露筋等表观质量一般缺陷的构件，建议采用 20mm 厚高强水泥砂浆进行表面修复；②对存在截面尺寸偏差超限和保护层厚度不足的构件，建议进行打磨或采用 20mm 厚高强聚合物砂浆或细石混凝土进行表面修复。

本章小结

本章系统介绍了多层和高层钢筋混凝土结构损伤劣化机理、检测鉴定方法和技术以及相应的修复加固理论与技术，重点介绍了中小学钢筋混凝土结构加固新技术和实践应用，可为此类项目检测评定提供参考。

思考与练习题

4-1 简述钢筋混凝土结构的主要损伤劣化形式及影响因素。

4-2 简述钢筋混凝土结构检测的主要项目和评判依据。

4-3 简述既有医院及中小学校舍中钢筋混凝土结构主要形式及利弊。

4-4 简述既有医院及中小学校舍中钢筋混凝土结构修复加固的主要方法及依据。

第5章　多层和高层钢结构

本章要点及学习目标

本章要点：

(1) 钢结构损伤机理；(2) 钢结构检测内容；(3) 钢结构加固方法。

学习目标：

(1) 了解钢结构损伤机理、检测内容及方法；(2) 了解钢结构可靠性鉴定、适修性评估、危险性鉴定的程序及方法；(3) 掌握钢结构的常见加固方法。

5.1　损伤机理及其危害

钢结构是多、高层建筑的主要结构形式之一，与其他结构相比，具有诸多优点，如：强度和强度质量比高；材质均匀、性能好、结构可靠性高；施工简便、工期短；延性好、抗震能力强。钢结构也有一些缺点，如：耐腐蚀性差；耐火性差；价格相对较高。过去，受钢产量和造价的制约，我国钢结构应用相对较少。近些年来，随着我国经济的迅速发展，钢产量的大幅度增加，我国钢结构正在迅速发展。

引起钢结构损伤的原因，可以归纳为以下三个方面：

1）荷载作用引起的损伤和破坏，如断裂、裂缝、失稳和局部挠曲、连接破坏、磨损等。其主要原因是构件实际应力超过容许应力而导致的，表现在设计、安装施工以及实际使用条件等方面；比如在设计中不可避免地理想化、简化，安装时产生的构件定位偏差以及螺栓尺寸、排列等误差，焊接时产生的应力集中，结构使用荷载超载等因素都可使钢构件的实际应力过大，使得构件发生破坏。

2）温度作用引起的损伤和破坏，如高温作用引起的构件翘曲、变形，负温作用引起的脆性破坏等。该部分主要是因为钢材自身性质所导致的。一般钢结构构件表面温度达到200～250℃时，油漆涂层破坏；达到300～400℃时，构件会因温度作用，发生扭曲作用；超过400℃时，钢材的强度特征和结构的承载能力急剧下降。同时，在负温作用下，钢材的塑性、韧性逐渐降低，达到某一温度时韧性会突然急剧下降，产生低温冷脆现象。而且，钢构件在变化温度作用下，会产生很大的周期性变形位移，当构件自由变形受到阻碍时，会在构件内产生有周期特征的附加应力。在一定条件下，这些应力的作用会导致构件的扭曲或出现裂缝。

3）化学作用引起的损伤和破坏，如金属腐蚀以及防护层的损伤和破坏等。钢材易于锈蚀，处于潮湿或有侵蚀性介质的环境中更容易因化学反应或电化学作用而锈蚀，而钢构件被锈蚀后会产生各种缺陷（孔洞、裂缝），轻者造成单根构件损坏，严重者甚至会影响结构的正常使用。因此，钢结构必须进行防腐处理。一般钢构件在除锈后涂刷防腐材料，但是，当防腐层被破坏或者失效后，钢构件仍然有被锈蚀的可能。目前国内外正发展不易锈蚀的耐候钢，此外，长效油漆的研究也取得进展，使用这种防护措施可延长钢结构寿命，节省维护费用。

5.2 检测内容及方法

钢结构的检测可分为在建钢结构的检测和既有钢结构的检测。当遇到下列情况之一时，应按在建钢结构进行检测：在钢结构材料检查或施工验收过程中需了解质量状况；对施工质量或材料质量有怀疑或争议；对工程事故，需要通过检测，分析事故的原因以及对结构可靠性的影响。当遇到下列情况之一时，应按既有钢结构进行检测：钢结构安全鉴定；钢结构抗震鉴定；钢结构大修前的可靠性鉴定；建筑改变用途、改造、加层或扩建前的鉴定；受到灾害、环境侵蚀等影响的鉴定；对既有钢结构的可靠性有怀疑或争议。钢结构的现场检测应为钢结构质量的评定或钢结构性能的鉴定提供真实、可靠、有效的检测数据和检测结论。

钢结构的检测包括钢结构材料性能、连接、构件的尺寸与偏差、变形与损伤、构造以及涂装等工作，必要时可进行结构或构件性能的实荷检验或结构的动力测试。

1. 材料

1）取样拉伸试验法

对结构构件钢材的力学性能检验可分为屈服点、抗拉强度、伸长率、冷弯和冲击功等项目。当工程尚有与结构同批的钢材时，可以将其加工成试件，进行钢材力学性能检验；当工程没有与结构同批的钢材时，可在构件上截取试样，但应确保结构构件的安全。钢材力学性能检验试件的取样数量、取样方法、试验方法和评定标准应符合表 5.2-1 的规定。

材料力学性能检验项目和方法 **表 5.2-1**

检验项目	取样数量（个/批）	取样方法	试验方法	评定标准
屈服点、抗拉强度、伸长率	1	《钢及钢产品 力学性能试验取样位置及试样制备》GB/T 2975—2018	《金属材料 拉伸试验 第1部分：室温试验方法》GB 228.1—2021	《碳素结构钢》GB/T 700—2006 《低合金高强度结构钢》GB/T 1591—2018 其他钢材产品标准
冷弯	1		《金属材料 弯曲试验方法》GB/T 232—2010	
冲击功	3	《钢及钢产品 力学性能试验取样位置及试样制备》GB/T 2975—2018	《金属材料 夏比摆锤冲击试验方法》GB/T 229—2020	

当被检验钢材的屈服点或抗拉强度不满足要求时，应补充取样进行拉伸试验。补充试验应将同类构件同一规格的钢材划为一批，每批抽样 3 个。

2）表面硬度法

既有钢结构钢材的抗拉强度可采用表面硬度法检测，即根据钢材硬度与强度的关系，通过测试钢材硬度，推算钢材的强度。

钢材的抗拉强度与其布氏硬度间有如下关系：

$$\sigma_b=\begin{cases}3.6HB & (\text{低碳钢})\\ 3.6HB & (\text{高碳钢})\\ 3.25HB & (\text{调质合金钢})\end{cases}$$

式中　σ_b——钢材抗拉强度（N/mm^2）；

HB——布氏硬度，直接从钢材中测得。

表面硬度法适用于估算结构中钢材抗拉强度的范围，不能准确推定钢材的强度。应用此法检测钢结构钢材抗拉强度时，应有取样检验钢材抗拉强度的验证。

3）化学分析法

钢材的抗拉强度也可采用化学分析法进行估算，即通过化学分析测量钢材中有关元素的含量，然后按下式粗略估算钢材的强度：

$$\sigma_b=285+7C+0.05Mn+7.5P+2Si \tag{5.2-1}$$

式中，C、Mn、P、Si 分别表示钢材中碳、锰、磷和硅元素的含量，以 0.01%为计量单位。

2. 连接

钢结构的连接质量与性能的检测可分为焊接连接、螺栓连接、高强度螺栓连接、焊钉（栓钉）连接等项目。

对设计上要求全焊透的一、二级焊缝和设计上没有要求的钢材等强对焊拼接焊缝的质量，可采用超声波探伤的方法检测。

对钢结构工程的所有焊缝都应进行外观检查。对既有钢结构检测时，可采取抽样检测焊缝外观质量的方法，也可采取按委托方指定范围抽查的方法。焊缝的外形尺寸和外观缺陷检测方法和评定标准，应按《钢结构工程施工质量验收标准》GB 50205—2020 确定。

影响焊缝力学性能的因素有很多，除了内部缺陷和外观质量外，还有母材和焊接材料的力学性能和化学成分、坡口形状和尺寸偏差、焊接工艺等。即使焊缝质量检验合格，也有可能出现诸如母材与焊接材料不匹配、不同钢种母材的焊接以及对坡口形状有怀疑等问题。另外，由于焊缝金属特有的优良性能，即使有一些焊接缺陷，焊接接头的力学性能仍有可能满足要求。在这种情况下，可以在结构上抽取试样进行焊接接头的力学性能试验来解决这些问题，但应采取措施确保安全。焊接接头力学性能的检验分为拉伸、面弯和背弯等项目，每个检验项目可各取 2 个试样。焊接接头的取样和检验方法应按现行《焊接接头拉伸试验方法》GB/T 2651—2008 和《焊接接头弯曲试验方法》GB/T 2653—2008 等确定。焊接接头焊缝的强度不应低于母材强度的最低保证值。

高强度螺栓有两类，分别是大六角头螺栓和扭剪型螺栓。大六角头螺栓通过扭矩系数和外加扭矩、扭剪型螺栓通过专用扳手将螺栓端部的梅花头拧掉来控制螺栓预拉力，从而保证连接的摩擦力。

高强度大六角头螺栓连接副的材料性能和扭矩系数，检验方法和检验规则应按现行《钢结构用高强度大六角头螺栓、大六角螺母、垫圈技术条件》GB/T 1231—2006、《钢结构工程施工质量验收标准》GB 50205—2020 和《钢结构高强度螺栓连接技术规程》JGJ 82—2011 确定。

扭剪型高强度螺栓连接副的材料性能和预拉力的检验方法和检验规则应按现行《钢结构用扭剪型高强度螺栓连接副》GB/T 3632—2008 和《钢结构工程施工质量验收标准》GB 50205—2020 确定。

对扭剪型高强度螺栓连接质量，可检查端部的梅花头是否已拧掉，除因构造原因无法使用专用扳手拧掉梅花头者外，未在终拧中拧掉梅花头的螺栓数不应大于该节点螺栓数的 5%。

对高强度螺栓连接质量的检测，可检查外露丝扣，丝扣外露应为 2 至 3 扣。允许有 10%的螺栓丝扣外露 1 扣或 4 扣。

现阶段钢结构连接一般采用普通螺栓连接和高强度连接两种形式。而对螺栓连接部位的调查应该注意两点：第一是调查应涉及整个建筑物，测点要分布均匀；第二是承受振动等重复荷载的部位或容易腐蚀的部位，要增加测点。

1）连接形式、个数和配置

应调查连接形式、螺栓的个数、端距、边距和孔距、尺寸等，并与设计图纸对照。

2）材质

需要进行材质试验时，对于普通螺栓，可拔取部分螺栓，通过抗拉试验、硬度试验和化学分析推断其材质是否符合设计要求。

对于高强度螺栓，一般在螺母端头和螺母上刻有代表螺栓力学性能、等级的各种记号，由这些记号直接判断螺栓的材质。如果螺栓上没有记号，可拔取部分螺栓，通过抗拉试验和硬度试验确定材质。

3）松动

普通螺栓的松动情况是判断连接好坏的重要依据。而检查松动主要方法是用小锤敲打，用手扳，也可通过目测，比较容易发现松动情况。

高强度螺栓是通过拧紧时螺栓和构件间所产生的摩擦力或承压力传递应力的。所以，必须使螺栓经常保持规定的张力，松动调查就是检查每个螺栓张力的大小。如果施工操作正确，一般不用担心连接松动；如对实际使用情况产生怀疑，则需进行松动程度的调查。

4）热影响

高强度螺栓是用低碳合钢或特殊钢成型，经淬火和回火热处理后制成。在高温作用下，螺栓材质劣化；受热膨胀后螺栓还产生线性变化，造成松动。判断高温作用后的高强度螺栓能否继续使用的主要依据是温度的高低，可依据燃烧物的种类、烟灰粘结状态、油漆变质情况、周围物体的受热情况等进行推断。调查时要详细记录受热部位的情况。

3. 焊接质量检测

焊缝质量检查是钢结构质量保证体系中的一个关键环节，涉及焊接工作的施工全过程，包括焊接前检查、焊接中的检查和焊接后的检查，而本节只简单介绍焊接后检查的有关内容。

其中焊接后检查包括外观检查和焊缝内部缺陷的检查。外观检查主要采用目视检查（借助直尺、焊缝检查尺、放大镜等），辅以磁粉探伤（MT）、渗透探伤（PT）检查表面和近表面缺陷。内部缺陷的检查主要采用射线探伤（RT）和超声波探伤（UT）。

4. 外观质量检测

焊缝的外观检测特别重要，它对结构的承载力影响很大，所以必须慎重进行检查。焊缝外观检查的主要内容如下。

表面形状：焊缝表面的不规则、弧坑处理情况、焊缝的连接点、焊脚不规则的形状等。

焊缝尺寸：对接焊缝的余高、宽度，角焊缝的焊脚尺寸等。

焊缝表面缺陷：咬边、裂纹、焊瘤、弧坑气孔等。

在焊接过程中及焊后的相当长的一段时间内都有产生裂纹的可能。普通碳素钢产生延迟裂纹的可能性很小，所以焊缝冷却到环境温度后即可进行外观检查，高强度低合金钢随强度的提高，产生延迟裂纹的可能性越大，延迟时间越长，因此应在焊后一定时间以后进行外观检查，我国现行国家标准《钢结构工程施工质量验收标准》GB 50205—2020、《钢结构焊接规范》GB 50661—2011 规定，低合金钢焊缝以焊后 24h 外观检查的结果作为验收标准。由于有些裂纹是很难用肉眼看到的，因此应用放大镜观察，必要时采用磁粉探伤和渗透探伤进行检测。具体验收标准可查阅相关的规范，本节不在此进行赘述。

5. 射线探伤

基本原理：射线在穿透物体过程中会与物质发生相互作用，因吸收和散射而使其强度减弱，强度衰减程度取决于物质的衰减系数和射线在物质中穿越的厚度。如果被透照物体的局部存在缺陷，而构成缺陷的物质的衰减系数又不同于试件，该局部区域的透过射线强度就会与周围产生差异，通过检测这种差异即可获得试件内部缺陷的大小及分布情况。目前，广泛采用的检测介质为感光胶片。把胶片放在适当的位置使其在透过射线的作用下感光，经暗室处理后得到底片。底片上各点黑化程度取决于射线照射量，由于缺陷部位和完好部位的透过射线强度不同，底片上相应部位就会出现黑度差异，称为影像，据此判断缺陷情况并评价试件质量。

射线照相的一般程序：焊缝射线照相前首先应充分了解被检焊接件的材质、焊接方法和几何尺寸等参数，确定检验要求与验收标准，然后选择射线源、胶片、增感屏和像质计，并进一步确定透照方式和几何条件。

射线照相底片的评定：焊缝缺陷一般分为裂纹、气孔、夹渣、未熔合与未焊透、形状缺陷及其他缺陷等六类。

6. 超声波探伤

超声波是指频率高于 20kHz、人耳听不见的声波。金属探伤使用的超声波的频率一般在 1～5MHz。而超声波探伤根据探伤原理、显示方式、波的类型不同有各种不同的方法，其中在探伤中应用最广的是脉冲反射法，其基本原理是：超声波探头将电脉冲转换成声脉冲，声脉冲借助于声耦合介质传入到金属中，如果在金属中存在缺陷，则发送的超声波信号的一部分就会在缺陷处被反射回来，返回到原来的方向，再次用探头接收该超声波且将声脉冲信号转换为电脉冲信号，测量该信号的幅度及其传播时间就可评定工件中缺陷的严重程度及其位置。

7. 磁粉探伤

当在铁磁性工件上施加磁场，在有缺陷的部分（材料的不连续部分），磁通量就泄漏到表面空间，产生磁极。如果在此处布撒磁粉，那么在缺陷四周将黏附很多磁粉，就可以很容易地检测出微小的缺陷，这就是磁粉探伤的基本原理。

磁粉探伤与下述的渗透探伤一样，可用于检测以下表面缺陷：①焊接部位的表面缺陷（裂纹、咬边等）；②坡口表面存在的母材缺陷；③清根处及修补部位的表面切割未除净的缺陷；④薄板及小口管径的焊接区的缺陷。

8. 渗透探伤

渗透探伤是利用液体的毛细管现象，让渗透液渗透到缺陷之内检测缺陷的方法。该方法有可检测磁粉探伤不能检测的非铁磁性材料的优点，但其缺点是只能检测表面开口的缺陷。

5.2.1 防腐、防锈检测

1. 钢结构构件锈蚀、腐蚀的类型及常用防护方法

锈蚀是钢材的腐蚀形式之一，广义而言，钢材的腐蚀包括锈蚀。钢材的腐蚀主要分为两大类：电化腐蚀和化学腐蚀。根据腐蚀损坏的分布情况又可分为如下四类：

1）均匀腐蚀。腐蚀均匀分布于整个钢构件表面，易观察到，一般危害性较小。

2）不均匀腐蚀。因钢材中杂质分布不均匀等因素，使得钢材表面腐蚀不均匀，而此类腐蚀有可能使得结构构件产生薄弱截面，对构件受力影响大，故危险性较高。

3）点（坑）腐蚀。钢材表面有集中腐蚀现象，且向纵深发展，甚至使构件蚀穿，同样削弱构件截面，影响构件承载性能，危险性大。

4）晶间腐蚀。其又可分为应力腐蚀及氢脆两种，这两种晶间腐蚀都易使结构或构件发生脆断，而且无明显的前期变形征兆，故对结构破坏危险性很大。

为了避免或减少钢材发生腐蚀，现阶段在建筑结构方面主要用以下 3 种方法进行防腐防锈：

1）表面涂层（即油漆）防护，是目前最常用的方法。

2）表面金属镀层（如镀锌）防护，不过这种方法代价较高，一般用于特殊构件或结构中。

3）使用耐蚀钢材（如耐候钢）防护，这种方法代价更高，较少使用。

而衡量钢结构腐蚀程度主要有两种方法。一种是以腐蚀重量变化来表示，通常以“$g/(m^2 \cdot h)$”为计量单位，并按照下式计算：

$$K=\frac{W}{S\times T} \tag{5.2-2}$$

式中 K——按重量表示的钢材腐蚀速度［$g/(m^2 \cdot h)$］；

W——钢材腐蚀后损失或增加的重量（g）；

S——钢材的面积（m^2）；

T——钢材腐蚀的时间（h）。

另一种是以年腐蚀深度表示，通常以“mm/a”为单位。它可以用上述失重的腐蚀速度 K 值进行换算：

$$K'=\frac{K\times 24\times 365}{1000\times d}=\frac{8.67K}{d} \tag{5.2-3}$$

式中 K'——按深度表示的腐蚀速度（mm/a）；

K——按失重表示的腐蚀速度［$g/(m^2 \cdot h)$］；

d——钢材的密度（g/m^3）。

基于上述描述钢材腐蚀速度的理论，来判定金属腐蚀的等级，详见表5.2-2。

均匀腐蚀三级标准　　表5.2-2

类别	等级	腐蚀深度(mm/a)
耐腐	1	＜0.1
可用	2	0.1～1.0
不可用	3	＞1.0

2. 钢构件表面处理检测

钢结构除锈是保证涂层质量的基础，在钢构件涂装前，应对除锈质量等级做出测定。目前常用的除锈方法有抛丸、喷砂、机械、手工、酸洗及火焰除锈等，国家标准已对除锈等级作出规定，钢结构除锈质量的检测与评定标准应遵照执行现行国家标准。

3. 涂料性能检测

1）化学成分分析

测定涂料化学成分是否达到规定要求。

2）物理性能测定

检测涂料的黏度、干燥时间及耐水性、耐盐水性是否达到规定要求。

3）涂料涂装试验测定

钢构件涂装试验，测定常温下涂膜的附着能力，是否起泡或脱落；测定涂料的涂刷均匀性，观察涂膜表面质量是否合格；测定涂膜的物理机制强度及韧性，在构件变形或有轻度冲击时是否有开裂或局部脱落；测定涂膜在一定湿度（如75%）及一定大气条件下（或特定环境条件下）的耐腐蚀程度。

4. 涂层质量检测

1）涂层缺陷

涂层常见缺陷主要有：显刷纹、流挂、皱纹、失光、不沾、颜色不匀、光泽不良、回粘、剥离、变色褪色、针孔、起泡、粉化、龟裂及不盖底等。

2）检测内容

核定涂层设计是否合理。涂层设计包括：钢材表面处理、除锈方法的选用、除锈等级的确定、涂料品种的选择、涂层结构及厚度设计、涂装设计要求。

检查涂装施工记录，核定涂装工艺过程是否正确合理，如涂装时的温度、湿度，每道涂层工艺间的间隔时间（包括除锈完全后至第一道涂膜的时间间隔），涂料质量等。

检查涂装施工记录，核定涂层结构是否符合设计要求。

测定涂膜厚度是否达到设计要求。涂膜干膜厚度可用漆膜测厚仪测定。

5.2.2 抗火性能检测

1. 构件抗火试验

钢结构的抗火性能可通过其构件的抗火试验进行检验。各种类型的构件（如梁、柱等），应选取最不利的进行试验。一般来说，应力较大，两端约束较强的构件对抗火不利。

试件应与结构中的实际尺寸一致，并应模拟实际受载与两端约束情况，采用标准火灾升温。试件的防火措施应与实际结构现场一致。

试验时应尽可能保持炉内温度均匀一致，炉内平均实际升温曲线按时间积分值与标准火灾升温曲线的对应理论时间的相对误差，在试验开始的10min内不应大于15%，在10～30min不应大于10%，在30min以后不应大于5%。另外任意时刻最大温度偏离不应大于±100℃。

试件的耐火极限以试件失去承载力的时间来确定。

2. 防火涂料检测

钢结构如采用防火材料保护，应符合如下要求。

1）涂层颜色、外观应符合设计规定。

2）无漏涂、明显裂缝、空鼓现象。

3）应对涂层厚度进行测定。涂层厚度的测定方法如下：对于厚型涂料可采用针入法测定，对于薄型涂料，可采用测厚仪测定。对于不同截面形状的构件，应量测构件所有覆有涂料的外侧面。

5.2.3　沉降和倾斜

1. 沉降观测

沉降观测可了解沉降速度，判断沉降是否稳定及有无不均匀沉降。对于现有建筑，当邻近建筑物的周边新建房屋开挖基坑，或大量抽取地下水，或建筑物受损原因不明怀疑与沉降有关时，应考虑对建筑物进行沉降观测。

2. 倾斜观测

建筑物主体的倾斜观测，应测定建筑物顶部相对于底部，或各层间上层相对于下层的水平位移和高差，分别计算整体或分层的倾斜度、倾斜方向及倾斜速度。刚性建筑物的整体倾斜，也可通过测量沉降差来确定。

当建筑物或构件外部具有通视条件时，宜采用经纬仪观测。选择建筑物的阳角作为观测点，通常需对建筑物的各个阳角均进行倾斜观测，综合分析，才能反映建筑物的整体倾斜情况。

5.3　可靠性鉴定

可靠性鉴定指对民用建筑的安全性（包括承载能力和整体稳定性）和使用性（包括适用性和耐久性）所进行的调查、检测、分析、验算和评定等一系列活动。民用建筑的可靠性鉴定应符合表5.3-1的要求。

鉴定对象可以是整幢建筑或所划分的相对独立的鉴定单元，也可以是其中某一子单元或某一构件集。

鉴定的目标使用年限，应根据该民用建筑的使用史、当前安全状况和今后维护制度，由建筑产权人和鉴定机构共同商定。对超过设计使用年限的建筑，其目标使用年限不宜多于10年。对需要采取加固措施的建筑，其目标使用年限应按现行相关结构加固设计规范的规定进行确定。

民用建筑可靠性鉴定要求 表 5.3-1

适用情况	备注
(1)建筑物大修前； (2)建筑物改造或增容、改建或扩建前； (3)建筑物改变用途或使用环境前； (4)建筑物达到设计使用年限拟继续使用时； (5)遭受灾害或事故时； (6)存在较严重的质量缺陷或出现较严重的腐蚀、损伤、变形时	应进行可靠性鉴定
(1)各种应急鉴定； (2)国家法规规定的房屋安全性统一检查； (3)临时性房屋需延长使用期限； (4)使用性鉴定中发现安全问题	可仅进行安全性检查或鉴定
(1)建筑物使用维护的常规检查； (2)建筑物有较高舒适度要求	可仅进行使用性检查或鉴定
(1)结构的维修改造有专门要求时； (2)结构存在耐久性损伤影响其耐久年限时； (3)结构存在明显的振动影响时； (4)结构需进行长期监测时	应进行专项鉴定

5.4 适修性评估

民用建筑适修性评定的分级标准，应按规定采用，如表 5.4-1 所示。

子单元或鉴定单元适修性评定的分级标准 表 5.4-1

等级	分级标准
A_r	易修，修后功能可达到现行设计标准的要求；所需总费用远低于新建的造价；适修性好，应予修复
B_r	稍难修，但修后尚能恢复或接近恢复原功能；所需费用不到新建造价的 70%；适修性尚好，宜予修复
C_r	难修，修后需降低使用功能，或限制使用条件，或所需总费用为新建造价 70%以上；适修性差，是否有保留价值，取决于其重要性和使用要求
D_r	该鉴定对象已严重残损，或修后功能极差，已无利用价值，或所需总费用接近甚至超过新建造价，适修性很差；除文物、历史、艺术及纪念性建筑外，宜予拆除重建

5.5 危险性鉴定

5.5.1 鉴定程序及方法

房屋危险性鉴定应根据委托要求确定鉴定范围和内容。鉴定实施前应调查、收集和分析房屋原始资料，并进行现场查勘，制定检测鉴定方案。根据检测鉴定方案对房屋现状进行现场检测，必要时采用仪器测试、结构分析和验算。房屋危险性等级评定应在对调查、查勘、检测、验算的数据资料进行全面分析的基础上进行综合评定。

房屋危险性鉴定应根据地基危险性状态和基础及上部结构的危险性等级按下列两阶段进行综合评定。第一阶段为地基危险性鉴定，评定房屋地基的危险性状态；第二阶段为基础及上部结构危险性鉴定，综合评定房屋的危险性等级。

基础及上部结构危险性鉴定应按下列三层次进行。第一层次为构件危险性鉴定，其等级评定为危险构件和非危险构件两类；第二层次为楼层危险性鉴定，其等级评定为 A_u、B_u、C_u、D_u 四个等级；第三层次为房屋危险性鉴定，其等级评定为 A、B、C、D 四个等级。

5.5.2 地基危险性鉴定

地基的危险性鉴定应包括地基承载力、地基沉降、土体位移等内容。

需对地基进行承载力验算时，应通过地质勘探报告等资料确定地基土层分布及各土层的力学特性，同时宜考虑建造时间对地基承载力提高的影响，地基承载力提高系数，可参照《建筑抗震鉴定标准》GB 50023—2009 相应规定取值。

地基危险性状态鉴定应遵守下列规定：可通过分析房屋近期沉降、倾斜观测资料和其上部结构因不均匀沉降引起的反应的检查结果进行判定；必要时宜通过地质勘察报告等资料对地基的状态进行分析和判断，缺乏地质勘察资料时，宜补充地质勘察。

当单层或多层房屋地基出现下列现象之一时，应评定为危险状态：①当房屋处于自然状态时，地基沉降速率连续两个月大于 4mm/月，并且短期内无收敛趋势；当房屋处于相邻地下工程施工影响时，地基沉降速率大于 2mm/月，并且短期内无收敛趋势；②两层及两层以下房屋整体倾斜率超过 30‰，三层及三层以上房屋整体倾斜率超过 20‰；③地基不稳定产生滑移，水平位移量大于 10mm，且仍有继续滑动迹象。

当高层房屋地基出现下列现象之一时，应评定为危险状态：①不利于房屋整体稳定性的倾斜率增速连续两个月大于 0.5‰/月，且短期内无收敛趋势；②上部承重结构构件及连接节点因沉降变形产生裂缝，且房屋的开裂损坏趋势仍在继续发展；③房屋整体倾斜率超过下表规定的限值。高层房屋整体倾斜率限值见表 5.5-1。

高层房屋整体倾斜率限值 **表 5.5-1**

房屋高度(m)	$24<H_g\leqslant60$	$24<H_g\leqslant60$
倾斜率限值	7‰	5‰

注：为自室外地面起算的建筑物高度（m）。

5.5.3 构件危险性鉴定

1. 单根构件划分标准

单根构件的划分应符合表 5.5-2 的规定。

2. 结构分析及承载力验算

结构分析及承载力验算应符合下列要求：结构分析时应考虑环境对材料、构件和结构性能的影响，以及结构累积损伤影响等；结构构件承载力验算时应按照现行设计规范的计算方法进行，计算时不考虑地震作用，且根据不同建造年代的房屋，其抗力与效应之比的调整系数按表 5.5-3 取用。

单根构件划分规定 表 5.5-2

构件类别	划分规定
基础	独立基础以一个基础为一个构件； 柱下条形基础以一个柱间的一轴线为一个构件； 墙下条形基础以一个自然间的一轴线为一个构件； 带壁柱墙下条形基础以按计算单元的划分确定； 单桩以一根为一个构件； 群桩以一个承台及其所含的基桩为一个构件； 筏形基础和箱形基础以一个计算单元为一个构件
墙体	砌筑的横墙以一层高、一自然间的一轴线为一个构件； 砌筑的纵墙(不带壁柱)以一层高、一自然间的一轴线为一个构件； 带壁柱的墙以按计算单元的划分确定； 剪力墙以按计算单元的划分确定
柱	整截面柱以一层、一根为一个构件； 组合柱以层、整根(即含所有柱肢和缀板)为一个构件
梁式构件	以一跨、一根为一个构件；若为连续梁时，可取一整根为一个构件
杆(包括支撑)	以仅承受拉力或压力的一根杆为一个构件
板	以梁、墙、屋架等主要构件围合的一个区域的楼屋面板为一个构件
桁架、拱架	以一榀为一个构件
网架、折板、壳	一个计算单元为一个构件
柔性构件	以两个节点间仅承受拉力的一根连续的索、杆等为一个构件

结构构件抗力与效应之比的调整系数 表 5.5-3

房屋类型	构件类型			
	砌体结构	混凝土构件	木构件	钢构件
Ⅰ	1.15(1.10)	1.20(1.10)	1.15(1.10)	1.00
Ⅱ	1.05(1.00)	1.10(1.05)	1.05(1.00)	1.00
Ⅲ	1.00	1.00	1.00	1.00

注：1. 房屋类型按建造年代分类，Ⅰ类房屋指1989年以前建筑的房屋，Ⅱ类房屋指1989年～2002年间建造的房屋，Ⅲ类房屋是指2002年以后建筑的房屋；
2. 对楼面活荷载标准值在历次《建筑结构荷载规范》GB 50009—2012 修订中未调高的试验室、阅览室、会议室、食堂、餐厅等民用建筑及工业建筑，采用括号内数值。

3. 材料强度标准值确定原则

构件材料强度的标准值应按下列原则确定：若原设计文件有效，且不怀疑结构有严重的性能退化或设计、施工偏差，可采用原设计的标准值；若调查表明实际情况不符合上述要求，应按现行国家标准《建筑结构检测技术标准》GB/T 50344—2019 的规定进行现场检测确定。

结构或构件的几何参数应采用实测值，并应计入锈蚀、腐蚀、腐朽、虫蛀、风化、裂缝、缺陷、损伤以及施工偏差等的影响。

当构件同时符合下列条件时，可直接评定为非危险构件：构件未受结构性改变、修复或用途及使用条件改变的影响；构件无明显的开裂、变形等损坏；构件工作正常，无安全性问题。

4. 基础构件危险性鉴定

基础构件的危险性鉴定应包括基础构件的承载能力、构造与连接、裂缝和变形等内容。

基础构件的危险性鉴定应遵守下列规定：可通过分析房屋近期沉降、倾斜观测资料和其因不均匀沉降引起上部结构反应的检查结果进行判定。判定时，应重点检查基础与承重砖墙连接处的水平、竖向和斜向阶梯形裂缝状况，基础与框架柱根部连接处的水平裂缝状况，房屋倾斜位移状况，地基滑坡、稳定、特殊土质变形和开裂等状况。必要时宜结合开挖方式对基础构件进行检测，通过验算承载力进行判定。

当房屋基础构件有下列现象之一时者，应评定为危险点：基础构件承载能力与其作用效应的比值不满足$\frac{R}{\gamma_0 S}\geqslant 0.90$的要求；因基础老化、腐蚀、酥碎、折断导致上部结构出现明显倾斜、位移、裂缝、扭曲等，或基础与上部结构承重构件连接处产生水平、竖向或阶梯形裂缝，且最大裂缝宽度大于 10mm；基础已有滑动，水平位移速度连续 2 个月大于 2mm/月，且在短期内无收敛趋向。

5. 钢构件危险性鉴定

钢结构构件的危险性鉴定应包括承载能力、构造和连接、变形等内容。钢结构构件应重点检查各连接节点的焊缝、螺栓、铆钉等情况；应注意钢柱与梁的连接形式，支撑杆件，柱脚与基础连接部位的损坏情况，钢屋架杆件弯曲、截面扭曲、节点板弯折状况和钢屋架挠度、侧向倾斜等偏差状况。

钢结构构件有下列现象之一者，应评定为危险点：钢结构构件承载力与其作用效应的比值，主要构件不满足$\phi\frac{R}{\gamma_0 S}\geqslant 0.90$的要求，次要构件不满足$\phi\frac{R}{\gamma_0 S}\geqslant 0.85$的要求；构件或连接件有裂缝或锐角切口；焊缝、螺栓或铆接有拉开、变形、滑移、松动、剪坏等严重损坏；连接方式不当，构造有严重缺陷；受力构件因锈蚀导致截面锈损量大于原截面的10%；梁、板构件挠度大于$l_0/250$，或大于 45mm；实腹梁侧弯矢高大于$l_0/600$，且有发展迹象；受压构件的长细比大于现行国家标准《钢结构设计标准》GB 50017—2017 中规定值的 1.2 倍；钢柱顶位移，平面内大于$h/150$，平面外大于$h/500$，或大于 40mm；屋架产生大于$l_0/250$或大于 40mm 的挠度；屋架支撑系统松动失稳，导致屋架倾斜，倾斜量超过$h/150$。

6. 房屋危险性鉴定

1）一般规定

房屋危险性鉴定应根据被鉴定房屋的结构形式和构造特点，按其危险性程度和影响范围进行鉴定。房屋危险性鉴定应以幢为鉴定单位。

房屋基础及楼层危险性鉴定，应按下列等级划分：A_u级（无危险点），B_u级（有危险点），C_u级（局部危险），D_u级（整体危险）。

房屋危险性鉴定，应根据房屋的危险程度按下列等级划分：A 级，无危险构件，房屋结构能满足安全使用要求；B 级，个别结构构件评定为危险构件，但不影响主体结构安全，基本能满足安全使用要求；C 级，部分承重结构不能满足安全使用要求，房屋局部处于危险状态，构成局部危房；D级，承重结构已不能满足安全使用要求，房屋整体处于危险状态，构成整幢危房。

2）综合评定原则

房屋危险性鉴定应以房屋的地基、基础及上部结构构件的危险性程度判定为基础，结合下列因素进行全面分析和综合判断。

（1）各危险构件的损伤程度；

（2）危险构件在整幢房屋中的重要性、数量和比例；

（3）危险构件相互间的关联作用及对房屋整体稳定性的影响；

（4）周围环境、使用情况和人为因素对房屋结构整体的影响；

（5）房屋结构的可修复性。

房屋危险性等级确定应进行两阶段鉴定。在第一阶段地基危险性鉴定中，当地基评为危险状态时，应将整幢房屋评定为D级整幢危房；当地基评定为非危险状态时，应在第二阶段鉴定中，综合评定房屋基础及上部结构（含地下室）的状况后作出判断。而对于传力体系简单的两层及两层以下房屋，可根据危险构件影响范围直接评定危险性等级。

5.6 钢结构修复、加固与维护

钢结构一般可通过焊接或采用高强度螺栓连接来实施加固，因而是一种便于加固的结构。在出现以下情况时，需要进行加固：

1）由于使用条件的变化，荷载增大。

2）由于设计或施工工作中的缺点，结构或其局部的承载能力达不到设计要求。

3）由于磨损、锈蚀，结构或节点受到削弱，结构或其局部的承载能力达不到原来的要求。

4）有时出现结构损伤事故，需要修复。如果损伤是由于荷载超过设计值或材料质量低劣，或是构造处理不当，那么修复工作也带有加固的性质。

从设计的角度，钢结构的加固主要可分为两大类：

1）改变结构计算简图的加固：采用改变荷载分布状况、传力途径、节点性质和边界条件、增设附加杆件和支撑、施加预应力、考虑空间协调作用等措施对结构进行加固的方法。

2）不改变结构计算简图的加固：在不改变结构计算简图的前提下，对原结构的构件截面和连接进行补强的方法，简称为截面补强法。

从施工角度来讲，钢结构的加固也分为两大类：

1）卸载加固：结构损伤较严重或构件及接头的应力很高，或者补强施工不得不临时削弱承受很大内力的构件及连接时，需要暂时减轻其负荷时采用。对某些主要承受移动荷载的结构（如吊车梁等）可限制移动荷载，这就相当于部分卸荷。当结构损坏严重或原结构的构件、杆件的承载能力过小，不宜就地补强时，还需将构件拆下来补强或更换。此时，应采取措施使结构构件完全卸荷。

2）在负荷状态下加固：这是加固工作量最小、最简便的方法。但为保证结构的安全，应要求原结构的承载力应有不少于20%的富余。在负荷状态下加大角焊缝厚度时，原有焊缝在扣除焊接热影响区长度后的承载能力，应不小于外荷载产生的内力，并且构件应没有严重的损伤。此外，有时也可通过改用轻质材料或其他减小荷载的方法来提高钢结构的可靠性，从而达到加固的目的。

5.6.1 截面补强法

加大构件截面的加固方法涉及面窄，施工较为简便，尤其在满足一定前提条件下，还可以在负荷状态下加固，因而是钢结构加固中最常用的方法。

采用加大截面的方法加固钢构件，应考虑构件的受力情况及存在的缺陷，在方便施工、连接可行的前提下选取最有效的加固形式。图 5.6-1～图 5.6-4 的加固形式较为常见，可供设计时参考。

图 5.6-1 受拉构件的截面加固形式

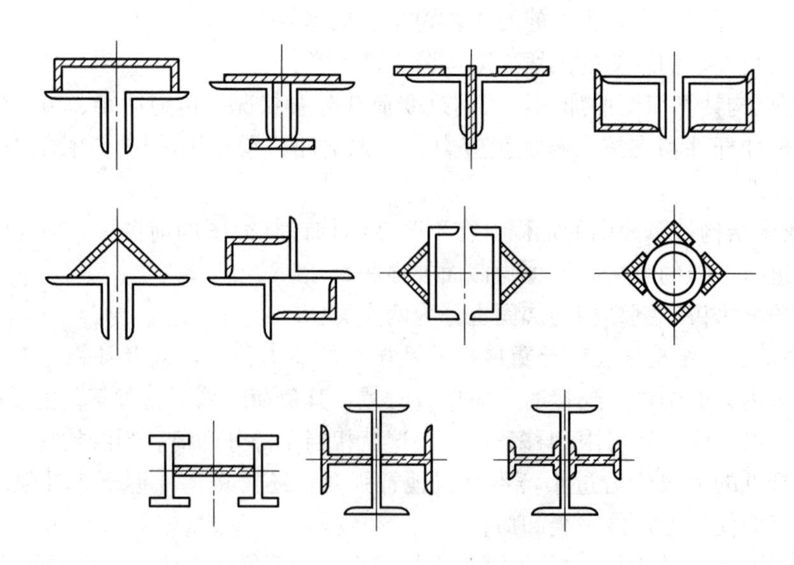

图 5.6-2 受压构件的截面加固形式

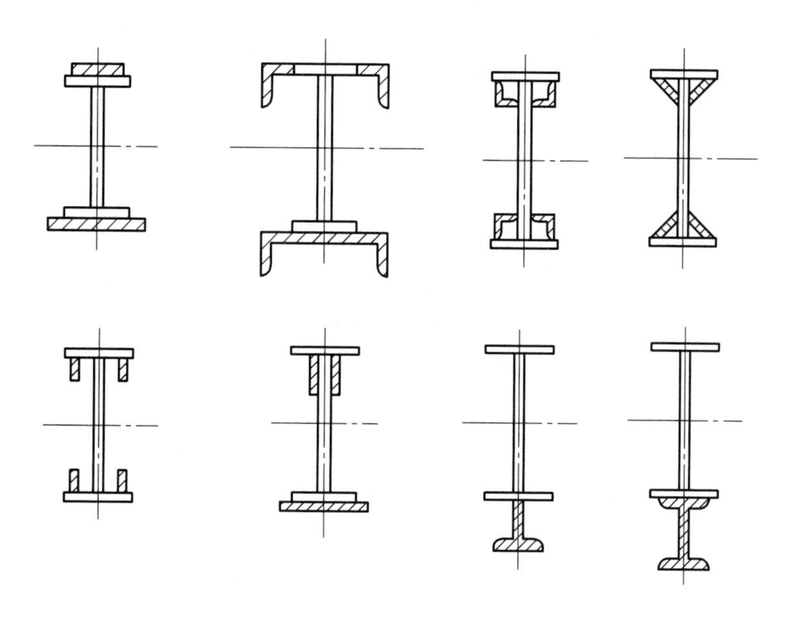

图 5.6-3 受弯构件的截面加固形式

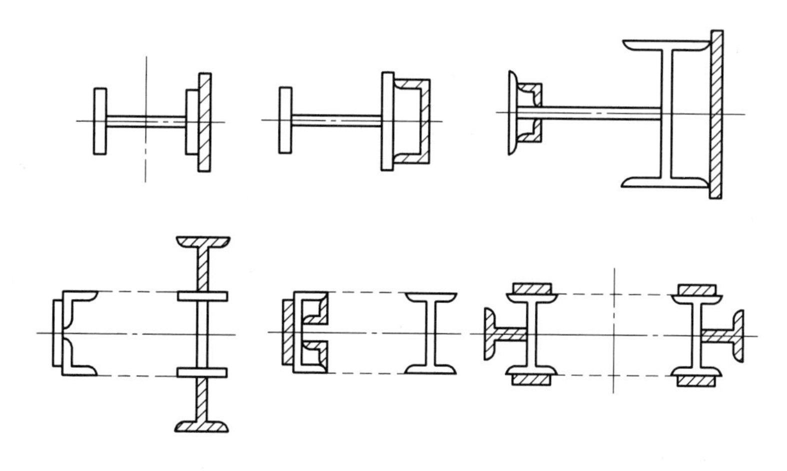

图 5.6-4 偏心受力构件的截面加固形式

在选择加大截面加固方法时，还应考虑下列因素：

1）应保证加固构件有合理的传力途径，保证加固件与原有构件能够共同工作。无论是轴心受力构件还是偏心受力构件（即拉弯或压弯受力构件），加固件均宜与原有构件的支座（或节点）有可靠的连接。

2）加固件的布置应适应原有构件的几何形状或已发生的变形情况，以利施工。但也应尽量不用引起截面形心偏移的形式，难以避免时，应在加固计算中考虑形心轴偏移的影响。

3）尽量减少加固施工的工作量。不论原有结构是栓接结构还是焊接结构，只要钢材具有良好的可焊性，应尽可能采用焊接方式补强。

4）当采用焊接补强时，应尽可能减少焊接工作量及注意合理的焊接顺序，以降低焊接变形和焊接应力，并竭力避免仰焊。在负荷状态下焊接时，应采用较小的焊接尺寸，并应首先加固对原有构件影响较小、构件最薄弱和能立即起到加固作用的部位。

5）轻钢结构中的小角钢和圆钢杆件不宜在负荷状态下进行焊接，必要时应采取适当措施。圆钢拉杆严禁在负荷状态下焊接。

6）加大截面的构造不应过多削弱原有构件的承载能力。采用焊接或高强度螺栓连接时，在保证加固件能够和原有构件共同工作的前提下，应选用较小直径的螺栓或高强度螺栓，并尽量采用高强度螺栓；采用焊接连接时，应尽量避免采用与原有构件应力方向垂直的焊缝。如做不到这些，则应采取专门的技术措施和施焊工艺，以确保结构施工的安全。

在采用截面补强法时，应按照下列的规定进行验算：

1）在完全卸荷状态下，采用加大截面的方法加固钢结构，构件的强度和稳定性，加固后的截面用与新结构相同的方法进行计算。

2）在负荷状态下，采用加大截面的方法加固钢构件，原结构中的承载力应有不少于20%的富余。加固后构件承载力的计算应根据荷载形态分别进行。

对承受静力荷载或间接承受动力荷载的构件，在一般情况下，可考虑原有构件和加固部件之间的内力重分布，按加固后整个截面进行承载力计算。但为安全起见，应根据原有构件的受力状态，引入加固折减系数 k，轴心受力的实腹构件取 0.8，偏心构件及格构式构件取 0.9。

对承受动力荷载的构件，应以弹性阶段按原有构件截面边缘屈服准则进行计算。加固前原有构件的应力和加固后增加应力之和不应大于钢材的强度设计值。

3）在负荷状态下，采用焊接方法加大构件截面，应首先根据原有构件的受力、变形和偏心状态，校核其在加固施工阶段的强度和稳定性，原有构件的 β 值（原有构件截面应力 σ 和钢材强度设计值 f 的比值，即 $\beta=\sigma/f$）满足下列要求时，方可在负荷状态下加固：承受静力荷载或间接承受动力荷载的构件 $\beta\leqslant 0.8$；承受动力荷载的构件 $\beta\leqslant 0.4$。

4）钢构件加固后，应注意截面形心轴的偏移。计算时应将偏心的影响包括在加固后增加的荷载效应内，当形心轴的偏移值小于 5% 截面高度时，在一般情况下可忽略其影响。

具体的计算方法，可参考相关的规范。

改变结构体系加固法，主要是采取改变传力途径、节点性质、边界条件、增设附加构件或支撑、施加预应力、考虑空间协同工作等措施，对原结构进行加固。现根据加固措施不同，可总结为以下几种加固方法：

1）改变计算简图

（1）增加支撑或辅助构件，以增加结构的空间刚度，从而使结构可以按空间结构进行验算，挖掘结构的潜力。

（2）增加支撑或辅助构件，以调整结构的自振频率，改善结构的动力性能。

（3）增加支撑或辅助构件，使构件的长细比减小，以提高其稳定性。

（4）在塔架等结构中，设置拉杆或适度张紧的拉索，以加强结构的刚度。

2）改变构件的弯矩图形

（1）改变荷载的分布，例如将一个集中荷载转化为多个集中荷载。

（2）改变端部支承情况，例如变刚接为铰接。

（3）增加中间支座或将简支结构端部连接为连续结构。

(4) 调整连续结构的支座位置，改变连续结构的跨度。

(5) 将构件改变为撑杆式结构。

(6) 施加预应力。

3) 改变桁架杆件的内力

(1) 增加撑杆，变桁架为撑杆式构件。

(2) 加设预应力拉杆。

4) 改善受力状况

使加固构件与其他构件共同工作或形成组合结构，以改善受力状况，例如加强节点和增加支撑，使钢屋架与天窗架共同工作，又如在钢平台梁上增设剪力键使其与混凝土铺板形成组合结构。

此外，在排架或平面框架等结构中，为减少加固工作量和加固施工对生产的影响，可以集中加强某一列柱的刚度，使之能承受大部分水平力，从而减轻其他列柱的负荷，以致其他列柱可不加固或少加固。

当框架有主副跨时，可通过改变主、副跨之间的连接来加强其中某一跨，由刚接改为铰接可使主跨得到加强，由铰接改为刚接可使副跨得到加强。

5.6.2 连接的加固与加固件的连接

加固中的连接问题一般有两种情况：原有连接因承载力不足而进行的加固（即连接的加固，包括节点加固）、加固件与原有构件的连接。连接的加固和加固件的连接方法根据加固的原因、目的、受力状况、构造和施工条件，并考虑原有结构的连接方法而确定。可采用焊接、高强度螺栓连接和焊接与高强度螺栓混合连接的方法。其中焊接因不需要钻孔等工序往往被优先考虑选用。

5.6.3 焊缝连接的加固

下列情况宜采用焊缝连接加固：①原结构使用焊缝连接；②原结构不是焊缝连接，但加固处允许采用焊缝连接，而使用焊接连接又比较方便。

焊缝加固应首先考虑增加焊缝长度来实现，其次考虑增加焊脚尺寸或同时增加焊缝长度和焊脚尺寸来实现。

焊接连接可以在卸荷状态下或负荷状态下，用电焊进行。在完全卸荷状态下加固时，焊缝的强度计算和设计时相同，可按现行《钢结构设计标准》GB 50017—2017 进行计算。而在负荷状态下用焊缝加固时，其承载力的计算方法如下：

1. 加固后直角角焊缝强度计算

在通过焊缝形心的拉力、压力或剪力作用下：

当力垂直于焊缝长度方向时：

$$\sigma_{f}=\frac{N}{h_{e}L_{w}}\leqslant f_{f}^{w} \tag{5.6-1}$$

当力平行于焊缝长度方向时：

$$\tau_{f}=\frac{V}{h_{e}L_{w}}\leqslant 0.85f_{f}^{w} \tag{5.6-2}$$

当 σ_f 和 τ_f 共同作用时：

$$\sqrt{\sigma_f^2+\tau_f^2}\leqslant 0.95f_f^w \quad (5.6\text{-}3)$$

式中 σ_f——按角焊缝有效截面（h_eL_w）计算，垂直于焊缝长度方向的应力；

τ_f——按角焊缝有效截面计算，沿焊缝长度方向的剪应力；

h_e——角焊缝的有效厚度，对于直角角焊缝等于 $0.7h_f$，h_f 为较小焊脚尺寸；

L_w——角焊缝的计算长度，对每条焊缝实际长度减去10mm；

f_f^w——角焊缝的强度设计值，根据加固结构原有和加固用钢材强度较低的钢材，按现行国家标准《钢结构设计标准》GB 50017—2017 确定。

2. 堆焊增加角焊缝有效厚度加固计算

焊缝强度应满足如下要求：

$$\sqrt{\sigma_f^2+\tau_f^2}\leqslant \eta_f f_f^w \quad (5.6\text{-}4)$$

式中 η_f——焊缝强度影响系数，可按表5.6-1采用。

焊缝强度影响系数 η_f **表5.6-1**

加固焊缝总长度(mm)	≥600	300	200	100	50	≤30
η_f	1.0	0.9	0.8	0.65	0.25	0

注：当加固焊缝总长度为中间值时，按线性内插法确定 η_f 值。

5.6.4 螺栓和铆钉连接的加固

原有螺栓或铆钉松动、损害失效或连接强度不足需要更换或新增时，应优先考虑采用相同直径的高强度螺栓连接。其次，如果钢材的可焊性满足要求，也可采用焊接。对于直接承受动力荷载的结构，高强度螺栓应采用摩擦型连接。摩擦型高强度螺栓与铆钉混合连接时，其承载力按共同工作考虑。

用高强度螺栓更换有缺陷的螺栓或铆钉时，可选用直径比原孔小1～3mm的高强度螺栓，承载力不能满足要求时，在满足强度和构造要求的前提下可扩大螺栓孔径，采用螺栓直径提高一级。

当在负荷下进行结构加固，需拆除结构原有的螺栓、铆钉或增加、扩大孔径时，除应设计计算结构原有构件和加固件的承载力外，还必须校核板件的净截面的强度。

采用焊接连接加固普通螺栓或铆钉连接，不考虑两种连接共同工作，应按焊接承受全部作用力计算，但不宜拆除原有连接件。

采用焊缝与高强度螺栓混合连接时，新加焊缝的承载力与原有高强度螺栓的承载力的比值宜不小于0.5。连接的内力可由高强度螺栓和焊缝共同承担。其承载力可按下列公式计算：

1. 抗弯承载力

$$M_{wb}=M_w+\beta\cdot M_b \quad (5.6\text{-}5)$$

式中 M_{wb}——栓焊并用连接抗弯承载力设计值；

M_w——焊缝受剪承载力设计值；

M_b——摩擦型高强度螺栓连接抗弯承载力设计值；

β——摩擦型高强度螺栓连接抗弯承载力折减系数：当螺栓承担的荷载小于其设计承载力的20%时，取0.65；当螺栓承担的荷载为其设计承载力的

20%～40%时，取0.55；当螺栓承担的荷载为其设计承载力的40%～65%时，取0.4。

2. 抗剪承载力

令 $\psi = N_b / N_{fs}$，

当 $\psi < 0.5$ 时， $$N_v = N_{fs} \quad (5.6\text{-}6)$$

当 $0.5 \leqslant \psi < 0.8$ 时， $$N_v = 0.75N_{fs} + N_b \quad (5.6\text{-}7)$$

当 $0.8 \leqslant \psi \leqslant 2$ 时， $$N_v = 0.9N_{fs} + 0.8N_b \quad (5.6\text{-}8)$$

当 $2 < \psi \leqslant 3$ 时， $$N_v = N_{fs} + 0.75N_b \quad (5.6\text{-}9)$$

当 $\psi > 3$ 时， $$N_v = N_b \quad (5.6\text{-}10)$$

式中 ψ——栓焊强度比；

N_v——栓焊并用连接受剪的承载力设计值（kN）；

N_{fs}——侧焊缝受剪承载力设计值（kN）；

N_b——摩擦型高强度螺栓连接受剪承载力设计值（kN）。

5.6.5 加固件的连接

为加固结构而增设的板件（即加固件），除须有足够的设计承载力和刚度外，还必须与被加固结构有可靠的连接，以保证两者良好的共同工作。

加固件与被加固结构间的连接，应根据设计受力要求经计算并考虑构造和施工条件确定。对于轴心受力构件，可根据式（5.6-11）进行计算；对于受弯构件，应根据可能的最大设计剪力计算；对于压弯构件，可根据以上两者中的较大值计算。

对于仅用增设中间支承构件（点）来减少受压构件自由长度加固时，支承杆件（点）与加固件间连接受力，可按式（5.6-11）计算，其中 A_1 取原构件的截面面积。

$$V = \frac{A_t f}{50}\sqrt{f_y / 235} \quad (5.6\text{-}11)$$

式中 A_t——构件加固后的总截面面积；

f——构件钢材强度设计值，当加固件与被加固构件钢材强度不同时，取较高钢材强度的值；

f_y——钢材的屈服强度，当加固件与被加固构件钢材强度不同时，取较高钢材强度的值。

加固件的焊缝、螺栓、铆钉等连接的计算可按《钢结构设计标准》GB 50017—2017的规定进行。但计算时，对角焊缝强度设计值应乘以0.85，其他强度设计值或承载力设计值应乘以0.95的折减系数。

5.6.6 裂纹的修复与加固

1. 一般规定

1）钢结构因荷载反复作用及材料选择、构造、制造、安装不当等原因，可能会产生具有扩展性或脆断倾向性的裂纹。当钢构件出现裂纹时，应当在分析裂纹产生原因及其影响的严重性的基础上，有针对性地采取改善工作状况或进行加固的措施，对不宜修复加固的构件应予撤除更换。

2）在结构构件上发现裂纹时，作为临时应急措施之一，可在板件裂纹的端外（0.5～1.0）t 处钻孔（图 5.6-5，t 为板件厚度），以防止其进一步急剧扩展（该孔称为止裂孔），并及时根据裂纹性质及扩展倾向再采取恰当措施修复加固。

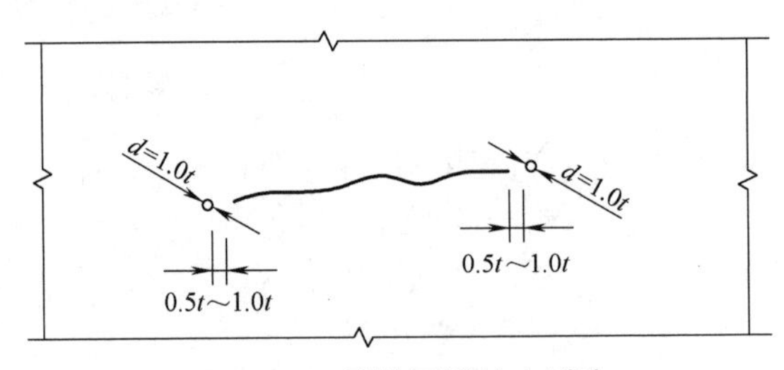

图 5.6-5 裂纹两端钻止裂孔

3）在对有动力荷载构件加固设计时，应按《钢结构设计标准》GB 50017—2017 的规定进行疲劳验算，必要时应作专门研究进行抗脆性计算。

2. 裂纹的修复与加固方法

1）裂纹的修复

修复裂纹应优先采用堵焊的方式，也可采用附加盖板的方式。堵焊的施工顺序为：

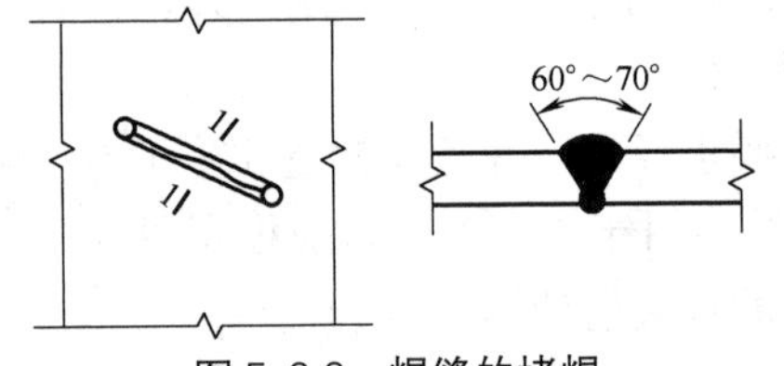

图 5.6-6 焊缝的堵焊

（1）清洗裂纹两边板面的油污至露出洁净金属表面。

（2）用碳弧气刨、风铲或砂轮将裂纹边缘加工成坡口，直达纹端的止裂孔（图 5.6-6），坡口的形式应根据板厚和施工条件按现行规范的要求选用。用碳弧气刨加工坡口时，应用砂轮将坡口表面的渗碳层磨掉。

（3）将裂纹两侧及端部金属预热至 100～150℃，并在焊接过程中保持此温度。

（4）用与钢材相匹配的低氢或超低氢型焊条施焊，并尽可能用小直径焊条分段分层逆向施焊，焊接顺序如图 5.6-7 所示。每一道焊完后立即进行锤击。

（5）按设计要求检查焊缝质量。

（6）对承受动力荷载的构件，堵焊后其表面应磨光，使之与原构件表面齐平，摩擦痕迹线应大体与裂纹切线方向垂直。

（7）对重要的结构或原板构件，堵焊后应立即进行退火处理。

如果裂纹性质严重（如已发展成为贯穿主要受力构件横截面的裂缝等），对结构的承载力形成危险时，则不应采取堵焊的方法，而应迅速采取加固措施，更换有缺陷的部分，甚至更换整个构件。

2）块状缺陷的修复

由于种种原因，当钢板受损形成网状、分叉裂纹区或局部破裂，甚至出现孔洞等块状缺陷时，宜采用嵌板修补或附加盖板修补。嵌板的施工顺序为：

（1）检查确定缺陷的范围。

（2）将缺陷部位切除，宜切成带圆角的矩形孔，切除部分的尺寸均应比缺陷范围大 100mm。

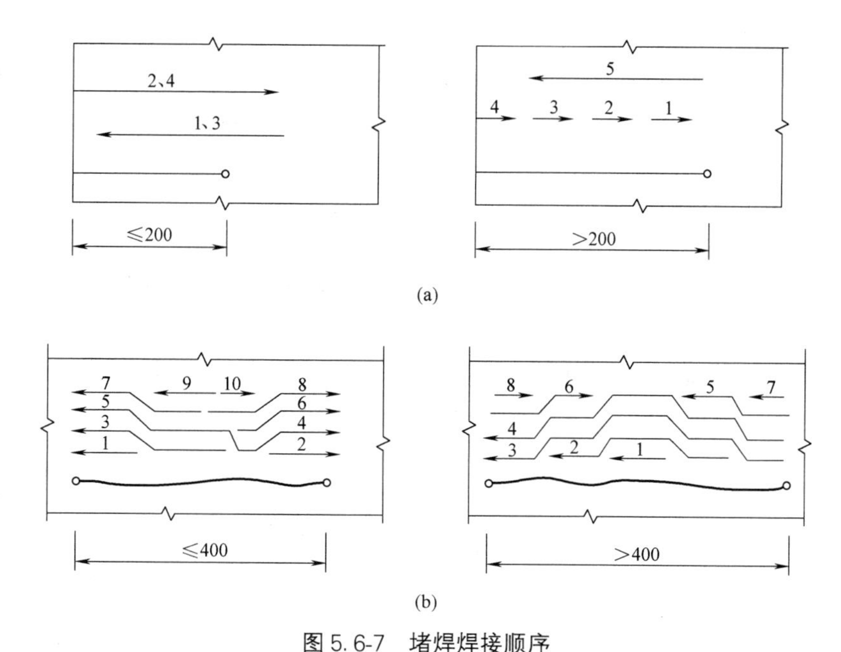

图 5.6-7　堵焊焊接顺序

(a) 裂纹由板端开始；(b) 裂纹在板中间

(3) 用等厚度同材质的嵌板嵌入切除部位，嵌入板的长宽与边缘切孔间两个边应留有 2～4mm 的间隙，并将其边缘加工成对接缝要求的坡口形式。

(4) 嵌板定位后，将孔口四角区预热至 100～150℃，并按如图 5.6-8 所示的顺序采用分段分层逆向焊法施焊。

(5) 检查焊缝质量，打磨焊缝余高，使之与原构件表面齐平。

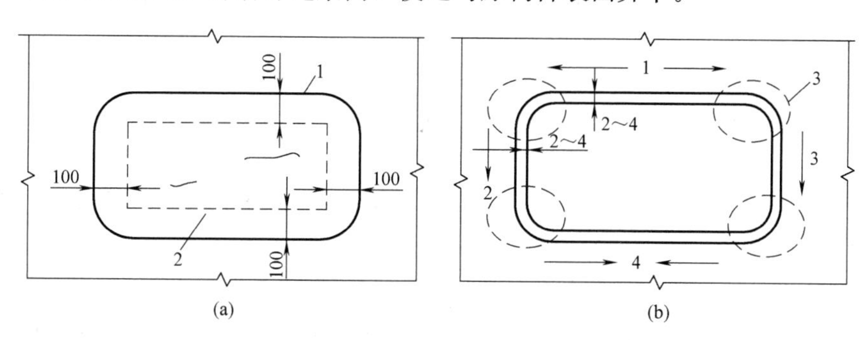

图 5.6-8　裂纹的嵌板法修复示意图

(a) 缺陷部位的切除；(b) 预热部位及焊接顺序

1—切割线；2—缺陷的界限；3—预热区域

用附加盖板修补裂纹或块状缺陷时，一般宜采用双层盖板。盖板的厚度与原板相等，其周边与原钢板的连接可以采用焊接、铆接或摩擦型高强度螺栓连接。对裂纹两端仍须钻止裂孔。对块状缺陷，则应全部切除。在连接前设法将盖板压紧。当采用焊接加固时，焊脚尺寸等于盖板的厚度，盖板的平面尺寸和焊接顺序可参照嵌板的要求执行。当采用铆接或摩擦型高强度螺栓连接加固时，在裂纹或缺陷区域每侧用双排铆钉或螺栓。盖板的宽度以能布置铆钉或螺栓为宜，盖板的长度每边应超出裂纹或缺陷区域 150mm。

3）焊缝缺陷的修复

承受动力荷载的结构其焊接连接的缺陷如咬边、焊瘤、气孔等缺陷应予以清除。对于焊缝内部的夹渣、气孔等超过规定的缺陷，应用碳弧气刨将有缺陷焊缝清除，然后以相同的焊条补焊。

承受静态荷载的结构，经过使用后，若焊缝的这些缺陷并不导致严重的损坏，则可不予修理。

当焊缝中或焊缝的热影响区有裂纹时，必须及时修补。承受静态荷载的实腹梁，若实腹梁与翼缘的连接焊缝有裂纹，除用碳弧气刨清除有裂纹的焊缝再补焊外，尚可采用补焊短斜板的方法进行加固。斜板的长度应超出裂纹范围以外，超出的距离应不小于斜板的宽度。此时焊缝的裂纹可不清除，但应在裂纹两端钻止裂孔，以防裂纹进一步扩展。

5.6.7 预应力加固技术

预应力加固技术是采用外加预应力钢拉杆或型钢撑杆对结构构件或整体进行加固的方法，特点是通过预应力手段强迫后加部分——拉杆或撑杆受力，改变原结构内力分布并降低原结构应力水平，致使一般加固结构中所特有的应力应变滞后现象得以完全消除。这种方法具有加固、卸荷、改变结构内力的三重效果，适用于一般方法无法加固或加固效果很不理想的较高应力状态下的钢结构或构件。现根据加固对象的不同，可以分为以下两种加固方法。

1. 构件预应力加固

采用预应力加固钢结构构件时，可选择下列适用的方法：

1）对正截面受弯承载力不足的梁、板构件，可采用预应力水平拉杆进行加固，也可采用下撑式预应力拉杆进行加固。若工程需要且构造条件允许，还可同时采用水平拉杆和下撑式拉杆进行加固。

2）对受压承载力不足的轴心受压柱、小偏心受压柱以及弯矩变号的大偏心受压柱，可采用双侧预应力撑杆进行加固；若偏心受压柱的弯矩不变号，也可采用单侧预应力撑杆进行加固。

3）对桁架中承载力不足的轴心受拉构件和偏心受拉构件，可采用预应力杆件进行加固。

上述方法相关的示意图可参考图 5.6-9。

需要注意的是，用于加固钢构件的预应力构件，应该根据被加固构件的截面对称布置，以保证加固后的组合构件不致产生附加弯曲与扭转效应。同时，用于加固的预应力构件及节点的位置，应该具有明确的传力路径，使得加固后的组合构件具备明确的计算简图。而对于加固后钢构件的设计验算，可按照组合构件进行验算，也可将组合构件拆分成单一构件分别验算其承载力和刚度，并同时验算组合构件的整体变形。关于该部分的具体计算要求，可自行查阅相关的设计规范。

2. 整体预应力加固

钢结构整体预应力加固法，加固的对象主要面对的是结构整体，一般适用于大跨度及空间结构体系。加固方法主要分为预应力钢索加固法、预应力钢索＋撑杆加固法、预应力钢索斜拉加固法或悬索吊挂加固法等几种，详见图 5.6-10。

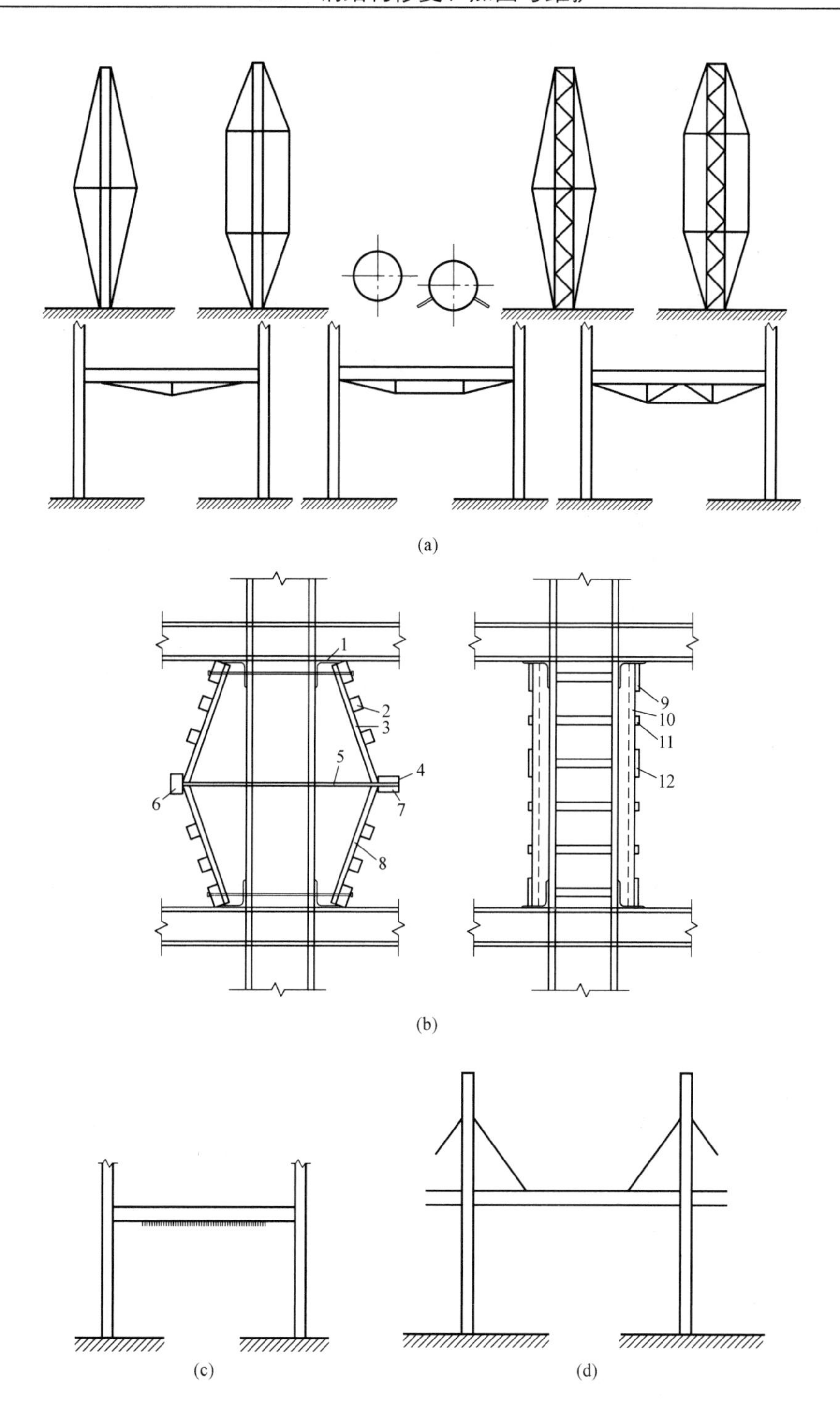

图 5.6-9 钢构件预应力加固法示意图

（a）预应力钢索加撑杆加固法；（b）双侧刚性预应力撑杆顶进加固法；
（c）梁（桁架）预应力钢索加固法；（d）梁（桁架）预应力拉杆吊挂加固法
1—衬垫角钢；2—箍板；3、8、10—撑杆；4、6—垫板；5—预应力拉杆；
7—千斤顶；9—顶板；11—箍板；12—加宽箍板

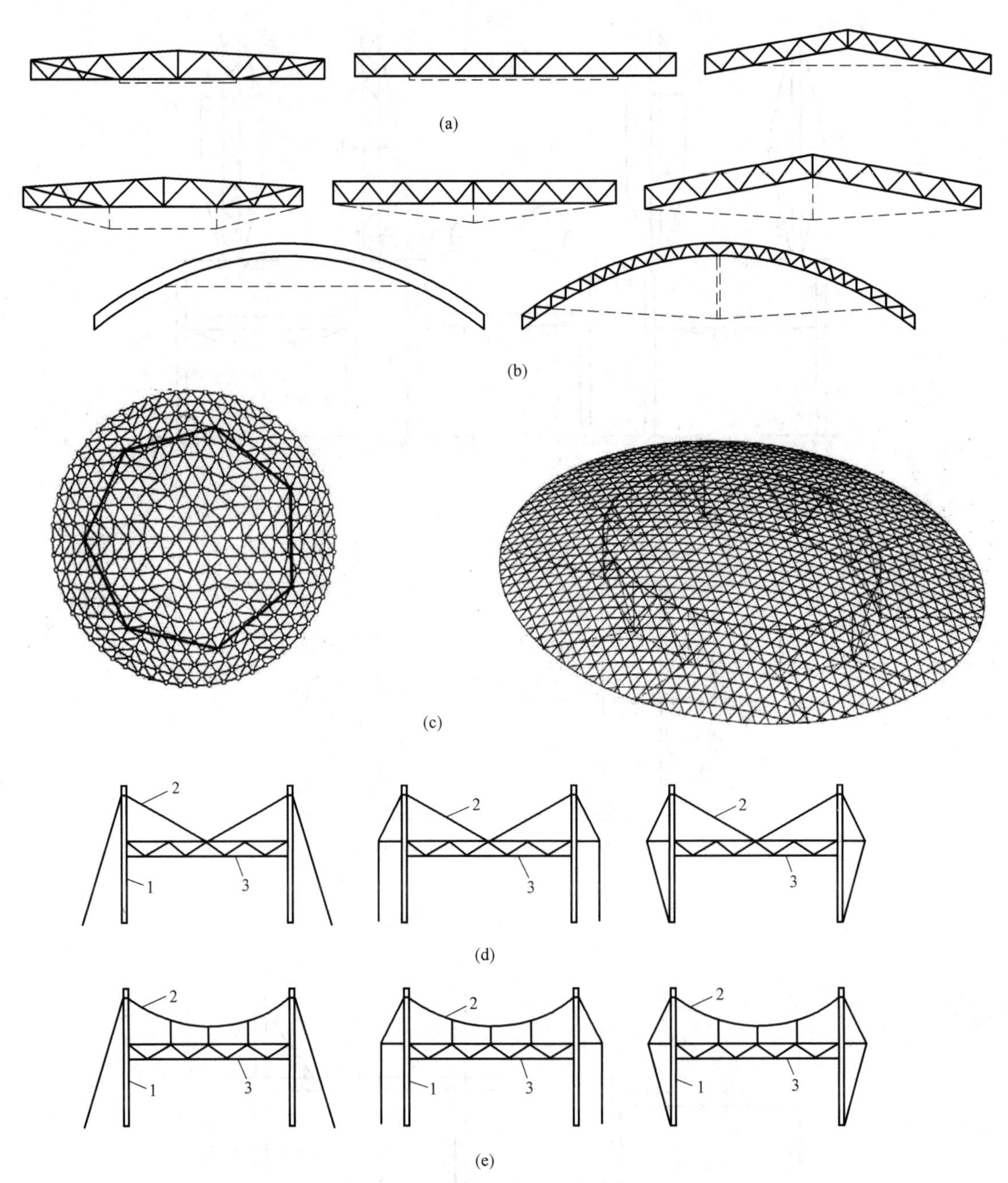

图 5.6-10 整体预应力加固法示意图

（a）预应力钢索加固法；（b）预应力钢索＋撑杆加固法；（c）空间网络结构预应力钢索加固法；
（d）预应力钢索斜拉加固法；（e）预应力悬索吊挂加固法
1—塔架；2—索；3—原结构

在布置预应力构件的时候，遵循的总原则是：使原结构多数杆件内力减少、少数杆件内力增加。所以，在布置的时候，宜布置在被加固钢结构或结构单元的范围内，且应具有明确的传力路径和计算简图，而且，尽量能够做到对称布置。对内力增加的杆件，当效应组合设计值超过构件承载力设计值时宜先行加固，保证其在加固过程中及竣工后均满足承载力要求。

关于结构整体预应力加固验算的内容应包括以下几方面：

1）构件的强度、刚度与稳定性验算，以及构件本身的局部稳定性验算；

2）节点的强度与节点板件的稳定性验算；

3）结构整体变形验算；

4）对需要计算整体稳定的结构体系，还应进行整体稳定性验算。

具体计算方法，可查阅相关现行规范。

本章小结

本章系统地介绍了多、高层钢结构的损伤机理、检测内容及方法，对可靠性鉴定、适修性评估以及危险性鉴定进行了概括。本章对钢结构常用加固方法进行了较深入地介绍，为解决实际工程问题奠定了基础。

思考与练习题

5-1 简述引起钢结构损伤的原因。

5-2 简述钢结构的加固方法。

5-3 简述钢结构构件裂纹的处理方法。

5-4 焊接连接用焊缝加固后承载力如何计算？

5-5 螺栓连接如何加固？加固后承载力如何计算？

第 6 章　单层门式刚架工业厂房及构筑物

本章要点及学习目标

本章要点：

（1）门式刚架失效类型、检测内容及方法以及门式刚架工业厂房可靠性鉴定；（2）烟囱和水塔修复、加固与维护；（3）厂房检测实例分析。

学习目标：

（1）了解单层门式刚架失效类型；（2）掌握门式刚架厂房检测内容、方法以及可靠性鉴定；（3）了解烟囱和水塔修复、加固与维护方法。

6.1　单层门式刚架失效类型

单层门式刚架因其施工周期快，在各种类型的厂房中得到了广泛应用，但由于设计、制造加工和施工与使用方面的原因以及钢结构随着时间而产生的“老龄化”，钢结构厂房事故时有发生。重庆钢铁设计研究院曾于 20 世纪 80 年代在全国各地调查了 40 多个厂房，得到了工业厂房钢结构的破损情况如表 6.1-1 所示。在调查的工厂中，冶金工厂生产最繁忙的车间占半数以上，普遍有损坏，而吊车使用频繁程度不高的，很少有损坏，有的甚至使用了几十年，仍然基本完好。这表明，工业厂房中钢结构的损坏和事故，除了偶然因素外，普遍与厂房的使用特点、生产连续性和繁忙程度有关，即厂房的使用特点与其吊车的运行状态有很大关系。

钢结构工业厂房损坏情况统计表　　表 6.1-1

工厂总数目	柱损坏		屋架、托架损坏		吊车梁系统损坏		其他损坏	
	工厂数	所占比例(%)	工厂数	所占比例(%)	工厂数	所占比例(%)	工厂数	所占比例(%)
44	14	32	12	27	21	48	10	23

针对国内外钢结构失效事故，有学者曾进行过统计分析，见表 6.1-2 和表 6.1-3。

根据工程事故调查，门式刚架常见的破坏形式如下（图 6.1-1）：

（1）门式刚架承重结构的失稳破坏；

（2）檩条、墙梁的屈曲；

（3）轻型屋面板被风荷载掀起；

(a)　(b)　(c)　(d)　(e)

图 6.1-1　门式刚架常见的破坏形式

（a）钢柱弯曲；（b）屋面板裂开；（c）螺栓弯曲；（d）吊车梁产生裂缝；（e）柱脚连接不合格

不同阶段的事故原因统计表　　表 6.1-2

事故原因	所占比例(%)		
	统计一	统计二	统计三
设计原因	18	33	28
制造原因	38	23	31
安装原因	22	30	31
使用原因	22	14	10

钢结构工程事故的技术原因统计表　　表 6.1-3

事故原因	所占比例(%)		事故原因	所占比例(%)	
	统计一	统计二		统计一	统计二
整体或局部失稳	22	41	链接破坏	19	27
构件破坏	49	25	其他	10	7

(4) 屋面板锈蚀，严重时使板产生孔洞，甚至断裂；

(5) 屋面漏雨，影响正常使用。

1. 钢柱损坏事故类型

门式刚架工业厂房中的柱子损坏事故，多在使用期出现，但柱子本身损坏不多，主要是梁与柱连接处损坏。此外，钢柱与基础连接的地脚螺栓损坏事故也时有发生，主要表现为：

1) 柱肢变形（弯曲、扭曲）；

2) 柱肢体有切口裂缝损坏；

3) 格构式柱子腹杆弯曲和扭曲变形；

4) 柱头、吊车支梁支承牛腿处焊缝开裂；

5) 柱子垂直偏斜，带来维护构件和邻接连接节点损坏及吊车轨道偏位；

6) 柱子标高降低，使屋架下沉，影响正常生产；

7) 柱脚及某些连接节点腐蚀损伤。

钢柱损坏事故原因：

1) 柱子与吊车梁连接节点构造同设计简图不符，铰接连成刚接，刚接连成铰接，使柱子和节点上产生附加应力；

2) 柱头和柱子有安装偏差，导致柱内应力显著增加，构件弯曲（往往在吊车梁以上部分弯曲）；

3) 柱子常受运输货物、吊车吊臂或吊斗碰撞，导致柱肢弯曲、支撑节点连接损坏；

4) 高温作用，尤其是冶金工厂热金属和热渣接触柱子，使柱肢弯曲，支撑节点连接损坏开裂；

5) 没有考虑荷载循环的疲劳破坏作用，使牛腿处焊缝开裂；

6) 地基基础下沉，带来柱子倾斜，柱标高降低；

7) 周期性潮湿和腐蚀介质作用，导致钢柱局部腐蚀，减小了柱截面；

8) 节点构造不合理。

2. 柱脚螺栓安装质量事故

1) 地脚螺栓与钢柱底板预留孔不对中

产生这类事故的原因是施工中预埋螺栓位置或钢柱位置超出允许偏差。处理时可用如下方法：

(1) 当两者偏差较小时，可经设计人员许可，沿偏差方向将柱底板孔扩大为椭圆孔，然后换用加大的厚板垫圈进行焊接固定；

(2) 如果两者相对位移较大，可在地脚螺栓周围用钢凿将混凝土凿到适宜深度，用气割将螺栓割断，然后搭接上一段用相同材质的材料按规定长度和直径加工成的螺栓，并采取补强措施，来调整达到规定的位置。或直接将螺栓割除，把根部螺栓焊于预埋钢板上，附上一块与预埋钢板等厚的钢板，与预埋钢板采取铆钉塞焊和周边角焊缝焊接，然后根据设计要求焊上新螺栓。

2）地脚螺栓螺纹损坏

产生的原因是对埋设后的地脚螺栓未采取保护措施，受外界损伤或安装工艺不当。可采用如下方法处理：

（1）当螺纹被损坏的长度不超过其有效长度时，可用钢锯将损坏部分锯掉，用什锦钢锉修整螺纹，直至能顺利带入螺母为止；

（2）如螺纹损坏长度超过规定的有效长度，可用气割割掉大于原螺纹段的长度，用与原螺栓相同的材质、规格的材料，一端加工成螺纹，并在对接的端头截面剖口与下端进行对接焊接，必要时再用相应直径规格、长度的钢管套入连接处进行焊接加固补强，这会使螺栓直径大于底座板孔径，可用扩大底座板孔径的方法来解决。

3. 钢吊车梁系统事故

吊车梁系统是工业厂房钢结构的重要组成部分，吊车梁系统包括吊车梁本身、吊车梁制动结构、吊车轨道和它们之间的连接。吊车梁有实腹式和桁架式两大类，吊车梁主要是焊接结构（以前有铆接）和焊缝、高强度螺栓的栓焊结构；制动结构也有实腹铺板式和制动桁架式两类。国内外对工厂使用中的吊车梁系统进行了大量调查，调查资料表明，吊车梁系统大部分破坏发生在下列部位：

1）实腹式吊车梁

实腹式吊车梁上翼缘与腹板焊缝和上翼缘与加劲肋间焊缝是最常见的损坏部位，然后连带腹板或翼缘板开裂，这些裂缝有明显的疲劳特征。

2）桁架式吊车梁

桁架式吊车梁过去常采用铆接和焊接，损坏比实腹式吊车梁严重，上弦有严重应力集中和扭矩作用，导致疲劳裂缝扩展。

3）制动梁（制动桁架）

制动结构实际工作状态极复杂，与计算简图不符，故损坏严重。损坏部位如下：①制动梁板与吊车梁连接焊缝开裂；②制动梁上板开裂；③制动桁架节点板开裂、断裂，节点板开裂；④垂直支撑斜杆裂缝、断裂；⑤制动桁架杆件扭曲或裂缝；⑥辅助桁架腹杆开裂、断裂。

4）吊车梁系统与柱连接处

①制动系统与柱连接焊缝开裂或螺栓松动；②吊车梁与柱水平连接板焊缝开裂或螺栓松动；③吊车梁与柱垂直连接焊缝开裂或螺栓松动；④垂直连接板（隔板）开裂；⑤吊车梁与吊车梁、吊车梁与柱连接螺栓松动。其中第①种损坏是最常见的破坏形式。

5）吊车轨道及车挡

①轨道顶面和侧面磨损；②轨道接头处损坏；③轨道腹板处有裂缝，通常在接头和孔附近；④采用弯钩螺栓连接轨道的吊车梁最易损坏，弯钩螺栓自行伸直拉出，使轨道位移；⑤采用双螺栓压板连接轨道的吊车梁基本可靠，少数车间会连接松动、轨道横向位移；⑥车挡固定连接松动。

关于吊车梁系统破损严重情况，国外有份调查资料（冶金企业吊车梁，使用6～10

年），损坏统计如下：①吊车梁有裂缝占30%；②制动结构有裂缝占25%；③吊车梁系统与柱子连接破坏占50%；④吊车轨道固定连接件破坏占80%；⑤吊车轨道出现不允许偏心的占20%，而有几何偏差的占70%。

根据吊车梁事故的分析，可知吊车梁系统事故原因主要归结如下：

1）设计原因

（1）设计荷载及其作用特点考虑不周全。吊车荷载以集中轮压形式作用在吊车梁长度方向任意点，轮压大小与许多因素有关。吊车荷载总是偏心地作用于吊车梁上，使吊车梁除承受一组轮压荷载外，还有其产生的动集中扭矩；吊车行驶中除产生纵向、横向水平力外，尚有卡轨产生的卡轨力。卡轨力在数值上大大超过横向制动力，这类卡轨力很难计算其值。吊车梁中应力状态实际上十分复杂，而现行钢结构规范中仅考虑了σ_x（弯曲应力）、τ_{xy}（剪应力）、σ_c（局部挤压应力），对其他应力没有涉及。吊车梁荷载的另一特点是反复作用使钢材疲劳，形成疲劳特征的损坏。疲劳是细微裂纹扩展的过程，目前疲劳强度验算尚较粗糙。

（2）吊车梁系统构造与计算简图不全一致。设计时大多数吊车梁是按实腹式简支梁或静定桁架梁计算的。但实际上，吊车梁与吊车梁在上翼缘及腹板处用连接板连接，上面尚有连续铺设的钢轨，使简支吊车梁成为一定程度的连续梁；吊车梁与制动系统的连接，使吊车梁与制动系统共同工作，带来计算中未考虑的因素；吊车梁与柱子的连接，使梁与柱形成不同程度的嵌固作用，限制了支座处自由转动，使吊车梁支座处产生负弯矩和转角，导致此处节点破坏。

2）施工原因

（1）制作和安装偏差。吊车梁系统位置相对偏移，轨道安装偏心，轨道不平和弯曲，这些给吊车梁带来了复杂的应力，易使吊车梁疲劳损伤。

（2）焊缝缺陷。在焊缝和热影响区金属母材存在微小裂缝，焊缝中有夹渣、气孔、凹槽、咬肉及焊缝厚度不足，这些缺陷是裂纹源，在重复荷载下扩展，导致吊车梁系统疲劳破坏。

对于铆接结构，铆钉填孔不实，在孔处产生应力集中，易导致裂缝。

3）使用管理方面

（1）吊车超载运行或吊车改换大吨位，使吊车梁超载工作。

（2）没有定时检查，及时维修，如轨道偏心、连接螺栓松动、吊车形式晃动、冲击、卡轨等没有及时纠正。

4. 围护结构失效

在轻钢结构中冷弯薄壁型钢是最主要的围护结构承重构件，它主要用作墙面梁及屋面檩条。与门式刚架配套的围护结构通常为彩钢复合板，轻钢结构事故原因归结如下：

1）冷弯薄壁型钢的翼缘宽厚比太大或卷边尺寸太小，以至于对翼缘没有起到加强作用，而使受压翼缘刚度不足，引起翼缘局部屈曲。

2）设计人员通常在设计中未考虑扭转应力，荷载作用在檩条等构件翼缘时，常常不通过截面的剪切中心，使构件产生扭转。

3）屋面板未能有限地阻止檩条侧向和扭转变形，而设计中又未考虑到这一因素，或没有为檩条提供足够的跨间拉条和支座处抵抗转动的约束，以致檩条产生扭转、侧向弯曲或弯扭屈曲。

4）结构所处环境条件差、涂层质量差或维护管理不及时，使钢材锈蚀。

5）轻钢屋面彩钢板与檩条通常采用的自攻螺栓，拉铆钉连接，在风吸力长期作用下易造成扩孔，最终导致漏水。

综上所述，分析钢结构厂房工程失效原因，可分从其生命周期着手。一般厂房的生命周期可以分为建造和使用两个大的阶段，其中建造阶段又分为设计、制作、安装三个时间段，使用阶段也可以分为正常使用、超期使用两个时间阶段。建造阶段的失效风险主要来自于设计、施工的失误和疏忽，正常使用阶段的失效风险主要来自于非正常的使用和维护，特别是人为和自然灾害，超期使用阶段的失效风险主要来自结构自身的损伤积累和老化。因此，基于上述国内外的调查资料表明，钢结构厂房失效具有以下三个特点：

1）钢结构厂房大多设有吊车系统，荷载大，使用频繁。

2）使用阶段发生失效的情况多。使用阶段常见的失效形式是：年久失修引起的变形、腐蚀、渗漏等，构件失稳，连接破坏，基础不均匀沉降，吊车梁疲劳破坏，风、雪荷载过大引起的破坏等。施工阶段常见的失效是：结构构件几何偏差较大引起的失效，因支撑不足而引起的刚架倾覆或屋盖塌落等。

3）人为因素。由于受市场经济利益驱动，部分近年来兴建的中小型民用钢结构厂房，盲目追求降低用钢量和工程造价的普遍施工，管理不到位，出现无设计图纸、无施工资质、无报批检验手续，导致工程质量较差，超期使用，擅自改变结构，在偶然荷载或正常使用条件下发生失效的现象时有发生。

6.2　检测内容及方法

6.2.1　检测要点

在对单层门式刚架轻钢结构厂房的检测过程中，需要对一些构件和部位进行重点检查，表 6.2-1 为各类钢结构构件的大修检测周期。检测中可根据结构的使用时间确定检测的重点区域。

钢结构构件的大修检测周期（单位：年）　　表 6.2-1

钢构件	使用条件		
	正常	有腐蚀介质作用	有重量级吊车
屋架和托架	25～30	15～20	20～25
柱	50～60	40～45	40～50
吊车梁	25～30	20～25	10～15
墙架	25～30	15～20	20～25
屋盖构件	10～15	5～8	10～12

确定检测区域后，根据轻钢结构材料、构件特点和可能失效形式，对于需要重点检测内容和部分，进行详细调查和测试，在调查和测试过程中，需要注意以下几点：

1）结构的重要性、荷载特征、连接方式、工作环境等不同，对结构材料和连接材料的要求也不同。设计和施工阶段如果选材、用材不当，则会给结构带来先天性的缺陷，对构件各方面的性能和状态都会产生不利的影响，因此在检测中应特别注意对材料的调查和测试。

2）钢结构的稳定问题突出，其稳定性与端部约束、侧向支撑、板件边缘质量、几何偏差等因素都有很大关系。在检测过程中，除应注意对相关构造、质量缺陷和几何偏差的检查外，还需要注意对构件的损伤和意外作用的调查和检测，包括对防撞等设施的检查。

3）钢结构的疲劳破坏与很多因素有关，当存在较大的缺陷和复杂的高峰应力、残余应力时，承受动力荷载的钢构件则易发生疲劳破坏，应重点检查钢构件中易出现质量缺陷、应力集中现象的部位和焊缝区域。同时，不正常的使用也会降低构件的抗疲劳能力，检测中应对异常作用和损坏进行调查和检测。

4）钢构件的局部破坏往往并不会立即导致构件的破坏，但在荷载的持续作用下则可能酿成事故，检测中应特别注意检查构件薄弱部分可能发生的局部破坏，包括局部的开裂、断裂、塑性变形、屈曲等现象。

5）钢构件受拉和受压时的承载力有很大差别，对于承受较小恒载的构件，如轻型屋盖中的屋架等构件，在风荷载等可变荷载的作用下，其杆件内力可能发生变号，由受拉变成受压，这种转变将严重降低杆件的承载力，检测中应针对这种可能性进行必要的检查。

6）钢材的锈蚀对材料性能和构件、节点的承载力都可能产生较大的影响。而锈蚀现场除了与气象条件、使用环境等宏观因素有关外，还与其局部环境有关，特别是局部的腐蚀介质浓度、湿度和温度，当构件的局部环境与建筑物的整个环境有较大差别时，应注意调查构件局部的腐蚀介质浓度、湿度和温度。用 H 型钢、工字钢、槽钢、角钢等热轧型钢和钢板组成的以及用冷弯薄壁型钢制成的承重构件或承重结构统称为钢结构，如钢梁、钢屋架、钢框架、钢塔架等都是最常见的钢结构。

6.2.2 检测内容及方法

工业建筑检测的对象可以是整幢建筑物，也可以是建筑物中相对独立的一部分（如由变形缝所分隔的一个或多个区段）或某结构功能系统（如上部承重结构、屋盖系统、吊车系统等）。单层门式刚架工业厂房的检测内容可概括为五个方面：厂房基本情况调查、现场局部检测、结构功能系统检测、荷载的检测及荷载试验、钢材材性检测。简要的检测内容及说明见表 6.2-2。

单层门市刚架工业厂房检测的主要内容　　表 6.2-2

序号	检测内容	说　明
1	厂房基本情况检测	主要针对厂房外观质量、周围环境以及结构布置形式和构件尺寸进行检测
2	现场局部检测	现场通过对地基基础的检测、构件抽取检测、焊缝质量检查，从而对结构有更好的评估
3	结构功能系统检测	对于结构功能系统：屋盖系统 、吊车梁系统、支承系统、围护系统、屋盖支撑系统和柱间支撑系统进行检测
4	荷载检测及荷载试验	计算荷载是否符合标准以及无法进行计算时，可进行现场载荷试验
5	钢材材性检测	通过资料查证确定钢材的品种，必要时检验钢材的力学性能和化学成分

1. 厂房基本情况调查

对于单层门式刚架工业厂房的基本厂房情况调查主要包括：厂房外观质量检查、环境检测、结构布置形式和构件尺寸检测。

1）厂房外观质量检查

现场对钢结构构件进行检查，观察构件是否出现明显的锈蚀，钢材表面是否出现裂纹、折叠、夹层，地平面层有没有出现裂缝和起砂。屋面和外墙围护结构的彩钢漆层是否出现明显脱落，外墙角散水与墙体是否发生脱落开裂。

2）环境检测

调查构件附近水源、高温设备、运输工具等因素引起的局部潮湿、温度、腐蚀介质变化以及构件遭受碰撞、爆炸、横向荷载等异常作用的可能性。

3）结构布置形式和构件尺寸检测

当设计和施工的档案资料齐全时，本项检测仅用作校核，可只进行部分结构的抽检。

无设计和施工的档案资料或该资料残缺不全时，应进行实际结构的以下测绘工作：结构平面布置，测量各类构件实际的平面位置，绘出结构平面图；结构垂直布置，测量吊车梁、平台及屋架的标高，绘出结构剖面图；构件尺寸，包括进行构件验算的全部尺寸，以及构造连接形式。

2. 现场局部检测

现场局部检测包括地基基础的检测、构件抽取检测、焊缝质量检查。

1）地基基础的检测

对于厂房的外墙、散水等进行检查，检测主体结构是否倾斜、变形；散水有无损坏。可以用全站仪对房屋的整体变形、倾斜进行检测。可对厂房的独立基础进行开挖，进行钻孔取芯，对其尺寸、配筋、混凝土强度进行检测。对厂房的混凝土柱与独立基础连接处节点进行检查，检测是否存在裂缝、变形和位移现象。

2）构件抽取检测

厂房抽取部分钢柱、钢梁构件，用钢卷尺、游标卡尺、金属测厚仪进行构件截面尺寸的测量，用全站仪进行钢柱构件高度、垂直度以及钢梁构件挠度的检测；同样抽取部分檩条构件，用卷尺、游标卡尺、金属测厚仪进行构件截面尺寸测量，用全站仪进行构件挠度测量。检测结果应符合国家相应的规范要求。

3）焊缝质量检测

焊缝外观缺陷检验：随机抽检焊缝，经肉眼及放大镜观测是否有漏炸、表面气孔、夹渣、弧坑裂纹及电弧擦伤等缺陷。

超声波检验焊缝内部缺陷：可以采用超声波探伤仪对结构焊缝进行超声波探伤检测。

3. 结构功能系统检测

结构功能系统检测包括：屋盖系统检测、吊车梁系统检测、支承系统检测、围护系统检测、屋盖支撑系统和柱间支撑检测。

1）屋盖系统检测

一般应对屋盖系统全部构件进行检查，但在构件外观整齐、无显著变形、无大面积涂层脱落和锈蚀、连接节点无明显的损伤和缺陷的条件下，可仅对受力状态不利的构件进行检查。

屋架、檩条、天窗架、屋面梁应检查杆件截面在平面内、外变形，局部凹凸范围、最大凹凸量以及板件锈蚀程度等。节点应检查节点偏心、焊接缺陷、螺栓或铆钉的紧固状态以及有无脱焊、断裂等。

屋架、屋面梁变形测量包括垂直挠度、旁弯和侧倾三部分。每半跨范围内测点数不宜少于三个，且跨中应有一个测点，端部测点距端支座不应大于1m。屋架（屋面梁）垂直挠度宜用水准仪测量。屋架（屋面梁）旁弯测量点应布于上弦杆（上翼缘）同一侧边，宜用经纬仪结合水平尺测量。屋架侧倾测量点应布于屋架倾斜一侧，可用靠尺测量。屋面板系统应检查屋面板和防护层的构造和尺寸。混凝土大型屋面板，应检查裂缝情况、混凝土碳化层深度，钢筋锈蚀程度，对受振动影响较大的厂房以及有抗震要求的厂房，尚应检查屋面板与屋架的连接情况及搁置长度。压型钢板屋面，应检查与檩条的连接及连接件的锈蚀、松动，以及板面涂层脱落、基板锈蚀等情况。

2）吊车梁系统检测

应对吊车梁系统全部构件及连接进行损伤情况的检查。对高温热源附近的吊车梁尚应测量构件表面的温度。吊车梁（吊车桁架）和制动结构应检查各构件有无明显变形和裂缝，相互连接部位有无铆钉或螺栓松动、脱落和焊缝开裂等现象。裂缝检查宜用肉眼观察结合放大镜检查，有疑义时宜用着色法或磁粉探伤进一步认定有无开裂和开裂范围，并用刻度放大镜确定裂缝宽度。吊车梁（吊车桁架）、制动结构与柱子连接应检查连接板有无断裂，螺栓或铆钉有无松动、脱落，焊缝有无开裂，吊车梁（吊车桁架）支座底部垫板有无缺损及不平稳现象。还应检查吊车轨道中心与吊车梁腹板中心的偏移量，以及轨道固定和破损状况。

3）支承系统检测

厂房柱、柱脚及其他承重构件的局部损伤测定，锈蚀程度测量，连接质量的检查以及柱子的偏斜和沉降测量。隐蔽部位的损伤和锈蚀状况应重点检查。

4）围护系统检测

墙架系统构件和连接节点的损伤、锈蚀以及连接的质量。

5）屋盖支撑系统和柱间支撑检测

应检查支撑布置形式的合理性，连接部位有无破损、松动、断裂，支撑杆件有无弯曲或断裂。

4. 荷载的检测及荷载试验

1）荷载的检测

吊车轮压的测定，吊车的一端设置压力传感器，用千斤顶使吊车一端的全部车轮刚好脱离轨道能自由转动，通过应变仪测得轮压值。

自重荷载测定，一般可按构件实测的尺寸和现行《建筑结构荷载规范》GB 50009—2012规定的重力密度确定。屋面可切开至结构层，检查各构造层的材料，测量其实际尺寸。

屋面、平台积灰荷载测量，应根据灰源和积灰环境确定实测点，测量积灰厚度及日常均积灰量，确定积灰分布状态。还应调查清灰方法和制度，了解生产变化情况和气象条件。

增加的设备荷载，应从工艺方面了解设备荷载资料，设备振动对结构影响较大时，除应测试结构的动力特性外，尚应了解设备的扰动特性及其制作和安装质量。

2）荷载试验

不具备计算条件时，可在现场进行结构的荷载试验，试验方案应根据构件种类、工作状态和现场条件制定。试验结果应反映已知荷载下构件截面的应力状态、最大应力值及最大变位。吊车梁（吊车桁架）的荷载试验可分为静力测试和动力测试两类，分别用于确定吊车梁的静力承载力和疲劳寿命。

5. 材性检测

根据结构的设计和施工档案资料难以确定钢材性能，或现场检查有怀疑时，应对钢材进行下列检验：化学成分主要检查碳、锰、硅、硫、磷的含量，必要时应检查氮和其他元素；力学性能除应检查屈服强度、抗拉强度、伸长率和冷弯性能外，重级工作制的吊车梁和起重量等于或大于50t的中级工作制焊接吊车梁，应检查常温冲击韧性，必要时尚应检查负温冲击韧性；经受过高于200℃高温作用的结构构件，需要时应在受高温的部位取样复核其力学性能。

6.3 单层门式刚架工业厂房可靠性鉴定

《工业建筑可靠性鉴定标准》GB 50144—2019对混凝土结构、砌体结构为主体的单层或多层工业厂房的整体厂房、区段或构件和以钢结构为主体的单层厂房的整体厂房、区段或构件的可靠性鉴定做了明确的规定。下面主要介绍单层工业钢结构厂房的评定方法。

6.3.1 一般规定

结构上的作用包括永久作用（结构构件、建筑构配件、固定设备等自重，预应力、土压力、水压力、地基变形等）、可变作用（屋面及楼面活荷载、层面积灰、吊车荷载、风荷载、雪荷载、冰荷载、温度作用、振动冲击及其他动荷载）、偶然作用（地震、撞击爆炸事故、火灾）和其他作用。作用效应分项系数及组合系数应按国家现行标准《建筑结构荷载规范》GB 50009—2012确定，当有充分依据时，可结合工程经验，经分析判断确定。

结构或构件的验算应按国家现行标准执行。一般情况下，应进行结构或构件的强度、稳定、连接的验算，必要时还应进行疲劳、裂缝、变形、倾覆、滑移等的验算。对国家现行规范没有明确规定验算方法或验算后难以判定等级的结构或构件，可结合实践经验和结构实际工作情况，采用理论和经验相结合（包括必要时进行试验）的方法，按照国家现行标准《建筑结构可靠性设计统一标准》GB 50068—2018进行综合判断。

结构或构件验算的计算图形应符合其实际受力与构造状况。

当混凝土结构表面温度长期大于60℃、钢结构表面温度长期大于150℃时，应考虑温度对材质的影响。结构或构件验算的计算图形应符合其实际受力与构造状况。当结构经受过150℃以上的温度作用或受过骤冷骤热影响时，应检查烧伤程度，必要时应取样试验，确定其力学性能指标。

验算结构或构件的几何参数应采用实测值，并应考虑构件截面的损伤、腐蚀、锈蚀、偏差、断面削弱以及结构或构件过度变形的影响。

对于重级工作制或吊车起重量等于或大于50t的中级工作制焊接吊车梁，应检验其常温冲击韧性，必要时检验负温冲击韧性。

6.3.2 鉴定评级的层次和等级划分

工业厂房可靠性鉴定是按子项、项目或组合项目、评定单元三个层次，每一层次划分为四个等级进行鉴定评级。鉴定时按表 6.3-1 规定的检查项目和步骤，从第一层次开始，逐层进行评定。

工业厂房可靠性鉴定评级层次及等级划分 **表 6.3-1**

<table>
<tr><td>层次</td><td>Ⅰ</td><td colspan="3">Ⅱ</td><td>Ⅲ</td></tr>
<tr><td>层名</td><td>鉴定单元</td><td colspan="3">结构系统</td><td>构件</td></tr>
<tr><td>等级</td><td>一、二、三、四</td><td colspan="3">A,B,C,D</td><td>a,b,c,d</td></tr>
<tr><td rowspan="10">范围与内容</td><td rowspan="10">鉴定单元</td><td rowspan="2">结构布置和支撑系统</td><td colspan="2">结构布置和支撑系统</td><td></td></tr>
<tr><td colspan="2">支撑系统长细比</td><td>支撑杆件长细比</td></tr>
<tr><td rowspan="6">承重结构系统</td><td rowspan="3">地基基础</td><td>地基、斜坡</td><td rowspan="2">按结构类别同相应结构的子项</td></tr>
<tr><td>基础</td></tr>
<tr><td>桩和桩基</td><td>桩、桩基</td></tr>
<tr><td colspan="2">混凝土结构</td><td>承载能力、构造和连接、裂缝、变形</td></tr>
<tr><td colspan="2">钢结构</td><td>承载能力、构造和连接、变形、偏差</td></tr>
<tr><td colspan="2">砌体结构</td><td>承载能力、构造和连接、裂缝、变形</td></tr>
<tr><td rowspan="2">围护结构系统</td><td colspan="2">使用功能</td><td>屋面系统、墙体及门窗、地下防水设施、防护设施</td></tr>
<tr><td colspan="2">承重结构</td><td>按结构类别同相应结构的子项</td></tr>
</table>

工业建筑可靠性鉴定评级的各层次分级标准如下所述：

1. 构件的安全性评级标准

a 级：符合国家现行标准规范要求，安全适用，不必采取措施；

b 级：略低于国家现行标准规范要求，基本安全适用，可不必采取措施；

c 级：不符合国家现行标准规范要求，影响安全或影响正常使用，应采取措施；

d 级：严重不符合国家现行标准规范要求，危及安全或不能正常使用，必须采取措施。

2. 项目和组合项目

A 级：符合国家现行标准的安全性要求，不影响整体安全，可正常使用；可不采取措施或有极少数次要构件宜采取适当措施；

B 级：略低于国家现行标准的安全性要求，尚不明显影响整体安全；可有极少数构件应采取措施；

C 级：不符合国家现行标准的安全性要求，或影响整体安全，或影响正常使用；应采取措施，或有极少数构件应立即采取措施；

D 级：极不符合国家现行标准的安全性要求，已严重影响整体安全，不能正常使用；必须采取措施。

3. 鉴定单元的安全评级标准

一级：符合国家现行标准的安全性要求，不影响整体安全；可不采取措施或有极少数次要构件宜采取适当措施；

二级：略低于国家现行标准的安全性要求，尚不明显影响整体安全；可不采取措施或有极少数次要构件宜采取适当措施；

三级：不符合国家现行标准的安全性要求，影响整体安全；应采取措施，可能有极少数构件应立即采取措施；

四级：极不符合国家现行标准的安全性要求，已严重影响整体安全；必须立即采取措施。

6.3.3 结构布置和支撑系统的鉴定评级

结构布置和支撑系统组合项目的鉴定评级应包括结构和支撑布置、支撑系统长细比两个项目，评定等级应按两个项目中较低等级确定。

1. 结构布置和支撑布置项目应按下列规定评定等级：

A级：结构和支撑布置合理，结构形式与构件选型正确，传力路线合理，结构构造和连接可靠，符合国家现行标准规范规定，满足使用要求；

B级：结构和支撑布置合理，结构形式与构件选型基本正确，传力路线基本合理，结构构造和连接基本可靠，基本符合国家现行标准规范规定，局部可不符合国家现行标准规范规定，但不影响安全使用；

C级：结构和支撑布置基本合理，结构形式、构件选型、结构构造和连接局部可不符合国家现行标准规范规定，影响安全使用，应进行处理；

D级：结构和支撑布置、结构形式、构件选型、结构构造和连接不符合国家现行标准规范规定，危及安全，必须进行处理。

2. 支撑系统长细比项目的评定等级，应首先根据表6.3-2评定钢支撑杆件长细比子项的等级，然后根据各个等级的百分比，按下列规定确定：

A级：含b级不大于30%，且不含c级、d级；

B级：含c级不大于30%，且不含d级；

C级：含d级小于10%；

D级：含d级大于或等于10%。

钢支撑杆件长细比评定等级 表6.3-2

厂房情况	支撑杆件种类		支撑杆件长细比			
			a	b	c	d
无吊车或有中、轻级工作制吊车厂房	一般支撑	拉杆	≤400	>400,≤425	>425,≤450	>450
		压杆	≤200	>200,≤225	>225,≤250	>250
	下柱支撑	拉杆	≤300	>300,≤325	>325,≤350	>350
		压杆	≤150	>150,≤200	>200,≤250	>250
有重级工作制吊车或有不小于5t锻锤厂房	一般支撑	拉杆	≤350	>350,≤375	>375,≤400	>400
		压杆	≤200	>200,≤225	>225,≤250	>250
	下柱支撑	拉杆	≤200	>200,≤225	>225,≤250	>250
		压杆	≤150	>150,≤175	>175,≤200	>200

注：表内一般支撑系统指除下柱支撑以外的各种支撑；对于直接或间接承受动力荷载的支撑结构，计算单角钢受拉杆件长细比时，应采用角钢的最小回转半径，但在计算单角钢交叉拉杆在支撑平面外的长细比时，应采用与角钢肢边平行轴的回转半径；设有夹钳式吊车或刚性料耙式吊车的厂房中，一般支撑拉杆的长细比宜按无吊车或有中、轻级工作制吊车厂房的下柱支撑中拉杆一栏评定等级；对于动荷载较大的厂房，其支撑杆件长细比评级宜从严；当有经验时，一般厂房的下柱支撑杆件长细比评级可适当从宽；下柱交叉支撑压杆长细比较大时，可按拉杆进行验算，并按拉杆长细比评定等级。

6.3.4 刚架地基基础的鉴定评级

地基基础的鉴定评级应包括地基、基础、桩和桩基、斜坡四个项目。

1. 地基项目宜根据地基变形观测资料，按下列规定评定等级：

A级：厂房结构无沉降裂缝或裂缝已终止发展，不均匀沉降小于国家现行《建筑地基基础设计规范》GB 50007—2011规定的容许沉降差，吊车运行正常；

B级：厂房结构沉降裂缝在短期内有终止发展趋向，连续2个月地基沉降速度小于2mm/月，不均匀沉降小于国家现行《建筑地基基础设计规范》GB 50007—2011规定的容许降差，吊车运行基本正常；

C级：厂房结构沉降裂缝继续发展，短期内无终止趋向，连续2个月地基沉降速度大于2mm/月，不均匀沉降大于国家现行《建筑地基基础设计规范》GB 50007—2011规定的容许沉降差，吊车运行不正常，但轨顶标高或轨距尚有调整余地；

D级：厂房结构沉降裂缝发展显著，连续2个月地基沉降速度大于2mm/月，不均匀沉降大于国家现行《建筑地基基础设计规范》GB 50007—2011规定的容许沉降差，吊车运行不正常，轨顶标高或轨距没有调整余地。

2. 基础项目应根据基础结构的类别，参照混凝土结构或砌体结构子项的评定方法，从承载能力、构造和连接、裂缝及变形四个子项方面来评定等级，详见《工业建筑可靠性鉴定标准》GB 50144—2019。

3. 桩和桩基项目包括桩、桩基两个子项，评定等级时按桩、桩基子项的较低等级确定。其中桩基应按1. 评定等级，单桩宜按下列标准评定等级：

a级：木桩没有或有轻微表层腐烂，钢桩没有或有轻微表面腐蚀；

b级：木桩腐烂的横截面积小于原有横截面面积10%，钢桩腐蚀厚度小于原有壁厚10%；

c级：木桩腐烂的横截面积为原有横截面面积10%～20%，钢桩腐蚀厚度为原有壁厚10%～2.0%；

d级：木桩腐烂的横截面积大于原有横截面面积20%，钢桩腐蚀厚度大于原有壁厚20%。

当基础下为群桩时，其子项等级应根据单桩各个等级的百分比按下列规定确定：

a级：含b级不大于30%，且不含c级、d级；

b级：含c级不大于30%，且不含d级；

c级：含d级小于10%；

d级：含d级大于或等于10%。

4. 斜坡项目应根据其稳定性按下列规定评定等级：

A级：没有发生过滑动，将来也不会再滑动；

B级：以前发生过滑动，停止滑动后将来不会再滑动；

C级：发生过滑动，停止滑动后将来可能再滑动；

D级：发生过滑动，停止滑动后目前又滑动或有滑动迹象。

5. 地基基础组合项目的评定等级，应按地基、基础、桩和桩基、斜坡项目中的最低等级确定。当地下水水位和水质有较大变化，或因土压和水压显著增大对地下墙有不利影响时，可在鉴定报告书中用文字说明。

6.3.5 上部承重结构系统的鉴定评级

单层厂房钢结构或构件的鉴定评级应包括承载能力（包括构造和连接）、变形、偏差三个子项。钢结构或构件应进行强度、稳定性、连接、疲劳等承载能力的验算。

1. 结构或构件的承载能力（包括构造和连接）子项应按表 6.3-3 评定等级。

钢结构或构件承载能力评定等级 **表 6.3-3**

钢结构或构件种类	承载能力			
	$R/\gamma_0 S$			
	a	b	c	d
屋架、托架、梁、柱、中、重级吊车梁一般构件及支撑连接、构造	≥1.00	<1.00,≥0.95	<0.95,≥0.90	<0.90
	≥1.00	<1.00,≥0.95	<0.95,≥0.90	<0.90
	≥1.00	<1.00,≥0.92	<0.92,≥0.87	<0.87
	≥1.00	<1.00,≥0.95	<0.95,≥0.90	<0.90

注：凡杆件或连接构造有裂缝或锐角切口者，根据其对承载能力影响程度，可评为 c 级或 d 级。对于焊接吊车梁，当上翼缘连接焊缝及其近旁出现疲劳开裂，或受拉区腹板在加劲肋端部或受拉翼缘的横向焊缝处出现疲劳开裂时，或受拉翼缘焊有其他钢件者，应评为 c 级或 d 级。

2. 钢结构或构件的变形子项应按表 6.3-4 评定等级。

钢结构或构件的变形评定等级 **表 6.3-4**

钢结构或构件类别		变形			
		a	b	c	d
檩条	轻屋盖	≤l/150	大于 a 级变形，功能无影响	大于 a 级变形，功能有局部影响	大于 a 级变形，功能有影响
	其他屋盖	≤l/200			
桁架、屋架及托架		≤l/400	大于 a 级变形，功能无影响	大于 a 级变形，功能有局部影响	大于 a 级变形，功能有影响
实腹梁	主梁	≤l/400	大于 a 级变形，功能无影响	大于 a 级变形，功能有局部影响	大于 a 级变形，功能有影响
	其他梁	≤l/250			
吊车梁	轻级和 Q<50t 中级桥式吊车	≤l/600	大于 a 级变形，吊车运行无影响	大于 a 级变形，吊车运行有局部影响，可补救	大于 a 级变形，吊车运行有影响，不可补救
	重级和 Q<50t 中级桥式吊车	≤l/750			
柱	厂房柱横向变形	≤H_T/1250	大于 a 级变形，吊车运行无影响	大于 a 级变形，吊车运行有局部影响	大于 a 级变形，吊车运行有影响，不可补救
	露天柱桥柱的横向变形	≤H_T/2500			
	厂房和露天栈桥的纵向变形	≤H_T/4000			
墙架构件	支撑砌体的横梁（水平向）	≤l/300	大于 a 级变形，功能无影响	大于 a 级变形，功能有影响	大于 a 级变形，功能有严重影响
	压型钢板、瓦楞铁等轻墙皮横梁（水平向）	≤l/200			
	支柱	≤l/400			

注：表中 l 为受弯构件的跨度，H_T 为柱脚底面到吊车梁或吊车桁架上顶面的高度。柱变位为最大一台吊车水平荷载作用下的水平变位值，本表为按长期荷载效应组合的变形值，应减去或加上制作反拱或下挠值。

3. 钢结构或构件的偏差子项宜按下列规定评定等级。

1）天窗架、屋架和托架的不垂直度：

a级：不大于天窗架、屋架和托架高度的1/250，且不大于15mm；

b级：构件的不垂直度略大于a级的允许值，且沿厂房纵向有足够的垂直支撑保证这种偏差不再发展；

c级或d级：构件的不垂直度大于a级的允许值，且有发展的可能时，可评为c级或d级。

2）受压杆件对通过主受力平面的弯曲矢高：

a级：不大于杆件自由长度的1/1000，且不大于10mm；

b级：不大于杆件自由长度的1/660；

c级或d级：大于杆件自由长度的1/660，可评为c级或d级。

3）实腹梁的侧弯矢高：

a级：不大于构件跨度的1/660；

b级：略大于构件跨度的1/660，且不可能发展；

c级或d级：大于构件跨度的1/660，可评为c级或d级。

4）吊车轨道中心对吊车梁轴线的偏差：

a级：$e \leqslant 10$mm；

b级：$10 < e \leqslant 20$；

c级或d级：$e > 20$，吊车梁上翼缘与轨底接触面不平直，有啃轨现象，可评为c级或d级。

4. 钢结构或构件的承重结构系统组合项目评定等级应根据承载能力（包括构造和连接）、变形、偏差三个子项的等级，按下列原则确定：

当变形、偏差比承载能力（包括构造和连接）相差不大于一级时，以承载能力（包括构造和连接）的等级作为该项目的评定等级；

当变形、偏差比承载能力（包括构造和连接）低二级时，以承载能力（包括构造和连接）的等级降低一级作为该项目的评定等级；

当变形、偏差比承载能力（包括构造和连接）低三级时，可根据变形、偏差对承载能力的影响程度，以承载能力（包括构造和连接）的等级降一级或二级作为该项目的评定等级。

6.3.6 围护系统的鉴定评级

围护结构系统的鉴定评级包括使用功能和承重结构两个项目。

使用功能项目包括屋面系统、墙体及门窗、地下防水和防护设施四个子项。使用功能各子项可按表6.3-5评定等级。

围护结构系统使用功能项目评定等级，可根据各子项对建筑物使用寿命和生产的影响程度确定出一个或数个主要子项，其余为次要子项。应取主要子项中最低等级作为该项目的评定等级。

围护结构系统中的承重结构或构件项目的评定等级，应根据其结构类别，参照混凝土结构或砌体结构子项的评定方法，从承载能力、构造和连接、裂缝及变形四个子项来评定等级，详见《工业建筑可靠性鉴定标准》GB 50144—2019。

围护结构系统使用功能评定等级　　表 6.3-5

子项名称	a	b	c	d
屋面系统	构造完好，排水畅通	有老化、鼓泡、开裂或轻微损坏、堵塞等现象，但不漏水	多处老化、鼓泡、开裂、腐蚀或局部损坏、穿孔，有堵塞或漏水现象	多处严重老化、腐蚀或多处损坏、穿孔、开裂，局部严重堵塞或漏水
墙体及门窗	完好	墙体及门窗框、扇完好，抹面、装修、连接或玻璃等轻微损坏	墙体及门窗或连接局部破坏，已影响使用功能	墙体及门窗或连接严重破损，部分已丧失使用功能
地下防水	完好	基本完好，虽有较大潮湿现象，但没有明显渗漏	局部损坏或有渗漏现象	多处破损或有较大的漏水现象
防护设施	完好	有轻微损坏，但不影响防护功能	局部损坏已影响防护功能	多处破损，部分已丧失防护功能

注：防护设施系统是为了隔热、隔尘、防湿、防腐、防撞、防爆和安全而设置的各种设施及顶棚吊顶等。

围护结构系统组合项目的评定等级，应按使用功能和承重结构项目中的较低等级确定。对只有局部地下防水或防护设施的工业厂房，围护结构系统的项目评定等级，可根据其重要程度进行综合评定。

6.3.7 工业厂房的综合鉴定评级

1. 工业厂房的综合鉴定可根据厂房的结构系统、结构现状、工艺布置、使用条件和鉴定目的，将厂房的整体、区段或结构系统划分为一个或多个评定单元进行综合评定。

厂房评定单元的综合鉴定评级应包括承重结构系统、结构布置和支撑系统、围护结构系统三个组合项目。综合评级结果应列入表 6.3-6。

工业厂房（区段）评定单元的综合评级　　表 6.3-6

评定单元	组合项目名称	组合项目	评定单元	备注
		A、B、C、D	一、二、三、四	
Ⅰ	承重结构系统 结构布置及支撑系统 围护结构系统			
Ⅱ	承重结构系统 结构布置及支撑系统 围护结构系统			
……	……			

2. 厂房评定单元的承重结构系统包括地基基础及结构构件，组合项目的评定等级分A、B、C、D四级，可按下列规定进行：

1）将厂房评定单元的承重结构系统划分为若干传力树。传力树是由基本构件和非基本构件组成的传力系统，树表示构件与系统失效之间的逻辑关系。基本构件是指当其本身失效时会导致传力树中其他构件失效的构件；非基本构件是指其本身失效是孤立事件，它的失效不会导致其他主要构件失效的构件。传力树中各种构件包括构件本身及构件间的连接节点。

2）传力树中各种构件的评定等级，应根据其所处的工艺流程部位，按下列规定评定：

基本构件和非基本构件的评定等级，应在各自单个构件评定等级的基础上按其所含的各个等级的百分比确定。

基本构件：

A级：含B级且不大于30%；不含C级、D级；

B级：含C级且不大于30%；不含D级；

C级：含D级且小于10%；

D级：含D级且大于或等于10%。

非基本构件：

A级：含B级且小于50%；不含C级、D级；

B级：含C级、D级之和小于50%，且含D级小于5%；

C级：含D级且小于35%；

D级：含D级且大于或等于35%。

当工艺流程的关键部位存在C级、D级构件时，可不按上述规定评定等级，根据其失效后果影响程度，该种构件可评为C级或D级。

3）传力树评级取树中各基本构件等级中的最低评定等级。当树中非基本构件的最低等级低于基本构件的最低等级二级时，以基本构件的最低等级降一级作为该传力树的评定等级；当出现低三级时，可按基本构件等级降二级确定。

4）厂房评定单元的承重结构系统的评级可按下列规定确定：

A级：含B级传力树且不大于30%；不含C级、D级传力树；

B级：含C级传力树且不大于15%；不含D级传力树；

C级：含D级传力树且小于5%；

D级：含D级传力树且大于或等于5%。

3. 厂房评定单元的结构布置和支撑系统组合项目的评定等级应按结构布置和支撑布置、支撑系统长细比项目中较低等级确定。

4. 厂房评定单元的围护结构系统组合项目的评定等级，应按使用功能和承重结构项目中的较低等级确定。厂房评定单元的综合鉴定评级分为一、二、三、四共四个级别，应包括承重结构系统、结构布置和支撑系统、围护结构系统三个组合项目，以承重结构系统为主，按下列规定确定评定单元的综合评级：

当结构布置和支撑系统、围护结构系统与承重结构系统的评定等级相差不大于一级时，可以承重结构系统的等级作为该评定单元的评定等级；

当结构布置和支撑系统、围护结构系统比承重结构系统的评定等级低二级时，可以承重结构系统的等级降一级作为该评定单元的评定等级；

当结构布置和支撑系统、围护结构系统比承重结构系统的评定等级低三级时，可根据上述原则和具体情况，以承重结构系统的等级降一级或二级作为该评定单元的评定等级；

综合评定中宜结合评定单元的重要性、耐久性、使用状态等综合判定，可对上述评定结果作不大于一级的调整。

5. 鉴定报告中除对厂房评定单元进行综合鉴定评级外，还应对C级、D级承重构件的数量、分布位置及处理建议作详细说明。

6.4 单层门式刚架厂房修复、加固与维护

当钢结构存在严重缺陷、损伤或使用条件发生改变，经检查、验算结构的强度（包括连接）、刚度或稳定性等不满足设计要求时，应对钢结构进行加固。如出现以下情况之一时，需要进行加固：

1）由于设计或施工中造成钢结构缺陷，使得结构或其局部的承载能力达不到设计要求，如焊缝长度不足、杆件中切口过长、截面削弱过多等。

2）结构经长期使用，存在不同程度锈蚀、磨损，结构或节点受到削弱，使得结构或其局部的承载能力达不到原来的设计要求。

3）由于使用条件发生变化，结构上荷载增加，原有结构不能适应。

4）使用的钢材质量不符合要求。

5）意外自然灾害对结构损伤严重。

6）由于地基基础下沉，引起结构变形和损伤。

7）有时出现结构损伤事故，需要修复。如果损伤是由于荷载超过设计值或者材料质量低劣，或者是构造处理不恰当造成，那么修复工作也带有加固的性质。

6.4.1 加固的原则

结构或构件加固是一项复杂的工作，考虑因素很多，加固方法应从施工方便、不影响生产、经济合理、效果好等方面来选择。一般原则如下：

1）结构经可靠性鉴定不满足要求时，必须进行加固处理。加固的范围和内容应根据鉴定结论和加固后的使用要求，由设计单位与业主协商确定。加固设计的内容和范围，可以是结构整体，亦可以是指定的区段、特定的构件或部位。

2）加固后的钢结构的安全等级应根据结构破坏后果的严重程度、结构的重要性和下一个使用期的具体要求，由委托方和设计者按实际情况商定。

3）结构加固时尽可能做到不停产或少停产，因停产的损失往往是加固费用的几倍或几十倍。能否在负荷下不停产加固，取决于结构应力应变状态，一般构件内应力小于钢材设计强度80%，且构件损坏、变形等不太严重时，可采用负荷不停产加固方法。

在负荷状态下进行焊接加固是非常危险的，承受静力荷载和间接承受动力荷载的构件在实际荷载产生的原有杆件应力最好在钢材设计强度的60%以下，极限不得超过80%，承受动力荷载的构件不得超过40%，否则采取相应措施才能施焊；加大角焊缝厚度时，原有焊缝在扣除焊接热影响区长度后的承载能力，应不小于外荷载产生的内力。

4）钢结构加固设计应与实际施工方法紧密结合，并应采取有效措施，保证新增截面、构件和部件与原结构连接可靠，使其形成整体共同工作。在加固施工时，应避免对未加固的部分或构件造成不利的影响，并充分考虑现场条件对施工方法、加固效果和施工工期的影响，应采取减少构件在加固过程中产生附加变形的加固措施和施工方法。

5）对于高温、腐蚀、冷脆、振动、地基不均匀沉降等原因造成的结构损坏，应提出其相应的处理对策后再进行加固。

6）对于加固时可能出现倾斜、失稳或倒塌等不安全因素的钢结构，在加固施工前，应采取相应的临时安全措施，以防止事故的发生。

6.4.2　加固方法

根据加固的对象，钢结构的加固可分为钢柱的加固、钢梁的加固、钢屋架或托架的加固、吊车系统的加固、连接和节点的加固、裂纹的修复和加固等。

根据损害范围，钢结构的加固可分为两大类：一是局部加固，一般只对某些承载能力不足的杆件或连接节点进行加固。二是全面加固，是对整体结构进行的加固。

从设计的角度来讲，钢结构的加固主要可分为两大类：

1）改变结构计算简图的加固方法：采用改变荷载分布状况、传力途径、节点性质、边界条件、增设附加杆件或支撑、施加预应力、考虑空间协同作用等措施对结构进行加固的方法。

2）不改变结构计算简图的加固方法：在不改变结构计算简图的前提下，对原结构的构件截面和连接进行补强的方法。此时对构件的加固又称为加大截面法。

从施工的角度来讲，钢结构的加固也分为两大类：

1）卸载或部分卸荷加固：结构损伤较严重或构件的应力很高，或者补强施工不得不临时削弱承受很大内力的构件及连接时，需要暂时减轻其负荷。对某些主要承受移动荷载的结构（如吊车梁等）可限制移动荷载，这就相当于部分卸荷了。当结构损坏严重或原结构构件的承载能力过小，不宜就地补强时，还需考虑将构件拆下补强或更换。此时，应采取措施使结构构件完全卸荷。

2）在负荷状态下加固：这是加固工作量最小、最简便的方法。但为保证结构的安全，应要求原结构的承载力应有不少于20%的富余，并且构件应没有严重的损伤。

6.4.3　吊车梁系统的加固

吊车梁系统的加固包括吊车梁、制动结构、辅助桁架、支撑和各种连接的加强和修复，以及轨道调整。加固材料、连接材料的选用，荷载组合、水平荷载增大系数的确定和构造要求等应符合国家现行标准的有关规定。

因加固处理改变了构件和连接的疲劳计算类别时，重级工作制吊车梁或重级、中级工作制吊车桁架应根据现行《钢结构设计标准》GB 50017—2017的规定按加固后的类别重新验算疲劳强度。

上翼缘与腹板的K形连接焊缝和腹板受压区出现的裂缝，可进行修补。修补裂缝时，应先沿裂缝加工坡口，坡口两端超出裂缝端头50mm以上，然后填补新焊缝。条件允许时，宜同时在轨道下设置直接铺设在上翼缘的垫梁或垫板。在保证焊缝质量的前提下，也可用两块板做 Y 形加固，如图 6.4-1 所示。

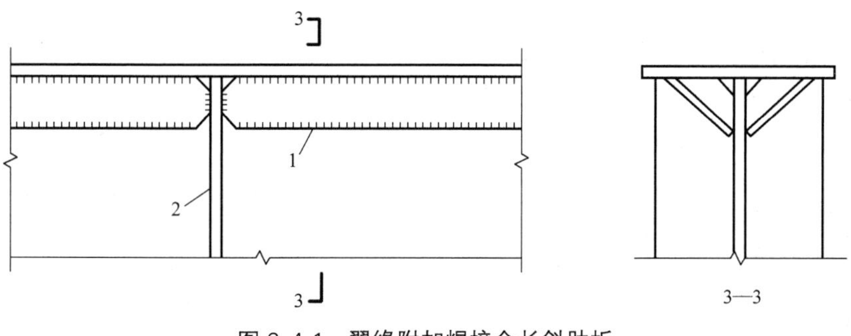

图 6.4-1　翼缘附加焊接全长斜肋板

1—附加肋；2—原有肋

吊车梁受拉翼缘和腹板受拉区或吊车桁架受拉杆及其节点板上出现疲劳裂缝时，应更换整个结构或整个零部件。

上翼缘和腹板受压区的局部凹凸变形可用机械矫正法矫平，也可用加劲肋加固。下翼缘和腹板受拉区的局部凹凸变形，不得用加劲肋加固。

制动桁架破坏较严重时，宜改用制动板。制动板与吊车梁上翼缘的连接宜采用高强度螺栓连接，也可采用焊接。

垂直支撑发生破坏但不牵连其他结构构件时，在保证系统有足够的空间稳定性的情况下，可以不进行修复或加固。

松动的高强度螺栓应及时更换新螺栓，不得将松动螺栓拧紧后继续使用。

制动结构与吊车梁或吊车桁架的连接发生破坏时，宜改用高强度螺栓连接。吊车梁与柱子的连接发生破坏时，宜改用板铰连接，如图 6.4-2 所示。

轨道在垂直方向上的偏差不满足要求时，可抬高吊车梁或在轨道下加设垫板或垫梁来调整。轨道在水平方向上的偏差不满足要求时，宜移动吊车梁来调整。移动轨道进行调整时，必须采取措施防止吊车梁上翼缘与腹板的连接处出现疲劳破坏。

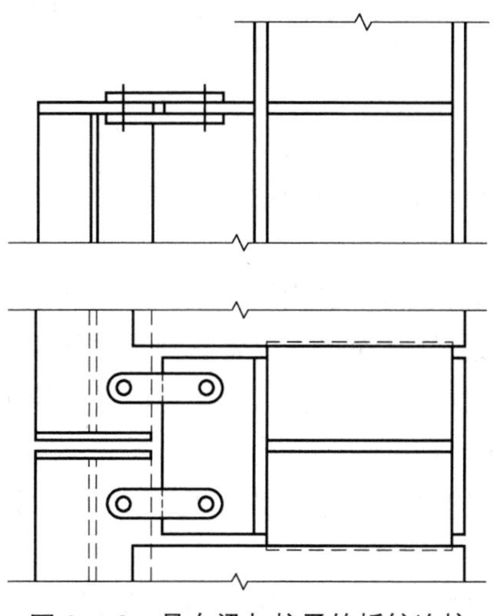

图 6.4-2　吊车梁与柱子的板铰连接

6.4.4 钢柱的加固

1. 柱子卸荷法

当必须在卸荷状态下加固或更换新柱时，可采用设置临时支柱（图 6.4-3）或“托梁换柱”（图 6.4-4）来对结构进行卸荷。

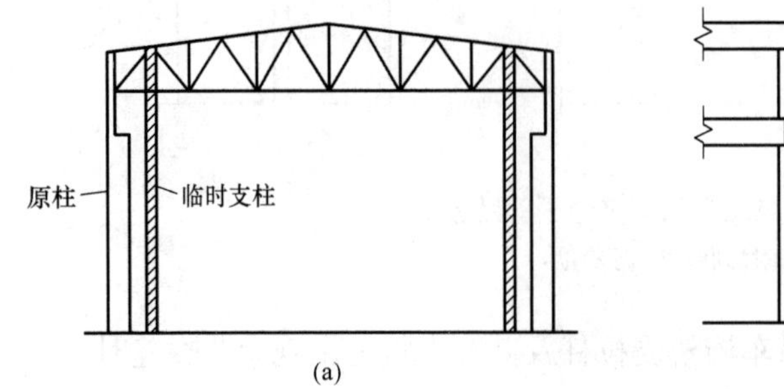

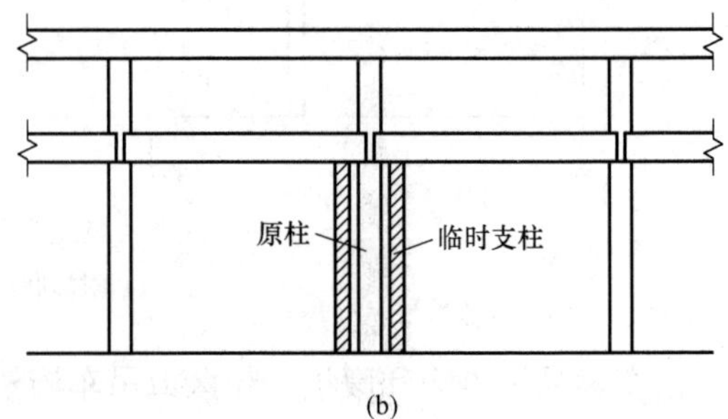

图 6.4-3 柱子的卸荷

（a）支撑屋架；（b）支撑吊车梁

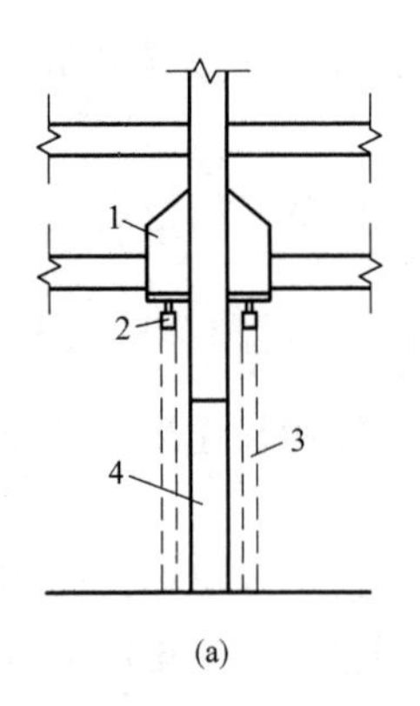

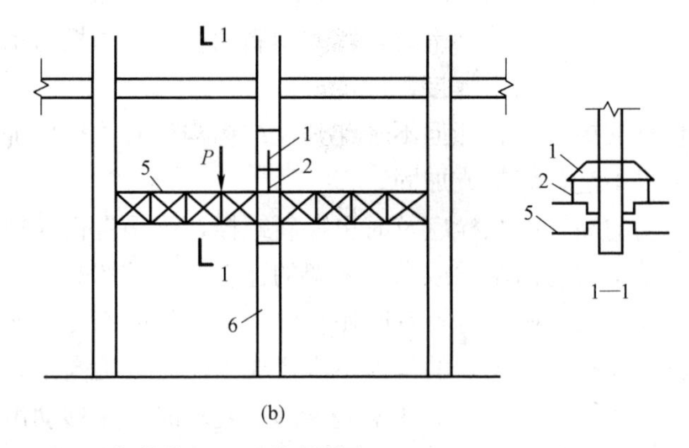

图 6.4-4 下部柱的加固及截断拆除

（a）下部柱的加固；（b）下部柱的截断拆除

1—牛腿；2—千斤顶；3—临时支柱；4—柱子被加固部分；5—永久性托梁；6—柱子被截取部分

2. 钢柱常用加固方法

1）补强柱的截面。一般补强柱截面用钢板或型钢，采用焊接或高强度螺栓与原柱连接成一个整体。

柱截面加固时，新增钢板在长度范围内遇到横向加劲肋或缀板等零件时，一般应将横向加劲肋或缀板等割断，待柱肢加固结束后，再将它们焊接复原。当需要更换锚钉加固时，需将原先的全部铆钉孔或部分铆钉孔的孔径扩大以避免因铲除原铆钉而引起的孔壁损伤。

2）改变结构传力途径减小柱外荷载或内力。

3）增设支撑。增设支撑用以减小柱自由长度，提高承载能力，在截面尺寸不变的情况下提高了柱的稳定性。

4）在钢柱四周外包钢筋混凝土进行加固，可明显提高承载能力。原来的型钢柱（或构架）截面尺寸不是很大，可采用全截面外包混凝土加固（图 6.4-5a）；如果原钢构架柱的截面较大或原柱承载力差得不多，或因压肢稳定等因素所致的原柱承载力不足，则只需对压肢作外包混凝土的办法予以加固，形成组合结构（图 6.4-5b）。外包混凝土中应配置纵向钢筋和箍筋。纵向钢筋和箍筋的构造要求与普通钢筋混凝土柱相同。外包混凝土的边缘至型钢光面边的距离不宜小于 50mm，至型钢凸缘面间的距离不宜小于 20mm。加固柱的截面承载力可采用劲性钢筋混凝土结构的计算方法进行设计。

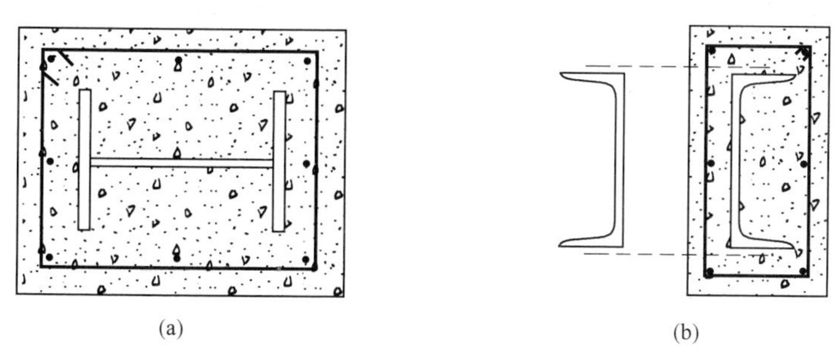

图 6.4-5 外包钢筋混凝土加固柱

3. 柱脚加固法

1）柱脚底板厚度不足时的加固

增设柱脚加劲肋，以减小底板跨度，达到减小计算弯矩的目的，如图 6.4-6（a）所示。

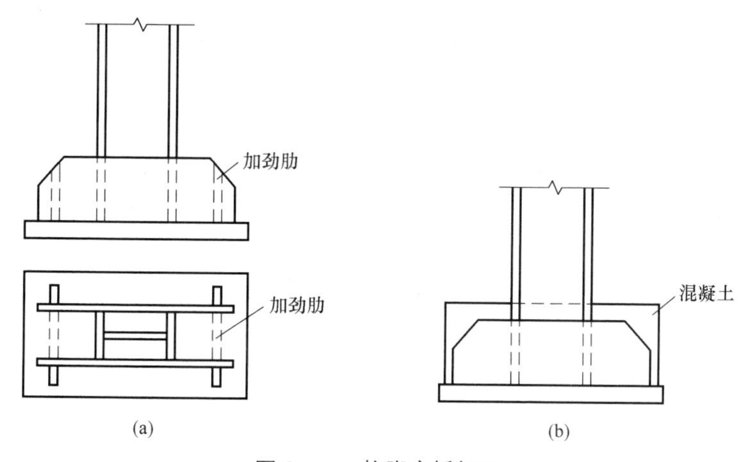

图 6.4-6 柱脚底板加固

（a）增设加劲肋加固；（b）浇混凝土加固

在柱脚的型钢间浇筑混凝土，使柱脚底板成为一个刚性很大的块体。为了增加柱脚表面的粘结力，施工前应将柱脚表面的油漆和锈蚀物清除干净，同时焊以间距约 150mm 的 $\phi16$～$\phi20$ 的插筋（图 6.4-6b）。

2）柱脚锚固不足时的加固

当钢筋混凝土基础较宽时，可采用增设附加锚栓的方法加固（图 6.4-7a）。施工时首先在混凝土基础上钻出孔洞，然后插入附加锚栓，并浇筑环氧砂浆或硫黄砂浆予以锚固。孔洞直径不小于（锚栓直径 $d+20$）mm，深度应不小于 $30d$。增设锚栓的上端用螺母拧紧压在柱靴梁上的挑梁上。

另外，也可采用将整个柱脚包以钢筋混凝土的方法加固，新配钢筋应伸入基础内，与基础内原钢筋相焊接（图 6.4-7b）。

当底板面积不够时，可采用加宽底板、增焊加劲肋的方法进行加固。

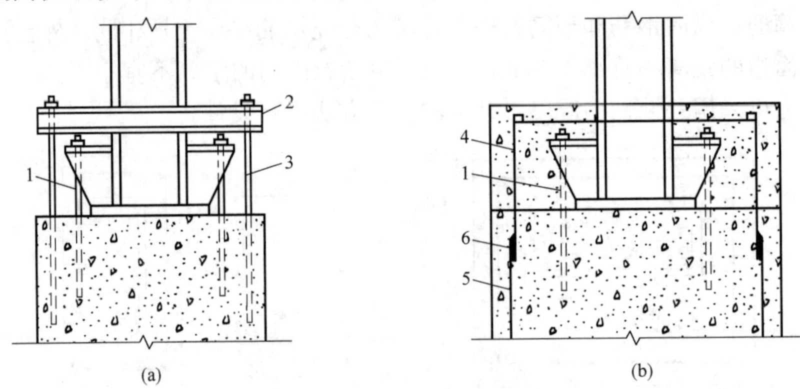

图 6.4-7 柱脚锚栓加固图

（a）增设锚栓；（b）包钢筋混凝土

1—原有锚栓；2—新增挑梁；3—新增锚栓；4—新浇混凝土内钢筋；5—原基础钢筋；6—新旧钢筋焊接

6.4.5 钢梁的加固

1. 钢梁卸荷方法

钢梁及吊车梁加固应尽量在负荷状态下进行，不得已需卸荷或部分卸荷状态下加固时，可以采用临时支柱卸荷；对于实腹式梁设置临时支柱时应注意临时支柱处实腹梁腹板的强度和稳定，以及翼缘焊缝或钉栓强度；对于吊车梁来说，限制桥式吊车运行，即相当于大部分已卸荷，因为吊车梁自重产生的应力与桥式吊车运行时产生应力相比是极小的。

2. 钢梁常用加固方法

1）补增梁截面加固法

梁可通过增补截面面积来提高承载能力，焊接组合梁和型钢梁都可采用在翼缘和腹板上焊接水平板、垂直板和斜板来加固，也可用型钢加焊在翼缘和腹板上，当梁腹板抗剪强度不足时，可在腹板两边加焊钢板补强，当梁腹板稳定性不能保证时，往往不采用上述方法，而是设置附加加劲肋方法；用圆钢和圆钢管补增梁截面是考虑施工工艺方便。

2）改变结构传力途径加固法

3）下支撑构架加固梁方法

当允许梁卸荷加固时，可采用下支撑构架加固（图 6.4-8a、b），各种下撑杆使梁变成有刚性上弦梁桁架，下撑杆一般是非预应力的各种型钢（角钢、槽钢、圆钢等），也可用预应力高强钢丝束加固吊车梁，图 6.4-8（c）是直的预应力拉杆加固梁；加固件全部应连接到梁横向加劲肋或腹板上，若连在下翼缘会降低抗震性能。

6.4.6 地基基础的加固

既有建筑需要进行地基基础加固的原因大致有下列几种情况：

1）由于勘察、设计、施工或使用不当，造成既有建筑开裂、倾斜或损坏，需要进行地基基础加固。这在软土地基、湿陷性黄土地基、人工填土地基、膨胀土地基和土岩组合地基上较为常见。

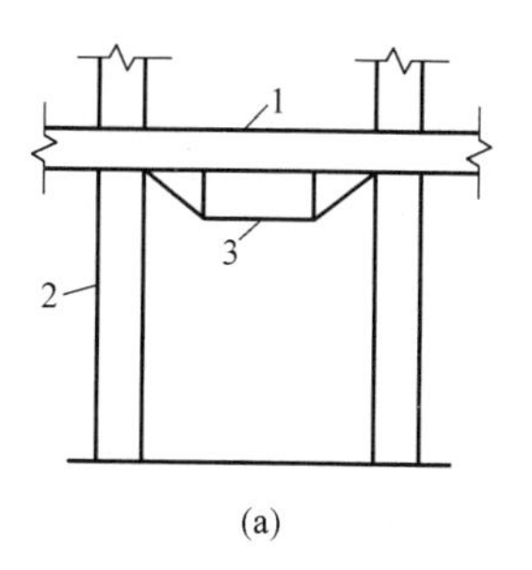

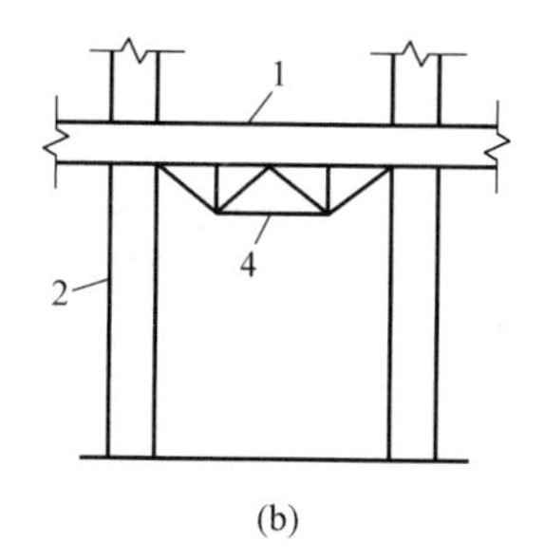

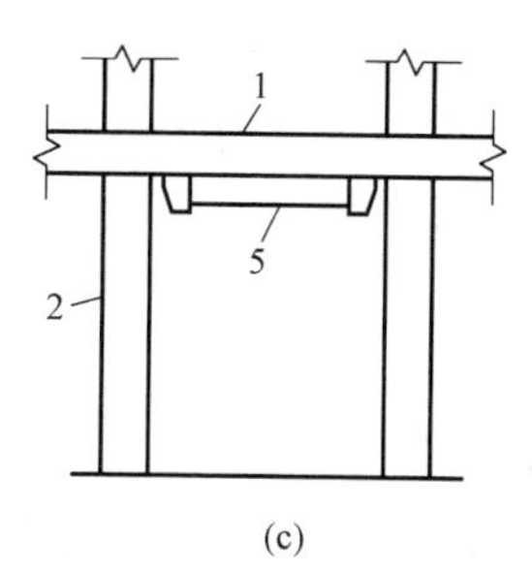

图 6.4-8 下支撑构架加固梁

1—梁；2—柱；3—下撑杆；4—桁架；5—拉杆

2）因改变原建筑使用要求或使用功能而需要进行地基基础加固，如增层、增加荷载、改建、扩建等。

3）因周围环境改变而需要进行地基基础加固，如地下工程施工可能对既有建筑造成影响、邻近工程的施工对既有建筑可能产生影响、深基坑开挖对既有建筑可能产生影响。

4）古建筑的维修需要进行地基基础加固。

与新建工程相比，既有建筑地基基础的加固是一项技术较为复杂的工程。因此，必须遵循下列原则和规定：

1）必须由有相应资质的单位和有经验的专业技术人员来承担既有建筑地基和基础的鉴定、加固设计和加固施工，并应按规定程序进行校核、审定和审批等。

2）既有建筑在进行加固设计和施工之前，应先对地基和基础进行鉴定，根据鉴定结果才能确定加固的必要性和可能性。

既有建筑地基基础加固设计，可按下列步骤进行：

(1) 根据鉴定检验获得的测试数据确定地基承载力和地基变形计算参数等。

(2) 选择地基基础加固方案。首先，根据加固的目的，结合地基基础和上部结构的现状，并考虑上部结构、基础和地基的共同作用，初步选择采用加固地基，或加固基础，或加强上部结构刚度和加固地基基础相结合的方案。其次，对初步选定的各种加固方案，分别从预期效果、施工难易程度、材料来源和运输条件、施工安全性、对邻近建筑和环境的影响、机具条件、施工工期和造价等方面进行技术经济分析和比较，选定最佳的加固方法。

既有建筑基础常用的加固方法有：以水泥浆等为浆液材料的基础补强注浆加固法、用混凝土套或钢筋混凝土套加大基础面积的扩大基础底面积法、用灌注现浇混凝土的加深基础法等。

既有建筑地基常用的加固方法有：锚杆静压桩法、树根桩法、坑式静压桩法、石灰桩法、注浆加固法、高压喷射注浆法、灰土挤密桩法、深层搅拌法、硅化法和碱液法等。

6.5 烟囱和水塔修复、加固与维护

6.5.1 烟囱的修复与加固

我国现在使用的钢筋混凝土烟囱大多修建于20世纪八九十年代，随着时间的流逝，建筑烟囱的材料会发生腐蚀，结构可能发生损伤，给其安全使用带来很大影响，外加当初

设计规范不是很成熟，施工设备和施工质量管理体制不是很完善和健全，生产工艺措施不当等多方面因素，加之钢筋混凝土本身的性质，致使许多钢筋混凝土烟囱已呈现出不同程度的损坏和腐蚀，混凝土碳化，承载力下降，钢筋锈蚀，筒壁开裂，地基倾斜等。

对既有钢筋混凝土烟囱鉴定，在能满足其正常使用的前提下加固，相比拆除重建，不但减少了原材料的使用，而且不产生大量的建筑垃圾，符合国家建设节约型社会的理念，同时缩短了施工周期，延长了烟囱的使用寿命，符合国家可持续性发展战略。钢筋混凝土烟囱鉴定加固技术研究，对社会的发展有着重要影响和深远意义。

1. 烟囱结构检测

依据原设计竣工图、各类构筑物的现场检测标准，结合相关专业的鉴定标准和综合鉴定标准，以及荷载及结构验算标准，根据烟囱目前的使用情况，对烟囱进行评定。主要包括以下 7 个方面：

（1）烟囱宏观调查；

（2）烟囱倾斜、裂纹检测；

（3）地基基础勘察；

（4）钢筋配置及保护层厚度检测；

（5）筒壁混凝土现龄期强度及碳化深度抽检；

（6）筒身混凝土化学腐蚀分析；

（7）附属设施检测。

2. 烟囱加固方案

建筑物的加固方法有多种，我国常用的加固方法有加大截面法、灌浆料法、高性能混凝土填补法、外粘型钢加固法、粘贴钢板加固法、粘贴纤维复合材料加固法、外加预应力加固法等。每个加固方法都有其各自的优缺点，应依据具体工程实例，选择最合适的方法。

1）增大截面法

采用增大截面法对烟囱筒身进行加固，具体做法为：在对烟囱外表面进行适当处理后，根据未加固改建结构的整体计算结果，在烟囱外部浇筑一定厚度细石混凝土加厚，并在外层新增设一层环向和纵向钢筋，以提高结构的整体刚度，并增加混凝土筒壁的承载力，降低混凝土筒壁的应力水平，新增纵向钢筋下端锚入基础承台。

2）灌浆料法

对于筒身存在的多条裂缝，先采用压力灌浆、表面封闭的方法处理，然后采用外包环向预应力钢板箍的方法进行加固，采用外包环向钢板箍，需保证钢板箍的连接锚固效果及预加应力水平。

3）高性能混凝土填补法

外筒壁锈胀空鼓、锈胀剥落、开裂部位，首先，凿除表面粉化、疏松的混凝土，露出密实新鲜混凝土。其次，涂刷界面剂，再进行修补，所用的修补料为高性能混凝土。外筒壁锈胀开裂但未空鼓的锈胀裂缝，采用压力灌缝封闭裂缝。最后，再用混凝土保护液或防腐涂料刷在钢筋保护层偏小的混凝土表面上。外筒壁渗漏部位，首先将表面粉化、疏松混凝土进行凿除，露出密实新鲜混凝土，凿去蜂窝处薄弱松散颗粒，刷洗处理干净后，再用高性能混凝土填补进行修补。

对筒壁进行一定的修复处理，需要对内衬进行修复，防腐层需更新，需要添加栏杆等附属部分的加固处理。

4）预应力环箍加固烟囱

预应力在混凝土结构中是一种应用较广泛的技术，预应力的基本原理是在混凝土结构构件受拉区预先施加压应力，提高混凝土结构构件的抗裂能力和刚度。用预应力方法在烟囱筒壁中施加预压应力，可以限制已有的裂缝继续扩展。同时，用预应力方法施工的环箍，利用了预应力筋在弹性阶段受拉伸长后的回弹特性，其反作用对烟囱筒壁施加了长期的压缩效应，即在筒壁混凝土中建立了压应力。无粘结预应力钢绞线环箍利用受拉伸长以后的回弹效应，紧密地作用在筒壁外表面，在筒壁外表面形成一周均匀分布的径向分布力，使筒壁长期径向受压，以达到箍紧的效果。

在无粘结钢绞线环箍与烟囱筒壁之间预先铺设一层100mm宽钢丝网，以减小环箍对筒壁表面局部承压，减小应力集中，待锚固后，再用细石混凝土将环箍全部封闭保护。

5）碳纤维加固

利用树脂类粘结材料把碳纤维粘贴于结构或构件表面，形成复合材料体，通过与结构或构件的协同工作，达到对结构构件补强加固及改善受力性能的目的。该技术适用范围广、加固效率高、施工速度快、施工干扰小、质量易保证、附加荷载轻、应用时效长、综合造价低，相对于传统的加固方法有着无与伦比的优势。

首先，烟囱裂缝，采用建筑构件裂缝化学灌浆法对裂缝进行封闭补强。为提高粘贴碳纤维布加固效果，提高基层的强度，须先剔除需粘贴部位水平、竖向灰缝内的砌筑砂浆并用修补砂浆填补，以保证碳纤维布复合层与砌体共同受力。在计算好需要粘贴碳纤维布的位置，预先刷环氧砂浆一层，待砂浆达到强度后，对其进行找平处理。然后，用滚筒刷均匀涂刷基底树脂。均匀涂抹浸渍胶，涂抹浸渍胶后，在规定时间内，将已剪裁好的碳纤维布迅速粘贴到位，粘贴碳纤维布时，用特制的滚筒沿碳纤维布受力方向多次滚压挤出气泡，以保证碳纤维布与砂浆紧密粘结。待碳纤维布粘贴干燥一定时间后再涂刷一层粘贴胶，表面抛细砂作压面处理。

6）钢烟囱加固

加固烟囱之前，应先将烟囱表面彻底除锈，钢结构表除锈时按《涂覆涂料前钢材表面处理　表面清洁度的目测评定　第1部分：未涂覆过的钢材表面和全面清除原有涂层后的钢材表面的锈蚀等级和处理等级》GB/T 8923.1—2011。除锈后，先将烟囱外侧的所有加固的构件与烟囱焊接，当所有外表构件施工完毕后，按设计开孔尺寸对烟囱开孔，开孔完毕后，再将烟囱内部的加固构件与烟囱本体焊接。设计中可以考虑在烟囱周围新增钢圆管的立柱与烟囱组成刚度较大的抗侧力体系，或在钢烟囱的外壁再增加一圆锥形的构件，使钢烟囱的截面刚度显著增大，抗水平力的能力进一步提高，使在风力作用下的位移满足使用要求。另外，在烟囱顶部1/3范围内的烟囱外壁焊接螺旋加劲板，以增加烟囱的阻尼，并使风涡流的周期紊乱，这样就可避免在风荷载涡流作用下产生共振，最后按《钢结构工程施工质量验收标准》GB 50205—2020要求涂装，进行防腐维护。

6.5.2 水塔的修复与加固

我国建于20世纪80年代的大部分水塔主要存在如下问题：①由于当时施工技术、施工设备等各种条件的限制，在施工中对混凝土的粗细骨料、模板的架设认识不足；②在钢筋安装时，钢筋骨架绑扎不牢固发生位移和偏差，使混凝土保护层薄厚不均匀；③在混凝土浇筑振捣过程中，模板的不稳定等因素，导致构件在未正式使用前已经存在安全隐患。为了消除安全隐患，保证结构的正常使用，必须采取正确的修复加固措施和施工方法，使构件满足设计要求，发挥更大的工程效益。

1. 水塔破坏成因

分析塔身及储水池开裂的成因，储水池混凝土开裂是多种不利因素综合作用的结果。施工不规范造成的混凝土开裂占了很大一部分，材料质量差和配合比不合理等造成开裂和设计不当引起的开裂仅占一小部分，主要形成的原因包括以下 9 个方面：

1）设计局部与实际地质不符，处理不当。设计单位在勘察设计时未深入开展地质勘察工作，基础结构设计缺乏必要准确的依据，且实际地质情况与设计截面不相适应，造成结构受力与设计严重不符。施工方法和现场操作不规范，管理不到位。

2）基础开挖尺寸控制不严格，机械开挖时一次到位，接近开挖尺寸未留 30cm 的人工开挖层，造成底部土基松动，而且监控测量检查严重不足，现场管理不严格，个别部位混凝土衬砌厚度薄厚不均匀，造成局部应力集中而产生混凝土开裂。

3）未严格执行有关规定要求，盲目追求施工进度，过早拆除模板，而且拆模后洒水养护不及时，造成混凝土内部水化热不能有效散发，混凝土自身承载力不足，局部混凝土不能有效抵抗外力的情况下，产生局部变形开裂。

4）基底清理不彻底，在施工中偷工减料。施工作业水平、监理水平参差不齐。

5）混凝土中的粗、细骨料含污量超过设计标准。外加剂不能严格控制，各种骨料的含沙率过大，含水率过高等与设计不相符。

6）没有严格控制水灰比，造成混凝土离析。

7）浇筑储水池吊装设备不到位，使用的混凝土用人工多层运转，造成混凝土浇筑前后时间过长，第 1 次浇筑的混凝土在初凝后有振动，使混凝土的强度下降。

8）模板架设支撑不牢固，部分模板造成局部受压变形，使浇筑的混凝土薄厚不一致，局部变形引起的混凝土在初凝时产生开裂。

9）振捣不密实，有露骨露筋的现象，不能确保浇筑质量。

2. 水塔加固方案

1）基础加固

基础在长期荷载的作用下，功能已经达到了稳定，现已无明显的沉陷和开裂。综合以上有利因素，确定对原有混凝土垫层和混凝土基础不再进行加固修复处理。

2）阁楼加固

阁楼对部分混凝土剥落、钢筋外露的梁，用聚合物砂浆修补；部分混凝土碳化已超过其保护层厚度的梁，应在表面涂刷防护涂料，以延缓碳化加剧，阻止钢筋锈蚀。

3）池底加固

凿除池底上下原有的砂浆保护层，凿毛并用高压清水冲洗干净，池底下面用水泥砂浆铺垫并压实抹光，上部先植入锚固筋再绑扎双向钢筋网，并且把端部植入原池底混凝土内 15cm，然后增改性混凝土叠合板。

4）池壁加固

池壁根据以往工程经验，可采用钢筋网片喷射细石混凝土、粘钢板或者粘碳纤维布等方法加固。钢筋网片喷射细石混凝土加固施工比较麻烦，且需要较厚的混凝土，影响结构外观；粘钢板加固需要沿纵横 2 个受力方向粘贴钢板，钢板交接处的处理比较麻烦；而粘碳纤维布属于各向异性材料，其纤维方向的强度与弹模远大于其垂直纤维方向的强度与弹模，加固需要粘贴 2 层碳纤维布，工程造价较高，施工麻烦。可采用粘碳纤维布和粘钢复合加固。在池壁外侧纵向粘碳纤维布，横向粘钢板。

6.6 厂房检测实例分析

6.6.1 工程概况

依据《工业建筑可靠性鉴定标准》GB 50144—2019 第 3.2.3 节规定，核查了委托方提供的建筑与结构的相关图纸和资料、结合现场进行了结构基本信息调查，结果如下：某电商物流产业园车间，如图 6.6-1 所示，地上 1 层，层高为 10.275m，其中 1-2×A-2/A、5-6×A-2/A 和 12-13×A-2/A 区域存在夹层，建筑面积为 13528m^2，建筑长×宽×高为 144m×88m×10.275m，基础为钢筋混凝土独立基础，主体结构为门式刚架结构。

该建筑上部结构承重体系分为竖向承重体系和水平承重体系，竖向承重体系为钢柱，水平承重体系为钢梁和钢楼面板。该建筑委托鉴定范围内的主体结构构件、构件之间连接、结构支承等工作情况较好，未发现明显的侧向位移及局部变形；结构的整体性构造能满足现行规范的要求，整体性较好。

基础为钢筋混凝土独立基础，混凝土强度等级为 C30，独立基础尺寸为 2500mm×2500mm、2300mm×2300mm。主体结构中，门式刚架跨度为 30m，钢柱尺寸为 H(400～1000)mm×250mm×6mm×12mm、H400mm×330mm×6mm×14mm、H(400～1000)mm×300mm×6mm×12mm 等。钢梁尺寸为 H600mm×180mm×10mm×10mm、H600mm×220mm×10mm×12mm、H600mm×180mm×5mm×8mm 等。钢楼面板厚为压型钢板，其他细部尺寸详见图纸。

图 6.6-1 某电商物流产业园车间

6.6.2 钢结构分部工程资料核查

依据《钢结构工程施工质量验收标准》GB 50205—2020 第 4.1-4.10 节规定，对委托单位提供的鉴定范围内主体钢结构分部工程施工资料、验收资料进行核查。

6.6.3 钢结构分项工程施工质量检测及结果分析

图 6.6-2 钢柱翼缘板不顺直

依据《钢结构工程施工质量验收标准》GB 50205—2020 第 10.1～10.3 节规定，对该建筑委托鉴定范围内主体结构所有构件的外观质量进行普查，并对构件尺寸偏差进行检测。

通过对车间外观质量进行普查发现，车间钢结构施工质量较好，并未发现明显的施工缺陷，个别钢柱存在因吊装施工而产生的局部翼缘板不顺直的现象，见图 6.6-2。

依据《钢结构工程施工质量验收标准》GB 50205—2020 相关规定，对主体钢柱尺寸偏差以及钢结构焊缝质量、高强度螺栓紧固力系数及涂层涂装厚度进行检测，见图 6.6-3。

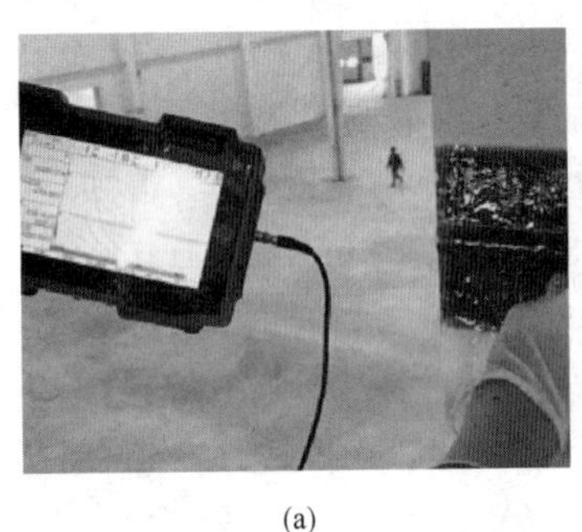

(a)

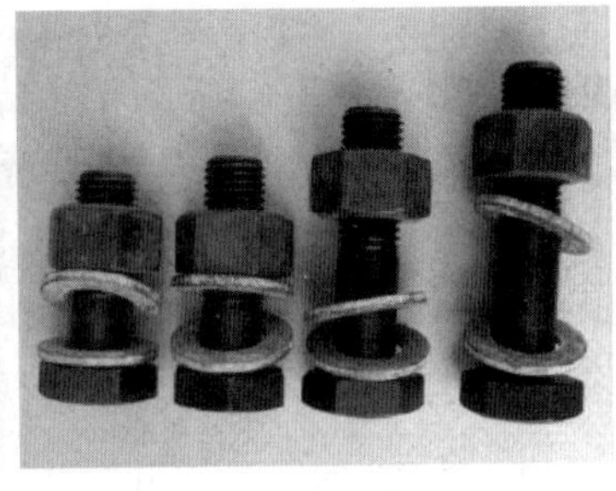

(b)

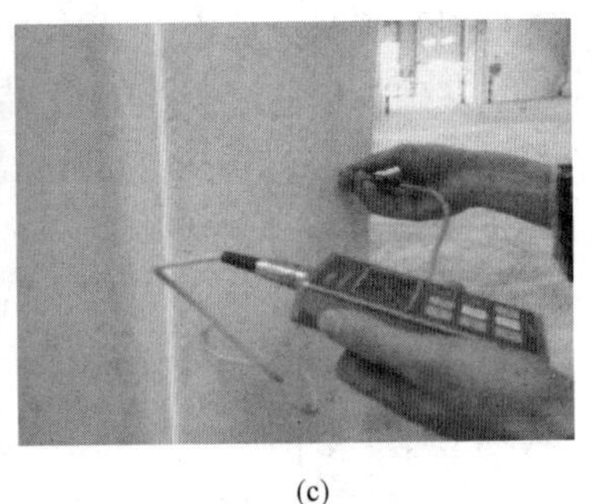

(c)

图 6.6-3 检测图

(a) 超声法检测焊缝质量图；(b) 螺栓紧固力系数检测；(c) 涂层厚度检测

6.6.4 主体结构安全性鉴定

根据《工业建筑可靠性鉴定标准》GB 50144—2019 相关条款，结合基本情况调查结果、结构实体检测结果、相关施工资料复核结果等，对该建筑委托鉴定范围内的主体结构进行安全性鉴定。

钢梁、钢柱、系杆和支撑的安全性按承载能力评定等级见表 6.6-1～表 6.6-9。

1. 第一层次鉴定

1）钢梁

钢梁评定表 表 6.6-1

构件名称	构件总数(个)	各等级构件数(个)			
		a	b	c	d
钢梁	94	0	94	0	0

2）钢柱

钢柱评定表 表 6.6-2

构件名称	构件总数(个)	各等级构件数(个)			
		a	b	c	d
钢柱	136	0	136	0	0

3）系杆

系杆评定表 表 6.6-3

构件名称	构件总数(个)	各等级构件数(个)			
		a	b	c	d
系杆	80	0	80	0	0

4）支撑

支撑评定表 表 6.6-4

构件名称	构件总数(个)	各等级构件数(个)			
		a	b	c	d
支撑	72	0	72	0	0

5）节点

节点评定表 表 6.6-5

构件名称	构件总数(个)	各等级构件数(个)			
		a	b	c	d
节点	470	0	470	0	0

6）楼梯梁板柱

钢楼梯评定表 表 6.6-6

构件名称	构件总数(个)	各等级构件数(个)			
		a	b	c	d
楼梯梁板柱	21	0	21	0	0

2. 第二层次鉴定

结合第一层次钢结构构件部分对各自承载能力的评级，得到以下主要构件安全性鉴定评级表。

1）每种构件安全性评定等级

每种构件安全性评定等级表 **表 6.6-7**

检查项目	每种构件不同等级所占比例(%)				评定等级
	a	b	c	d	
钢梁	0	100	0	0	B
钢柱	0	100	0	0	B
系杆	0	100	0	0	B
支撑	0	100	0	0	B
节点	0	100	0	0	B
楼梯梁板柱	0	100	0	0	B

2）结构整体性评定等级

结合本报告详细调查结果，依据《工业建筑可靠性鉴定规范》GB 50144—2019 第 7.3.1 条规定，对上部承重结构的结构整体性进行鉴定评定，结果如表 6.6-8 所示。

结构整体性等级的评定结果 **表 6.6-8**

检查项目	评定等级	
结构布置和构造	A	A
支承系统	A	

3）结构侧向位移评定等级

详细调查结果未发现结构有明显的侧向位移，依据《工业建筑可靠性鉴定规范》GB 50144—2019 第 7.3.2 条规定，对上部承重结构的结构侧向位移进行评定，评定等级为 A 级。

因此，综合上面各部分的评定结果，依据《工业建筑可靠性鉴定规范》GB 50144—2019 第 7.3 节规定，对上部承重结构子单元进行安全性评级，结果如表 6.6-9 所示。

上部承重结构安全性等级评定结果 **表 6.6-9**

<table>
<tr><th colspan="3">子单元</th><th colspan="2">评定等级</th></tr>
<tr><td rowspan="8">上部承重结构</td><td rowspan="6">各类构件</td><td>钢梁</td><td>B</td><td rowspan="8">B</td></tr>
<tr><td>钢柱</td><td>B</td></tr>
<tr><td>系杆</td><td>B</td></tr>
<tr><td>支撑</td><td>B</td></tr>
<tr><td>节点</td><td>B</td></tr>
<tr><td>楼梯梁板柱</td><td>B</td></tr>
<tr><td colspan="2">结构整体性</td><td>A</td></tr>
<tr><td colspan="2">结构侧向位移</td><td>A</td></tr>
</table>

6.6.5 围护结构安全性鉴定

1. 第一层次鉴定

依据《工业建筑可靠性鉴定标准》GB 50144—2019 第 7.4.1 条规定：围护系统的安

全性等级，应按承重围护结构的承载功能和非承重围护结构的构造连接两个项目进行评定，并取两个项目的较低评定等级作为该围护系统的安全性等级。该建筑围护系统均为非承重围护结构，故仅按照非承重围护结构的构造连接项目进行评定。

根据本报告第一部分的现场调查结果、原材质量保证书、材料性能试验报告等内容，对围护墙体的安全性按构造连接评定。

对围护墙体核查，进行安全性评定，评定等级的结果见表 6.6-10、表 6.6-11。

1）围护墙体

围护墙体安全性等级评定 **表 6.6-10**

构件名称	构件总数(个)	各等级构件数(个)			
		a	b	c	d
围护墙体	44	0	44	0	0

2）围护屋面

围护屋面安全性等级评定 **表 6.6-11**

构件名称	构件总数(个)	各等级构件数(个)			
		a	b	c	d
围护屋面	1	0	1	0	0

2. 第二层次鉴定

结合以上围护系统部分对各自构造连接的评级，得到主要围护构件安全性鉴定评级，见表 6.6-12、表 6.6-13。

围护构件安全性鉴定评级表 **表 6.6-12**

检查项目	每种构件不同等级所占比例(%)				评定等级
	a	b	c	d	
围护墙体	0	100	0	0	B
围护屋面	0	100	0	0	B

围护系统安全性等级评定结果 **表 6.6-13**

子单元			评定等级	
围护系统	各类构件	围护墙体	B	B
		围护屋面	B	

6.6.6 安全性评级

依据《工业建筑可靠性鉴定规范》GB 50144—2019 第 8.0.1、8.0.2 条规定，根据上部承重结构和围护系统承重部分等的安全性等级进行评级，结果见表 6.6-14。

钢结构厂房车间鉴定单元安全性鉴定评级表　　表 6.6-14

<table>
<tr><th>鉴定单元</th><th colspan="3">子单元</th><th colspan="3">安全性评定等级</th></tr>
<tr><td rowspan="13">某电商物流产业园车间</td><td colspan="2" rowspan="3">基础</td><td>钢筋混凝土独立基础</td><td>B</td><td rowspan="3">B</td><td rowspan="13">二级</td></tr>
<tr><td>钢筋混凝土短柱</td><td>B</td></tr>
<tr><td>钢筋混凝土墙</td><td>A</td></tr>
<tr><td rowspan="8">上部承重结构</td><td rowspan="6">各类构件</td><td>钢梁</td><td>B</td><td rowspan="8">B</td></tr>
<tr><td>钢柱</td><td>B</td></tr>
<tr><td>系杆</td><td>B</td></tr>
<tr><td>支撑</td><td>B</td></tr>
<tr><td>节点</td><td>B</td></tr>
<tr><td>楼梯梁板柱</td><td>B</td></tr>
<tr><td colspan="2">结构整体牢固性</td><td>A</td></tr>
<tr><td colspan="2">结构侧向位移</td><td>A</td></tr>
<tr><td rowspan="2">围护系统</td><td rowspan="2">各类构件</td><td>围护墙体</td><td>B</td><td rowspan="2">B</td></tr>
<tr><td>围护屋面</td><td>B</td></tr>
</table>

鉴定结论及建议：

该建筑委托鉴定范围内基础、主体结构和围护结构的安全性鉴定评级为二级，总体施工质量满足设计图纸和相关规范要求，相关施工资料基本齐全。

本章小结

本章较为系统地介绍了门式刚架失效类型及其检测内容和相应方法以及工业厂房进行可靠性鉴定的流程，并给出了一个厂房检测实例，可为此类项目检测评定提供参考。此外，对烟囱和水塔修复、加固与维护进行了简单的介绍。

思考与练习题

6-1　单层门式刚架失效类型及成因有哪些？

6-2　门式刚架检测的内容和方法有哪些？与钢结构检测有哪些异同？

6-3　门式刚架可靠性鉴定有哪些内容？可靠性鉴定等级有哪些？

6-4　门式刚架钢结构常用加固方法有哪些？

6-5　烟囱和水塔修复、加固与维护方法有哪些？

第7章　混凝土桥梁结构

本章要点及学习目标

本章要点：

（1）混凝土桥梁的病害特点；（2）桥梁各类检查的目的和主要内容；（3）桥梁结构进行技术状况评定的主要方法；（4）桥梁结构常用加固与维护方法。

学习目标：

（1）了解混凝土桥梁各种病害的特点；（2）了解桥梁各类检查及荷载试验的主要内容；（3）了解桥梁结构常用加固与维护方法及最新研究进展；（4）掌握桥梁结构技术状况评定方法。

根据《2021年交通运输行业发展统计公报》，截至2021年年底，全国公路总里程528.07万km，公路密度55.01km每百平方千米；全国公路桥梁96.11万座、桥梁总长7380.21万延米，其中特大桥梁7417座，大桥13.45万座。我国已建成的和将检测的一批特大跨径桥梁的科技含量高，技术复杂，施工难度大，我国桥梁建造技术已进入世界先进水平的行列。

然而在实践中，除少数大型桥梁外，只重视路面养护、轻视桥梁养护的现象比较严重。我国公路桥梁的养护、检测、维修、加固及改造有待进一步加强。目前，我国相当一部分现有桥梁已无法满足交通运输事业发展的需要，主要是随着交通运输事业的发展，不仅车流量急剧增加，而且荷载等级不断提高，加之车辆超载现象非常严重，对公路桥梁造成永久性损伤，严重缩短了桥梁的使用寿命。此外，由于桥梁运营环境恶劣、化学腐蚀、冻融循环等因素会降低材料与结构的耐久性，因此，部分既有桥梁已经不能适应现代交通运输的需要。如果将其全部拆除重建，不仅耗资巨大，而且在时间上也不允许。而维护和加固旧桥所产生的费用远小于新建桥梁。因此，对可利用的公路桥梁进行检测、维修与加固改造，进而提高其承载能力和通行能力，可大大节约资金，具有重大的社会价值和经济技术价值。

7.1　混凝土桥梁结构常见病害分析

7.1.1　上部结构常见病害

箱梁、T梁桥设计及施工技术已相当成熟，但是通过桥梁竣工验收及定期检查发现，桥梁上部结构损伤较多且不同桥梁损伤性质基本一致。常规桥梁上部结构常见损伤如下：

1）桥梁上部结构梁体出现裂缝，具体表现形式：T梁底板或马蹄侧面出现纵向裂缝；现浇箱梁底板或腹板出现纵向裂缝；翼板或底板出现横向裂缝；预制空心板底板及腹板出现纵向裂缝。

2）桥梁上部结构梁底混凝土破损或露筋，具体表现形式：T梁吊装位置混凝土破损；T梁纵向其他部位混凝土破损；现浇箱梁底板混凝土脱落露筋或底板保护层偏薄露筋；预制空心板底板或底角混凝土破损露筋。

3）两个T梁翼板间湿接缝下缘混凝土破损、露筋。

4）上部结构横向联系破损或较弱，具体表现形式：T梁横隔板底角混凝土脱落、露筋；预制空心板间铰缝施工质量较差。

5）连续T梁负弯矩区段齿板封锚不规范，端部露钢绞线。

6）预应力钢绞线波纹管道灌浆不密实。

7）先简支后结构连续T梁（盖梁处单排支座），梁底混凝土浇筑质量较差、纵向主筋外露。

8）T梁桥边梁翼板泄水孔处混凝土破损。

7.1.2 下部结构常见病害

1. 基础病害及分析

1）刚性扩大基础病害形式及分析

（1）基础下沉

由于在施工后，基础上部结构传来的荷载，尤其是汽车活载，会导致地基土被压缩、不断排水固结，进而引发基础下沉，甚至会出现基础各处沉降不一致，严重时可导致墩台开裂。然而大多数桥梁结构肯定是会出现基础下沉的，但只要沉降值在合理的范围内则不需做出处理。

（2）基础滑移和倾斜

受流水频繁冲击的影响，基础可能会产生滑移。而由于河床变迁等原因，桥台前墙侧的上覆土减少，使得其对桥台产生的抗滑力减小，在台后填土的作用下，桥台基础将会滑移。当台后填土过高或其含水量增加，会导致在软土地基中的桥台基础受到的主动土压力增大，超过了其抵抗能力，基础也将产生滑移和倾斜。

（3）基础冲刷

在桥梁设计时，通过选择与上部结构相适应的一般冲刷及局部冲刷深度值来控制基础埋深，以减少或避免基础受流水冲刷。然而，由于施工时基础埋深不足，桥梁所跨河流常年开采砂石，或者河床变迁，都会导致基础遭受流水的直接冲刷。随着长期的流水冲刷，基础下地基被掏空，进而引发其他桥梁病害。

（4）基础开裂

因墩台设计不合理，使得基础受力不均，导致其局部应力过大，以致基础产生裂缝。同时在外荷载（如地震作用）或冻害作用下，也会使基础因出现过大应力而产生开裂。

2）桩基础病害形式及分析

由于软土地基的存在，作为深基础形式的桩基础应用也越来越广泛。而桩基础的病害形式与浅基础具有一定的相似性，但是由于其结构形式以及所处的地基土质的差异，会呈现出桩基础所特有的病害特点。

（1）钢筋锈蚀、混凝土剥落

桩身混凝土剥落至钢筋处，或桩基出现过大的弯曲裂缝等，使得钢筋与水、空气直接接触引起锈蚀；或水中氯离子透过混凝土的保护层，引起钢筋锈蚀、体积膨胀，以致混凝土剥落，并形成一个恶性循环。

（2）桩基挠曲

软土地基下，土体的流动性很强，土与桩基间作用力较为复杂。当软土层产生塑性流动，必将遇到桩基的阻碍，使得桩基本身将承受与地基侧向位移同向的水平力。当侧向作用力达到一定值时，桩基将产生挠曲。而当侧向与竖向作用力及附加弯矩作用合力达到桩基的承载极限时，桩基甚至将发生断裂。

（3）桩基不均匀沉降

软土层在固结过程中会使桩基受到负摩阻力而下沉，引发桩基不均匀沉降，从而导致桥梁墩台或承台倾斜、扭转或断裂等。

（4）桩基失稳

桩基稳定性丧失主要是由于其计算长度增加造成，即日积月累的水流冲刷掉一部分土，使桩身裸露，或是流水弱化了土的力学参数使其横向抗力不足而致。当其裸露长度较长时，桩基在竖向荷载作用下会发生失稳。

2. 桥墩病害及分析

桩柱式墩是在软土地基中运用最多的桥墩形式。鉴于结构形式的不一致性，下面先介绍重力式桥墩的主要病害形式，而后阐述桩柱式墩的病害。

1）桥墩病害形式及分析

桥墩是将其上两跨上部结构荷载传递到基础的重要桥梁构件。

（1）下沉变位

因桥墩上承上部结构，下接基础，如果基础发生沉降、滑移必然导致墩身下沉与变位。更有甚者，可导致墩身开裂。

（2）开裂

墩身开裂的裂缝大致可以分为水平裂缝、竖向裂缝和网状裂缝。

因墩身混凝土浇筑一般属于大体积混凝土的浇筑，必然会设置水平或竖向灌注接缝。若施工时处理不当，会导致墩身水平或竖向裂缝的产生。墩身竖向裂缝一般从基础向上开展，呈现出下宽上窄的形态，主要是地基软弱或者基础发生不均匀沉降引起。另外，由于施工后混凝土水化热和内外温差、温度变化以及混凝土收缩徐变的影响，混凝土将产生应力，使得墩身出现网状裂缝。

（3）墩顶混凝土破损

墩顶混凝土破损一般是因为支座尺寸过小，应力集中造成对墩顶的压强过大，加上重载交通的影响，可导致墩顶混凝土出现破损。

（4）钢筋锈蚀、混凝土剥落

混凝土微裂缝的存在是其耐久性能退化的根源，环境中的侵蚀介质都将沿着裂缝通道进入混凝土。而桥墩本身存在微裂缝，水会通过微裂缝进入墩身混凝土保护层，直至到达钢筋所在的位置。此后钢筋会在水的作用下发生锈蚀现象，体积膨胀，混凝土保护层随之崩裂。

2）柱式桥墩病害形式及分析

柱式墩在软土地基上应用较多，一般由盖梁和立柱组成。盖梁的主要作用是支承桥梁上部结构，并将上部传下的恒载和活载传递到墩柱。

（1）开裂

盖梁出现裂缝主要有自上而下的盖梁负弯矩区的垂直裂缝、顺桥向横贯盖梁的水平裂缝及自下而上的斜剪裂缝。垂直裂缝和斜剪裂缝主要因下部桩基沉降不均匀、重载交通的影响，盖梁中产生的次内力过大，致使混凝土开裂。而顺桥向横贯盖梁的裂缝是因为荷载集中地通过支座传至桥墩，使墩顶产生拉应力，混凝土开裂。

（2）局部受压破坏

由于支座尺寸过小或重载交通的影响，使得支座处混凝土的局部应力过大，混凝土压碎。

（3）挡块挤压开裂

盖梁上的挡块主要为了防止梁体产生横向移动而脱离下部桥墩而设置。因为主梁在温度作用下或施工误差，导致挡块与梁体间距预留空隙不够，梁体又在汽车荷载的作用下产生了横向变形，挡块被挤压开裂。

（4）渗水、钢筋锈蚀

由于盖梁一般都是位于上部结构的伸缩缝处，桥面上的水会通过伸缩缝渗入，导致盖梁处于浸湿的状态。而后水将进入盖梁的裂缝，导致盖梁中的钢筋在其作用下锈蚀。

（5）混凝土剥落、露筋

钢筋锈蚀，体积膨胀，而后混凝土保护层开裂、剥落。其他钢筋露出，形成恶性循环。

盖梁下的立柱也会出现露筋、混凝土剥落、钢筋锈蚀等病害。一般立柱还会出现竖向裂缝以及环向裂缝，前者主要是因为荷载过大、基础不均匀沉降、钢筋混凝土保护层过厚；而对于后者，因桩基分布在路堤断面的不同位置，在同一路堤断面中，堤中水平侧向位移比堤边的要大，使立柱间顶面的水平位移出现差异，在盖梁上就产生了扭转，从而导致立柱上产生环向裂缝。

3. 桥台病害及分析

桥台不仅要支承上部结构，将荷载传递给基础，而且要衔接两岸路堤、抵御台后土压力，故其病害较桥墩多。

1）开裂

台身开裂主要是因为台后填土不良、基础下沉引发。由于基础不均匀沉降、台身与基础混凝土收缩徐变差异、填土积水，使得台身出现竖向裂缝。而在台后土压力和车辆荷载反复压力的作用下，侧墙翼尾顶部会出现较大幅度的变形位移，导致前墙与侧墙交汇转角处应力过大，发生开裂现象。桥台浇筑一般属于大体积混凝土浇筑，施工后内部水化热较大、收缩徐变明显，致使台身产生网状裂缝。

2）位移

桥台倾斜和不均匀沉降主要由基础下存在不良地基、基础不均匀沉降、流水冲刷引起。而桥台滑移多在软土地基上出现，当软土含水量提高或出现塑性流动时，台背所受填土主动土压力增大，以致超过桥台抗滑能力，进而出现滑移现象。

3）钢筋锈蚀、混凝土剥落

一般来说，桥台位于伸缩缝下，当伸缩缝损坏，渗水将不可避免。而后水将侵入台身混凝土保护层，直至在水作用下，钢筋锈胀，混凝土剥落。

7.1.3 附属设施常见病害

1. 桥面铺装层损伤

桥梁的桥面铺装层分为沥青类铺装层和混凝土铺装层两类。

沥青类铺装层按损伤现象主要有泛油、裂缝、松散露骨、车辙、凸凹等。沥青层泛油是指由于沥青用量过多，其软化点太低或集料级配不良，导致铺装表面有沥青渗出的现象。裂缝是指沥青铺装层由于沥青老化、材料性能不良或者桥面板出现损坏等因素造成的纵、横向裂缝或纵横交错的网状裂缝。松散露骨是指由于沥青铺装层黏性不足，在经过长时间的车辆通过时，铺装层表面的细集料慢慢地脱落成粗糖状态。其铺装层黏性不足的原因可能是沥青混合料压实不足或沥青用油量太少。车辙是桥梁在长期使用中桥面上留有的重载车辆的车轮压痕。凹凸是指桥面上出现的纵向波纹和局部鼓包的现象，是由长期的超载车辆行驶所致，其纵向波纹往往具有周期性。

混凝土铺装层的损伤现象包括磨光、裂缝、脱皮露骨、坑槽等。磨光是指桥面变得光滑，虽没有发生大的损伤，但这种现象也具有一定的危害性。磨光会导致车辆摩擦系数变小，在高速行驶时容易发生车祸尤其是在下雨天。裂缝是指由于施工不良、温度变化、混凝土收缩、桥面板疲劳开裂等因素而引起铺装层上出现纵横状裂缝或网状裂缝。其中疲劳开裂是比较严重的损伤现象，尤其是箱形梁，由于其纵肋和横肋的交界处在荷载作用下产生负弯矩，并且其左右存在高低差，因此导致铺装层表面产生较大拉应力而开裂。脱皮露骨是指桥面铺装层的表面破损现象，一般是由于施工不当或者混凝土开裂，再加上车辆的冲击作用而引起。坑槽则是指桥面因较大面积的局部脱落出现的洞穴或长槽的现象。

桥梁铺装层伸缩缝的损伤类型由于设计原理及使用材料和施工方法的不同而有多种，主要有伸缩缝材料的脱落、老化，以及其凹槽填入杂质硬物丧失自由伸缩功能；伸缩缝的不贯通和其锚固构件损坏、不能自由变形等。

2. 桥梁支座损伤

支座设置在桥梁上部结构和桥墩之间并且起连接上部结构和下部结构的重要作

用，主要是将桥跨结构上的荷载反力传递到下部结构，同时保证并允许上部结构所要求的位移和转动，最后将荷载传给地基。上部结构在荷载作用、温度影响以及混凝土发生收缩、徐变时，会产生位移、转动等变形，支座的设置就是给予变形一定空间，保护下部结构的墩台在支座处不破坏。这就使得支座的损坏将直接影响结构的受力体系，影响桥梁的安全性。

有统计指出，既有桥梁中出现损伤的支座约占全部支座的60%，在使用过程中由设计、施工不当以及材料老化造成的，损伤现象主要表现为支座严重变形、移位、胶体开裂、胶体老化、局部脱空、钢垫板锈蚀、安装不到位、垫石破坏等。

3. 桥梁排水设施、人行道、栏杆等设施的损伤

为了防止雨水不能迅速排出桥面而渗入梁体，引起钢筋锈蚀等损伤，桥梁处设置防水层还应具有良好的排水设施。排水设施包括泄水管、引水槽等。泄水管的缺陷，包括管道损坏、破裂等而产生漏水现象；泄水管因连接不牢而脱落现象等。引水槽的缺陷，包括因杂物积累而引起的引水槽堵塞、堆泥，导致水流不畅；槽口破裂、损坏，导致的漏水、积水等现象。

人行道的损伤现象包括：混凝土剥落、缺损、错位，人行道板断裂、缺件、锈蚀等。一般是由于行车道与人行道的界限不明确，交通管理制度不完善，使得车辆经常在人行道行驶，导致实际荷载大于设计荷载，并由于车辆的行驶而遭到磨损。

混凝土栏杆或护栏的主要损伤现象包括断裂、缺损、裂缝、剥落、钢筋锈蚀等。混凝土的缺损、剥落，一方面是由于混凝土的老化，另一方面是由于交通事故引起的车辆撞击。而栏杆的断裂通常是由于汽车的直接高速撞击，局部的破损断裂现象则是由于部件在车辆振动作用下，自身材料或构造问题引起的。混凝土的损伤引起钢筋的长期外露，发生锈蚀，并进一步因锈蚀膨胀导致混凝土开裂。还有一些裂缝是因施工不当或养护不及时而引起的。

7.1.4 损伤原因的一般分析

由于桥梁结构本身的复杂性以及桥梁地理位置的特殊性，在每座具体的桥梁上，病害产生的原因并不会完全相同，但是归纳、总结众多桥梁检查资料，仍可得出产生桥梁病害和缺陷的一般原因。而了解这些一般原因，可以帮助桥梁养护人员对具体桥梁产生病害成因进行初步判断。

1. 规划的问题

桥梁工程建设一般是从规划开始，在做桥梁规划作业时，应首先进行可行性研究，即对区域社会经济发展、环境和社会人文影响、当地自然条件等因素详加调查和评估。而目前修建桥梁时，常出现如下问题：

1）许多桥梁缺乏长期规划。不但没有在规划前进行可行性调查研究，而且缺乏长远考虑，仓促决定，以至在桥梁施工、使用阶段问题频繁出现，引发出一系列的结构问题，导致桥梁未达到使用年限就出现严重病害。

2）地质、水文资料的调查收集不够全面。地质、水文资料的调查收集对桥位的选择十分重要，若先期地质钻探报告不实，或是试验结果错误，将会导致桥梁使用期间的基础沉陷或基础水平移动。特别是漏报了地质不良现象，如滑坡、断层、溶洞等，后果尤为严重，可能导致不可估量的损失。

3）规划的设计交通量不足。主要原因在于初期规划中交通量调查不够充分，对交通量的增长估计不足，致使后期交通量不能满足需求，造成桥梁的疲劳损坏。

2. 设计的问题

1）设计方法考虑不周。以往桥梁设计都是把承载能力极限状态作为设计的控制条件，对桥梁的正常使用问题考虑甚少，因此导致了桥梁结构设计与构造只重强度不重使用的不良倾向，桥梁的适用性、耐久性不能得到保证。例如：缺少对混凝土配合比的限制，许多构件水灰比较大，降低了混凝土的抗渗性，尽管强度可能满足要求，但对结构耐久性十分不利。

2）设计规范不完善。现有的许多桥梁建造时间已久，设计是依据当时规范进行的。而当时由于科学技术水平的限制，规范中肯定会有考虑不周、不能尽如人意的地方，如荷载取值偏小，荷载组合考虑不全等。因此，结构在以后的使用过程中逐渐暴露出了一些问题。

3）设计者自身的原因。由于桥梁结构体系复杂，一座桥梁往往都是多人组合分块设计。虽然大家采用相同的规范，但设计者水平有高有低、考虑问题不一定都很全面，因此整套设计方案难免会存在缺陷，再加上一些人为错误，如对结构观念的理解错误、理想化时假定错误、计算过程错误、绘图时疏忽大意等，都会给将来桥梁的使用埋下隐患。

4）结构选型和构造缺陷。由于一般的桥梁设计规范主要是针对单个构件承载能力的，因此在设计和施工中往往对结构的造型和连接构造缺少充分的考虑，形成了结构中的薄弱环节（部位），从而导致这些部位损伤严重，如构件与构件搭接处、伸缩缝及管沟处、结构表面复杂多变及变化比较急剧处等。

5）未能建立完善的设计审核制度。对设计程序及成果不严加审核，不能最大限度地消除设计者的错误。

3. 施工的问题

施工问题是引起桥梁缺陷和病害的主要原因，特别是在钢筋混凝土和预应力混凝土结构中，缺陷和病害多数是由于其施工质量不良和施工工期不合理而引起的。由于施工的问题，使桥梁结构的某些缺陷和病害外露明显，但也有一些隐蔽性的施工缺陷直至桥梁运营后才逐渐显露出来，甚至可能成为病害。

施工中存在的问题具体表现在以下方面：

1）施工过程中疏忽大意，对混凝土振捣不均匀，有些地方漏振。结构养护成型后，对其表面缺少必要的处理，结构表面存在坑槽、麻面，保护层没有达到设计要求，有些地方的钢筋直接裸露等。这些缺陷的存在一方面缩短了侵蚀介质抵达钢筋的距离，另一方面加强了桥梁结构对侵蚀介质的吸附作用，延长了介质在结构上的滞留时间，从而导致了更严重的侵蚀损伤。

2）施工过程中偷工减料，如钢筋绑扎不牢，焊缝达不到规定要求，有的甚至采用不符合要求的原材料等。綦江彩虹桥的倒塌就是一个非常鲜明的例子。

3）混凝土施工过程中质量控制不严导致混凝土强度不足，既容易使桥梁结构因承载能力不足而破坏，又会对结构的耐久性产生不利影响。

4）施工过程中，施工技术员对设计图纸理解错误，监理人员不尽职尽责，以及最后的验收也不遵从实事求是的原则，造成验收结果与实际不符，达不到预定的要求，致使使用过程中问题层出不穷，桥梁的使用年限相应缩短。

5）错误的施工，如钢筋位置不对，施工过程中乱踩钢筋，使负筋压下错位等。

4. 荷载因素

荷载作用是导致结构损伤发展乃至破坏的最直接原因。过大的荷载作用效应容易使结构产生失稳或承载能力不足或者引起结构过大的变形或过宽的受力裂缝，从而影响结构的正常使用。荷载作用又能加剧结构中钢筋锈蚀，特别是对位于混凝土受拉区的钢筋，这是由于荷载作用使结构产生拉应力加速了混凝土微裂缝的开展和延伸，以及各微裂缝的连接贯通，降低了混凝土的抗渗性，从而削弱了混凝土对侵蚀介质的抵抗能力。桥梁承受的车辆荷载是一种动荷载，还会引起结构的振动，减弱构件连接，降低结构的刚度。此外车辆引起的冲击作用会使伸缩缝、支座等构件产生损坏，从而影响结构的正常使用功能，严重时会危及桥梁结构的安全。

5. 环境侵蚀

恶劣的环境是导致桥梁结构损伤的又一重要原因。因为：

1）环境的物理作用造成了混凝土的裂缝、剥落和磨蚀。①对于潮湿环境中和水位变动区的桥梁结构构件，冻融循环作用会导致构件表层混凝土的疏松、剥落；②对于超静定桥梁结构，过大的温差产生的温度应力，可导致构件表面混凝土的开裂；③对于跨河桥梁，水力冲刷会对桥墩、桥台和基础产生不利影响；④沿海地区的空气和土壤中盐类含量高，盐分侵蚀混凝土，然后干燥，结果导致盐类在混凝土孔隙中的结晶膨胀，使混凝土发生开裂损伤等。

2）环境的化学作用使混凝土分解和钢筋锈蚀。①盐类直接侵蚀混凝土，与材料中的某些成分发生化学反应，生成结晶膨胀物或易溶于水的物质，导致结构开裂或溶蚀；②某些可溶性阴离子，特别是氯离子通过保护层渗透到钢筋周围，当其含量达到一定程度时，会使钢筋发生电化学腐蚀；③酸性气体或液体侵蚀混凝土结构，破坏了混凝土的高碱性环境，当 pH 值降到 9 以下时，钝化膜就遭到破坏，一旦外界条件具备，钢筋就很容易发生锈蚀。

6. 自然灾害

1）地震。地震对于桥梁的破坏影响最为严重。地震来势突然，震灾难以预料，加之其破坏力巨大，能完全改变地质情况，造成桥梁墩台大量滑移、整孔垮塌等严重破坏。

2）台风。我国东南沿海台风和洪水发生频繁，台风强度大、速度快，使桥梁受到巨大侧向力的作用，特别是对于大跨度桥梁，受力十分不利，极易造成结构损伤。

3）洪水。洪水对桥梁的基础、墩台及河道冲刷剧烈，且挟带流木、流石撞击桥墩，不但能造成下部结构倾斜，而且还会直接将上部结构冲垮。

以上仅对桥梁结构损伤的常见原因进行了分析。实际工程中，桥梁结构的损伤往往不是单一因素造成的，而是几种因素共同作用的结果，损伤的表现形式也多种多样。因此，对于实际的桥梁结构，其损伤状况的评估必须全面考虑引起结构损伤的各种可能因素，结合工程实际，才能得出合理的结果，从而科学地制定工程决策。

7.2 桥梁检查内容及方法

桥梁检查是对桥梁缺陷和损伤的检查，根据其性质、部位，严重程度及发展趋势，找出产生缺陷和损伤的主要原因，分析和评价其对桥梁质量和承载力的影响，从而了解桥梁投入使用至今桥梁技术状况的工作。桥梁检查根据检查的重要性及时间间隔分类可分为初始检查、日常巡查、经常检查、定期检查以及特殊检查。桥梁管养单位应对辖区内所有桥梁建立“桥梁基本状况卡片”，将有关信息输入数据库，建立永久性档案。

7.2.1 桥梁初始检查

1. 初始检查目的

初始检查的目的是采集桥梁的基础状态数据，是桥梁后期养护工作的基础。新建或改建桥梁应进行初始检查。初始检查宜与交工验收同时进行，最迟不得超过交付使用后1年，初始检查后应提交技术状况评定报告。

2. 初始检查内容

1）外观定期检查需测定的所有项目，并应按规范要求设置永久观测点。

2）测量桥梁长度、桥宽、净空、跨径等；测量主要承重构件尺寸，包括构件的长度与截面尺寸等；测定桥面铺装层厚度及拱上填料厚度等。

3）测定桥梁材质强度、混凝土结构的钢筋保护层厚度。

4）养护检查等级为Ⅰ级的桥梁，通过静载试验测试桥梁结构控制截面的应力、应变、挠度等静力参数，计算结构校验系数；通过动载试验测定桥梁结构的自振频率、冲击系数、振型、阻尼比等动力参数。

5）有水中基础，养护检查等级为Ⅰ、Ⅱ级的桥梁，应进行水下检测。

6）量测缆索结构的拉索索力及吊杆索力，测试索夹螺栓紧固力等。

7）检测钢管混凝土拱桥钢管内混凝土密实度。

8）当交工、竣工验收资料中已经包含上述检查项目或参数的实测数据时，可直接引用。

7.2.2 桥梁日常巡查

1. 日常巡查目的

日常巡查的目的是及时获知桥梁结构运营状况，在桥梁病害初期或突发情况下能及时开展养护或应急处治。养护检查等级为Ⅰ、Ⅱ级的桥梁，日常巡查每天不应少于1次；对有特殊照明需求（功能性及装饰性照明、航空航道指示灯等）的桥梁，应适当开展夜间巡查。养护检查等级为Ⅲ级的桥梁，日常巡查每周不应少于1次。遇地震、地质灾害或极端气象时应增加检查频率。

2. 日常巡查内容

1）桥路连接处是否异常。

2）桥面铺装、伸缩缝是否有明显破损；伸缩缝位置的桥面系是否存在异常。

3）栏杆或护栏等有无明显缺损。

4）标志标牌是否完好。

5）桥梁线形是否存在明显异常。

6）桥梁是否存在异常的振动、摆动和声响。

7）桥梁安全保护区是否存在侵害桥梁安全的情况。

7.2.3 桥梁经常检查

1. 经常检查目的

经常检查的目的是检查桥梁外表可见到的病害和缺陷等，按照桥梁养护管理“预防为主，安全至上”的工作方针，对桥梁各部分及附属工程进行日常巡视检查，预防结构病害的发生，使桥梁经常保持完好状态，保证结构能得到及时的养护或紧急处理，对需要检修和一些重大问题做出报告，旨在确保结构功能正常。

经常检查的周期根据桥梁技术状况而定，一般每月不得少于一次，汛期应加强不定期检查。经常检查采用目测方法，也可配以简单工具进行测量，当场填写“桥梁经常检查记录表”，现场要登记所检查项目的缺损类型，估计缺损范围及养护工作量，提出相应的小修保养措施，为编制辖区内的桥梁养护（小修保养）计划提供依据。经常检查中发现桥梁重要部件存在明显缺损时，应及时向上级提交专项报告。

2. 经常检查内容

1）外观是否整齐，有无杂物堆积，杂草蔓生。构件表面的涂装层是否完好，有无损坏、老化变色、开裂、起皮、剥落、锈迹。

2）桥面铺装是否完整，有无裂缝、局部坑槽、积水、沉陷、波浪、碎边；混凝土桥面是否有剥离、渗漏，钢筋是否漏筋、锈蚀，缝料是否老化、损坏，桥头有无跳车。

3）排水设施是否良好，桥面泄水管是否堵塞和破损。

4）伸缩缝是否堵塞卡死，连接部件有无松动、脱落、局部破损。

5）人行道、缘石、栏杆、扶手、防撞护栏和引道护栏有无撞坏、断裂、松动、错位、缺件、剥落、锈蚀等。

6）观察桥梁结构有无异常变形，异常的竖向振动、横向摆动等情况，然后检查各部件的技术状况，查找异常原因。

7）支座是否有明显缺陷，活动支座是否灵活，位移量是否正常。支座的经常检查一般可以每季度一次。

8）桥位区段河床冲淤变化情况。

9）基础是否受到冲刷损坏、外露、悬空、下沉，墩台及基础是否受到生物腐蚀。

10）墩台是否受到船只或漂浮物撞击而受损。

11）翼墙（侧墙、耳墙）有无开裂、倾斜、滑移、沉降、风化剥落和异常变形。

12）锥坡、护坡、调治构造物有无塌陷，铺砌面有无缺损、勾缝脱落、灌木杂草丛生。

13）交通信号、标志、标线、照明设计以及桥梁其他附属设施是否完好。

14）其他显而易见的损坏或病害。

7.2.4 桥梁定期检查

定期检查，也称基本检查，是指按照规定周期对桥梁主体结构及其附属构造物的技术状况进行定期跟踪的全面检查。定期检查应检查各部件的功能是否完善有效，构造是否合理耐用，评定桥梁技术状况等级。

1. 定期检查目的

定期检查通过对结构物进行彻底的检查，建立桥梁结构管理和养护技术档案；对结构的损坏做出评估，评定结构构件和整体结构技术状况；确定改进工作和特别检查的需求，并确定结构维修、加固或更换的优先顺序。

2. 定期检查内容

定期检查一般可由地（市）级公路管理机构的专职桥梁养护工程师负责，制订桥梁年度定期检查计划，组织实施辖区内桥梁定期检查工作。负责的检查工程师应根据管辖区内登记的桥梁基本状况，制订出年度桥梁检查实施计划。

定期检查的时间，按桥梁的不同情况有如下规定：新建桥梁竣工交付使用一年后必须进行定期检查；一般桥梁检查周期不得超过三年；非永久性桥梁每年检查一次；桥梁技术状况在三类以上的，必须安排定期检查；定期检查一般安排在有利于检查的气候条件下进行。桥梁定期检查工作流程如图 7.2-1 所示。

上部结构检查时，应检查圬工有无风化、剥落、破损及裂缝，注意变截面处、加固修复处及防水层的情况；钢筋混凝土梁应重点检查宽度超过 0.25mm 竖向裂缝，并注意检查有无斜向裂缝及顺主筋方向的纵向裂缝；对预应力钢筋混凝土梁要观测梁的上拱度变化，并注意检查有无不容许出现的垂直于主筋的竖向裂缝；对拱桥应测量主拱圈实际拱轴线和拱圈（或拱肋）尺寸，检查拱圈（或拱肋）有无横向（垂直路线方向）的裂缝发生；若上部结构有严重裂缝时，应测量具体位置及尺寸，并绘制裂缝图。桥梁上部结构检查的重点部位见表 7.2-1。

下部结构检查时，应检查墩台结构有无风化剥落、破损及裂缝；对严重的裂缝应测量其具体位置及尺寸，并绘制裂缝图；对有下沉、位移、倾侧变位等情况的墩台，应查清地基情况，并检查梁端部、支座及墩台的相对位置关系。桥梁下部结构检查的重点部位见表 7.2-2 和表 7.2-3。

除此之外，还应进行材质及地基的检验。钢材应切取标准试件进行强度试验，决定其极限强度、屈服点、延伸率、冲击韧性等；混凝土的实际强度宜采用非破损检验法测定，

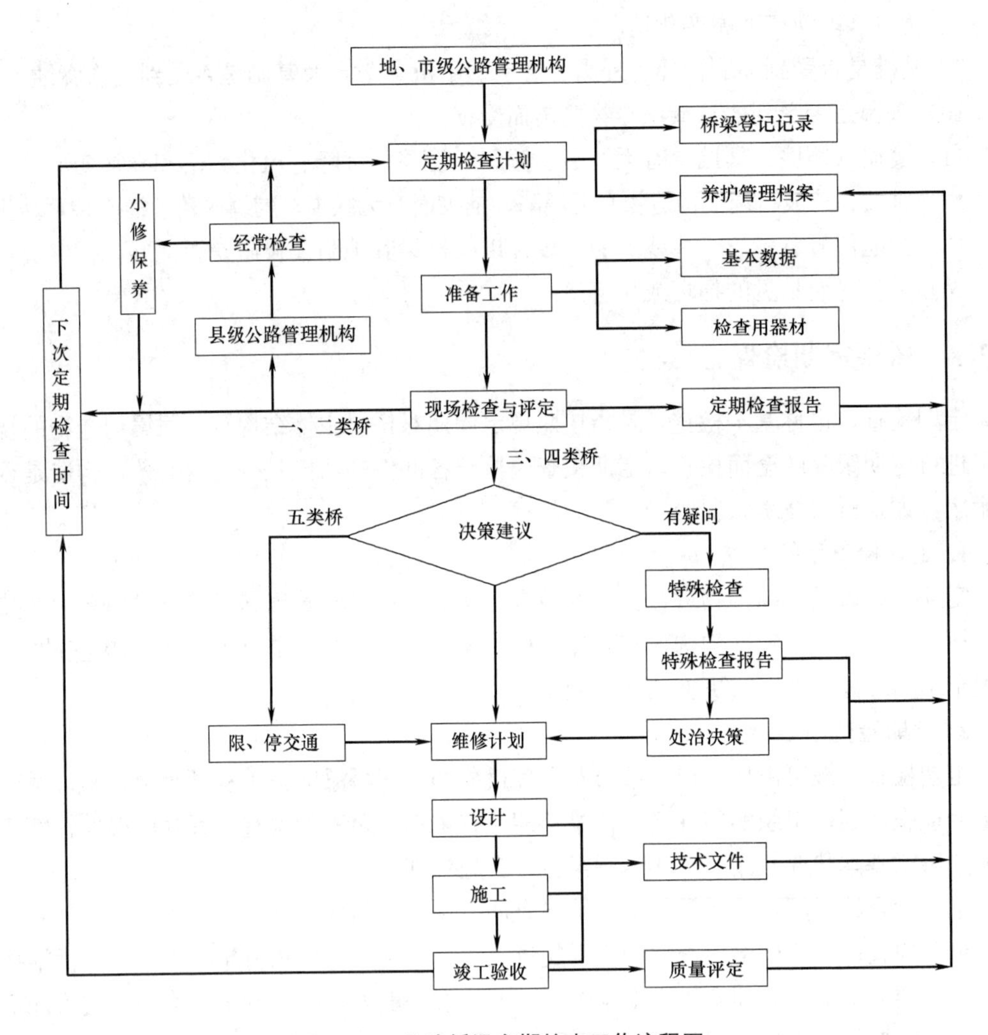

图 7.2-1 公路桥梁定期检查工作流程图

在必要时，亦可从构件上钻取试样，然后在试验室内测定出混凝土相关力学性能；基底地质情况根据工程复杂程度和实际要求，可查考原设计时的工程地质资料或采用钻孔取原状土样检验、钻探或触探等方法。

桥梁上部结构检查的重点部位 **表 7.2-1**

构造形式		示意简图	重点检查部位
上部结构	简支梁	③ ② ① ② ③	①跨中处； ②1/4 跨径处； ③支座处
	连续梁	③ ④ ① ② ④ ② ① ④	①跨中处； ②反弯点处； ③桥墩处梁顶； ④支座处

续表

构造形式		示意简图	重点检查部位
上部结构	悬臂梁	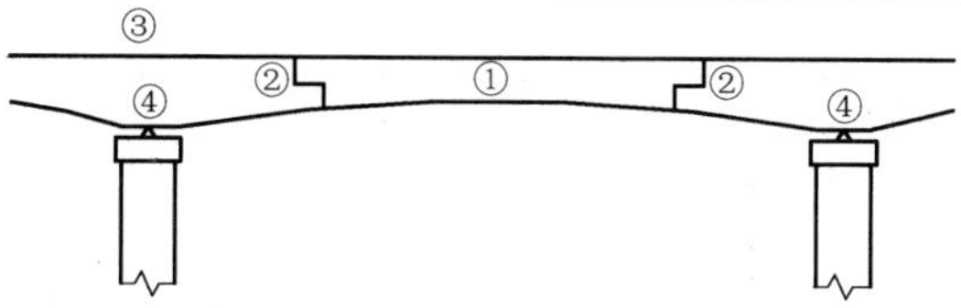	①跨中处； ②牛腿处； ③桥墩处梁顶； ④支座处
	刚构	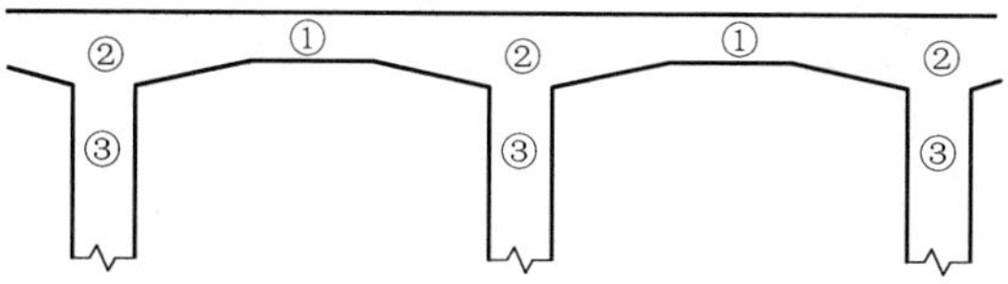	①跨中处； ②角隅处； ③立柱处
	斜腿刚构	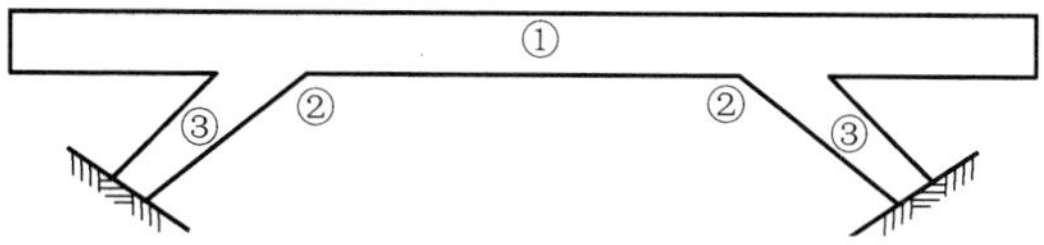	①跨中处； ②角隅处； ③斜腿处
	拱式	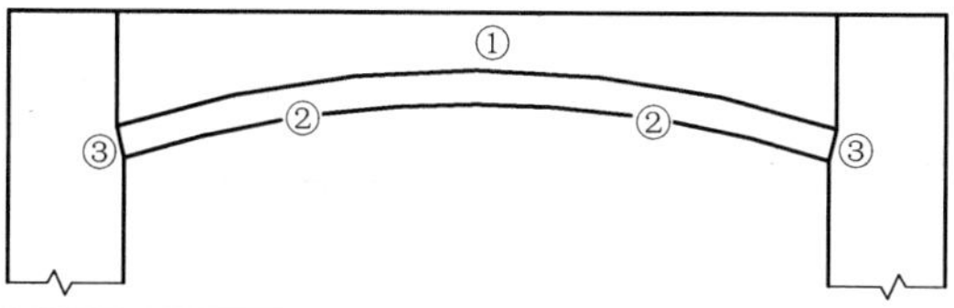	①跨中处； ②拱肋连接处； ③拱脚处

桥墩检查的重点部位 **表 7.2-2**

构造形式		示意简图	重点检查部位
下部结构	重力式桥墩	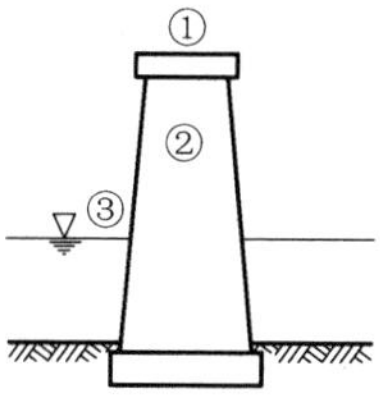	①支座底面； ②墩身； ③水面处
	单柱式桥墩	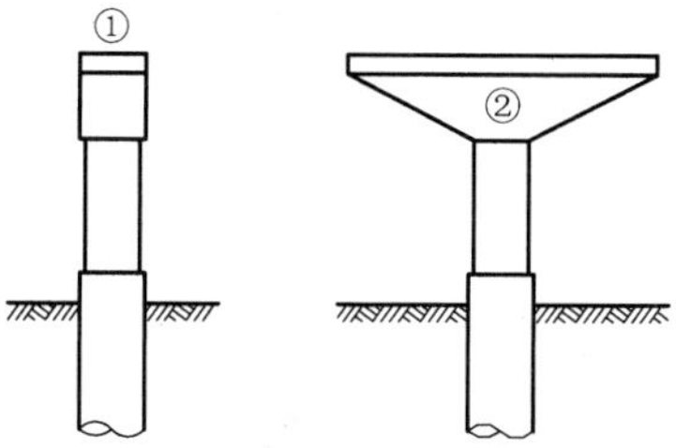	①支座底面； ②盖梁顶面
	钻孔桩桩式桥墩	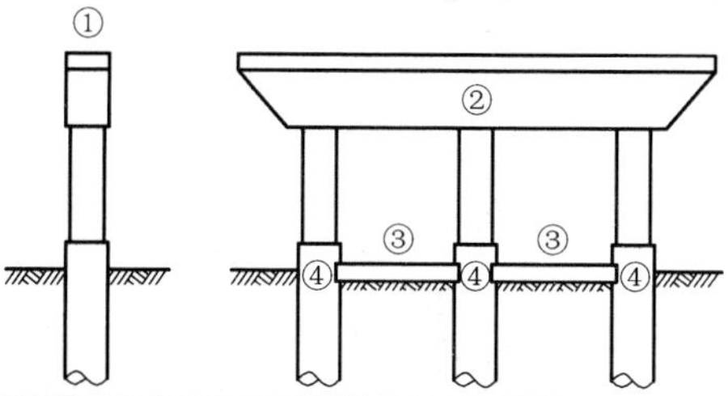	①支座底面； ②盖梁； ③横系梁； ④横系梁与桩连接处

续表

构造形式		示意简图	重点检查部位
下部结构	T形桥墩 Ⅱ形桥墩	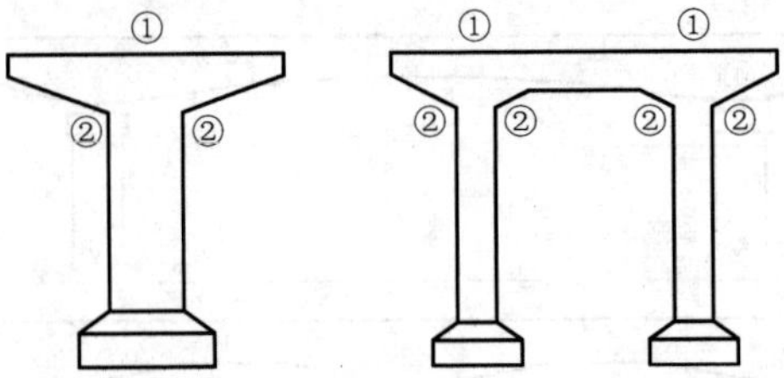	①支座底面； ②悬臂根部
	Y形桥墩	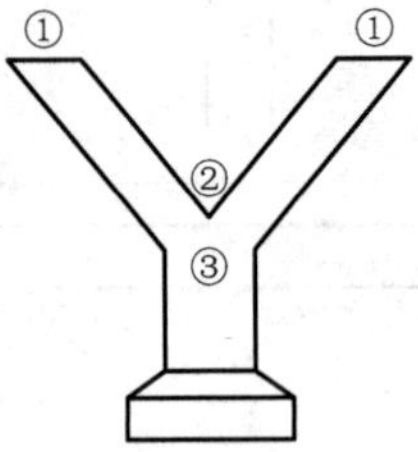	①支座底面； ②Y形交接处； ③混凝土接缝处

桥台检查的重点部位 **表 7.2-3**

构造形式		示意简图	重点检查部位
下部结构	轻型桥台	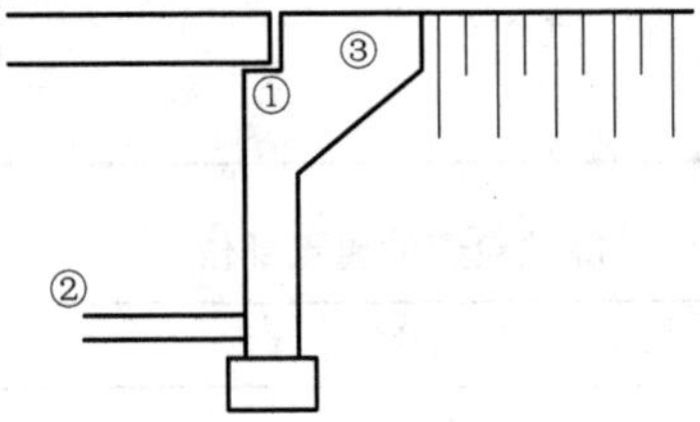	①支座底面； ②支撑梁； ③耳墙
	扶壁式桥台	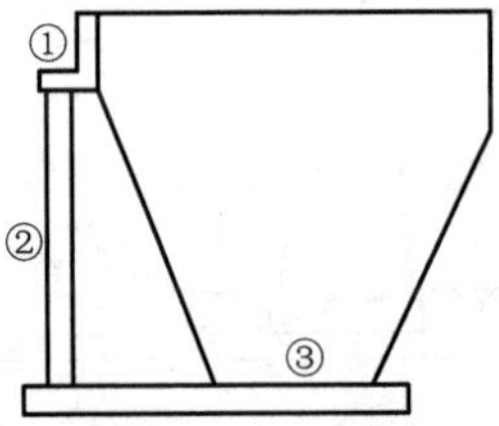	①支座底面； ②台身； ③基顶
	重力式桥台	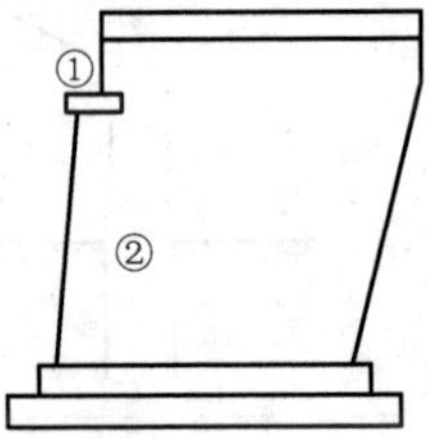	①支座底面； ②台身
	框架式桥台	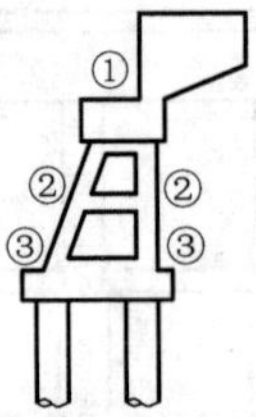	①支座底面； ②混凝土浇筑界面； ③角隅处

7.2.5 桥梁特殊检查

特殊检查包括应急检查和专门检验，主要根据桥梁破损状况和性质，采用适当的仪器设备，以及现场勘探、试验等特殊手段和科学分析方法，查明桥梁病害原因、破损程度和承载能力，依据桥梁技术状况评定标准确定桥梁的技术状况，以便采取相应的加固、改善措施。

当桥梁遭受洪水、流冰、漂流物、船舶撞击、滑坡、地震、风灾和超重车辆自行通过等自然灾害或事故后，应立即对结构作详细检查（应急检查），查明破损状况，采取应急措施，尽快恢复交通。这种检查通常由公路管理机构的桥梁工程师主持，是一种扩大的日常检查，主要以视觉检查加经验判别为主。

专门检验是对需要进一步判明损坏原因、缺损程度或使用能力的桥梁，要求针对病害进行专门的现场试验检测、检算与分析等鉴定工作，以便进行有效的养护。专门检验通常由省级公路管理机构的总工程师或授权的桥梁工程师主持，委托具有检测能力的科研设计单位、工程咨询单位实施。

1. 特殊检查目的

应急检查的目的在于查明缺损状况，以便采用应急措施，尽快恢复交通。专门检查的目的在于找出缺损的明确原因、程度和范围，分析缺损所造成的后果以及潜在缺陷可能给结构带来的危险，为进一步评定桥梁的耐久性和承载能力以及确定加固维修工作的实施提供依据。专门检查是由专家依靠一定的物理、化学或无破损检测手段对桥梁一个或多个组成部分进行全面察看、测强、测伤或测缺。

实施专门检验之前，检测单位应充分收集资料，包括计算资料（计算所用的程序、方法及计算结果）、竣工图、材料试验报告、施工记录、历次桥梁定期检查和特殊检查报告，以及历次维修资料等。原资料如有不全或有疑问时可现场测绘构造尺寸，测试构件材料组成及性能，勘察水文地质情况等。

2. 特殊检查内容

1）特殊检测应委托有相应资质和能力的单位承担。

2）在下列情况下应做特殊检查：

（1）定期检测中难以判明损坏原因及程度的桥梁；

（2）桥梁技术状况为四、五类者；

（3）拟通过加固手段提高荷载等级的桥梁；

（4）条件许可时，特殊重要的桥梁在正常使用期间可周期性进行荷载试验。

桥梁遭受洪水、流冰、滑坡、地震、风灾、漂流物或船舶撞击，因超重车辆通过或其他异常情况造成损害时，应进行应急检查。

桥梁特殊检查的项目见表 7.2-4。

3）特殊检查应根据桥梁的破损状况和性质，采用仪器设备进行现场测试、荷载试验及其他辅助试验，针对桥梁现状进行检算分析，形成鉴定结论。

4）实施专门检查前，承担单位负责检查的工程师应充分收集资料，包括设计资料（设计文件，计算所用的程序、方法及计算结果）、竣工图、材料试验报告、施工记录、历次桥梁定期检查和特殊检查报告，以及历次维修资料等。原资料如有不全或疑问时，可现场测绘构造尺寸，测试构件材料组成及性能，勘察水文地质情况等。

桥梁特殊检查的项目　　　　**表 7.2-4**

		洪水	滑坡	地震	超重车行驶	撞击
应急检查	上部	栏杆损坏、桥体位移和损坏、落梁、排水设施失效	因桥台外推承重物体压屈	落梁、支座损坏、错位	梁、拱、桥面板裂缝，支座损坏，承载力测定	被撞构件及联系部位破坏、支座破坏
	下部	因冲刷而产生的沉陷和倾斜	桥台外推胸墙破坏	沉陷、倾斜位移、圬工破坏、抗震墩破坏	墩台裂缝、沉陷	墩台位移
专门检验	结构验算，水文验算； 桥梁静载，动载试验； 用精密仪器对病害进行现场调查和试验室分析					

5）桥梁特殊检查应根据需要对以下三个方面问题作出鉴定：

（1）桥梁结构材料缺损状况，包括对材料物理、化学性能退化程度及原因的测试鉴定，结构或构件开裂状态的检测及评定。

（2）桥梁结构承载能力，包括对结构强度、稳定性和刚度的检算、试验和鉴定。

（3）桥梁防灾能力，包括桥梁抵抗洪水、流冰、风、地震及其他地质灾害等能力的检测鉴定。

6）桥梁结构材料缺损状况鉴定，可根据鉴定要求和缺损的类型、位置，选择表面测量、无损检测和局部取试样等有效可靠的方法。试样应在有代表性构件的次要部位获取。

7）桥梁结构检算及承载力试验应按国家及行业有关标准和技术规范进行。

8）桥梁抗灾能力鉴定一般采用现场测试与检算的方法，特别重要的桥梁可进行模拟试验。

9）原设计条件已经变化的，所有鉴定都应针对方式桥梁的实际状况，不能套用原设计的资料数据。桥梁特殊检查的一般流程如图 7.2-2 所示。

7.2.6　桥梁荷载试验

桥梁荷载试验是对桥梁结构工作状态进行直接测试的一种检定手段，分为静载试验和动载试验。试验的目的、任务和内容通常由实际的生产需要或科研需要所决定。一般桥梁荷载试验的目的有：

（1）通过现场加载试验以及对试验观测数据和试验现象的综合分析，检验本桥设计与施工质量，确定工程的可靠性，为竣工验收提供技术依据；

（2）直接了解桥跨结构的实际工作状态，判断实际承载能力，评价其在设计使用荷载下的工作性能；

（3）验证设计理论、计算方法和设计中的各种假定的正确性与合理性，为今后同类桥梁设计施工提供经验和积累科学资料；

（4）通过动载试验测定桥跨结构的固有振动特性以及其在长期使用荷载阶段的动力性能，评估实际结构的动载性能；

（5）通过荷载试验，建立桥梁健康模型，记录桥梁健康参数。

1. 桥梁静载试验

静载试验是指将静止的荷载作用于桥梁上的指定位置，以便能够测试出结构的静应

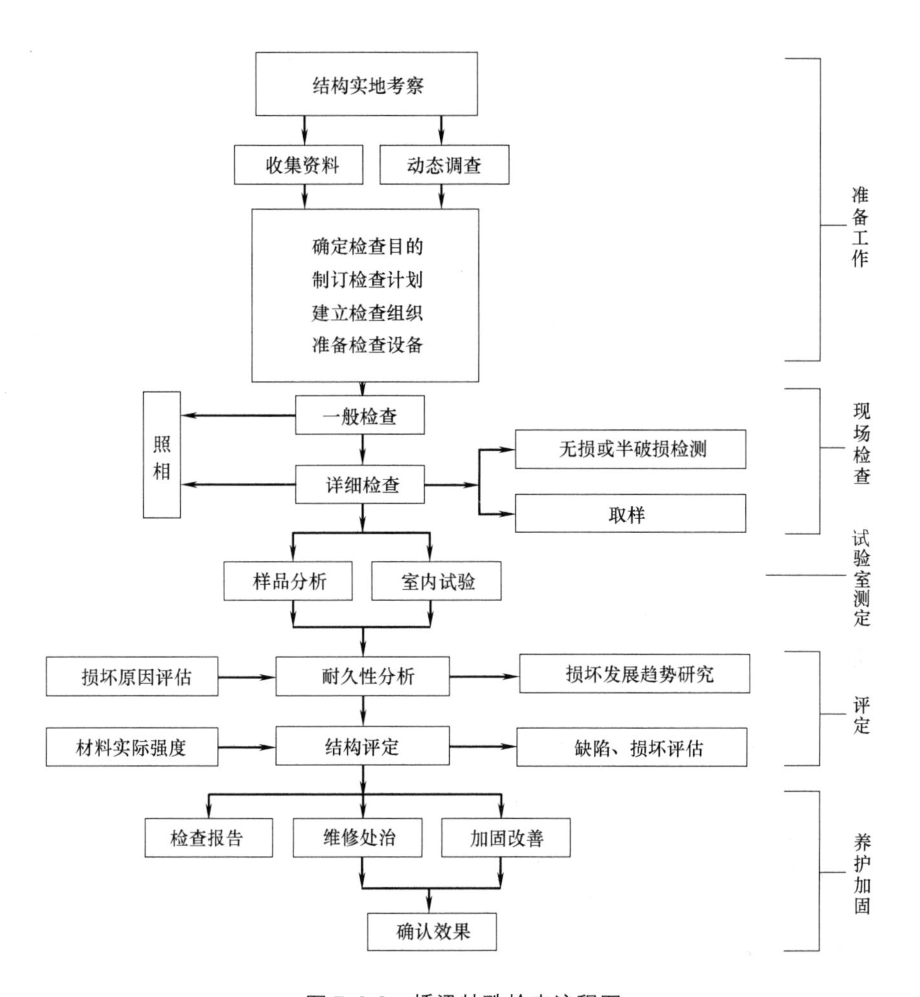

图 7.2-2 桥梁特殊检查流程图

变、静位移以及裂缝等，从而推断桥梁结构在荷载作用下的工作状态和使用能力。

1）静载试验基本原则

按照规范的要求计算荷载对控制截面产生的最不利内力，用产生最不利内力较大的荷载作为静载试验的控制荷载。荷载试验时应尽量采用与控制荷载相同的荷载，但由于客观条件的限制，实际采用的试验荷载与控制荷载会有所不同，为了保证试验效果，在选择试验荷载大小和加载位置时采用静载试验效率 η_q 来进行控制。静载试验效率 η_q 计算如下：

$$\eta_q = \frac{S_s}{S(1+\mu)} \tag{7.2-1}$$

式中 η_q——可采用 0.8～1.05，一般情况下 η_q 值不宜小于 0.95；

S_s——静载试验荷载作用下控制截面内力计算值；

S——控制荷载作用下控制截面最不利内力计算值；

μ——按规范采用的冲击系数，平板挂车、履带车等重型车辆取用 0。

静载试验较多采用三轴载重汽车加载，根据等效加载原理进行布载，三轴载重汽车轴重、轴距及平面布置见图 7.2-3，试验荷载采用内力等效的原则计算确定，使试验荷载效率满足上述规定，具体轮位布置按照各断面在最不利荷载作用下的空间有限元静力分析结果确定。

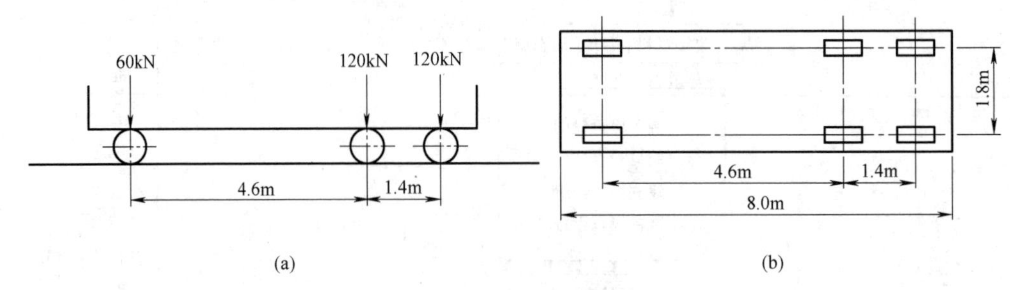

图 7.2-3 加载车辆简图

(a) 轴距及轴重图；(b) 平面图

2）加载方式及试验规定

（1）加载方式

对试验荷载分级施加，以测试荷载效应与荷载的变化关系以及防止桥梁结构意外损伤。一般将荷载按加载汽车数量分级。荷载逐级递加，达到最大荷载后一次卸载。加载试验每工况重复至少一次。试验前在桥面预先画出轮位，加载时汽车应准确就位，卸载时车辆应退出结构试验影响区，车速不大于 5km/h。每次加载或卸载的持续时间取决于结构变位达到稳定标准所需的时间。试验时取数个关键测点，监测其测读数，只有该级荷载阶段内结构变位相对稳定后才能进入下一个荷载阶段。

全部测点在每次加载或卸载后立即读数一次，并在结构变位稳定后进入下一级荷载前再读数一次。对本试验选跨中断面挠度测点每 5min 读数一次，以观测结构变位是否达到稳定。一旦结构变位达到稳定，测读完各测点读数后即可进入下一级加载。

（2）试验规定

① 静载试验选择在气温变化不大和结构温度趋于稳定的时间段内进行。试验过程中在量测试验荷载作用下结构响应的同时相应地测量结构表面温度。

② 静载试验荷载持续时间，原则上取决于结构变位达到相对稳定所需要的时间，只有结构变位达到相对稳定后，才能进入下一荷载阶段。

③ 全部测点在正式加载试验前均应进行零级荷载读数，以后每次加载或卸载后应即读数一次。试验时选在结构变位较大的测点，每隔 5min 观测一次，以观测结构变位是否达到相对稳定。

3）静载试验的终止

若在加载试验过程中发生下列情况之一，立即终止加载试验：

（1）控制测点应力超过计算值并且达到或超过按规范安全条件反算的控制应力时。

（2）控制测点变位（或挠度）超过规范允许值时。

（3）由于加载试验使结构出现非正常的受力损伤或局部发生损坏，影响桥梁承载能力和今后正常使用时。

4）静载试验内容

（1）静载试验时梁的内力控制截面的规定

一些主要桥型的内力控制截面规定如下：

① 简支梁桥的主要控制截面内力为跨中最大正弯矩处；控制截面附加内力为支点最大剪力、墩台最大垂直力。

② 连续梁桥主要控制截面内力的支点最大负弯矩处、跨中最大正弯矩；控制截面附加内力为支点最大剪力、墩台最大垂直力。

③ 悬臂梁桥主要控制截面内力为支点最大负弯矩、锚跨跨中最大正弯矩；控制截面附加内力为支点最大剪力，墩台最大垂直力，挂梁跨中最大弯矩。

④ 无铰拱桥主要控制截面内力为跨中截面最大正弯矩、拱脚截面最大负弯矩；控制截面附加内力为拱脚最大水平推力，$L/4$ 截面最大正弯矩和最大负弯矩。

此外，对桥梁的薄弱截面、损坏部位，比较薄弱的桥面结构等，是否设置内力控制及安排加载项目可根据桥梁调查和检算情况决定。

（2）荷载试验时常用桥梁体系的主要测点的布设

几种常用桥梁体系的主要测点布设如下：

① 简支梁桥：跨中挠度，支点沉降，跨中截面应变。

② 连续梁桥：跨中挠度，支点沉降，跨中和支点截面应变。

③ 悬臂梁桥：悬臂端部挠度，支点沉降，支点变截面应变。

④ 拱桥：跨中、$L/4$ 处挠度，拱顶、$L/4$、拱脚截面应变。

⑤ 斜拉桥：加劲梁跨中挠度，悬浮式梁端挠度及水平位移，跨中、支点截面应变，最外排斜拉索拉力，索塔下端截面应变。

⑥ 吊桥：加劲梁中、$L/4$ 处截面应变，吊杆、主索拉力、索塔下端截面应变。

其他测点的布设可根据桥梁调查和检算工作的深度，综合考虑结构特点和桥梁目前状况等，适当加设以下测点：

① 挠度沿桥长的分布或沿控制截面桥宽方向的分布。

② 应变沿控制截面桥宽方向的分布。

③ 应变沿截面高的分布。

④ 组合构件的结构面上、下缘应变。

⑤ 墩台的沉降、水平位移与转角、连拱桥多个墩台的水平位移。

⑥ 剪切应变。

⑦ 结构薄弱部位的应变。

（3）各测点变位（挠度，位移，沉降）与应变的计算

根据量测数据作下列计算：

总变位（或总应变） $$S_t=S_l-S_i \tag{7.2-2}$$

弹性变位（或弹性应变） $$S_o=S_l-S_u \tag{7.2-3}$$

残余变位（或残余应变） $$S_p=S_t-S_o=S_u-S_i \tag{7.2-4}$$

式中 S_i——加载前测值；

S_l——加载达到稳定时测值；

S_u——卸载后达到稳定时测值。

（4）校验系数 η

对加载试验的主要测点（即控制测点或加载试验效率最大部位测点）进行校验系数的

计算：

$$\eta=\frac{S_e}{S_s} \tag{7.2-5}$$

式中 S_e——试验荷载作用下量测的弹性变位（或应变）值。

S_e 与 S_s 的比较可用实测的横截面平均值与计算值比较，也可考虑荷载横向不均匀分布而选用实测最大值与考虑横向增大系数的计算值进行比较。横向增大系数最好采用实测值，如无实测值也可采用理论计算值。

校验系数是评定结构工作状况，确定桥梁承载能力的一个重要指标。不同结构形式的桥梁其 η 值常不相同。η 值常见的范围可参考表 7.2-5。

桥梁校验系数常值表 **表 7.2-5**

桥梁类型	应变(或应力)校验系数	挠度校验系数
钢筋混凝土板桥	0.20～0.40	0.20～0.50
钢筋混凝土梁桥	0.40～0.80	0.50～0.90
预应力混凝土桥	0.60～0.90	0.70～1.00
圬工拱桥	0.70～1.00	0.80～1.10

一般要求 η 值不大于 1，η 值越小结构的安全储备越大，η 值过大或者过小都应从多方面分析原因，若 η 值过大，原因可能是组成结构的材料强度较低或是结构各部分联结性能较差，刚度较低；若 η 值过小，原因可能是材料的实际强度及弹性模量较高，混凝土桥面铺装及人行道等与梁共同受力，拱桥拱上建筑与拱圈共同作用，支座摩阻力对结构受力的有利影响或是计算理论或简化的计算图式偏于安全等。此外，试验时加载物的称量误差，仪表的观测误差等对 η 值也有一定影响。

因理论的变位（或挠度）一般按线性关系计算，故若测点实测弹性变位（或挠度）与理论计算值成正比（其关系曲线接近于直线），说明结构处于良好的弹性工作状况。

试验荷载作用下，主要测点挠度校验系数 η 应不大于 1，各点的挠度应不超过规范规定的允许值，即：

① 圬工拱桥：全桥范围内正负挠度最大绝对值之和不大于 $L/1000$，履带车和挂车验算时提高 20%。

② 钢筋混凝土桥：梁桥主梁跨中挠度不超过 $L/600$；梁桥主梁悬臂端 $L/300$；桁架拱桥不超过 $L/300$。

5）实测值与理论值的关系曲线

列出各加载程序时主要测点实测弹性变位与理论计算值的对照表，并绘出其关系曲线图。由于理论的变位一般系按线性关系计算，所以如测点实测弹性变位与理论计算值成正比，其关系曲线接近于直线，说明结构处于良好的弹性工作状态。

6）相对残余变位

测点在控制加载程序时的相对残余变位 S_p/S_t 值越小说明结构越接近弹性工作状态，一般要求 S_p/S_t 值不大于 20%。当 S_p/S_t 值大于 20%时，应查明原因，如确系桥梁强度不足，应在评定时酌情降低桥梁的承载能力。

相对残余变位按如下公式计算：

$$S_p'=\frac{S_p}{S_t}\times 100\% \tag{7.2-6}$$

式中 S_p——残余变位；

S_t——总变位。

7）裂缝发展状况

当裂缝数量较少时，可根据试验前后观测情况及裂缝观测表对裂缝状况进行描述。当裂缝发展较多时，应选择结构有代表性部位描述裂缝展开图，图上应注明各加载程序裂缝长度和宽度的发展。

2. 桥梁动载试验

桥梁动载试验是为了反映结构的动力刚度、桥梁结构在运营活载作用下结构动力响应和桥梁舒适度。桥梁结构的动力特性，如固有频率、阻尼系数和振型等，只与结构本身的固有性质有关，是结构振动系统的基本特征；另一方面，桥梁结构在实际动荷载作用下，结构各部位的动力响应，如振幅、动应力、动位移、加速度以及反映结构整体动力作用的冲击系数等，不仅反映了桥梁结构在动荷载作用下的受力状态，而且反映了动力作用对驾驶员和乘客舒适性的影响。结构在运营期间一旦有较大的损伤（如梁体开裂、基础状态恶化等），结构的动力参数（如频率、阻尼等）将会出现较大的变化。

动载试验主要用于综合了解结构自身的动力特性以及结构抵抗受迫振动和突发荷载作用的能力，以判断结构的实际工作状态和实际承载能力，同时也为使用阶段结构评估积累原始数据。

根据桥梁的结构形式确定动载测点布置位置，布置加速度传感器、动位移、动应变测点。动载试验分为脉动试验和强迫振动试验两部分，以分别获取桥梁的自振特性和行车响应特性，其中强迫振动试验分为跑车试验、跳车试验和刹车试验。

1）脉动试验

脉动试验原理是通过在桥上布置高灵敏度的传感器，长时间记录结构在环境激励，如风、水流、机动车、人的活动等引起的振动，然后进行谱分析，求出结构自振特性的一种方法。它假设环境激励为平稳的各态历经过程，在中低频段，环境振动的激励谱比较均匀，在环境激励的频率与桥梁的自振频率一致或接近时，桥梁容易吸收环境激励的能量，使振幅增大；而在环境激励的频率与桥梁自振频率相差较大时，由于相位差较大，有相当一部分能量相互抵消，振幅较小。对环境激励下桥梁的响应信号进行多次功率谱的平均分析，可得到桥梁的各阶自振频率，再利用各个测点的振幅和相位关系，可求得各阶频率相应的振型，利用幅频图上各峰值处的半功率带宽确定模态阻尼比，用测试仪器，依据输出信息分析，采用子空间法，获得桥的模态性能。梁桥动载试验测点示意如图 7.2-4 所示。

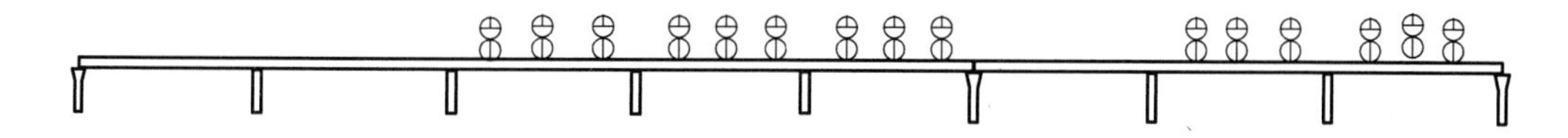

⊖ 表示竖向传感器　⦶ 表示横向传感器

图 7.2-4　梁桥动载试验测点示意图

2）强迫振动试验

强迫振动试验是利用试验车辆对桥梁施以动力荷载，测量桥梁动力响应，即桥梁的应频率、振幅、动应变、动挠度及冲击系数等，并对测得的桥梁动力响应值进行分析，获得桥梁的动力响应特性。强迫振动试验分为跑车试验、刹车试验和跳车试验三种工况。

（1）跑车试验

采用试验载重汽车以某一均匀速度在桥面上行使，测量桥梁结构在行车状态下的振幅、动应变、动挠度及冲击系数，每种车速至少重复一次。

（2）刹车试验

利用试验载重汽车以某一均匀速度分别匀速行驶至主跨跨中、1/4 跨处刹车，测量梁体各测点振幅和梁体在顺桥向冲击荷载下的强迫振动频率，重复一次。

（3）跳车试验

利用试验载重汽车以某一均匀速度分别行使至主跨跨中、1/4 跨处越过高 10cm 的三角形木后停车，测量梁体各测点振幅和梁体在竖桥向冲击荷载下的强迫振动频率，重复一次。

某桥典型的强迫振动试验测试内容见表 7.2-6。

强迫振动试验测试内容 **表 7.2-6**

<table>
<tr><th colspan="2">项目</th><th>工况</th><th>测试内容及车速</th></tr>
<tr><td colspan="2" rowspan="10">跑车</td><td rowspan="2">1</td><td>振幅、强迫振动频率、动应力</td></tr>
<tr><td>车速 10km/h</td></tr>
<tr><td rowspan="2">2</td><td>振幅、强迫振动频率、动应力</td></tr>
<tr><td>车速 20km/h</td></tr>
<tr><td rowspan="2">3</td><td>振幅、强迫振动频率、动应力</td></tr>
<tr><td>车速 30km/h</td></tr>
<tr><td rowspan="2">4</td><td>振幅、强迫振动频率、动应力</td></tr>
<tr><td>车速 40km/h</td></tr>
<tr><td rowspan="2">5</td><td>振幅、强迫振动频率、动应力</td></tr>
<tr><td>车速 50km/h</td></tr>
<tr><td rowspan="4">跳车</td><td rowspan="2">跨中</td><td rowspan="2">2</td><td>振幅、强迫振动频率</td></tr>
<tr><td>障碍 10cm 车速 20km/h</td></tr>
<tr><td rowspan="2">1/4 跨</td><td rowspan="2">1</td><td>振幅、强迫振动频率</td></tr>
<tr><td>障碍 10cm 车速 20km/h</td></tr>
<tr><td rowspan="4">刹车</td><td rowspan="2">跨中</td><td rowspan="2">1</td><td>振幅、强迫振动频率</td></tr>
<tr><td>车速 20km/h</td></tr>
<tr><td rowspan="2">1/4 跨</td><td rowspan="2">2</td><td>振幅、强迫振动频率</td></tr>
<tr><td>车速 20km/h</td></tr>
</table>

7.3 桥梁技术状况评定

公路桥梁技术状况评定是对桥梁的使用功能（宏观）、使用价值（微观）、承载能力（微观）进行的综合评价。通过桥梁评定，可鉴定桥梁是否仍具有原设计或重新设定的工作性能及承载能力，进而为桥梁的养护维修、改造、加固提供决策基础。

公路桥梁技术状况评定是一个综合评价的问题，涉及评定方法与评定标准（依据相关标准、规范、试验结果及专家经验等所制定的分类等级）。桥梁状况评定，涉及许多相关因素，如一条线路包括许多座桥梁；一座桥梁包括上部、下部和基础，每部分又包含许多基本构件；一个基本构件，因设计、施工和使用中的多种原因可能存在一种或多种缺损等。

现有公路桥梁的评定，通常包括以下方法，见图 7.3-1。

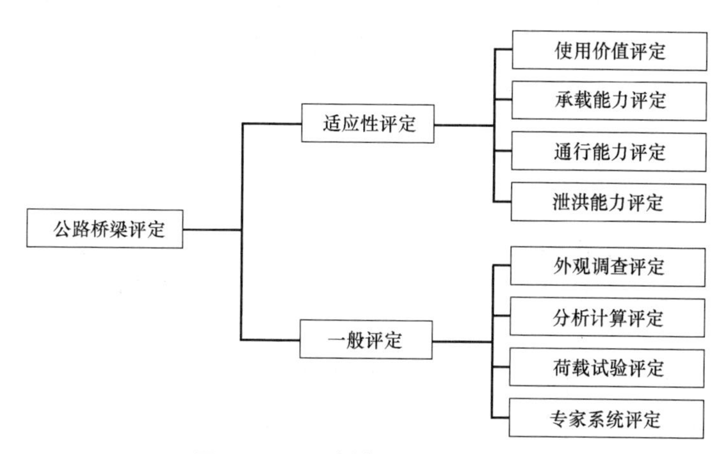

图 7.3-1 公路桥梁评定方法分类

现行的桥梁养护规范将桥梁评定分为一般评定和适应性评定。一般评定是依据桥梁定期检查资料，通过对桥梁各部件技术状况的综合评定，确定桥梁技术状况等级。桥梁适应性评定主要包括依据桥梁定期检查和特殊检查资料，结合试验与结构分析，评定桥梁的实际承载能力、通行能力和抗洪能力。

7.3.1 一般评定

1. 外观调查评定

公路桥梁外观调查评定，由有经验的桥梁检查工程师负责，依据桥梁调查资料（以定期检查结果为主），从缺损状况、技术状况、养护对策等方面，对桥梁质量作出综合评定。

《公路桥梁技术状况评定标准》JTG/T H21—2011 中公路桥梁技术状况评定应采用分层综合评定与 5 类桥梁单项控制指标相结合的方法，先对桥梁各构件进行评定，然后对桥梁各部件进行评定，再对桥面系、上部结构和下部结构分别进行评定，最后进行桥梁总体技术状况的评定。当单个桥梁存在不同结构形式时，可根据结构形式的分布情况划分评定单元，分别对各评定单元进行桥梁技术状况的等级评定。

1）桥梁构件的技术状况评分，按式（7.3-1）计算。

$$PMCI_1(BMCI_1\text{ 或 }DMCI_1)=100-\sum_{x=1}^{k}U_x \tag{7.3-1}$$

当 $x=1$ 时：$U_1=DP_{i1}$

当 $x\geqslant 2$ 时：

$$U_x=\frac{DP_{ij}}{100\times\sqrt{x}}\times(100-\sum_{y=1}^{x-1}U_y) \quad (\text{其中 } j=x)$$

当 $DP_{ij}=100$ 时：

$$PMCI_1(BMCI_1\text{ 或 }DMCI_1)=0$$

式中 $PMCI_1$——上部结构第 i 类部件 1 构件的得分，值域为 0～100 分；

$BMCI_1$——下部结构第 i 类部件 1 构件的得分，值域为 0～100 分；

$DMCI_1$——桥面系第 i 类部件 1 构件的得分，值域为 0～100 分；

k——第 i 类部件 1 构件出现扣分的指标的种类数；

U、x、y——引入的变量；

i——部件类别，例如 i 表示上部承重构件、支座、桥墩等；

j——第 i 类部件 1 构件的第 j 类检测指标；

DP_{ij}——第 i 类部件 1 构件的第 j 类检测指标的扣分值；根据构件各种检测指标扣分值进行计算，扣分值按表 7.3-1 规定取值。

构件各检测指标扣分值 **表 7.3-1**

检测指标所能达到的最高等级类别	指标类型				
	1类	2类	3类	4类	5类
3类	0	35	35	—	—
4类	0	25	40	50	—
5类	0	35	45	60	100

2）桥梁部件的技术状况评分，按式（7.3-2）计算。

$$PCCI_i=\overline{PMCI}-(100-PMCI_{\min})/t \tag{7.3-2}$$

或 $$BCCI_i=\overline{BMCI}-(100-BMCI_{\min})/t$$

或 $$DCCI_i=\overline{DMCI}-(100-DMCI_{\min})/t$$

式中 $PCCI_i$——上部结构第 i 类部件的得分，值域为 0～100 分；当上部结构中的主要部件某一构件评分值 $PMCI_1$ 在［0，60）区间时，其相应的部件评分值 $PCCI_1=PMCI_i$；

$\overline{PMCI}$——上部结构第 i 类部件各构件的得分平均值，值域为 0～100 分；

$BCCI_i$——下部结构第 i 类部件的得分，值域为 0～100 分；当下部结构中的主要部件某一构件评分值 $BMCI_1$ 在［0，60）区间时，其相应的部件评分值 $BCCI_i=BMCI_1$；

$\overline{BMCI}$——下部结构第 i 类部件各构件的得分平均值，值域为 0～100 分；
$DCCI_i$——桥面系第 i 类部件的得分，值域为 0～100 分；
$\overline{DMCI}$——桥面系第 i 类部件各构件得分平均值，值域为 0～100 分；
$PMCI_{min}$——上部结构第 i 类部件中分值最低的构件得分值；
$BMCI_{min}$——下部结构第 i 类部件中分值最低的构件得分值；
$DMCI_{min}$——桥面系第 i 类部件分值最低的构件得分值；
t——随构件的数量而变的系数，见表 7.3-2。

t 值 **表 7.3-2**

n(构件数)	t	n(构件数)	t
1	∞	20	6.6
2	10	21	6.48
3	9.7	22	6.36
4	9.5	23	6.24
5	9.2	24	6.12
6	8.9	25	6.00
7	8.7	26	5.88
8	8.5	27	5.76
9	8.3	28	5.64
10	8.1	29	5.52
11	7.9	30	5.4
12	7.7	40	4.9
13	7.5	50	4.4
14	7.3	60	4.0
15	7.2	70	3.6
16	7.08	80	3.2
17	6.96	90	2.8
18	6.84	100	2.5
19	6.72	≥200	2.3

注：1. n 为第 i 部件的构件总数；
2. 表中未列出的 t 值采用内插法计算。

3）桥梁上部结构、下部结构、桥面系的技术状况评分，按式（7.3-3）计算。

$$SPCI(SBCI\text{ 或 }BDCI)=\sum_{i=1}^{m}PCCI_i(BCCI_i\text{ 或 }DCCI_i)\times W_i \tag{7.3-3}$$

式中 $SPCI$——桥梁上部结构技术状况评分，值域为 0～100 分；
$SBCI$——桥梁下部结构技术状况评分，值域为 0～100 分；
$BDCI$——桥面系技术状况评分，值域为 0～100 分；
m——上部结构（下部结构或桥面系）的部件种类数；
W_i——第 i 类部件的权重值，按表 7.3-3 规定取值；对于桥梁中未设置的部件，应根据此部件的隶属关系，将其权重值分配给各既有部件，分配原则按照各既有部件权重在全部既有部件权重中所占比例分配。

梁式桥各部件权重值　　表 7.3-3

部　位	类别 i	评 价 部 件	权重值
上部结构	1	上部承重构件(主梁、挂梁)	0.70
	2	上部一般构件(湿接缝、横隔板等)	0.18
	3	支座	0.12
下部结构	4	翼墙、耳墙	0.02
	5	锥坡、护坡	0.01
	6	桥墩	0.30
	7	桥台	0.30
	8	墩台基础	0.28
	9	河床	0.07
	10	调治构造物	0.02
桥面系	11	桥面铺装	0.40
	12	伸缩缝装置	0.25
	13	人行道	0.10
	14	栏杆、护栏	0.10
	15	排水系统	0.10
	16	照明、标志	0.05

4）桥梁总体的技术状况评分，按式（7.3-4）计算。

$$D_r = BDCI \times W_D + SPCI \times W_{SP} + SBCI \times W_{SB} \tag{7.3-4}$$

式中　D_r——桥梁总体技术状况评分，值域为 0～100 分；

W_D——桥面系在全桥中的权重值，取 0.40；

W_{SP}——上部结构在全桥中的权重值，取 0.40；

W_{SB}——下部结构在全桥中的权重值，取 0.20。

桥梁技术状况分类界限宜按表 7.3-4 规定执行。

桥梁技术状况分类界限表　　表 7.3-4

技术状况评分	技术状况等级 D_j				
	1类	2类	3类	4类	5类
D_r (*SPCI*、*SBCI*、*BDCI*)	[95,100]	[80,95]	[60,80]	[40,60]	[0,40]

2. 分析计算评定

分析计算评定法建立在桥梁外观调查的基础之上，依据调查到的资料，利用桥梁结构理论对桥梁进行分析、计算，评价采用桥梁设计规范中的各等级荷载或被控制车辆的荷载。评价时采用极限状态计算分析，各系数宜根据详细检测的结构状况分别选定，使计算分析结果能真实地评价结构承载能力。评定具体方法如下：

1）通过桥梁检查确定桥梁检算承载能力的折减或提高系数（即确定桥梁检算系数 Z_1）。

2）根据检查所得桥梁基础位移、结构变形、构件开裂、破损等情况，对结构抗力效应考虑引入不大于 1.2 的结构检算系数进行结构强度和稳定性检算，按原设计规范如下的检算公式，即：

$$S_d \leqslant R_d Z_1 \tag{7.3-5}$$

$$\sigma_j = [\sigma_j] Z_1 \tag{7.3-6}$$

式中 S_d——荷载效应；

R_d——结构抗力效应；

σ_j——使用荷载下构件截面的最大计算应力；

$[\sigma_j]$——材料的允许应力值；

Z_1——桥梁检算系数。

进一步有：

1）砖、石、混凝土结构的承载能力检算公式为：

$$S_d(\gamma_{so}\psi\xi_q \sum \gamma_{sl} Q) \leqslant R_d\left(\frac{R_j}{\gamma_m}, \alpha_k\right) Z_1 \tag{7.3-7}$$

2）钢筋混凝土及预应力混凝土结构的承载能力检算公式为：

$$S_d(\gamma_G G; \gamma_q \xi_q \sum Q) \leqslant \gamma_b R_d\left(\frac{R_c}{\gamma_c}, \frac{R_s}{\gamma_s}\right) Z_1 \tag{7.3-8}$$

3. 荷载试验评定

荷载试验的目的是对桥梁进行更可靠、更直接的评定，其主要流程详见 7.2.4 节。荷载试验后，应根据试验资料分析桥梁结构的工作状况，从而进一步评定桥梁承载能力。除了静载试验效率外，动载试验的效率 η_d 也是一个重要指标，η_d 可表示为：

$$\eta_d = \frac{s_d}{s} \tag{7.3-9}$$

式中 s_d——动荷载作用下的变形或应力值；

s——设计标准荷载作用下的变形或应力计算值。

当动载试验的效率 η_d 接近 1 时，不同车速下实测的冲击系数最大值可用于结构的强度及稳定性检算。

实测的冲击系数应满足下列条件：

$$\mu_t \cdot \eta_d \leqslant \mu_c \tag{7.3-10}$$

式中 μ_c——设计时采用的冲击数；

μ_t——实测的冲击数。

当不满足式（7.3-10）时，应按实测的 μ_t 值来考虑设计标准中汽车荷载的冲击作用。

μ_t 是反映结构在行车荷载作用下的动力响应，很显然 μ_t 与桥面平整度有关，与行车速度有关。对评定而言，μ_t 只能描述桥梁平整度，不能对全结构进行描述。μ_t 的意义在于，有了实测的冲击数据之后，在进行旧桥理论分析计算时，应以实测 μ_t 为依据，而不宜采用规范的 μ_c 值。

一阶自振频率 f_t 在中小跨径钢筋混凝土和预应力混凝土桥梁中的一阶自振频率测定一般应大于 4.0Hz，否则认为桥梁的总体刚度较差。桥梁的自振频率 f_t 可按下式计算：

简支梁桥和等跨连续梁桥：

$$E_{d}I=0.41(f_{t})^{2}\overline{m}l^{2} \tag{7.3-11}$$

悬臂梁桥：

$$E_{d}I=3.20(f_{t})^{2}\overline{m}l^{2} \tag{7.3-12}$$

式中 $\overline{m}$——结构每延米质量；

l——支端点距离或跨径；

I——结构构件的截面惯性矩；

E_{d}——动弹性模量。

有关简支梁桥的试验表明，f_{t} 实测值为 1.23～10.4Hz，平均 3.62Hz，一阶固有频率与跨径有关，即：

$$f_{t}=95.4L^{-0.933} \tag{7.3-13}$$

对于其他形式的桥梁，由于试验数据不足，宜按下式进行评定：

$$\eta_{f}=\frac{f_{t}}{f}\geqslant 1 \tag{7.3-14}$$

式中 η_{f}——频率校验系数；

f_{t}——实测一阶频率；

f——计算频率。

很显然，当 $f_{t}>1$ 时，说明桥梁有缺损或病害，达不到原设计所具备的动刚度。计算 f 时，应遵循静载试验计算时的原则，特别应注意：①上部结构均应同时纳入计算范围之内；②充分考虑支座，特别是橡胶支座的影响。

根据实测计算的阻尼比 ξ_{t} 按表 7.3-5 可以判断桥梁的开裂状况。

ξ_{t} 值与裂缝相关性表 **表 7.3-5**

材料	裂缝	ξ_{t} 的相应值
素混凝土及钢筋混凝土	无裂缝 有裂缝	$\xi_{t}<0.5$ $\xi_{t}>1.0\sim2.0$
预应力混凝土	无裂缝 有裂缝	$\xi_{t}<1.0$ $\xi_{t}>1.0\sim2.0$

桥梁阻尼是一个重要的、又十分复杂的参数，它由构成桥梁的材料阻尼、结构阻力和系统阻尼所构成，阻尼比只能通过试验获得。

以表 7.3-5 中 ξ_{t} 值来判断结构是否开裂的条件过宽。有关梁式桥试验表明，出现频率最高的桥梁集中在 $\xi_{t}=0.8\%$。总长不小于 125m 直线、窄的和闭口横截面的长桥中，$\xi_{t}=0.76\%$；总长小于 75m 曲线、宽的和开口截面短桥中，$\xi_{t}=1.6\%$。

当荷载试验项目比较全面时，可采用荷载试验主要挠度测点的校验系数 η 来评定桥梁结构的强度和稳定性。检算时用荷载试验后的桥梁检算系数 Z_{2} 代替前述的桥梁检算系数 Z_{1}，对桥梁结构抗力效应予以提高或折减。

1）砖、石、混凝土桥梁：

$$S_{d}(\gamma_{so}\psi\sum\gamma_{sl}Q)\leqslant R_{d}\left(\frac{R_{j}}{\gamma_{m}},\alpha_{k}\right)\times Z_{2} \tag{7.3-15}$$

2）钢筋混凝土及预应力混凝土桥梁：

$$S_d(\gamma_G G;\gamma_q \Sigma Q)\leqslant \gamma_b R_d\left(\frac{R_c}{\gamma_c},\frac{R_s}{\gamma_s}\right)\times Z_2 \tag{7.3-16}$$

根据 η 值由表 7.3-8 查取 Z_2 的取值范围，再根据下列条件确定 Z_2 值。符合下列条件时，Z_2 值可取高限，否则应酌减，直至取低限：

1）加载内力与总内力（加载内力＋恒载内力）的比值较大，荷载试验效果较好。

2）实测值与理论值线性关系较好，相对残余变位（或应变）较小。

3）桥梁结构各部分无损伤，风化、锈蚀、裂缝等较轻微。

η 值应取控制截面内力最不利程序时的最大挠度测值进行计算。对梁桥可采用跨中最大正弯矩加载程序的跨中挠度；对拱桥检算拱顶截面时，可采用拱顶最大正弯矩加载程序时跨中挠度；检算拱脚截面时，可采用拱脚最大负弯矩加载程序时 $L/4$ 截面处挠度；检算 $L/4$ 截面时则可用上两者平均值，如已安排 $L/4$ 截面最大正、负弯矩加载程序，则可采用该程序时 $L/4$ 截面处挠度。拱桥在采用 η 值根据表 7.3-6 进行检算时，可不再另行考虑拱上建筑的联合作用。

经过荷载试验的桥梁检算系数 Z_2 值表 **表 7.3-6**

校验系数 η	检算系数 Z_2	校验系数 η	检算系数 Z_2
0.4 及以下	1.20～1.30	0.8	1.00～1.10
0.5	1.15～1.25	0.9	0.97～1.07
0.6	1.10～1.20	1.0	0.95～1.05
0.7	1.05～1.15		

注：1. η 值应经校核确保计算及实测无误；
2. η 值在表列数值之间时可内插；
3. 当 η 值大于 1 时应查明原因，若确系结构本身强度不够应适当降低检算承载能力。

当采用 Z_1 值根据公式检算不符合要求，但采用 Z_2 值根据公式检算符合要求时，可评定桥梁承载能力满足检算荷载要求。

当试验荷载作用下墩台沉降、水平位移及倾角较小，符合上部结构检算要求，卸载后变位基本恢复时，可认为地基与基础在检算荷载作用下能正常工作。当试验荷载作用下墩台沉降、水平位移及倾角较大或不稳定，卸载后变位不能恢复时，应进一步对地基、基础进行探查、检算，评价地基基础是否需进行加固。

7.3.2 适用性评定

1. 使用价值评定

公路桥梁在规划使用期限内的使用价值一般按式（7.3-17）进行评估：

$$k=\frac{R_1-E_1-E_2}{R_2-E_3-E_4} \tag{7.3-17}$$

式中 R_1——规划期限内利用桥梁路线的总收益；

R_2——改建新桥路线在规划期内的总收益；

E_1——规划期限内桥梁加固改造总支出；

E_2——规划期限内桥梁路线养护总支出；

E_3——新建桥梁的总支出；

E_4——改建新桥路线养护的总支出。

当桥梁使用价值系数 $k>1$ 时，桥梁具有宏观使用价值，有必要进行加固改造。

2. 承载能力评定

对线路上定期检查中确定为四、五类的桥梁，均应进行承载能力的评定并以承载能力适应率 β_c 为指标进行考核。

$$\beta_c=\frac{N_c}{N}\times100\% \tag{7.3-18}$$

式中 β_c——桥梁线路承载能力适应率；

N_c——考查线路上承载力通过指定验算荷载验算的桥梁座数；

N——考查线路上总的桥梁座数。

当 $90\leqslant\beta_c\leqslant100$ 时，线路承载能力评定等级为“良好”；当 $70\leqslant\beta_c<90$ 时，线路承载能力评定等级为“适应”；当 $\beta_c<70$ 时，线路承载能力评定等级为“不适应”。

3. 线路通行能力评定

桥梁线路通行能力适应率 β_t 计算公式如下：

$$\beta_t=\frac{N_t}{N}\times100\% \tag{7.3-19}$$

式中 β_t——桥梁线路通行能力适应率；

N_t——调查线路上计算通行能力满足交通量要求的桥梁座数。

当 $90\leqslant\beta_t\leqslant100$ 时，线路通行能力评定等级为“良好”；

当 $70\leqslant\beta_t<90$ 时，线路通行能力评定等级为“适应”；

当 $\beta_t<70$ 时，线路通行能力评定等级为“不适应”。

4. 线路泄洪能力评定

桥梁线路泄洪能力适应率 β_x 计算公式如下：

$$\beta_x=\frac{N_x}{N}\times100\% \tag{7.3-20}$$

式中 β_x——桥梁线路泄洪能力适应率；

N_x——调查线路上计算泄洪能力可满足要求的桥梁座数。

当 $90\leqslant\beta_x\leqslant100$ 时，线路泄洪能力评定等级为“良好”；

当 $70\leqslant\beta_x<90$ 时，线路泄洪能力评定等级为“适应”；

当 $\beta_x<70$ 时，线路泄洪能力评定等级为“不适应”。

7.4 钢筋混凝土桥梁加固与维护

桥梁经过技术状况评定及承载能力鉴定后，确认经过加固能满足结构安全或正常使用要求时应进行加固。加固工作的内容及范围应根据评定结论和委托方提出的使用要求确定。桥梁的加固应尽可能不损伤原结构，避免不必要的拆除及更换，防止加固中造成新的结构损伤或病害。因特殊环境（高温、冻融、腐蚀等）造成的桥梁结构病害，加固设计应采取针对性的处置措施。有抗震要求的桥梁，加固时还应进行抗震能力验算。特大桥、大桥主要承重构件的加固方案应进行充分论证，做多方案的技术、经济比选。

加固设计应依据原桥梁竣工图和设计图及检测评估报告进行，必要时应进行现场核对。加固设计计算应考虑结构病害影响、材料劣化、新旧材料的结合性能及材性差异。材料、几何等参数的取值，应采用桥梁现状的检测结果。加固设计应进行各施工阶段构件的强度、稳定性及结构变形验算。加固后的结构验算应考虑附加荷载（温度变化、混凝土收缩及徐变、预加应力、墩台位移、安装应力等）的影响。改变结构体系加固时，结构构件任一截面上的应力不宜超过材料强度的设计值。加固验算时，应根据桥梁建设年代的设计荷载、材料性能进行相应计算。桥梁加固设计可按下列程序进行：加固工程可行性研究（含估算）→加固方案初步设计（含概算）→加固施工图设计（含预算）。

7.4.1 桥梁加固基本原理及常用方法

目前钢筋混凝土桥梁加固、提高承载力的方法和技术种类繁多，但基本原理却是相同的，归纳起来都是遵循力学的基本原理，从桥梁结构的外界因素和内在状况改变的角度进行加固补强，提高承载力。各方法的介绍详见本书第 2 章。

钢筋混凝土梁桥的加固可以采用以下几种方法：

1）浇筑钢筋混凝土加大截面加固法，用于加强构件，应注意在加大截面时自重也相应增加了。

2）增加钢筋加固法，用于加强构件，常与方法 1）共同使用。

3）粘贴钢板加固法，此为普遍采用的方法，钢板与原结构必须可靠连接，并做防锈处理。

4）粘贴碳纤维、特种玻璃纤维加固法，主要用于提高构件抗弯承载力，使用此方法加固几乎不增加原结构自重。

5）预应力加固法，对于提高构件强度、控制裂缝和变形的作用较好。

6）改变梁体截面形式加固法，一般是将开口的 T 形截面或 I 形界面转换成箱形截面。

7）增加横隔板加固法，用于无中横隔或少中横隔梁的加固，可增加桥梁整体刚度，调整荷载横向分配。

8）在桥下净空和墩台基础受力许可的条件下，采用在梁底下加八字支撑加固法。

9）桥梁结构由简支变连续加固法。

10）当支座设置不当造成梁体受力恶化时，可采用调整支座标高的加固方法。

11）更换主梁加固法。

12）其他可靠有效的加固法。

7.4.2 桥梁结构的维护

1. 桥面系统的维护

1）桥面铺装

（1）桥面应经常清扫，排除积水，清除泥土、杂物、冰凌和积雪，保持桥面平整、清洁。

（2）沥青混合料桥面出现泛油、拥包、裂缝、波浪、坑槽、车辙等病害时，应及时处治。当损坏面积较小时，可局部修补；当损坏面积较大时，可将整跨铺装层凿除，重铺新的铺装层。一般不应在原桥面上直接加铺，以免增加桥梁恒载。

(3) 水泥混凝土桥面出现断缝、拱胀、错台、起皮、露骨等病害时，应及时处理。当损坏面积较大时，应将原铺装整块或整跨凿除，重铺新的铺装层。

(4) 桥面防水层如有损坏，应及时修复。

2) 排水系统

(1) 桥面的泄水管、排水槽如有堵塞，应及时疏通，并经常保持通畅。

(2) 桥面应保持大于1.5%的横坡，以利于桥面排水。

(3) 桥梁上设置的封闭式排水系统，应保持各排水管道畅通，排水系统的设备和水泵等应工作正常，如有堵塞应及时疏通，若有损坏则应及时更换。

3) 人行道、栏杆、护栏、防撞墙

(1) 人行道块件应牢固、完整，桥梁路缘石应经常保持完好状态。若出现松动、缺损应及时进行休整或更换。

(2) 桥梁栏杆应经常保持完好状态，栏杆柱应竖立正直，扶手应无损坏、断裂，伸缩缝的水平杆件应能自由伸缩。栏杆柱、扶手如有缺损，应及时补齐。因栏杆损坏而采用临时防护措施时，使用时间不得超过三个月。

(3) 钢筋混凝土栏杆开裂严重或者混凝土剥落，应凿除损坏部分，修补完整。

(4) 钢质栏杆应涂漆防锈，一般一年一次。

(5) 护栏、防撞墙应牢固、可靠，若有损坏应及时修理或更换。钢护栏与钢筋混凝土护栏上的外露钢构件应定期涂漆防锈，一般每年一次。

(6) 桥梁两端的栏杆柱或防撞墙端面，涂有立面标记或示警标志的，应定期涂刷，一般一年一次，使油漆颜色保持鲜明。

(7) 桥上灯柱应保持完好状态，如有缺损和歪斜，应及时修理和扶正。灯具损坏应及时更换，保证夜间照明。

4) 伸缩装置

(1) 应经常清除缝内积土、垃圾等杂物，使其发挥正常作用，若有损坏或功能失效应及时修理或更换。

(2) 以下集中伸缩装置出现下列病害时，应及时进行更换：

① U形锌铁皮伸缩装置的锌铁皮老化、开裂、断裂。

② 钢板伸缩装置或锯齿钢板伸缩装置的钢板变形，螺栓脱落，伸缩不能正常进行。

③ 橡胶条伸缩装置的橡胶条老化、脱落，固定角钢变形、松动。

④ 板式橡胶伸缩装置的橡胶板老化开裂，预埋螺栓松脱，伸缩失效。

(3) 更换的伸缩装置应选型合理，伸缩量应满足桥跨结构变形需要，安装应牢固、平整、不漏水。

(4) 维修或更换伸缩装置时，应采取措施维持交通。

2. 梁桥的维护

1) 日常养护与维修

钢筋混凝土梁桥日常养护维修内容：清除表面污垢；修补混凝土空洞、破损、剥落、表面风化以及裂缝；清除暴露钢筋的锈迹，恢复保护层；处理各种横纵向构件的开裂、开焊和锈蚀。

保持箱梁的箱内通风，未设通风孔的应补设。梁体的污垢宜用清水刷洗，不得使用有腐蚀性的化学清洗剂。

2）梁体常见病害及处理方法

（1）对梁体混凝土的空洞、蜂窝、麻面、表面风化、剥落等应先将松散部分清除，再用高强度等级混凝土、水泥砂浆或其他材料进行修补。新补的混凝土要密实，与原结构应结合牢固、表面平整。新补的混凝土必须实行养生。

（2）梁体若发现露筋或保护层剥落，应先将松动的保护层凿去，并清除钢筋锈迹，然后修复保护层。如损坏面积不大可用环氧砂浆修补。如损坏面积过大可用喷射高强度等级水泥砂浆的方法修补。

（3）梁体的横、纵向联结构件开裂、断裂、开焊，可采用更换、补焊、帮焊等措施修补。

（4）梁体的裂缝处理：当裂缝的宽度大于限值及裂缝分布超过正常范围时，应作处理，一般采用压力灌注法灌注环氧树脂胶或其他灌缝材料。当裂缝宽度在限值范围内时，可进行封闭处理，一般刷环氧树脂砂浆。当裂缝宽度大于限值规定时，应采用压力灌浆法灌注环氧树脂胶或其他灌缝材料。当裂缝发展严重时，应加强观测，查明原因，按照规范的有关规定进行加固处理。

3. 桥梁支座的维护

1）日常养护

（1）支座各部应保持完整、清洁，每半年至少清扫一次。清除支座周围的油污、垃圾，防止积水、积雪，保证支座正常工作。

（2）滚动支座的滚动面应定期涂润滑油（一般每年一次）。在涂油之前，应把滚动面揩擦干净。

（3）对钢支座要进行除锈防腐。除铰轴和滚动面外，其余部分均应涂刷防锈油漆。

（4）应及时拧紧钢支座各部接合螺栓，使支承垫板平整、牢固。

（5）应防止橡胶支座接触油污引起老化、变质。

（6）滑板支座、盆式橡胶支座的防尘罩，应维护完好，防止尘埃落入或雨雪渗入支座内。

2）支座维修与更换

（1）支座如有缺陷或产生故障不能正常工作时，应及时予以修整或更换。

① 支座的固定锚销剪断，滚动面不平整，轴承有裂纹或切口，辊轴大小不合适，混凝土摆柱出现严重开裂、歪斜，必须更换。

② 橡胶支座板翘起、变形、断裂时应予更换，焊缝开裂应予整修。

③ 板式橡胶支座出现脱空或不均匀压缩变形时应进行调整。

④ 板式橡胶支座发生过大剪切变形、中间钢板外露、橡胶开裂、老化时应及时更换。

⑤ 油毡垫层支座失去功能时，应及时更换。

（2）调整、更换板式橡胶支座、钢板支座、油毡垫层橡胶支座时应采用如下方法：在支座旁边的梁底或端横隔处设置千斤顶，将梁（板）适当顶起，使支座脱空不受力，然后进行调整或更换。调整完毕或新支座就位正确后，落梁（板）到使用位置。

（3）需要抬高支座时，可根据抬高量的大小选用下列几种方法。

① 垫入钢板（50mm 以内）或铸钢板（50～100mm）。

② 更换为板式橡胶支座。

③ 就地浇筑钢筋混凝土支座垫石，垫石高度按需要设置，一般应大于 100mm。

4. 桥梁墩台的维护

1）日常养护与维修

（1）保持墩台表面整洁，及时清除墩台表面的青苔、杂草、灌木和污秽。

（2）对发生灰缝脱落的圬工砌体，应清除缝内杂物，重新用水泥砂浆勾缝。

（3）墩台身圬工砌体表面风化剥落或损坏时，损坏深度在 3cm 以内的，可用水泥砂浆抹面修补，砂浆强度等级一般不应低于 M5。当损坏深度面积较大且深度超过 3cm 时，不得用砂浆修补，而须采用挂网喷浆或浇筑混凝土的方法加固。

（4）圬工砌体镶面部分严重风化和损坏时，应用石料或混凝土预制块补砌、更换，新老部分要结合牢固，色泽质地应与原砌体一致。

（5）墩台身圬工砌体的砌块如出现裂缝，应拆除后重新砌筑。

（6）墩台身表面发现侵蚀剥落、蜂窝麻面、裂缝、露筋等病害时，应采用水泥砂浆修补。因受行车振动影响，不易用水泥砂浆补牢的，应考虑采用环氧树脂或其他聚合物混凝土进行修补。

（7）墩台混凝土的裂缝处理：当裂缝的宽度大于限值及裂缝分布超过正常范围时，应作处理，一般采用压力灌注法灌注环氧树脂胶或其他灌缝材料。当裂缝宽度在限值范围内时，可进行封闭处理，一般刷环氧树脂砂浆。

2）加固方法及适用范围

（1）由于活动支座失灵而造成墩台拉裂，应修复或更换支座，并按上述方法修补裂缝。

（2）墩台身发生纵向贯通裂缝时，可采用钢筋混凝土围带、粘贴钢板箍或加大墩台截面的方法进行加固。

（3）因基础不均匀沉降下沉引起墩台身自下而上的裂缝时，应先加固基础，再采用灌缝或加箍的方法进行加固。

（4）U 形桥台的翼墙外倾时，可在横向钻孔加设钢拉杆，钢拉杆固定在翼墙外壁的型钢或钢筋混凝土梁柱上。

（5）当墩台损坏严重，如出现大面积开裂、破损、风化、剥落时，一般可采用钢筋混凝土“箍套”加固，对结构基本完好、但承载力不足的圆柱形墩柱可采用包裹纤维片材的方法加固。

（6）钢筋混凝土墩台出现缺损，而墩台身处于常水位以下时，可根据不同情况采用围堰抽水或水下作业的方法进行修补。

5. 桥梁基础的维护

1）日常养护与维修

应采取措施保持桥梁墩台基础附近河床的稳定。桥梁上下游各 200m 的范围内（当桥长的 1.5 倍超过 200m 时，范围应适当扩大）应做到：

（1）应适时地进行河床疏浚，每次洪水过后，应及时清理河床上的漂浮物，使水流顺利宣泄。

（2）在桥下树立警告牌，禁止任何人或单位在上述范围内挖沙、取土、采石、倾倒废弃物，禁止进行爆破作业及其他危及公路桥梁安全的活动。

（3）不得任意修建对桥梁有害的建筑物，因抢险、防汛需要修筑堤坝、压缩或拓宽河床时，应事先报经交通主管部门或公路管理机构同意，并采取有效的防护措施。发现任何有可能破坏桥梁安全的行为，应及时制止。

（4）若基础冲刷过深或基底局部掏空，应立即抛填块石、片石、铅丝石笼等进行维护。

（5）桥下河床铺砌出现局部损坏时应及时维修，若砌块损坏，可补砌或采用混凝土修补。

（6）锥坡应保持完好。锥坡开裂、沉陷、受洪水冲空时，应及时采取措施进行维修加固。

（7）翼墙出现下沉、断裂或其他损坏时，应及时维修加固。

（8）对设置的防撞、导航、警示等附属设施应经常检查、维护、保持良好状态。

2）墩台基础的允许沉降

简支梁桥墩台基础的沉降和位移，超过以下容许限值或通过观察裂缝持续发展时，应采取相应措施予以加固：

（1）墩台均匀总沉降值（不包括施工中的沉降）：$2.0\sqrt{L}$（cm），其中 L 为相邻墩台间最小跨径，以“m”计，跨径小于 25m 时仍以 25m 计算。

（2）相邻墩台总沉降差值（不包括施工中的沉降）：$1.0\sqrt{L}$（cm）。

（3）墩台顶面水平位移值：$0.5\sqrt{L}$（cm）。桩、柱式柔性墩台的沉降，以及桩基承台上墩台顶面的水平位移值，可视具体情况确定，以保证正常使用为原则。

（4）当墩台变位所产生的附件内力影响到桥梁的正常使用安全时，或桥梁墩台基础自身结构出现大的缺损使承载力不够时，必须进行加固处理。

3）加固方法及适用范围

（1）当地基承载力不足时的加固

① 重力式基础的加固

在刚性实体基础周围浇筑混凝土扩大基础。一般应修筑围堰，抽干水后开挖基坑，再浇筑混凝土。新旧基础（承台）之间可埋设连接钢筋，并将就基础表面刷洗干净、凿毛，使新老混凝土连成整体。

当梁式桥桥台基础承载能力不足时，可在台前增加桩基及柱并浇筑新盖梁、增设支座。这时梁的支点发生变化，应根据结构受力变化对主梁进行验算及加固。

② 桩基础的加固

加桩。可采用钻孔桩或打入桩增设基桩，并扩大原承台。

对单排架桩式桥墩采用加桩加固时，如原有桩距较大（4～5 倍桩径），可在桩间插桩。如原有桩距较小，但通航净空有富裕时，可在原排架两侧增加新桩，变为三排式墩桩。

对钻孔灌注桩桩身损坏，露筋、缩颈等病害，可采用灌（压）浆或扩大桩径的方法进行维修加固。

③ 人工地基加固

对墩台基础以下的地层，采用注浆、旋喷注浆或深层搅拌等方法，将各种浆液及加固剂注入或搅拌于土层中，通过浆液凝固使原来松散的土固结，成为有足够强度和防渗性能的整体。所采用的材料应通过试验确定。

（2）墩台基础防护加固

墩台基础局部被冲空时，可分情况采用下列加固措施。

① 水深3m以下，可筑围堰将水抽干，以砌石或混凝土填补冲空部分。桥台基础采用上述方法加固时，还应修整或加筑护坡。

② 水深3m以上，可在基础四周打板桩或做其他围堰，灌注水下混凝土。也可用编织袋装干硬性混凝土（每袋装量为袋容积的2/3），通过潜水作业将袋装混凝土分层填塞冲空部分，填塞范围比基础边缘宽0.4m以上。

③ 当基础置于风化岩层上，基底外缘已被冲空时，应先清除岩层严重风化部分，再使用混凝土填补，对基础周围的风化岩层还应用水泥砂浆进行封闭。

④ 当河床不稳定，基础埋置较浅，冲刷范围较大时，可采用平面防护加固，其范围要覆盖全部冲刷坑。方法如下：打梅花桩，桩间用块、片石砌平卡紧；用块、片石防护或用水泥混凝土板、水泥混凝土预制块防护；用铁丝笼、竹笼等柔性结构防护。

⑤ 墩台周围河床冲刷严重，危及基础安全时，除分别采用上述方法进行防护加固外，应在洪水期过后，采取必需的调治构造物防护措施，并对河床采取防冲刷处理，以防再次被冲坏。

（3）桥台滑移、倾斜的加固

桥台发生滑移和倾斜时，应分析原因，根据不同情况采用下列加固方案。

梁式桥或陡拱因台背压力过大，造成桥台向桥孔方向位移，可采取下列方法进行加固：

① 挖除台背填土，改用轻质材料回填，减轻台后土压力，以使桥台稳定。拱桥在换填材料时，应维持与拱推力的平衡，如在桥孔设置临时拉杆或在后台设临时支撑。

② 挖去台背填土，加厚台身。

③ 对于单跨的小跨径梁式桥，可在两桥台基础之间增设钢筋混凝土支撑梁或浆砌片石支撑板，支撑顶面应不高于河床。埋置式桥台可采用挡墙、支撑杆或挡块等进行加固。

拱桥桥台产生向太后方向位移，可根据不同情况采用下列加固方法：

① 在U形桥台两侧加厚翼墙：翼墙与原桥台应牢固结合，增大桥台断面和自重，借以抵抗水平位移。若为一字形桥台，可增设翼墙变为U形桥台。

② 在桥台的位移尚未稳定时，可在台后增设小跨径引桥和摩擦板，以制止桥台继续位移。

③ 在桥下净空许可时，可在墩台之间设置拉杆承受推力，限值水平位移。对于多空桥，要注意各孔之间的推力平衡。

拱桥在加固墩台时，必须保持推力平衡，注意安全。

（4）墩台基础沉降的加固

若桥梁墩台发生了较明显的沉降、位移，除按前述的方法加固外，还可采用下述方法使上部结构复位。

① 梁式桥上部结构状况基本完好，桥面没有损坏，下部地基较好时，可对上部结构整体或单孔顶升，然后加设垫块、调整支座。

② 梁式桥上部结构状况基本完好，但桥面损坏严重时，可凿除桥面及主梁之间的连接，将主梁逐一移位，重新安装主梁，并重新铺装桥面。

③ 拱桥桥台发生位移，使拱轴线变形较大，承载能力不足时，可采用顶推方法调整拱轴线，恢复其承载能力。

7.5　某预应力混凝土连续梁桥维修加固工程

7.5.1　桥梁原设计概况

该桥主桥为 52m＋80m＋52m 连续梁桥。设计荷载为汽-20、挂-100、人群荷载 3.5kN/m^2；桥面为净 2m（人行道）＋12m（行车道）＋2m（人行道），总宽 16m。通航标准按八级航道要求，净宽 17m，净高 4m。

箱梁采用 50 号混凝土挂篮悬臂浇制，箱梁截面的主要尺寸如下：

箱梁顶板全宽 15.5m，底板宽 8m；主墩墩顶处截面梁高 5m，跨中截面梁高 2.3m；底板厚 30～60cm（跨中～墩顶）；直腹板厚 35～60cm（跨中～墩顶）。

箱梁顶面设双向 1.5%横坡，纵向设 2.5%纵坡，并设有半径为 3600m 竖曲线，因此箱梁顶面纵向各点标高按竖曲线确定。纵向预应力采用 7Φ5 钢绞线，锚具为 XM15-7，横向采用 24Φ^s5 碳素钢丝，张拉端用弗氏锚，固定端采用墩头锚锚板。竖向预应力采用精轧螺纹钢筋，锚具为 YGM 锚，成孔纵向和横向采用 ϕ65mm 和 ϕ55mm 波纹管，竖向采用 ϕ45mm 铁皮管。中跨在墩顶处顶板钢束为 128 束，中跨跨中底板钢束为 60 束，边跨底板钢束为 38 束，中跨跨中附近及边孔端部附近顶板均设有 6 根结构连续钢束。三孔箱梁共设 8 道横隔板，均在墩顶处。桥面横向钢束丝间距为 50cm，竖向Φ32 精轧螺纹钢筋间距为 50cm。

下部结构 5、6 号桥墩分别为 6ϕ1.2m 和 8ϕ1.5m 钻孔嵌岩桩，8 号桥墩为明挖基础，7 号桥墩为沉井套箱与 8ϕ1.5m 嵌岩钻孔组合基础。大桥全景见图 7.5-1。

7.5.2　检测鉴定结果

该桥于 1992 年建成通车，1997 年 9 月，箱梁腹板发现有裂缝产生，但未作具体的统计。

1999 年 6 月对箱梁内腹板、顶板及横隔板进行了全面检查，主桥箱梁腹板共发现裂缝 1795 条，其中裂缝长度在 1m 以上的有 3 条，顶板及底板未发现裂缝。未对箱外的裂缝进行检查。

2001 年 5 月又对箱内裂缝进行检查，结果发现腹板裂缝数量有所增加，原有裂缝长度呈发展态势，裂缝长度超过 1m 的已有 70 条，比 1999 年增加 67 条，部分裂缝宽度已达 0.3～0.4mm。

图 7.5-1 大桥全景

2002 年 9 月对该桥进行全面检查检测，检测结果如下：

1）共发现裂缝 2975 条，其中腹板裂缝 1403 条，顶板裂缝 1224 条，底板裂缝 384 条。宽度大于 0.2mm 的共 787 条。腹板中绝大多数裂缝为与箱梁轴线斜交的斜裂缝，腹板内外侧斜向裂缝分别占各类裂缝总数的 82.13%和 90.63%，但斜向夹角都不大，其余为与箱梁轴线基本平行的水平纵向裂缝。

2）桥跨结构长度、跨径与箱梁外形尺寸实测值与设计值基本一致，箱梁关键部位混凝土强度的推定值满足设计强度要求。

3）根据对箱梁控制断面的温度测量结果进行分析，发现箱梁的内外温度差值比较大，对箱梁的受力状况产生不利影响。

7.5.3 原结构复算

由于主梁梁高比较矮（墩顶处梁高 5m，跨中截面梁高仅 2.3m），竖向预应力筋很难对腹板全高度区域产生有效作用，因此在结构复算中没有考虑竖向预应力钢筋的影响。

对主桥结构检算分析，按当时的设计思路及规范，采用平面杆系有限元计算程序，共划分了梁单元 116 个，纵向计算模型钢束 94 束，主梁结构单元离散情况详见图 7.5-2。

结构检算是从主桥 0 号块施工开始，到成桥状态，最后到运营使用状态。按照施工设计图资料提供的施工过程、步骤、荷载变化情况等划分受力阶段，共划分了 18 个受力阶段，在计算中考虑了结构自重和二期恒载的不同形成阶段、预加力的施加过程、不同受力阶段和受力条件下的混凝土收缩徐变和体系转换的影响等，但未计及施工临时荷载的影响。

主桥平面结构检算分析中，采用的主要检算荷载、取用的有关计算参数以及荷载组合情况见表 7.5-1。鉴于该桥箱梁翼缘较宽，剪力滞效应明显，跨间又未设横隔板，在偏心活荷载作用下，箱梁除了产生纵向弯曲外，还会产生较为明显的扭转和畸变变形。所以在平面检算时，取用了 1.2（汽车荷载）和 1.15（挂车荷载）的计算增大系数来覆盖扭转、畸变和剪力滞全部效应的影响。

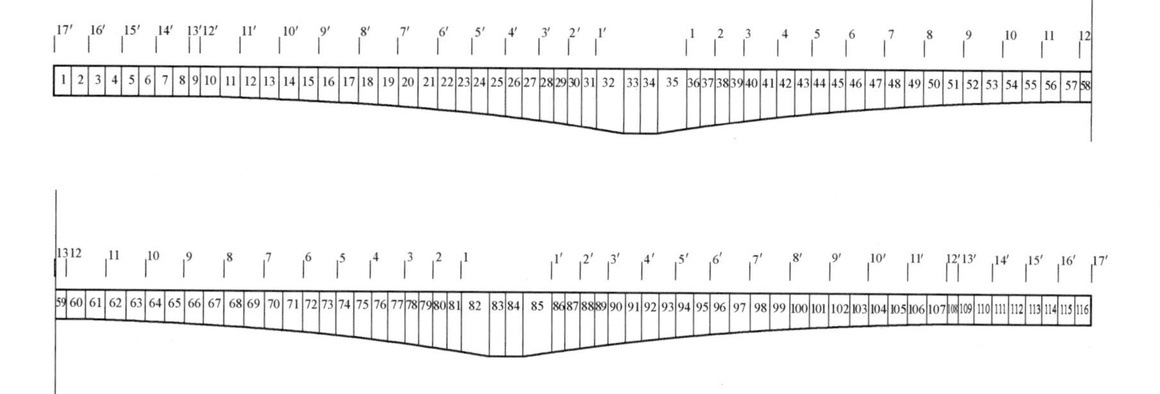

图 7.5-2　主梁结构单元离散情况

主桥平面检算主要参数一览表　　**表 7.5-1**

序号	参数名称	按规范取用值	结构检算实际取用值
1	汽车荷载 (1)汽车-20 级 (2)车道数×折减系数 (3)冲击系数 (4)计算增大系数	汽车-20 级 4×0.67 0 未规定	汽车-20 级 4×0.67 0 1.2
2	挂车荷载 (1)挂车-100 (2)计算增大系数	挂车-100 未规定	挂车-100 1.15
3	人群荷载(kN/m^2)	3～3.5	3.5
4	体系温度变化(℃) (1)合龙温度 (2)均匀升温 (3)均匀降温	未规定，由设计考虑 20 20	15 20 20
5	日照温差(℃) (1)升温 (2)降温	未规定，必要时考虑未规定，必要时考虑	按照英国 BS 5400 规范取用
6	预加应力及程序 (1)管道摩阻系数 (2)管道局部偏差的摩阻系数 (3)预加应力及程序	0.25 0.0015 未专门规定，由设计考虑	0.25 0.0015 按施工图资料计算
7	施工荷载及程序	未专门规定，由设计考虑	按施工图资料计算，未计及施工临时荷载的影响
控制检算受力阶段与荷载组合：			
1. 成桥状态		结构重力＋预加应力＋收缩徐变影响力	结构重力＋预加应力＋收缩徐变影响力
2. 组合Ⅰ		成桥状态＋汽车-20 级＋步道人群荷载	成桥状态＋汽车-20 级＋步道人群荷载
3. 组合Ⅱ-1		组合Ⅰ＋体系升温 20℃	组合Ⅰ＋体系升温 20℃
4. 组合Ⅱ-2		组合Ⅰ＋体系降温 20℃	组合Ⅰ＋体系降温 20℃

续表

序号	参数名称	按规范取用值	结构检算实际取用值
控制检算受力阶段与荷载组合：			
	5. 组合Ⅱ-3	组合Ⅰ＋升温（桥面板升温5℃）	组合Ⅰ＋升温（桥面板升温5℃）
	6. 组合Ⅱ-4	组合Ⅰ＋降温（上－8.4℃，下－6.5℃，非线性分布）	组合Ⅰ＋降温（上－8.4℃，下－6.5℃，非线性分布）
	7. 组合Ⅱ-5	组合Ⅰ＋升温（上13.5℃，下2.5℃，非线性分布）	组合Ⅰ＋升温（上13.5℃，下2.5℃，非线性分布）
	8. 组合Ⅲ	成桥状态＋挂车-100	成桥状态＋挂车-100

7.5.4 计算结果分析

由于本桥为连续梁桥，整体温差对结构的受力影响不明显，组合Ⅱ-1和Ⅱ-2的结果与组合Ⅰ差别很小，因此本报告中没有列出其计算结果。根据结构的对称性，取主桥一半的计算结果汇总见表7.5-2～表7.5-5，表中压应力为正，拉应力为负。

组合Ⅰ箱梁控制截面应力检算结果汇总（MPa） 表7.5-2

控制截面	桥梁博士计算结果					
	上缘最大	上缘最小	下缘最大	下缘最小	最大主压应力	最大主拉应力
13′号	4.17	1.96	5.98	2.03	5.98	－0.20
7′号	6.42	4.28	8.58	4.98	8.58	－0.70
0号	5.48	4.17	7.95	6.28	8.21	－1.69
7号	7.78	6.54	6.75	4.69	7.78	－0.69
13号	6.57	4.07	6.83	2.49	6.83	－0.18

组合Ⅱ-3箱梁控制截面应力检算结果汇总（MPa） 表7.5-3

控制截面	桥梁博士计算结果					
	上缘最大	上缘最小	下缘最大	下缘最小	最大主压应力	最大主拉应力
13′号	4.59	1.96	5.99	1.80	5.99	－0.36
7′号	7.13	4.28	8.59	4.51	8.59	－0.74
0号	6.39	4.17	7.95	6.1	8.21	－1.80
7号	8.81	6.53	6.76	3.7	8.81	－0.77
13号	7.97	4.06	6.85	0.59	7.97	－0.23

组合Ⅱ-4箱梁控制截面应力检算结果汇总（MPa） 表7.5-4

控制截面	桥梁博士计算结果					
	上缘最大	上缘最小	下缘最大	下缘最小	最大主压应力	最大主拉应力
13′号	4.17	－0.08	5.99	0.504	5.99	－0.20
7′号	6.42	2.11	8.59	3.85	8.85	－0.70
0号	5.48	1.89	7.95	4.26	8.52	－1.69
7号	7.78	4.45	6.76	2.98	8.19	－0.69
13号	6.57	2.06	6.85	0.92	6.93	－0.18

组合Ⅱ-5 箱梁控制截面应力检算结果汇总（MPa） 表 7.5-5

控制截面	桥梁博士计算结果					
	上缘最大	上缘最小	下缘最大	下缘最小	最大主压应力	最大主拉应力
13′号	7.68	1.96	6.65	2.03	7.68	−0.33
7′号	10.2	4.28	8.8	4.98	10.20	−0.75
0 号	9.46	4.17	8.65	6.28	9.46	−1.79
7 号	11.80	6.53	6.84	4.69	11.8	−0.76
13 号	10.80	4.06	6.85	1.89	10.8	−0.22

从表 7.5-2～表 7.5-5 中平面计算结果来看，最大正应力为 11.8MPa，最小正应力为 −0.08MPa，符合表 7.5-6 的控制应力要求。主拉应力（边跨支点处的主拉应力偏大）、主压应力都在规范允许范围内，也符合表 7.5-6 的要求，说明原设计是符合规范要求的。

原 50 号混凝土在预应力结构中的控制应力（MPa） 表 7.5-6

阶段	法向压应力	法向拉应力	主压应力	主拉应力
施工阶段	18.30	−2.41	—	
荷载组合Ⅰ	17.50	−2.40	21.00	−2.40
荷载组合Ⅱ或Ⅲ	21.00	−2.70	22.75	−2.70

7.5.5 裂缝成因定性分析

腹板裂缝产生的原因（图 7.5-3）：

1）横山大桥主梁箱梁较宽，跨径与底板宽度比值较大（$L/B=10$），且中间无横隔板，在远离支座位置底板的内力直接传向腹板，不沿桥跨纵向传递内力；

2）跨中底板较厚（30cm），因此底板在自重状态下将产生较大的自重弯矩；

3）跨中梁高较矮（跨中截面梁高 2.3m，箱内净高 1.67m，倒角间的腹板净高 1m），腹板的横向抗弯刚度很大，因此腹板将分配较大的底板产生的侧向挠曲弯矩；

4）跨中截面腹板厚度较薄（35cm）。

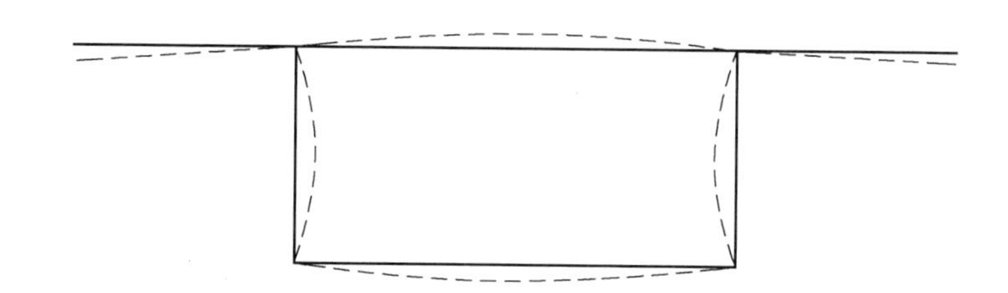

图 7.5-3 宽箱梁跨中位置在自重效应下变形示意图

综合以上原因，底板自重产生较大的横向挠曲空间效应，跨中位置的腹板上由底板自重引起了较大腹板侧向弯矩，又由于腹板较薄，因此在腹板内侧产生较大的竖桥向拉应力，腹板外侧产生较大的竖桥向压应力，以上现象在空间计算程序计算结果中得到了充分的验证。成桥状态下腹板内侧的拉应力虽然没有超过允许的范围，但降低了其抗拉安全储备。在温度荷载作用下，当箱内温度低于箱外温度时，腹板内侧受拉，腹板外侧受压，腹板内侧的竖桥向拉应力超过了混凝土的抗拉极限强度，腹板内侧产生了水平裂缝。当箱内温度高于腹板外侧时，腹板内侧将产生压应力，腹板外侧产生拉应力，成桥状态腹板外侧有较大的压应力储备，在温度自应力的作用下，腹板外侧的竖桥向拉应力没有超过混凝土的抗拉极限强度，腹板外侧则没有出现裂缝。以上结论与腹板内侧大量地存在着以水平缝为主的裂缝，而腹板外侧基本上没有裂缝的检测结果是一致。

在原桥腹板的竖桥向构造配筋为Φ14@20，配筋量较少，没有充分考虑到空间竖桥向应力情况。同时从检测结果来看，箱梁内混凝土表面存在较严重的气泡、蜂窝、麻面和露筋等缺陷，局部混凝土疏松、不密实。腹板在竖桥向的抗力不足，在自重效应和温度自应力的作用下，腹板内侧产生了水平裂缝，截面上的剪力随离支座位置的接近而增大，在剪应力的组合下，水平裂缝有一定的斜向倾角，离支座的位置越近，水平倾角越大。通过对检测的腹板内侧裂缝仔细查核，宽度大于0.2mm的裂缝基本上为水平缝或水平夹角很小，与以上分析吻合良好。

底板裂缝主要是由于其自重产生的横桥向弯矩和箱外低于箱内的温差产生的温度自应力组合效应引起的，从检测结果来看，底板裂缝基本上都分布在外侧。

7.5.6 桥梁现状评价

1. 设计技术标准适应情况

从检测的情况来看，大桥主体现状是能够满足设计荷载标准和通航标准要求的，但应禁止超载车辆通行。

2. 桥梁各构件完好程度

箱梁混凝土表面存在较严重的气泡、蜂窝、麻面和露筋等缺陷，局部混凝土疏松、不密实，锤击检查发现混凝土表面砂浆修补层与原混凝土结合不好，脱空现象较严重；箱梁顶板施工预留孔洞大部分渗水严重，大多伴有白色钟乳状悬挂物，雨天过重车顶板有异常响声，说明箱梁顶板与桥面铺装层之间局部脱空。

桥面铺装层磨耗严重，伸缩缝顶面与锚固混凝土顶面欠平整，造成跳车现象，伸缩装置基本完好，部分路灯柱栏杆表面混凝土剥落，钢筋锈蚀严重。总之以上缺陷已影响到桥梁的正常使用功能。

3. 桥梁养护状况分析

根据交通运输部公路工程检测中心对主桥的质量检测报告，腹板典型主裂缝宽度超过0.5mm的箱内有39条，箱外有8条；底板箱外表面裂缝宽度超过0.2mm的箱内有98条，可见其开裂情况是非常严重的。

4. 桥梁总体技术状况等级评定

根据主桥全面检测结果，按照《公路桥梁技术状况评定标准》JTG/TH 21—2011的要求对该桥总体技术状况等级进行评定，全桥结构技术状况综合评分D_r=39.0，评定该桥为四类桥，按养护技术要求，应进行大修，考虑到该桥上部主要承重构件裂缝较多、较宽，需对其进行加固处理。

7.5.7　桥梁加固设计

在加固计算中充分考虑了桥梁的实际现状，根据该桥质量检测报告的检测结果进行加固计算。从检测结果来看，边跨 46 号束“假张拉”，在加固计算中不考虑该钢束的影响。从桥梁的温度测试结果来看，箱室内外温差比较大，因此在加固计算时加大了箱梁的温度荷载，特别是腹板和底板内外侧的温差，详见表 7.5-7。

根据桥梁的现状，对箱梁的控制应力值乘以 $Z_1=0.98$ 的折减，见表 7.5-8。

加固计算的荷载组合　　**表 7.5-7**

1. 施工阶段	按施工过程划分了 9 个施工阶段
2. 成桥状态	结构重力＋预加应力＋收缩徐变影响力
3. 组合Ⅰ	成桥状态＋汽车-20 级＋步道人群荷载
4. 组合Ⅱ-3	组合Ⅰ＋降温(桥面板升温 5℃)
5. 组合Ⅱ-4	组合Ⅰ＋降温(上−8.4℃，下−6.5℃，腹板外侧−7℃，非线性分布)
6. 组合Ⅱ-5	组合Ⅰ＋升温(上 13.5℃，下 6℃，腹板外侧 8℃，非线性分布)
7. 组合Ⅲ	成桥状态＋挂车-100

桥梁加固控制应力（MPa）　　**表 7.5-8**

阶段	法向压应力	法向拉应力	主压应力	主拉应力
荷载组合Ⅰ	17.15	2.35	20.58	2.35
荷载组合Ⅱ或Ⅲ	20.58	2.65	22.30	2.65

1. 加固方案设计

1）体外预应力综合维修加固方案（方案一）

（1）对全桥宽度大于 0.1mm 的裂缝进行灌浆，对宽度小于 0.1mm 的进行表面封闭处理，对混凝土表面缺陷进行修补。

（2）在边跨跨中增加 4 道横隔板，中跨跨中增加 5 道横隔板，增强箱梁的整体性，以改善箱梁底板和腹板的受力状态，为防止增加横隔板后由于局部应力集中引起局部受力不利，因此拟增加的横隔板相对于腹板比较薄弱，横隔板厚度为 30cm，混凝土强度等级为 C40。张拉体外预应力束以平衡增加横隔板自重引起的内力。

（3）根据腹板的裂缝成因，活载（汽车和温度）产生的内力由碳纤维板条承担，在腹板粘贴 100mm×1.2mm 的碳纤维板，碳纤维板中心间距为 50cm，粘贴范围延伸至梗腋。

（4）根据底板的裂缝成因，在底板 $L/4$～$3L/4$ 范围内粘贴碳纤维板条，碳纤维板条为 100mm×1.2mm，条间间距为 50cm。

（5）更换主桥桥面铺装，更换伸缩缝。同时建议引桥桥面亦更换，由于本次加固设计不包括引桥，但更换桥面铺装要封闭交通，本次加固宜一并更换，所以设计建议更换。

2）钢框架综合维修加固方案（方案二）

（1）对全桥宽度大于 0.1mm 的裂缝进行灌浆，对宽度小于 0.1mm 的进行表面封闭处理，对混凝土表面缺陷进行修补。

（2）在主梁箱室内每隔 3m 增加一道封闭式加劲钢架，以改善箱梁的整体受力性能。在加劲钢架的上下锚梁间用螺杆施加竖向拉力，以平衡底板自重产生的弯矩。从空间分析结果来看，竖向拉杆的力对顶板的受力影响不大，同时有加劲梁的共同作用，顶板的受力必影响不大，且对底板的受力有明显的改善。锚梁采用环氧砂浆将工字梁粘贴在顶、底、腹板上，并用锚杆将工字梁锚固在顶、底、腹板上。

（3）根据腹板的裂缝成因，在加固计算中活载（汽车和温度）产生的内力由钢板条承担，最大的裂缝宽度控制在 0.1mm 以内。在腹板粘贴 60mm×6mm 的热轧扁钢条，并植螺杆锚固，钢板条中心间距为 30cm，粘贴范围延伸至梗腋。

（4）根据底板的裂缝成因，由于增加了竖向拉杆及锚梁，底板的受力大大改善，底板外的裂缝只需局部粘贴碳纤维。

（5）更换主桥桥面铺装，同方案一。

3）钢腹板综合维修加固方案（方案三）

（1）在主梁箱室内中间增加一道纵向钢腹板，将主梁变成一单箱双室梁，在中间腹板上通过喷灯加热的方法施加一定的竖向预应力，这样可以从根本上解决本桥箱梁的裂缝问题。钢腹板采用 Q345 的钢板，厚 14mm，通过上、下钢锚梁与顶、底板相连，钢腹板分段预制，在箱内组装成型。

（2）其他同方案二。

2. 加固方案比选

1）方案一

本方案的优点：

（1）增加横隔板可以有效地增强主梁受力的整体性，改善腹板和底板的受力状态。

（2）在腹板上粘贴碳纤维板，可以不用在腹板上打孔，对于本来就开裂很严重的腹板是有利的。

本方案的缺点：

（1）增加的混凝土横隔板产生较大的自重，必须采用体外预应力钢束平衡，体外预应力施工的张拉、锚固均有一定难度，在长期运营下损失较大，且养护也较为繁琐。同时浇筑横隔板时在顶板位置很难浇筑密实，施工有一定的难度，混凝土的施工质量无法保证。

（2）粘贴的碳纤维板对腹板的刚度提高不大，不能有效地抑制裂缝的产生，只能限制裂缝的宽度不超过规范的规定值。由于碳纤维所需的锚固长度较长，梗腋处的较宽的裂缝离转角很近，碳纤维对其的抑制效果不明显。

（3）本方案的费用较高，总概算价为 724.67 万元。

2）方案二（推荐方案）

本方案的优点：

（1）增加加劲钢架可以有效地增强主梁受力的整体性，改善腹板和底板的受力状态，施工也相对比较简单方便。

（2）由于本方案增加的自重不大，原设计的安全储备较大，不需施加体外预应力束，施工较为方便。

（3）在腹板上粘贴钢板，可以直接有效地限制裂缝的开展。

(4) 不需在底板外侧粘贴碳纤维，大大减少了施工难度和造价。

(5) 本方案的加固费用较低，总概算价为 513.77 万元，与造价最低的方案三的 496.15 万元相比，增加有限。

本方案的缺点：

(1) 增加加劲钢架和在腹板上粘贴钢板，需要在顶、底、腹板上打孔，对原结构有一定的损伤。

(2) 加劲钢架的竖向拉杆由于拉力较小，拉力容易损失，对施工工艺要求较高。

3) 方案三

本方案的优点：

(1) 增加纵向腹板可以最有效地改善腹板和底板的受力状态。

(2) 在腹板上粘贴钢板，可以直接有效地限制裂缝的开展。

(3) 不需在底板外侧粘贴碳纤维，大大减少了施工难度和造价。

(4) 本方案的加固费用最低，总概算价为 496.15 万元。

本方案的缺点：

(1) 增加纵向钢腹板，施加竖向预应力难度比较大，且对顶板的受力较为不利。

(2) 钢腹板进入箱内时需在顶板上开孔。因此本方案的施工具有一定的风险。

通过以上综合比较，建议采用方案二，但应在施工中严格控制施工质量。采用方案二增加了加劲钢架，桥面铺装加厚 1cm，腹板上粘贴钢板，增加了一定的恒载。因此对其进行验算，最不利荷载组荷下截面应力值摘录见表 7.5-9。从表 7.5-9 可以看出截面应力均满足表 7.5-6 的允许值。部分工程图片见图 7.5-4 和图 7.5-5。

加固后最不利组合下截面应力值（MPa） **表 7.5-9**

控制截面	桥梁博士结果					
	上缘最大	上缘最小	下缘最大	下缘最小	最大主压应力	最大主拉应力
13′号	4.84	0.596	5.76	0.253	5.77	−0.302
7′号	7.54	3.3	7.44	2.13	7.84	−0.561
0 号	4.83	1.24	8.85	5.16	9.21	−2.07
7 号	6.9	3.49	8.93	5.71	9.53	−0.822
13 号	7.52	3.01	6.23	0.278	7.52	0.196

图 7.5-4 钢框架施工

图 7.5-5 桥面植筋和铺装钢筋施工

本章小结

本章系统介绍了混凝土桥梁结构的检测评定与加固维护，包括混凝土桥梁常见病害的类型及其原因分析，桥梁的检查内容及方法，桥梁技术状况评定方法，桥梁的加固与维护策略等。通过本章内容的学习，可以对混凝土桥梁结构的检测评定与加固维护有基本的了解，为后续学习和相关工程实践打下基础。

思考与练习题

7-1 混凝土桥梁的病害特点与其他混凝土结构病害有何异同?

7-2 桥梁初始检查、日常巡查、经常检查、定期检查、特殊检查的目的和主要内容是什么?

7-3 桥梁荷载试验的目的和主要原则是什么?

7-4 如何对桥梁结构进行技术状况评定?

7-5 桥梁结构常用加固方法及其主要适用范围是什么?

第8章 煤矿地面钢筋混凝土特种结构

本章要点及学习目标

本章要点：

(1) 煤矿地面环境特征及其对钢筋混凝土结构的损伤劣化机理和危害；(2) 煤矿地面环境中钢筋混凝土结构性能退化规律及加固后增强规律；(3) 钢筋混凝土特种结构修复加固方法和技术。

学习目标：

(1) 了解规范中关于腐蚀介质对钢筋混凝土结构损伤劣化作用基本理论与测试方法；(2) 了解煤矿地面钢筋混凝土结构检测鉴定及加固的研究进展和应用现状；(3) 掌握煤矿地面钢筋混凝土特种结构性能时变规律及影响因素。

8.1 损伤劣化机理及危害

混凝土结构是在不同严酷条件下服役的，绝非是单一环境因素作用下引起的损伤与劣化，而是在自然环境因素与力学因素双重和多重因素的耦合作用，是一个复杂的损伤叠加与交互作用过程。这也是引起混凝土耐久性下降和服役寿命缩短的根本原因。

8.1.1 材料

1. 混凝土

煤矿地面环境中混凝土劣化机理可从化学作用、物理作用和机械作用三个方面进行分析，主要体现如下：

1）化学作用

（1）酸性侵蚀

酸性侵蚀包括强酸侵蚀和弱酸的中性化作用。当相对湿度大于75%时，HCl 和 Cl_2 形成的强腐蚀性酸雾侵蚀混凝土，直接造成混凝土保护层被腐蚀、破损和剥落，CO_2 等形成的弱酸性酸雾也会造成混凝土中性化。由于酸性区分，强酸性酸雾先侵蚀混凝土，造成混凝土面层受侵蚀不均匀，为弱酸性酸雾的进一步侵蚀创造条件，导致混凝土局部破损加大，使混凝土中的 $Ca(OH)_2$ 转化成难溶的 $CaCO_3$、$CaSO_4$ 和可溶解的 $CaCl_2$、$Ca(NO_3)_2$ 等，同时使水化硅酸钙转化成硅酸钙石而失去胶结作用。

反应生成的可溶性的 $Ca(HCO_3)_2$、$Ca(NO_3)_2$ 和 $CaCl_2$ 等在有水流经过时溶于水而脱离混凝土，$CaCl_2$ 在未脱离混凝土时仍对混凝土产生强腐蚀作用，造成混凝土中 $Ca(OH)_2$ 浓度降低，破坏钢筋表面的钝化膜，使混凝土失去对钢筋的保护作用，同时造成混凝土保护层变薄，严重时将会产生大量的锈胀裂缝和混凝土剥落。

此外，固态介质中的钙镁氯化物极易潮解，且氯化钙易溶于水，同时放出大量的热，其水溶液呈微酸性，氯化镁水溶液呈中性，pH 值略低于 7。附着在混凝土面层的钙镁氯化物潮解后，与混凝土中碱性物质发生酸碱中和反应，致使混凝土面层变得酥松，形成泡状物质，并逐渐粉化剥落。

(2) 硫酸盐侵蚀

富含 SO_4^{2-} 的腐蚀性液体通过渗入混凝土内部，与混凝土中 $Ca(OH)_2$ 反应，生成 $CaSO_4 \cdot 2H_2O$ 或者更大体积膨胀率的结晶体，膨胀力造成混凝土开裂，使得内部的细微裂缝变大；Cl^- 通过变大的裂缝更便捷地进入混凝土内部，在钢筋表面发生电化学反应，造成钢筋锈蚀膨胀，为更多的盐溶液侵入提供方便，使得反应反复进行，最终造成外部混凝土的膨胀破坏。

$$Na_2SO_4 + Ca(OH)_2 + 2H_2O \longrightarrow 2NaOH + CaSO_4 \cdot 2H_2O \downarrow$$

$$MgSO_4 + Ca(OH)_2 + 2H_2O \longrightarrow Mg(OH)_2 + CaSO_4 \cdot 2H_2O \downarrow$$

其中，$Mg(OH)_2$ 溶解度很低，如果外界溶液没有流动性，将会在混凝土的表面形成一层保护膜，大大降低了硫酸盐渗入混凝土的速率，但是一旦此层保护膜被腐蚀殆尽，由于硫酸镁进入到混凝土中还将发生镁将水化硅酸钙（C—S—H）胶凝体置换成没有黏聚力的 M—S—H 的反应，而使混凝土结构变得更加松散，混凝土强度将大大降低。

除了上述反应外，混凝土在 Na_2SO_4 溶液侵蚀下，Na_2SO_4 容易与其中的铝酸三钙（$3CaO \cdot Al_2O_3$，简写 C3A）还容易形成钙矾石，这种反应既包含液相反应，也包含固相反应。其主要反应方式有以下三种：

$$3C3A + 3(CaSO_4 \cdot 2H_2O) + 26H_2O \rightarrow 3CaO \cdot Al_2O_3 \cdot 3CaSO_4 \cdot 32H_2O$$

$$C3A + 3(CaSO_4 \cdot 2H_2O) + 2Ca(OH)_2 + 24H_2O \rightarrow 3CaO \cdot Al_2O_3 \cdot 3CaSO_4 \cdot 32H_2O$$

$$3C3A \cdot CaSO_4 + 8CaSO_4 + 6CaO + 96H_2O \rightarrow 3(3CaO \cdot Al_2O_3 \cdot 3CaSO_4 \cdot 32H_2O)$$

反应生成的 $3CaO \cdot Al_2O_3 \cdot 3CaSO_4 \cdot 32H_2O$ 填充了混凝土微裂缝，初始时提高了混凝土的密实性，使侵蚀性介质向混凝土内部扩散的速度得到抑制，但随着量的增加，造成微裂缝之间增大，加速了反应的进行。

2) 物理作用

除了化学反应外，煤矿地面环境对于混凝土的物理作用也是导致其劣化的原因之一，主要体现在干湿循环和冻融循环两个方面：

(1) 干湿循环

在干湿循环过程中，液态介质以及固态介质进入混凝土中未发生化学反应的 Na_2SO_4 和 $MgSO_4$ 不断的处于吸水膨胀和脱水收缩的状态：

$$Na_2SO_4 + 10H_2O \rightarrow Na_2SO_4 \cdot 10H_2O$$

$$MgSO_4 + H_2O \rightarrow MgSO_4 \cdot H_2O + 5H_2O \rightarrow MgSO_4 \cdot 5H_2O + H_2O \rightarrow MgSO_4 \cdot 7H_2O$$

随着硫酸盐的结晶膨胀，混凝土面层将出现开裂而导致其强度降低，且混凝土内部变得疏松。室外支承结构受到干湿循环影响较大，其他建（构）筑物受到影响相对较小。

(2) 冻融循环

冻融循环作用主要表现为纯水冻融循环和盐水冻融循环两类，选煤厂内部、筒仓内部等在冬季受到盐水冻融循环作用，室外支承结构除主要受到雨水冻融循环，但根部可能会受到盐水冻融循环外。其中冻融循环理论主要有 Powers 提出的静水压理论学说、Helmuth 提出的渗透压理论和 G. G. Litvan 的补充理论三类，一般认为水灰比较大、强度较低、期龄较短、水化程度较小的混凝土，静水压破坏是主要的；而对水灰比较小、强度较高及含盐量大的环境下冻结的混凝土，渗透压起主要作用。

（3）锈蚀钢筋作用

钢筋锈蚀不同阶段和不同环境作用时将形成不同的锈蚀产物，体积将增大为原来的3～4 倍，甚至更多（图 8.1-1）。

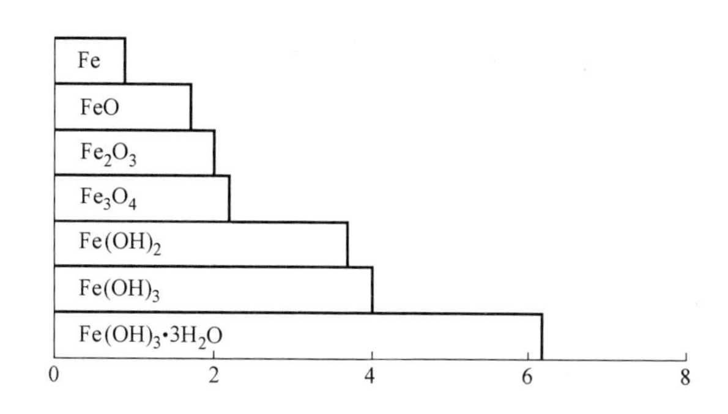

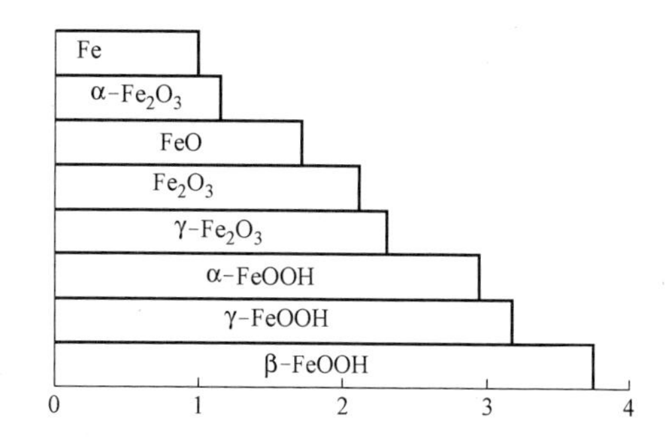

图 8.1-1 锈蚀产物体积膨胀示意图

包裹着钢筋的混凝土在膨胀力作用下将沿钢筋方向形成锈胀裂缝，造成混凝土保护层开裂甚至剥落，锈胀裂缝产生后，各类腐蚀介质通过裂缝进入混凝土中，加速了劣化作用，从而形成了恶性循环。

3）机械作用

（1）机械振动和磨损

煤矿地面建（构）筑物除承受自重和其上安装的大型机器设备重量外，大量构件还长期承受动力设备的高频振动作用，如选煤厂厂房内部布置许多大型选煤设备及附属设施的高频振动荷载，运输皮带走廊及支撑框架要承受设备运转产生的振动荷载，筒仓要承受卸煤时煤炭对仓壁产生的水平推力，井架承受天轮运转时产生的偏心荷载，井塔提供煤炭提升过程中需要的动能。静力与动力耦合作用导致混凝土内部微裂缝连通、变大，产生裂缝，导致疏松混凝土（块）剥落。

（2）其他原因

煤炭自提升至地面后，先后经过井架、运输皮带走廊、选煤厂、煤仓等，最后经火车或者汽车等运输工具运送出去，在此过程中，大量的机械和车辆交叉作业，无意中会对煤矿地面建（构）筑物产生碰撞、摩擦等作用；煤炭从高处落下至室外场地或煤仓过程中，也会对煤仓外壁、室外支承体系或煤仓内壁产生撞击，这些因素也会造成混凝土破坏。

2. 钢筋

钢筋锈蚀相关机理在本书第 4 章 4.1.1 节已作介绍，本章不再赘述。

8.1.2 钢筋-混凝土界面

1. 钢筋类型的影响

钢筋与混凝土之间的粘结作用是普通钢筋混凝土结构共同受力的基本作用。光圆钢筋与混凝土的粘结作用主要通过胶着力和界面摩擦粘结作用实现；对于带肋钢筋，这种粘结作用是由钢筋和混凝土之间的胶着力、摩阻力和机械咬合力所组成，其宏观表现为一种剪力，可使受力钢筋的应力沿其长度方向发生变化。钢筋的表面特征对其粘结应力有着很大的影响，混凝土的强度等级对钢筋与混凝土之间的机械咬合力的影响也非常大。研究表明，月牙肋钢筋与混凝土的粘结强度略低于螺纹钢筋，但破坏时其肋间混凝土的应力集中现象缓和，损伤程度较轻。

2. 钢筋锈蚀率的影响

锈蚀钢筋与混凝土之间粘结性能退化的最主要原因是钢筋的锈蚀产物将产生一层结构疏松的氧化物，它在钢筋与混凝土之间形成了一层疏松的隔离层，显著改变了钢筋与混凝土的接触面，极大地削弱了钢筋与混凝土之间的胶结作用。

3. 锈胀裂缝宽度的影响

当锈蚀产物的膨胀应力达到一定程度后将致使混凝土开裂，随着混凝土的开裂，将逐渐释放钢筋锈蚀产生的膨胀应力，致使混凝土对钢筋的约束作用减弱。随着锈蚀产物的增加，锈胀裂缝进一步增大，钢筋与混凝土之间的粘结强度将随之减小。

在混凝土开裂之后，钢筋的锈蚀速度加快，钢筋的变形肋将逐渐退化，在严重锈蚀时，变形肋与混凝土之间的机械咬合作用将几乎消失，而机械咬合力恰是变形钢筋与混凝土之间的主要粘结力，从而导致锈蚀钢筋与混凝土之间的粘结性能明显退化，这种退化将严重影响结构的力学性能。当钢筋锈蚀到一定程度后，将导致构件的破坏模式改变、极限承载力降低、粘结力明显降低等诸多不利现象。

中南大学卫军利用最小二乘法优化拟合出锈蚀率对钢筋混凝土粘结强度表达式：$\overline{\tau_{u,\omega}}=\eta_\omega\cdot\overline{\tau_u}$。式中，$\overline{\tau_u}$ 和 $\overline{\tau_{u,\omega}}$ 别为锈蚀前和锈蚀后的平均极限粘结强度；$\eta_\omega=1.0303e^{0.3177\omega}$，是考虑锈胀裂缝开展影响的极限粘结强度降低系数。但钢筋混凝土梁表面纵向锈胀裂缝产生与否及其宽度大小，并不是影响配箍构件粘结性能的本质因素，它与粘结强度或滑移性能的相关性均不显著。

劣化钢筋-混凝土粘结试件在加载初期加载端滑移较小而自由端没有产生滑移，该时段主要是由化学胶结力对钢筋混凝土的粘结性能起主要作用。当荷载超过某一限值时，产生滑移，说明此时粘结段胶结力已经丧失殆尽，摩阻力和机械咬合力共同发挥作用，其中变形钢筋的机械咬合力起主导作用。同样，由于钢筋变形肋对混凝土的挤压和剪切作用，使得肋前混凝土被压碎，并在肋前形成斜面，作用在斜面上的力沿钢筋轴线方向的分力即为粘结应力的主体，垂直钢筋轴线方向的分力即为径向扩张力，它在钢筋周围混凝土中产生环向拉应力，最终将导致出现劈裂裂缝。当达到峰值后，荷载迅速下降，滑移现象大幅度发展，此时粘结力主要由钢筋与混凝土间的摩阻力和残存的咬合力承担，周围混凝土受压而粉碎。在滑移达到一定程度后，荷载不再下降，此时粘结应力仅由摩阻力提供。随着受力钢筋锈蚀率的增大，钢筋与混凝土间粘结力呈现先增大后减小的现象。当锈蚀率比较大时，变形钢筋的肋将逐渐退化，与混凝土的咬合面积随之减小，两者间机械咬合作用将基本衰退，导致两者粘结强度降低。锈胀裂缝的开展对于钢筋粘结性能有影响，但不是关键因素。此外，箍筋对裂缝开展的限制作用或者说箍筋对混凝土的横向约束作用对于改善粘结性能作用明显，粘结强度大幅增强。

钢筋锈蚀引起的混凝土表面裂缝宽度 w 很容易测到，有必要探求 w 与钢筋实际锈蚀率之间的关系，以便随时根据结构表面裂缝估计内部钢筋的实际锈蚀率。为此，以钢筋锈蚀率为横坐标，试件及实测构件的裂缝宽度为纵坐标，只考虑了裂缝宽度及钢筋锈蚀率两个因素之间的关系，未考虑混凝土强度、钢筋直径、保护层厚度等其他因素，试验中同类构件的锈蚀率-锈胀裂缝关系分析结果如图 8.1-2 所示。

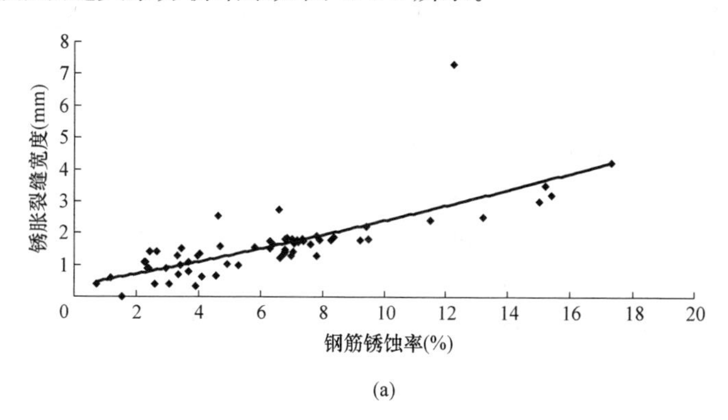

(a)

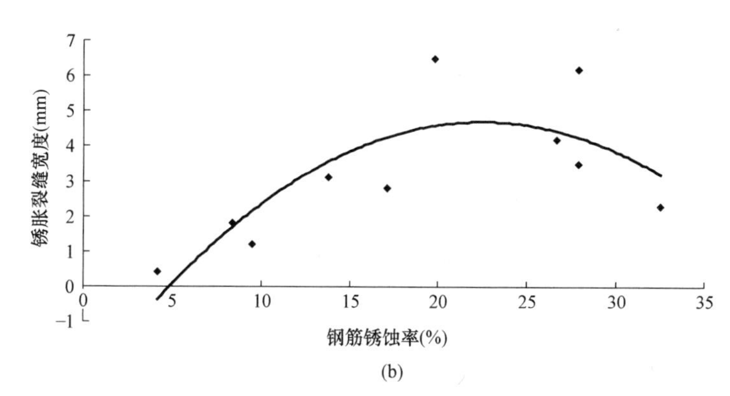

(b)

图 8.1-2 锈胀裂缝宽度与锈蚀率间的关系

（a）物理模拟试验结果；（b）工程实际检测结果

1）物理模拟试验中，混凝土表面裂缝宽度随着锈蚀率的增加而增大，并据此建立钢筋锈蚀率（锈蚀率小于 35%）与混凝土锈胀裂缝宽度之间的关系模型。

$$w=0.0027\eta_s^2+0.1773\eta_s+0.3475 \tag{8.1-1}$$

在对工程实际检测结果进行分析可以发现，钢筋锈蚀率小于 20%时，锈蚀率与混凝土锈胀裂关系为：

$$w=0.0199\eta_s^2-0.1579\eta_s+1.0527 \tag{8.1-2}$$

当钢筋锈蚀率超过 20%以后，两者关系变为：

$$w=-0.0151\eta_s^2+0.6793\eta_s-2.9393 \tag{8.1-3}$$

式中 η_s——钢筋锈蚀率；

w——裂缝宽度。

比较式（8.1-1）与式（8.1-2）、式（8.1-3）可以发现，当锈蚀率 $\eta_s<2.4\%$时，式（8.1-1）与式（8.1-2）结果比较接近，而当锈蚀率 $\eta_s>10\%$后，式（8.1-1）与式（8.1-3）结果比较接近，因而可得 w-η_s 关系式如式（8.1-4）所示：

$$w=\begin{cases}0.0027\eta_s^2+0.1773\eta_s+0.3475 & \eta_s\leqslant 10\\ -0.0151\eta_s^2+0.6793\eta_s-2.9393 & \eta_s>10\end{cases} \tag{8.1-4}$$

2）随着锈蚀率的增加，开始阶段锈胀裂缝宽度增长相对缓慢，后来逐渐增快。原因在于螺纹钢筋在产生锈蚀初期，混凝土并没有发生开裂。随着锈蚀程度的增加，锈蚀产物进一步挤压钢筋周边混凝土，造成混凝土保护层钢筋开裂。锈胀裂缝产生后，钢筋的锈蚀速度加快，从而造成锈胀裂缝的增长速度也加快。

4. 混凝土劣化程度的影响

混凝土的劣化程度在很大程度上影响了钢筋与混凝土间的粘结性能，主要表现为：中性化作用初期，混凝土变密实、内部孔隙率变小，使得钢筋与混凝土间摩擦力和机械咬合力增大，从而增大其粘结力；随着劣化程度的增加，混凝土变得疏松，水泥胶凝体与钢筋表面的化学胶着力减小，锈蚀钢筋与劣化混凝土接触面的摩擦力以及两者之间的机械咬合力减小，致使钢筋与混凝土间粘结性能退化。

随着混凝土劣化程度的增加，混凝土强度降低，钢筋肋前的混凝土出现压碎和剪切破坏的作用力必然相应降低；对劣化混凝土，径向分力要使钢筋周围混凝土出现劈裂裂缝，从而影响了锈蚀钢筋与劣化混凝土间的粘结性能。

8.1.3 构件

1. 正截面受弯构件

造成劣化简支梁力学性能退化的因素主要有四个方面：①混凝土劣化造成其抗压强度下降；②钢筋锈蚀，产生锈胀裂缝，造成简支梁混凝土剥落，局部截面几何尺寸变小；③锈蚀钢筋的截面损失，造成承载能力下降；④锈蚀钢筋与混凝土间粘结性能退化。其中，因素①主要是受环境的物理化学作用影响，因素②～④主要由混凝土中钢筋锈蚀引起。

1）混凝土强度退化的影响

混凝土是RC梁承受压剪作用的主要组成部分。混凝土抗压强度降低，减弱了其自身承受抗压和抗剪的能力，对钢筋的约束和保护作用也会随之减弱，增加了钢筋的锈蚀机会和速率，改变了劣化RC梁在极限荷载作用下的破坏模式。

RC梁剪压区混凝土同时承受正应力和剪应力，根据Rankine破坏准则，当主拉应力达到混凝土抗拉强度 f_t'时，则可根据式（8.1-5a）进行计算；当主压应力达到混凝土抗压强度$-f_c'$时，则可根据式（8.1-5b）进行计算：

$$\sigma_1=\frac{\sigma_u}{2}+\sqrt{\left(\frac{\sigma_u}{2}\right)^2+\tau_u^2}\leqslant f_t' \tag{8.1-5a}$$

$$\sigma_2=\frac{\sigma_u}{2}-\sqrt{\left(\frac{\sigma_u}{2}\right)^2+\tau_u^2}\leqslant -f_c' \tag{8.1-5b}$$

式中 σ_1、σ_2——剪压区混凝土主拉应力和主压应力；

σ_u、τ_u——极限状态下混凝土正应力和剪应力。

随着混凝土劣化，f_t'和 f_c'都将降低，在荷载作用下，混凝土的 σ_u 和 τ_u 也将降低，导致减压区混凝土过早破坏，RC梁承载能力降低。

2）钢筋锈蚀的影响

（1）主筋锈蚀

未锈蚀的 RC 梁正截面受弯时，通常是受拉区混凝土开裂、中性轴上移、钢筋屈服且受压区混凝土达到极限压应变而破碎，但对于劣化梁，当主筋锈蚀率的增加到一定程度时，容易发生少筋破坏，主要表现为受拉区混凝土开裂，受拉钢筋和混凝土间发生相对滑移，甚至发生粘结锚固破坏。

正截面受弯的锈蚀梁，主要有以下两种破坏形式：

① 当梁受拉钢筋配筋率低且锈蚀率不高时，受拉钢筋屈服导致 RC 梁破坏；

② 当 RC 梁抗剪钢筋配置率高且锈蚀时，受压区混凝土压碎破坏导致 RC 梁破坏。

（2）箍筋锈蚀的影响

试验发现，劣化梁箍筋的锈蚀程度比纵筋要严重得多，这与有关文献中的研究结果和许多实际工程结构的检测结果相同。锈蚀箍筋力学性能减弱，降低了对混凝土的约束作用，使得试件混凝土达到峰值应变后更早地出现较明显的脆性破坏。临近破坏时，劣化开裂严重处，试件表层混凝土出现剥离甚至脱落现象。箍筋锈蚀对简支梁承载力的另一个影响是降低其抗剪能力，造成其破坏形式可能由受弯破坏变成受剪破坏，从而降低其承载能力。

箍筋锈蚀对 RC 梁的极限荷载产生如下影响：①箍筋锈蚀造成截面积减小，从而降低斜截面配箍率，导致箍筋所能承担的剪力降低；②箍筋锈蚀降低其对于钢筋骨架和核心混凝土的约束，导致钢筋与混凝土间粘结强度降低，甚至出现滑移；而且造成加载过程中受拉裂缝快速发展，削弱了裂缝附近骨料的咬合力，且随 RC 梁剪跨增大愈加明显；③箍筋锈胀裂缝，造成混凝土面层疏松剥落，减小面层混凝土厚度和构件截面积，从而削弱 RC 梁的斜截面抗剪能力。

煤矿环境与荷载耦合作用造成混凝土劣化、钢筋锈蚀，两者相互复合导致混凝土保护层开裂剥落，RC 梁有效截面尺寸减小，承载力降低，如图 8.1-3、图 8.1-4 所示。

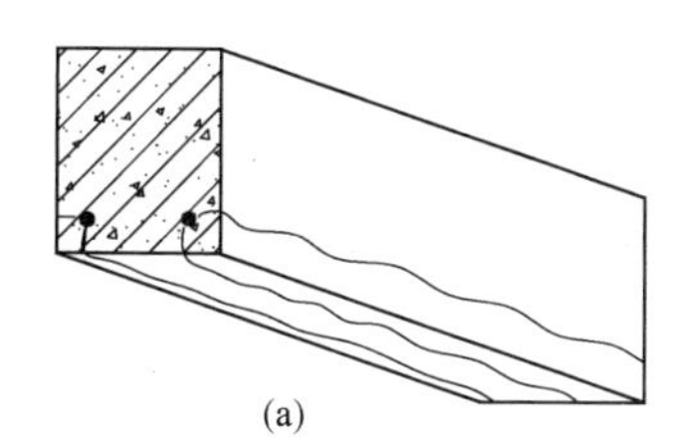
(a)

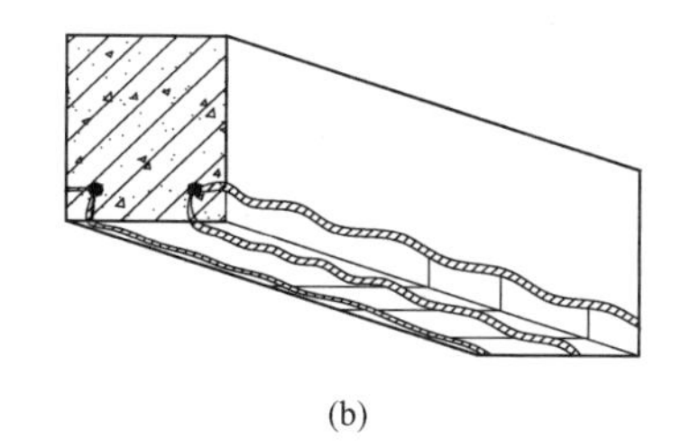
(b)

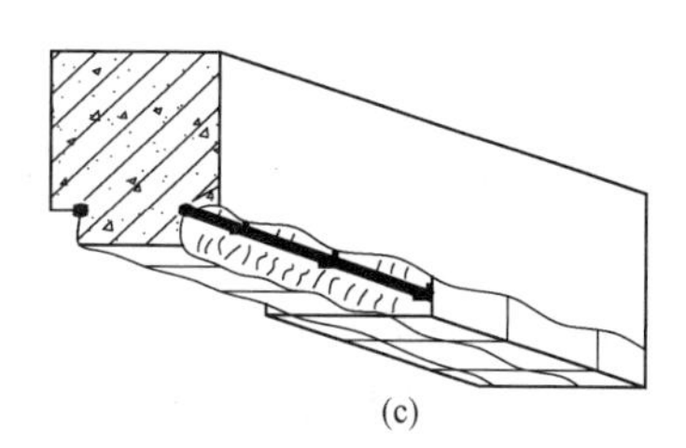
(c)

图 8.1-3　纵筋锈蚀造成 RC 梁截面几何损伤

（a）轻度锈蚀；（b）中度锈蚀；（c）重度锈蚀

2. 偏心受压构件

与对劣化 RC 梁影响机理相近，材料劣化从以下五个方面对大偏心受压 RC 柱力学性能产生影响：①混凝土抗压强度降低，造成其轴向抗压承载能力下降；②受拉钢筋锈蚀，有效截面积减小，抗拉承载能力下降；③箍筋锈蚀，对受压柱核心混凝土约束能力减弱，轴向抗压能力下降；④锈胀裂缝导致 RC 柱面层混凝土剥落，截面几何尺寸变小；⑤劣化混凝土与锈蚀钢筋间粘结性能退。

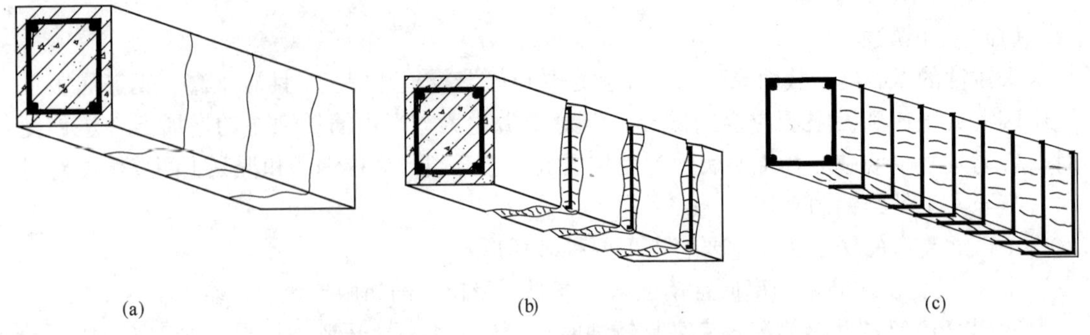

图 8.1-4 箍筋锈蚀造成 RC 梁截面几何损伤

（a）轻度锈蚀；（b）中度锈蚀；（c）重度锈蚀

1）混凝土强度退化的影响

偏心受压 RC 柱同时承担弯矩和轴力作用，《混凝土结构设计规范》GB 50010—2010（2015 年版）中给出偏心受压 RC 柱承载力计算模型如式（8.1-6）所示。

$$N=\alpha_1 f_c bx+f_y' A_s'-\sigma_s A_s \tag{8.1-6a}$$

$$Ne=\alpha_1 f_c bx\left(h_0-\frac{x}{2}\right)+f_y' A_s'(h_0-\alpha_s') \tag{8.1-6b}$$

式中 N——轴向压力设计值；

e——轴向压力作用点至纵向受拉普通钢筋和受拉预应力筋的合力点的距离；

f_c——混凝土轴心抗压强度设计值；对于劣化混凝土，取其实测值；

σ_s——受拉钢筋的应力；

A_s——受拉钢筋面积；

A_s'——受压钢筋面积；

f_y'——受压钢筋屈服强度。

从式（8.1-6）可以发现，偏心受压柱承载力与混凝土抗压强度、锈蚀钢筋屈服强度和有效截面积、RC 柱截面尺寸等都有密切相关。对于大偏心受压 RC 柱，抗拉能力设计较多，而对于受压区混凝土强度考虑相对偏少。但受压区混凝土强度降低到一定程度时，可能导致大偏心受压劣化 RC 柱破坏模式发生改变，如本文中从受拉钢筋屈服转变为受压区混凝土压碎破坏。

2）钢筋锈蚀的影响

受拉钢筋锈蚀后，屈服强度和极限强度都会下降，大偏心受压劣化 RC 柱逐渐趋于少筋构件。而且，锈蚀钢筋与混凝土间粘结性能退化，造成钢筋应变滞后于混凝土应变，反言之，则是钢筋限制混凝土变形、开裂的约束力变弱，垂直于柱轴线方向的裂缝易于在钢筋锈蚀严重的部位产生，即钢筋不能有效地发挥其作用，劣化 RC 柱脆性性质明显，如此锈蚀偏压柱同样会逐渐趋于少筋构件，易发生类似于少筋构件的“锈蚀少筋破坏”。

箍筋锈蚀对 RC 柱核心区混凝土横向约束降低，从而降低其轴向抗压能力。但箍筋锈蚀对 RC 柱承载力的最大影响是产生横向裂缝，箍筋锈胀导致混凝土保护层开裂和截面损伤是承载力下降的主要原因，而非锈蚀率，各影响因素权重为：混凝土截面损伤＞箍筋锈蚀率＞受应变影响纵筋的屈曲。

混凝土劣化及箍筋锈蚀造成受压柱混凝土面层开裂、剥落，截面几何尺寸损失，有效截面尺寸减小，从而影响其承载力，如图 8.1-5 所示。

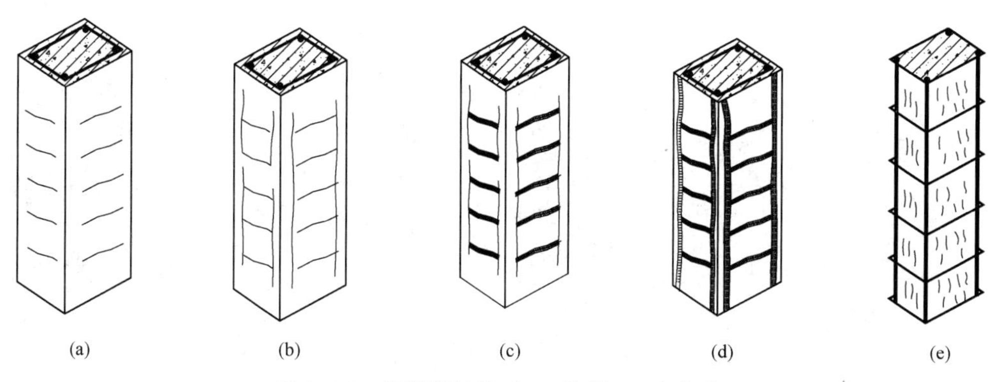

(a) (b) (c) (d) (e)

图 8.1-5 钢筋锈蚀造成 RC 柱截面几何损伤

(a) 箍筋轻度锈蚀；(b) 纵筋轻度锈蚀；(c) 箍筋中度锈蚀；(d) 纵筋中度锈蚀；(e) 箍筋重度锈蚀

8.2 检测鉴定与评估

8.2.1 检测内容和方法

参照《工业建筑可靠性鉴定标准》GB 50144—2019，煤矿地面工业环境中既有 RC 结构损伤劣化现状调查和检测包括地基基础、上部承重结构和围护结构三部分。

对地基基础的调查，除应查阅岩土工程勘察报告及有关图纸资料外，尚应调查工业建筑现状、实际使用荷载、沉降量和沉降稳定情况、沉降差、上部结构倾斜、扭曲和裂损情况，以及临近建筑、地下工程和管线等情况。当地基基础资料不足时，可根据国家现行有关标准的规定，对场地地基进行补充查勘或进行沉降观测。

对上部承重结构的调查，可根据建筑物的具体情况以及鉴定的内容和要求，选择表 8.2-1 中的检测项目。

上部承重结构的检测 **表 8.2-1**

调查项目	调 查 项 目
结构整体性	结构布置，支撑系统，圈梁和构造柱，结构单元的连接构造
结构和材料性能	材料强度，结构或构件几何尺寸，构件承载性能、抗裂性能和刚度，结构动力特性
结构缺陷、损伤和腐蚀	制作和安装偏差，材料和施工缺陷，构件及其节点的裂缝、损伤和腐蚀
结构变形和振动	结构顶点和层间位移，柱倾斜，受弯构件的挠度和侧弯，结构和结构构件的动力特性和动态反应
构件的构造	保证构件承载能力、稳定性、延性、抗裂性能、刚度等有关构造措施

围护结构的调查，除应查阅有关图纸资料外，尚应现场核实围护结构系统的布置，调查该系统中围护构件和非承重墙体及其构造连接的实际状况、对主体结构的不利影响，以及围护系统的使用功能、老化损伤、破坏失效等情况。

1. 混凝土中性化深度检测

根据《建筑结构检测技术标准》GB/T 50344—2019 测试混凝土的中性化深度值，工程实测如图 8.2-1 所示。

图 8.2-1 混凝土中性化深度检测

2. 混凝土成分分析

现场采用取芯法获取混凝土芯样，在试验室分层切片后，加工制备试样进行 X 射线荧光光谱及衍射分析。

3. 混凝土抗压强度检测

混凝土材料强度的现场检测方法包括半破损检测和无损检测两类。半破损检测主要指钻芯法检测。无损检测方法主要有回弹法、超声法以及超声-回弹综合法等。在工程检测中，根据《回弹法检测混凝土抗压强度技术规程》JGJ/T 23—2011、《钻芯法检测混凝土强度技术规程》JGJ/T 384—2016 以及《超声回弹综合法检测混凝土抗压强度技术规程》T/CECS 02—2020 的相关规定，主要采用回弹法、超声回弹综合法和钻芯法三者相结合的方法进行测试，使用钻芯法检测结果对回弹法和超声回弹综合法检测结果进行修正，然后综合评定出混凝土的抗压强度。

4. 钢筋锈蚀率检测

在现场取样制成试样后，用游标卡尺量出钢筋的直径，并对其进行称重，分别测试其锈蚀率和截面损失率，来对钢筋的锈蚀状况进行综合评定。

5. 构件外观质量检测

通过物理方法，并借助数码相机、裂缝观察镜、卡尺等工具，对构件的外观质量与缺陷（蜂窝、麻面、孔洞、露筋、锈胀裂缝、疏松区等）等情况进行普查。

6. RC 构件内部钢筋分布及保护层厚度检测

采用钢筋探测仪进行 RC 构件内部钢筋分布及保护层厚度检测，如图 8.2-2 所示。

7. 结构倾斜变形检测

借助全站仪、激光测距仪、水平尺、卷尺等工具，对煤矿地面建（构）筑物倾斜、扭曲以及筒仓“胀肚”等情况进行工程实测。

煤矿地面工业环境中既有 RC 结构损伤劣化状况检测集成技术具体内容及检测方法如表 8.2-2 所示。

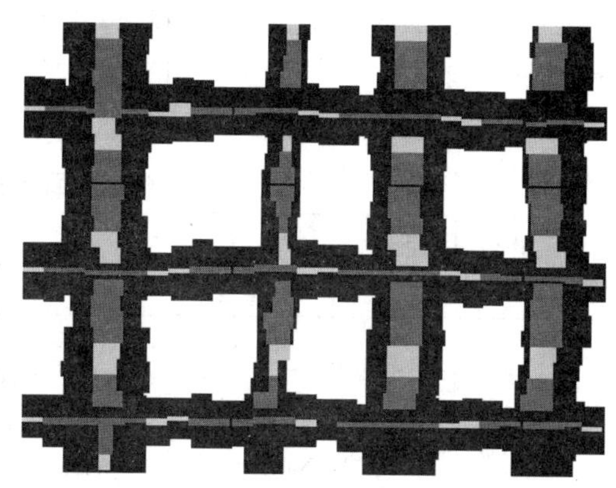

图 8. 2-2 RC 构件内部钢筋分布及保护层厚度检测

煤矿地面工业环境中既有 RC 结构损伤劣化状况测试集成技术 表 8. 2-2

检测内容		检测方法	参照规范(标准)
材料检测	碳化深度	物理方法	《建筑结构检测技术标准》GB/T 50344—2019
	混凝土成分分析	物理方法	《国家一级地球化学标准物质证书集》
	混凝土轴心抗压强度	无损检测 有损检测 力学方法	《回弹法检测混凝土抗压强度技术规程》JGJ/T 23—2011、《钻芯法检测混凝土强度技术规程》JGJ/T 384—2016、《超声回弹综合法检测混凝土抗压强度技术规程》T/CECS 02—2020
	钢筋锈蚀率	物理方法 力学方法	《建筑结构检测技术标准》GB/T 50344—2019
构件检测	结构缺陷、损伤和腐蚀	物理方法	《工业建筑可靠性鉴定标准》GB 50144—2019
	构件几何尺寸	物理方法	
	钢筋分布及保护层厚度	物理方法	
结构检测	结构的整体性	物理方法	
	结构变形检测	物理方法	

8. 2. 2 检测结果分析

煤矿地面环境包括自然环境、工艺环境和力学环境，是一种复杂的多因素耦合作用环境，主要存在以下三种耦合作用：①气态、液态、固态三种形态腐蚀性介质耦合。气态介质中 HCl 和 Cl_2 与混凝土中 $Ca(OH)_2$ 发生反应生成 $CaCl_2$ 附着在混凝土表面，和空气中粉尘等共同组成固态腐蚀介质；液态介质浸泡或流经 RC 构件表面，影响混凝土面层湿度，从而影响气态介质作用效果和固态介质含量；固态介质也影响了气态介质和液态介质与混凝土的接触。②气态、液态和固态介质与温湿度交变环境进一步耦合作用，主要体现在气态和固态介质的腐蚀程度受到湿度的影响，而液态介质中的盐分与干湿循环或冻融循环相耦合，加剧了物理作用程度。③恶劣自然环境与特殊工艺要求和力学环境等再耦合，自然环境造成 RC 结构劣化、承载能力降低，工艺环境造成 RC 构件或结构中存在应力集中或突变，力学环境造成混凝土中微裂缝连通、加大，甚至导致锈蚀钢筋与劣化混凝土界面疏松混凝土剥落，过早产生损伤劣化，便于各类腐蚀介质侵入。煤矿地面环境主要特征如表 8.2-3 所示。

煤矿地面环境主要特征 **表 8.2-3**

环境类型	作用因素	影响程度	建(构)筑物类型				
			煤仓	运输皮带走廊	选煤厂厂房	井架	室外支承体系
自然环境	气态介质	强腐蚀	HCl(2.0167) Cl_2(3.0557)	HCl(2.1545) Cl_2(2.2470)	HCl(2.0132) Cl_2(1.4219)	HCl(2.6927) Cl_2(2.4972)	HCl(1.0732) Cl_2(2.2497)
		中等腐蚀	H_2S(0.0211) NO_2(0.1487)	H_2S(0.0204) NO_2(0.2241)	H_2S(0.0250) NO_2(0.1259)	H_2S(0.0198) NO_2(0.1267)	H_2S(0.0165) NO_2(0.1840)
		弱腐蚀	CO_2(367)	CO_2(279)	CO_2(374)	CO_2(225)	CO_2(332)
	液态介质	弱腐蚀	SO_4^{2-}(1965)	SO_4^{2-}(627.3)	SO_4^{2-}(631.7) Cl^-(263.3)	—	SO_4^{2-}(997.0) Cl^-(319.5)
		微腐蚀	Cl^-(67.3) Mg^{2+}(9.1)	Cl^-(197.1) Mg^{2+}(32.9)	Mg^{2+}(22.3)	—	Cl^-(319.5) Mg^{2+}(24.9)
	固态介质	强腐蚀	$CaCl_2$、MgCl				
		中等腐蚀	NaCl、KCl、Na_2SO_4、K_2SO_4、$MgSO_4$				
		弱腐蚀	$CaCO_3$、MgO、Fe_2O_3				
	温度环境	1. 影响气态介质各类气体和液态介质中离子的浓度； 2. 对 RC 结构有冻融作用					
	湿度环境	1. 对气态介质和固态介质腐蚀程度影响大，表内数据为相对湿度 $RH>75\%$ 时结果。当 $60\%<RH<75\%$ 时，各类介质腐蚀作用将一等级（HCl 除外），当 $RH<60\%$ 时，部分介质腐蚀作用再将一个等级； 2. 对液态介质作用有干湿交替作用					
工艺环境			高度与直径比较大，薄壁圆筒、三向受力	较大高差、跨度、两向受力	不规则孔洞、错层、应力集中、突变	塔式结构、应力集中、突变	细长框架、两向受力
力学环境	静力		结构自重、煤炭水平张力	结构自重、设备自重	结构自重、设备自重	结构自重、设备自重、偏心拉力	结构自重、上部结构重力
	动力		卸煤时冲击力	运输机滚筒转动时产生振动	选煤系统运转时振动	设备运转时偏心振动	上部结构振动激振、自带动力设备工作荷载

注：气体介质名称后括号内数据位该介质浓度平均值，单位“mg/m^3”，CO_2 单位为“ppm”。

在煤矿地面环境作用下，既有 RC 结构损伤劣化严重，具有如下 4 方面特征：①混凝土内部微裂缝不断扩展、渗透性增大、中性化加剧、脆性增加，钢筋锈蚀、延性降低、强度下降；②锈蚀钢筋与劣化混凝土界面剥离，锈胀裂缝中含有铁锈和混凝土粉末，局部混凝土保护层剥落；③构件表层存在大量较长顺筋裂缝，局部表层混凝土剥落，钢筋外露，少量构件存在较大变形；④局部及整体结构发生较大变形或倾斜，少量节点破坏。煤矿地面环境中既有 RC 结构损伤劣化状况主要特征如表 8.2-4 所示。

煤矿地面环境中既有RC结构损伤劣化状况主要特征　　表8.2-4

分析层面	具体指标	测试时服役年限	建(构)筑物类型				
			煤仓	运输皮带走廊	选煤厂厂房	井架	室外支承结构
材料	中性化深度平均值(mm)	16～20年	23.3	24.5	32.7	—	25.7
		21～25年	33.8	—	19.7	10.3	30.0
		26～30年	17.2	23.5	25.0	—	27.0
		31～35年	43.9	15.9	—	—	44.7
		41～45年	—	—	—	—	34.7
	Cl^-扩散系数等级	21～25年	Ⅲ级(中等)	Ⅲ级(中等)	Ⅲ级(中等)	—	—
		26～30年	—	Ⅲ级(中等)	—	—	—
	最大强度损失率(%)	16～20年	29.6	50.6	33.3	—	50.6
		21～25年	33.8	43.3	33.9	—	43.3
		26～30年	16.0	—	22.0	—	24.0
		31～35年	69.6	59.1	74.3	—	69.6
		41～45年	—	—	—	—	53.2
	钢筋锈蚀率平均值(%)	16～20年	30.2	—	—	—	13.7
		21～25年	17.1	14.1	13.7	7.6	29.1
		26～30年	—	—	—	—	14.5
		31～35年	56.7	24.7	—	—	7.7
		41～45年	—	15.9	—	—	5.4
构件	最大锈胀裂缝宽度(mm)	21～25年	7.00	7.00	6.50	7.10	—
		26～30年	3.00	4.54	1.30	—	10.00
		31～35年	12.00	3.00	—	—	16.00
		41～45年	—	10.70	—	—	12.50
	混凝土保护层及裂缝发展	16～20年	—	—	部分构件出现明显的受力裂缝和非受力裂缝；个别构件出现蜂窝、顺筋裂缝及露筋现象	—	表面混凝土较为疏松，个别构件出现蜂窝
		21～25年	外壁布满纵横向锈胀裂缝，内壁大量环向锈胀裂缝，内外壁混凝土剥落严重，导致大量的蜂窝、麻面	—	部分构件存在严重的锈胀裂缝；部分构件存在大量微细受力裂缝；腐蚀、磨损导致大量的蜂窝、麻面	大量受力裂缝和锈胀裂缝，部分构件保护层剥落	部分构件严重开裂变形、破损，大量通长锈胀裂缝，表层混凝土严重剥落

续表

分析层面	具体指标	测试时服役年限	建(构)筑物类型				
			煤仓	运输皮带走廊	选煤厂厂房	井架	室外支承结构
构件	混凝土保护层及裂缝发展	26～30年	外壁布满纵横向锈胀裂缝,混凝土剥落严重,大量钢筋外露	大量顺筋锈胀裂缝,混凝土严重疏松剥落	腐蚀、磨损导致大量的蜂窝麻面,混凝土剥落严重	—	大量通长锈胀裂缝和受力裂缝,部分构件混凝土完全剥落、钢筋外露,构件严重变形
		31～35年	外壁布满纵横向锈胀裂缝,混凝土剥落严重,大量钢筋外露	大量存在顺筋锈胀裂缝,混凝土面层损坏剥落严重,造成严重蜂窝麻面	—	—	—
		41～45年	—	斜梁存在大量锈胀裂缝、露筋,底板存在孔洞	—	—	框架结构大量存在通常顺筋锈胀裂缝,部分构件保护层完全不落
	混凝土保护层厚度平均厚度(mm)	16～20年	—	—	19.5	—	19.5
		21～25年	20.5	—	29.9	29.1	19.1
		26～30年	22.0	—	22.5	—	23.4
		31～35年	33.2	—	—	—	27.1
		41～45年	—	—	—	—	17.0
结构	结构的整体性	16～30年	—	—	—	—	结构连接处分开、框架梁柱节点断裂
		31～45年	—	连接处分开、节点开裂	—	—	—
	结构变形检测	21～25年	胀肚	—	—	—	倾斜
		31～35年	胀肚	—	—	—	倾斜
		41～45年	—	—	—	—	倾斜,扭曲

8.3 损伤劣化时变规律

8.3.1 材料

1. 混凝土

1）劣化过程及破坏特征

试验研究发现，随着劣化程度增加，部分混凝土棱柱体面层水泥浆消失，至 90d 时少量棱柱体面层出现砂粒层，劣化 135d 时多数试件表面的砂粒可以用手轻松搓掉，在 180d 时个别试件棱角处混凝土剥落。而且，混凝土强度越低，劣化现象出现越早。

轴心受压时，劣化 90d 的混凝土棱柱体在峰值应力时出现主斜裂缝，随后荷载逐渐减小，直至混凝土试块破坏；劣化 135～180d 时，强度较高混凝土出现主斜裂缝，随后荷载逐渐减小，直至混凝土试块破坏，而当混凝土强度等级较低时，荷载达到峰值时混凝土试块出现端部压坏，随后荷载逐渐减小的破坏模式，如图 8.3-1 所示。

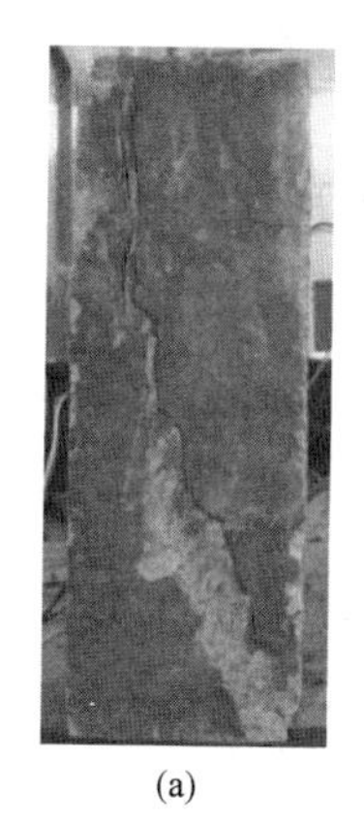
(a)
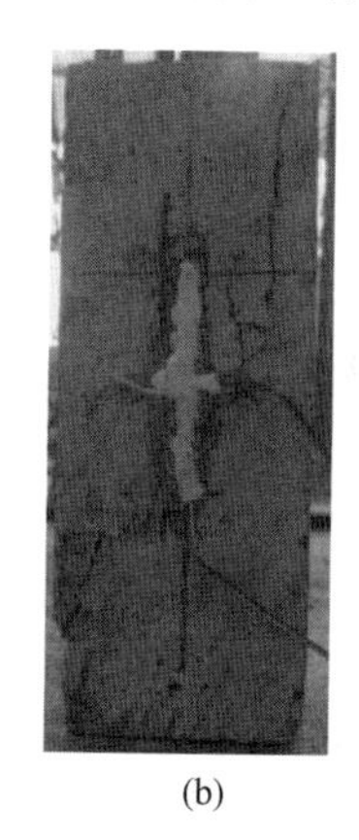
(b)

(c)
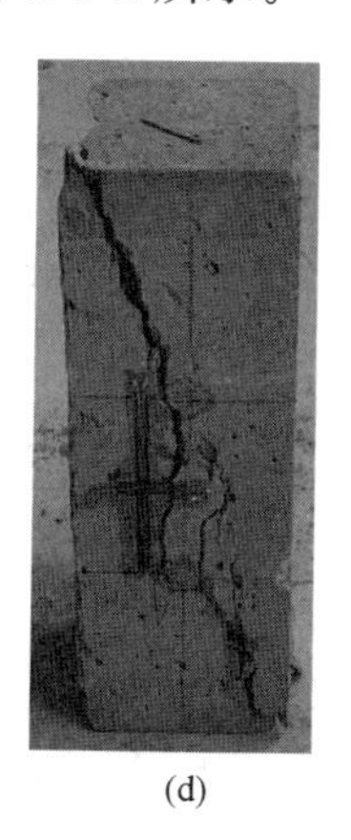
(d)
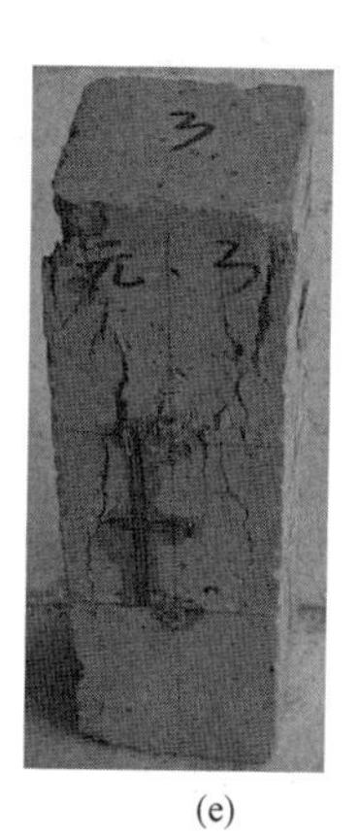
(e)

图 8.3-1　不同劣化时间混凝土棱柱体轴心受压破坏形态

（a）未劣化；（b）劣化 45d；（c）劣化 90d；（d）劣化 135d；（e）劣化 180d

随着劣化时间的增加，混凝土中性化速率近似呈线性增长趋势。混凝土圆柱体自第 3 个试验周期后，中性化深度已超过保护层厚度，第 6 个试验周期时达到主筋表面。

2）混凝土单轴抗压强度

单轴受压时弹性模量呈先增后减趋势，而峰值点则逐渐减小，对应的应变不断减小，在 135d 时出现拐点；混凝土强度越高，相同劣化时间段应力-应变曲线的峰值应力差值越小，但峰值点对应的割线斜率（变形模量）增大幅度越大。对劣化不同时间后的混凝土棱柱体分别进行单轴抗压试验，得到各时段的应力-应变曲线（图 8.3-2）。

3）劣化混凝土成分

随着劣化时间的增加，混凝土单轴受压时弹性阶段应力-应变曲线的斜率（即弹性模量）呈不断增大趋势，而峰值点则逐渐减小，对应的应变不断减小，但 135d 时出现拐点；随着混凝土强度的增大，各劣化时间段应力-应变曲线的峰值应力差值越小，但峰值点对应的割线斜率（变形模量）增大幅度越大。X-射线衍射定性分析图谱见图 8.3-3。

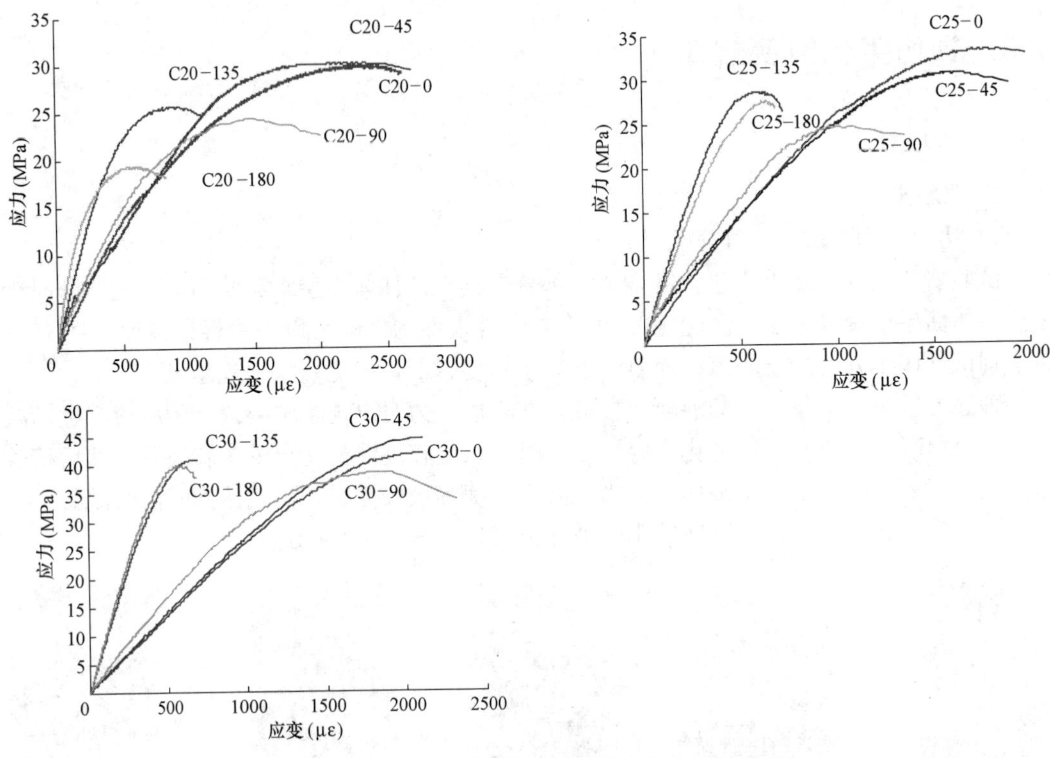

图 8.3-2　不同劣化程度混凝土受压应力-应变曲线

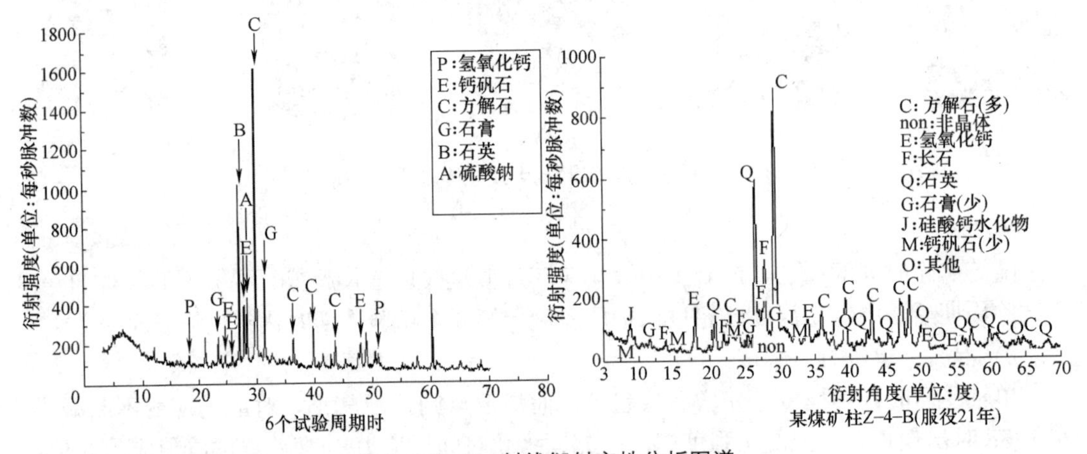

图 8.3-3　X-射线衍射定性分析图谱

在模拟环境中劣化 6 个周期后，混凝土中主量元素成分与三河尖煤矿（服役 21 年）厂房中腐蚀梁面层混凝土组成相近，且样品中可以明显看出 $CaCO_3$（方解石）含量很大，证明混凝土中性化（碳化）程度很大。

2. 钢筋

1）锈蚀率

对劣化 10 个周期的 RC 梁和 8 个周期的 RC 柱进行破解，将取出的钢筋进行酸洗、打磨、干燥后，测得钢筋的锈蚀率，进行回归统计，如图 8.3-4 所示。

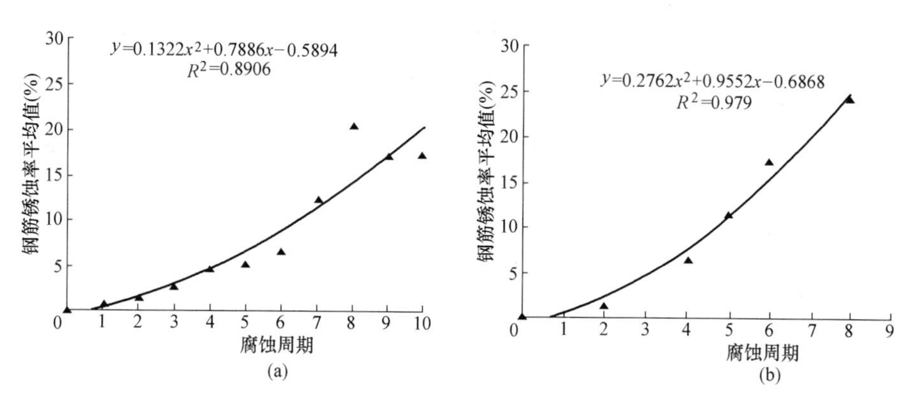

图 8.3-4 RC 梁柱主筋锈蚀率的增长规律

(a) RC 梁；(b) RC 柱

劣化 RC 构件中主筋锈蚀率在第 5 个周期之前，锈蚀率增加较慢；到第 6 个周期，钢筋锈蚀特征发生较大变化，锈蚀率增加较快，钢筋除了整体锈蚀增加外，出现明显的“坑蚀”特征，且锈胀裂缝逐渐扩大，混凝土保护层有剥落趋势，使得钢筋保护层作用减弱，钢筋与外界腐蚀环境接触充分，使得钢筋平均锈蚀率增加，严重影响了主筋的力学性能和试验梁的承载力。

2）钢筋屈服强度和极限强度退化模型

锈蚀钢筋的名义极限强度与其锈蚀率之间的定量关系如图 8.3-5 所示。

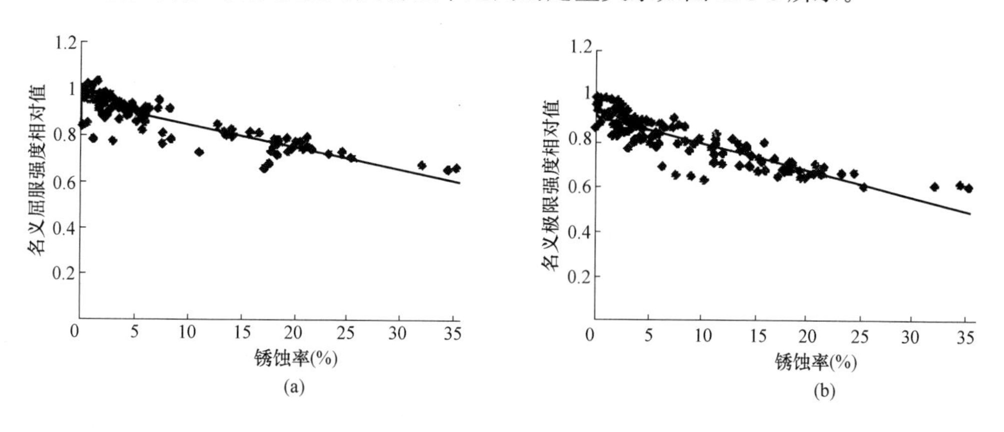

图 8.3-5 钢筋屈服强度及极限强度与锈蚀率之间的定量关系模型

(a) 屈服强度；(b) 极限强度

当钢筋锈蚀率在 0%～35%之间时，随着锈蚀率的增加，钢筋的屈服强度、极限强度整体呈下降趋势，由此建立煤矿地面环境中锈蚀钢筋的屈服强度和极限强度预计模型统计回归公式如式（8.3-1）和（8.3-2）：

$$f_{y,c}=f_{y0}(-0.0097\rho_{sv}+0.9473)\qquad(0\%\leqslant\rho_{sv}\leqslant35\%)\qquad(8.3\text{-}1)$$

$$f_{u,c}=f_{u0}(-0.012\rho_{sv}+0.9144)\qquad(0\%\leqslant\rho_{sv}\leqslant35\%)\qquad(8.3\text{-}2)$$

式中　$f_{y,c}$、$f_{u,c}$——锈蚀钢筋的名义屈服强度和极限强度（MPa）；

f_{y0}、f_{u0}——未锈钢筋的屈服强度和极限强度（MPa）。

3）锈蚀钢筋的本构模型

采用《混凝土结构设计规范》GB 50010—2010（2015 年版）中推荐的“双直线”型钢筋简化本构关系来建立锈蚀钢筋的本构关系简化模型。“双直线”型简化本构模型的曲线形式如图 8.3-6 所示，得到锈蚀钢筋的简化本构模型，见式（8.3-3）和式（8.3-4）。

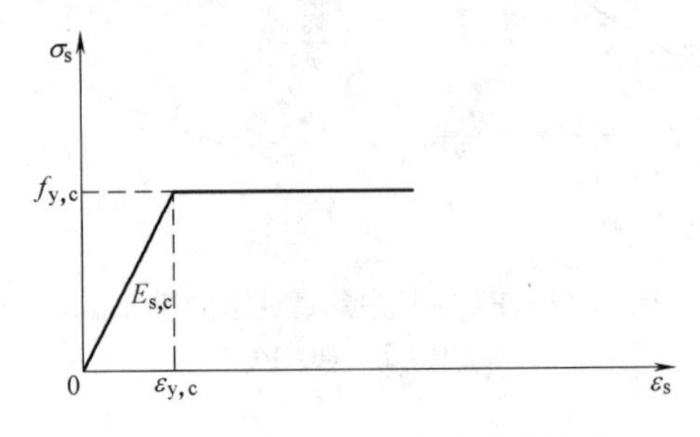

图 8.3-6　锈蚀钢筋本构关系模型

当 $0<\rho_{sv}<8\%$时：

$$\begin{cases}\sigma_{s,c}=\varepsilon_{s,c}\times E_{s,c}=[\varepsilon_{s0}(1-0.0575\rho_{sv})]\times[E_{s0}(1-0.052\rho_{sv})] & 0\leqslant\varepsilon_s\leqslant\varepsilon_{yc}\\ \sigma_{s,c}=f_{y,c}=f_{y0}(-0.0097\rho_{sv}+0.9473) & \varepsilon_{yc}\leqslant\varepsilon_s\leqslant\varepsilon_{su}\end{cases} \tag{8.3-3}$$

当 $\rho_{sv}\geqslant 8\%$时：

$$\begin{cases}\sigma_{s,c}=\varepsilon_{s,c}\times E_{s,c}=[\varepsilon_{s0}(1-0.0575\rho_{sv})]\times[E_{s0}(0.895-0.031\rho_{sv})] & 0\leqslant\varepsilon_s\leqslant\varepsilon_{yc}\\ \sigma_{s,c}=f_{y,c}=f_{y0}(-0.0097\rho_{sv}+0.9473) & \varepsilon_{yc}\leqslant\varepsilon_s\leqslant\varepsilon_{su}\end{cases} \tag{8.3-4}$$

式中　$\varepsilon_{s,c}$、ε_0——锈蚀和未锈钢筋的应变；

$\sigma_{s,c}$——锈蚀钢筋的应力（MPa）。

8.3.2　钢筋-混凝土界面

1. 粘结-滑移曲线

各类试件在不同劣化周期时粘结-滑移曲线如图 8.3-7 所示。

当腐蚀时间较短时，试件的粘结应力随着相对滑移的增加快速的增大，直至极限粘结应力；随着相对滑移的进一步增加，试件的粘结应力将会减小直至残余粘结应力，进入一个相对稳定的阶段；试件在粘结应力达到最大值后有时会出现一段驼峰，这是由于混凝土与变形钢筋界面再次“咬紧”的作用，但是从整体来看，粘结应力仍呈下降的趋势。

2. 粘结力

劣化混凝土与锈蚀钢筋间粘结力随试验时间变化趋势如图 8.3-8 所示。

不同腐蚀时间试件的界面粘结性能表现出如下规律：在试件腐蚀前期，随着腐蚀周期的增加，其极限粘结应力和残余粘结应力呈现出上升的趋势；随着腐蚀周期的进一步增

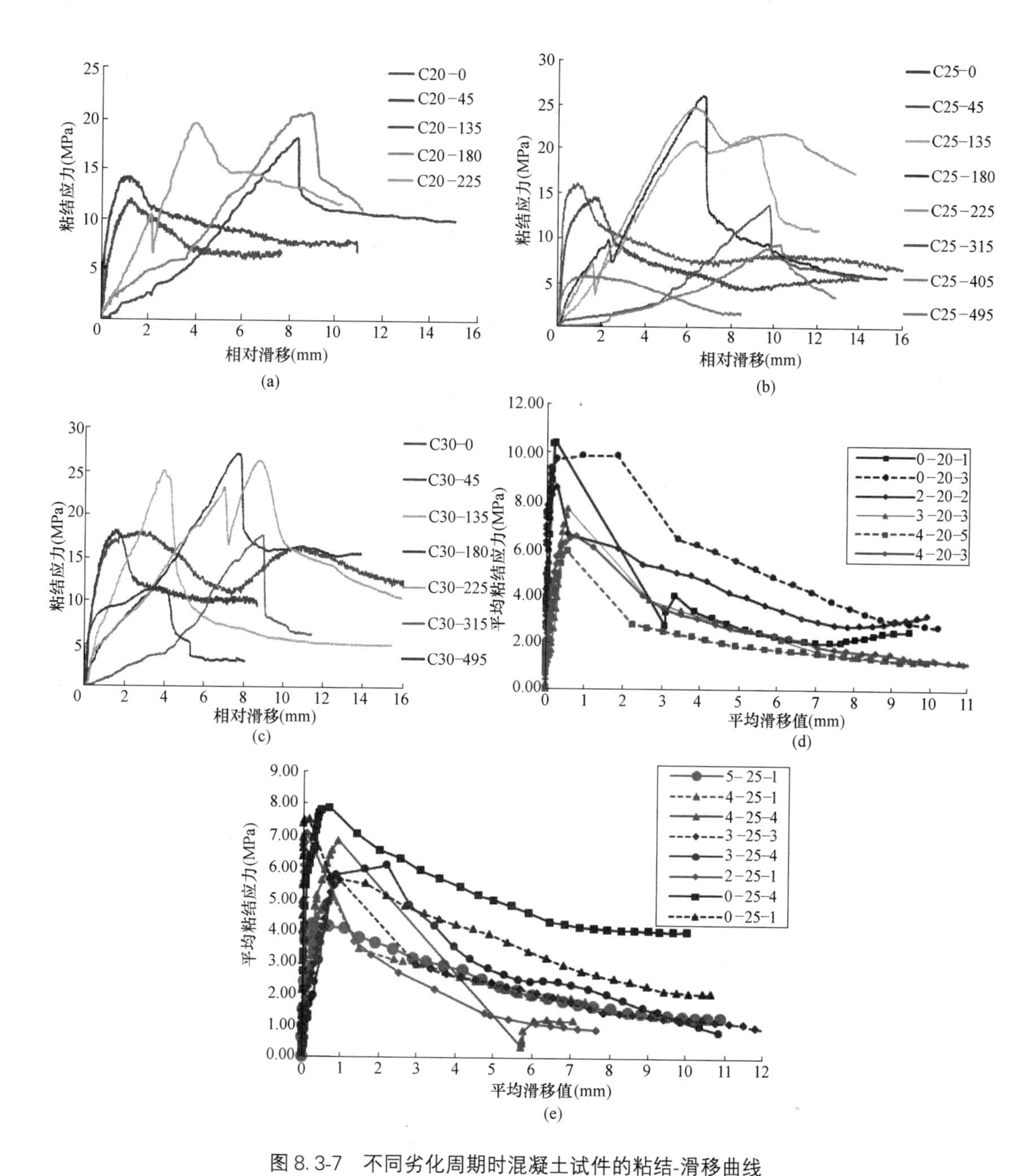

图 8.3-7 不同劣化周期时混凝土试件的粘结-滑移曲线

(a) 混凝土 C20、钢筋直径 12mm；(b) 混凝土 C25、钢筋直径 12mm；(c) 混凝土 C30、钢筋直径 12mm；(d) 混凝土 C30、钢筋直径 20mm；(e) 混凝土 C30、钢筋直径 25mm

加，试件的极限粘结应力和残余粘结应力由于试件劣化程度的加深，呈现出下降的趋势；在相同腐蚀时间下，强度等级高的试件，其极限粘结应力越大；当试件腐蚀达到后期，强度等级高的试件极限粘结应力下降相对较慢。

劣化混凝土与锈蚀钢筋之间粘结性能存在三个阶段：①钢筋锈蚀，如图 8.3-9 (a) 所示，锈蚀产物厚度 r，挤压界面处混凝土，但混凝土还没有开裂，因而粘结力线性增长；

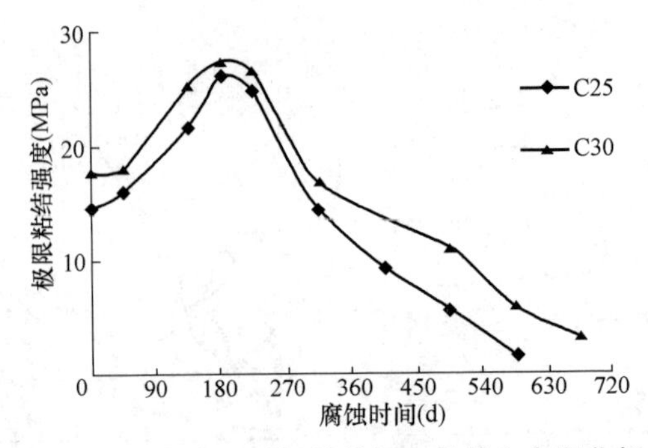

图 8.3-8 不同腐蚀时间试件极限粘结应力退化规律

②钢筋进一步锈蚀，造成界面处混凝土内部胀裂，粘结力继续线性增长急速降低；③当混凝土内部锈胀裂缝扩展至混凝土构件面层时，如图 8.3-9（b）所示，锈蚀钢筋与混凝土间粘结相互作用能量迅速释放，粘结性能随后缓慢降低。

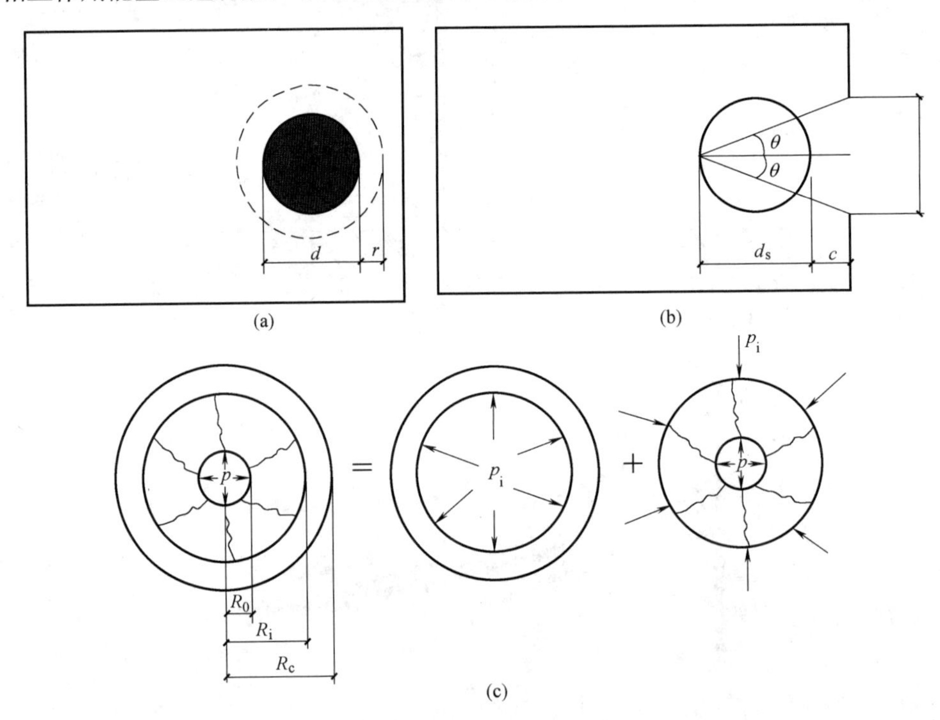

图 8.3-9 锈胀裂缝出现前后粘结性能变化示意图

（a）锈胀开裂前；（b）锈胀开裂后；（c）钢筋与混凝土间出现相对滑移前受力分析图

对于①和②状况，即混凝土锈胀开裂前，Tepfer 提出将锈蚀钢筋周边的混凝土分为两个环形部分，如图 8.3-9（c）所示。锈胀开裂的内圈，外径 R_i，内径 R_0，即钢筋初始半径；未开裂的弹性外圈，外径 R_e，内径 R_i。Wang 和 Pothisiri 在 Tepfer 的基础上提出了混凝土环向挤压力 p_{cor} 的线弹性应力软化模型，如式（8.3-5）所示，并利用 Mohr-Coulomb 理论，认为变形钢筋轻度锈蚀（可取肋倾角 $\alpha=45°$）时混凝土与锈蚀钢筋之间粘结力 $p=p_{cor}$。

$$p_{cor}R_0 = p_iR_i + \int_{R_0}^{R_i}\sigma_r dr \tag{8.3-5}$$

$$\sigma_r = E_0\varepsilon_r \qquad \varepsilon_r \leqslant \varepsilon_{ct} \tag{8.3-6a}$$

$$\sigma_r = f_{ct}\left[1 - \frac{0.85(\varepsilon_r - \varepsilon_{ct})}{(\varepsilon_1 - \varepsilon_{ct})}\right] \qquad \varepsilon_{ct} < \varepsilon_r \leqslant \varepsilon_1 \tag{8.3-6b}$$

$$\sigma_r = 0.15f_{ct}\frac{\varepsilon_u - \varepsilon_r}{\varepsilon_u - \varepsilon_1} \qquad \varepsilon_1 < \varepsilon_r \leqslant \varepsilon_u \tag{8.3-6c}$$

式中 p_i——未开裂混凝土对开裂混凝土及钢筋产生的环向挤压力；

σ_r——混凝土的拉应力，按式（8.3-6）取值；

E_0——混凝土弹性模量；

ε_r——混凝土拉应变；

ε_1——混凝土拉应变达到最大值后，混凝土开裂致使拉应力降至15%的极限抗拉强度时对应的拉应变值，一般取0.0003；

ε_u——混凝土拉应变达到最大值，取值0.002。

式（8.3-5）和式（8.3-6）是基于混凝土弹性模量和抗拉强度不变的基础上提出的，但受腐蚀环境影响，混凝土强度从面层向内部核心是一个逐渐变化的过程。未劣化混凝土强度和弹性模量等参数基本不变，而劣化混凝土强度和弹性模量则随着劣化深度和劣化时间逐渐降低。混凝土劣化情况立面图和俯视图如图8.3-10所示。

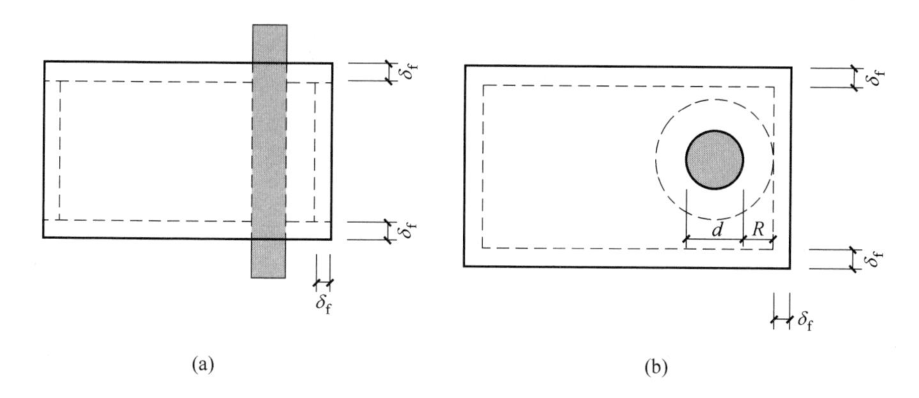

图8.3-10 混凝土劣化情况示意图

（a）立面图；（b）俯视图

在钢筋锈蚀之前，不考虑钢筋锈胀直径增加，钢筋直径为$d=2R_0$，假设混凝土均匀劣化且劣化深度为δ_f，钢筋周围未劣化混凝土厚度为R，则$R+\delta_f=c$，$R+R_0=R_e$。R值对于钢筋与混凝土间粘结力计算模型有如下影响：

1）当$R>R_i-R_0$时，钢筋周边混凝土可以分为开裂的内圈和未开裂的弹性外圈时，钢筋与混凝土间粘结力可以采用式（8.3-5）和式（8.3-6）进行计算。

2）当$R\leqslant R_i-R_0$时，开裂内圈已经达到劣化混凝土部分，则式（8.3-5a）应调整为式（8.3-7）：

$$p_{cor}R_0 = p_iR_i + \int_{R_0}^{R_0+R}\sigma_{r1}dr + \int_{R_0+R}^{R_i}\sigma_{r2}dr \tag{8.3-7}$$

式中，σ_{r1} 对应未劣化混凝土的应力，可以用式（8.3-6）获得。σ_{r2} 对应劣化混凝土的应力，其弹性模量和极限抗拉强度分别为 E' 和 f'_{ct}，根据应变协调方程，取两部分混凝土对应的承载力相等，σ_{r2} 取值可由式（8.3-6）计算。

3）当 $R\approx0$ 时，即满足第Ⅲ种情况。此时钢筋锈蚀严重，造成混凝土开裂，变形钢筋肋高减小，且肋前存有大量铁锈，肋侧面与钢筋纵轴间形成的夹角大幅度减小，此时可以参照混凝土与光圆钢筋间粘结力模型，按式（8.3-8）进行计算：

$$p=\mu(x)p_{cor}\frac{A'}{A}=\mu(x)p_{cor}\frac{\pi-2\theta}{\pi}\tag{8.3-8}$$

$$\mu(x)=0.37-0.26(x-x_{cr})\tag{8.3-9}$$

$$p_{cor}R_0=\int_{R_0}^{R_e}\sigma_r\mathrm{d}r\tag{8.3-10}$$

式中　$\mu(x)$——变形钢筋与混凝土间摩擦系数，可按式（8.3-9）进行计算；

θ——开裂角度；

x——变形钢筋实际锈蚀深度；

x_{cr}——混凝土锈胀开裂时钢筋锈蚀深度；

A'——劣化混凝土与锈蚀钢筋间有效粘结面积，即 $A'=d(\pi-2\beta)l$；

p_{cor}——按式（8.3-10）计算。

由于此时混凝土有效保护层厚度和钢筋直径均已变小，因而式中 $R_0=d_e/2$，$R_0+R_e=c'$。锈胀裂缝宽度 ω 按式（8.3-11）取值：

$$\omega=2(d_e+c')\tan\theta\tag{8.3-11}$$

式中　d_e——锈蚀钢筋有效直径。

ω 与钢筋锈蚀率之间还存在式（8.3-12）所示关系：

$$\omega=0.1916\Delta A_s+0.164=0.0479\pi(d^2-d_e^2)\tag{8.3-12}$$

联合式（8.3-11）和式（8.3-12）可以求得 θ 值。

8.3.3　构件

1. 正截面受弯构件

1）劣化和受力破坏特征

劣化 RC 梁正截面受弯破坏具有如下特征：

（1）轻度劣化梁在加荷初期，弯矩较小，构件的挠度变化较小，且变化大致成线性。加荷至 20～25kN 左右时，纯弯段开始出现弯曲裂缝，裂缝宽度较小，荷载-位移曲线出现第一个拐点。随着荷载的增加，裂缝向梁顶发展，宽度、数量都逐渐增加；接近屈服荷载时，沿上支座向外 45°方向出现一道剪切裂缝，裂缝发展不大。加载至 60kN 左右时，裂缝宽度继续增大，但数量增加不多，荷载-位移曲线出现第二个拐点，构件进入屈服状态。继续加载，可以发现试验梁的挠度随荷载增加很快，且在腐蚀周期较大时，梁上支座中间部分混凝土会产生水平裂缝，且宽度增大很快。随着荷载的继续增加，梁底部钢筋进入屈服状态，上部混凝土被压碎，破坏基本以适筋破坏为主。

（2）中度劣化梁在加载初期和中期的裂缝发展等基本和轻度劣化梁的相似，但是破坏的形式出现了变化，主要以劣化梁底部钢筋保护层发生剥落为主，破坏特征介于少筋梁和适筋梁之间。

（3）重度劣化梁因其本身劣化过程中，主筋的混凝土保护层已经剥落，所以在加载过程中，可观察到裂缝的时机较延迟，荷载值也较大，后期裂缝发展与轻度、中度劣化梁较一致，但加载过程中，部分劣化梁的架立筋保护层会发生剥落，破坏形态主要以底部主筋屈服、梁体变形过大为主，属于少筋破坏现象。

2）承载能力

随着劣化程度的增加，劣化梁的承载能力下降趋势并不是完全线性关系，通过对每一周期劣化梁极限荷载的对比分析，得到不同腐蚀周期下劣化梁的承载力退化趋势见图8.3-11。

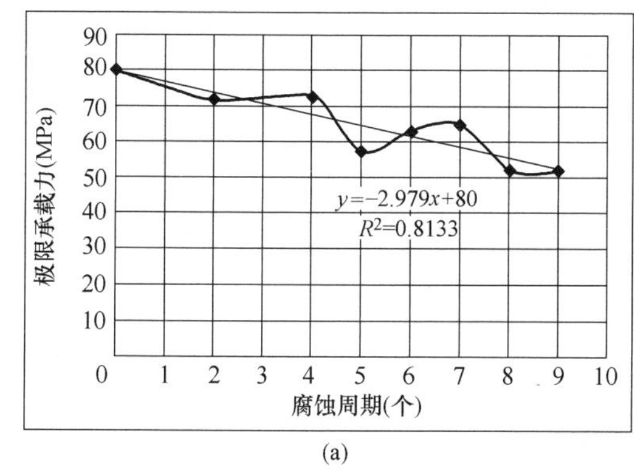

(a)

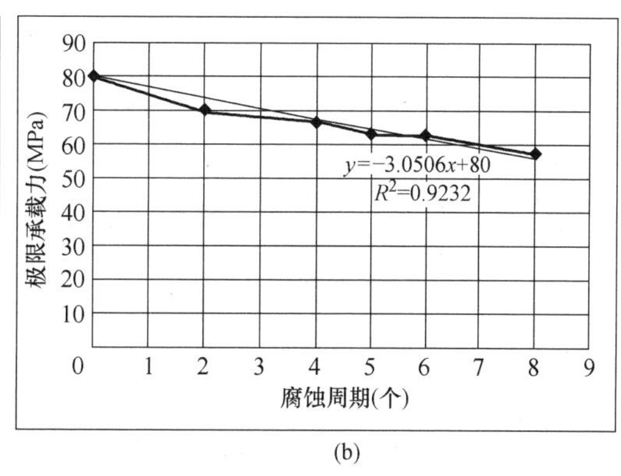

(b)

图 8.3-11　不同腐蚀周期劣化梁的承载力退化趋势

（a）未掺盐试验梁；（b）掺盐试验梁

随着劣化程度的加剧，未掺盐劣化梁和掺盐劣化梁的极限承载力总体都存在不同程度的下降趋势，因劣化梁在环境室放置位置不一样，腐蚀的劣化特征不一样，故部分周期劣化梁极限承载力存在一定的波动，这主要因为各个劣化梁的主筋锈蚀率以及混凝土的强度也并非是理想直线下降，而是存在一定的波动。

煤矿地面环境中，混凝土强度、钢筋力学性能、混凝土与钢筋界面都受到了不同程度的腐蚀，对于劣化钢筋混凝土梁的破坏特征，主要有少筋、超筋、适筋梁破坏，而就目前的试验研究结果分析：未劣化梁的破坏特征是适筋梁，但是劣化梁却表现出不一样的破坏特征；这主要是因为物理模拟试验不能保证混凝土的劣化和钢筋锈蚀具有同步或者一致的腐蚀速率，无法避免有些试验梁的钢筋锈蚀速率要相对快于混凝土的劣化速率，这就导致了少筋梁的出现，试验过程中，受压区混凝土未被压碎，而梁底主筋首先出现屈服；同样，也无法避免部分劣化试验梁的混凝土劣化速率要相对快于钢筋的锈蚀速率，也就导致了超筋梁的出现，试验过程中，受压区混凝土压碎而梁底主筋并未达到屈服阶段。所以，单一的用混凝土的劣化程度和单一的用主筋的锈蚀率来表征劣化梁的承载能力是不合理的；故本书提出了采用主筋锈蚀率 ρ 和混凝土抗压强度的降低率 ξ 两个参数共同表征劣化梁实时承载力。从大量物理试验数据为基础的统计分析，可以得到煤矿地面环境中劣化钢筋混凝土梁极限承载力 S 与主筋锈蚀率 ρ 和混凝土抗压强度降低率 ξ 的关系模型，如图 8.3-12 所示。

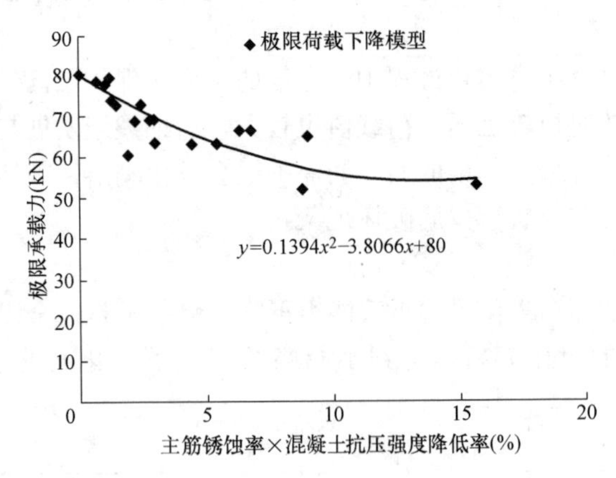

图 8.3-12 劣化钢筋混凝土梁承载力退化模型

煤矿地面环境中劣化钢筋混凝土梁的极限承载力见式（8.3-13）：

$$S=0.1394\rho^2\xi^2-3.8066\rho\xi+S_0 \tag{8.3-13}$$

式中 S——劣化梁的实时承载力；

ρ——劣化梁主筋锈蚀率（%）；

ξ——劣化梁混凝土抗压强度降低率；

S_0——未劣化梁极限承载力（kN）。

3）刚度

随着劣化程度增加，同级荷载作用下梁的挠度在整体上呈增大趋势。如图 8.3-13 所示，采用了屈服荷载和屈服位移的比值当作劣化梁弹性阶段的线刚度进行分析，随着腐蚀周期的增加，劣化梁腐蚀程度逐渐加深，劣化梁的线刚度逐渐降低，抗力性能逐渐降低。从未劣化梁到腐蚀 10 个周期劣化梁，混凝土材料性能不断劣化、钢筋锈蚀不断增加、界面粘结性能退化，导致劣化梁在弹性阶段的刚度不断下降，破坏时的极限位移不断增加。

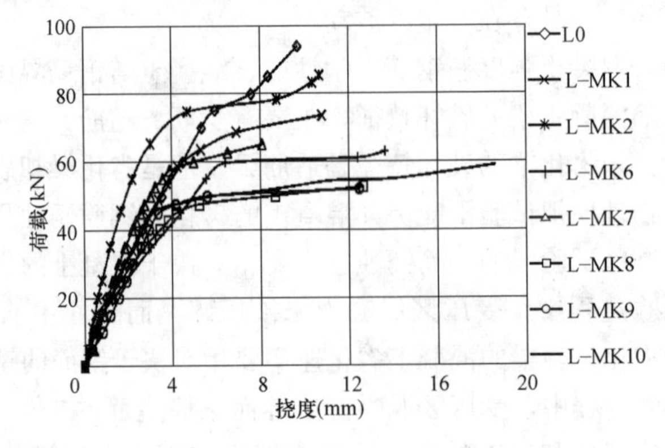

图 8.3-13 不同劣化周期梁受弯荷载-挠度曲线

2. 斜截面受剪构件

1）劣化及破坏特征

煤矿环境与荷载耦合作用下，劣化 RC 梁外观特征如图 8.3-14 所示。

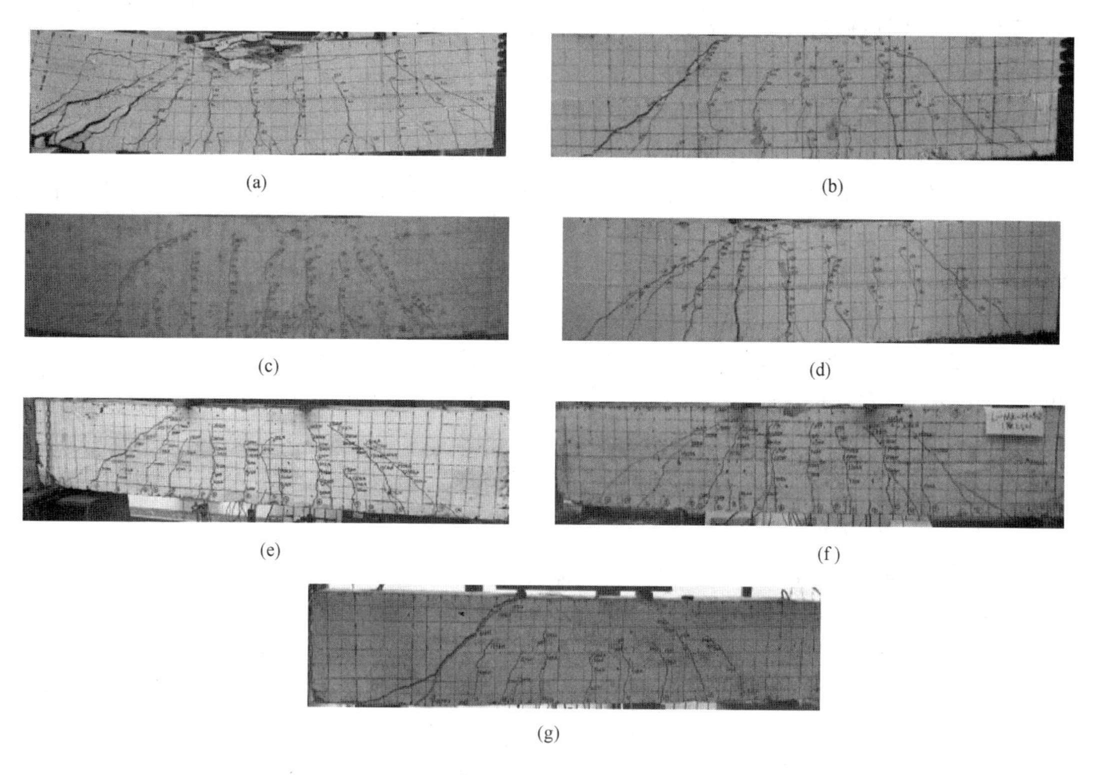

图 8.3-14 劣化梁受力破坏模式

(a) 基准梁；(b) 劣化 1 个周期；(c) 劣化 2 个周期；(d) 劣化 3 个周期；
(e) 劣化 4 个周期；(f) 劣化 5 个周期；(g) 劣化 6 个周期

劣化梁在极限荷载作用下主要有两种破坏模式：压剪破坏和受拉钢筋屈服破坏。对于剪跨比 $\lambda=1.84$ 的未劣化梁，在极限荷载作用下发生剪压破坏；而随着劣化程度的增加，尤其是受拉裂缝的存在，混凝土有效截面高度减小，致使 λ 增加，RC 梁受力破坏模式可能发生变化。但煤矿环境与荷载耦合作用下，RC 梁中箍筋锈蚀，导致抗剪能力降低，影响破坏模式。

加载过程中，跨中纯弯段先出现受力裂缝，并随荷载增加逐渐发展，但当 RC 梁达到屈服荷载前后，沿分配梁和同侧梁底支座连线的斜裂缝快速发展，而跨中受力裂缝发展速度则变得缓慢，RC 梁受剪破坏时跨中受力裂缝也近似发展至受压区混凝土顶部。

2）承载能力

煤矿环境与荷载耦合作用下，RC 梁混凝土劣化、钢筋锈蚀，两者相互影响致使 RC 梁承载力随试验周期的增加呈明显下降趋势。劣化 1 个周期后 RC 梁极限承载力快速降低了 9.03%，随着持续缓速下降，第 5 周期后降幅仅增加 6.79%，第 6 周期后则又快速降低了 13.06%。总体上，压剪区混凝土抗剪承载力呈线性降低。

对比发现，劣化 RC 梁承载力下降趋势与混凝土抗压强度退化不同步，大约滞后两个周期，且比受拉钢筋和箍筋锈蚀率增长速率缓慢。说明在混凝土锈胀剥落前，影响劣化梁抗剪承载力的主要因素是混凝土抗压强度。

3）延性

RC 梁位移延性系数 μ_Δ 按式（8.3-14）进行计算：

$$\mu_\Delta=\Delta_u/\Delta_y \tag{8.3-14}$$

式中 Δ_u——极限荷载作用下 RC 梁跨中挠度值；

Δ_y——屈服荷载作用下 RC 梁跨中挠度值。

随着劣化程度的增加，RC 梁延性逐渐降低，1～3 个周期时降低速度较快，第 3 个周期时降低 41.26%；而后 4～5 个周期则在波动中保持平稳，第 6 个周期时再次快速降低到基准梁的 63.59%。

影响劣化梁延性的原因主要有以下 3 个方面：①混凝土强度。劣化混凝土强度和极限压应变降低，影响 RC 梁延性。②钢筋抗拉性能。锈蚀钢筋有效截面积减小，抗拉强度降低，荷载作用下变形增大。③RC 梁刚度。试验前期，即劣化 1～3 周期时，中性化导致混凝土面层变脆，对钢筋约束增强，RC 梁的刚度增强，变形能力降低；后期由于劣化混凝土变疏松，甚至剥落，造成 RC 梁刚度降低，过早进入塑性阶段。

3. 小偏心受压构件

1）劣化及破坏特征

不同腐蚀周期下的劣化小偏心受压柱，其加载破坏过程、破坏形态与未劣化柱相似，劣化小偏心柱的破坏形态与未劣化的破坏形态类似，均无明显的变形和其他预兆，破坏时，柱中部及中上（下）部混凝土出现明显的压碎现象，受压一侧钢筋向外凸起，混凝土突然压碎，核心混凝土明显松动，荷载突降，表现出明显的脆性破坏特征。

2）承载能力

随着劣化周期的增加，劣化柱的承载能力下降趋势并不是线性关系，通过对每一周期劣化柱极限荷载的对比分析，得到不同腐蚀周期下小偏心受压柱的承载力退化趋势如图 8.3-15 所示。

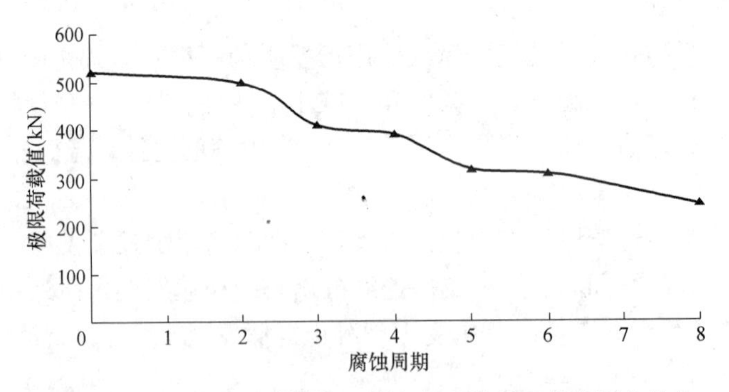

图 8.3-15 不同腐蚀周期下小偏心受压柱的承载力退化趋势

腐蚀前期，由于小偏心受压柱劣化轻微，无明显的劣化特征，其极限承载力降低缓慢，到第 2 周期，极限承载力只下降了 13.3%。随着腐蚀程度的加深，试件进入第 3 周期后，劣化柱沿柱表面的锈胀裂缝由轻微变得越来越明显，柱棱角处混凝土开始局部脱落，试件的极限荷载值下降至原荷载的 75%左右。

柱的承载力随着腐蚀周期的增加不断下降，但与腐蚀周期之间并无明显的线性关系，而是随着腐蚀周期的增加，劣化特征的不同，呈现一定的阶梯性。3 周期时，劣化柱沿柱表面的锈胀裂缝由轻微变得越来越明显，承载力下降较快；随着腐蚀时间的增加，钢筋混凝土材料劣化程度不断加重，劣化柱在 5、6 腐蚀周期表层混凝土脱落，尤其是 8 腐蚀周期部分钢筋与混凝土已经剥离，箍筋锈断，钢筋与混凝土之间的部分粘结力已经丧失，且保护层剥落后核心混凝土继续劣化，减少了混凝土受压面积，柱的承载能力下降迅速。

3）变形能力

不同腐蚀周期小偏心受压柱试件荷载-柱中挠度关系曲线如图 8.3-16 所示。

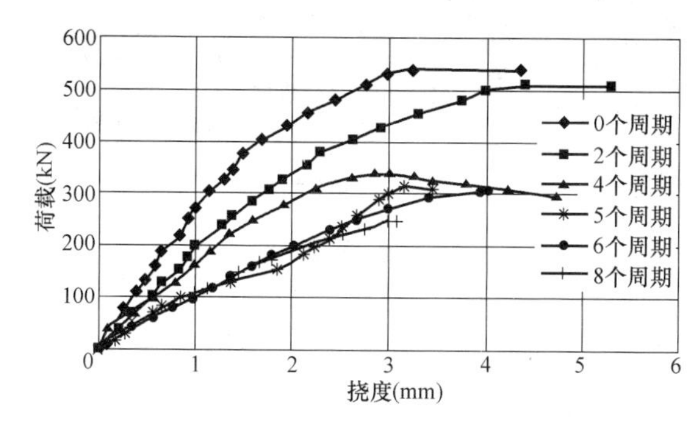

图 8.3-16 不同腐蚀周期小偏心受压柱试件荷载-柱中挠度关系曲线

在腐蚀的早期，劣化小偏心受压柱极限荷载对应的挠度值有变大的趋势，其挠度相对值大于 1.0，这是由于腐蚀初期，钢筋锈蚀率较小，有利于钢筋与混凝土的咬合，使钢筋与混凝土更好的协调工作；随着腐蚀时间的增加，由于钢筋混凝土材料劣化程度不断加重，其协同工作能力（粘结性能）也在不断降低，极限荷载对应的挠度值相对值逐渐减小，构件的脆性性能明显增加；劣化后小偏心受压柱的极限荷载明显低于为劣化构件，脆性明显增加，破坏形态与为劣化构件基本相同，主要靠近轴向力侧混凝土压碎而引起构件丧失承载力。

随着腐蚀周期的增加，小偏心劣化柱的承载力逐渐降低，腐蚀后的小偏心受压试件的极限荷载对应挠度值要略大于正常试件，而且在同级荷载作用下，腐蚀试件的挠度值均大于正常试件，随着腐蚀周期的增加，同级荷载作用下试件的挠度越大。

4. 大偏心受压构件

1）劣化及破坏特征

煤矿环境与荷载耦合作用下，劣化大偏心受压 RC 柱外观特征如图 8.3-17 所示。

自第 2 个周期开始，RC 柱受拉面出现多条横向受力裂缝，最大宽度达到 0.10mm；第 3 个周期开始在侧面受拉区也出现横向受力裂缝，受拉面受力裂缝达到七条，最大宽度达到 0.14mm；第 4 个周期开始，受拉区沿纵向方向出现锈胀裂缝，最大宽度达到 0.10mm；第 6 个周期时，受拉区出现大量锈胀裂缝，混凝土面层出现受力裂缝和锈胀裂缝组成的网状破损，混凝土明显疏松剥落，纵筋方向最大锈胀裂缝宽度达到 3.46mm，最大受力裂缝达到 4.23mm。而且，柱端部局部混凝土剥落。受力裂缝的存在，为腐蚀介质的侵入提供了便利，尤其是 Cl^- 和 H^+ 侵入至钢筋面层时，致使钢筋锈蚀膨胀，产生锈胀裂缝，且随着劣化程度增加快速增长。

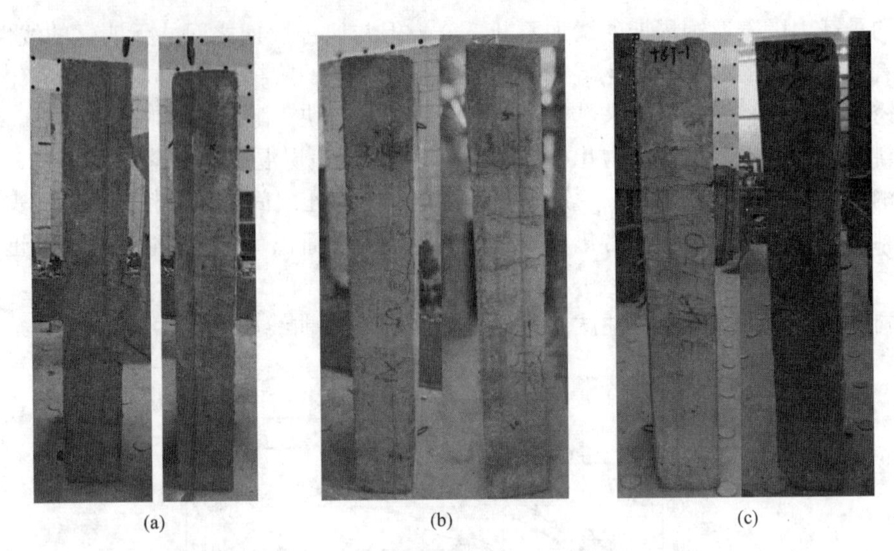

图 8.3-17 劣化大偏心受压 RC 柱外观特征
(a) 劣化 1 个周期；(b) 劣化 4 个周期；(c) 劣化 6 个周期

劣化大偏心受压 RC 柱受力破坏形态如图 8.3-18 所示。

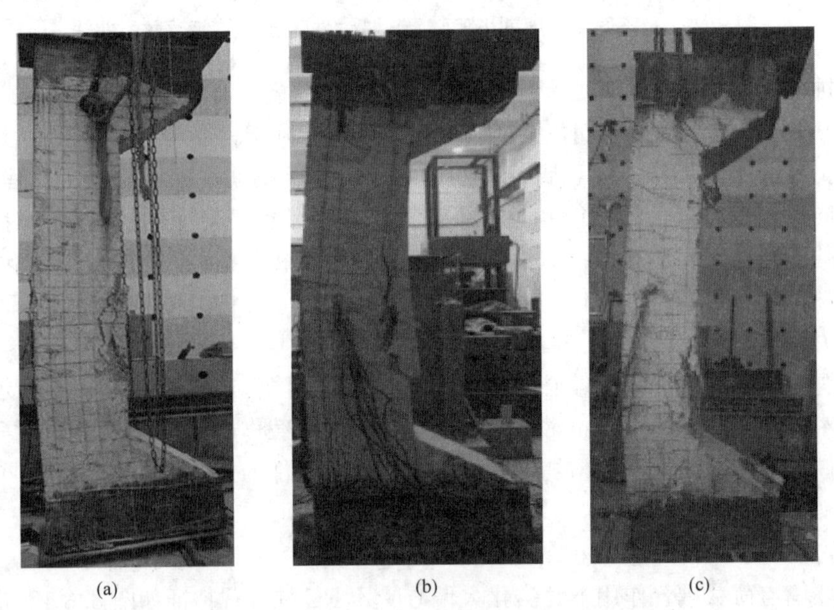

图 8.3-18 劣化大偏心受压 RC 柱受力破坏形态
(a) 劣化 1 个周期；(b) 劣化 3 个周期；(c) 劣化 6 个周期

加载初期，劣化柱受拉侧出现横向裂缝并逐渐向两侧延伸，而且裂缝扩展较快。随着荷载增加，在靠近柱端部出现 45°斜裂缝，受拉区裂缝向侧面延伸的同时逐渐向中部聚拢，柱中截面的主裂缝愈加明显。

劣化 0～2 个周期时，在受拉钢筋屈服之后，劣化 RC 柱的横向位移快速增长，几乎延伸到其受压面，且受压区也逐渐出现横向受力裂缝。极限荷载作用下，受压区混凝土出现竖向裂缝然后逐渐被压碎，受压区混凝土逐渐压碎破坏，压碎区近似呈三角形且面积较小。

劣化 3～6 个周期后，在荷载作用下，RC 柱受压区混凝土逐渐开裂，随着荷载增加，受拉钢筋逐渐屈服，最终 RC 柱因受压区混凝土压碎剥落而破坏，剥落长度约占受压区 1/4～1/3。此外，随着劣化程度的增加，受拉区混凝土横向受力裂缝数量逐渐增多，几乎布满包括柱端在内的整个受拉区，但裂缝间距增大，平均值 15～18cm，其中柱中受拉裂缝间距超过 20cm。

2）承载能力

随着试验时间的增加，劣化柱承载力缓慢下降，第 3 个周期时劣化柱承载力比未劣化的基准柱降低了 13.02%，第 6 个周期时降低幅度增加到 17.66%。劣化 1～6 个周期，大偏心受压 RC 柱承载力近似呈线性降低。

造成这种现象的原因在于，煤矿环境与荷载耦合作用导致 RC 柱混凝土快速劣化，尤其是受拉裂缝的出现，为腐蚀介质如 H^+、Cl^- 等的侵入提供了便利，对受拉钢筋产生电化学腐蚀或化学腐蚀，钢筋锈蚀后截面积减小，抗拉能力下降，导致 1～3 个周期时 RC 柱承载力的降低。4～6 个周期时，由于劣化混凝土抗压强度快速降低，致使受压区承载能力下降，混凝土过早破坏，劣化柱承载力下降。但混凝土强度退化的影响过程相对钢筋锈蚀的影响过程相对偏慢，因而 4～6 个周期时劣化柱承载力降低速度减缓。

3）变形能力

劣化大偏心受压 RC 柱中心截面处荷载-位移曲线如图 8.3-19 所示。

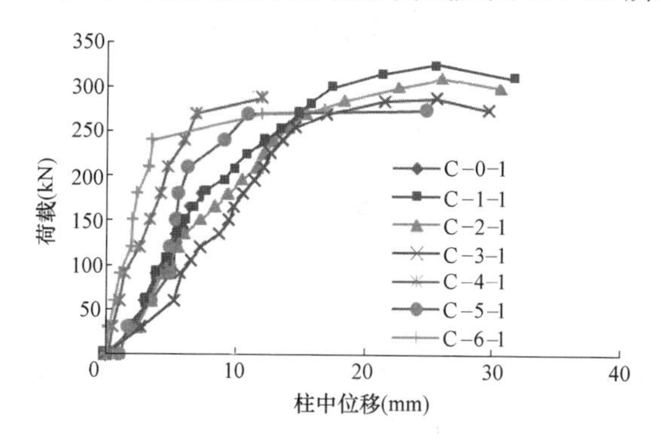

图 8.3-19 劣化大偏心受压 RC 柱中心截面处荷载-位移曲线

劣化 0～3 个周期时，RC 柱的荷载-挠度曲线分为三个阶段：混凝土开裂阶段、混凝土大量开裂和中部钢筋屈服阶段、中部钢筋屈服后强化阶段。RC 柱横向位移随荷载线性增长，但随着荷载的增加，荷载-位移曲线的斜率降低，位移随荷载快速增长，尤其是达到屈服荷载后，劣化柱进入塑性阶段，位移随荷载快速增加。而劣化 4～6 个周期时，RC 柱屈服前荷载-挠度曲线的斜率随试验时间逐渐增大，但最大位移量则大幅度减小。

造成该现象的原因是，0～3 个周期时，受拉钢筋控制劣化柱的极限承载力，受拉钢筋较大的屈服强度和变形导致劣化柱的极限荷载和对应位移量都较大；而 4～6 个周期时，受压区混凝土控制劣化柱的极限承载力，因而整体刚度较大，在极限荷载时发生脆性破坏。

4）刚度

劣化RC偏心受压柱刚度可根据式（8.3-15）进行计算：

$$B=\frac{l\eta_c E_s A_{s,c} h_{0,c}^2}{\frac{k(\eta_c, e_0)\psi_s}{e_{0,c}\eta_{z,c}}(e_c-Z_c)+\frac{0.2+6\alpha_E\rho_{s,c}}{1+2\gamma'_{f,c}}} \tag{8.3-15}$$

$$\rho_{s,c}=\frac{A_{s,c}}{b_c h_{0,c}}=\frac{(1-\eta_s)A_s}{b_c h_{0,c}} \tag{8.3-16}$$

$$k(\eta_c, e_0)=n(\eta_s)\{[1+\alpha(\eta_s, e_0)][m(\eta_s, e_0)-1]\} \tag{8.3-17}$$

式中 l——考虑锈胀裂缝对截面有效尺寸的影响系数；

η_c——锈蚀混凝土偏压构件的偏心距增大系数，可按照《混凝土结构设计规范》GB 50010—2010（2015年版）公式计算；

E_s——锈蚀钢筋弹性模量；

A_s——锈蚀受拉钢筋面积；

$h_{0,c}$——RC柱截面有效高度；

$e_{0,c}$——劣化RC柱偏心距；

e_c——劣化RC柱轴向压力作用点到纵向受拉钢筋合力点的距离；

Z_c——劣化RC柱纵向受拉钢筋合力点到截面受压合力点的距离；

$\gamma'_{f,c}$——锈蚀构件受压翼缘截面面积与腹板有效截面面积的比值；

$\rho_{s,c}$——纵向受拉钢筋配筋率，对于劣化RC柱，按式（8.3-16）取值；

$k(\eta_c, e_0)$——锈蚀钢筋与劣化混凝土间粘结退化综合影响系数，按照式（8.3-17）计算；

$\alpha(\eta_s, e_0)$——滞后阶段钢筋应变与钢筋总应变的比值；

$n(\eta_s)$——钢筋应变不均匀系数的增大系数；

$m(\eta_s, e_0)$——钢筋应变滞后系数。

5. 轴心受压构件

1）劣化及破坏特征

各试验周期时，RC轴心受压柱劣化及破坏特征如图8.3-20所示。

未锈蚀钢筋混凝土柱在轴心压力作用下，加载初期外观没有明显变化，当达到极限荷载的85%左右时，在柱体端部附近竖向开始出现微裂缝并逐渐增多，随着荷载的增加，竖向裂缝逐渐向下延伸；当达到极限荷载值时，柱头混凝土劈裂破坏，混凝土保护层大量脱落，主筋在距柱端35cm处部处明显弯曲。

对于锈蚀开裂的轴心受压构件，其破坏形态与未锈蚀构件基本相同，也为混凝土劈裂破坏，其劈裂破坏面与柱锈蚀裂缝位置基本吻合，主筋在柱中部明显弯曲，构件的破坏表现出一定的脆性破坏特征。

2）承载能力

随着劣化时间的增加，轴心受压柱极限承载力呈下降趋势，分为三个阶段：

（1）弹性阶段：荷载较小时，钢筋和混凝土均处于弹性状态，劣化压杆表面除了原有的裂缝，无明显新的裂缝出现，荷载位移呈线性增长趋势，且曲线较为平缓，是压杆端部粘贴钢板粘钢胶初期有一定的变形所致。

（2）塑性阶段：随着荷载的增大，混凝土开始进入塑性变形阶段，劣化压杆混凝土新

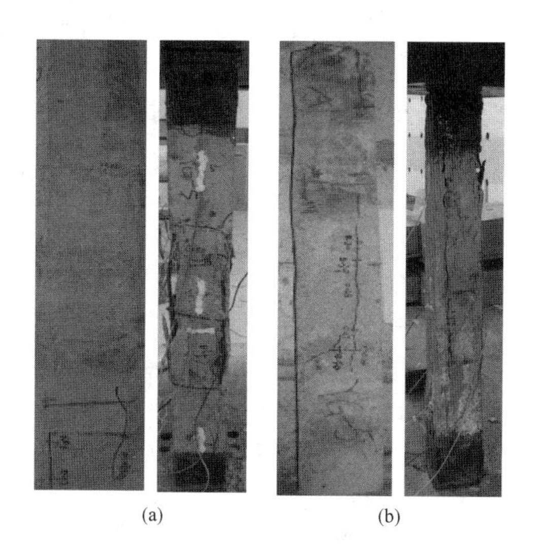
(a)　(b)

图 8.3-20　RC 轴心受压柱劣化及破坏特征
(a) 劣化 4 个周期；(b) 劣化 6 个周期

裂缝的出现以及原有裂缝的进一步增大发展导致一部分混凝土退出工作，载荷-位移曲线较为陡峭，构件的承载力发展较快，变形增长较慢。

(3) 破坏阶段：当荷载达到构件破坏荷载的 90%左右时，纵向钢筋向外略微压凸，构件产生较大横向变形，压杆的截面承载力没有明显的增大，甚至是突然减小，纵向裂缝迅速开展，混凝土保护层被压碎剥落，试件发生破坏。

8.4　特种结构修复、加固与维护

8.4.1　修复技术

对于混凝土结构在浇筑生产过程留下的蜂窝、孔洞，以及对于承载能力影响不大的表面裂缝及大面积细裂缝，处理时可采用表面修补方法。一般采用的表面处理方法有表面涂抹砂浆法、表面涂抹环氧胶泥法、表面凿槽嵌补法及表面贴条法等。采用这些方法时应当将拌制好的修补材料涂抹至修补处，并将表面修理平整。

对于混凝土保护层剥落严重的部位，可采用支模浇筑法或喷射法。支模浇筑法采用微膨胀混凝土，以利于对空隙的充填，增加新旧混凝土间的整体性。喷射混凝土修补可采用水泥砂浆、普通混凝土以及纤维混凝土等。

当裂缝对结构整体性有影响时，或者结构有防水及防渗要求时，可采用内部修补法，一般采用水泥灌浆及化学灌浆两种方法。灌浆补强的目的不同，对灌浆材料的要求也不同。以堵漏为目的，常选用甲凝、硅酸钠、水溶性聚氨酯等材料。这些材料的抗渗性能极好，有的还具有失水干缩、遇水膨胀等特性，能在静水中和动水中凝固。有的能在极短的时间里凝结，有的弹性好，能适应裂缝活动和变化。以恢复结构整体性为目的，则常选用粘结强度高的环氧、甲凝类浆材。

对纵向钢筋锈蚀产生的裂缝，应引起注意，因为这种情况对结构的承载能力有较大的影响，对于钢筋锈蚀结构的修补，要从机理上解决问题，应从使钢筋周围的混凝土恢复碱性，钢筋恢复钝化膜，延迟混凝土中性化速度入手，才能有效地提高锈蚀结构修复后的耐久性和使用寿命。

8.4.2　加固技术

1. 粘贴碳纤维材料（CFRP）加固法

此方法适用于煤矿地面环境中混凝土结构材料不符合要求及结构使用功能的改变引起荷载的增加，或因遭受火灾及地震灾害使结构和构件遭到损坏等各种结构病害情况，以及对钢筋混凝土受弯、轴心受压、大偏心受压和受拉构件的加固。

2. 增大截面加固法

增大截面加固法，也称为外包混凝土加固法，是增大构件截面面积并增配钢筋，用以提高构件的承载力和刚度的一种直接加固方法。当补浇的混凝土层处在构件受拉区时，对补加的钢筋起到粘结和保护作用；当补浇的混凝土层处在构件受压区时，增加了构件的有效高度，从而提高了构件的受弯、受剪承载力，并增加了构件的刚度。增大截面加固法的加固效果显著，适用范围较广，可用于煤矿地面工业环境中混凝土结构加固梁、板、柱、墙等。

3. 外包钢加固法

外包钢加固法是采用横向缀板或套箍为连接件，将型钢或钢板包在原结构表面、四角或两侧，以减轻或取代原构件受力的一种间接加固法。与增大截面法类似，外包钢法也是一种使用较广的加固方法。该法施工简便，现场工作量较小，受力较为可靠，适用于在煤矿地面工业环境中混凝土结构不允许增大原构件截面尺寸，但又要求大幅度提高截面承载力的混凝土结构，主要用于混凝土柱、梁、桁架弦杆和腹杆的加固。

4. 粘钢加固法

外部粘贴钢板加固法是用特制的建筑结构胶将钢板粘贴在混凝土构件表面，使两者形成一个整体，共同受力以提高结构承载力的一种加固方法，适用于煤矿地面工业环境中混凝土结构承受静载作用的钢筋混凝土受弯、斜截面受剪、受拉及大偏心受压构件的加固。处于特殊环境（如高温、高湿、介质侵蚀等）的混凝土结构，采用粘钢加固时，应采取特殊防护措施。

5. 预应力 CFRP 板加固法

与普通 CFRP 板相比，预应力 CFRP 板加固混凝土梁的优点主要有：①明显提高 CFRP 板的强度利用率，克服了 CFRP 板弹性模量较低的缺点，充分利用其高强度的优点；②有效地改善了结构的使用性能，抑制了结构的变形增长和裂缝开展，同时加固结构极限承载力也有所提高；③一定程度上防止了剥离破坏的发生；④能抵消二次受力所带来的不利影响，有效减小甚至消除应变滞后的现象，达到更好的加固效果。

6. 预应力钢绞线网-聚合物砂浆加固法

预应力钢绞线网-聚合物砂浆加固法是将高强预应力钢绞线网片敷设于被加固构件的加固区域，然后再在其表面涂抹聚合物砂浆。聚合物砂浆有良好的渗透性，粘结强度和密实程度高，可起保护预应力钢绞线网片的作用，同时将其粘结在原结构上形成整体，使预应力钢绞线网片与原结构变形协调，在结构受力时通过原构件与加固层的共同工作，可以有效地提高其刚度和承载能力。

施工工艺：混凝土构件表面处理→定位放线→钢绞线的裁切→钢绞线的锚固、张紧→钢绞线节点销固→喷涂界面剂→聚合物砂浆的压抹→聚合物砂浆养护。

混凝土构件表面处理时应将基面劣质层完全清除，然后用角磨机打磨处理混凝土基面，直至完全露出混凝土结构新面。

钢绞线的锚固、张紧应采用张拉机具在钢绞线的另一端端末逐一张紧钢绞线，保证不出现松弛及下垂。

界面剂的喷涂是钢绞线网与聚合物砂浆、聚合物砂浆与原结构紧密结合的关键。混凝土基层处理、钢绞线网张拉完毕后，即进行界面剂的喷涂。

聚合物砂浆施工前用高压水冲洗施工面并保持潮湿状态，以减少聚合物砂浆在固化过程中的水分流失，有利于聚合物砂浆的充分固化，使之达到设计强度值。

预应力钢绞线网-聚合物砂浆加固法适用于煤矿地面工业环境中混凝土结构受弯、受拉和大偏心受压构件的加固。钢筋混凝土构件加固后，其正截面受弯承载力的提高幅度，不宜超过30％。

7. 局部更换法

这是比较彻底的处理方法，可从根本上改善和提高结构构件的性能，适用于装配式结构或构架，但是原构件不能被充分利用，工程量大，费用较高，施工期间对建筑物的正常使用有明显影响。

8.4.3 维护技术

混凝土结构维护包括两个方面：一是对使用环境的优化治理；二是对建（构）筑物本身选择合适的方法进行维护。

对使用环境的优化治理可对建（构）筑物定期进行清洗，去除其表面固态腐蚀介质，同时可经常对其进行通风，降低空气中有害气态介质的浓度。

建（构）筑物本身维护，为防止硫化物、氯化物、CO_2 等侵蚀介质渗入混凝土，以及延缓混凝土劣化及钢筋腐蚀，对于修补过的混凝土甚至新浇筑的混凝土结构，涂覆混凝土抗老化涂层（也称为混凝土涂覆）是一种简便、经济、有效的辅助性保护措施。混凝土涂覆主要分为浸入型和隔离型两类。浸入型涂料的黏度很低，将它涂（或喷）于风干的混凝土表面上，不影响混凝土的透气性、透水蒸气性，在水头作用下，水可以渗透，但却能显著降低混凝土的吸水性，使混凝土保持干燥，从而显著地提高混凝土的护筋性；隔离型涂料比较黏稠，可使侵蚀性介质与混凝土隔离。

另外可以选择在混凝土结构表面涂覆聚合物砂浆面层进行维护。聚合物砂浆是一种质量可靠、价格低廉、施工方便而且无毒环保性修补材料，可以提高混凝土的耐久性，延长建筑物的使用寿命，可以防止混凝土病害的继续扩大。聚合物砂浆具有粘结强度高、干缩变形小、抗压模量低、抗氯离子和硫酸盐离子侵蚀能力强的特点，可显著提高护筋阻锈能力，还具有一定的补偿收缩性能。

可采用涂刷钢筋阻锈剂的方法对钢筋进行维护。钢筋阻锈剂是加入混凝土中能阻止或减缓钢筋腐蚀的化学物质。一些能改善混凝土对钢筋防护性能的矿物添加料

(如硅灰等),不作为钢筋阻锈剂。通常的混凝土外加剂旨在改善混凝土自身的性能,而钢筋阻锈剂旨在改善和提高钢筋的防腐蚀能力,但都是加入到混凝土中使用的。因此,大多数国家将钢筋阻锈剂归入"混凝土外加剂",也有一些国家作为独立的钢筋防锈产品。

8.4.4 碳纤维复材加固 RC 构件性能时变规律

外贴纤维复材(Fibre Reinforced Polymer,简称 FRP)加固法因 FRP 材料自重小、抗拉强度高、耐腐蚀性好和易于施工等优点而得到广泛应用,碳纤维布(Carbon Fiber Reinforced Polymer sheet,简称 CFRP)加固 RC 构件时能增加弹性区范围,特别在纵向受拉钢筋屈服后效果明显,因而在煤矿 RC 结构加固工程中应用较多。本书将重点介绍碳纤维复材加固煤矿地面环境劣化 RC 构件性能增长规律以及加固再劣化产生的二次退化规律,为工程应用提供理论指导。

1. 碳纤维复材与劣化混凝土界面粘结性能

为判定纤维加固材料与混凝土间粘结性能是否满足受弯时不发生剥离和受剪时不发生相对滑移,通过正拉试验和双向剪切试验研究碳纤维复材与劣化混凝土界面的粘结性能。正拉粘结强度可按式(8.4-1)进行计算:

$$f=P/A_{t} \tag{8.4-1}$$

式中 f——正拉粘结强度(MPa);

P——试样破坏时的荷载值(N);

A_{t}——标准块的粘结面积(mm^2)。

碳纤维布加固混凝土棱柱体双面剪切强度可按式(8.4-2)进行计算:

$$\tau=P_{cr}/A_{c}. \tag{8.4-2}$$

式中 τ——结合面抗剪强度(MPa);

P_{cr}——结合面抗剪极限荷载(N);

A_{c}——新老混凝土结合面面积(mm^2)。

1)正拉粘结性能

图 8.4-1 给出了碳纤维复材与混凝土界面正拉粘结试验的两种典型破坏模式。

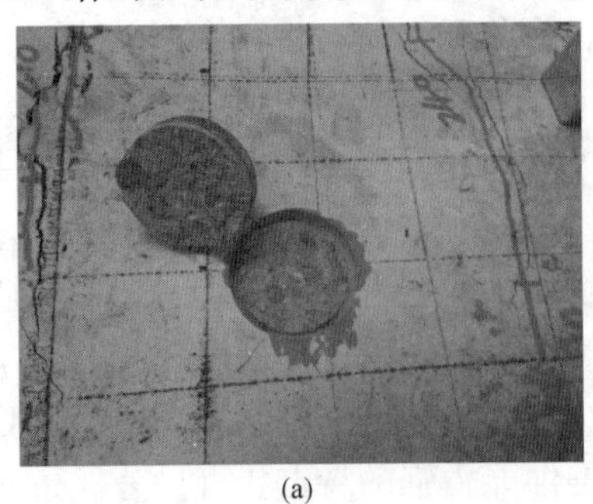

(a)

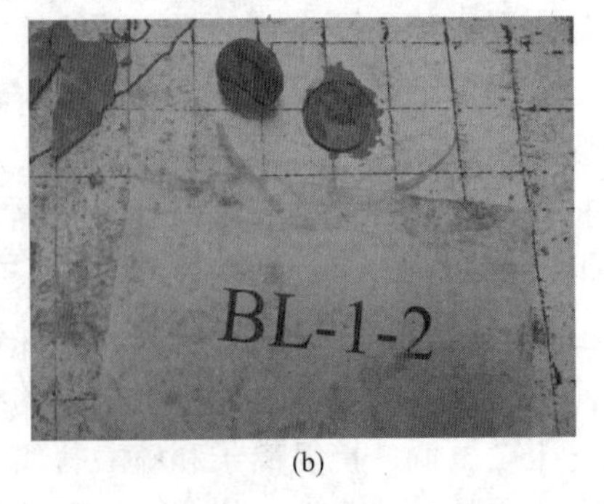

(b)

图 8.4-1 碳纤维复材与混凝土界面正拉粘结破坏模式

(a)内聚破坏;(b)黏附破坏

随着RC构件劣化程度的增加，水泥基材料粘贴碳纤维布与劣化混凝土界面正拉粘结强度持续下降：第3个周期比第1个周期平均降低19.43%，第6个周期时降幅达到37.53%。原因在于面层混凝土劣化后变得疏松，导致混凝土与加固层界面粘结能力下降。尤其是粘贴两层碳纤维布后，由于碳纤维布孔径小，影响了水泥基材料的浸润性，更容易出现黏附破坏，降低了试验结果。

由于碳纤维编织网孔径较大，水泥基材料粘贴碳纤维编织网与劣化混凝土界面正拉粘结强度随着混凝土劣化程度增加呈现先增后减的趋势，但总体上呈下降趋势：第3个周期比第1个周期平均降低4.85%，第6个周期比第4个周期平均降低15.43%，而粘贴两层纤维编织网的第4个周期比粘贴一层的第3个周期增长18.92%。

加固前凿毛处理去除一定深度的劣化混凝土，可以短期提升混凝土与加固层界面的粘结力，第2个周期时水泥基材料粘贴碳纤维编织网与混凝土界面粘结性能比第1个周期略有增加；但随着中性化深度的增加，疏松混凝土深度超过CFRCM约束的深度，最终导致混凝土与加固层界面的粘结强度降低。此外，粘贴两层碳纤维编织网时，加固层与劣化混凝土界面粘结强度有大幅增加，这与加固材料类型和用量有一定的关系。

RC梁劣化1～3周期时，当采用环氧树脂胶粘贴CFRP与混凝土之间的正向抗拉强度值均满足《混凝土结构加固设计规范》GB 50367—2013的要求。随着劣化周期的增加，CFRP与混凝土之间的正向抗拉强度有下降的趋势，且破坏形式均为混凝土内聚破坏。

2）双面剪切性能

图8.4-2给出了水泥基材料粘贴碳纤维布与混凝土界面双面剪切试验时的破坏模式。

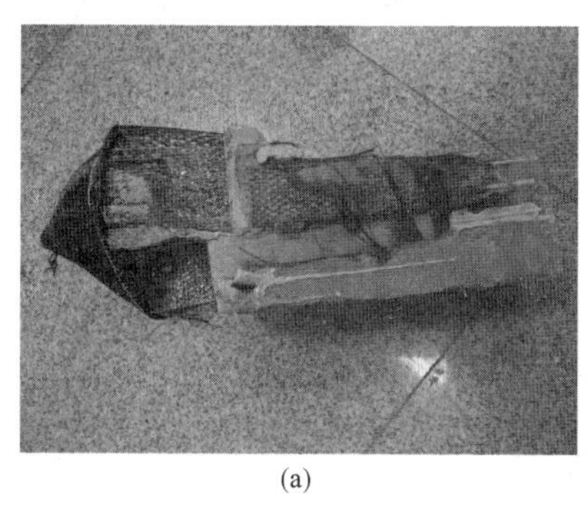

(a)

(b)

图8.4-2 水泥基材料粘贴碳纤维布与混凝土界面双面剪切破坏模式

(a) 碳纤维布拉断；(b) 碳纤维布剥离

随着劣化程度的增加，除试件SA第1个周期时略有增加外，水泥基材料粘贴碳纤维布与各配方混凝土界面的剪切强度持续退化，第3个周期后SA-3比SA-0降低了24.64%，而SB、SC和SD分别降低27.50%、22.23%和23.60%。原因在于劣化混凝土黏聚性降低而变得疏松，虽然表面凿毛去除了一部分劣化混凝土，但截面处CFRCM与劣化混凝土的复合层抗剪强度仍在下降。

导致碳纤维布与劣化混凝土界面剪切粘结性能退化的原因主要有以下4个方面：①混凝土劣化程度，尤其是面层混凝土抗拉强度；②劣化混凝土与CFRCM的粘结程度，

CFRCM 的浸润性以及强度都会影响其与劣化混凝土界面的粘结；③纤维复材粘结长度；④纤维复材与混凝土宽度比。

陆新征、叶列平等基于有限元法给出了 FRP-混凝土界面粘结滑移本构模型，如式（8.4-3）所示：

$$\tau=\begin{cases}\tau_{max}\left(\sqrt{\dfrac{s}{s_0 X}+Z^2}-Z\right) & s\leqslant s_0\\ \tau_{max}\exp[-\alpha(s/s_0-1)] & s>s_0\end{cases} \tag{8.4-3}$$

$$\tau_{max}=\alpha_1\beta_w f_t=1.5\sqrt{\frac{2-b_f/b_c}{1+b_f/b_c}}f_t \tag{8.4-4a}$$

$$s_0=\alpha_2\beta_w f_t+s_e=0.02\sqrt{\frac{2-b_f/b_c}{1+b_f/b_c}}f_t+s_e \tag{8.4-4b}$$

式中 X、Z——系数，$X=(s_0-s_e)/s_0$，$Z=s_e/[2(s_0-s_e)]$；

τ_{max}——最大粘结强度，按式（8.4-4a）计算；

s_0——对应于 τ_{max} 的粘结滑移，按式（8.4-4b）计算；

s_e——界面滑移量 s_0 中的弹性部分；

b_f/b_c——碳纤维布与混凝土宽度比；

β_w——碳纤维布-混凝土宽度影响系数，$\beta_w=\sqrt{\dfrac{2-b_f/b_c}{1+b_f/b_c}}$。

式（8.4-3）是基于未劣化混凝土抗拉强度 f_t 及界面粘结良好且存在弹性滑移量 s_e 的情况下给出的，但当混凝土劣化造成面层疏松、强度降低时，混凝土的抗压强度和弹性模量都将降低，尤其是受力裂缝和锈胀裂缝的复合影响，导致面层混凝土快速劣化，抗拉强度 f_t 及弹性滑移量 s_e 大幅度降低，甚至造成 s_e 不存在。由于参数 f_t 和 s_e 确定比较困难，对于模型的应用造成一定影响。

结合试验结果，通过数值拟合，可以构建水泥基材料粘贴碳纤维布-混凝土界面最大粘结强度与劣化混凝土抗压强度关系如式（8.4-5）所示：

$$\tau_{max}=\tau_0[-0.8796(f_{cd}/f_{c0})^2+1.0746f_{cd}/f_{c0}+0.8051] \tag{8.4-5}$$

式中 f_{c0}、f_{cd}——未劣化和劣化混凝土试件抗压强度；

τ_0——水泥基材料粘贴碳纤维布与未劣化混凝土界面剪切强度。

2. 碳纤维复材加固劣化 RC 构件

1）RC 梁抗弯加固

煤矿地面环境中劣化 RC 梁在加固前后极限承载力变化规律如图 8.4-3 所示。

轻度和中度劣化梁是修复后梁底粘贴一层碳纤维布加固，在加荷初期，弯矩较小，构件挠度小，变化呈较好的线性。加载至 25～35kN 时，纯弯段出现弯曲裂缝，裂缝宽度较小，荷载位移曲线出现第一个拐点。随着荷载增加，裂缝向梁顶发展，但发展较缓慢，多以数量多、缝宽细而密为主；接近屈服荷载时，沿上支座向外 45°方向一般会出现一道剪切裂缝，裂缝发展不大。加载至后期，主要以上部混凝土压碎和下部碳纤维布拉断为主，梁整体刚度大，变形小。

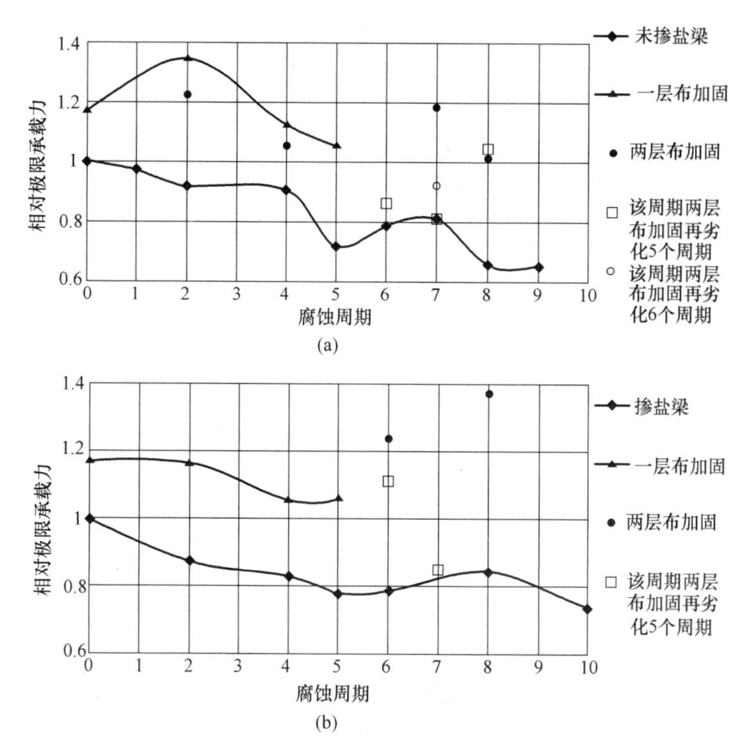

图 8.4-3　模拟环境中劣化 RC 梁修复加固前后承载力时变规律

（a）未掺盐；（b）掺 10%NaCl

重度劣化梁是修复后梁底粘贴两层碳纤维布加固，在加载初期，构件挠度变化更小，能观测到裂缝时机较晚，裂缝也是密而细，加载至后期，梁体整体刚度更大，变形更小，多表现出超筋梁的破坏特征。

对重度劣化 RC 梁进行修复加固后再次劣化 5 个周期，其极限承载力和未腐蚀劣化的原型梁相当，说明试件在重度劣化阶段进行修复加固的可适用性，并且修复加固后可保持较高极限承载力，再次承受相当长时间的腐蚀劣化。但随着再次劣化时间的增长，混凝土的再次劣化明显，使得试件表面混凝土和碳纤维布的粘结性能降低，其极限承载力下降速度加快。因此，对修复加固后的试件应做好防护工作，才能更加有效地利用材料的工作性能，试件的使用期限才更加长久。

碳纤维复材加固梁刚度比同周期劣化梁显著增大，影响因素主要有以下 5 个方面：

（1）钢筋锈蚀程度。锈蚀造成钢筋有效截面积减小，承载能力下降，混凝土与锈蚀钢筋间粘结性能退化等。吴锋等通过数据拟合，给出了锈蚀 RC 梁抗弯刚度退化系数 α 计算公式，如式（8.4-6）所示：

$$\alpha = 0.464e^{-\rho_{sv}/0.053} + 0.605 \tag{8.4-6}$$

式中　ρ_{sv}——钢筋锈蚀率。

（2）受拉钢筋应变不均匀性。由于锈胀裂缝或受力裂缝的存在，裂缝两边的受拉钢筋应变存在不均匀性，因而计算 RC 梁短期刚度时，通常考虑钢筋应变不均匀系数 ψ_s，如式（8.4-7）所示：

$$\psi_s=\frac{\varepsilon_{sm}}{\varepsilon_s} \tag{8.4-7}$$

式中　ε_{sm}——裂缝间受拉钢筋的平均应变；

ε_s——裂缝截面处受拉钢筋应变。

RC梁ψ_s计算公式如式(8.4-8)所示：

$$\psi_s=1.1-\frac{0.65f_t}{\rho_{te}\sigma_s} \tag{8.4-8}$$

式中　f_t——混凝土抗拉强度；

ρ_{te}——根据有效受拉混凝土截面面积计算的受拉钢筋配筋率；

σ_s——钢筋拉应力。

(3) 混凝土强度。混凝土抗拉强度影响了ψ_s。此外，混凝土抗压强度对于RC梁抗变形能力也有很大影响。劣化梁混凝土强度降低，必然导致其自身刚度的下降。

(4) 纤维复材应变不均匀性。RC梁底部纤维复材沿其长度方向的分布不均匀，在受力裂缝位置的数值相对较大。因而在分析纤维复材增强水泥基材料加固RC梁刚度时，也需要考虑纤维复材的应变不均匀性，纤维复材应变不均匀系数ψ_s可参照式(8.4-6)计算。

(5) 纤维复材的类型和用量。水泥基材料粘贴碳纤维布或编织网形成加固层，加固劣化梁，从而提升整体的刚度。试验结果表明，两者提高程度相近，但随着纤维复材粘贴层数的增加，碳纤维编织网加固梁刚度提升程度要高于碳纤维布加固。

2) RC梁抗剪加固

水泥基材料粘贴碳纤维布或编织网进行抗剪加固，可以有效增强劣化梁的抗剪能力，改变极限荷载作用下试验梁的破坏模式，由受剪破坏转变为受弯破坏；同时进行抗剪和抗弯加固的RC梁主要破坏形态为受压区混凝土压碎破坏且受拉纤维局部剥离破坏。试验过程中，U形粘贴的纤维复材始终保持较好的抗剪性能，没有发生破坏。而且，加固梁受力裂缝主要集中在跨中未加固范围内，碳纤维布加固比碳纤维编织网加固表现尤为明显，证明水泥基材料粘贴碳纤维布或编织网加固在压剪区具有很好的抗裂效果。

与劣化梁相比，加固梁破坏形态有较大变化，主要存在以下原因：①受力裂缝的存在，导致混凝土与加固层界面存在局部脱黏，裂缝两侧混凝土竖向挠度不等，对该位置的加固层产生剪切作用。此外，纤维复材承受拉力，阻碍受拉裂缝的发展，导致纯弯段能量过于集中。加固层同时承受拉力作用和粘结层传递的剪切作用，破坏形态存在一定的变异性。②受压区混凝土抗压强度降低速度相对缓慢。③U形箍增强了RC梁箍筋的抗剪能力，而纯弯段则缺少U形箍，抗剪能力明显偏弱，在交界位置产生剪力突变。④碳纤维布压条约束受压区混凝土及钢筋横向变形，提高了试验梁受压区承载能力。⑤钢筋锈蚀造成劣化混凝土锈胀开裂，减弱了钢筋与混凝土的粘结能力。加固梁破坏时，加固层与粘结的混凝土同步发生破坏，而与锈蚀钢筋的屈服不同步。

水泥基材料粘贴碳纤维布抗剪加固后，RC梁的承载力比同周期未加固梁略有增长，增长幅度4.4%～6.1%；粘贴碳纤维编织网抗剪加固的RC梁承载力仅提升1.1%～1.8%。当粘贴碳纤维布进行抗弯和抗剪加固时，RC梁极限承载力比同期未加固梁提高13.7%～30.6%，与未劣化的基准梁相近；粘贴碳纤维编织网加固时，提高幅度为

3.4%～18.4%。

影响加固效果的因素主要有：①纤维复材与混凝土界面粘结性能；②纤维复材的种类和用量；③修复加固方法；④钢筋混凝土梁劣化程度。界面粘结性能直接影响了纤维复材与钢筋混凝土梁受力变形的协调性，依据本书第4章试验结果，CFRCM粘贴碳纤维编织网比碳纤维布与混凝土界面具有更高的粘结强度，因而应当可以更高地提升RC梁极限承载力。但是，由于碳纤维布具有更多的碳纤维丝数量，因而抗拉强度更高，在界面粘结强度有效的前提下，比碳纤维编织网提升RC梁承载能力更强。加固梁承载力的变化受到试验梁破坏模式的影响，主要影响因素是RC梁劣化程度和纤维复材有效利用率。

3）小偏心受压RC柱加固

不同劣化程度时，采用CFRP的加固效果不同：劣化前期，采用CFRP加固后承载力提高幅度较明显，但随着劣化柱保护层的脱落，仅仅采用CFRP加固对于提高承载力的效果越来越不明显，需要对面层进行维护或修复后采用CFRP加固才能很好地提高劣化柱的极限承载力。

加固后再劣化柱在加载初期，试件表面没有新裂缝出现，原有裂缝也没有扩展趋势；随着荷载增大，加载至极限荷载的50%左右时，有新的微小裂缝出现，原有裂缝也伴有扩展趋势；当加载至极限荷载的80%左右时，试件发出声响，受压侧碳纤维布与试件有剥离趋势，同时受压侧中部混凝土有起皮现象；随着荷载继续增大，当加载至极限荷载的90%时，裂缝继续发展，受压侧中部两个碳纤维布环形箍鼓起，试件表面混凝土有明显的压碎剥落趋势；当加载至极限荷载时，柱中部受压侧碳纤维布突然断裂，混凝土保护层破碎剥落，钢筋有向外压凸现象，试件破坏。整个加载过程中，未出现明显的屈服阶段。

随着劣化程度的增加，采用灌浆料修复、CFRP同种方法加固劣化的小偏心受压柱，柱中部峰值压拉、压应变都有减少的趋势；这是因为随着腐蚀时间的增加，混凝土的劣化程度不断加深，混凝土脆性加强，用同种方式加固劣化柱的加固效果下降。对于采用竖向通长、横向间隔粘贴CFRP的方法加固试件来说，由于碳纤维布对混凝土的约束作用，混凝土在开裂以后，其应变随荷载的增加而不断增大，而且由于纵向布与横向布连接在一起，可以提高柱的整体性，使得混凝土开裂范围扩大变慢，混凝土的应变可随着荷载增加继续增大，并不会因混凝土开裂而退出工作，能够继续发挥作用，并且纵向布受拉性能较好，在一定程度上能起到受拉钢筋的作用，因此，劣化柱在一定程度上呈现延性破坏现象。因此，可以认为，采用竖向通长、横向间隔碳纤维布环向包裹加固小偏心受压柱，在提高其极限承载能力的同时，也提高了柱的变形能力，改善了柱的延性。

相同劣化周期下，加固后的小偏心受压柱极限承载力明显高于加固前，但同级荷载对应的挠度值小于未加固构件。环向包裹CFRP能使约束混凝土应力-应变曲线的峰值点提高，下降段平缓，因而CFRP加固小偏心受压柱极限承载力对应的挠度高于未加固柱，并且达到极限荷载后，CFRP加固柱的挠度随荷载的变化趋于平缓，柱的延性有一定的提高。横向粘贴CFRP约束混凝土在提高加固柱的承载力的同时也改善了小偏心受压柱的延性；相对于对比柱在达到极限荷载之后混凝土压碎剥落，荷载急剧下降，表现为明显的脆性破坏，CFRP横向加固柱的荷载回退缓慢，变形和耗能能力大大提高；由于受到劣化作用的影响，劣化加固试件的延性要略低于对比用加固试件；而采用满贴CFRP的方式能更好地提高试件的延性；随着加固量的增加，试件延性也略有提高。无论小偏心受压柱劣化与否，碳纤维布加固柱极限荷载时的挠度较未加固柱有一定程度的提高；并且达到极限荷载后，碳纤维布加固柱的挠度随荷载的变化趋于平缓，说明柱的延性有一定的提高。碳纤维布能使约束混凝土应力-应变曲线的峰值点提高，下降段平缓，从而一定程度上提高混凝土的变形性能。

4）大偏心受压 RC 柱加固

加载初期，加固柱都体现较好的工作性能。水泥基材料粘贴碳纤维布加固柱受拉区在外加荷载达到极限承载力25%～30%左右时开始出现横向受力裂缝，之后迅速增加，并沿柱中截面上下近似均匀分布，主裂缝并不明显；在达到极限荷载80%～90%时，裂缝数量增加缓慢，在受拉面出现多条贯通横向裂缝，并延伸到侧面，主裂缝逐渐显现，而受压区加固层有外凸的现象，并出现横向和竖向受力裂缝；在达到极限荷载时，主裂缝宽度快速增大，加固柱竖向和横向位移大幅增加，最终发生脆性破坏。

水泥基材料粘贴碳纤维编织网加固柱试验现象与碳纤维布加固相近，但横向裂缝数量较多，裂缝间距较小。两种加固方式破坏时，主裂缝都只有一条。粘贴两层碳纤维布或编织网加固时，受力裂缝数量比粘贴一层时少，间距较大，极限荷载作用下受压区加固层开裂剥离的现象更加明显。

加固柱在加载过程中，受拉区受力裂缝数量明显多于未加固柱，且在极限荷载作用下，加固柱受拉区裂缝明显增宽，且发生脆性破坏，受压区加固层同时发生破坏。试验结果表明，水泥基材料粘贴碳纤维布或编织网环向包裹劣化 RC 柱可以有效约束混凝土的横向发展，充分发挥钢筋的力学性能。

对于相同试验周期劣化柱分别采取水泥基材料粘贴相同加固层数碳纤维布或粘贴编织网加固后，前者承载力提升效果普遍较后者好。粘贴一层时，碳纤维布加固比碳纤维编织网加固柱极限承载力平均高11.73%，粘贴两层时则平均高6.14%。该现象说明多层纤维加固时，碳纤维布有效利用率低于碳纤维编织网，主要原因在于水泥基材料的浸润性限制。

造成加固柱屈服荷载、极限荷载和极限位移值变化的主要原因包括以下两个方面：

（1）纤维复材类型和用量。碳纤维编织网具有较大的孔径，与劣化混凝土结合更好，当粘贴一层时，水泥基和混凝土形成整体，体现出较大的脆性，因而在编织网破坏之前，加固柱横向位移较小；而粘贴两层时，可以较好地发挥编织网的抗拉性能，增强结构的承载力，但进一步增强了加固柱的脆性；碳纤维布具有较强的柔韧性，因而采用水泥基粘贴加固时，在有效约束混凝土变形的同时，增强了加固柱的韧性，因而荷载-位移曲线的斜率偏低，但极限荷载对应位移量较大。粘贴两层碳纤维布时，加固柱的韧性和变形能力将进一步增强。

（2）加固方法。环向包裹可以进一步约束受压混凝土的横向变形，进一步提升加固柱的轴向抗压能力，使得加固柱在大偏心荷载作用下发生受拉区破坏，受拉钢筋和加固材料的抗拉性能和变形能力得到有效发挥。

水泥基材料粘贴碳纤维编织网加固柱刚度普遍高于粘贴碳纤维布加固，主要原因是较大的孔径有利于增强其与原有混凝土界面的有效粘结，形成刚度较大的加固层；而后者加固则更多地提升加固柱的韧性，对于刚度的增强主要是环向包裹产生的约束力。

5）轴心受压 RC 柱加固

由于有 CFRP 的约束，加固柱压碎剥落的混凝土、四角压凸的主筋主要产生在两条 CFRP 之间。修复加固不同劣化程度的轴心受压构件破坏形态类似，从加固时期的角度来说，中度劣化-重度劣化过渡时期的修复加固还是比较合理的。

随着构件进入中度劣化并向重度劣化过渡发展，一套好的加固技术需要一套好的修复技术支持，劣化压杆外表缺棱掉角，水泥浆丢失严重，表观砂化，直接贴 CFRP 不能保证其与劣化混凝土表面良好的连接，对压杆采用清理凿毛后涂抹环氧树脂砂浆的方法较好地解决这个问题。环氧树脂砂浆本身不能提高压杆承载能力，但是它提高了 CFRP 与压杆连成整体，共同受力。在修复的过程中，相比于传统的砂浆修补，环氧树脂砂浆的可塑性较好，短时间就成型，支模拆模方便，便于施工。针对压杆表面水泥浆丢失砂化，这种修复技术全过程无自由水，对劣化表面无任何化学反应，亦不会出现过度吸水导致水分丢失，使表面劣化加剧；并且环境树脂为有机材料和压杆本身的无机材料不进行物理和化学反应，修复效果明显，可以省去在粘贴碳纤维布时使用的有利于混凝土和胶体共同作用的底胶。

8.5 工程案例

8.5.1 某煤矿选煤厂主厂房检测鉴定

某公司 180 万 t 选煤厂建于 1981 年，使用至今。为适应选煤厂局部工艺改进（重介技术改造）的要求，厂房内部部分设备的布局发生了较大改变（包括重介改造过程中新增加的许多大型设备），因此需要对主厂房相应部位承载结构及构件进行必要的加固改造，以保证工艺改进后的结构安全性要求。

1. 使用环境主要特征

1）厂房内部大气环境较为复杂，多种腐蚀性气体含量较之普通环境高出许多，二氧化硫（SO_2）含量是清洁干燥大气中含量的 78 倍，硫化氢（H_2S）含量是清洁干燥大气中含量的 190 倍，二氧化氮（NO_2）含量是清洁干燥大气中含量的 320 倍，根据《工业建筑防腐蚀设计标准》GB/T 50046—2018 可判定其对钢筋混凝土结构构件的腐蚀性等级均为中级腐蚀。

2）主厂房内的液态介质环境也比较恶劣，一些腐蚀性离子如 Cl^-、NO_3^-、SO_4^{2-}、F^- 等含量较高，约为一般自然环境中含量的几十甚至几百、几千倍。根据《工业建筑防腐蚀设计标准》GB/T 50046—2018，判定其对钢筋混凝土的腐蚀性等级为中级。

3）对钢筋混凝土构件表面附着物进行元素含量及物质组成检测结果表明，其中含有 S、Cl 等腐蚀性介质，在环境综合作用下，也对钢筋混凝土有较大的腐蚀作用。

4）厂房结构所处的环境温度主要随当地气候条件的变化而变化，局部同时受到室内供暖系统的影响。而湿度变化则与厂房中各种设备是否运行有较大关系，当设备运行时，设备需用水量较大，厂房内部环境潮湿，湿度分布大致在 80%以上，钢筋混凝土结构构件将处于一种高湿度环境中，不易碳化；反之，设备停止运转，厂房内部环境较为干燥，湿度分布大致在 60%～75%之间，如图 8.5-1 所示。

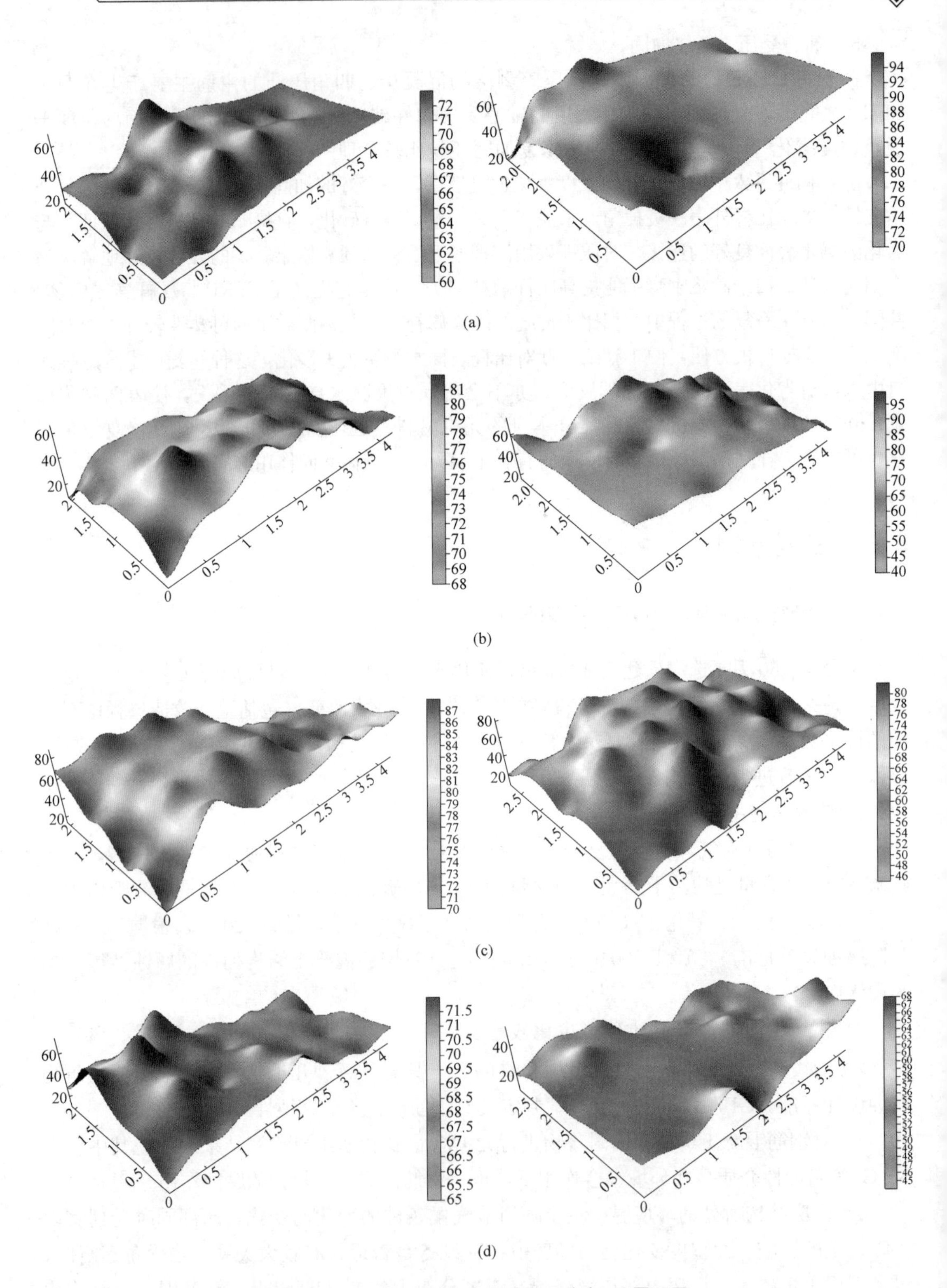

图 8.5-1 主厂房内部湿度测试结果分布 3D 平面图

(a) 一层湿度测试结果分布 3D 平面图；(b) 二层湿度测试结果分布 3D 平面图；(c) 三层湿度测试结果分布 3D 平面图；(d) 四层湿度测试结果分布 3D 平面图

5）因选煤工艺的要求，主厂房内部钢筋混凝土结构具有较特殊的错层、孔洞等，且内部布置许多大型工业振动设备，自重在几吨到几十吨之间，振动频率较大，其附属设备，如溜槽、管道、料仓及水池等也随之定位，在主厂房内部形成复杂的工艺、力学环境。

2. 损伤劣化主要特征

1）构件 LL5－(12－13)～A－2/3(三楼屋面) 和构件 LL5－(12－13)～B－2/3(三楼屋面) 表面混凝土剥落、钢筋外露锈蚀严重，必须对其进行维护处理，如图 8.5-2 所示。

2）已有构件混凝土碳化深度平均值在 25mm 以上，碳化程度比较严重，属中重度碳化；新增加构件混凝土碳化深度平均值在 1.5mm 左右，属轻微碳化。

3）综合评定混凝土强度等级为 C20～C25，但由于厂房建成使用时间比较长，碳化深度较深，对混凝土的强度推定产生一定程度的影响（检测结果偏高），同时混凝土材料内部结构已发生劣化，构件由于内部损伤的不断产生和累积，导致混凝土脆性增大，构件安全性下降。

4）原有和新增加钢筋混凝土构件内部钢筋分布、钢筋直径、钢筋保护层厚度等数值基本符合原设计和加固改造设计要求。钢筋混凝土构件内部的钢筋锈蚀率在 5%～15%之间，为中度锈蚀。

5）大型振动设备下钢筋混凝土构件做低周高频的受迫振动。测试结果表明，大型振动设备下的钢筋混凝土梁在跨中由振动引起的应变增量达到了 95$\mu\varepsilon$ 甚至更大，构件做受迫振动的振幅较大，构件疲劳损伤不断累积加剧。

图 8.5-2 钢筋混凝土构件表层混凝土剥落、裂缝和钢筋外露、严重锈蚀

3. 设计复核验算结果

在对选煤厂主厂房使用环境及钢筋混凝土结构检测结果分析的基础上，对主厂房进行由单个构件到整体结构的设计复核验算。考虑到新增加的许多大型振动设备产生的动荷载对于结构构件的影响，按照国家现行《混凝土结构设计标准》GB/T 50010—2010（2024年版）进行相应修正，主要包括以下3个方面的内容：

1）荷载计算：①荷载取值；②重介改造新增设备荷载计算；③分层荷载计算；④其他荷载计算。

2）结构设计验算：①结构设计验算总信息；②风荷载信息；③地震作用信息；④活荷载信息；⑤调整信息；⑥配筋信息；⑦设计信息；⑧荷载组合信息等。

3）结构整体验算：①抗倾覆验算结果；②结构整体稳定验算结果；③周期、地震作用与振型输出；④结构位移；⑤水平力作用下结构各层平均侧移；⑥薄弱层验算结果等。

4. 可靠性评定结果

选煤厂主厂房重介改造加固后结构构件的现时安全性大多满足要求，但是随着主厂房使用年限的增加，混凝土材料在长期恶劣使用环境和振动荷载共同作用下将会不断的劣化，钢筋混凝土构件内部损伤将会不断地产生并累积，从而导致构件可靠性随使用年限的增加而不断降低。其系统项目现时安全性等级可做如下划分：大部分B级，部分C级，小部分D级。

5. 防治技术建议

1）考虑到外包型钢加固方法对原有构件的损伤较大，加固效果将会有一定程度的折扣。建议对此种加固方法在恶劣气候环境和受迫振动耦合作用下对提高构件承载能力的长期效果进行进一步试验验证和理论研究，以确保结构构件有足够的长期安全度和耐久性。

2）建议对这些承载力和耐久性能不满足要求的构件进行加固和防护处理，混凝土疏松、剥落的地方将疏松混凝土敲掉，钢筋外露锈蚀的先进行除锈再采取防锈处理，对于强度不够的钢筋混凝土构件可进一步采用粘贴碳纤维布（片材）的方法进行补强加固等。

8.5.2 某煤矿装车煤仓可靠性评定

某煤矿装车煤仓设计于1973年，如图8.5-3所示，为内径10m的三个并排圆形筒仓，总高24.700m，壁厚220mm，钢筋混凝土结构，内设一层装车控制平台，仓顶上部结构24.700～27.120m，砖混结构。筒仓仓壁从－0.300m滑至24.700m，高25.000m，仓壁由原200号细石混凝土浇筑，滑模施工；0.000～10.160m标高筒仓内部为框架结构，该部分钢筋混凝土柱的强度为原200号；装车控制平台标高4.500m，梁板结构，混凝土强度均为原200号。

1. 使用环境主要特征

内部腐蚀性液态介质对构件的腐蚀性等级为弱级，气态介质对构件的腐蚀性等级为中、强级，煤泥、腐蚀性附着物的存在同样对混凝土构件有着较大的腐蚀作用，各构筑物处于比较频繁的干湿交替状态和长期振动环境。

2. 损伤劣化主要特征

1）煤矿装车煤仓内外部的气、液及固态环境中存在腐蚀介质，对混凝土构件有严重的腐蚀作用。硫化氢（H_2S）含量约为清洁干燥空气中的359～386倍，二氧化硫（SO_2）

图 8.5-3 某煤矿装车煤仓现场图

含量约为清洁干燥空气中的 260～274 倍，二氧化氮（NO_2）含量约为清洁干燥空气中的 3944～4994 倍，而 Cl_2、HCl 含量更是严重超标（清洁干燥空气中含量微乎其微）。内外液态环境中一些腐蚀性离子如 Cl^-、NO_3^-、SO_4^{2-}、F^- 等含量较高，约为一般自然环境中含量的几十甚至几百、几千倍。且在检测期间，仓内（底层支撑框架）二氧化碳浓度约为正常环境中的 1.08 ～1.25 倍。构筑物处于比较频繁的干湿交替状态和长期振动环境，装车煤仓内外钢筋混凝土构件表面的固体附着物主要为煤泥（非晶体）和部分碱化产物（高岭石等），其中含较多的腐蚀性元素，在干湿交替环境下，与其他形态腐蚀性介质综合作用，对构筑物有较大的腐蚀作用，影响构筑物的长期耐久性。

2）装车煤仓表观质量较差，在卸煤漏斗上部出现环向的“胀肚”现象，下部框架有较多的受力裂缝和微裂缝，扶壁柱混凝土剥落、露筋严重，仓壁存在较多的锈胀裂缝，北侧仓壁的混凝土剥落、钢筋外露、锈蚀现象严重，部分钢筋出现锈断情况，且存在向北的倾斜，安全性存在极大的隐患。

3）混装车煤仓所测构件的碳化深度值介于 31.1～69.3mm，结合外观质量和钢筋的保护层厚度测试可知部分构件保护层厚度过薄，表明钢筋混凝土构件的碳化深度已超过混凝土构件的钢筋保护层厚度，对构件安全性和耐久性有较大影响。

4）装车煤仓的所测构件混凝土底层框架柱构件抗压强度介于 9.6～19.7MPa，底层框架梁构件检测强度推定值范围 9.9～25.2MPa，底层内仓壁构件回弹法检测强度推定值范围 9.9～11.2MPa，南侧外仓壁构件回弹法检测强度推定值范围 9.6～11.9MPa，北侧外仓壁构件回弹法检测强度推定值范围 9.9～10.7MPa，均不满足原设计要求（旧 200 号），且内外仓壁大部分强度推定值过低，为 9.9MPa。

5）大部分构件保护层厚度 20～60mm，部分构件不符合现行国家标准《混凝土结构设计规范》GB 50010—2010（2015 年版）中相关规定。

6）抽检的底部扶壁柱外露主筋（竖向钢筋）锈蚀率为 6.8% 、10.5%，锈蚀较为严重；抽检的北侧外仓壁的环向钢筋锈蚀率为 71.9%、41.4%，锈蚀严重，且相当一部分部分环向钢筋锈断，基本失去环向约束作用。

7）装车煤仓最东面筒仓向北偏斜严重，顶层偏移量最大达到 176.45mm，三个筒仓中间存在凹陷和环向“胀肚”，严重降低了结构的承载能力和使用寿命。

3. 可靠性评定结果

装车煤仓评定为C级的构件57个，评定为D级的构件9个。综合各子项及分项检测结论，装车煤仓底层框架安全性综合评定为C级，仓壁为D级。

4. 防治技术建议

1）首先应对评定为C、D级的构件进行修复，对D级构件及经设计验算不满足承载能力要求的其他构件进行加固补强，并且对修复及加固补强后的构件进行长期维护处理。

2）考虑到装车煤仓内外部存在大量气态、液态、固态的腐蚀性介质，且环境干湿交替频繁，对钢筋混凝土材料及构件具有极大的腐蚀作用，加快了其损伤劣化速度，耐久性及安全性不断降低，使用寿命缩短，因此，建议采用一定的治理措施，改善构筑物内外部的自然环境以及降低其对材料及构件的腐蚀效果，比如注意通风、减少水分冲刷及干湿交替、清理固体附着物、增做防腐蚀涂层等。

3）由于装车煤仓已有较大倾斜，建议对其进行纠偏处理，并采用外加钢筋混凝土框架或其他方式进行加固。

4）建议对修复、加固改造及维护方法在煤矿地面恶劣自然环境和受迫振动耦合作用下对保护和加固煤矿地面工业特种结构的长期效果进行进一步跟踪监测和理论研究，以确保材料、构件以及结构处理后有足够的安全度和耐久性。

8.5.3　某煤矿副井井架加固

某煤矿副井井架（图8.5-4）建成于20世纪80年代，主要用于担负升降材料、设备及人员的任务；主体结构建筑层数七层，为四柱悬臂式RC井架，六层以下沿立柱周边设有围护结构，六层及以上结构构件均处于露天状态；一至六层框架柱均为斜柱，截面尺寸400mm×580mm，七层框架柱截面尺寸为400mm×400mm，各层联系梁主要截面尺寸为300mm×400mm，结构总高22.8m。

图8.5-4　副井井架现场图

1. 检测鉴定结果分析

1）根据《工业建筑防腐蚀设计标准》GB/T 50046—2018，副井井架内外部环境中腐蚀性气态介质对构筑物构件的腐蚀性等级可判定为中级、强级。

2）井架表观质量较差，结构构件表面均无面层保护，混凝土直接暴露在空气中，局部混凝土疏松剥落、露筋的现象均不同程度地存在于各层梁柱构件中，且外露钢筋均锈蚀较重。检测中发现较多的微裂缝及顺筋裂缝扩展，多分布于各层梁构件，柱构件裂缝多集中于七层，构件裂缝宽度介于0.1～7.1mm，如图8.5-5所示。

3）已测构件的碳化深度范围在1～26mm之间，平均值10.3mm，超过三分之二的已检测钢筋混凝土柱的碳化深度大于6mm，大多数钢筋混凝土梁碳化深度值在10mm以上。

4）构件混凝土抗压强度介于17.5～49.8MPa，混凝土抗压强度值离散性较大，42%的被检测构件混凝土保护层厚度不符合现行国家标准《混凝土结构设计规范》GB 50010—2010（2015年版）中相关规定；构件内部钢筋锈蚀率介于1.66%～29.65%，平均锈蚀率为11.6%。构件内部钢筋锈蚀较重，如图8.5-5所示。

图8.5-5 各层构件表层混凝土剥落、钢筋外露

2. 设计复核验算结果

根据现场实测的结构几何尺寸进行了建模，选用由同济大学和上海城乡建筑设计

研究院共同开发的通用建筑结构软件 Start 进行计算，并以 PKPM 计算软件进行了复核。

在复核验算过程中，为保证计算结果能够真实反映井架的实时安全性状态，取各层梁柱构件相对应的实际检测评定值作为其混凝土抗压强度值。在进行承载能力极限状态复核时，考虑到井架属矿山特种结构，其工艺力学环境特殊，故除了工作荷载基本组合与地震作用组合外，还进行了断绳、防坠制动荷载组合的验算。因井架长期受环境中腐蚀性介质侵蚀，结构构件内部钢筋锈蚀较重，被检测构件平均锈蚀率为 11.6%，最高值达 29.65%，根据以往研究成果及相关文献，考虑到钢筋锈蚀及构件劣化损伤对结构承载能力的不利影响，在对比校验过程中对原钢筋面积乘以 0.8～0.9 的折减系数后作为钢筋有效工作面积，将计算分析结果与折减后的有效工作面积相比较即可得到相应的差额数据，由复核验算结果知井架检测中判定的 D 级、大多数 C 级及部分 B 级构件均存在钢筋有效工作面积不足的情况，需进行加固维护处理，计算所得差额数据可为后续的加固设计提供参考依据。

3. 可靠性评定结果

依据现场检测结果与设计复核验算结果对其进行评定，评定结果为主体结构的安全性评定等级为三级，其中大多数构件评定为 C 级，个别构件评定为 D 级，其余为 B 级。主体结构评为三级，继续使用具有可行性，但必须采取相应的修复、加固补强和长期维护措施。

4. 修复加固维护设计

设计时对构件表存在裂缝及劣化的部位进行修复，然后对承载力不足的构件进行加固补强，最后进行整体表面防护，使构筑物达到原设计要求，恢复其安全使用功能。因粘贴 CFRP 加固法施工周期短，操作简单，耐久性好，基本不增加结构自重，且其加固效果及抗疲劳性能均较为理想，施工时对于煤矿的正常生产影响最小，故最终确定采用粘贴 CFRP 法作为主要加固方法，对柱采用全包 CFRP 的方式进行加固，对梁与斜撑采用梁下粘贴 CFRP 与环形箍的方式进行加固。部分加固图见图 8.5-6 和图 8.5-7。

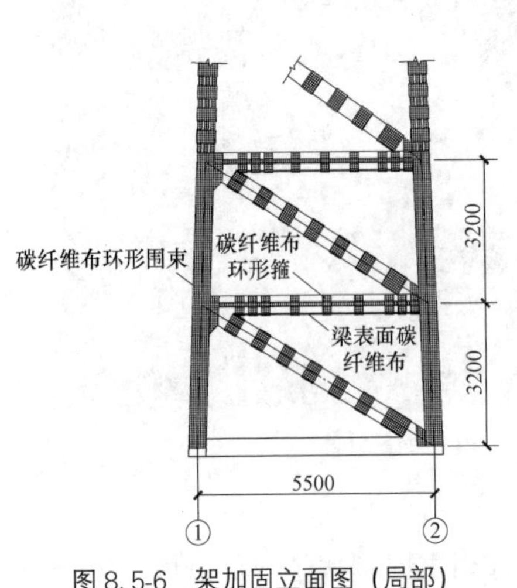

图 8.5-6 架加固立面图（局部）

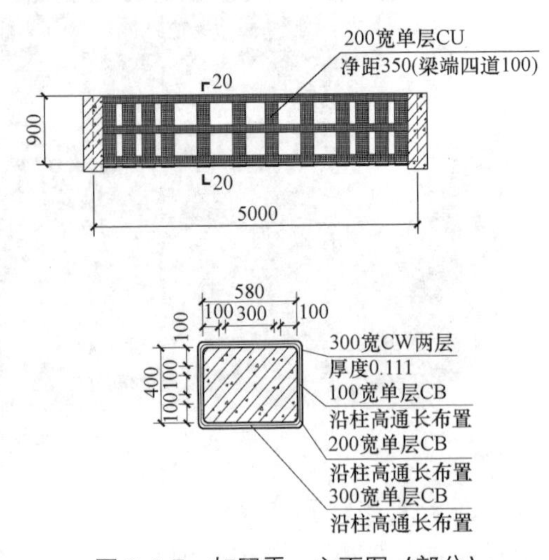

图 8.5-7 加固平、立面图（部分）

5. 施工效果

修复加固工程于2009年6月完成并投入使用，取得了良好效果，见图8.5-8。

(a)

(b)

图8.5-8　副井RC井架现场图

(a) 加固前；(b) 加固后

本章小结

本章系统介绍了煤矿地面钢筋混凝土特种结构损伤劣化机理、检测鉴定方法和技术、相应的修复加固理论与技术，以及在不同形式钢筋混凝土结构检测、鉴定及加固工程的实践应用，可为此类项目检测评定提供参考。

思考与练习题

8-1　简述煤矿地面环境的特征。

8-2　简述煤矿地面环境中钢筋混凝土结构性能退化规律及影响因素。

8-3　简述煤矿地面环境对钢筋混凝土结构的损伤劣化机理。

8-4　简述煤矿地面钢筋混凝土结构修复加固常用方法及利弊。

第9章　水工混凝土结构

本章要点及学习目标

本章要点：

（1）水工混凝土结构的病害种类及其破坏损伤机理和处理措施；（2）水工混凝土结构主要检测内容及检测方法；（3）水工混凝土结构的安全性鉴定和评估以及地震和洪灾后结构鉴定和评估的主要内容；（4）水工混凝土结构加固的常用方法及两种新型加固技术介绍。

学习目标：

（1）了解水工结构的各种病害产生的原因及其鉴定和评估方法；（2）了解水工结构常用的加固方法及原理；（3）掌握水工混凝土结构中混凝土和钢筋质量检测方法；（4）掌握水工混凝土结构的加固特点及主要技术措施。

9.1　水工结构病害种类及其破坏损伤机理

从现象上看，水工建筑物的病害主要包括：裂缝、渗漏、冲蚀磨损和气蚀、冻融剥蚀、混凝土碳化和钢筋锈蚀、水质侵蚀等。每一种病害是由多方面原因造成的。

9.1.1　裂缝

裂缝是水工混凝土结构病害最普遍、最常见的表现形式之一。可以说，几乎所有混凝土结构都无一例外地存在裂缝，裂缝是水工混凝土结构老化和病变的主要反应，裂缝的存在加速了混凝土的老化，并加剧钢筋的锈蚀，降低混凝土结构物的刚度和整体性，缩短结构物的寿命；严重的裂缝还会产生大量的漏水，并引起其他病害的发生、发展，如渗漏溶蚀、环境水侵蚀、冻融破坏的扩展及混凝土碳化、钢筋锈蚀等，使水工建筑物的安全运行受到严重威胁。裂缝的产生往往是受多种因素的影响，形成机理也十分复杂。

裂缝成因复杂，主要有材料、施工、环境、结构与荷载等因素，且多种因素相互影响，但每条裂缝均有其产生的一种或几种主要原因。除却上述分类，在探究裂缝的产生机理时，一般将工程中常见的混凝土裂缝归为以下6类。

1. 收缩引起的裂缝

在实际工程中，因混凝土收缩引起的裂缝最常见。在混凝土收缩种类中，缩水收缩（干缩）和塑性收缩是发生混凝土体积变形的主要原因。

1）干缩裂缝：干缩裂缝在混凝土养护完成后以及浇筑完的7d左右出现，水泥砂浆里面的水分蒸发消失，形成了干缩裂缝，这样的裂缝具有不可逆性。干缩裂缝产生的本质是由于混凝土里的水分蒸发快慢不同而引起的形变。

2）塑性收缩裂缝：塑性收缩裂缝发生在混凝土凝结前，混凝土的表面水分蒸发较快，失水就比较快，因此而产生收缩。

2. 温度变化引起的裂缝

混凝土具有热胀冷缩的性质，在温度正负交替过程中，混凝土微孔中的水成为结冰或过冷的水，体积膨胀产生冻胀压力，过冷的水迁移产生渗透压力，当两者的附加作用力超过混凝土的抗拉强度时，混凝土就遭受破坏，产生温度裂缝。引起温度变化的主要因素有年温差、日照、骤然降温、水化热等。

3. 施工材料质量引起的裂缝

混凝土主要由水泥、砂、骨料、拌合水及外加剂组成。若配制混凝土所采用材料质量不合格，则很有可能导致结构出现裂缝。

4. 施工工艺质量引起的裂缝

在混凝土结构浇筑、构件制作、起模、运输、堆放、拼装及吊装过程中，若施工工艺不合理、施工质量低劣，则很容易产生各种裂缝。其中，沉降裂缝是由地基土质较为松软，地基结构不均匀，以及填土有孔洞和浸水所引发的。模板刚度不够，支撑间距太大，支撑底部松动等都会引起沉降裂缝。在冬季的时候，土壤冻化，到化冻的时候比较容易出现沉降，产生裂缝。

5. 荷载引起的裂缝

直接应力裂缝是指外荷载引起的直接应力产生的裂缝。如设计计算阶段，结构计算模型不合理、漏算、结构受力假设与实际受力不符、内力与配筋计算错误；结构设计时不考虑施工的可能性、设计断面或结构刚度不足、构造处理不当、设计图纸交代不清等；施工阶段，不加限制地堆放施工机具和材料、不按设计图纸施工、擅自更改结构施工顺序、改变结构受力模式等；使用阶段，超出设计载荷、发生大风、大雪、地震、爆炸等。

6. 钢筋锈蚀引起的裂缝

由于混凝土质量较差或保护层厚度不足，混凝土保护层受二氧化碳侵蚀碳化至钢筋表面，使钢筋周围混凝土碱度降低，引起钢筋表面氧化膜破坏，钢筋中铁离子与侵入到混凝土中的氧气和水分发生锈蚀反应，其锈蚀物（氢氧化铁）体积比原来增长 2～4 倍，从而对周围混凝土产生膨胀应力，当该膨胀应力大于混凝土抗拉强度时，混凝土就会产生裂缝，裂缝一般都为沿钢筋长度方向发展的顺筋裂缝（钢筋锈蚀机理详见 4.1.1 节）。

9.1.2 渗漏

渗漏是水工混凝土建筑物最为常见的老化病害之一。一般按其几何形状，可分为点、线、面渗漏三种类型。渗漏对水工混凝土建筑物的危害很大，不仅会导致混凝土出现钙化现象及溶蚀性侵蚀，而且会导致混凝土强度下降甚至失去强度而松散破坏；另外还会引发并加速其他病害的发生和发展，尤其是在北方寒冷地区，渗漏会加剧混凝土冻融破坏，加速钢筋锈蚀，甚至危及结构安全。

1. 渗漏的产生机理及防治措施

1）混凝土结构裂缝产生渗漏

混凝土是一种多孔介质，在水压力作用下将产生渗流，并引起溶蚀。其机理是渗流水溶解并带走水泥石中的 $Ca(OH)_2$，降低了水泥石中 Ca^{2+} 离子浓度，并导致水泥水化物中

Ca^{2+}离子和其他离子的流出。这种水泥石的溶蚀现象，会降低混凝土强度和抗渗性。裂缝宽度，深度越大，分布越广，在同样水位下其渗漏量就越大；情况比较严重时还会导致整个工程的质量受到影响。处理措施应根据工程现场渗漏情况不同采取不同的方式，主要包括：

（1）表面处理：首先确定裂缝位置，用水泥砂浆、环氧树脂等材料对其进行涂抹、嵌补等，这种方法适合表面裂缝的整治。对于渗漏量比较大，但对建筑影响较小的裂缝，可以采取钻孔导渗处理，用风钻在漏水裂缝一侧斜钻孔，导出漏水，并封闭裂缝。

（2）结构内部处理：对于只需要防渗堵漏的裂缝，采用水泥灌浆处理，但对于渗透流速较大、裂缝较小以及对温度变化敏感的裂缝应采用化学灌浆处理。

2）混凝土蜂窝处渗漏

混凝土运输过程中容易出现离析现象，导致混凝土入仓前内部粗骨料过于集中，振捣效果不理想，形成蜂窝状空洞，进而引发渗漏。因此，对混凝土的搅拌以及运输过程要给予重视，采取必要的措施避免发生此类裂缝。

其处理措施一般是先将蜂窝混凝土凿出，直至密实处，然后对外围进行清理，再找到渗水点，用钢管将渗水导出，最后用硅酸钠速凝砂浆将导管四周封住。

3）变形缝渗漏

变形缝的出现位置是混凝土结构中最为薄弱的环节，特别是在水利工程中，变形缝的位置一般都是渗漏的主要位置。通常，因变形缝导致止水结构失效而引发渗漏主要有设计、施工和材料三方面原因。

（1）设计方面：变形缝尺寸设计不合理，密封止水材料的长期允许伸缩率受到影响，不能满足变形缝变形要求等。

（2）施工方面：止水带施工工艺不当，如止水带位置偏离、周围混凝土有蜂窝孔洞、焊接不严密、密封材料嵌填质量差等。

（3）材料方面：止水片材性能不佳或年久老化腐烂形成渗水通道，或失去原来弹塑性而开裂或被挤出等。

渗漏防治措施一般采用帷幕灌浆技术，帷幕灌浆是将具有胶凝性的浆液按照一定的配比通过钻孔、埋管等方法将浆液送至岩体的裂缝和空隙内，这样能够形成一定宽度的阻水帷幕，减少渗流量，对阻水帷幕进行加厚加粗处理，能够起到更好的防渗目的。

2. 渗漏处理原则

1）处理渗漏的目的在于降低渗漏给水工混凝土建筑物带来的诸多危害，保证水利施工建设的进度，提高结构物的安全性、耐久性，延长其使用寿命。

2）结合水工建筑物的结构特点、环境条件、时间要求等，选择适当的修补处理方法、修补材料、工艺和施工时机，以求以最经济的方式达到预期的修复目标。

3）防水堵漏应尽可能靠近渗漏源头。既施工方便又有效，成功率高。

4）渗漏处理最好在无水期或枯水期内进行。另外，在选择修补材料时，要考虑修补材料对水质的污染及其耐久性。

9.1.3 冲蚀磨损

含砂高速水流对水工建筑物过流面混凝土的冲刷磨损和空蚀破坏，是水工泄流建筑物如溢流坝、泄洪洞（槽）、泄水闸等常见的病害。尤其是当流速较高且水流中又夹带着悬移质或推移质时，建筑物遭受的冲磨、空蚀就更为严重。因此泄水建筑物的冲磨和空蚀问题已经成为一些水电站运行中的主要病害之一。

一般说来，质量密实的混凝土，可以承受 40m/s 的清水冲刷而不致引起混凝土损坏。对挟带砂砾石的水流，由于砂砾石运动摩擦和跳跃冲击，流速不需要太大就会对过水表面的混凝土造成严重的破坏。研究发现，当水流流速超过 12～15m/s 时，应对边界混凝土提出抗冲蚀要求，其中包括混凝土强度、配合比、表面不平整度控制和处理等。

1. 冲磨破坏的部位及形态特征

冲磨空蚀破坏主要发生在水工混凝土建筑物的泄流部位，如大坝溢流面及下游消能工程（护坦、趾墩、鼻坎、消力墩）、底孔或隧洞的进口、深孔闸门及其后泄水段等；挟带悬移质（北方河流）和推移质（西南山区河流）河流上修建的水工建筑物的泄洪、排砂洞，水闸底板、闸墩、护坦、消力池等，易遭受冲磨空蚀破坏。

1）冲磨破坏的形态特征主要表现

（1）空蚀破坏一般表现为在过流混凝土表面局部位置出现空蚀剥蚀坑，但其他部位完好，蚀坑深度有几厘米至几十厘米、甚至几米不等。

（2）冲磨剥蚀一般面积较大，并具有一定的连续性。悬移质冲磨破坏表现为混凝土的均匀磨损，而推移质冲磨破坏则会在其强烈输送带处形成冲沟或冲坑。

（3）无论是冲磨或空蚀，剥蚀后剩余的混凝土仍然比较坚硬。

（4）冲磨剥蚀有可能诱发空蚀破坏。

（5）在有冻融破坏的地区，冲磨和空蚀可能与冻融剥蚀联合作用。

（6）冲磨和空蚀发展到一定程度，可能诱发大面积的水力冲刷破坏。

2）冲磨介质分类

通常将水流中的介质分为悬移质与推移质。但水流中的颗粒属于推移质还是悬移质取决于颗粒大小、形状和密度，并与水流速度和紊动有关。一般情况下，粒径较小的砂粒在水中多呈悬浮状态。但在高流速、紊动大的情况下，大卵石实际上呈悬浮状态，间歇地被水流携带运移。相反在缓坡、流速低的渠道中，粉砂颗粒可能呈推移质运动。

通常，悬移质泥沙在水流中呈悬浮状运移；大粒径的推移质砂石则沿建筑物表面呈滑动、滚动、跳跃状态运移，对建筑物的破坏力最大。

2. 悬移质冲磨破坏机理及特征

细粒径的悬移质泥沙，在高速水流中与水充分掺混，形成近似均匀的固液两相流，悬移质对水流边壁的冲刷，主要由紊动猝发现象的涡旋所造成。具有紊动结构的高速水流，在平滑的水流边壁附近，也发生纵向和横向涡旋流体，这些涡旋不断地重复着由小到大而后消失的过程。随着涡旋的形成、扩大和消失，水流中的泥沙颗粒以较小的角度（5°～15°）冲击流道表面，对边壁施以切削作用和冲击作用，从而造成建筑物表面的磨损。

混凝土材料受含悬移质泥沙的高速水流冲刷后，其外观特征是：磨损轻微者，混凝土失掉表面的水泥浆层，露出粗砂及小石，表面比较平整，磨损深度一般不小于 5.0mm。磨损严重者，坚硬的骨料颗粒凸于混凝土表面，其棱角多被磨圆，混凝土表面极不平整，逆流向抚摩时，有刺手的感觉。当粗骨料较软弱时（如石灰岩骨料），粗骨料突出较少，表面被磨成顺水流方向的沟槽或波纹，有时也可能被淘刷成坑洞。

3. 推移质冲磨破坏机理

推移质对建筑物表面的破坏机理与悬移质不同，悬移质使建筑物壁面因摩擦作用而产生磨损破坏。推移质以滑动、滚动及跳动的方式在建筑物表面运动，除了摩擦及切削作用还有冲击作用。

如建筑物表面 A 点处（图 9.1-1），受到质量为 m、速度为 V_1 的砂石的冲击，垂直向冲击力按动能原理分析应为（忽略水的阻力）：

$$F_y=\frac{2mV_1\cos\alpha}{\Delta t} \tag{9.1-1}$$

石子在水流的作用下，以速度 V_1 冲击建筑物壁面，假设它又以同样的速度反弹起来，由于冲击壁面的时间 Δt 很短，其值很小，则 F_y 值很大。石子在反作用力下弹跳起来后又会再次下落冲击壁面。这样反复的结果，相对建筑物 A 点来讲，会遭受反复多次的摩擦、切削与冲击。当材料强度达到极限值或疲劳极限值时，则会发生破坏，表现为表面剥落，并继续向纵深扩展。

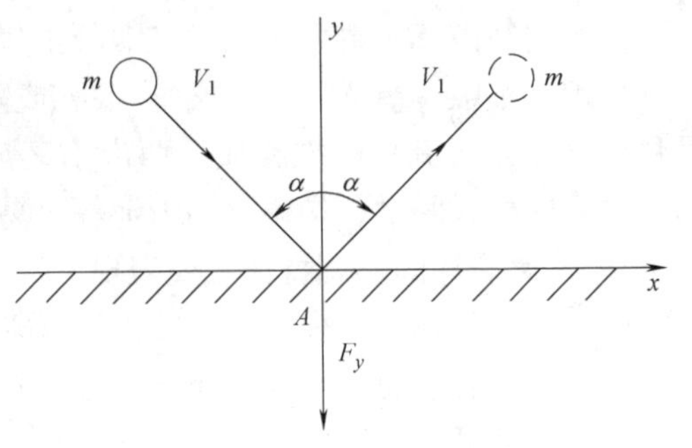

图 9.1-1　沙石冲击示意图

推移质对建筑物表面的破坏较复杂，不仅与推移质滑动、滚动、冲击形式有关，而且与砂石本身的颗粒形状、质量、数量和水流速度、状态、冲击角度、过流时间等有密切关系。一般认为石子粒径越大，水流流速越大，过流时间越长，对水工建筑物的破坏越大。此时石子可以跃起，产生巨大的冲磨破坏。

9.1.4　冻融剥蚀

冻融破坏是指水工混凝土建筑物已硬化的混凝土在浸水饱和或潮湿状态下，由于温度正负交替变化（气温或水位升降），使混凝土内部孔隙水形成膨胀压、渗透压及水中盐类的结晶压等产生疲劳应力，造成混凝土由表及里逐渐剥蚀的一种破坏现象。混凝土的冻融剥蚀破坏是我国混凝土建筑物老化病害的主要问题之一，在我国北方地区非常普遍。大、中、小型水工混凝土工程都存在不同程度的混凝土的冻融剥蚀破坏。

1. 冻融破坏机理

混凝土的冻融破坏过程是比较复杂的物理变化过程。目前提出的混凝土存在的冻融破坏机理有很多，但公认程度较高的，仍是由美国混凝土专家 T. C. Powers 提出的静水压理论和渗透压理论。

T. C. Powers 认为吸水饱和的混凝土在冻融过程中遭受的破坏力主要有以下两部分：膨胀压力和渗透压力。其中静水压理论最具有代表性，混凝土在潮湿条件下，首先毛细孔吸满水，混凝土在搅拌成型时都会带一些大的空气泡，这些空气泡内壁也能吸附水，但在常压下很难吸满水，总还能留有没有水的空间。在低温下毛细孔中水结成冰，体积膨胀，趋向于把未冻水推向大的空气泡方向流动，这就形成静水压力。冰的饱和蒸汽压小于水，这个蒸汽压的差别推动未冻水向冻结区迁移，这就是渗透压。

2. 冻融破坏的宏观特性及抗冻性影响因素

1）混凝土冻融破坏的宏观特性

（1）随着冻融次数的增加，混凝土的抗拉强度和抗折强度迅速下降，而抗压强度下降趋势较缓。

（2）随着冻融次数的增加，对于普通混凝土，动弹模下降40%，失重率为负值时，重量并不发生损失，但此时混凝土的抗拉、抗折强度等均发生了明显的变化，失重率就不适合作为抗冻性评价指标了。

（3）混凝土随着冻融破坏的发生，其吸水率均呈逐步增加的趋势，混凝土在冻融破坏过程中内部孔隙是逐步增加的，而密实度是逐步下降的，这与宏观强度的下降是相应的。

以上几点特性仅是针对普通混凝土而言的，对于其他混凝土如引气混凝土及高强混凝土，特性则略有不同。

2）影响混凝土抗冻性的因素

混凝土的抗冻性与其内部孔结构、冻融次数、水饱和程度、混凝土的强度等许多因素有关，其中最主要的因素是它的孔结构。而混凝土的孔结构及强度又取决于混凝土的水灰比、含气量、水泥品种和用量、有无矿物掺合料、有无外加剂等因素。

研究表明，一般情况下，混凝土的水灰比越大，孔隙率越大，可能填充的水分越多，对混凝土抗冻不利的可能性越大；反之，水灰比越小，孔隙率越小，混凝土越密实，抗冻性能就越强。混凝土中掺入引气剂后，混凝土的含气量通常会增加3%～6%，引入的大量均匀、稳定而封闭的微小气泡，可以减少混凝土受冻初期毛细孔中的静水压力，提高抗冻能力，且使混凝土的和易性大为改善。经试验研究结果表明，如不掺入引气剂，即使水灰比降低到0.3，混凝土也是不抗冻的。但若掺入适量的引气剂，水灰比为0.5时，混凝土也能经受300次冻融循环。掺入适量的矿物掺合料，如粉煤灰、硅灰等，可以改善孔结构，使孔细化，导致冰点降低，使可冻孔数量减少。此外，掺入适量的矿物掺合料，有利于气泡分散，使其更加均匀地分布在混凝土中，因而有利于提高混凝土的抗冻性。不同的矿物掺合料及其掺量对混凝土均有不同的影响。

3. 改善混凝土抗冻性的措施

1）在混凝土中使用引气剂是提高混凝土抗冻性能的最为快捷有效的途径。掺入引气剂，可产生大量直径500μm左右的球形封闭气泡，使混凝土内部具有足够的含气量，改善了混凝土内部的孔结构，极大地提高了混凝土的抗冻性能。但是掺引气剂易导致气泡尺寸偏大，影响混凝土强度。

2）矿物掺合料可以通过填充效应改善混凝土的微观结构从而改善抗冻性，常用的矿物掺合料主要是具有活性的硅灰、矿渣以及粉煤灰。

3）加强混凝土结构的防渗透和防排水功能，如水坝工程，在大坝上游设置防渗层，经常保持干燥。冬期施工时，混凝土内添加抗冻剂、早强剂或升温养护等方法，促进混凝土硬化凝固过程，延长早期受冻龄期。对材料的称量及混凝土的搅拌、振捣、养护等各个工艺严格控制，提高混凝土的施工质量。

9.1.5 碳化及水质侵蚀

碳化反应对于混凝土的破坏机理见本书4.1.2节，下面主要介绍水质侵蚀对混凝土的破坏机理。

水质侵蚀即环境水，包括库区水、河道水以及地下水对水工建筑物混凝土的腐蚀破坏。因为水泥混凝土属多孔非均质材料，环境介质中含有的某些物质（如酸、碱、盐及有害气体），会通过孔隙进入混凝土中，与混凝土的孔隙液或某些水化产物发生化学反应以及一系列的物理化学作用，使混凝土逐渐被破坏。环境水对水工混凝土建筑物的侵蚀问题不仅存在，而且在某些地区，某些工程侵蚀破坏的情况还比较严重，甚至成为大坝或电厂建筑安全运行的潜在威胁。

环境水作用于混凝土，按侵蚀介质的不同可分为以下六类：①溶出性侵蚀（也称软水侵蚀）；②碳酸性侵蚀；③一般酸性侵蚀；④苛性碱侵蚀；⑤盐类侵蚀，主要包括：硫酸盐侵蚀和镁盐侵蚀；⑥其他有机质侵蚀。由于硫酸盐类侵蚀比较常见，下面主要对硫酸盐侵蚀及其防护措施进行介绍。

1. 硫酸盐侵蚀

硫酸盐侵蚀是水工混凝土耐久性的一项重要内容，也是影响因素复杂的一种环境水侵蚀。当环境水中以 Na_2SO_4、$MgSO_4$、$CaSO_4$ 等形式存在时，硫酸盐中的 SO_4^{2-} 离子进入混凝土内部与水泥中 $3CaO \cdot Al_2O_3$（C_3A）作用，生成 $3CaO \cdot Al_2O_3 \cdot 3CaSO_4 \cdot 32H_2O$（钙矾石，又称水泥杆菌），会使体积膨胀，内部产生应力，当其应力超过混凝土的抗拉强度时就会导致混凝土结构物破坏，以至最终影响建筑物的安全使用和寿命。由于溶液中硫酸根离子的浓度不同，水化反应产物也是不尽相同的。

2. 硫酸盐侵蚀的防护措施

侵蚀性的外来离子都是以水为介质进入混凝土内部的，混凝土的密实程度是影响混凝土抗侵蚀性的重要因素，因此研究混凝土孔结构、混凝土的渗透性是研究其抗侵蚀性的基础。除了混凝土原材料和配合比造成混凝土结构致密程度不同外，施工质量也是需要考虑的一个重要方面。

混凝土本身的性能是影响混凝土抗侵蚀性的内因。其中水泥石的化学组成决定了混凝土自身的耐蚀性；而水泥品种、矿物组成、掺合料及外加剂的品种和掺量，以及混凝土的配合比都会影响混凝土自身的理化性能，包括抗侵蚀性。

综上，对于环境水侵蚀的防护，应考虑环境、材料、施工等因素提高混凝土的密实性。

9.1.6 钢筋锈蚀

钢筋锈蚀相关机理在本书 4.1.1 节已作介绍。铁转化腐蚀产物的过程伴随着体积发生相当大的膨胀，膨胀程度的大小，则随其氧化程度而异，氧化程度越高，体积膨胀率越大，详见本书 8.1.1 节。

1. 防止钢筋锈蚀的措施

防止钢筋锈蚀的关键是保护钢筋表面生成的钝化膜不被破坏，隔绝有害介质向钢筋的渗透，主要有以下 3 个方面。

1）采用耐腐蚀钢筋

(1) 环氧涂层钢筋（EBAR）。采用环氧粉末静电喷涂技术制作，可以将钢筋与周围混凝土隔开，即使 Cl^- 已大量侵入混凝土，它也能长期保护钢筋免遭腐蚀。环氧涂层钢筋在国外已有近 30 年的工程应用历史，已证明能够提高钢筋的抗腐蚀能力，并确认采用环氧涂层钢筋可延长结构使用寿命 20 年左右。

(2) 镀锌钢筋。破损的镀锌层作为牺牲阳极对钢筋起保护作用，其耐蚀性介于环氧涂层钢筋与无涂层钢筋之间，最大寿命可达 15 年。但是在 Cl^- 浓度非常高时，其防护效果并不好；而且采用镀锌钢筋的结构不宜同时采用电化学防护技术。此外，还有不锈钢钢筋、PVB（聚乙烯醇缩丁醛）涂层钢筋、低合金钢钢筋和包铜钢筋等耐腐蚀钢筋，但是由于造价高昂和研究认识不足等原因，工程中尚很少应用。

2）掺用钢筋阻锈剂

钢筋阻锈剂能够影响金属或电解质界面的电化学反应，参与阳极反应，优先结合 Fe^{2+} 生成 Fe_2O_3 沉淀于钢筋表面，从而控制 Fe^{2+} 的移动；或者在阴极区形成难溶性的膜，抑制阴极反应。按作用机理不同，钢筋阻锈剂分为阳极型、阴极型和复合型。实践证明，掺加钢筋阻锈剂能够有效防止钢筋锈蚀，为世界各国广泛推广采用。

3）在混凝土表面涂防护涂料

在混凝土表面涂刷或喷涂防护层，抑制 Cl^- 侵入混凝土以延缓钢筋锈蚀，是一种简便而经济有效的方法。混凝土表面涂层可分为隔离型和侵入型两类。隔离型涂覆层，如水泥砂浆、沥青、环氧树脂和聚氨酯等，覆盖在混凝土表面后，使得 Cl^- 与混凝土隔离，从而起到保护作用。而侵入型涂料的护筋机理则不同，它是靠毛细孔的表面张力作用进入约数毫米的混凝土表层中，与氢氧化钙反应，使毛细孔细化，并以非极性基使毛细孔憎水化，降低混凝土的吸水性，从而抑制 Cl^- 的侵入，显著提高混凝土的护筋性。目前使用的侵入型涂料中，以烷基烷氧基硅烷单体作为硅烷浸渍材料的效果较好，护筋期可达 15 年。

2. 钢筋锈蚀处理措施

1）局部聚合物改性水泥砂浆（或混凝土）修补加全面封闭

对已出现腐蚀破坏的区域，凿除其混凝土保护层至主筋背后 20～30mm 区段（因此区段混凝土已被 Cl^- 污染），对钢筋进行除锈、清灰（必要时换筋或补筋加强）后，采用抗 Cl^- 渗透性较好的聚合物改性水泥砂浆（或混凝土）修补构件或加大构件混凝土保护层厚度，待养护完毕后，再采用有机或无机涂层对构件修补。此方法的优点是对操作人员的技术要求低，施工机具单一、工艺较为简单。

2）电化学脱盐保护

针对已遭 Cl^- 污染而腐蚀破坏的钢筋混凝土结构，电化学脱盐保护是一种对症下药的技术方案。对腐蚀破坏的区域采用聚合物改性水泥砂浆（或混凝土）修复，养护完毕后，架设阳极槽，充灌电解液，布设电源及有关设备系统，强制钢筋作为阴极，在短期内（30d 左右）接受一较大的阴极电流。使混凝土内带负电的 Cl^- 在电场和浓度差的驱赶下，向混凝土表面的阳极迁移，并得到电子形成 Cl_2 而释放，以达到脱盐之效。另外，由于在钢筋（阴极）上发生的反应产生大量的 OH^-，短时内使钢筋周围孔隙液中的 pH 值迅速上升到 12.5～13.5，从而使原先已遭活化腐蚀的钢筋表面，再次得到钝化；而那些钢筋表面钝化膜尚好的区域，亦因 pH 值的上升，使钝化膜得到修复或加强，从而提高了构件整体的抗蚀性。这就是脱盐（氯）、再钝化功效（图 9.1-2）。其 Cl^-（总量）的脱除率平均可达 70%以上。脱盐完毕后，拆除阳极槽系统，待构件表面干燥后，用涂层封闭，以减缓 Cl^- 的再次侵入。

但是，该方法也存在着一些不足，如构件表面电介质槽及阳极安装与封闭比较复杂，对操作人员技术要求高；由于不同构件脱盐参数可能不同，故脱盐时需逐个构件进行，使得脱盐周期较长；若参数控制不当可能会造成混凝土开裂或握裹力下降较大等负面影响。已有的研究结果表明，电化学脱盐后对钢筋和混凝土粘结性能有明显的降低，尤其是在地震作用下，因而导致结构和构件的抗震性能下降。不过，该方法是一种可从本质上阻止结构构件持续腐蚀的新方法，其目前存在的缺点和不足有待进一步研究。

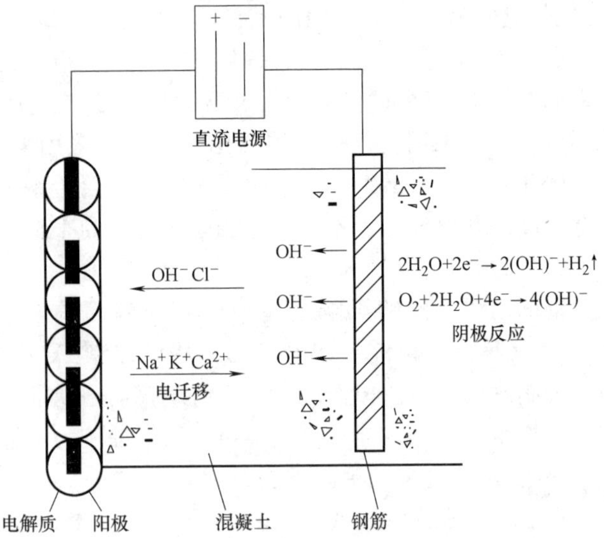

图 9.1-2 电化学脱盐保护原理示意

3）阴极保护法

阴极保护法是电化学法的一种。阴极保护法利用电化学腐蚀原理，通过向被保护的钢筋表面通入足够的阴极电流，从而使钢筋表面的反应由原来的失去电子的氧化反应，变为得到电子的还原反应，从而使钢筋的锈蚀得到抑制，防止钢筋的进一步锈蚀。根据规范实施阴极保护可以采用外加电流和牺牲阳极两种方式。目前，在西方发达国家，外加电流阴极保护法在处于海洋环境中的钢筋混凝土结构上已进行了广泛应用，保护效果明显。阴极保护原理见图 9.1-3。

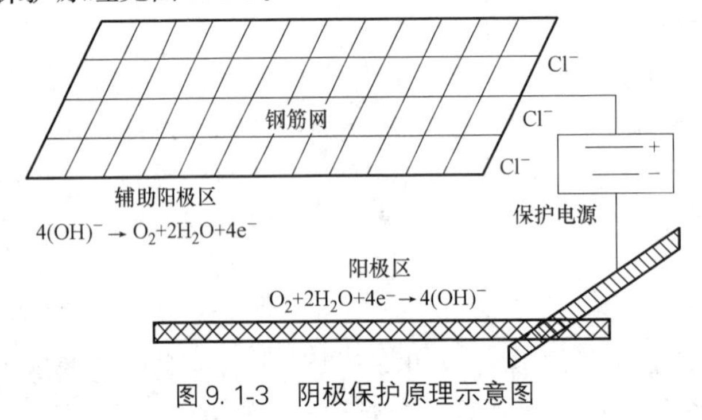

图 9.1-3 阴极保护原理示意图

该方法的优点在于阴极保护法是主动防腐防护，在防腐过程中可对钢筋混凝土中钢筋锈蚀环境情况进行监测，其中外加电流法还能对钢筋所需的保护电流、保护电位进行 24h 远程计算机自控控制和调节，即使混凝土本身存在裂缝、脱落等缺陷或混凝土因碳化而 pH 值降低、钢筋钝化膜破坏、混凝土中存在使钢筋锈蚀的氯离子等导致钢筋锈蚀的不利环境，同样能起到很好的保护作用。但该方法工艺复杂，安装要求高，系统需要日常维护，特别是外加电流法，需要建立专门的操作室，配专人进行系统维护。

9.1.7 地震破坏

水工建筑物作为重要的基础设施，属于生命线工程，特别是水库大坝、堤防、供排水设施和灌溉系统等的破坏，将引发严重的次生水灾害和水问题。我国是地震发生较多的国家，从历年来发生的多次较大地震情况调查分析：堤防、水闸、土石坝等水工建筑物的震害是随地震烈度而变化的，一般烈度在 6 度以上的就会遭到不同程度的破坏。特别是构造性地震活动频繁、影响范围大、破坏性强，造成的灾害往往是毁灭性的。但是震害也都有一定的内在因素，如基础松软，施工质量差、材料性差，堤坝自身有内患存在等。因此必须明确水工建筑物的震害及原因，以便采取相应的处理措施或抢护方法，使地震引起的直接灾害与次生性灾害降至最低限度。

1. 水工建筑物的震害表现

从历次地震资料可以得出水利工程震害的主要特点。大量事实表明水利工程震害大多与土体的破坏有关，如土坝、土堤、土基、土坡以及土体与其他结构或物体连接部位的破坏等。但对于地震破坏，不同建筑物表现的具体形式有别。

土石坝的震害主要包括坝坡滑移与失稳、砂土液化、坝体裂缝、永久变形、面板破坏、库水漫坝、闸门与启闭设备的破坏、渗水漏水、崩塌、附属建筑物破坏等。大坝裂缝主要发生在均质土坝或厚心墙堆石坝的坝顶附近，以沿坝轴线方向的纵向裂缝为主；坝坡滑移、失稳主要发生在砂砾料填筑的大坝上游坝坡；大坝或坝基液化，则主要发生在坝基砂层或筑坝材料为砂性土的坝体，这是由于地震过程中动孔隙水压力急剧升高引起。土堤与土坝的震害相似。

地震对水闸的破坏较其他水工建筑物相对更严重，闸身底板的震害形式主要是顺水流方向裂缝、倾斜和不均匀沉陷、严重的局部破碎，甚至有的桩基闸底板与基土脱离造成渗流通道。水闸、涵洞、溢洪道、泄水隧洞等泄水建筑物，其震害多为各部位的伸缩缝被拉裂，结构变形，边墙、底板、闸墩出现裂缝等。岸、翼墙及护坡的震害主要是断裂、倾斜和滑移，这也是七度以上地震区域最常见的水闸震害形式，其震害一般随岸坡高度及砂体液化变态程度的加大而加重。图 9.1-4 给出了部分水利设施在地震的典型破坏情况。

2. 水利工程抗震措施

水利工程震害的主要影响因素有地震烈度、地基类别、设计和施工质量等。因此对于水利工程的抗震措施应做到以下 5 个方面：

1）做好场址地震安全性评价及明确抗震设防标准

水利工程遭受震害的程度和类型等均随地震烈度的增大而增大，高烈度区尤为显著。因此，首先，要做好对库区和坝址的地震安全性评价工作；其次，工程的场地条件和地基类别对震害程度有着明显的影响，对新建的水利工程，其选址除了考虑一般的工程地质、水文地质条件外，还要将调查地震地质环境的影响放在首位进行，要查清选址区域内的活断层情况，远离活断层。另外，各类工程应该根据其库区和坝址的地震烈度及自身的重要性，明确抗震设防标准。

2）按照抗震设计规范要求做好结构设计

历次大地震的震害调查表明，凡按抗震规范设计的各类结构和工程，一般都无震害或震害较轻。抗震设计规范的作用已多次经实践检验，因此，各类工程都应该根据其抗震设防标准，严格按照抗震设计规范进行结构设计及采取相应的抗震措施。

3）加强工程管理保证施工质量

鉴于设计和施工质量对震害的影响，应根据场地及工程实际，选择合适的材料和结构形式。做好防渗、防裂、防冲蚀等工程措施，坝体填土要达到一定的密实程度，尽量避免在土石坝下埋设输水管等。同时在施工期间，必须严格管理，保证施工质量，避免因人为因素而导致震害产生。

4）适当提高水电工程易震损部位抗震等级

从汶川地震中水利工程的震害类型来看，裂缝占 71.4%，塌陷占 34.3%，渗漏占

图 9.1-4 地震中水利设施的典型破坏

(a) 紫坪坝坝顶裂缝及护栏倒塌；(b) 闸门启闭机建筑的破坏（未倒塌）；(c) 拱坝岸坡破坏；(d) 水电站电梯厅破坏；(e) 大坝的纵向裂缝；(f) 泄洪隧洞顶面破坏

21.4%。因此，在抗震设计时，可适当提高易震损部位的抗震等级，如在其易损部位增设加强筋（箍），增强其整体连接性等；同时，在汶川地震中水利工程的附属结构，如泄洪、厂房进水口闸门操作的排架柱结构等震损严重，可适当提高这些附属结构的抗震水平，避免震后次生灾害的发生。

5）建立测震台网做好地震预警预报工作

水利工程抗震除采取工程抗震方法外，还可以通过建立地震台网，预测地震的发生，并结合地电、地磁、地下水等地震前兆，进行综合分析，提出地震预警、预报。人们可在地震发生前逃出，水利工程也能采取紧急措施，如放空水库、提前关闭机组，以减少地震灾害损失和人员伤亡。

9.2　水工混凝土结构检测

9.2.1　主要检测内容

水工混凝土结构的主要检测包括：①混凝土外观缺陷检查，如露筋、蜂窝、孔洞、裂缝、夹渣、疏松等；②混凝土内部缺陷检测，如空洞、蜂窝、内部裂缝等；③混凝土裂缝深度检测；④混凝土强度检测；⑤混凝土结构厚度检测；⑥钢筋分布及锈蚀检测；⑦水下缺陷与渗漏检测；⑧结构的整体位移观测及强震观测。

9.2.2　混凝土质量检测

对于混凝土缺陷检测，无损检测方法很多。目前比较成熟和实用的是回弹法、超声波法、回弹综合法、冲击回波法、探地雷达法等。但随着技术的发展也涌现出了一些新的检测技术，如声发射技术、CT 扫描技术、声呐技术等。

1. 冲击回波法

冲击回波法是基于瞬态应力波的一种无损检测技术，自从 20 世纪 80 年代兴起以来，已成功运用到许多不同类型混凝土建筑物的缺陷检测和质量评价中。该法通过一次短暂持续的力学冲击（通常为小钢球敲击，接触时间为 15～80μs）来产生低频应力波并传播到内部结构，在缺陷处和外部边界中来回反射而引起瞬态共振响应。这些波反射引起的表面位移将会被靠近冲击位置的一个传感器所记录，位移随时间变化的结果会转化为振幅随频率变化的结果，即时域分析转化为频域分析。因此，可以通过频域分析确定实体结构的弹性波波速或厚度，进而确定结构完整性及缺陷的位置。

与传统的共振法相比，冲击回波法有明显优势。如在测试室内混凝土抗冻性时，共振法测试自振频率时较为简单，可直接读取，但当自振频率下降较大时或相对动弹性模量下降至 60％时测试结果易出现波动；冲击回波法测试步骤略微繁琐，波速需要解析，但数值较为稳定，可重复性较好。此外，共振法主要是试验室控制的一种手段，不能用于现场混凝土结构，而冲击回波法可以在现场，通过测试弹性波波速来推求动弹性模量，进而对混凝土结构的耐久性做出评价。

2. CT 扫描技术

CT 扫描技术的工作原理是在被测构件无损状态下，利用 X 射线从多个方向扫描被检测物体某一断层，用专门的探测器把经过被检物体射线衰减后的信息采集下来，通过计算机采用专门的图像重建算法，把被扫描断面以二维或三维灰度图像形式展现出来，其检测直观结果就是被检物体断层图像。其主要特点是：精确度高、检测对象更广泛、可较好地实现被检试样内部结构的三维重建。通过这种断层图像可以清晰反映被检物体选定断层内的结构层次、材质情况、有无缺陷等内部情况，帮助质检人员对构件的评估做出正确的判定。其技术原理如图 9.2-1 所示。

通过带裂缝的混凝土试件进行 CT 扫描试验，可获得关于裂缝的 CT 图像（图 9.2-2）。CT 扫描技术可在 20cm^3 的混凝土试块中检测出表面裂缝及内部裂纹，并且能够清晰地反映裂纹在混凝土块中的位置及宽度情况。对锈蚀后的钢筋混凝土构件进行 CT 扫描检测试验，在 CT 图像中同样可清晰看到钢筋锈蚀造成裂纹的情况（图 9.2-3）。此外，采用 CT 扫描技术可以检测混凝土内部损伤情况以及进行预应力灌浆密实度检验等。

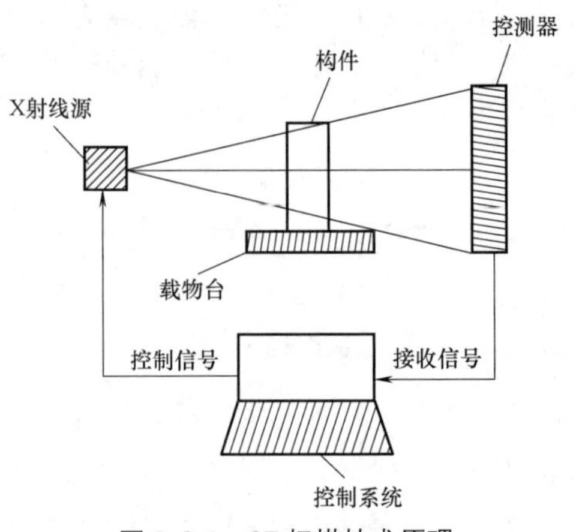

图 9.2-1 CT 扫描技术原理

3. 声呐技术

双频识别声呐是一种利用超声波获得高分辨率、大范围清晰图像的设备。利用声学透镜对声波进行压缩汇聚，形成狭窄的波束，得到高清的图像数据，主要用于水工建筑物水下外观病害的检测。双频识别声呐发射的波束经过物体表面，根据波的强度显示图像，当波束的频率高时，图像显示会出现声学阴影。可在有效视距范围内对探测目标进行自动变焦，保证图像的清晰度，其成像范围与其工作姿态角度和探测距离有关。图 9.2-4 为双频识别声呐成像视角示意图。

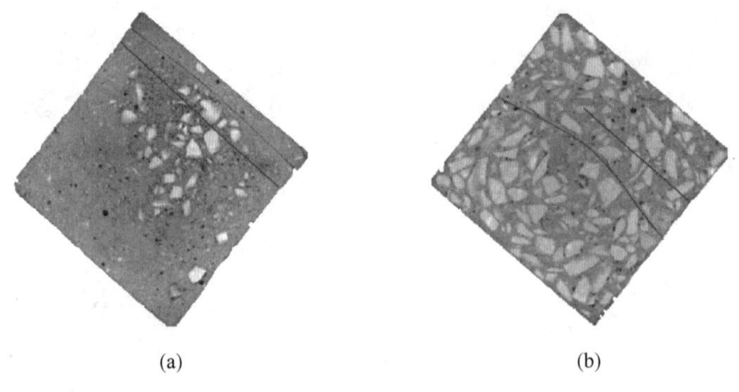

图 9.2-2 裂缝 CT 图像

（a）边缘裂缝；（b）中部裂缝

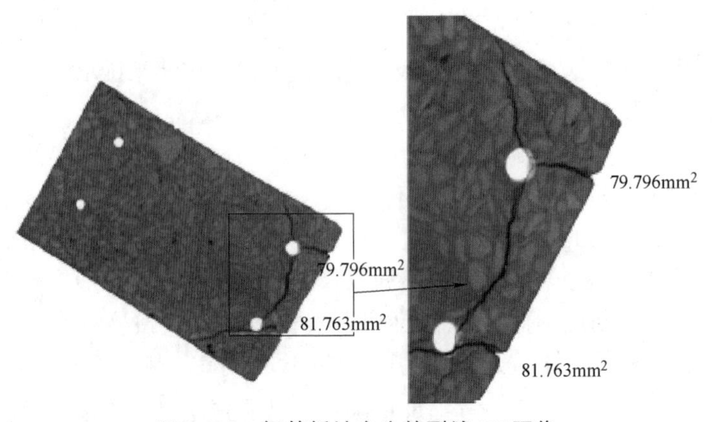

图 9.2-3 钢筋锈蚀产生的裂缝 CT 图像

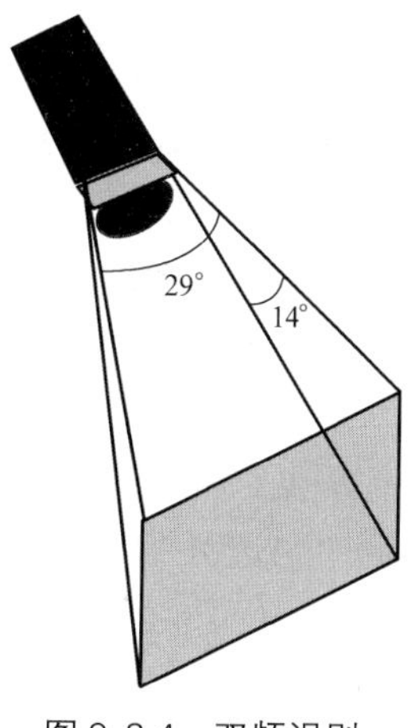

图 9.2-4　双频识别声呐成像视角

此外，考虑到水下部分的安全隐患具有发现难、处理难、破坏性强、突发性强等特点，水下部分安全隐患很难采用常规技术手段进行探测和排查。为了解决这一技术难题，三维实时声学成像声呐系统 Echo Scope（以下简称 ES）应运而生。该系统依靠声呐设备发出的声波，以及该声波触碰到目标物后反射的回波进行定位和成像，能够实时、准确地生成水下结构三维图像，实现对水下隐患的探测。

目前，ES 系统在国内水利工程中的应用主要包括，水工建筑物水下结构安全监测、堤防护坡水下检查、水库库底和河道淤积、桥墩水下冲刷等方面，为工程除险加固、安全鉴定以及水下清淤等工作提供基础数据。不过，其在探测宽度较小的裂缝（厘米以下级别）方面还存在不足；同时该系统对工程内部结构和隐患（如坝内渗流、混凝土内部质量缺陷等）方面的探测也存在不足。

4. 稳态表面波法

目前国内外对大体积混凝土无损检测方法主要有超声波法和瞬态脉冲波法。超声波法精度较高，但检测深度直接受限于钻孔深度，费用较高，而且对混凝土结构造成了一定程度的破坏；瞬态脉冲波法是利用锤击等瞬态震源激发脉冲波来检测裂缝深度，由于能量较小，检测深度较浅。

5. 离子示踪法

渗漏是水工混凝土建筑物中最为常见的老化病害之一，准确快捷地查找到渗漏源及渗漏通道是解决渗漏问题的关键环节。要解决水工建筑物渗漏问题，首先必须找到渗漏源。渗漏源、渗漏途径和通道的查找方法很多，主要包括压水（或有色水）试验、压气试验、超声波法、离子示踪法等。其中离子示踪法是以选取氯化钠和硫酸钠等化学性能稳定的物质作为示踪剂为例，对水库堰面混凝土裂缝渗水源及渗漏通道进行查找首先取堰前库区及堰面伸缩缝内水样为基准水样，在试验室内测试水样中的 Cl^- 和 SO_4^{2-} 浓度；接着在堰前指定位置投放一定浓度的 NaCl 和 Na_2SO_4 溶液，并按一定的时间间隔，在堰体伸缩缝内采取水样，测试水样中 Cl^- 和 SO_4^{2-} 浓度变化情况，进而定性、判断渗漏源及渗漏通道。

6. 声发射技术（AE）

声发射（Acoustic Emission）是指在一种材料内的局部源能量快速释放过程中产生的瞬态弹性波。与其他无损检测技术相比其优势在于可以确定损伤的位置可以不中断结构的性能而进行整体检测。因其具有实时性、灵敏度高、全方位、源定位、可感受任何过程或机制产生的应力波、被动性（无须从外部提供能源，而是利用破坏源本身的能量）等特点而被广泛应用于结构健康监测领域。此外还有非线性冲击共振声谱法（NIRAS），即通过测量与损伤密切相关的材料非线性损伤参数，检测混凝土结构内部损伤。

9.2.3　钢筋质量检测

水工混凝土中钢筋锈蚀是影响钢筋混凝土结构耐久性一个重要原因，也是水工建筑物安全鉴定过程中经常遇到的问题。混凝土中钢筋锈蚀程度的检测方法有很多，如综合分析法、电阻探针法（物理检测方法）、砂浆阳极极化法等，但由于种种因素的限制，在工程实际中仍只能以定性检测为主。常用的方法有半电池电位法和红外感应加热法等。

半电池电位法是钢筋锈蚀无损检测中的一种电化学方法，是通过测量钢筋的自然腐蚀电位判断钢筋的锈蚀程度。检测过程中使用“铜＋硫酸铜饱和溶液”半电池，与“钢筋＋混凝土”半电池构成一个全电池系统。在全电位系统中，由于“铜＋硫酸铜饱和溶液”的电位值相对恒定，而混凝土中的钢筋因锈蚀产生的电化学反应会引起全电池电位的变化，然后根据混凝土中钢筋表面各点的电位评定钢筋的锈蚀状态。

红外感应加热钢筋锈蚀无损检测系统主要由被检测对象、红外探测器红外热像仪及电磁感应加热单元三部分所构成，其工作模式是通过电磁感应对被检测对象进行加热，由红外探测器进行温度采集然后数据处理，其基本原理如图 9.2-5 所示。

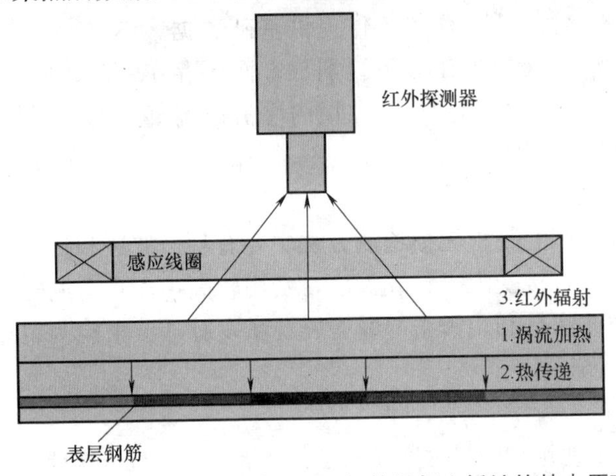

图 9.2-5 红外热成像检测技术用于钢筋混凝土锈蚀的基本原理图

红外感应加热检测混凝土结构内部锈蚀程度作为一种新型的无损检测手段，对此开展的研究较少，需要进行大量的室内和现场试验、理论分析，明晰锈蚀钢筋的温度变化机理，理清关键影响因素，才能真正应用于工程实践，指导结构的安全评估和耐久性设计。

9.2.4 结构的整体监测

1. 变形监测

水工建筑物在其施工和运行期间，受地基的工程地质条件、地基处理方法、建筑物上部结构的荷载等因素的综合影响，会产生变形，如果产生的变形过大就会影响建筑物的正常使用，甚至危及建筑物的安全。因此水工建筑物的施工和运行期间需要对它们进行监视观测，即变形观测，通过变形观测所获得的数据，可分析和监视建筑物的变形情况，以及时发现问题，采取措施，保证建筑物的正常使用。

水工结构的变形观测，包括水平位移、垂直位移、固结和裂缝观测等；其中水平和垂直位移的观测是针对结构整体而言的。为了掌握水工建筑物平面位移的变化规律，如位移与水位、时间以及温度等的关系，以指导工程管理运用，各重要建筑物均应进行平面位移观测。在建筑物施工过程中，就应设立观测标志，以便及时观测。在施工阶段及竣工后头1～2 年内，一般每月观测一次。以后随着建筑物变形趋于稳定，测次可逐步减少，但每年不得少于两次。当上游水位接近设计水位、校核水位或高于历年运用最高水位以及建筑物发生显著变形时，应增加测次。进行平面观测位移时，还应同时进行上下游水位、沉陷等观测；对于混凝土及砌石建筑物，还应进行气温、水温、砌体温度等有关因素的观测。观测水平位移的主要方法有基准线法和交合法（用于非直线型水工建筑物）。

水工建筑物的沉陷情况也是判断其工作状态及安全程度，以指导工程管理运用的重要手段。沉陷又称垂直位移，其方法是在建筑物上安设沉陷标点，并以地面上设置的工作基点为标准，对沉陷标点进行精密水准测量，以求得建筑物各个部位在不同时期的沉陷量。为了精确地掌握工程沉陷情况，建筑物施工时，就应设立水准基点、工作基点和沉陷标点，及时开展观测。

2. 强震监测

水工建筑物，特别是高坝大库，一旦遭受强震破坏，发生溃决，将造成严重后果，而次生水灾造成的损失将远远超过地震直接损害造成的损失。水工建筑物结构规模巨大，结构的动力响应复杂，有些研究很难在室内试验中完成，而在水工建筑物上直接设立强震监测台阵采集数据来监测是进行基础研究的重要手段和推动水工抗震工作发展的基础环节。

水工建筑物强振动监测技术为水工建筑物抗震、健康诊断和地震灾害应急决策等提供支持。水工建筑物强振动安全监测的主要目的是利用强震加速度仪来监测强震时地面运动的全过程及在其作用下水工建筑物的地震反应。它不仅为确定地震烈度和抗震设计提供定量数据，而且能通过强震记录的实时处理发出预警，根据预警等级采取有效的应急预案，可防止水工震害的进一步扩展和次生水灾的发生。

水工建筑物强振动监测技术包括台网、台阵布置，监测系统组成与技术要求，监测仪器检测与安装，信息采集、传递、处理，信息分析/应用，信息存储、发布（数据库）等内容。

强震监测采用的主要仪器为强震仪，强震仪主要由三大部分组成：拾震器系统、传输系统和记录系统。拾震器一般安装在预先浇筑的观测墩上，拾震器、墩体与被监测体牢固连成一体。信号传输可采用多芯屏蔽电缆或光缆。线路布设需要与强电线路应保持一定距离，以避免强电对采集信号的干扰。记录系统要放在有抗震设计的监测室内，室内应有稳定的工作台，备有（220±22）V电源，且有独立的配电盘、过压安全保护设施和防雷装置，以满足室温和湿度的要求。

9.3 水工混凝土结构鉴定与评估

9.3.1 安全性鉴定与评估

水工混凝土结构安全鉴定的目的是按国家现行规范或合适的计算方法复核计算水工混凝土结构目前在各种荷载作用下的变形、强度及稳定等是否满足要求。在进行复核及安全鉴定时，有两个关键的问题：一是计算分析时采用的计算模型能真正反映结构的主要病害与缺陷，采用的设计参数（如混凝土弹性模量、泊松比等）真实可靠；二是反应结构承载力的抗力（如抗压强度、抗拉强度）应能反应结构的老化程度。目前开展的现场检测主要集中在对病害缺陷的普查、对浅层裂缝深度的检测、对浅层混凝土抗压强度的检测及混凝土碳化深度的检测等方面。混凝土的弹性模量、抗拉强度、泊松比等影响结构安全的性能参数复核计算中仍是原设计值，而混凝土实际的性能与混凝土的老化程度、与温度等因素密切相关，与原设计值存在很大的差异，安全鉴定的结果不能真实反应混凝土结构的真实安全状况。因此，水工混凝土结构的安全鉴定应在下列 3 个方面开展工作：

（1）混凝土深层裂缝或内部缺陷的测定。

（2）混凝土真实性能参数的确定。可采用前期的监测资料进行反分析确定混凝土结构总体的弹性模量、泊松比，采用钻深孔结合室内试验，确定混凝土的弹性模量、强度等。

（3）安全鉴定标准的确定。安全鉴定标准的确定应考虑到计算中所采用的参数是全级配情况下的性能参数，现行设计中采用的混凝土性能参数均为在标准成型、养护和标准试验情况下的试验结果。全级配混凝土的性能参数（热学、力学及变形性能）与标准试验下混凝土的性能就有很大的差别，因而，安全评价的标准应有所不同。

1. 水工混凝土结构安全鉴定内容及步骤

1）鉴定内容

结构的安全鉴定应根据现场检查、检测和检测资料分析进行，包括：病害缺陷及老化状况检测资料、工程施工期及运行期监测资料、工程勘察与设计资料、工程地质及水文资料、工程竣工及验收资料、工程施工及质量控制资料、工程运行维护记录等，考虑混凝土的实际性能（抗拉强度、弹性模量、表观密度、泊松比、热膨胀系数等）及混凝土的老化状况（剥蚀状况、钢筋锈蚀的程度等），考虑荷载的变化（如扬压力是否增大等），复核分析采用现行规范。

2）鉴定步骤

（1）现场调查与资料收集；

（2）现场检测，查清结构老化程度和主要的病害缺陷；

（3）复核计算，采用规范规定的方法、有限元等合适的方法；

（4）安全性评定。

2. 典型病害缺陷的鉴定与评估

水工混凝土裂缝宜根据缝宽和缝深进行分类，如表 9.3-1 所示。当缝宽和缝深未同时符合表中指标时，应按照靠近、从严的原则进行归类。

混凝土裂缝分类 **表 9.3-1**

混凝土	项目			
	裂缝类型	特性	分类标准	
			缝宽(mm)	缝深
水工大体积混凝土	A类裂缝	龟裂或细微裂缝	$\delta<0.2$	$h\leqslant300$mm
	B类裂缝	表面或浅层裂缝	$0.2\leqslant\delta<0.3$	300mm$<h\leqslant$1000mm
	C类裂缝	深层裂缝	$0.3\leqslant\delta<0.5$	1000mm$<h\leqslant$5000mm
	D类裂缝	贯穿性裂缝	$\delta\geqslant0.5$	$h>$5000mm
水工钢筋混凝土	A类裂缝	龟裂或细微裂缝	$\delta<0.2$	$h\leqslant300$mm
	B类裂缝	表面或浅层裂缝	$0.2\leqslant\delta<0.3$	300mm$<h\leqslant$1000mm 且不超过结构宽度的 1/4
	C类裂缝	深层裂缝	$0.3\leqslant\delta<0.4$	100cm$<h\leqslant$200cm 或大于结构厚度的 1/4
	D类裂缝	贯穿性裂缝	$\delta\geqslant0.4$	$h>$20cm 或大于 2/3 结构厚度

水工混凝土裂缝按其所处部位的工作或环境条件可分为以下三类：

一类：室内或露天环境；

二类：迎水面、水位变动区或有侵蚀地下水环境；

三类：过流面、海水或盐雾作用区。

裂缝对大体积混凝土与钢筋混凝土的影响不同，因此，宜按这两类分别确定处理原则。一般情况下可采用如下的裂缝处理原则。

1）大体积水工混凝土裂缝处理原则

A类裂缝位于一类环境条件时，可不进行处理，位于二类、三类环境条件时应进行处理。

B类裂缝位于二类、三类环境条件时，应进行处理。当位于一类环境条件时，可不进行处理。

C类、D类裂缝均应进行处理。

2）水工钢筋混凝土裂缝处理原则

A类裂缝在一类、二类环境条件下可不进行处理，在三类环境条件下应进行处理；B类、C类、D类裂缝在各种环境条件下均应进行处理。

（1）渗漏

按照缺陷的分类原则及方式，水工混凝土建筑物的渗漏分类评判标准如下：

A类渗漏：轻微渗漏，混凝土轻微的面渗或点渗；

B类渗漏：一般渗漏，局部集中渗漏、产生溶蚀；

C类渗漏：严重渗漏，存在射流或层间渗漏。

根据建筑物渗漏的调查和原因分析，当出现下列情况时需进行复核计算：

① 作用变形、扬压力值超过设计允许范围；

② 基础出现管涌、流土及融蚀等渗漏破坏；

③ 伸缩缝止水结构、基础帷幕及排水等设施破坏；

④ 基础渗漏量突变或超过设计允许值；

⑤ 混凝土结构渗漏产生溶蚀破坏。

针对渗漏对混凝土结构安全影响的复核计算要综合考虑渗漏造成混凝土结构承担的扬压力或渗漏压力增大及渗漏溶蚀造成混凝土性能的劣化，及强度降低两个方面的因素。

渗漏的一般处理判定原则：

A类渗漏一般可不进行处理，影响安全运行时应进行处理；B类、C类渗漏应进行处理，C类渗漏还应进行结构安全分析。

（2）冻融剥蚀

混凝土冻融剥蚀按其对建筑物危害程度的大小分类如下：

A类冻融剥蚀：轻微冻融剥蚀，冻融剥蚀深度 $h \leqslant 1$cm；

B类冻融剥蚀：一般冻融剥蚀，冻融剥蚀深度 1cm$<h<$5cm；

C类冻融剥蚀：严重冻融剥蚀，冻融剥蚀深度 $h>$5cm 或剥蚀造成钢筋暴露。

当冻融剥蚀使承载混凝土结构的断面减小或造成钢筋混凝土结构的钢筋锈蚀时，应进行断面复核和应力计算，复核计算时依据检测的成果考虑结构断面的减小和钢筋锈蚀情况。

冻融剥蚀的处理原则：

A类冻融剥蚀在抗冲磨区域之外可不予处理，在抗冲磨区域宜进行处理；

B类冻融剥蚀宜进行处理，在抗冲磨区域应进行处理；

C类冻融剥蚀应进行处理，当冻融剥蚀造成钢筋混凝土结构的钢筋锈蚀时，应进行安全的复核。

(3) 钢筋锈蚀

根据缺陷检测的结构，按钢筋锈蚀对建筑物危害程度的大小分类如下：

A类锈蚀：轻微锈蚀，混凝土保护层完好，但钢筋局部存在锈迹；

B类锈蚀：中度锈蚀，混凝土未出现顺筋剥落，钢筋锈蚀范围较广，截面损失小于10%；

C类锈蚀：严重锈蚀，钢筋表面大部分或全部锈蚀，截面损失大于10%或承载力失效，或混凝土出现顺筋开裂剥落。

对水工混凝土建筑物的钢筋锈蚀，可按如下判定原则采取处理措施：

A类锈蚀可采取表明防护处理，延缓混凝土碳化的发展；

B类锈蚀应进行修补处理，防止钢筋的进一步锈蚀和恢复结构断面；

C类锈蚀应进行全面的加固处理，恢复结构的承载能力。

(4) 冲蚀与磨损

根据现场调查情况和缺陷检测结果，可将冲蚀与磨损分类如下：

A类：轻微磨损与空蚀，局部混凝土粗骨料外露；

B类：中度磨损与空蚀，混凝土磨损范围和程度较大，局部混凝土粗骨料脱落，形成不连续的磨损面（未露钢筋）；

C类：严重磨损与空蚀，混凝土粗骨料外露，形成连续的磨损面，钢筋外露。

磨损和空蚀缺陷处理的判定原则：

A类轻微磨损与空蚀可不进行处理；

B类、C类磨损与空蚀应进行修补处理，C类磨损与空蚀还应进行结构体型复核及安全分析。

(5) 混凝土碳化

根据现场对混凝土检测的结果，按其结构安全与耐久的影响程度的大小分为以下三类：

A类碳化：轻微碳化，大体积混凝土的碳化；

B类碳化：一般碳化，钢筋混凝土碳化深度小于钢筋保护层厚度；

C类碳化：严重碳化，钢筋混凝土碳化深度达到或大于钢筋保护层的厚度。

混凝土碳化处理的判定：

A类混凝土碳化可不进行处理；

B类混凝土碳化宜进行表面防护处理；

C类混凝土碳化应采取凿除碳化的混凝土、置换钢筋保护层的方法进行处理。

9.3.2 地震与洪灾后结构鉴定与评估

1. 抗震鉴定与评估

1) 水工建筑物抗震鉴定的内容

地震烈度超过 6 度的水工建筑物，应进行抗震复核，复核的内容包括：

（1）复核大坝的设计地震烈度或基岩加速度；

（2）复核大坝的抗震设防类别及相应的地震作用；

（3）土石坝坝体和坝基中砂土和软土等进行液化判别；

（4）对大坝、地基极可能发生地震塌滑的近坝库岸等进行地震稳定性分析；对各类混凝土结构、钢筋混凝土结构应做抗震强度的分析计算；

（5）结构抗震措施评价，包括对坝基防渗、软弱层加固、结构的整体性和刚度、施工接缝处理等。

值得注意的是，在进行大坝的抗震安全复核时，应依据现行的规范及标准，考虑大坝坝壳密实度和砂基液化等问题。

2）水工建筑物震害类型和震害等级划

土石坝的震害类型和震害等级划分以及震害损失评估等与一般房屋震害不完全相同。土石坝属于大体积的复杂结构，且坝上游有巨大水体的特殊水工建筑物，涉及大坝、地基、库水之间相互作用问题，其地震动力特性依坝高、坝型、体积不同而有差异，其震害表现与一般房屋震害表现有很大不同，这已被多次强震震害所证明。有时一般房屋震害严重，而水工建筑物震害轻微，有时一般房屋震害轻微，而土石坝震害严重。在总结大量水工建筑物震害的基础上，按照水工建筑物震害的类型、震害的轻重以及震害对工程安全可能造成影响程度，即修复难易，制定出统一的水工建筑物震害等级划分表。将震害划分成基本完好、轻微损坏、中等破坏、严重破坏、溃决五个等级。建议的土石坝震害等级划分如表 9.3-2 所示。

土石坝震害等级划分标准 **表 9.3-2**

震害等级	震害描述	水利功能	修复难易
基本完好	大坝基本完好，或有轻微浅表裂缝，附属建筑物略有损害	可正常使用	不经修理
轻微损坏	局部裂缝，未贯穿上下游，沉陷量不大，一般不超过50cm；附属建筑物遭受破坏	在短时间内即可恢复使用	经简单处理
中等破坏	有多条宽度大于 5mm 的纵向裂缝，宏观上可以看出沉降，有横向裂缝；坝体出现渗漏加剧但不影响坝体稳定； 因坝闸或溢洪道震损无法下泄库水	1 年之内可恢复使用	需要进行整修和加固
严重破坏	土石坝出现深度较大的贯穿性裂缝；产生较大面积的坝体滑坡或滑裂，坝坡局部隆起、凹陷或滑移；出现影响坝体稳定的坝体渗漏	水坝丧失部分水利功能	需要进行大修和加固；修复时间在 1 年以上
溃决	坝体大面积滑坡，坝基失稳，坝体陷落；库水下泄甚至垮坝	水坝丧失蓄水功能	需要重修

2. 洪灾后鉴定与评估

防洪标准鉴定应根据大坝设计阶段洪水计算的水文资料和运行期延长的水文资料，考虑建坝后上游地区人类活动的影响和大坝工程现状，进行设计洪水的复核和调洪计算，评价大坝工程现状的抗洪能力是否满足现行规范要求。

其鉴定结论包括：原设计的大坝防洪标准和设计洪水是否需要修改、水库大坝实际抗洪能力是否满足国家现行规范要求、要求的最大下泄量能否安全下泄。

水库抗洪能力鉴定包括：建筑物安全性和泄洪安全性鉴定。

1）挡水安全性鉴定

（1）坝顶高程（含防渗体）是否满足规范要求；

（2）复核泄洪建筑物挡水顶部高程是否满足规范要求；

（3）复核进水口建筑物等进口工作平台高程；

（4）复核闸门顶高程是否满足挡水要求。

2）泄洪安全性鉴定内容

（1）泄洪建筑物过水断面尺寸满足过流要求；

（2）泄洪设施安全启用。

3）泄洪影响鉴定内容

（1）评估设计和校核洪水的泄洪情况下下游地区人民生命和社会经济损失的风险；

（2）根据社会经济的发展，调查复核洪水淹没区人口、耕地、工矿企业、交通干线等损失；

（3）复核评估垮坝可能造成的人民生命和社会经济损失。

结合相关资料对以上鉴定内容进行综合评价，得出结论，水工大坝的防洪安全性等级分为 A、B、C 三个等级，防洪安全性等级见表 9.3-3。

防洪安全性等级 **表 9.3-3**

大坝级别	大坝类型	抗御洪水频率(重现期/年)					
		山区,丘陵			平原,滨海区		
		A	B	C	A	B	C
1	土石坝、堆石坝	≥5000	<5000 ≥2000	<2000	≥2000	<2000 ≥1000	<1000
	混凝土坝、浆砌石坝	≥2000	<2000 ≥1000	<1000	≥2000	<2000 ≥1000	<1000
2	土石坝、堆石坝	≥2000	<2000 ≥1000	<1000	≥1000	<1000 ≥300	<300
	混凝土坝、浆砌石坝	≥1000	<1000 ≥500	<500	≥1000	<1000 ≥300	<300
3	土石坝、堆石坝	≥1000	<1000 ≥500	<500	≥300	<300 ≥100	<100
	混凝土坝、浆砌石坝	≥500	<500 ≥300	<300	≥300	<300 ≥100	<100

9.4　水工混凝土结构加固

加固方案应根据结构的安全和耐久性要求、结构的缺陷情况及施工的可行性等制订。根据加固方案进行加固设计，设计时应考虑合适的施工方法及合理的构造措施，按照结构上的实际作用情况，进行承载力、正常使用功能等方面的验算。计算分析时应考虑加固实际的受力情况、加固部分应变滞后及加固部分与原结构协同工作的程度等。

混凝土结构的加固设计应保证新增部件或构件与原结构连接可靠，新截面与原截面粘结牢固，形成整体共同工作，并应避免对未加固部分和地基基础造成不利影响。

9.4.1　常用加固方法

1. 裂缝灌浆加固技术

裂缝修补的常用方法主要有表面处理法、填充法和灌浆法等。其中充填法适合于修补缝宽大于 0.5mm 的裂缝，表面覆盖法适合于修补缝宽小于 0.2mm 的裂缝，而灌浆法主要用于深层及贯穿裂缝修补。

化学灌浆是将一定的化学材料无机（或有机材料）配制成溶液，用灌浆泵等动力设备将其灌入地层或缝隙内，使其胶凝或固化，从而改善被灌体物理力学性质。我国已成功研制了各种类型的灌浆材料，在化学灌浆技术领域取得了突出的成绩，先后研发出硅酸钠类、环氧树脂类、甲基丙烯酸酯类、丙烯酸盐类、丙烯酰胺类、脲醛树脂类、铬木质素类及聚氨酯类等多种化学灌浆浆材品种。配套研制了各种高性能化学灌浆设备，如 HGB 系列化学灌浆设备。这些设备的使用进一步保证了灌浆的效果与质量，并逐渐形成一套成熟的化学灌浆技术工艺。

1）硅酸钠灌浆材料

硅酸钠灌浆材料是由硅酸钠溶液和相应的胶凝剂，如盐类、酸类等所组成，灌入地层后，发生反应生成硅酸盐凝胶，充填土（砂）中的孔隙和岩石的裂隙，从而起固结和防渗堵漏的作用。

2）环氧树脂灌浆材料

环氧树脂灌浆材料是使用最为广泛的补强灌浆材料，具有粘结力高，在常温下可固化，固化后收缩小、高机械强度、耐热性及稳定性好等优点。几十年来，随着化学工业科技的发展，相关学者研制出了多种配方，目前已研制出黏度可调、渗透性好且可在低温、潮湿条件下固化的系列环氧树脂灌浆材料。如环氧树脂水泥砂浆具有允许砂浆带水施工作业、水下抗分散离析性好、水下强度不损失、养护期短等优势，可在水下初凝并实现胶粘剂与混凝土强度的叠加，对水工混凝土水下裂缝具有较好的修复效果。

3）丙烯酸盐灌浆材料

丙烯酸盐灌浆材料作为丙烯酰胺灌浆材料的替代产品在水利行业一直得到广泛的应用，解决了水利行业许多防渗难题。但丙烯酸盐化学灌浆材料强度差，且使用的交联剂甲基双丙烯酰胺为具有中等毒性的化合物。最近几年丙烯酸盐灌浆材料的研究方向主要集中在交联剂研发和如何提高其强度，如研发新的交联剂替代甲基双丙烯酰胺，使丙烯酸盐灌浆材料更符合环保的要求。新丙烯酸盐浆液中除了有消除毒性的拮抗剂外，还有增加膨胀性能的成分，改进了生产技术，使其性能更加优异。

4）聚氨酯化学灌浆材料

聚氨酯化学灌浆材料的浆液是以多异氰酸酯和多元醇为主剂，加入一些辅助剂所组成。近几年对此类浆材的研究主要是以改善浆材的环保性、阻燃性和降低成本为目的。

灌浆法要求将裂缝构成一个密闭性空腔，有控制地预留进出口，借助专用灌浆泵将浆液压入缝隙并使之填满。其施工工艺流程如图 9.4-1 所示。

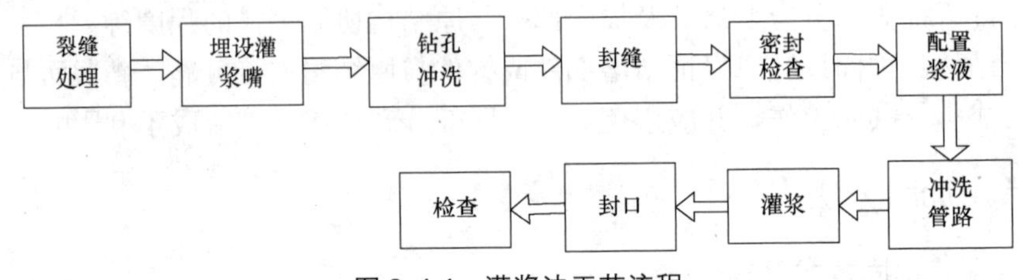

图 9.4-1 灌浆法工艺流程

2. 碳纤维复合材料

碳纤维补强加固技术是利用高强度（约为普通碳素钢材抗拉强度的十几倍）或高弹模（约为普通钢材的 1～2 倍）的连续碳纤维，单向排列成束，用环氧树脂浸渍形成碳纤维增强复合材料片材，将片材用专业环氧树脂胶粘贴在结构受拉或有裂缝部位，固化后与原结构形成一个整体，碳纤维即可与原结构共同受力。由于碳纤维分担了部分荷载，降低了钢筋混凝土结构的应力，从而使结构得到补强加固。

纤维复合材料是以碳纤维为增强材料，以合成树脂为基体复合而成的一种工程材料。用于加固混凝土结构的碳纤维产品主要有碳纤维布和碳纤维板。结构补强加固一般多用碳纤维布，可用于不同受力状态的混凝土构件的补强加固，如弯曲、剪切、扭转等受力构件。利用碳纤维布补强加固施工前，应尽可能地卸去部分荷载，使碳纤维布粘贴施工时结构或构件承受的荷载最大程度地减少。

加固时，首先要针对建筑结构可靠性鉴定等级，确定补强加固技术方案。随后根据加固方案进行加固设计，此时应考虑碳纤维布加固施工方法的特点及合理的构造措施；然后按照加固设计进行施工组织，施工时应采取确保质量和安全的有效措施，并应遵照有关规定进行施工和验收。

3. 预缩砂浆加固

普通水泥砂浆拌好后，码堆存放预缩 0.5～1h，使其体积预先收缩一部分后称为预缩砂浆；预缩砂浆能够减少用于修补后的体积收缩，防止与基材脱开；因其具有水灰比小、强度较高（用 P·O 42.5 普通硅酸盐水泥拌制的预缩水泥砂浆，其强度可达到 50MPa 以上）、稠度较小的特点，有利于在无模条件下进行施工和减少修补裂缝的发生。特别适宜于对混凝土表面缺陷（麻面、蜂窝、表面钢筋露头、对销螺栓预留孔洞）的修补处理。

预缩砂浆的力学性质控制指标要求：预缩砂浆的抗压强度应比基材混凝土抗压强度提高一个等级，且最低抗压强度不小于 40MPa，水工过流面抗压强度不小于 45MPa，抗拉强度不小于 2MPa，与混凝土粘结强度不小于 1.5MPa。

采用预缩砂浆加固的主要过程如下：

1）表面处理。修补前，对修补面先进行毛面处理并冲刷干净，毛面要保持湿润且无明显的积水。在基面涂一道厚1mm左右的水泥浆（水灰比0.4～0.45），涂刷水泥浆液和填塞预缩砂浆交叉进行，以确保施工进度和施工质量。刷浆前，应清除混凝土面的微量粉尘，以确保基液的粘结强度。

2）配制基液。采用预缩砂浆形成永久表面时，采用白水泥与混凝土同类水泥混合料作为胶凝材料，使拌制的预缩砂浆颜色与混凝土一致。

3）拌制预缩砂浆。预缩砂浆施工配合比应通过配比试验确定，一般采用水胶比0.3～0.4，灰砂比1∶2～1∶2.6，可加入适量减水剂。预缩砂浆拌制材料称量严格按配合比进行。拌出的砂浆以手握成团、手上有湿痕而无水膜为宜。拌制好的砂浆应用塑料布遮盖存放0.5～1h后使用，并在4h内使用完毕，超过时间的砂浆不准使用。

4）预缩砂浆回填。填入预缩砂浆，用木棒拍打捣实直至表面出现浆液。层间用钢丝刷刷毛，逐层连续作业直至修补工作完成。砂浆按每层厚4～5cm铺料和捣实（捣实后厚度约2～3cm），每层捣实到表面出现少量浆液为度。作为永久面时，用抹刀反复抹压至表面平整光滑、密实。对修补厚度超过80mm的部位，除表层用预缩砂浆外，其内部可用砂浆中掺入适量5～20mm小石的预缩混凝土填补。

5）预缩砂浆养护。预缩砂浆回填后保湿养护（始终用潮湿的麻袋或草帘子敷盖回填部位）6～8d不能直接进行浇水养护，逐渐提高预缩砂浆的强度。

6）预缩砂浆的检查。外观控制：平整光滑，无龟裂，接缝横平竖直无错台；内部质量：修补后砂浆强度达25MPa以上时（施工时抽样成型决定强度），用小锤敲击表面，声音清脆者合格，声音发哑者凿除后重新修补。

4. 钢衬加固

已建水工隧洞工程由地质条件变化、施工缺陷、结构老化、周围新建工程等原因导致结构强度不足或局部渗漏时，需要进行结构补强和防渗加固处理，而传统加固技术由于受技术及经济条件的限制，大量水工隧洞混凝土衬砌结构存在浇筑质量差、设计安全度偏低、衬砌结构开裂渗漏及冲刷破坏等安全问题，很难达到预期的效果。这里介绍一种适用于水工隧洞的加固技术——钢衬加固，即在原隧洞衬砌内增加钢衬使隧洞达到结构安全和防渗要求，是圆形隧洞加固的常用措施之一。

与其他相近的加固措施相比较，钢衬加固具有以下特点：(1) 钢衬加固可以改善混凝土衬砌结构安全，阻止混凝土裂缝的进一步开展，大大增加衬砌抵抗内部水压力的能力；(2) 钢衬加固可以消除由混凝土裂缝引起的洞内压力水外渗，解决由于内水外渗造成的不良影响；(3) 隧洞钢衬加固与拆除衬砌重新浇筑相比较，施工更方便，造价相对较低，而且不会带来拆除衬砌而引起的不安全问题。

5. 新型高强修补砂浆加固与PMSCC加固

1）新型高强修补砂浆加固

针对水工混凝土结构的混凝土表面损伤，相关学者研究了一种新型水泥基修补材料。该修复材料的主要成分包括：高强水泥、坚硬的石英砂、高效减水剂、微粉掺合料。大颗粒和硬化石英砂可以提高耐磨性，高效减水剂可以减少水的作用，塑化砂浆，改变水泥硬化浆体的结构，减少毛细管孔径和孔体积，提高水泥浆体的强度和密度。硅灰掺入水泥浆，大大提高了砂浆的强度和耐久性。

这种新型砂浆在石角水库工程的修复中，发挥了很好的效果。石角水库位于江苏省南京市浦口区石角村，流域面积为 1.7km^2、体积为 51000m^3。由于水库溢流面严重受损，混凝土剥落、强度低，表面裂纹分布广泛，裂纹宽度较大。这些损坏严重影响了水库的耐久性、安全性与完整性。为了消除隐患，采用了该新型砂浆进行加固，加固效果良好，保证了水库安全泄洪。图 9.4-2 是修复前后的对比图，现场修复取得了良好的效果。

(a)

(b)

图 9.4-2 修复前后对比
(a) 修复前；(b) 修复后

2）PMSCC 加固

目前，国内外的修补材料、施工工艺种类较多，修补方案各式各样，但是人们最关心的是修补材料的耐久性，旧混凝土与修补材料之间的粘结强度以及修复后结构的完整性。单从技术角度考虑，确定维修方案必须充分考虑到项目的特殊性和适应情况。

1986 年日本学者了冈村首次提出自密实混凝土的概念，因其独特的施工优势、良好的强度和耐久性，在全世界很受欢迎。聚合物改性自密实混凝土（polymer modified self-compacting concrete，PMSCC），由于聚合物材料的成膜性效应，加入聚合物后混凝土有许多性能得到改善，如抗拉强度、粘结强度、耐水性和耐久性等。聚合物改性自密实混凝土，用于旧结构的置换混凝土，采用聚合物乳液对水泥基材料进行改性是自密实混凝土施工的优越性。它适用于更换大面积冻融或侵蚀损坏的水工混凝土，以及加强梁、柱和其他不满足强度或密实度的结构构件。相关研究表明，增加聚合物乳液可显著降低混凝土的脆性，使其具有较高的抗拉强度和抗压强度。PMSCC 作为置换混凝土具有自密实、高抗裂性、耐久性好的特点，可有效降低新老混凝土之间的界面应力，提高修复结构的完整性。

9.4.2 喷涂纯聚脲加固技术

喷涂聚脲弹性体技术是在反应注射成型（Reaction Injection Molding，RIM）技术的基础上，于 20 世纪 70 年代中后期发展起来的。许多水工混凝土存在裂缝、溶蚀、冻融、温度疲劳、波砂磨蚀等病患，严重危及水工建筑物的正常使用和服役安全。而喷涂纯聚脲技术则是对拟建以及服役中后期的水工建筑物实施有效的耐久性防护，并确保其安全运行的一种重要手段。

喷涂纯聚脲是由 A、B 双组分组成，严格遵循化学等当量原理，经高温、高压、撞击混合反应生成具有许多优异综合性能的材料。其中A组分为异氰酸酯，B组分必须是由端氨基聚醚、端氨基扩链剂组成，不得含有催化剂。通过上述方法制备的聚脲产品又称为纯聚脲。聚脲材料的特性如下：

1. 聚脲优异的耐磨损、抗冲击及耐高速水流冲刷的功能

相关研究表明，聚脲弹性体防护材料的耐磨性远优于高性能耐磨混凝土。351纯聚脲耐磨性约为高硬度纯聚脲和脂肪族聚脲的2倍。如果磨损厚度作为耐磨性的评价因子，351纯聚脲耐磨性是高性能混凝土在悬移质作用下的约5倍，在推移质下约为混凝土的50倍。能有效阻止高速含泥沙水流的冲蚀、磨损对水工混凝土的破坏，可大大提高水利设施的耐久性。中国聚脲技术研发中心的研究结果表明，纯聚脲在高速（40m/s）含泥沙（10%）水流冲刷的磨损率小于0.027g/(cm^2·h)，是C60高强混凝土的15倍；纯聚脲耐高速水流气蚀能力是环氧树脂的30倍。

2. 聚脲施工对水分、湿度不敏感，施工时受环境温度和湿度的影响小

聚脲材料极高的温度和湿度适应性使其在复杂的环境下能够形成性能稳定可靠的涂层；在水电大坝的施工基材存在高落差、陡坡、施工作业面不规则等固有因素，以及可能面临下雨、刮风、结露、潮湿等情况下，配合使用配套的基材处理系统，对混凝土基材的附着力仍能达到2.5MPa以上，并且随着服役时间的延长，与水工建筑物的附着力保持良好，甚至还会增大。

3. 聚脲材料对自然光照、冻融、温度交变等因素具有优异的耐受性

国内学者等通过对经过人工加速老化15000倍的聚脲样片进行理化性能测试和红外光谱分析，发现材料的力学性能并未发生大的变化，紫外线的照射仅仅使聚脲表面失光，而对聚脲内部结构和大分子链段并未产生破坏。国外研究表明，聚脲的寿命在75年以上，中国聚脲技术研发中心的相关研究结果也证实了这一点；国内研究发现经历温变后SPUA-351喷涂聚脲弹性防水涂层的强度并不会低于温度交变前的涂层强度，其防渗性能及自身抗冻性能很好，对混凝土表现出很高的抗冻融性能，经历600次冻融循环后表面完好无损，质量损失和相对动弹性模量几乎不变，可以确保混凝土长期在复杂环境下的服役年限，有效提高了水利混凝土耐久性。此外，聚脲的超弹性赋予了该材料优秀的抗开裂性能，对于混凝土坝面的裂缝以及裂缝扩展具有良好的抑制效果。在背水压力情况下，聚脲涂层同样能保持良好的抗渗性。聚脲涂层不产生其他有机挥发物，节能环保，是真正的绿色产品。

综上，聚脲弹性体防护材料因具有固化速度快、抗渗性高、高韧性、高抗拉强度、高延伸率、耐化学腐蚀、耐磨性、耐冲击性、耐老化性，与各种基材的粘结性强，及其组成比例可任意调节的特点。作为新型无溶剂、无污染的绿色施工技术，加上便捷的施工工艺，在大坝坝面、溢洪道、排沙洞、导流洞、输水渠等水工建筑物中具有广泛的应用。如美国波士顿地铁工程、San Mateo大桥等重点工程均无例外地使用纯聚脲涂层作为防护材料。此外，山西恒山水库上游坝面防渗、青岛奥帆基地蓝色畅想水池、上海浦东竹园屋面种植绿化、青岛理工大学教学楼屋顶鱼池等涉水工程，都陆续采用纯聚脲涂层作为水工混凝土的防护材料。纯聚脲为在自然环境因子和高速含泥砂水流的双重作用下，提高水工混凝土的耐久性、可靠性和安全性，提供了重要的技术保障。

9.4.3 TRC新型材料加固

织物增强混凝土（Textile Reinforced Concrete，TRC），主要是指用耐碱纤维（如：AR-玻璃纤维、碳纤维等，见图9.4-3）织物来增强高性能细骨料混凝土的一种复合材料，故也可称织物增强砂浆（Textile Reinforced Mortar，TRM）。它具有轻质高强、抗裂、耐火、耐腐蚀等优点，适用于薄壁结构或耐腐蚀构件以及恶劣环境中结构的覆层材料和结构的加固补强。国内外学者对TRC力学性能进行了大量的试验研究，并将其应用于结构的加固修复等领域，采用TRC对结构进行抗弯、抗剪、约束及抗震加固均取得了很好的效果：TRC加固的板承载力及工作性能显著增强，且在一定的配网率范围内，增强幅度随配网率增大而增大；采用TRC对RC梁进行抗弯加固，可以抑制裂缝的开展，提高梁的受弯承载力，随着TRC中织物网层数的增加，受弯承载力显著增加且裂缝宽度和间距都减小；抗剪试验的研究结果表明，TRC加固能明显提高梁的抗剪承载力，且剪跨比大的梁的抗剪承载力提高幅度较大，加固梁裂缝开展延缓、条数增多，主斜裂缝发展缓慢，刚度明显提高，抗剪切变形能力增强；采用TRM/TRC约束混凝土圆柱和方柱均可以很好地提高混凝土的抗压强度和变形能力，约束效率随织物网层数及基体的抗拉强度提高而增大；用TRC对钢筋混凝土柱进行抗震加固的研究表明，TRM/TRC加固能延缓纵筋屈曲和阻止粘结破坏，增加抗震措施不足的RC柱的循环变形和耗能能力，TRC加固柱的刚度退化曲线较长，具有较好的抗震变形能力。

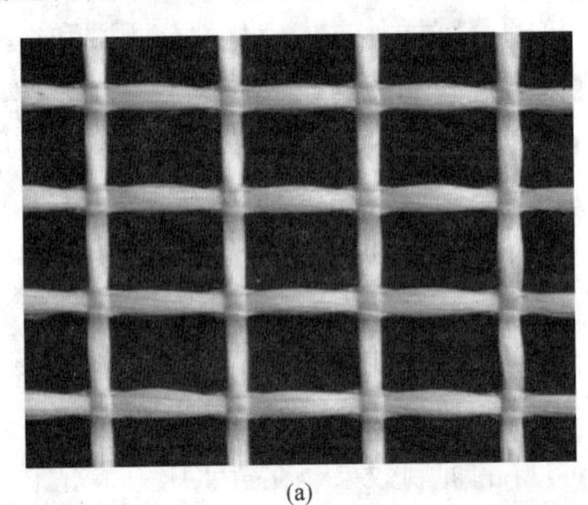
(a)

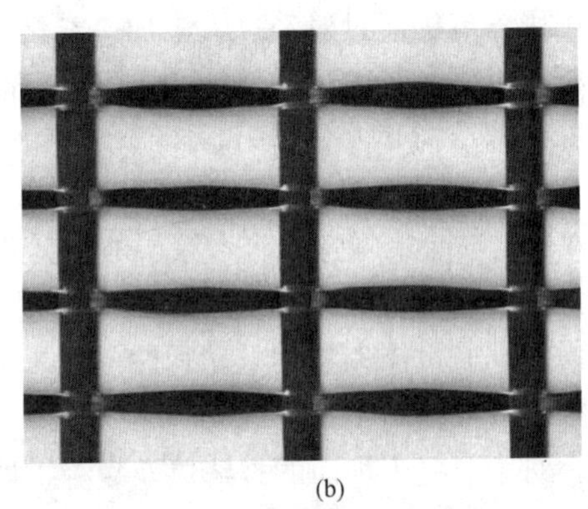
(b)

图9.4-3 纤维织物网

(a) 耐碱玻璃纤维网；(b) 碳纤维编织网

1. TRC加固的基本特点及施工工艺

1）加固特点

TRC材料和钢筋混凝土相比，由于非金属纤维织物在混凝土中不锈蚀，这就免去了在TRC中设置保护层，故复合材料可以做成很薄的薄壁构件，薄度甚至可达10mm，对原结构自重及截面尺寸影响较小。TRC是类似于钢丝网水泥砂浆的一种无机复合凝胶材料，与胶浸基体的FRP加固材料相比，砂浆作为无机凝胶材料，与基材间有更好的相容性、协调性及相互渗透性，而且抗老化、耐高温、耐久性更好，弥补了FRP材料不适宜用于潮湿的基体表面及低温环境的缺陷，同时也省去了界面胶粘技术中高成本胶粘剂的使用。TRC复合材料，由于其基体细骨料的粒径较小，使得其中铺设的织物层间距可少于

2mm，能方便地进行多层铺设，以满足加固承载力的需要。另外，复合材料中的纤维织物，可根据承载的差异，在主要受力方向上进行铺设，可充分发挥纤维织物的优势。

2）施工工艺

采用 TRC 材料加固混凝土构件，其加固施工应有可靠的施工技术措施，须按下列工序进行：

（1）施工准备工作

采用 TRC 复合材料对混凝土构件进行加固前应做如下准备工作：

① 根据现场和被加固构件实际情况拟订施工方案，确定加固施工组织设计；

② 对所使用的纤维织物、高性能细骨料混凝土（砂浆）材料以及相关机具做好施工前的准备工作；

③ 搭设脚手架作为施工工作面。

（2）待加固构件混凝土表面处理

在浇筑新混凝土之前，必须对新老混凝土结合面进行适度处理，使之形成完整、干净、适度粗糙的表面，以保证新老混凝土界面间的粘结力。在实际加固工程中可采用以下处理方法：

① 利用凿毛机对构件混凝土表面进行打磨，露出粗骨料层，形成适度粗糙面；

② 再用高压水射法将打磨的粗糙表面上的粉尘以及残存污渍清洗干净，同时起提前湿润构件的作用。

（3）粘贴 TRC 加固层

TRC 复合材料加固主要施工步骤如下（图 9.4-4）：

① 在已清尘、润湿后的构件混凝土表面涂抹界面剂，界面剂可采用与加固层同水灰比的水泥净浆，厚度宜为 1.5mm 左右；

② 抹第一层砂浆，其最小厚度要求将原构件表面的混凝土填实，并且能将要铺设的第一层纤维织物基本覆盖，初凝前压实 2～3 遍，以保证密实度和平整度，然后铺设第一层纤维织物；抹第二层砂浆，铺设第二层织物；

③ 第二层织物铺设完成后，抹面层砂浆，厚度要求将第二层织物完全覆盖即可，待砂浆初凝后压光 2～3 遍，以保证密实度；如需继续铺设织物，可照上述步骤进行施工。

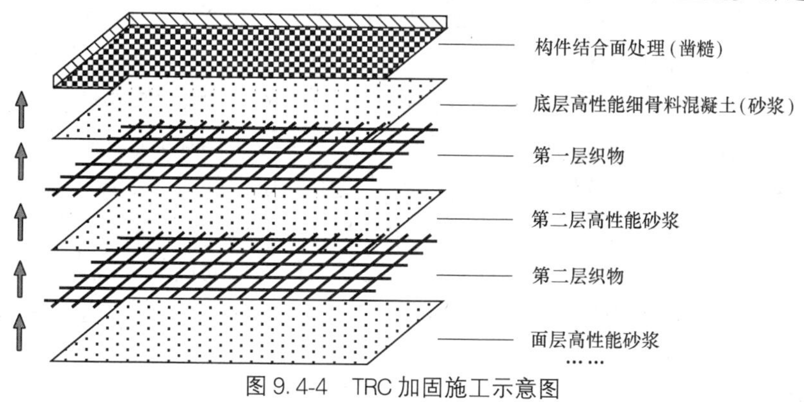

图 9.4-4　TRC 加固施工示意图

（4）养护

加固层施工完毕后，需对高性能砂浆进行保湿养护，可优先选择浇水养护，对于不允许浇水的情况下可选择塑料布覆盖或涂刷养护剂等方法。

2. 抗弯加固

国内学者在TRC薄板的力学性能和与老混凝土的界面粘结性能试验研究的基础上，提出并研究了采用TRC薄板加固钢筋混凝土梁的方法，即采用纬向为碳纤维（沿梁的纵向）、经向为耐碱玻璃纤维的缝编织物增强细骨料混凝土薄板加固钢筋混凝土梁。如表9.4-1所示，采用不同纤维网层数的TRC对RC梁进行底面抗弯加固，可得到不同的抗弯加固效果。图9.4-5给出RC梁的截面尺寸、配筋详情及加固示意。

试验梁及加固参数 表9.4-1

试件编号	织物铺设层数	混凝土立方抗压强度(MPa)
B0-1	—	26.9
B1-1	1	26.9
B1-2	2	26.9
B1-3	3	26.9
B1-4	4	26.9

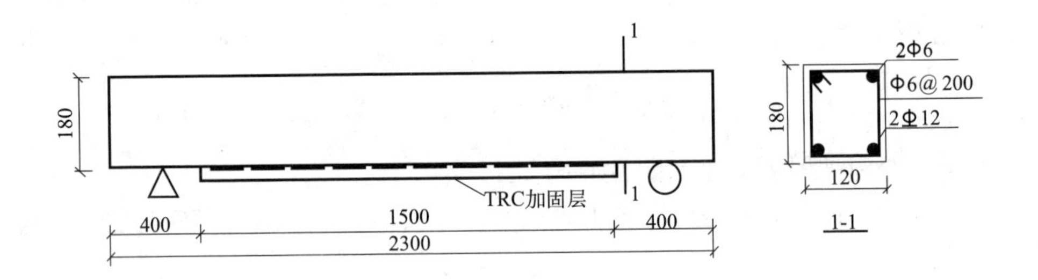

图9.4-5 试件参数和配筋图（单位：mm）

3. TRC加固RC梁试验结果

1）破坏形态

根据试验，试验梁所呈现的破坏形态主要有以下3种类型：①适筋破坏。B0组对比试件呈现出典型的适筋梁破坏模式，即纵向受拉钢筋先屈服，随后钢筋经历较大的塑性变形后受压区混凝土被压碎而破坏，见图9.4-6(a)。②TRC纤维织物被拉断，压区混凝土未被压碎。单双层TRC加固试件在受拉筋屈服后，继续增加的荷载主要由加固层来承受，由于配网率较小，当碳纤维上的应力达到其极限抗拉强度时，加固层被拉断，此时压区混凝土未被压碎，见图9.4-6(b)。③加固层在跨中局部脱粘破坏。3层、4层TRC加固试件，在受拉纵筋屈服后，继续加荷至一定程度，跨中加固层与老混凝土之间脱粘，脱粘长度约为300～450mm。脱粘后梁变形骤加，部分纤维被拉断，受压区顶部混凝土很快被压碎，试件破坏，见图9.4-6(c)。

2）承载力

采用TRC对梁进行抗弯加固后，其开裂荷载、屈服荷载及极限荷载都有不同程度的提高，且提高幅度随TRC中织物铺设层数的增多而增大，表9.4-2列出了不同织物网层

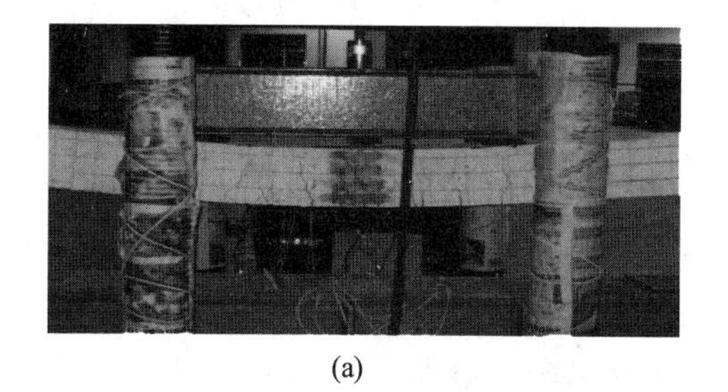
(a)

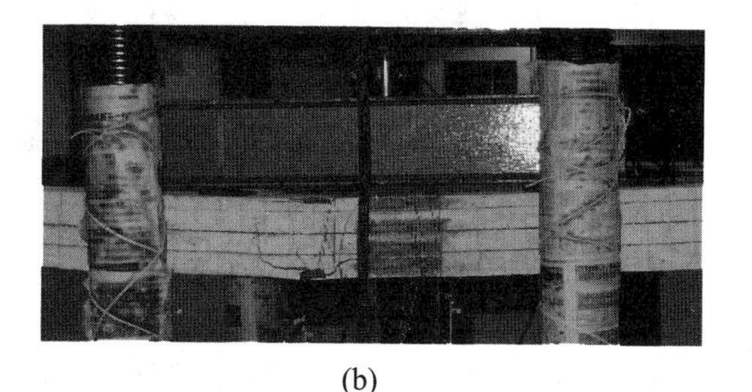
(b)

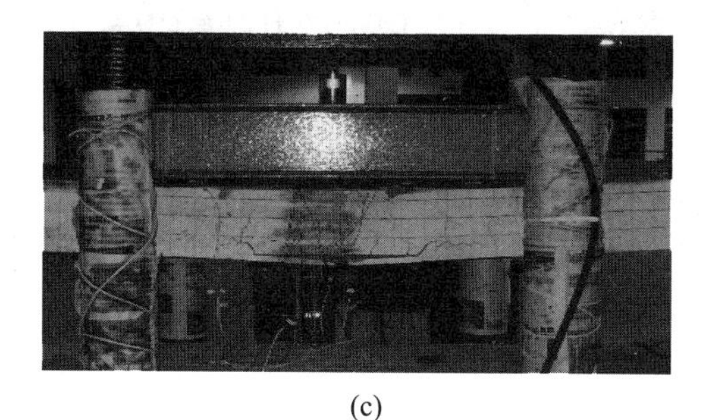
(c)

图 9.4-6 破坏形态
(a) 未加固梁适筋破坏；(b) TRC 纤维织物被拉断、拉区混凝土未被压碎；(c) 加固层在跨中局部脱粘破坏

数 TRC 加固梁的开裂荷载、屈服荷载及极限荷载值。

各层织物加固梁承载力汇总 表 9.4-2

织物层数	开裂荷载(kN)	屈服荷载(kN)	极限荷载(kN)
对比梁	6.07	25.25	30.47
一层加固	6.72	26.86	31.34
二层加固	7.05	29.44	33.30
三层加固	7.47	30.71	35.44
四层加固	7.72	32.06	39.66

由表 9.4-2 试验结果可看出，单层碳纤维织物 TRC 加固时（所用碳纤维横截面截面面积总量 $A_{cf}=4.5\text{mm}^2$），其开裂荷载相对于 B0 组对比梁提高 11%，屈服荷载提高 6%，极限荷载仅提高 3%；两层碳纤维织物 TRC 加固时（所用碳纤维横截面截面面积总量 $A_{cf}=9\text{mm}^2$），其开裂荷载提高 16%，屈服荷载提高 17%，极限荷载提高 9%；三层碳纤维织物 TRC 加固时（所用碳纤维横截面截面面积总量 $A_{cf}=13.5\text{mm}^2$），其开裂荷载提高 23%，屈服荷载提高 22%，极限荷载提高 16%；四层碳纤维织物 TRC 加固时（所用碳纤维横截面截面面积总量 $A_{cf}=18\text{mm}^2$），其开裂荷载提高 27%，屈服荷载提高 27%，极限荷载提高 30%。

试验结果表明，承载力的提高幅度与 TRC 的配网率 ρ_f（ρ_f 为碳纤维织物横截面积 A_{cf} 与 bh_f 的比值，h_f 为 TRC 加固层的平均厚度）相关，当配网率增大时，其承载力提高呈现了不同的增长规律，如图 9.4-7 所示。由图 9.4-7 可看出，采用单层及双层织物 TRC 加固时，其开裂荷载、屈服荷载提高幅度明显优于极限荷载，这主要是由于 TRC 加固层与原结构协同受力，分担了部分截面弯矩，从而提高了开裂荷载和屈服荷载，但受拉钢筋屈服后，承载力越来越多由 TRC 来承受，由于 TRC 中配网率有限，最终有限的碳纤维织物被拉断，致使极限承载力提高不明显，提高幅度小于开裂荷载及屈服荷载；当 TRC 加固层中织物层数达三层，其极限承载力提高幅度明显加快，但提高比例仍小于开裂荷载及屈服荷载，这主要是由于在钢筋屈服后，加固层中由于织物层数增多，抗拉强度增大，从而极限承载力大幅度提升，但由于梁纯弯区界面粘结的薄弱的影响，最终碳纤维织物未全部发挥作用时就因局部剥离脱粘而破坏，致使屈服阶段后的极限承载力提高幅度受限；当 TRC 加固层中织物层数增至四层时，虽有可能在梁纯弯区发生了局部剥离脱粘破坏，但由于 TRC 中有足够的配网率的保证，其极限承载力提高幅度仍优于对应的开裂荷载及屈服荷载。由此可看出，采用 TRC 进行加固时，除了要考虑加固材料与原结构的界面粘结问题外，TRC 加固层中的最小配网率 $\rho_{f,min}$ 也同样值得关注。

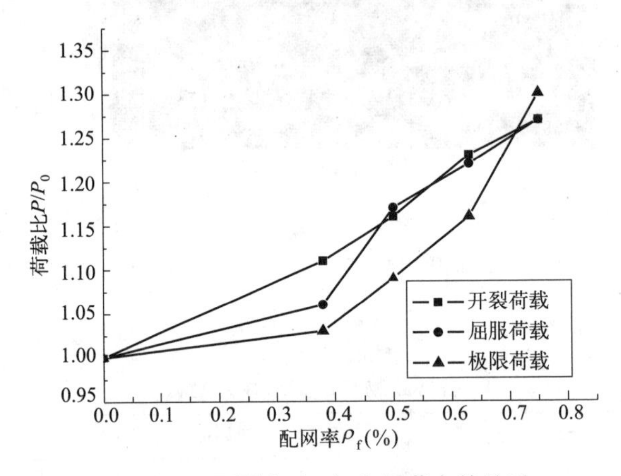

图 9.4-7 配网率（ρ_f）与承载力的关系

3）荷载-挠度曲线

试验得到的部分试件的荷载-挠度曲线见图 9.4-7。从图可见，开裂前由于荷载较小、变形较小，所有构件的挠度基本一致；受拉纵筋屈服后，跨中挠度不断增大，中和轴迅速上移，混凝土应变剧增。加固梁在纵筋屈服后仍能承担较大增幅的荷载，继续增加的荷载主要由织物来承担，中和轴上移缓慢，因此，跨中挠度滞后较为明显。

4. 正截面受弯承载力计算

研究结果表明，TRC 薄板加固可以有效地提高梁的开裂荷载、屈服荷载和极限荷载；加固后梁的延性略有降低；当配网率提高到一定程度后，加固梁承载力主要由加固层与老混凝土之间的局部脱粘破坏决定。根据不同的破坏模式，提出了 TRC 薄板加固梁的受弯承载力计算方法，给出了相关计算公式。

1）基本假定

（1）平截面假定：在混凝土梁破坏的过程中，截面的应变始终保持平面。

（2）混凝土梁开裂后不考虑受拉混凝土的作用。

（3）钢筋应力应变关系为：屈服前，应力应变关系为线弹性关系。屈服后，钢筋的应力取屈服强度。

$$当\ \varepsilon_s E_s < f_y\ 时, \sigma_s = \varepsilon_s E_s \tag{9.4-1}$$

$$当\ \varepsilon_s E_s \geqslant f_y\ 时, \sigma_s = f_y \tag{9.4-2}$$

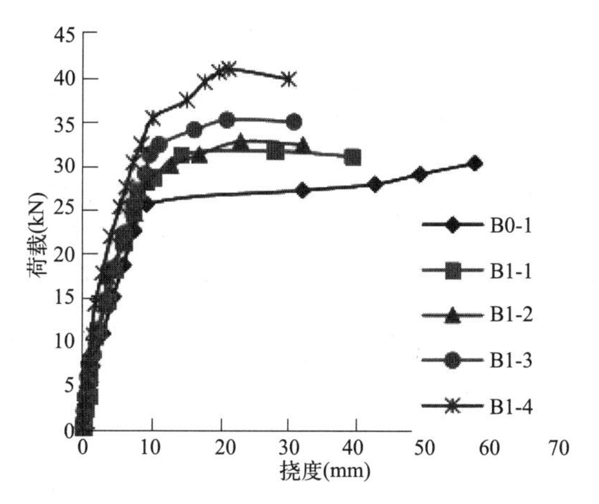

图 9.4-8　不同织物层数下荷载-挠度曲线

(4) 混凝土应力应变关系按《混凝土结构设计规范》GB 50010—2010（2015 年版）取用：

$$当\ \varepsilon_c \leqslant \varepsilon_0\ 时, \sigma_c = f_c[1-(1-\varepsilon_{c/}\varepsilon_0)^2] \tag{9.4-3}$$

$$当\ \varepsilon_0 < \varepsilon_c \leqslant \varepsilon_{cu}\ 时, \sigma_c = f_c \tag{9.4-4}$$

式中　ε_s——混凝土压应变；

ε_0——混凝土压应力达到峰值 f_c 时的混凝土压应变，取 0.002；

ε_{cu}——混凝土极限压应变，取 0.0033；

f_c——混凝土轴心抗压强度设计值；

σ_c——混凝土压应力。

(5) 碳纤维织物的应力-应变关系为直线：在混凝土梁破坏过程中，碳纤维织物始终为线弹性关系。

$$\sigma_{cf} = \varepsilon_{cf} E_{cf} \tag{9.4-5}$$

2) 矩形截面梁抗弯承载力分析

根据加固试件破坏形态的不同，其正截面抗弯承载力的计算可分为以下两种情况：

(1) 受拉钢筋屈服，受压区混凝土被压碎，达到极限压应变。此种破坏模式下，受压区混凝土已达到极限状态，可以采用《混凝土结构设计规范》GB 50010—2010（2015 年版）所规定的等效矩形应力图形来计算，这相当于加固率适中的梁。其承载力计算模型如图 9.4-9 所示。

由应变几何关系可得：

$$\frac{\varepsilon_{cf}}{\varepsilon_{cu}} = \frac{(h+t_m/2)-x_c}{x_c} \tag{9.4-6}$$

将 $x=\beta_1 x_c$ 代入式（9.4-6）可得：

$$\varepsilon_{cf} = \left(\frac{\beta_1(h+t_m/2)}{x} - 1\right)\varepsilon_{cu} \tag{9.4-7}$$

则 f_{cf} 可按下式计算：

$$f_{cf} = E_{cf}\left[\left(\frac{\beta_1(h+t_m/2)}{x} - 1\right)\varepsilon_{cu}\right] \leqslant f_{cfu} \tag{9.4-8}$$

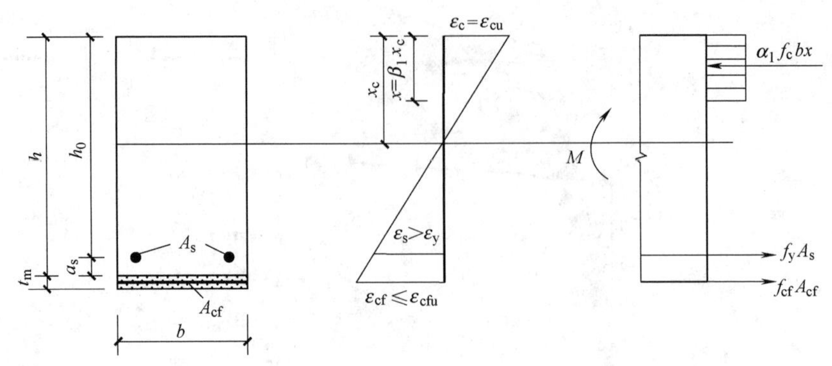

图9.4-9 抗弯承载力计算模型Ⅰ

再由水平方向上力的平衡可得：

$$\alpha_1 f_c bx = f_y A_s + f_{cf} A_{cf} \tag{9.4-9}$$

联立式（9.4-8）、式（9.4-9）可得到关于受压区高度的一元二次方程，求解可得 x。受压区高度求出后，可按下式计算极限抗弯承载力：

$$M_u = \alpha_1 f_c bx\left(h + \frac{t_m}{2} - \frac{x}{2}\right) - f_y A_s\left(h + \frac{t_m}{2} - h_0\right) \tag{9.4-10}$$

界限破坏时，则式（9.4-9）中 $f_{cf} = f_{cfu}$，由此计算出 x，代入式（9.4-10）中可求得加固梁极限抗弯承载力。对于双筋矩形截面梁，则式（9.4-9）、式（9.4-10）改写为：

$$\alpha_1 f_c bx + \sigma'_s A'_s = f_y A_s + f_{cf} A_{cf} \tag{9.4-11}$$

$$M_u = \alpha_1 f_c bx\left(h + \frac{t_m}{2} - \frac{x}{2}\right) - f_y A_s\left(h + \frac{t_m}{2} - h_0\right) + \sigma'_s A'_s\left(h + \frac{t_m}{2} - a'_s\right) \tag{9.4-12}$$

其中 σ'_s 按下式计算：

$$\sigma'_s = E_s \varepsilon'_s = E_s \varepsilon_{cu}\left(1 - \frac{\beta_1 a'_s}{x}\right) \leqslant f'_y \tag{9.4-13}$$

式中 f_{cf}、ε_{cu}、E_{cf}——分别为碳纤维织物受拉应力、应变及弹性模量；

f_y、f'_y——分别为普通钢筋的抗拉、抗压强度设计值；

α_1——受压区混凝土矩形应力图的应力值与混凝土轴心抗压强度设计值的比值；

β_1——矩形应力图受压区高度与中和轴高度（中和轴到受压边缘的距离）的比值。

（2）受拉钢筋未屈服，压区混凝土被压碎，达到极限压应变。这一破坏模式主要是由于受拉钢筋配置较多，加固量过大致使受压区混凝土过早破坏，破坏时压区混凝土达到极限状态。其承载力计算模型如图 9.4-10 所示。

由应变几何关系可得：

$$\frac{\varepsilon_{cu}}{x_c} = \frac{\varepsilon_s}{h_0 - x_c} \tag{9.4-14}$$

将 $x = \beta_1 x_c$ 代入式（9.4-14）可得：

$$\varepsilon_s = \left(\frac{\beta_1 h_0}{x} - 1\right)\varepsilon_{cu} \tag{9.4-15}$$

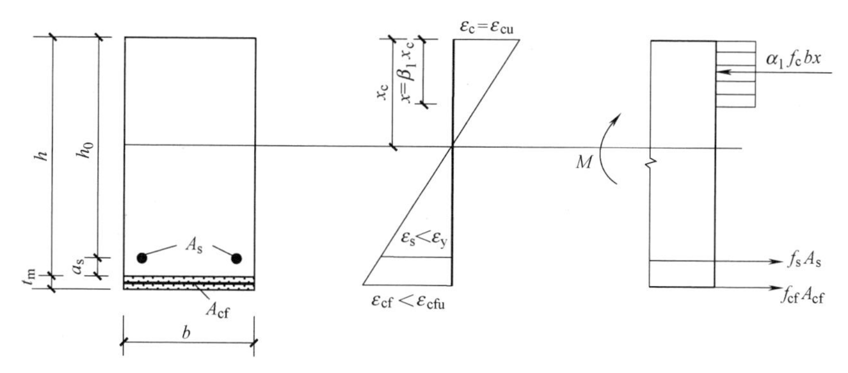

图 9.4-10 抗弯承载力计算模型Ⅱ

则 σ_s 可按下式计算：

$$\sigma_s=E_s\varepsilon_s=E_s\left(\frac{\beta_1 h_0}{x}-1\right)\varepsilon_{cu} \tag{9.4-16}$$

再由水平方向上力的平衡可得：

$$\alpha_1 f_c bx=\sigma_s A_s+f_{cf}A_{cf} \tag{9.4-17}$$

联立式（9.4-8）、式（9.4-16）、式（9.4-17），求解可得受压区高度 x，再按下式计算极限抗弯承载力：

$$M_u=\alpha_1 f_c bx\left(h+\frac{t_m}{2}-\frac{x}{2}\right)-\sigma_s A_s\left(h+\frac{t_m}{2}-h_0\right) \tag{9.4-18}$$

对于双筋矩形截面梁，则式（9.4-17）、式（9.4-18）改写为：

$$\alpha_1 f_c bx+\sigma'_s A'_s=\sigma_s A_s+f_{cf}A_{cf} \tag{9.4-19}$$

$$M_u=\alpha_1 f_c bx\left(h+\frac{t_m}{2}-\frac{x}{2}\right)-\sigma_s A_s\left(h+\frac{t_m}{2}-h_0\right)+\sigma'_s A'_s\left(h+\frac{t_m}{2}-\alpha'_s\right) \tag{9.4-20}$$

式中，σ'_s 按式（9.4-13）计算。

【例 9-1】 现有一矩形截面简支梁，截面尺寸及纵筋数量如图 9.4-11 所示，下部受力纵筋为 3 根直径为 16mm 的 HRB335 级钢筋，上部为 2 根 12mm 的 HRB335 级钢筋，混凝土强度等级为 C25，保护层厚度为 40mm，所受荷载为均布荷载。经检测鉴定后，发现其承载力不能满足现在的需求。因此，拟采用碳纤维织物进行加固。加固所用碳纤维织物网层数为 3 层。试求此加固梁的极限受弯承载力，讨论其是否满足受弯承载力要求。（纤维织物的极限抗拉强度 $f_{cfu}=3475.56$MPa，弹性模量 $E_{cf}=231$GPa，极限应变 $\varepsilon_{cfu}=0.01505$，加固梁中 A_{cf} 值可取为 13.5mm^2，相应的加固层厚度 t_m 为 18mm。假设梁界限破坏，取 $f_{cf}=f_{cfu}$）

【解】 由于此混凝土梁的配筋量与加固量适中，加固后梁的破坏模式应为受拉钢筋先屈服，受压区混凝土被压碎，达到极限压应变，因此，在进行受弯承载力计算时，应采用第Ⅰ计算模型。

查《混凝土结构设计规范》GB 50010—2010（2015 年版）得：

$f_c=11.9\text{N/mm}^2, f_y=335\text{N/mm}^2, A_s=226\text{mm}^2, \alpha_1=1.0$

因此，由式(9.4-11)，计算出加固后混凝土梁截面受压区高度：

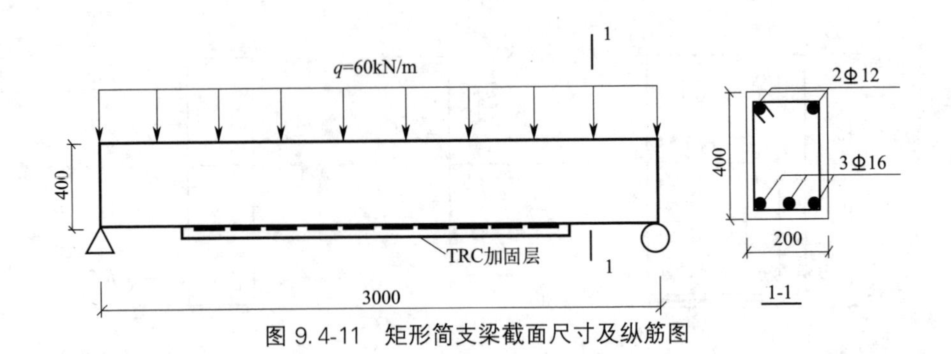

图 9.4-11 矩形简支梁截面尺寸及纵筋图

$$x=\frac{f_{y}A_{s}+f_{cf}A_{cf}}{\alpha_{1}f_{c}b}=\frac{335\times226+3475.56\times13.5}{1.0\times11.9\times120}=85.88\text{mm}$$

则加固后梁的极限受弯承载力应按式(9.4-12)进行计算:

$$M_{u}=\alpha_{1}f_{c}bx(h+\frac{t_{m}}{2}-\frac{x}{2})-f_{y}A_{s}(h+\frac{t_{m}}{2}-h_{0})$$

$$=1.0\times11.9\times120\times85.88\times\left(180+\frac{13.5}{2}-\frac{85.88}{2}\right)-335\times226\times\left(180+\frac{13.5}{2}-160\right)$$

$$=15.61\text{kN}$$

因此，加固后的梁满足受弯承载力要求。

5. 抗剪加固

对于 TRC 材料的抗剪加固性能，国外学者对 RC 矩形梁及 T 形梁进行了抗剪加固试验研究。为有效利用织物性能，进行抗剪加固的织物都按与轴向成 45°方向编织。研究结果表明，TRC 加固无横向钢筋梁的延性比加固前明显提高，可延迟梁的破坏。此外，还有学者采用织物增强砂浆（TRM）作为套管材料来研究 RC 矩形梁的抗剪加固性能，使用 TRC 材料对 RC 构件进行外部包裹，可以在一些主要方向上形成纤维构造层，从而进行抗剪加固。与以往的 FRP 套筒加固一样，TRC 套层模型的抗剪加固也是基于熟知的桁架模型来模拟分析的。假设织物是由 n 维方向上的连续纤维粗纱组成，任一方向 i 上的纤维与构件的纵向轴线方向形成的角度为 β_i（图 9.4-12），TRC 套层贡献的抗剪承载力 V_t，可写成下列简化形式：

$$V_{t}=\sum_{i=1}^{n}\frac{A_{ti}}{S_{i}}(\varepsilon_{te,i}E_{fib})0.9d(\cot\theta+\cot\beta_{i})\sin\beta_{i} \tag{9.4-21}$$

式中 $\varepsilon_{te,i}$——在 TRC 方向 i 上的“有效应变”，可认为是构件发生剪切破坏时，横跨斜裂缝上纤维的平均应变；

E_{fib}——纤维的弹性模量；

d——横截面有效深度；

A_{ti}——每一纤维粗纱在方向 i 上横截面面积的两倍；

S_i——沿构件轴向上的粗纱间距；

θ——斜裂缝与构件轴线间的夹角。

A_{ti}/S_i——如果方向 i 与构件轴线垂直，则其值在这个特定方向上就等于两倍织物名义厚度 t_{ti}；

t_{ti}——基于纤维涂层的等效分布而定，每层织物在纤维主要方向上的名义厚度为 0.047mm；

β_i——i 方向上纤维束与构件轴线间的夹角。

相关资料表明封闭的四边套层（包裹于柱型构件的四周）可以保证有效应变 $\varepsilon_{te,i}$ 足够大，约为 0.8%。

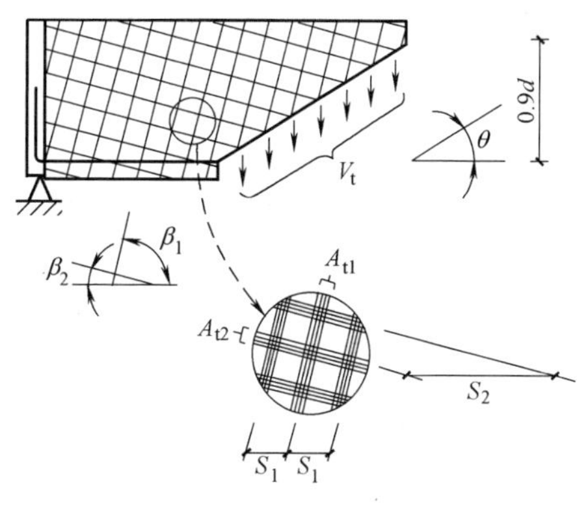

图 9.4-12 织物在正交的两个方向上所承担的抗剪承载力

关于 TRC 抗剪加固，国内学者基于不同剪跨比的织物增强混凝土（TRC）加固 RC 梁的斜截面抗剪承载力试验，研究了被加固梁的斜截面抗剪承载力及其破坏形态的变化及剪跨区加固后梁的变形特点。试验结果表明，加固措施可以有效地提高梁斜截面抗剪承载力，改善梁的斜截面破坏的脆性，对斜裂缝的发展有一定的约束作用，并减小梁在斜裂缝出现前的挠度。在试验研究的基础上，给出 TRC 薄板加固梁的受剪承载力计算公式，公式计算结果与试验结果基本吻合。

1）剪力传递途径

在受剪过程中，钢筋混凝土梁剪力传递途径可以表示为同时存在“桁架”作用和“拱”作用，剪力 V 可表示为：

$$V=\frac{\mathrm{d}M}{\mathrm{d}x}=\frac{\mathrm{d}(T\cdot z)}{\mathrm{d}x}=z\frac{\mathrm{d}T}{\mathrm{d}x}+T\frac{\mathrm{d}z}{\mathrm{d}x} \tag{9.4-22}$$

式中 M——梁上作用的弯矩；

V——梁上作用的剪力；

T——纵筋的拉力；

z——截面的内力臂。

简图如图 9.4-13 所示。

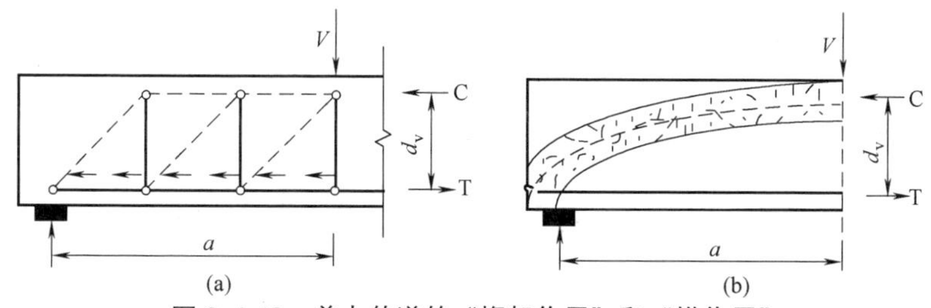

图 9.4-13 剪力传递的“桁架作用”和“拱作用”

（a）桁架作用；（b）拱作用

2）桁架-拱模型

钢筋混凝土受剪的桁架-拱模型计算简图如图 9.4-14 所示。桁架机构的配筋率和加固层中纤维的配网率分别为：

$$\rho_{sv}=\frac{A_{sv}}{bs},\rho_{cf}=\frac{A_{cf}}{bs_c},\rho_{gf}=\frac{A_{gf}}{bs_g} \tag{9.4-23}$$

由于箍筋的作用，斜裂缝区实际混凝土受压面积减小，则混凝土斜压杆的有效面积A_c为：

$$A_c=\eta bh=\left(1-\frac{s}{2h}\right)\left(1-\frac{b}{4h}\right)bh \tag{9.4-24}$$

式中 η——截面面积折减系数，$\eta=\left(1-\frac{s}{2h}\right)\left(1-\frac{b}{4h}\right)$。

斜压杆在水平方向的投影长度a为：

$$a=d_v\cot\theta \tag{9.4-25}$$

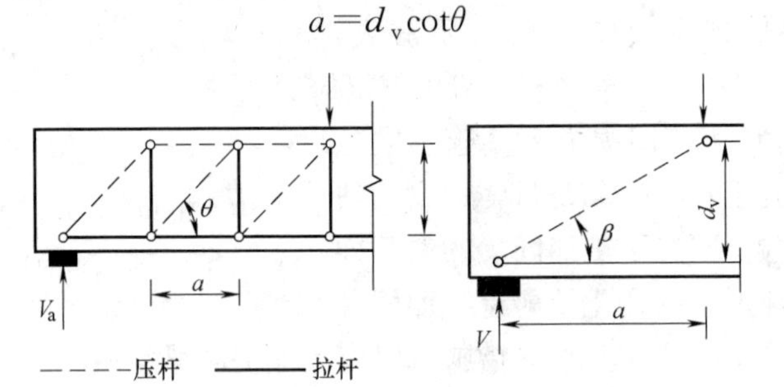

图 9.4-14 桁架-拱模型

式中 d_v——截面有效剪切高度，如图 9.4-14 所示，可近似地取$d_v=0.9h_0$；

θ——斜压杆与梁轴线的夹角；

长度a范围内箍筋的根数为$n=a/S_v$（S_v为箍筋的间距）。

由竖向的内力平衡可得箍筋和加固层纤维承担的剪力V_t：

$$V_t=\sum A_{sv}f_{sv}+\sum A_{cf}f_{cf}+\sum A_{gf}f_{gf}$$
$$=(\rho_{sv}f_{sv}+\gamma_{cf}\rho_{cf}f_{cf}+\gamma_{gf}\rho_{gf}f_{gf})bh\cot\theta \tag{9.4-26}$$

式中 ρ_{sv}、ρ_{cf}、ρ_{gf}——分别为箍筋、碳纤维、玻璃纤维配筋（网）率；

A_{sv}、A_{cf}、A_{gf}——分别为箍筋、碳纤维、玻璃纤维截面面积；

γ_{cf}——碳纤维强度折减系数，根据纤维束拉伸试验取 0.49；

γ_{gf}——玻璃纤维强度折减系数，根据纤维束拉伸试验取 0.30；

$\cot\theta$——综合反映了混凝土斜向压应力及加固层高性能混凝土的影响。

混凝土斜压杆N_c：

$$N_c=\eta\sigma_c bh\cos\theta \tag{9.4-27}$$

下弦杆的内力N_v为：

$$N_v=V_t\cos\theta \tag{9.4-28}$$

由混凝土斜向压应力，箍筋和纤维的拉力，以及纵筋拉力的平衡，可得：

$$\left[\sum(\rho_{sv}f_{sv}+\gamma_{cf}\rho_{cf}f_{cf}+\gamma_{gf}\rho_{gf}f_{gf})\right]^2(1+\cot^2\theta)=(\eta\sigma_t bh\cot\theta)^2 \tag{9.4-29}$$

将式（9.4-26）代入式（9.4-29），并利用三角函数关系，可推得：

$$\cot\theta\leqslant\sqrt{\frac{\eta\sigma_t}{\rho_{sv}f_{sv}+\gamma_{cf}\rho_{cf}f_{cf}+\gamma_{gf}\rho_{gf}f_{gf}}-1} \tag{9.4-30}$$

桁架斜压杆的角度θ取值有一定的范围。θ较小时（即$\cot\theta$较大），斜裂缝区域横截面的压应力很大，应力传递困难，因此$\cot\theta=2$取为其上限，故应取：

$$\cot\theta=\min\left(\sqrt{\frac{\eta\sigma_{t}}{\rho_{sv}f_{sv}+\gamma_{cf}\rho_{cf}f_{cf}+\gamma_{gf}\rho_{gf}f_{gf}}-1.2}\right) \tag{9.4-31}$$

拱机构剪力传递机制如图 9.4-13（b）所示，取如图 9.4-15 基本受力单元简化模型。

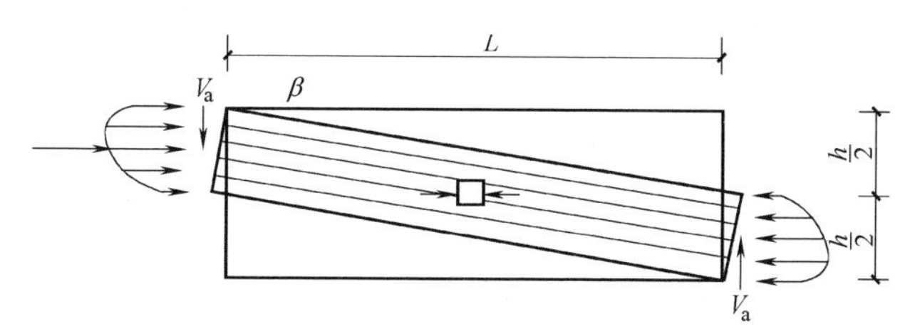

图 9.4-15　拱模型基本受力单元

则拱分担的剪力为：

$$V_{a}=\sigma_{a}\frac{b_{m}h_{m}}{2}\tan\beta \tag{9.4-32}$$

试验结果和研究分析表明，拱作用随着剪跨比的增大而减小，而桁架作用则随着剪跨比的增大而增大，所以混凝土压杆拱的受力可按以下近似方法确定：

（1）$\lambda<1$ 时，加固梁拱作用明显，受剪承载力由拱模型确定，拱中混凝土压应力达到混凝土软化强度 νf_{c} 而破坏，即有：

$$\sigma_{a}=\nu f_{c} \tag{9.4-33}$$

式中　ν——混凝土软化系数，$\nu=0.7-f_{c}/165$。

（2）$\lambda=3$ 时，拱作用近似为零，剪力主要依靠桁架传递，故拱中混凝土压应力取为：

$$\sigma_{a}=0 \tag{9.4-34}$$

（3）$1\leqslant\lambda<3$ 时，拱作用近似取式（9.4-33）和式（9.4-34）的线性差值，即为：

$$\sigma_{a}=(1.5-0.5\lambda)\nu f_{c} \tag{9.4-35}$$

将式（9.4-35）代入式（9.4-32）可得拱机构中分担的剪力为：

$$V_{a}=(1.5-0.5\lambda)v f_{c}\frac{b_{m}h_{m}}{2}\tan\beta \tag{9.4-36}$$

式（9.4-36）中 $\tan\beta$ 反映了剪跨比的影响，根据图 9.4-15 的几何关系，可知：

$$\tan\beta=\frac{h_{m}/2}{L+h_{m}/2\tan\beta} \tag{9.4-37}$$

近似取 $h_{0}=0.9h_{m}$，且 $\lambda=L/h_{0}$，代入式（9.4-37）得：

$$\tan\beta=\sqrt{1+(0.9\lambda)^{2}}-0.9\lambda \tag{9.4-38}$$

在无轴向力的情况下，混凝土的压应力由桁架模型中混凝土的压应力和拱模型中混凝土的压应力组成，当构件达到极限抗剪承载力时，混凝土中的压应力达到混凝土的软化强度，由此可得：

$$\sigma_{a}+\sigma_{t}=v f_{c} \tag{9.4-39}$$

则：

$$\sigma_{t}=v f_{c}-\sigma_{a}=0.5(\lambda-1)v f_{c} \tag{9.4-40}$$

综前所述，加固梁所能承担的总剪力为：

$$V=V_{t}+V_{a} \tag{9.4-41}$$

由此，根据剪跨比的不同，可得不同破坏形式的加固梁的抗剪承载力计算公式如下：

$\lambda<1$ 时：

$$V=\upsilon f_{c}\frac{b_{m}h_{m}}{2}\sqrt{1+(0.9\lambda)^{2}}-0.9\lambda \tag{9.4-42}$$

$1\leqslant\lambda<3$ 时：

$$V=(\rho_{sv}f_{sv}+\gamma_{cf}\rho_{cf}f_{cf}+\gamma_{gf}\rho_{gf}f_{gf})bh\cot\theta+(1.5-0.5\lambda)\upsilon f_{c}\frac{b_{m}h_{m}}{2}\sqrt{1+(0.9\lambda)^{2}}-0.9\lambda \tag{9.4-43}$$

$\lambda>3$ 时：

$$V=(\rho_{sv}f_{sv}+\gamma_{cf}\rho_{cf}f_{cf}+\gamma_{gf}\rho_{gf}f_{gf})bh\cot\theta \tag{9.4-44}$$

利用上述公式计算试验梁抗剪承载力，式（9.4-42）的计算表明加固层纤维网所承担的剪力随着剪跨比的增大而增大。

【例 9-2】 某简支梁及其截面配筋如图 9.4-16 所示，混凝土强度为 C30，纵筋为热轧 HRB400 钢筋，箍筋为 HPB300 级钢筋，忽略梁自重及架立筋的作用，环境类别为一类。假设桁架-拱模型中斜腹杆的倾角为 45°。采用 3 层 TRC 在剪跨段进行加固，织物为碳纤维与玻璃纤维混编织物，碳纤维每股粗纱的面积为 0.95mm²，抗拉强度为 2700MPa，无碱玻璃纤维每股粗纱的面积为 0.94mm²，抗拉强度为 1450MPa，织物网格尺寸 10mm×10mm。试求此加固梁的极限抗剪承载力。

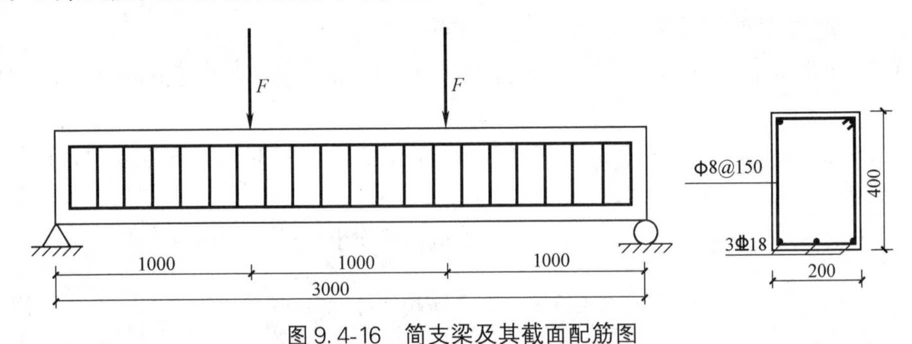

图 9.4-16 简支梁及其截面配筋图

【解】 查表得，C30 混凝土 $f_{c}=14.3\text{N/mm}^2$，HRB400 $f_{y}=360\text{N/mm}^2$，HPB300 $f_{y}=270\text{N/mm}^2$。一类环境，梁的最小保护层厚度为 20mm，故取 $\alpha_{s}=35\text{mm}$，则 $h_{0}=h-\alpha_{s}=400-35=365\text{mm}$。

箍筋的配筋率以及配网率如下：

$$\rho_{sv}=\frac{A_{sv}}{bs}=\frac{2\times50.3}{200\times150}=0.335\%$$

$$\rho_{cf}=\frac{A_{cf}}{bs_{c}}=\frac{3\times0.95}{200\times10}=0.143\%$$

$$\rho_{gf}=\frac{A_{gf}}{bs_{g}}=\frac{3\times0.94}{200\times10}=0.141\%$$

混凝土软化系数为：

$$\upsilon=0.7-f_{c}/165=0.7-14.3/165=0.613$$

梁的剪跨比为：

$$1\leqslant\lambda=\frac{a}{h_0}=\frac{1000}{365}=2.74<3$$

故此加固梁的极限抗弯承载力应用式（9.4-43）进行计算：

$$\begin{aligned}V=&(0.335\%\times270+0.49\times0.143\%\times2700+0.39\times0.141\%\times1450)\\&\times200\times400\times\cot45^{\circ}+(1.5-0.5\times2.74)\times0.613\times14.3\\&\times\frac{200\times400}{2}(\sqrt{1+(0.9\times2.74)^2}-0.9\times2.74)\\&=385.50\text{kN}\end{aligned}$$

6. 约束加固

采用TRC约束混凝土柱，主要是由于TRC约束使柱的核心混凝土处于三轴应力状态，大大提高了柱的承载力。国内外学者对TRC约束混凝土柱的力学性能进行了细致地研究。研究成果表明，TRC加固层能有效约束核心混凝土，可有效提高混凝土的抗压强度及抗变形能力。如表9.4-3所示，采用不同纤维网层数的TRC对RC柱进行约束加固，可得到不同的约束加固效果。图9.4-17给出RC柱的截面尺寸、配筋详情。

部分试验柱加固参数 表9.4-3

试件编号	织物加固层数	混凝土立方抗压强度(MPa)
RC-L0-S120	—	C30
RC-L2F-S120	1	C30
RC-L3F-S120	2	C30
RC-L4F-S120	3	C30

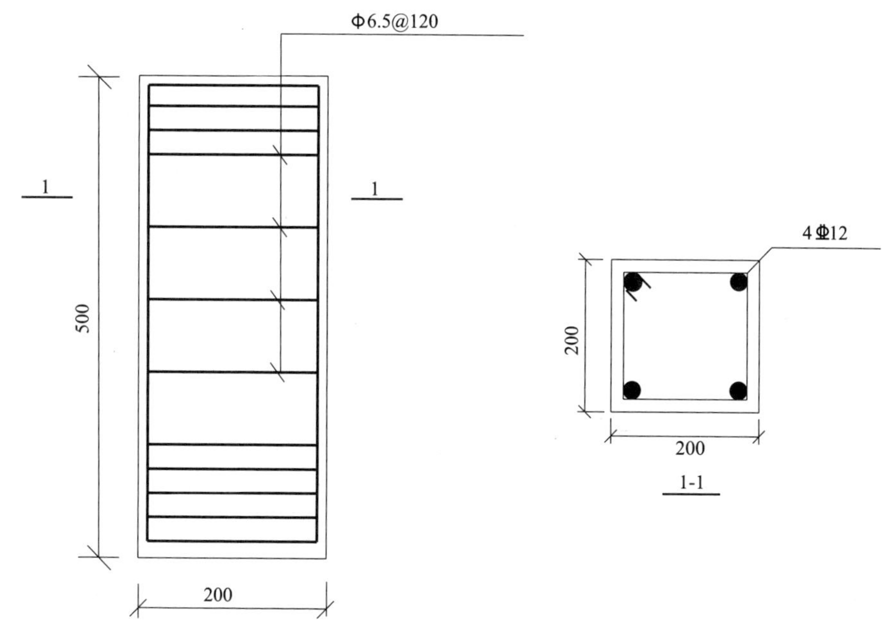

图9.4-17 RC柱的截面尺寸、配筋详情

1）破坏形态

（1）对于未经过 TRC 加固的柱，当承载力达到极限时钢筋屈服，核心混凝土被压碎，表面大量混凝土脱落。

（2）对于加固柱试件，破坏形态均为织物层撕裂而引起柱角应力集中导致的破坏：粘结裂缝首先出现在荷载下方，并导致加固层部分脱粘和剥落。随后，TRC 加固层失去了部分约束能力，导致荷载重新分配到旧核心混凝土上。当柱试件的核心混凝土达到极限承载能力时，发生破坏。尽管在采用 TRC 约束之前，对方柱的四周的拐角进行了倒角处理，但仍不能完全避免应力集中现象。因此，试验中 TRC 加固柱的破坏仍是由方形柱角处明显的应力集中引发的。破坏形态见图 9.4-18。

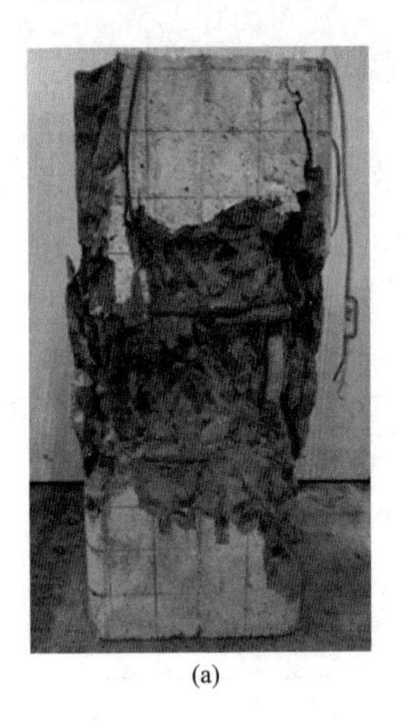

(a)

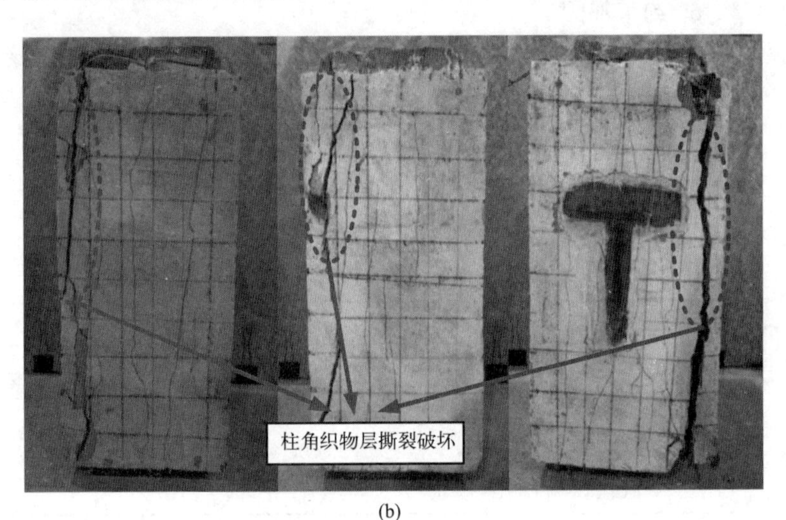

(b)

图 9.4-18 破坏形态

（a）未约束柱混凝土劈裂破坏；（b）约束柱柱角织物层撕裂破坏

2）承载力（表 9.4-4）

混凝土柱采用 TRC 加固后，其开裂荷载和极限荷载均有不同程度的提高，且提高幅度总体上随加固层织物网层数的增加而增大。轴向荷载作用下核心混凝土横向变形增加，TRC 加固层对核心混凝土产生侧向约束力，此时核心混凝土处于三轴应力状态，其轴向抗压在强度在 TRC 加固层的被动约束下有所提高，使得加固柱试件的对应荷载增加。当使用 2～4 层织物网进行约束加固时，柱的开裂荷载分别提高 22.5％、31.3％以及 37.5％，极限荷载分别提高 30.9％、38.4％以及 48.1％。

各层织物约束加固柱承载力汇总 **表 9.4-4**

试件编号	开裂荷载(kN)	极限荷载(kN)
RC-L0-S120	800	1120.69
RC-L2F-S120	980	1467.01
RC-L3F-S120	1050	1552.66
RC-L4F-S120	1100	1659.51

3）荷载-位移曲线

试验柱的荷载-位移曲线如图 9.4-19 所示，由图可见，在弹性上升阶段，TRC 加固柱与未加固柱的荷载-位移曲线基本重合，这表明弹性阶段柱核心混凝土与加固层协同受力、变形一致。继续增加轴向荷载，加固柱荷载-位移曲线进入塑性强化段，此阶段柱核心混凝土受压膨胀导致其横向变形增大，TRC 加固层的被动约束作用得到充分发挥，柱的抗压承载能力得到提高，加固柱荷载-位移曲线呈继续上升趋势，但上升速度随混凝土的塑性变形增加而变缓。随轴向压力进一步增加，柱荷载-位移曲线开始进入下降阶段，此时 TRC 加固层中的纤维网不断被拉断退出工作，柱核心混凝土的受约束作用逐渐降低，荷载-位移曲线大致呈线性下降趋势。

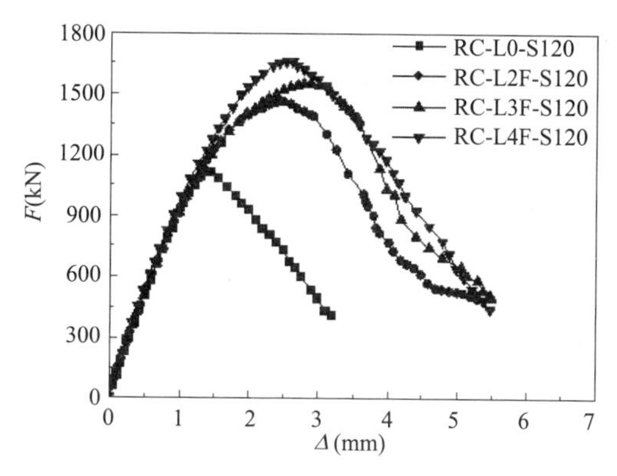

图 9.4-19 不同织物层数下的荷载-位移曲线

7. 轴压承载力计算

对 TRC 加固 RC 柱的轴心受压承载力计算，作如下假定：

1）TRC 加固 RC 柱受轴心压力作用时，TRC 加固层只对核心混凝土提供侧向约束，极限承载力由核心混凝土和纵筋承担。

2）核心区混凝土按照约束大小分为有效约束区和非有效约束区，为保守及计算简单起见，实际中不考虑非有效约束区的侧向压应力作用。

3）TRC 加固柱破坏时，纤维编织网拉断。

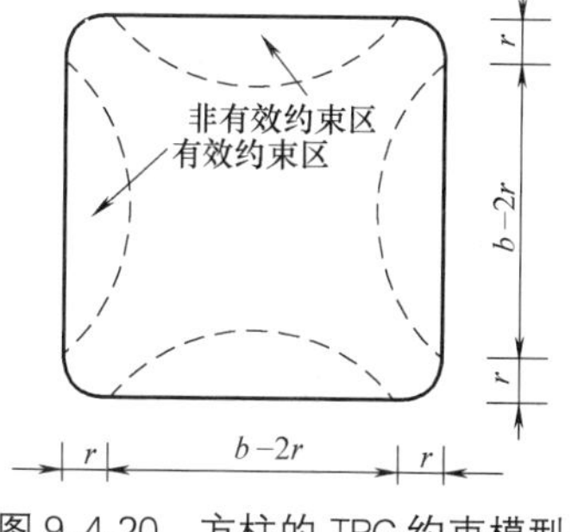

图 9.4-20 方柱的 TRC 约束模型

TRC 加固钢筋混凝土短柱的极限承载力计算公式可按下式计算：

$$N_u = f_{cc}A + f_y{}'A_s{}' \tag{9.4-45}$$

式中 $f_{cc}A$——三向应力状态下核心混凝土提供的轴压力；

$f'_yA'_s$——受压钢筋提供的轴压力。

对于 f_{cc} 的值，考虑织物网围向类似于钢筋环箍作用，根据国外学者推导的矩形短柱计算公式，可给出 f_{cc} 的修正计算公式：

$$f_{cc} = f_c + 4\sigma_{lu} \tag{9.4-46}$$

在 TRC 加固中，定义 σ_{lu} 为等效约束应力，设 σ_1 为平均约束应力，由于截面存在弱约束区故引入截面折减系数 β，则：

$$\sigma_{lu} = \beta\sigma_1 \tag{9.4-47}$$

根据图 9.4-20，推导得方形柱截面折减系数 β 计算公式为：

$$\beta=1-\frac{2b'^2}{3A_g} \tag{9.4-48}$$

$$b'=b-2r \tag{9.4-49}$$

式中　A_g——带圆角的柱截面总面积。

$$A_g=b^2-(4-\pi)r^2 \tag{9.4-50}$$

$$\sigma_1=\frac{2nf_1A_f}{bs} \tag{9.4-51}$$

式中　n——加固层数；

A_f——单根纤维粗纱面积：

f_1——粗纱的抗拉强度；

b——混凝土柱边长；

s——围向纤维网格间距。

σ_1 的计算类似于箍筋约束混凝土的情况，假设侧向约束力为均匀分布，根据分离体的平衡方程对截面一半进行内力分析，如图 9.4-21 所示。

图 9.4-21　截面分析　　　　图 9.4-22　矩形截面钢筋混凝土柱配筋图

【例 9-3】 已知某矩形截面钢筋混凝土柱，截面尺寸为 300mm×300mm，混凝土强度等级为 C40，钢筋为 HRB400，钢筋直径 $d=20$mm，配筋见图 9.4-22。由于某种原因知其承载力不足，现采用 TRC 进行加固，加固用缝编织物的主要受力方向为无碱玻璃纤维，单股纤维粗纱面积为 0.45mm^2，抗拉强度为 3200MPa，织物网格尺寸为 10mm×10mm，加固层数为 3 层，柱四边倒成圆角，倒角半径为 $R=20$mm。试求此加固柱的极限承载力。

【解】 由式（9.4-51）得，TRC 的平均约束应力为：

$$\sigma_1=\frac{2nf_1A_f}{bs}=\frac{2\times3\times3200\times0.45}{300\times10}=2.88\text{MPa}$$

由式（9.4-50）得带圆角柱的截面面积为：

$$A_g=b^2-(4-\pi)r^2=300^2-(4-\pi)\times20^2=89\ 656.6\text{mm}^2$$

$$b'=b-2r=300-2\times20=260\text{mm}$$

截面折减系数：

$$\beta=1-2\frac{b'^2}{3A_g}=1-\frac{2\times260^2}{3\times89\ 656.6}=0.503$$

等效约束应力为：

$$\sigma_{lu}=\beta\sigma_1=0.503\times2.88=1.45\text{MPa}$$

有效约束的混凝土强度为：

$$f_{cc}=f_c+4\sigma_{lu}=19.1+4\times1.45=24.9\text{MPa}$$

由式（9.4-45）得加固柱的极限承载力：

$$N_u=f_{cc}A+f_y{}'A_s{}'=24.9\times300^2+360\times1256=2\ 693\ 160N=2693.16\text{kN}$$

需要说明的是，对于采用TRC约束圆形截面柱时，相关试验研究表明，由于混凝土受到TRC的均匀约束，TRC对混凝土的约束力与织物的抗拉强度、配网率、截面尺寸等有关；此外，当混凝土圆柱中配箍率较大时，需要同时考虑箍筋和TRC的双重约束效果，相关研究结果仍有待进一步研究。

本章小结

本章内容系统地介绍了水工混凝土结构的相关内容，主要包括水工结构的病害种类、检测、鉴定和评估及加固修复等。本章从水工混凝土结构的病害种类出发，依次介绍了病害的损伤机理及防治措施、结构检测内容及方法、结构鉴定与评估，最后重点介绍了结构的加固修复方法。通过本章的学习，可以对水工混凝土结构的病害、检测、评估、加固整个过程有大致的了解，为后续的学习打下基础。

思考与练习题

9-1　水工结构的主要病害种类有哪些？

9-2　水工混凝土结构中，引起裂缝的非荷载因素主要有哪些？

9-3　悬移质与推移质冲蚀磨损的破坏机理及破坏特征是什么？

9-4　简述水工混凝土钢筋锈蚀的处理方法及各自的优缺点。

9-5　水工混凝土结构质量检测包括哪些项目？简述每个项目的常用检测方法。

9-6　简述水工混凝土安全鉴定的内容、依据及步骤。

9-7　在进行水工结构抗震鉴定时，应复核哪些内容？

9-8　目前水工结构加固修复的方法主要有哪些？

第10章 竹木结构及复合材料结构

本章要点及学习目标

本章要点：

(1) 竹木常见缺陷、损坏现象及缺陷检测技术；(2) 竹木结构维修加固的基本原则、方法及实施要点；(3) 竹木梁、柱、屋顶架、楼盖等部位的加固或修复；(4) 纤维材料、树脂、芯材的检测；(5) 复合材料层合板及夹层结构的检测或测试。

学习目标：

(1) 了解竹木常见缺陷及检测技术；(2) 掌握竹木结构维修加固的基本原则、方法及实施要点；(3) 掌握竹木梁、柱、屋顶架、楼盖等部位的加固或修复方法；(4) 了解纤维材料、树脂、芯材的检测方法；(5) 了解复合材料层合板及夹层结构的检测或测试方法。

10.1 竹木常见缺陷及损坏现象

竹材和木材均为天然可再生资源，轻质高强，可就地取材，化学性能比较稳定，易于加工、施工和维修等，但两种材料也有缺点，如在潮湿状态下易腐蚀、开裂、耐火性差、易遭虫害、易燃等。

10.1.1 竹木常见缺陷

竹材壁薄中空，尖削度大，易开裂。竹材成分中，除了纤维素、半纤维素及木质素之外，还有糖类、淀粉类、蛋白质、蜡质及脂肪等营养物质，易遭侵蚀。

由于树木生长的生理过程、基因的作用或在生长期中受外界环境的影响，木材中存在不少天然缺陷，如节子、斜纹、立木裂纹、应力木、树干的干形缺陷等；另外，在使用过程中也会出现虫害、裂纹、腐朽等缺陷，这些缺陷会降低木材的利用价值，甚至使木材完全不能使用。

1. 节子

节子种类很多，按断面形状可分为圆形节、掌状节和条状节三种。圆形节（图10.1-1a）是垂直枝条锯切的断面，见于原木表面或板材的弦切面。掌状节（图10.1-1b）是针叶材的轮生节，在径切面常呈对称形状。条状节（图10.1-1c）是平行于枝条锯切的断面，见于板材的径切面。按照与周围木材连生的程度，节子可分为活节和死节。活节（图10.1-1d）即由树木的活枝所形成，节子与周围木材紧密连生，质地坚硬，构造正常；死节（图10.1-1e）由树木的枯死枝条所形成，节子与周围木材大部分或全部脱离，质地坚硬或松软，在板材中有时脱落而形成空洞。节子按材质可分为健全节、腐朽节、漏节。

健全节是指材质完好，无腐朽迹象的连生节；腐朽节指节子本身已经腐朽，常部分或全部形成松软状、筛孔状或粉末状，但并未透入树干内部，节子周围材质仍完好；漏节是不但节子本身已经腐朽，而且深入树干的内部，引起木材内部腐朽。

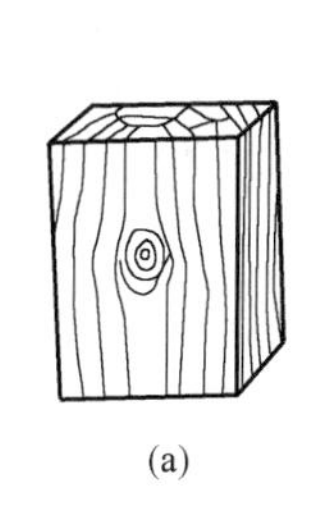
(a)

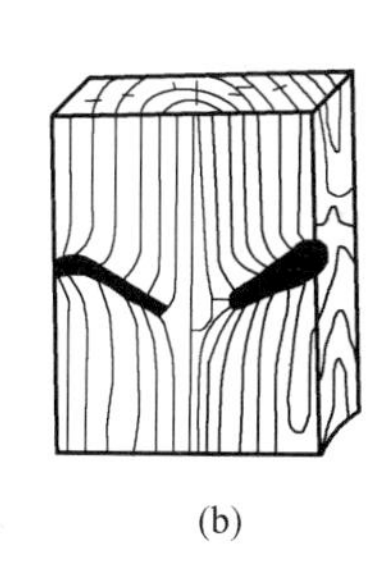
(b)

(c)

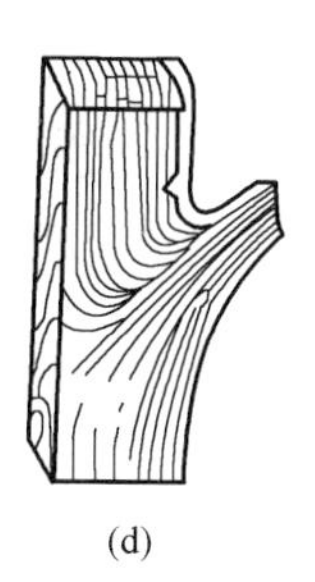
(d)

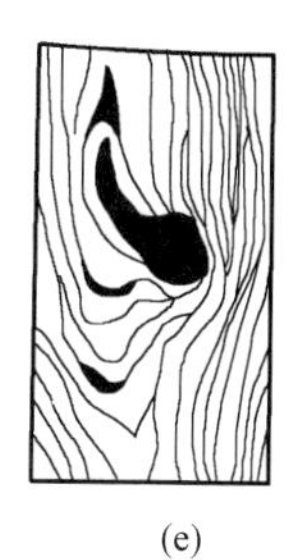
(e)

图 10.1-1 常见节子类型
(a) 圆形节；(b) 掌状节；(c) 条状节；(d) 活节；(e) 死节

节子不仅破坏木材的均匀性及完整性，而且在很多情况下会降低木材的力学强度。节子对顺纹抗拉的不良影响最大，对顺纹抗压的不良影响较小。节子对静力弯曲强度的影响，在很大程度上取决于节子在构件截面高度上的位置。节子位于受拉区边缘时，影响很大，位于受压区内时，影响较小。节子在原木构件的影响比在成材构件中小。总之，节子影响木材强度的程度大小主要随节子的质地、分布位置、尺寸大小、密集程度和木材用途而定。就节子质地来说，活节影响最小，死节其次，漏节最大。

2. 裂纹

木材受到受外力或温度和湿度变化的影响，木纤维之间会发生分离，称为裂纹或称裂缝。裂纹破坏了木材的完整性，从而降低木材的强度。裂纹对木材力学性质的影响取决于裂纹相对的尺寸、裂纹与作用力方向的关系以及裂纹与危险断面的关系等。按开裂部位和开裂方向不同，裂纹可分为径裂（图 10.1-2a、b、c）、轮裂（图 10.1-2d）和干裂三种。径裂为沿半径方向开裂的裂纹，由于立木受风的摇动或在生长时产生内应力而形成的，当木材不适当的干燥时，径裂尺寸会逐渐扩大。轮裂为木材断面沿年轮方向开裂的裂纹。成整圈的称为环裂，不成整圈的称为弧裂。轮裂在原木表面看不见，在成材断面上呈月牙形，在成材表面则成纵向沟槽。轮裂常发生在窄年轮骤然转为宽年轮的部位，有些树种如白皮榆，在立木时就会发生轮裂，在伐倒后如保存不当，轮裂会逐渐扩大，严重地影响木材的利用价值。干裂是由于木材干燥不均而引起的裂纹，在原木和板材上均有，一般统称为纵裂。

3. 斜纹

木材的斜纹主要是纤维排列与其纵轴的方向不一致产生的，任何类型的斜纹都会引起强度的降低。斜纹是木材中普遍存在的一种现象，无论树干、原木或锯材的板、方材，都可能出现这种或那种类型的斜纹。常见的斜纹有扭转纹、天然斜纹、人为斜纹和局部斜纹。

扭转纹又称螺旋纹，其产生原因为树干或原木纤维或管胞的排列不与树轴相平行，而是沿螺旋的方向围绕树轴生长，导致树干或原木上的表面纹理呈扭曲状。扭转纹的产生源于树木的遗传性，一株树内纹理扭转的程度和分布，取决于环境因子的影响。扭转纹的程度在树干表面与近髓部差别明显，树干内部较外部的扭转程度要轻。

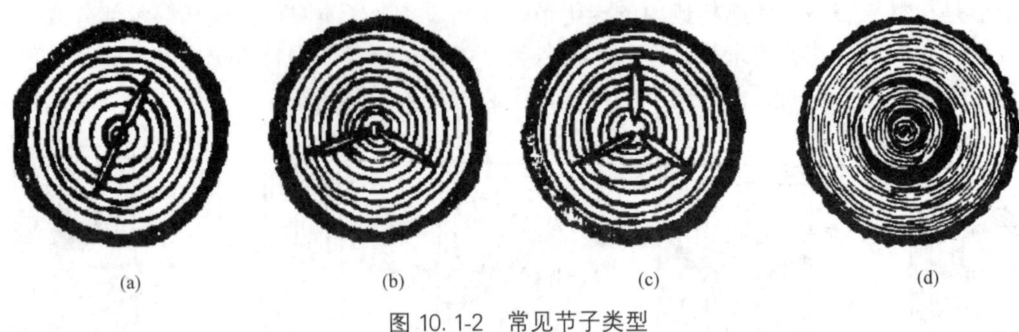

图 10. 1-2 常见节子类型
(a) 径裂Ⅰ；(b) 径裂Ⅱ；(c) 径裂Ⅲ；(d) 轮裂

天然斜纹指锯解有扭转纹的原木所生产的板材、方材，其弦锯面出现斜纹；从弯曲的原木锯解板材、方材，同样也会产生天然斜纹。当用扭转纹程度大的原木锯制成板材、方材时，大量的纤维将被切断，会使板材、方材的强度降低，不利于木材合理有效的利用。对于扭转纹大的原木，尽可能以原木形式直接使用。

人为斜纹，又称为对角纹。直纹原木沿平行于树轴方向锯解时，所锯出的板材、方材与生长轮不平行而产生斜纹。此外，直纹的弦切板锯解成小方条或板条，当锯解方向与纤维方向呈一定角度时，也会产生斜纹。

局部斜纹如通常所谓的涡纹。涡纹是指节子或夹皮附近所形成的年轮弯曲，纹理呈旋涡状。局部斜纹的程度常难以测定。

4. 变色及腐朽

变色菌侵入木材后会引起木材变色。由于菌丝的颜色及所分泌的色素不同，有青变（青皮、蓝变色）及红斑等；如云南松、马尾松很容易引起青变，而杨树、桦木、铁杉则常有红斑。变色菌主要在边材的薄壁细胞中，依靠内含物生活，而不破坏木材的细胞壁，因此被侵染的木材，其物理力学性能几乎没有什么改变。一般除有特殊要求者外，均不对变色加以限制。另外，新采伐的木材与空气接触后，起氧化作用而形成化学变色，如栎木等木材，采伐后放置于空气中，即变为栗褐色。

腐朽菌在木材中由菌丝分泌酵素，破坏细胞壁，引起木材腐朽。按腐朽后材色的变化及形状的不同，腐朽分为白色腐朽（筛状腐朽）和褐色腐朽（粉状腐朽）两类。白色腐朽是白腐菌侵入木材，腐蚀木质素，剩下纤维素，使木材呈现白色斑点，成为蜂窝状或筛孔状，又称蚂蚁蛸；这时材质变得很松软，像海绵一样，用手一捏，很容易剥落。褐色腐朽是褐腐菌腐蚀纤维素而剩下木质素，呈现红褐色，木材表面有纵横交错的裂隙，用手搓捻，即成粉末，又称红糖包。初期腐朽对材质的影响较小，腐朽程度继续加深，则对材质的影响也逐渐加大，到腐朽后期，不但对材色和木材的外形有所改变，而且对木材的强度、硬度等都会大大降低。

10. 1. 2 毁坏木材的作用

自然界有很多作用可以毁坏木材，可分为两大类：生物介质和非生物介质。在很多情况下，生物介质在破坏木材的同时也为其他介质破坏木材制造有利条件。

可使木材遭受破坏的生物介质有：细菌、昆虫、船蛆和真菌。由于这些生物介质都是活生生的有机体，因而它们需要一定的生存条件：合适的湿度、充足的氧气、适宜的温度和足够的食物，只要木材提供的环境满足上述条件，木材就会受到生物介质的影响。

1）细菌。细菌在非常潮湿的环境下会对未经防腐处理的木材产生很大损坏，其造成的损坏包括：使木材表面软化、增大木材的渗透性，甚至能够依靠自身的耐药性分解木材中的化学防腐剂，细菌的破坏速度非常慢，但持续时间足够长，也将会产生很大的危害。

2）昆虫。昆虫大多以木头为食，或以木头为藏身之处，能够对木材造成破坏的最常见的昆虫有：蚂蚁、黄蜂、蜜蜂、甲虫和白蚁。一般住在木头中的虫子会引来啄木鸟，啄木鸟本身会给木头带来比昆虫更大的危害。

3）真菌。真菌在合适的环境条件下也能够腐蚀木材。在湿度等于或大于19%而且有充足的氧气、温度合适的情况下，能够腐蚀木材的真菌会变得很活跃。当温度在10～35℃之间时，真菌腐蚀木材的速度最快；当木材不在这个范围时真菌的腐蚀速度会减慢；当温度低于2℃或高于38℃时，真菌腐蚀会完全停止。真菌引起的腐蚀可分为两大类：褐腐和白斑腐，其中褐腐产生的破坏最大。另外，在有持续水分供应的地方真菌也会对木材引发湿腐。真菌的腐蚀能够使木材的强度和刚度降低，而物理介质对木材的破坏不像生物介质引起的腐蚀那么常见，但有时它们产生的后果很严重，既可降低木材的承载力，也能破坏木材的防腐处理，从而使木材变得更易遭受生物介质的腐蚀。

可使木材遭受破坏的非生物介质有：磨损、力学撞击、金属腐蚀的副产品、强酸、强碱和紫外线。下面是最常见的可造成木材破坏的物理介质：

1）水。当木结构与水有关的膨胀收缩不能和相邻的结构构件相协调时，木构件就会变形，有些变形是不可恢复的，并且水还可以引起木构件的腐蚀。

2）力学损坏。引起木材力学损坏的因素很多，且它们对结构的影响也各不相同。

3）金属腐蚀。当木构件中的金属扣件腐蚀时，被腐蚀的金属扣件中释放的三价铁离子会攻击木材的细胞壁并使木材的力学性能遭到削弱。

4）化学侵蚀。强酸、强碱能够引起木材的化学侵蚀，酸可以使木材的纤维素与半纤维素老化，减轻木材的重量并削弱木材的强度；而强碱可以老化半纤维素和木质素。

5）紫外线引起的老化。紫外线能和木材表面的木质素发生反应，这种反应只在木材的表面进行，因而对木材的强度削弱很少。

木材存在着徐变较大、弹性模量较低、容易老化和变形等缺点，在生物和非生物介质作用下容易被毁坏，并且木材本身如木节、裂缝等天然缺陷会很大程度上导致木材强度的降低，震害和风害等也会引起木结构变形、失稳或破坏等，因此有必要对木结构进行维护和加固。

10.2 竹木缺陷检测技术

10.2.1 现有检测技术

传统的竹木缺陷检测主要靠人工目测。随着光电技术的发展，各种新的检测技术不断涌现，如超声波检测、X 射线检测、红外检测等。信息技术的发展，数字信号与图像处理技术也被运用到木材缺陷检测上来。

1. 超声波检测法

超声波检测法在木材检测中应用比较广泛，其主要原理是超声波在介质中传播时会发生一定的反射、衍射及散射等能量衰减现象，当被检测木材存在缺陷时，传播路径会发生一定的变化，能量衰减特性有所不同，因此通过接收反射出的超声波，并经过相关测试仪器的内部电路处理测出相应的波速、波形等，可判断缺陷类型、形状、大小和位置。超声波技术对于木材内部腐朽、孔洞等缺陷可以进行检测，而在木材变色和纹理特征检测等方面却不适用，当木材快速扫描时以及木材与超声波探测头之间有空气间隙时，需要有良好的耦合剂，且在缺陷定量和定性方面的灵敏度并不是很高。

2. X 射线检测法

X 射线检测法主要是利用木材内部不同的结构区域对 X 射线的吸收能力存在差异，来判断待测木材是否存在缺陷以及缺陷的大小、形状和位置。X 射线检测需要硫化钙和硫化锌等化学原料来实现荧光成像，所以具有成像对比度低、识别精度不高等缺点，并且该检测法需要使用放射性原料，检测过程中防护条件极高，检测成本较大，因此 X 射线检测法在木材缺陷检测领域的推广应用具有一定的局限性。木材含水率会影响 X 射线法检测木材缺陷，降低该法对木材缺陷检测的适应性与精度。

3. 红外检测法

红外检测法是根据红外辐射的相关基本原理（当被检测对象表面存在缺陷或内部结构不连续时会引起热量传递的差别，从而导致检测对象温度场发生变化），使用红外热像检测仪，采用红外辐射分析法，通过待测对象的能量变化情况对缺陷进行最直观的检测。与超声波检测法、X 射线检测法等传统检测技术相比，其检测方便且速度快，是一种非接触式检测，不会对物体造成污染，对检测木材近表面缺陷和特征敏感度更高。

近红外光（near infrared，NIR）是介于可见光和中红外光之间的一种电磁波，近红外光谱主要是由分子的非谐振性振动使分子运动从基态向高能级跃迁产生的。传统依靠建立工作曲线法来对其进行定量分析难度很大，可以通过建立木材 NIR 光谱法及采用待测参数和性能的相关数学分析模型，通过对数学模型的校正与预测，进而对木材腐朽、节子等缺陷和木材机械性能进行无损、高效、环保检测。

当前，红外检测技术并未得到广泛工程应用，一个重要制约因素是该检测技术对缺陷主要是定性分析，很难做到定量分析。将缺陷分析由定性研究向定量分析转变是红外检测技术今后的一个重要研究方向，如 TSR（热波信号重建）方法在定量分析方面的应用。

4. 计算机视觉检测法

计算机视觉检测法主要是利用计算机模拟人眼的视觉功能，从采集的图像中提取信息，并对提取的信息进行处理和理解。对采集的图像进行分析和理解，是计算机技术和图像处理技术相结合的产物，涵盖了图像处理和模式识别，并已形成了比较丰富和完善的理论体系。匈牙利 FAKOPP 开发出一套针对木材的 3D 成像评价系统。这套系统可以通过应力波技术对不同尺寸的木材进行扫描，最终得到被检测物体的详细信息，然后再构成一个被检测对象的三维图像，并且也可对三维图像进行横切面观察。德国威力集团的系列产品可以对大幅木质板材进行表面图像采集，同时其开发的软件系统可以对采集到的图像进行快速处理，将木质板材表面定义好的缺陷快速扫描识别，并且准确定位。

10.2.2 检测技术发展趋势

现有木材缺陷检测技术较多，且各有优缺点。针对不同的检测场合及木材结构，可以将不同检测原理的检测方法联合起来，以适应错综复杂的检测场合和研究对象，会大大提高检测系统的检测效率和精度。

1. 检测技术联机化

作为一种非接触式检测方法，激光检测法灵敏度高，但该法无法检测非透明材料内部缺陷，而超声波技术能够弥补这一弊端。将激光检测与超声波技术联合，使用激光激励出的声波通过检测对象内部，再用基于多普勒效应原理的光学方法来接收超声波。激光超声检测法弥补了单一使用超声波技术和激光技术检测的缺陷和短板，该方法不需要耦合剂，无需考虑耦合匹配的问题，避免了其对信号的干扰以及对检测对象的污染问题，并可对木材实现快速扫描在线检测。但要想广泛应用，需提高光声能量转换效率和激光超声信号检测的灵敏度。

X 射线检测一个重要的分支就是 CT 扫描技术，CT 能有效地克服传统 X 射线检测的缺点，如 CT 能够实现对检测对象三维空间的立体识别，包括对其横断面的图像摄取，但是 CT 检测技术始终需要使用不同的能量波作为辐射源。基于超声波和射线检测的计算机断层扫描检测技术需要进一步开发和应用，通过采用多方向、多路径的检测方式推广检测技术的应用。可以将红外检测技术与其他检测技术相结合，如根据物体中声波的传播特性，将超声检测与红外热像技术结合在一起，形成超声热像检测法。

2. 仪器开发智能化

竹材、木材的各向异性及生长环境地域的差异，要求检测仪器便携廉价、快速准确等。随着计算机技术、电子传感技术等高新技术的发展，检测仪器将不断向便携快速化、数字智能化发展。不少木材缺陷检测方法主要在条件严苛的室内研究应用，在真实室外环境会受到限制，如水浸超声波检测法，因依赖优良的耦合剂，限制了其对野外木材的缺陷检测，制约了超声波探测仪的应用和推广。CT 检测对活立木和古建筑木构件内部缺陷的检测精度很高，对木材内部的节子等缺陷信息能够用图像清晰地显示出来，但该方法由于辐射等原因，检测人员必须在具有严格标准和有效防护条件的试验场所内。因此，实现检测仪器从试验室到室外环境检测模式的智能转换，是对仪器设备专家们的一个技术挑战。

3. 领域应用多元化

对趋于成熟的研究理论与技术原理，可进一步拓宽木材缺陷检测技术的潜在应用领域，将其他行业和领域不断出现的检测新技术通过借鉴或引入到木材缺陷检测领域里来，例如，可以尝试联合运用木材缺陷检测技术和生物学、植物育种以及遗传学相关技术来实现对木材缺陷性能与生物育种遗传潜在关系的探索。人类需不断去探索新的技术原理，尝试新的手段方法，使木材缺陷检测技术更具先进性与实用性。

10.3　竹木结构维修与加固

10.3.1　维修与加固的基本原则

维修和加固需在满足使用要求的前提下，因地制宜，采用最经济简便的办法消除危害，达到安全使用的目的。所选用的方案应适当考虑日后进行室内外装修时工作方便。维修和加固工作，应注意下面几点：

1. 摸准根源，“对症下药”

确定维修或加固方案之前，须先从保证承载能力的观点出发，对整个结构及结构中的各杆件和各节点的受力性能进行核算和鉴定。大量实践说明，正确的鉴定往往和下述各种因素有密切关系：

1）不同树种的木材所具有的物理力学特性和材质特性。

2）木材各种缺陷对不同受力状态构件的不同影响特征。

3）不同节点构造的受力特征。

4）各种木腐菌或有害昆虫的生活习性。

5）各类防腐、防虫剂的不同效用和应用范围。

6）木结构所处环境的温度、湿度情况，或有侵蚀性介质的化学成分及有关测定数据。

7）在地区不同季节的气象条件。

产生有害迹象的根源，不一定局限在结构本身上，有时危害主要是由结构所处环境引起的。有些缺陷尽管还不显著，但由于处在要害部位，发展下去，后果往往是严重的。产生危害的各种因素之间往往具有错综复杂的关系。要真正摸准危害根源，“对症下药”，确定恰当的维修加固方案。不对上述各种因素进行全面地调查了解，然后进行综合分析，是难以得出中肯的判断，并据以拟定对策的。

2. 明确目标、主次分明

摸清影响结构安全耐久性的根源以后，选定方案时，要注意明确维护或加固的重点要求。根据实践经验，木结构的维修或加固一般可分为巩固现状和改善现状两类。这里所说的“现状”，主要指结构受力体系的现状。

1）巩固现状

结构整体情况基本完好，但局部范围或个别部位有危害迹象，若任其发展，就会危及结构的安全使用。只要及时采取措施消除局部的危害，或控制其继续发展，就能保证安全，维持原结构的可靠工作。这一类的维修和加固，主要是着眼于木结构本身。例如：

（1）当桁架或支撑的个别杆件失效，或个别接头处的夹板损坏时，更换符合标准的新构件或夹板，即可解决。

（2）杆件和节点的个别部位损坏，或木材个别缺陷偏大时，进行局部加固后即可保证安全使用。

（3）个别支座处木材表面初期腐朽，里层材质完好，且木材已干燥，通风良好时，只需将初朽部分彻底刮除，且对表层及内层进行药物防腐处理就可维持正常使用。

（4）原有木拉杆失效时，可用钢拉杆代替。

（5）桁架歪斜或个别压杆有较大平面外变形时，用角钢和螺栓等纠正变形并适当加设支撑，一般即能满足使用要求。

（6）对防护油漆定期检查修补，使经常保持有效状态等。

2）改善现状

由于超载、使用条件改变、设计施工差错、杆件缺陷或防护设施失效等原因，致使结构或杆件的承载能力或空间刚度不足时，针对关键原因加以改善，甚至对原有结构体系加以改造，达到继续正常使用的目的。这类维修或加固的着眼点，既可针对木结构的本身，也可改造其荷载或支承条件，或改善其所处环境，就能保证安全使用。例如：

（1）桁架或柱的支座处普遍受潮又被封闭，导致木材表层腐朽。这样，一方面和“巩固现状”部分第（3）条一样，要刮除已朽的部分，并作药物防腐处理。但更重要的是从根本上改造支座处的构造，保证其通风良好并防止受潮。

如果支座部分的木材腐朽严重，已不能再用，则应采取措施切除腐朽范围的木材，而用新的木构件代替。如果支座处日后仍难以防潮，则切除已朽部分后，用型钢的焊成件或预制钢筋混凝土的节点构件代替。

（2）温度、湿度较高且通风不良的房屋（如北方寒冷季节的浴室、厨房），屋盖木结构经常受潮，导致木结构垂度增大或腐朽。此时，除对木结构本身进行加固外，主要应改善木结构所处环境，即设置有效的隔温、防潮吊顶，保证木结构经常处于干燥的正常环境中。

（3）在高温的热车间中，为了防止高温对木结构起有害的影响，应加强室内木结构附近空气的对流和通风，并须采取有效的隔离辐射热的措施，以防止木结构周围的气温过高。

（4）结构因改变用途或超载致使杆件负荷过大时，应选用更轻质的材料来更换屋面或吊顶原有较重材料的做法；当条件允许时，也可适当增设一两个支柱，减少结构原有跨度，以降低原杆件的应力，此时应注意因增设支柱引起原结构构件的应力变化情况。

（5）改造、加强或增设原有能力不足的空间支撑系统。

（6）加固、改造原有墙柱等支承结构，使能保证木结构正常工作。

3. 先顶撑，后加固

进行维修或加固的工程，一般都应遵照“先顶撑，后加固”的程序进行施工。顶撑的作用有两个：一是保证维修加固整个施工过程的安全；二是保证所有更换或新加的杆件，在加固后的结构中能有效地参加工作。为达到后一目的，临时支柱应将整个结构顶起，其顶起值一般为 $l/100$（l 为结构计算跨度）。选择临时支柱的支撑点要恰当，必须注意结构受力体系是否会因此而发生临时性的变化，如有此种变化必须进行相应的处理。

4. 先要害，后一般

维修或加固时应首先集中解决影响结构安全的要害问题。在针对要害问题采取措施确保结构的安全以后，再进行改善环境或其他比较一般项目的施工。

5. 先测绘，后配料

维修、加固方案确定后，凡需配料的部位均应逐个详细测绘，各节点处的孔眼都要实地准确测量。配料和钻孔均应根据实际尺寸进行，而不能根据主观规定的尺寸进行；要尽力避免孔眼位置与实际尺寸不符，以至要在现场临时挖凿调整，从而伤害原结构或新增部件。

10.3.2　维修与加固的方法

木结构维修和加固可分为三部分：①木构件的加固。一方面修复破损构件，以恢复到原强度；另一方面，提高原构件强度，增加构件的刚度，以满足更高的承载力要求。②节点加固。主要是提高木结构节点的抗拔能力，增加节点的刚度。③体系加固。主要是提高住宅的整体性，以及增强木构架与墙体的连接。其中，木构件修复与加固是木结构加固的基础，对结构的整体安全至关重要。修复已破坏构件有以下四类基本方法：对构件进行置换、力学加固、砍割切削和用环氧树脂或木材填孔剂对破损部位进行修补。

1. 对构件进行置换

对已破坏的结构构件进行修复最直接的方法是用类似的木构件进行置换。例如，桁架中被白蚁蚀空的斜杆直接移除，然后用截面相同的木构件替换；局部破坏的木楼板或墙板，可以把破坏的区域切除，用木板置换即可。在移动设备作用下破坏的木柱或墙也可采此方法进行修复。置换的适用范围并不局限于单个构件，大面积的楼板乃至整个楼层都可使用置换的方法进行修复。

2. 力学加固

力学加固一般是使用各种扣件或在已有构件上面增加一些木制或钢制零件，以恢复构件的承载能力。力学加固一般用来修补木料上的严重缺陷和提高出现腐蚀破坏部位的承载能力。力学加固常用的两种方法是加大截面法和绑扎夹压法。

1）加大截面法

加大截面法是在构件已破坏部位上用木片、钢片或其他材料制成的板材进行局部或整体加固。对于那些端部支撑或嵌入在砌墙和混凝土中的木构件，在构件的端部经常发生腐蚀破坏，常采用加大截面法来修复这种破坏。对已发生破坏构件进行局部加固的方法，其修复部位并不局限于构件的端部。钢制或木制拼接板适用于修复那些出现力学损伤的构件，例如断裂的构件和开槽的构件。它们也适用于修复有严重缺陷的材料，例如由收缩、超载或构造不合理引起的大型纵向劈裂。

2）绑扎夹压法

绑扎夹压法可用来修复木材的开裂、劈裂和分层等缺陷，并能防止这些缺陷进一步发展。绑扎法就是把螺栓和钢板（或角钢）装配在出现上述缺陷的木构件上，使构件上的裂缝和劈裂稳定下来。绑扎法一般用于出现裂缝和劈裂的桁架构件的修复，来保证连接的有效性。绑扎法既可修复单个构件，也可修复双构件，但是，绑扎法不能恢复受弯构件的水平抗剪能力。绑扎法的一个变体是使用螺栓固定钢拼接板，为了获得更好的锚固效果，螺栓固定在裂缝、劈裂或分层的上下两侧。绑扎法也可用于修复损坏的柱。在使用螺栓固定的拼接板和绑扎法加固木构件时，一定要注意木料的含水量及其未来是否会变化。在相对潮湿的木构件上进行这些修复时，木构件在使用期间极有可能发生收缩，导致在螺栓固定处开裂，特别是螺栓排数为两排或更多排数的情况下，更易出现开裂。收缩也会导致螺栓变松，减弱了绑扎法的有效性。夹压法是在木构件中固定方头螺栓或贯穿螺栓，使木构件中分离的部分连接起来。

3. 环氧树脂修复

环氧树脂修复也是进行木构件破坏部位修复的方法之一。环氧树脂既可以作为填充剂来填充木料上被挖空的区域，也可作为胶粘剂把木料上互相分离的木纤维或截面重新粘结在一起。环氧树脂可以用来修复桁架和梁的端部劈裂、胶合层积材梁和锯制梁上的纵向裂缝、断裂的构件（需要和一些力学加固措施同时使用）和局部发生腐蚀的木料。环氧树脂还常用来修复那些支撑在混凝土或砌墙上木构件的端部，由于这些部位经常有水分积聚，因此这些构件的端部经常由于腐蚀而破坏，而构件其他部分仍完好，这些构件除了可以用局部置换的方法修补外，还可以使用环氧树脂进行修复。用环氧树脂修复时，首先把构件上严重腐蚀的部位清除掉，然后用环氧树脂混合物填充即可。

环氧树脂修复的最大优点是：不需要使用任何的拼接板、连接螺栓和搭接板，环氧树脂法是在构件内部进行修复；而且和金属不一样，合适配比的环氧树脂具有很好的变形能力，并能和木料协调变形。但环氧树脂法也有以下缺点：造价相对较高、材料本身具有有害特性、必须由专业人员进行施工；除此之外，在发生火灾时，环氧树脂很快失去它的强度。

4. 砍割切削法

砍割切削法是一种特殊的修复方法，一般用来修复悬臂木梁露置在外的端部。鉴于悬臂梁端受力很小，即使完全修复，梁的抗弯承载力也不会得到明显提高，因而在修复时，只需把已破坏的部分砍掉，用合适的木材填料代替即可，这种修复方法叫砍割切削法。在使用砍割切削法时，一定要满足以下两个条件：砍削之后梁端的剩余部分还有足够的能力承受作用在其上的荷载；梁露置在外的端部要有足够的强度，使梁端能够刨削整平。

当木构件大范围破坏或构件的承载能力不能满足要求时，需对构件进行加固，即对整个构件进行升级改造。木构件的加固方法同修复方法类似，主要可分为以下两类：

第一类，通过增加斜撑、对角支撑和中间柱来减小构件的跨度。例如，下垂的楼板木托梁可以通过在托梁跨中增加支撑来加固。

第二类，增加构件和加大构件截面。增加构件就是在已有结构上增加一些受力构件；加大构件截面是在已有结构构件上增加新的材料，以提高构件承载能力的加固方法。增加的材料可以是竹材、木材、钢材和纤维增强材料等，它们都需要附着到已有构件上，通常用贯穿钢螺栓或方头螺钉把新增材料和已有构件连接在一起，有时也用环氧树脂胶粘剂把它们粘结在一起。拼接法是比较简单的加大构件的方法，该法是在构件的底面进行加固。鉴于加大构件截面的目的是增加构件的抗弯刚度和强度，使用拼接法加大构件截面时，不需要在梁的端部和梁下支撑处拼接新的板材。

10.3.3 维修与加固的实施

1. 施工支撑与加固

木结构在进行修理、加固或更换时，通常需要一个卸载工序，或将其脱离整个结构的工序，修理时一般又不能使房屋使用中断。所以在进行维修或加固的工程，一般都应遵照先支撑、后加固的程序进行施工。重要工程的支撑、加固由设计人员计算，按图施工。支撑加固必须注意：

1）定位：使用最少的杆件，但应防止各个方向的可能移动。选择临时支柱的支撑点要恰当，并注意结构受力体系是否会因此而临时改变，如改变则必须进行相应的处理。

2）牢固：竖直方向用木楔（俗称“对拔樽”）或千斤顶顶紧，横向用搭头拖牢。

3）顶起高度：临时顶撑向上抬起的高度应与桁架的挠度相应，不能抬得过高，否则在更换或加固后将使构件产生附加应力。

4）预留施工地位，便于修理操作。

2. 修理木结构的设计要点

1）木材长期使用后，材料强度减弱，有必要时应根据实际情况将强度折减，使采取修理措施的牢固程度与旧结构相称。

2）必须正确掌握旧结构的变形、增缺构件、断面变更、节点位移等情况，作为计算的依据。

3）合理地、充分地考虑损坏构件的残余价值，联系周围环境充分发挥旧结构的潜力。

4）考虑施工条件，采用最简便且牢固的措施。例如可用钉结合螺栓等（必须符合规范规定）。

5）尽可能以钢代木，节约木材。采用钢材作拉杆、夹板、拉索等。

6）利用有利条件，对原有不合理的结构千方百计地争取必要的改善。

3. 修理施工注意要点

1）木结构修理应按图施工：必须对设计要求、木材强度、现场木材供应情况等作全面的了解。所用作木结构的树种是否与设计规定的树种相符，或者是否符合设计所采用的相同的应力等级。如果所用的树种与设计所规定的树种不符或者不在同一个应力等级时，必须与设计部门研究采取措施，或按实际所用树种重新计算。

2）变形、位移的校正问题：如屋架下弦（天平大料）起拱、木梁下挠、楼面倾侧、木柱弯曲、脱榫走动、铁器松弛等，应按设计要求和实际可能，力求做好。

10.4 梁的加固

1. 构件端部腐朽的加固

先将构件临时支撑好后，锯掉已腐朽的端部，代以短槽钢，用螺栓连接。槽钢可放在梁的底部或顶部，螺栓通过计算确定其数量和直径，如图10.4-1所示。

2. 构件刚度或承载力不足的加固

1）加设“八”字形撑，减小梁跨，如图10.4-2所示。

2）在弯矩较大的区段内，于梁侧或梁底加设槽钢、组合角钢或方木，用螺栓连接，如图10.4-3所示。

上述两法施工时，应先用临时顶撑将跨中顶升复位达到要求后，钻孔安装螺栓。

3）在梁底增设钢拉杆，使简支木梁变为组合梁，如图10.4-4所示。施工时，跨中撑杆宜在钢拉杆两端安好，并用临时支撑将原梁跨中顶升复位后再下料，下料长度应比安装前净空适当加长，以达到安装后使钢拉杆建立预应力。

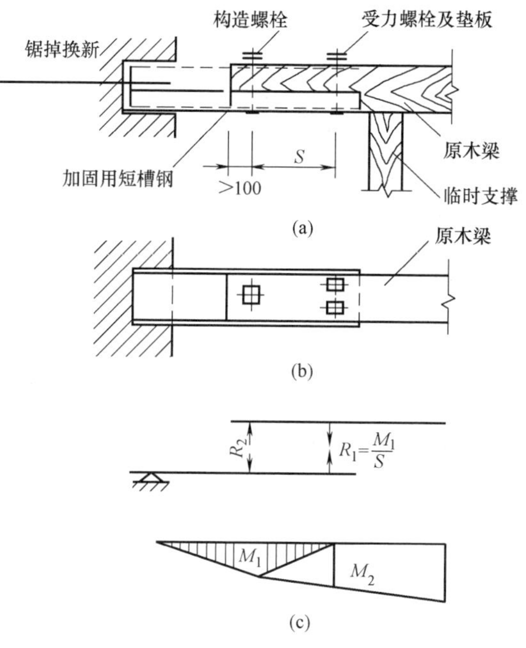

图 10.4-1 梁端底部用短槽钢替换加固图

（a）立面图；（b）平面图；（c）弯矩图

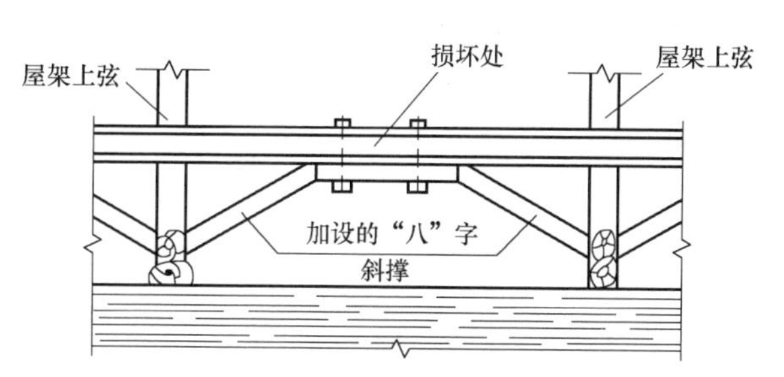

图 10.4-2 “八”字斜撑加固檩条图

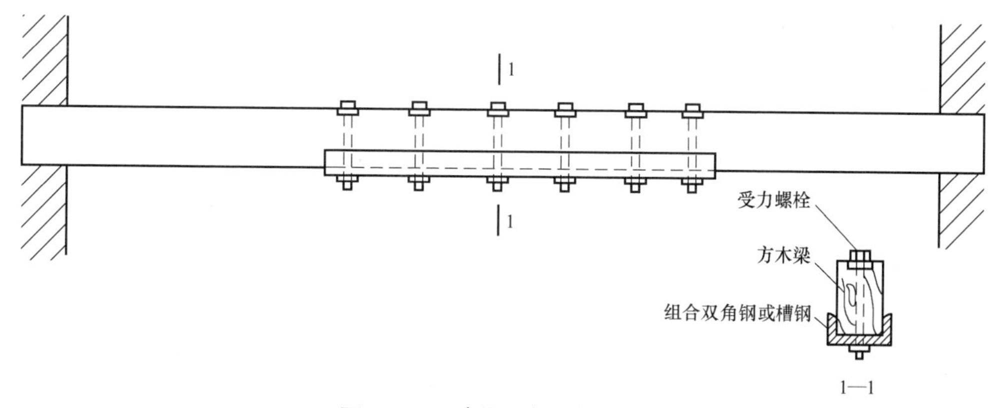

图 10.4-3 木梁局部区段的加固

3. 梁跨中裂缝的加固

梁构件裂缝较细时，可用铁箍直接加固；裂缝较宽时，应考虑嵌补的同时加设铁箍。

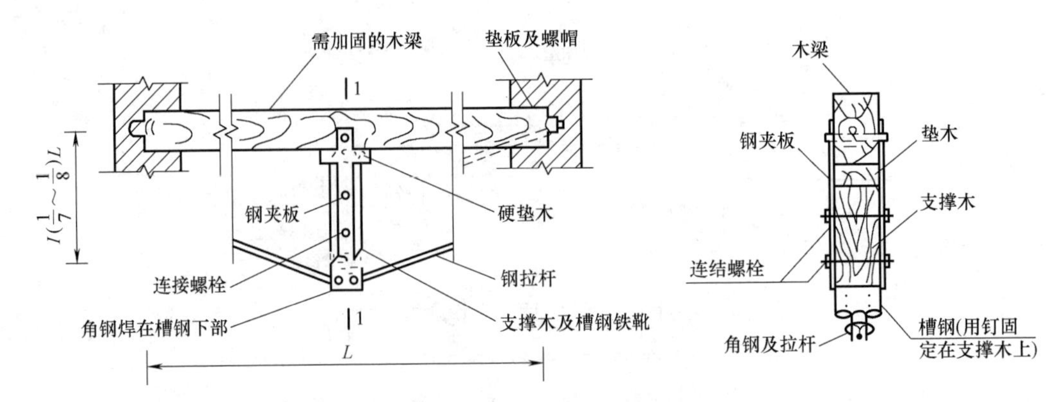

图 10.4-4 简支木梁变为组合梁的加固示意图

当构件裂缝较长、糟朽不是很严重时，需在裂缝内浇筑环氧树脂，再用铁箍加固。当构件裂缝宽度超过规定限值时，需验算构件承载力，符合受力要求的，仍可采用嵌补法（图 10.4-5a），不符合受力要求的，则采用补强法。

补强法主要包括支顶法和机械补强法。支顶法（图 10.4-5b）主要是在梁枋下支顶立柱，防止构件弯垂断折。机械补强法（图 10.4-5d）是利用凿接物、木板、钢板等附加材料恢复木构件强度的方法，用于加固因抗剪能力不足而出现的裂缝。当木构件损坏严重，以上方法都不能满足受力要求时，则需更换构件（图 10.4-5c）。在柱子下沉、梁架歪闪、构件干缩等情况下，斗、拱、昂等构件也会出现裂缝、劈裂。对于这些构件的裂缝、劈裂，一般可用胶粘剂对齐固定，继续使用。因为斗拱组件繁多，构造复杂，拆解修补较为麻烦，所以对于构件小的破损，尽量都不拆卸，按照保持现状的原则进行修配。

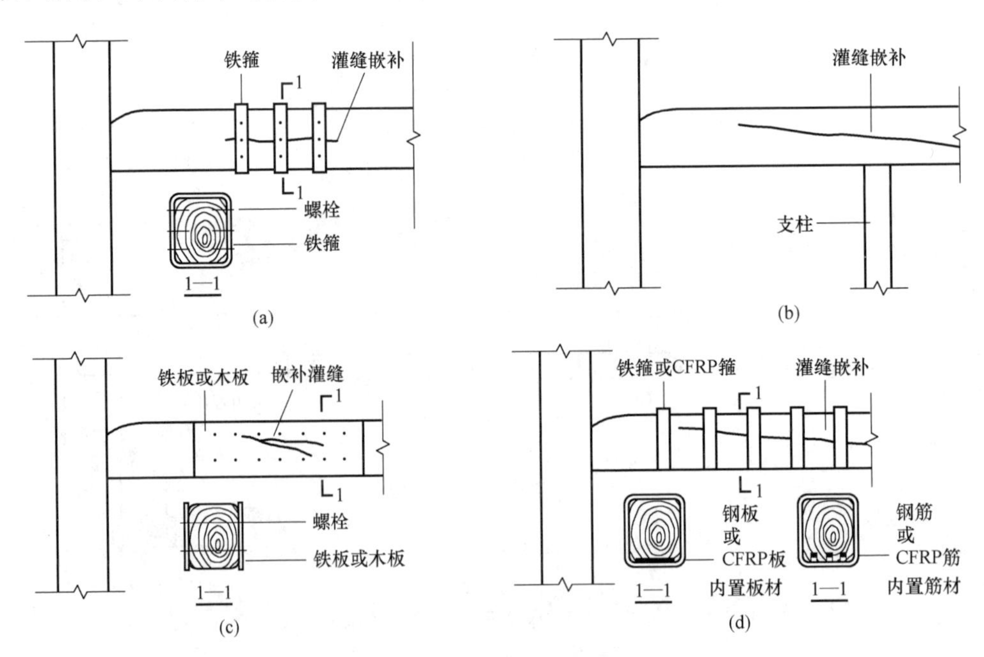

图 10.4-5 梁裂缝嵌补、补强示意图

（a）嵌补法；（b）支顶法；（c）内置芯材法；（d）机械补强法

10.5 柱的加固

木结构柱子的加固分为传统的加固方法和新兴的加固方法。

传统的加固方法，采用铁件或者替换新材，存在诸多不足：①铁件锈蚀，会对柱子本身再次造成损坏；②替换新材对于修复木柱方法有效，但是由于我国木材资源有限，大范围使用新木柱也不太现实；③对于开裂木柱不能够先进行评估，无法确定不加固情况下的木柱是否仍然满足可靠性要求，是否可以继续使用；④柱子损坏是由木材本身的性质决定的，只要有裸露在外的木材，木节所在截面就会成为薄弱截面，虫蛀等也不会停止，锈蚀、劈裂等破坏还会持续发生，影响木柱强度，对木柱局部范围的修复也只是暂时解决了木结构承载力不足的问题，承载力提高的不多，因此需要阶段性地频繁地对木柱进行修护加固。因此，寻找一种新的加固方法，能够使木材充分利用自身的顺纹抗压强度，并大幅提高加固后木柱的强度等，成为亟待解决的问题。

新兴的加固方法。20 世纪 80 年代末，纤维增强复合材料（Fiber Reinforced Plastic，简称 FRP）已经开始逐步应用于建筑结构的补强加固中，FRP 因其轻质高强、弹性模量大、耐腐蚀性好等优越的材料性能也于 21 世纪被应用于木柱的维修加固中。对于木柱的加固，粘贴纤维布也有其独特的性能优势：比强度高，在提高承载力的同时基本不增加自重；耐腐蚀性好，能有效抵抗强酸、强碱及紫外线的腐蚀，经久耐用；不影响结构外观；施工方便。因此相比于其他加固方法，碳纤维布加固木柱是近年来国内外新兴的最受欢迎的加固方法。

1. 侧向弯曲的矫直与加固

木柱发生侧向弯曲后会在柱内引起附加弯曲应力，随着弯曲的发展，附加弯曲应力亦不断增加，最后导致结构破坏。因此，对侧向弯曲柱子的加固，必须先对弯曲部分进行矫正，使柱子回复到直线形状。再增大侧向刚度（减少长细比），防止侧向弯曲的再度发生。

对侧向弯曲不太严重的柱，如为整料柱子，可从柱的一侧增设刚度较大的方木，以螺栓与原柱绑紧，并通过拧紧螺栓时产生的侧向力，来矫正原柱的弯曲，使加固后的柱子回复平直并具有较大的刚度，见图 10. 5-1（a）、（b）。如为组合柱，可在肢杆间填嵌方木或

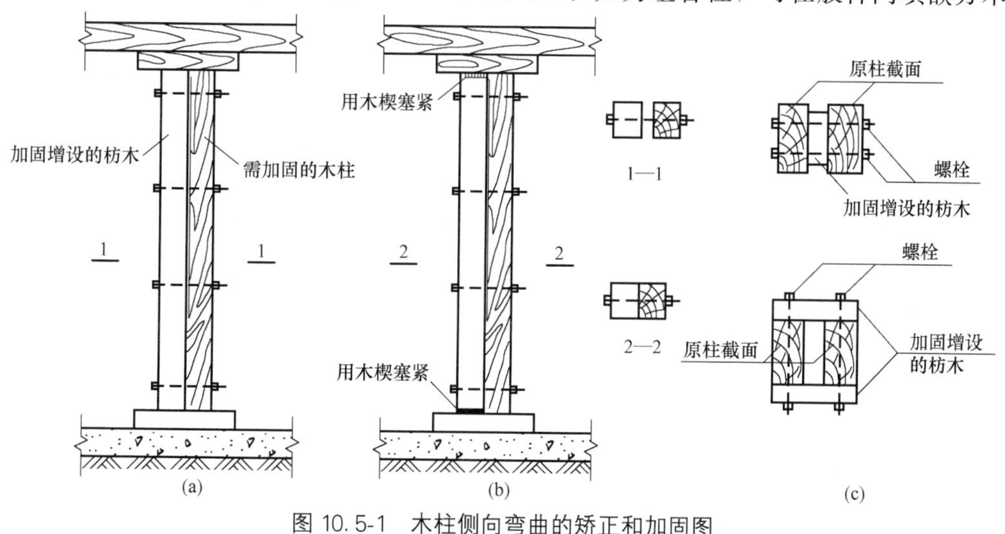

图 10. 5-1 木柱侧向弯曲的矫正和加固图

（a）矫正前情况；（b）加固矫直后情况；（c）组合柱加固截面图

在外侧夹加方木增强刚度，进行加固，见图 10.5-1（c）。

对于侧向弯曲较严重的柱，如直接用拧紧螺栓方法进行矫直有困难时，则可在部分卸荷情况下，先用千斤顶及刚度较大的短方木，对弯曲部分进行矫正，见图 10.5-2，然后再安设用以增强刚度的方木进行加固。

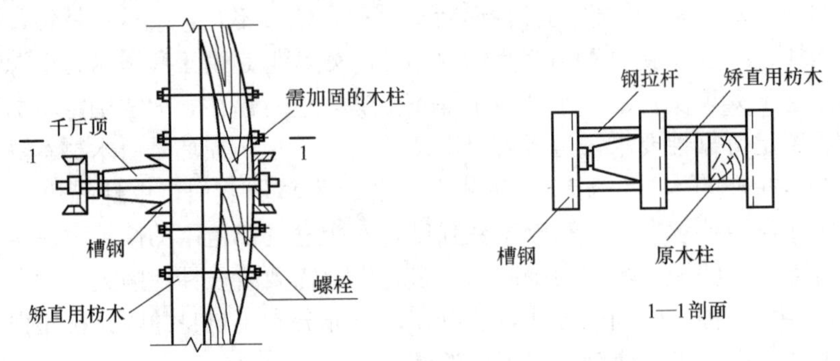

图 10.5-2 用千斤顶矫直木柱的弯曲示意图

2. 柱底腐朽的加固

木柱的腐朽多数发生在与混凝土或砌体直接抵承的底部。可根据腐朽的程度，采取以下加固处理方法：轻度腐朽的，把腐朽的外表部分除去后，对柱底的完好部分涂刷防腐油膏，最后装上经防腐处理的加固用夹木及螺栓，见图 10.5-3。

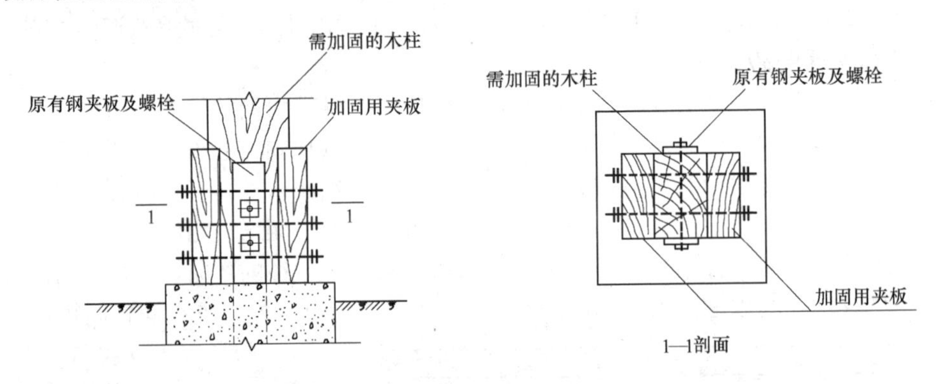

图 10.5-3 轻度腐朽的木柱脚加固图

柱底腐朽较重时，应将腐朽部分整段锯除后，再用相同截面的新材接补，新材的应力等级不能低于木柱的旧材。连接部分加设钢夹板或木夹板及联结螺栓，见图 10.5-4。

对于防潮及通风条件较差，或在易受撞击场所的木柱，可整段锯去底部腐朽部分，换以钢筋混凝土短柱，见图 10.5-5。原有固定柱脚的钢夹板可用作钢筋混凝土短柱与老基座间的锚固连接件。

3. 有裂缝柱的加固

对于柱子裂缝，传统修缮方法主要为嵌补法：裂缝宽度 $W \leqslant 3$mm 时，可用腻子抹缝；当 3mm$<W \leqslant 30$mm 时，可嵌补木条，用胶粘剂固定；当 $W>30$mm，且不大于柱径 1/3 时，除用木条嵌补外，尚应在裂缝外加铁箍（或 FRP），如图 10.5-6 所示。当柱裂缝深度大于柱径 1/3 或因倾斜扭转造成时，需待构架修整复位后用木条嵌补，以铁箍（或 FRP）箍牢。当裂缝为受力裂缝或可能发展成斜裂缝时，须进行强度验算，根据情况补强

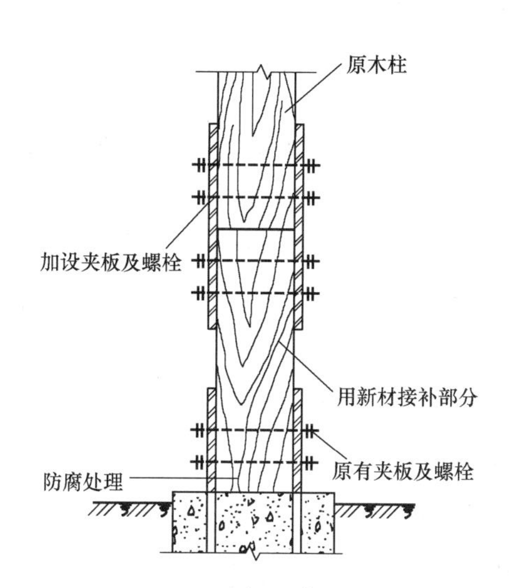

图 10.5-4　木柱脚整段接补图

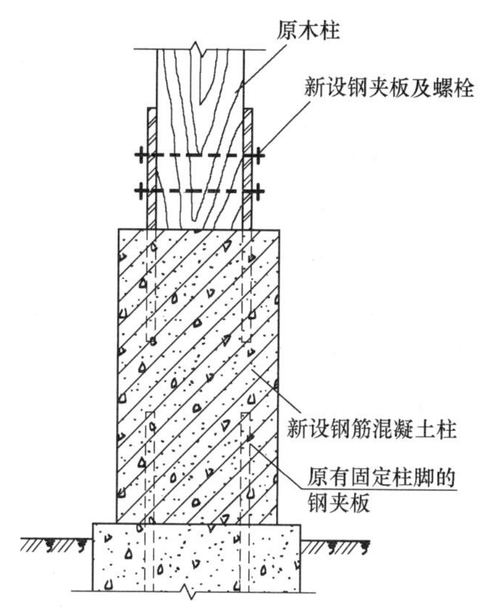

图 10.5-5　钢筋混凝土短柱加固木柱脚图

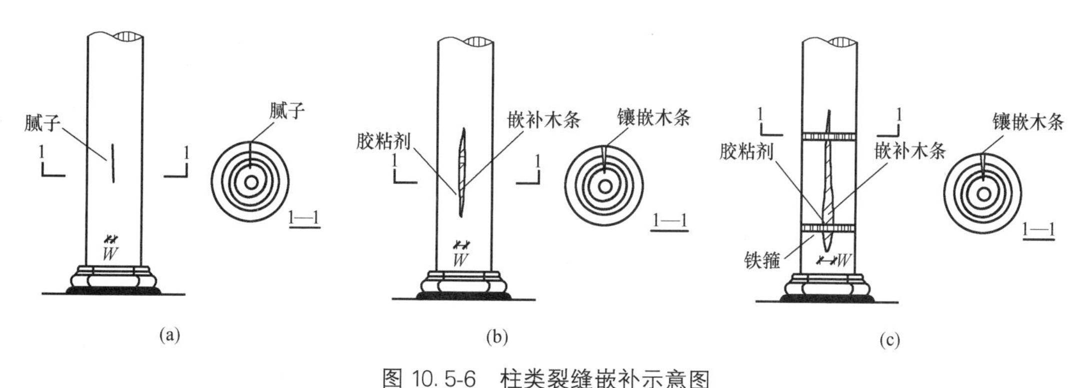

图 10.5-6　柱类裂缝嵌补示意图

（a）w<3mm；（b）3mm<w<30mm；（c）w>30mm

加固或更换新柱。

10.6　屋顶架修复加固

木屋架类型众多，由于设计和制作不一，使用情况和自然条件各异，日久发生不同程度的损坏。目前居住房屋木屋架使用较广泛的有立帖构架和三角形豪式桁架两种。木屋架的加固方法可分为整体性加固、构件加固和节点加固三种方式。

1. 整体性加固

在房屋修理中，有时会遇到木屋架的制作不合理，建筑材料（竹、木、钢）混用，尤其是乱搭乱建的房屋，有的因搭搁拆除部分斜杆等腹杆，因此造成屋架变形严重或损坏面较广，屋架承载力不足，如作局部修理难以达到工程质量和安全的要求，于是需作全面性改善来提高它的承载能力。整体性加固的简单有效的方法是屋架下增设支柱，这种加固的优点在于施工方便，用料少，加固效果显著。缺点是增设的主柱不同程度地影响美观和使用。

木屋架下增设支柱后，改变了屋架的受力图形，一般从两支点的静定结构变成了三支点的超静定结构。增设新支柱应注意下列问题。

1）支柱的位置

由于屋架局部损坏威胁安全而进行的临时性加固，一般应增设两根支柱，分别安设于损坏点的两侧结构可靠之处。对承载力不足而结构尚无严重破坏的加固，一般可增设一根支柱。支柱设在跨中效果最大，如在跨中增设支柱为使用所不允许时，也可将支柱设置到跨中附近的其他节点位置上。支柱位置一般不应设在两个相邻节点的中间，因为它会使杆件在节间承受附加弯矩。

2）腹杆的加固

在屋架下增设支柱后，可导致腹杆内应力的大小甚至应力正负号发生变化。因此当支柱受力较大时，应验算腹杆应力的变化，并根据验算结果加固腹杆。当支柱受力不大时，可不作验算，但仍应将安设支柱处的柔性腹杆予以加固，如图 10.6-1 所示。

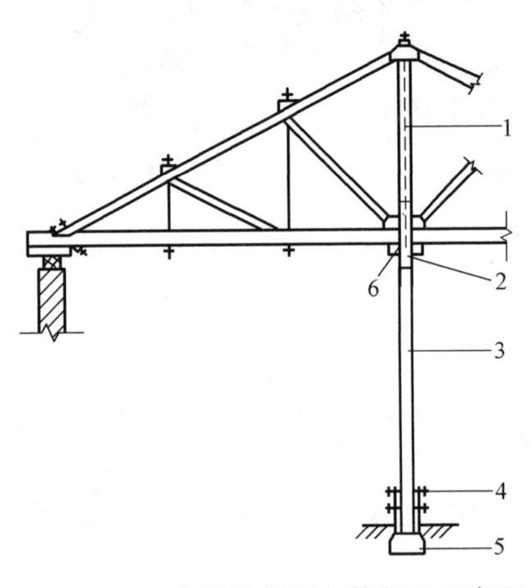

图 10.6-1 木屋架增设支柱加固示意图
1—原受拉腹杆为圆钢，用木方加固为受压腹杆；2—木夹板；3—新增之木柱；4—用铁夹板螺栓联结；5—混凝土柱基；6—垫木

3）支柱和柱基

支柱可以根据具体情况选用木柱、型钢柱、砖柱等多种形式。支柱的断面和构造，应按有关设计规范作强度和稳定计算确定。支柱安装后要求柱顶与屋架下弦接触紧密，以保证支柱参与受力，为此可考虑采用下列措施：屋架部分卸荷；屋架预先稍微顶起略有起拱；在支柱下敲入木楔等。

支柱应设置在受力可靠的基础上。基础应根据受力的大小和使用时间的长短加以确定。永久性的或承载力较大的加固，对基础要求较高，必要时应设置专门的柱基。临时性的或承载力较小的加固对基础要求较低，一般可直接设置在水泥地面上或方木垫底的土地面上。支柱和基础之间应有可靠的联结，以防止发生滑移现象，见图 10.6-1。

结构承载能力不足，还可采用减小荷载、增设斜撑、屋架等措施。这些措施的选用，应在通过计算或荷载试验等作出评定后，经方案比较加以确定。

减小荷载处理的措施，如将荷载较大的屋面改为石棉瓦、瓦楞铁等荷载较小的屋面；将炉渣保温层更换为锯末等保温层等。采用减荷处理时，应妥善处理好使用要求和屋面排水等建筑构造要求。

增设斜撑加固，可对屋架承载力的增大起到一定作用，同时在屋架与木柱的连接处设置斜撑，可加强房屋的横向刚度，使木柱承重房屋形成具有良好抗震性能的木构架。斜撑采用木夹板与木柱，屋架上下弦用螺栓联结（图 10.6-2），这是一种简便经济的加固方法。

2. 构件加固

当屋架中个别构件强度或稳定性不足，影响整个屋架承载能力时，或者使用旧料制作

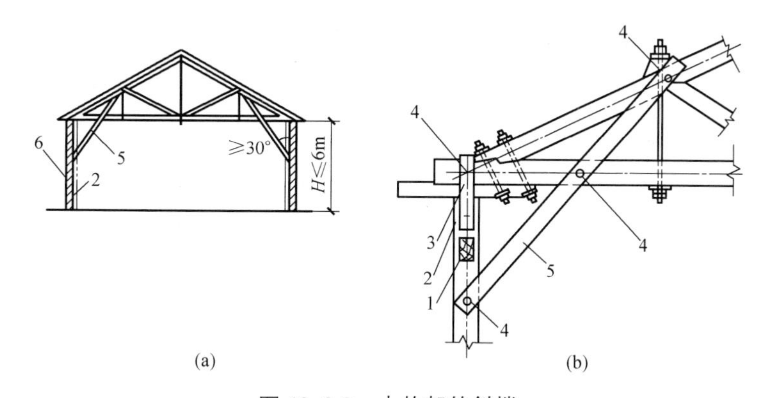

图 10.6-2 木构架的斜撑

(a) 设置斜撑示意图；(b) 斜撑联结大样

1—水平系杆；2—木柱；3—扁钢；4—联结螺栓；5—斜撑；6—围护墙

的屋架，构件留有孔眼削弱截面面积时，可采取构件加固的方法。

1) 受压构件

如上弦、斜杆在节点处承压面已满足，但中部弯曲变形（可能因稳定性不足）。可加短木或钉夹板以增大其截面惯性矩或减小其计算长度（图 10.6-3、图 10.6-4、图 10.6-5）。

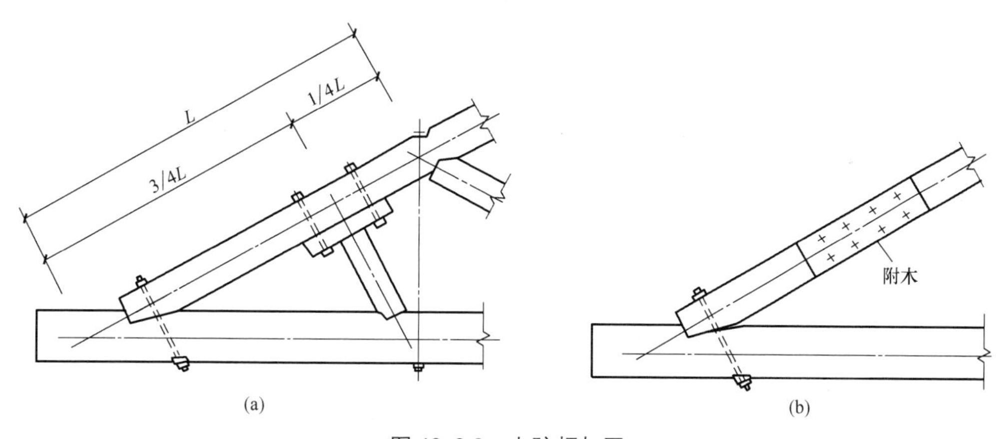

图 10.6-3 上弦杆加固

(a) 加托木及斜撑，可用于屋架平面内稳定的加固；(b) 加附木，可用于屋架平面外稳定的加固

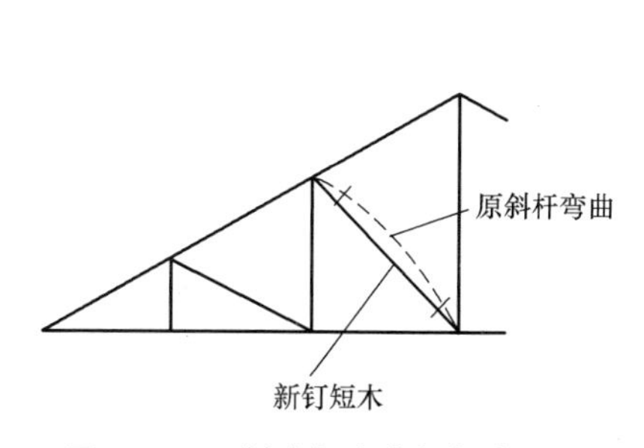

图 10.6-4 斜腹杆弯曲钉短木加固

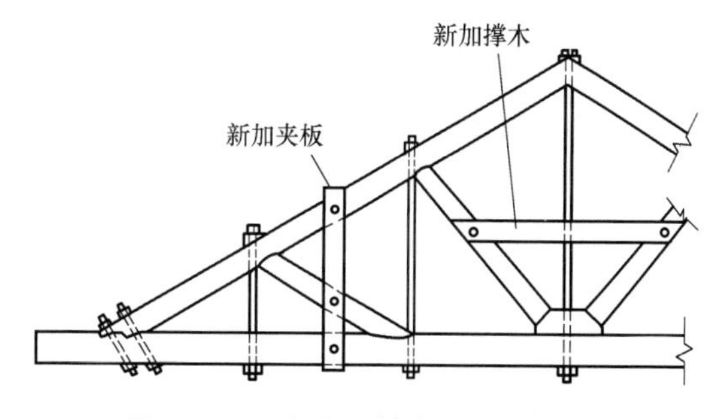

图 10.6-5 上弦及斜腹杆加夹板加固

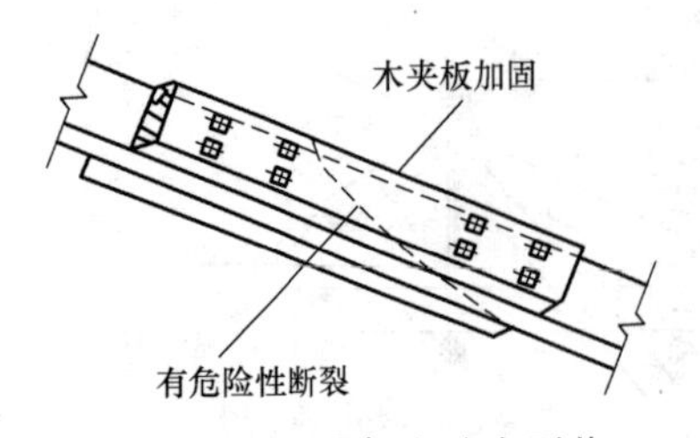

图 10.6-6 屋架上弦个别节间出现断裂迹象的加固

屋架上弦的个别地方出现断裂迹象，而其他部分完好时，可采取局部加木夹板并以螺栓联结的加固方法（图 10.6-6）。

2）受拉构件

屋架下弦的个别地方具有过大的木节、斜纹等缺陷而其他部分完好时亦可采取局部加木夹板加固的方法（图 10.6-7）。

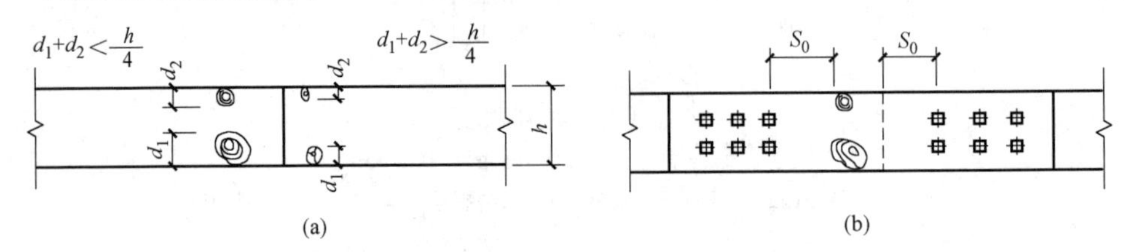

图 10.6-7 受拉构件接头处有大木节的加固

（a）接头处木节不符合要求；（b）处理方法

受拉构件采用钢拉杆来加固是一个可靠、方便的修理方法。

三角形豪式木屋架的下弦接头处及木夹板剪面开裂或竖杆的开裂均可考虑用钢拉杆加固。这种加固方法的优点：钢拉杆受力工作安全可靠、耐久、节约木材、减少以后的维修费用、施工时无须采取临时性卸荷措施。特别是在不允许停止使用的情况下进行加固时，更值得推荐。

钢拉杆的装置一般由拉杆本身及其两端的锚固所组成。拉杆本身通常用两根或四根圆钢共同受力组合而成，圆钢的端部可刻有螺纹；拉杆断面较大时亦可采用型钢制作。拉杆装置的断面和构造，应符合现行木结构和钢结构设计标准的要求。

拉杆加固实例：

（1）下弦受拉木夹板断裂或螺栓间剪面开裂，可更换木夹板，且应两侧成对更换（即使另一夹板未坏）。如果更换木夹板有困难时，则可局部采用如图 10.6-7 所示新的受拉装置代替原来联结的加固方法。该方法是在原夹板的两端各加一块木夹板，其截面和所用螺栓的直径、数量皆与原接头相同（原接头的承载力要足够），然后通过抵承角钢将圆钢拉杆拧紧，使新夹板受力工作。应选择有利的夹板方向和位置，并应核算夹板螺栓对下弦削弱的影响。

原木屋架下弦接头采用单排螺栓联结或下弦严重开裂，而其他部位完好时，也可仿照方法进行加固。

（2）木屋架受拉木竖杆的剪面开裂，可用新的圆钢拉杆代替，新拉杆应尽量设置在原来的拉杆附近。

3. 节点加固

屋架端节点如不够牢固安全，特别对头子腐烂、蛀蚀等损坏，可用钢板、螺栓、圆钢、三角硬木块等加固。

1）端节点下弦损坏加固

腐朽部分锯掉换上新的下弦头子，再用木夹板或两对钢夹板螺栓加固。如果齿联结承压强度不足，可另加硬木枕块以增大其承压面积。但在施工时，枕块应做得与上下弦紧密接触，否则不能保证与齿联结共同工作。采用钢夹板时，宜设法调整力的作用线位置，尽量避免螺栓联结偏心受力。

2）端节点上、下弦损坏加固

（1）屋架端部腐朽，原有节点上、下弦木材已不能利用。如能根除造成腐朽的条件，可采用图 10.6-8 所示的加固方案；先用木夹板和螺栓将上下弦临时相互固结牢，再用临时顶撑把屋架顶高，然后把腐朽部分全部截去，在上弦端部更换新的木料，用夹板、螺栓与上弦联结，并抵承在硬木垫块上（木垫块的木纹方向应与下弦一致），垫块抵承在槽钢和角钢构成的靴梁上，通过四根圆钢拉杆（串杆）将力传至另一端的角钢上，此角钢抵承在新加木夹板上，最后用螺栓将木夹板与下弦联结，采用这种方法同样宜设法调整力的作用线。如造成腐朽的条件无法避免，则切除腐材后，可用型钢代替原有节点。

（2）屋架下弦严重腐朽，损坏长度较大时，可将腐朽部分全部锯掉，换上新的上下弦头子，再加木夹板或钢夹板螺栓加固。

（3）齿槽不合要求，有缝隙，形成单齿受力，易破坏，可用硬木块敲入齿槽隙填实。

（4）屋架端节点受剪范围内出现危险性的裂缝时，可用以下 2 种方法加固：

① 采用局部加固，即在附近完好部位设木夹板，再用四根钢拉杆与设在端部抵承角钢联结。如有必要可用铁箍箍紧受剪面，使裂缝不继续发展。

② 采用图 10.6-8 所示方法，即用钢串杆和钢夹板等加固。

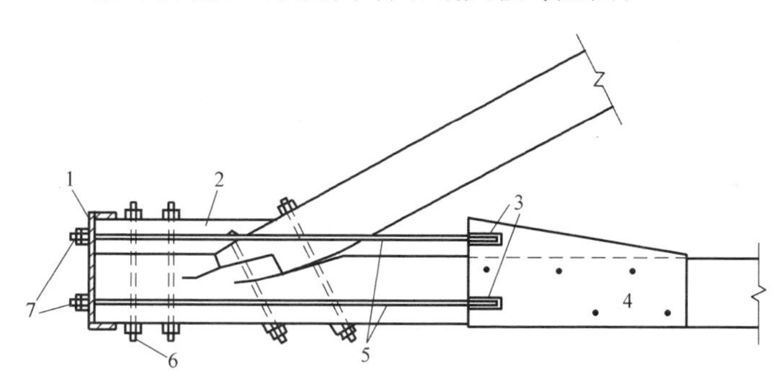

图 10.6-8　端节点受剪范围内出现裂缝的加固

1—新加槽钢；2—新加硬本；3—电焊；4—新加钢板螺栓；5—新加钢拉杆；6—新加螺栓；7—螺栓双帽

由于木材的干缩和变形可以造成屋架内的螺栓和钢拉杆松动，因而削弱了联结的受力，同时也破坏了各个螺栓之间的共同工作，钢拉杆的松动，减少实际参与受力的根数，可能改变受力方式，导致变形增大。故而需定期检查拧紧松动的螺栓和拉杆，特别是使用高含水率的木材，在结构完成后的头两年内及时做好这项维护工作甚为必要。如屋架左右倾斜程度严重时，易使檩条脱头，发生坍塌，应予牮正，檩条头子互相拖牢并适当加支撑予以加固。

10.7　木楼盖修复加固

1. 木楼板的损坏情况

木楼板的使用年代一般都很长久，年代短的至今已有二十多年，长的有六七十年以上，由于长期的使用，使楼板面磨损、企口碎裂、稀缝及漏水、漏灰，严重影响使用。如杉木楼板由于材质差，磨损尤为严重，板的厚度减薄，节疤外露；洋松楼板节疤较大，由于长年使用，油脂挥发，造成节疤脱落，木筋外露，楼板断裂或挠垂。也有由于底层是灶间，长期熏蒸受潮致使酥松腐烂，或因板面长期堆放重物，造成楼板下沉，搁栅挠曲和部分倾斜。经常用水冲洗木楼板，水进入企口接缝处，使企口腐烂楼板松动。其他如木楼板上装置水盘及卫生设备，木材经常受潮腐烂。硬木地板经常不打蜡保养，致使木质枯脆，缩短其使用寿命。

2. 木搁栅的损坏情况

1）当搁栅的截面过小或房屋改变使用超载过大时，会因变形过大而引起楼板晃动、下沉，顶棚开裂，甚至搁栅断裂。

2）材质不合格有较大的节疤或水分又位于受拉区，搁栅受力后在节疤或水分部位破坏。

3）木腐菌腐蚀霉烂。搁栅处在空气不流畅，过暖和过湿环境下，腐烂得更快。

4）白蚁蛀蚀。白蚁对搁栅等蛀蚀危害甚大，尤其对美松木料，轻的局部蛀蚀损坏，重的使构件强度减弱且产生很大的变形，严重的会发生坍塌事故。

3. 木搁栅或木大料损坏的加固修理

1）端部的修理

木搁栅或木大料在支承点易产生腐朽、蛀蚀等损坏，根据损坏的程度，主要可分为修补梁头和接换梁头两种。

（1）修补梁头

支承点主要承受全梁剪力，头子处弯矩很小。如腐朽损坏在梁头两侧，其深度不超过梁宽的1/2时，斩除腐朽部分，用木材镶平钉合。所用钉数的计算，可按最大剪力扣除保留的完好面积所能担负的剪力进行计算。如木梁保留完好面积，计算后能担负全梁剪力，则修补木块所用铁钉仅为钉合所需，建议不小于10cm长钉四只。如损坏在梁的上下侧，深度不大于梁高1/3，可将下口斩成标准斜口，用硬木块垫高做平，不需加固。

（2）接换梁头

如果梁两侧损坏深度大于梁宽1/2，一般需接换梁头。如果梁上下侧损坏深度大于梁高的1/3，应经计算后夹接。如损坏深度大于3/5以上，必须另行接换梁头。梁头如中间被蛀空，可经计算后采用夹接办法加固。接换梁头时，应先将木梁临时支撑，然后锯去其损坏部分，采用下列方法加固：

夹接：用两块木夹板夹接加固。木夹板的截面和材质一般不应次于原有木梁截面和材质的标准，并应选用纹理平直，没有木节和髓心的气干材制作，任何情况下都不得采用湿材制作。关于木夹板的长度，螺栓的规格、数量及间距，应根据计算及规范规定来确定。

托接：梁用槽钢或其他材料托在下面加固。螺栓主要承受拉力，受拉螺栓及其垫板均应进行验算。

用槽钢托接，受力较为可靠，构造处理方便，一般用于木夹板加固构造处理或施工较困难之处。

夹板进墙部分应经防腐或防锈处理。腐朽损坏程度严重超过梁长的1/3者可以换新。

(3) 钢箍绑扎

木搁栅或木大料端头开裂损坏，可加钢箍绑扎（图 10.7-1）。

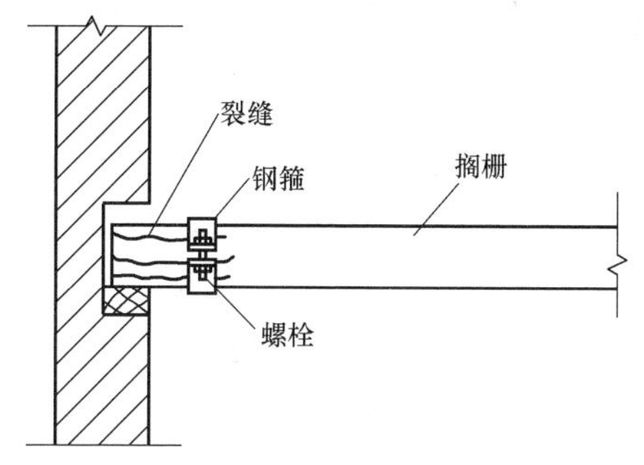

图 10.7-1 搁栅端部加固方法（铁箍加固）

2）搁栅的修理

搁栅跨中下挠过大或损坏的修理加固搁栅跨度过大或间距过大，造成搁栅下挠严重，产生使用上的问题（如楼面过软、顶棚开裂等），可在两根搁栅之间增加一根搁栅（木搁栅或预制钢筋混凝土搁栅），以减小原有搁栅的荷载，增加楼板的刚度。如条件许可也可采用增加牵杠的加固方法，即将搁栅下挠部分用千斤顶顶升到原来水平位置，在搁栅的跨中底部加一根牵杠，以缩短搁栅的跨度和增加楼板的刚度。

搁栅材质差，如美松节疤大或节疤在受拉区时，楼板层长期受荷，使用年久，木材发脆，收缩不一致，木节与木构件分离，易造成搁栅断裂。在修理中一般采取加搁栅（在原搁栅边上加一根与原搁栅相同截面的木梁），调搁栅（拆除原搁栅，换上新搁栅，但这样做因新搁栅较直，周围旧搁栅仍有些弯曲，易造成楼面高低、软硬不一），绑夹原搁栅（用与原搁栅截面相同的木夹板或钢夹板绑夹原搁栅损坏部分）。

10.8 其他部位修复加固

10.8.1 支撑系统修复加固

1. 纵向支撑

对纵向刚度不足，未按规定设置纵向支撑结构的木结构屋面，在修缮时应按《木结构设计标准》GB 50005—2017 第 54～83 条的规定，分别在有关屋架间增设上弦横向水平支撑、下弦横向水平支撑、垂直支撑、纵向水平系杆等支撑杆件，以加强屋盖的纵向刚度。

1）在既有屋盖结构上加设上弦横向水平支撑的构造方案，参见图 10.8-1。上弦横向水平支撑应设于温度区段两端及每隔 20cm 距离处，支撑可用 25～50mm×100～150mm 截面的木方，以 100mm 铁钉直接钉在每根檩条下面。与上弦相交处，尽可能位于上弦节点上，并用铁钉或扒针与上弦钉牢。

2）在既有屋盖结构上加设下弦横向水平支撑的构造方案，参见图 10.8-2。支撑的节点尽可能与屋架下弦节点在同一位置。

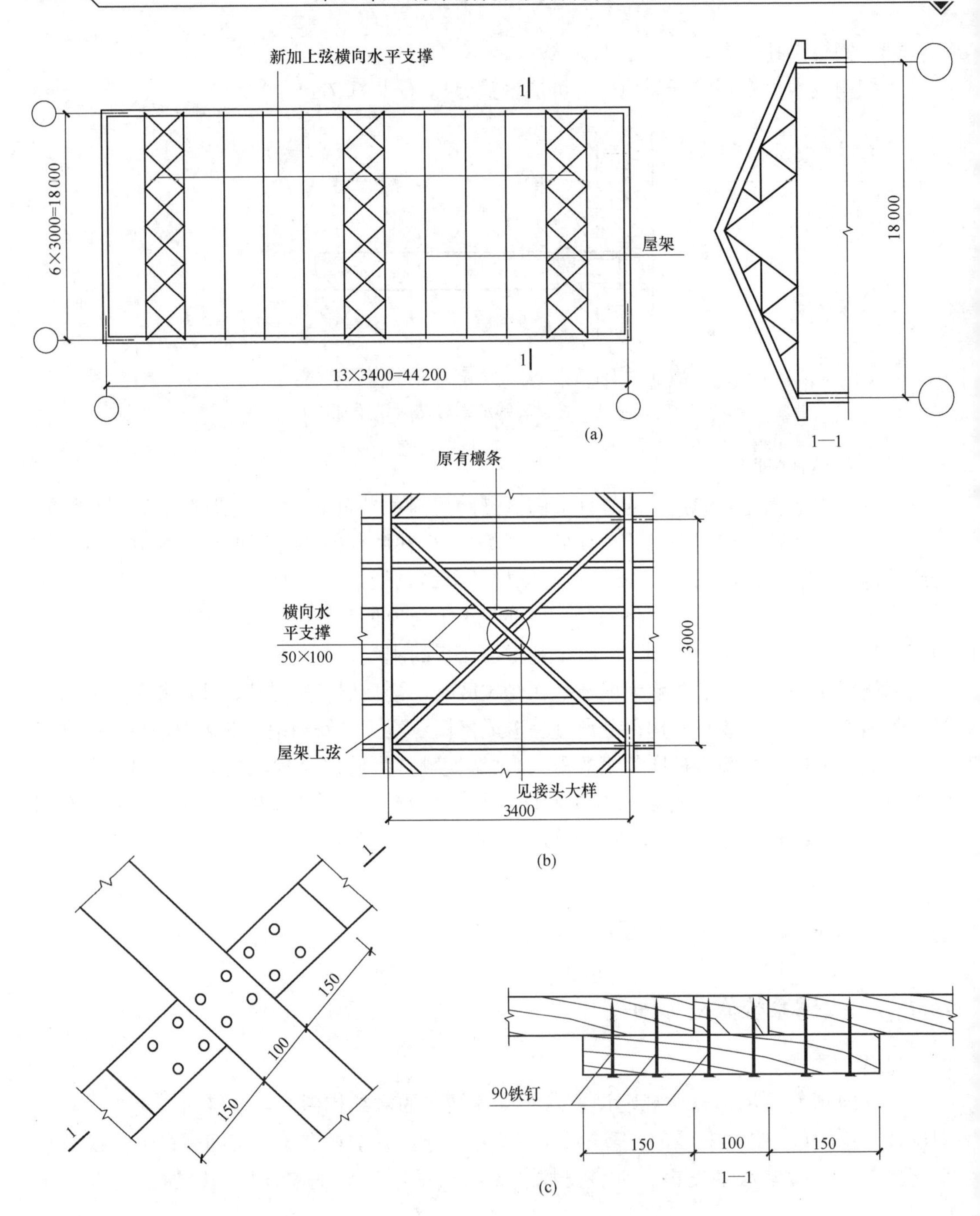

图 10.8-1 屋盖结构加设上弦横向水平支撑加固图

(a) 平面图；(b) 上弦水平支撑局部放大（仰视图）；(c) 接头大样

2. 横向斜撑

对桁架平面内横向刚度不足的结构系统（常见于木柱与木屋架联结的结构），可在桁架两端分别设置木斜撑进行加固，增设横向斜撑后，除增强结构系统的横向刚度外，对桁架承载能力的增加，亦有一定作用，构造见图 10.8-3。

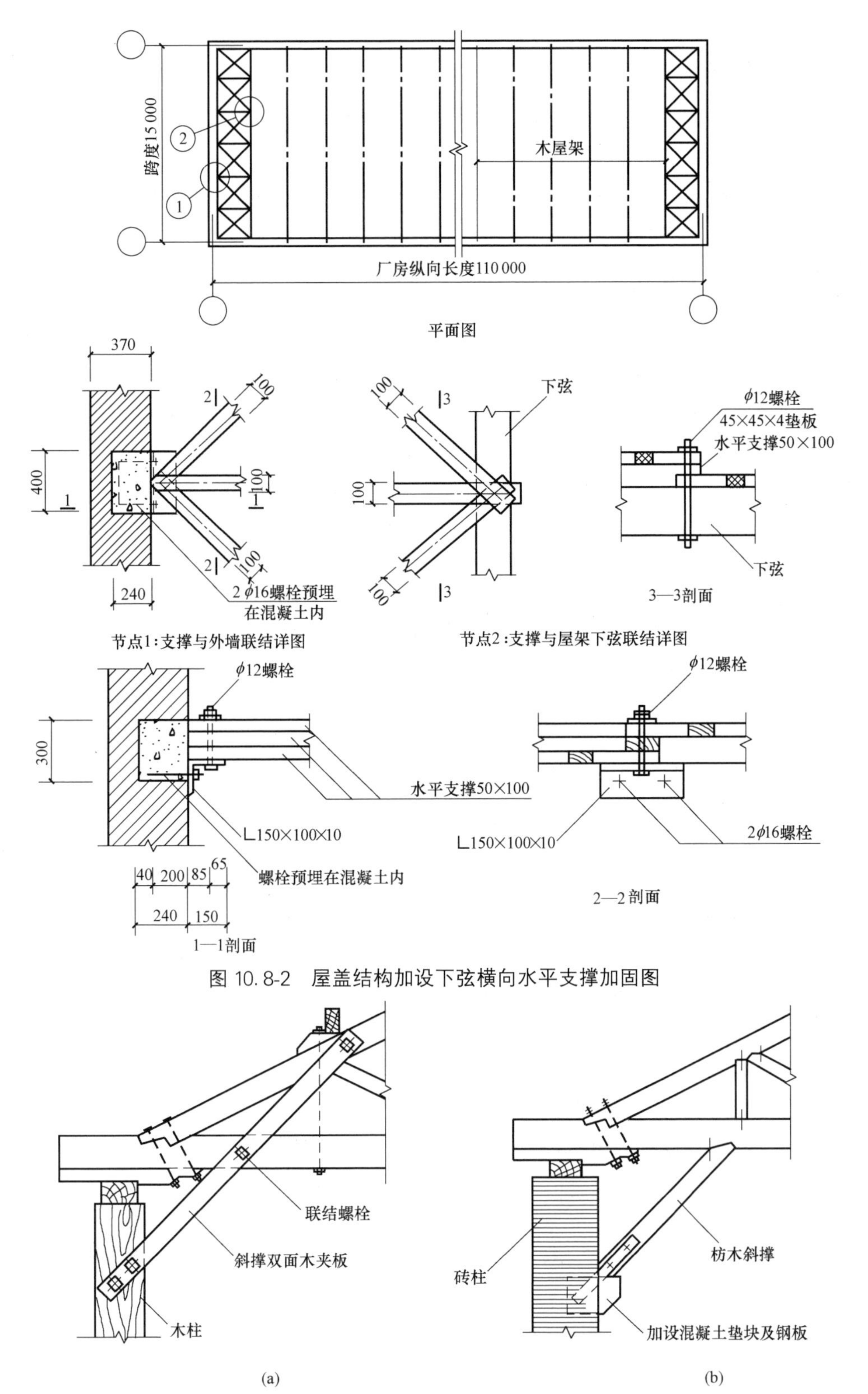

图 10.8-2 屋盖结构加设下弦横向水平支撑加固图

图 10.8-3 木屋架增设横向斜撑加固图

（a）木柱与木屋架；（b）砖柱与木屋架

10.8.2 木阁楼修复加固

1. 木楼梯加固修复

1）木楼梯的损坏情况

木楼梯的损坏多数为扶梯基（斜梁）靠近地面部分受潮霉烂、白蚁蛀蚀，引起梯段下沉，使上下楼梯时梯段晃动。踏步板经长年使用，板面磨损滑口，三角木松动，扶手、栏杆的缺损也是较多见的现象。

2）木楼梯的检查及修理

（1）扶梯基腐朽：梯段下沉应先检查扶梯基上口是否与平台搁栅脱开，脱开严重的应采取防坍落措施，可对扶梯基进行绑接，绑接用料一般用5cm×15cm或5cm×20cm的杉木或杂木，搭接部分长度不小于50cm。扶梯基下端腐朽可加捣素混凝土垫脚，提高其支承点，缩短扶梯基的跨度。素混凝土宜加早强剂或提高其强度等级以至缩短工期，也可将楼梯的最下面两级踏步改做成砖砌水泥砂浆粉刷踏步，扶梯基就搁置在砖砌踏步上。

（2）三角木损坏：扶梯基上的三角木损坏可根据损坏程度予以不同修理。三角木松动可加钉钉牢；三角木碎裂新换的三角木必须照原三角木复制，保持原踏步的尺度。

（3）踏步板磨损：踏步板磨损较大的可翻面后使用，将磨成圆口的一面翻在踏步的下面，且放在里面；也可将滑口部分锯掉，拼上相同的木料，拼后要求板面平整，并刨光，倒角收棱，再用21/2″（63.5mm长）圆钉钉在三角木上。

2. 阁楼顶板加固修复

木结构搭建最常见的为阁楼和油毡屋面的板棚等。

1）木结构搭建的检查和修理注意事项

（1）支承结构牢固程度：特别注意搁置在半砖天井墙、水泥栏杆、细长砖墩，甚至瓦片上（瓦片上砌砖墩作支承）的搭建。对其支承结构应详细检查，防止坍塌。

（2）与原始结构的结合：一般均简单搁置，无锚固措施。一般瓦屋顶的搭建，由于本身自重较大，情况尚好；对油毡屋面的板棚，由于自重轻，往往又高耸于原始建筑之上，应适当采取锚固措施，以防危险。锚固牢固程度要求，主要应根据其所受风力大小，原始结构容许程度而定，锚固体一般采用铁件。

（3）本身结构整体刚度：应作为一个空间木构架进行考虑。特别要注意四角木柱之间，屋面与木柱之间的结合强度。至少要在四个木柱顶端形成一个较强的水平受力层，再加上屋面与柱间连接好，即可获得一定的空间刚度。加固措施一般采用铁板、斜撑、八字撑、四角拖头、拉杆等。

2）阁楼的支承情况

阁楼的搭法，种类繁多，一般可按阁楼搁栅的支承情况分为三种：墙支承、柱支承、不合理支承。

（1）墙支承：将搁栅两端搁置在墙身上，进墙部分一般为半砖。

（2）柱支承：将搁栅两端搁在牵杠木上，而牵杠木由木柱上的台型托住。

（3）不合理支承：最常见的为吊置式阁楼，即将阁楼的搁栅用吊筋吊置在原始楼面搁栅或檩条中部，或用柱支承于原始楼面搁栅上。

3）阁楼的损坏情况

阁楼由于不是原始建筑，所用搁栅及楼板的材料常不一致，甚至同一幢房屋内也各不相同。一般搁栅的用料为 5cm×7.5cm、5cm×10cm 等，楼板为 1.5～2cm 厚、10～15cm 宽，牵杠木的用料为 6cm×7.5cm 或 6cm×10cm 等。用料有杉木或松木，也有用杂木等。阁楼在使用上多数作为居住之用，也有作为储藏之用。阁楼由于受搭建的结构（结构大多简陋）和用料不正规（大多用料小且材质差）的影响，其损坏情况多种多样，有的损坏较严重，必须经常加强检查和修理，方能安全使用。阁楼的损坏情况可归纳为以下 3 个方面：

（1）由于搁栅截面过小，搁栅间距过大，当阁楼上的实际荷载超过搁栅的承受能力时，形成搁栅弯曲下挠，楼板挠垂，人行其上晃动有声，甚至产生危险的迹象。

（2）由于阁楼以下的支承处结构不合理，如以半砖墙支承由于强度不足，或因砖墙稳定性差而弓凸产生搁栅下沉现象；搁栅下的牵杠，台型强度不足或因振动松动时，也会影响搁栅的搁置稳固，以致产生不安全因素，其他如吊置阁楼的吊筋超载而发生险象等。

（3）由于楼板用料的简陋，加上使用日久的磨损等因素，楼板厚度减小，松动，以及严重的楼板稀缝，部分因受外力而折断等。

4）阁楼的修理

阁楼的修理应根据其不同程度的损坏和结构用料、使用等情况，采取必要的加固措施，以保证安全使用为前提。

（1）当搁栅的截面过小，阁楼的实际荷载超过 7.5MPa 或超过 12MPa（可能住人的），而无法减载时，经计算后发现超过搁栅的承载能力，须予以加固。如超过搁栅承载能力不大（10%以内），可在搁栅垂直方向钉板，加强整体刚度，防止少数几根搁栅断裂。如超过较大（10%以上），应根据楼板厚度，搁栅间距可隔根加搁栅，或逐根下口加铁板加固或加斜撑或在搁栅垂直方向加牵杠等。

（2）当搁栅支承于柱上，搁栅端部牵杠强度不足时，有条件的可加木台型（梁托）减小牵杠的跨度，或更换截面较大的牵杠。牵杠与柱接合处的圆钉或木台型松动、开裂时，应更换木台型按标准钉合。

（3）当吊置式阁楼的吊筋与原始结构联结不合理，造成原始结构严重损坏时，应改变支承形式后再加固。这类阁楼应仔细查勘，有问题要妥善处理。

10.9 复合材料结构检测技术

复合材料由于其多组分材料特性给其带来了原先各种材料所不具备的优良特性，但同样也是由于其组分材料的复杂性，容易受到多种不利因素的影响，影响范围涉及外观、耐久性、结构强度、抗疲劳性能等多个方面。为确保最终的复合材料结构能够满足安全性要求、使用性要求，需在组分材料、制造成品、服役三个过程中对于复合材料结构的各方面性能进行检测、监测。

复合材料结构的主要组分材料包括：纤维增强材料、基体材料、芯材。纤维增强材料作为结构的主要受力组分，其力学性能直接影响了最终结构的力学性能，其主要的评价指标有强度、拉伸强度、弹性模量、抗冲击强度、耐热性、收缩性等。纤维很少单独直接使用，需要与相应的基本材料配合才能形成复合材料结构，承受各种使用荷载。纤维性能越好，为充分发挥纤维的性能，需要有高性能的基体材料配合，才能充分发挥其性能。树脂为常见的基体材料，树脂性能指标根据应用领域的不同要求，在某一方面有所突出，主要测试项目除拉伸性能、压缩性能、弯曲性能、冲击性能外，部分还要求耐高温、耐酸碱腐蚀、树脂浸润性等。芯材是复合材料夹层结构的重要组成部分，在夹层结构中，芯材主要起到了增加厚度、减轻重量、提高抗弯性能的作用，主要承受平面外压力作用和剪切作用，因此平压性能与剪切性能是芯材的两项重要指标。

组分材料的各项性能仅代表其自身的力学性能，当组分材料经过工艺成型最终成为复合材料结构，受各种不可控因素的影响时，复合材料结构不可避免地存在各种缺陷或损伤。其主要有：气孔、分层、疏松、界面分离、夹杂、树脂固化不良、钻孔损伤。其在使用过程中还会产生疲劳损伤和环境损伤，损伤的形式有：脱胶、分层、基体龟裂、空隙增长、纤维断裂、皱褶变形、腐蚀坑、划伤、下陷、烧伤等。复合材料结构中的缺陷、损伤影响着结构的各项性能，随着时间的增长，结构的损伤程度将会继续增加，剩余承载性能存在进一步下降的可能。由于缺陷-损伤对结构存在巨大影响，检测技术已经成为复合材料结构应用过程中的关键技术。

在缺陷-损伤的检测过程中，通常为了避免对复合材料结构造成不必要的损伤，宜优先选择无损检测技术，即先通过无损检测技术对结构的缺陷或损伤进行定位、测量，再通过有损的测试方法进行进一步检查确认，形成结构的修补方案。

由于涉及组分材料、复合材料结构的检测技术、测试方法众多，本章主要从力学性能、工艺要求的角度对组分材料、工艺过程和复合材料结构使用过程中的主要性能指标及测试方法进行了阐述，对复合材料结构生产过程中产生的缺陷、使用过程中发生的损伤检测方法进行总结，并对复合材料结构长期服役过程中的在线监测技术进行简单介绍。

10.9.1　纤维材料检测

在进行纤维材料的质量检验时，首先应进行外观检查，包括：纤维表面色泽基本一致，没有杂物、污渍、蛛网等，纤维应紧密卷在纸管上，表面不得有折叠、不匀称现象。纤维外表应用软包装材料封闭包装，产品检验证应注明制品代号、等级、用途等。纤维的外观检测非常重要，质量较好的纤维，其表面色泽均匀一致。纤维色泽均匀，说明其在进行表面处理时，浸润剂分布均匀，使得纤维更易被树脂充分浸渍，有效保证最终制品的成型质量。

纤维的力学性能评价指标主要有拉伸断裂强力、断裂伸长，除此之外，碳纤维还有复丝纤维根数等，而当纤维作为原材料被制成纤维织物等半成品后，其评价指标增加了厚度、密度、宽度、长度以及弯曲硬挺度等。在进行纤维及其织物检验时，可根据使用单位的要求进行测试，如表 10.9-1 所示为纤维材料力学性能试验的主要标准，涉及我国标准、美国标准以及部分欧洲标准。

纤维材料力学性能试验的主要标准　　表 10.9-1

测试项目	国家标准	美国标准	欧洲标准
拉伸强度	《增强材料　机织物试验方法　第5部分：玻璃纤维拉伸断裂强力和断裂伸长的测定》GB/T 7689.5—2013	ASTM D 6614 Standard Test Method for Stretch Properties of Textile Fabrics-CRE Method	EN ISO 10168 Carbon Fibre-Determination of Tensile Properties of Resin-impregnated Yarn (ISO/DIS 10618：2002)

续表

测试项目	国家标准	美国标准	欧洲标准
弹性模量	《碳纤维复丝拉伸性能试验方法》GB/T 3362—2017	ASTM D 5035 Standard Test Method for Breaking Strength and Elongation of Textile Fabrics	EN ISO 10168 Carbon Fibre-Determination of Tensile Properties of Resin-impregnated Yarn (ISO/DIS 10618：2002)
延伸率	《碳纤维复丝拉伸性能试验方法》GB/T 3362—2017	ASTM D 5035 Standard Test Method for Breaking Strength and Elongation of Textile Fabrics	EN ISO 10168 Carbon Fibre-Determination of Tensile Properties of Resin-impregnated Yarn (ISO/DIS 10618：2002)

评价玻璃纤维受力性能的主要指标为拉伸断裂强力、断裂伸长两项指标，这两项指标可以参照标准《增强材料　机织物试验方法　第5部分：玻璃纤维拉伸断裂强力和断裂伸长的测定》GB/T 7689.5—2013进行测试。其测试原理为，将纤维织物以一定的速度拉伸至断裂，发生断裂前的最大荷载则为断裂强力 F，发生断裂时纤维的伸长率则为断裂伸长 L。根据规范要求，断裂强力测试时应均匀加载，对于长度较长的Ⅰ型试件（图10.9-1），其拉伸的速度应控制在（100±5）mm/min，对于长度较短的Ⅱ型试件，其拉伸速度应控制在（50±3）mm/min。

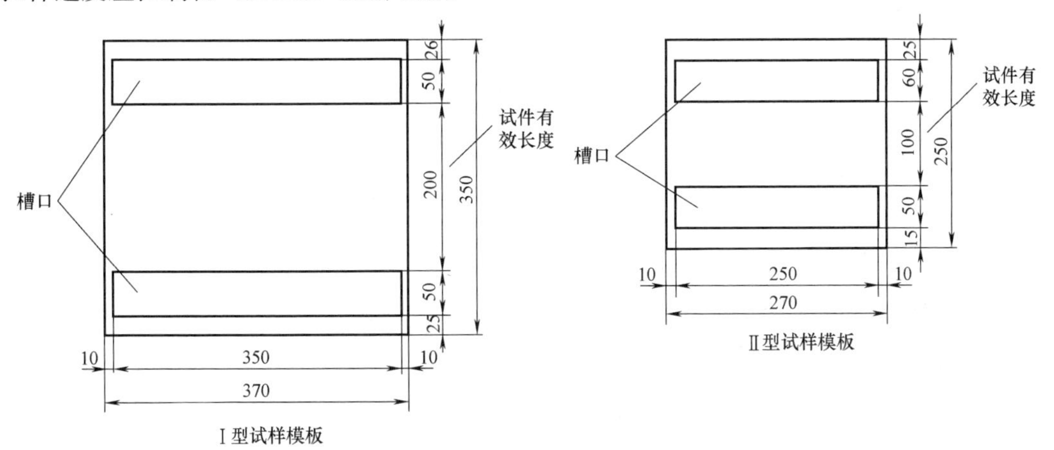

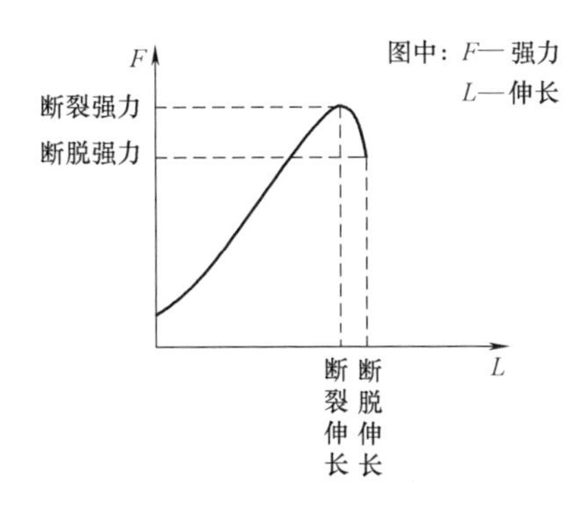

图 10.9-1　玻璃纤维断裂强力测试方法及典型纤维的拉伸曲线图

与玻璃纤维力学性能测试不同，碳纤维一般采用复丝拉伸性能表征其碳纤维的拉伸性能，并且由于碳纤维直接拉伸时易受损伤，导致其测试值偏差较大，一般先对其复丝进行浸胶后再拉伸，浸胶后的碳纤维可以测定其拉伸强度、拉伸弹性模量和断裂伸长率。

碳纤维的复丝制作稍微复杂一些，如图 10.9-2 所示，复丝采用手工法或机器法环氧基树脂浸胶处理后，温度为（23±2)℃，空气相对湿度为（50±0.5)%的条件下至少放置 24h，在其两端粘贴 30mm 的加强片，并且保证中间被测段的长度不小于 200mm。试样外观应浸胶均匀、光滑、平直、无缺陷，由复丝浸胶制成的试样，含胶量应控制在 35%～50%的范围内。

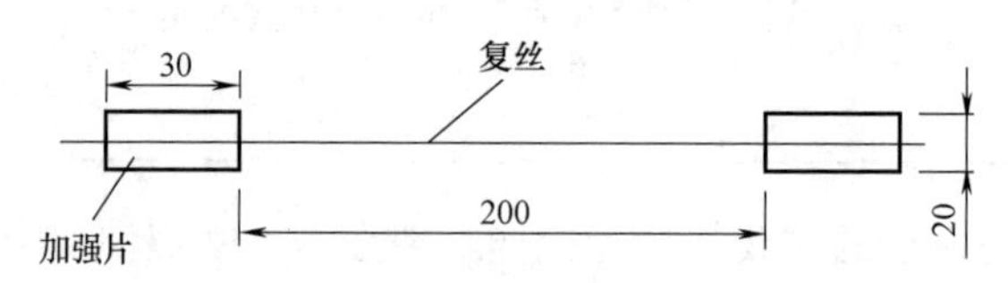

图 10.9-2　碳纤维复丝拉伸试件示意图

在拉伸试验中，试件破坏位置要求必需处于试样中段，若出现于加强片端部或夹具处，则视为无效试件。为保证足够的有效数量，一般每组试验应测至少 10 个试样，每组试验有效试样应不少于 6 个。当有效试样不足 6 个时，应进行重复试验，直到有 6 个有效数据。

从负荷-变形曲线计算拉伸强度、表观拉伸弹性模量和断裂伸长率。

1）拉伸强度 σ_t 按式（10.9-1）计算：

$$\sigma_t=\frac{P}{A} \tag{10.9-1}$$

式中　σ_t——拉伸强度（MPa）；

P——破坏荷载（N）；

A——复丝截面面积（mm^2）。

2）表观拉伸弹性模量 E_a 按式（10.9-2）计算：

$$E_a=\frac{\Delta P}{A}\times\frac{L}{\Delta i} \tag{10.9-2}$$

式中　E_a——表观拉伸弹性模量（MPa）；

ΔP——由负荷-变形曲线初始直线段上截取的负荷值（N）；

L——试样标距（mm）。

3）断裂伸长率（%）ε 按式（10.9-3）计算：

$$\varepsilon=\frac{\Delta L}{L}\times 100 \tag{10.9-3}$$

式中　ε——断裂伸长率（%）；

ΔL——表观断裂伸长（mm）（图 10.9-3）。

4）按标准《碳纤维复丝拉伸性能试验方法》GB/T 3362—2017 从表观拉伸弹性模量 E_a 计算拉伸弹性模量 E_t。

5）算术平均值、标准误差和离散系数的计算：

每组试样试验结果的算术中均值 X 按式（10.9-4）计算，取三位有效数字：

$$\overline{X}=\frac{\sum_{i=1}^{n}X_i}{n} \tag{10.9-4}$$

式中 X_i——单个有效试样测得的值；

n——有效试样的个数。

每组试样的标准误差 S 按式（10.9-5）计算，取两位有效数字：

$$S=\sqrt{\frac{\sum_{i=1}^{n}(X_i-X)^2}{n-1}} \tag{10.9-5}$$

每组试样的离散系数 C_v（%）按式（10.9-6）计算，取两位有效数字：

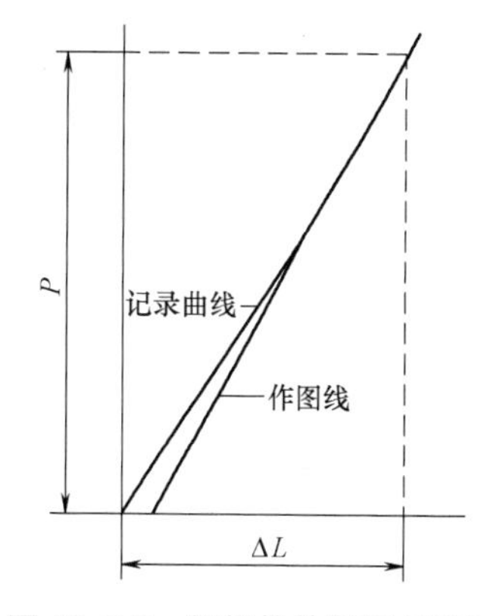

图 10.9-3 纤维拉伸断裂示意图

$$C_v=\frac{S}{X}\times 100 \tag{10.9-6}$$

需要说明的是，拉伸性能指标只能说明纤维本身的性能，并不能直接表征最终制品的力学性能。由于影响复合材料力学性能的因素较多，虽然纤维的力学性能对于复合材料整体力学性能影响巨大，但最终的复合材料制品的力学性能并不直接采用纤维断裂强力评价。

10.9.2 树脂检测

树脂材料的性能指标除满足力学性能要求外，还包括部分工艺要求，以保证复合材料制品在制造的过程中满足一定的工艺要求。表 10.9-2 为树脂基本性能试验标准，其中拉伸强度、拉伸模量为力学性能指标，黏度、凝胶时间主要与工艺性能相关。

树脂基本性能试验标准 表 10.9-2

测试项目	国家标准	美国标准	欧洲标准
拉伸强度	《树脂浇铸体性能试验方法》GB/T 2567—2021	ASTM D 638 Standard Test Method for Tensile Properties of Plastics	EN ISO 527 Plastics -- Determination of tensile properties
拉伸模量	《树脂浇铸体性能试验方法》GB/T 2567—2021	ASTM D 638 Standard Test Method for Tensile Properties of Plastics	EN ISO 527 Plastics -- Determination of tensile properties
黏度	《不饱和聚酯树脂试验方法》GB/T 7193—2008	ASTM D 1725 Sandard Test Method for Viscosity of Resin Solutions	EN ISO 2555 Plastics-Resins in the liquid state or as emulsions or dispersions-Determination of apparent viscosity by the Brookfield test method
凝胶时间	《不饱和聚酯树脂试验方法》GB/T 7193—2008	ASTM D 2471 Standard Test Method for Gel Time and Peak Exothermic Temperature of Reacting Thermosetting Resins	EN ISO 2535 Plastics-Unsaturated polyester resins-Measurement of gel time at ambient temperature

1. 拉伸性能试验方法

树脂的拉伸性能一般采用树脂浇铸体进行测试，树脂浇铸体的形状尺寸如图 10.9-4 所示。树脂浇铸体需要在专用的模具中成型，待树脂在指定条件下完全固化后，将浇铸体固定于万能试验机上，施加轴向拉伸力进行试验。

该方法适用于纤维复合材料用树脂的拉伸性能测试，通过对试样施加静态拉伸载荷，用以测定树脂的拉伸强度、拉伸弹性模量、最大载荷伸长率、破坏伸长率及拉伸应力-应变曲线。

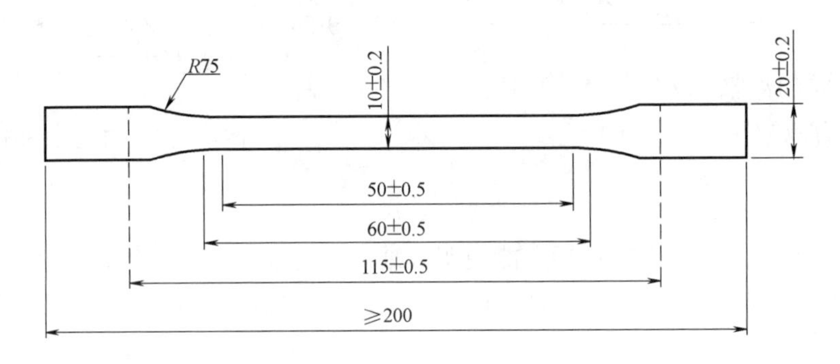

图 10.9-4 树脂拉伸浇铸体形状图

根据规范规定，进行拉伸性能试验时，每组有效试样不少于 5 个。所谓有效试件，除试件的几何尺寸需满足图 10.9-4 所示要求外，最关键的是其断裂破坏部位需位于试件中部颈缩段部分。若试件断裂处位在夹具内或圆弧处，此试件数据作废，另取试样补充，同批有效试样不足 5 个时，应重做试验。

测定树脂的拉伸弹性模量时，除了万能试验机外，还需在试件的工作段内安装引伸计或应变测量装置。正式加载前，应以 5%的破坏荷载进行试伸，确认仪器设备是否工作正常；正式加载时，每级荷载极差为破坏荷载的 5%～10%，至少分五级加载，施加荷载不宜超过破坏荷载的 50%，一般至少重复测定三次；一般建议采用自动记录装置进行记录，通过连续加载，汇制应力-应变曲线，最终计算出弹性模量。

图 10.9-5 DV2T LV EXTRA 型黏度计

2. 不饱和聚酯树脂黏度测定方法

树脂的黏度测量要求试样要求均匀、无气泡、无杂质且数量能满足黏度计测定需要。其测试设备一般采用旋转黏度计测量，典型的如图 10.9-5 所示的黏度计，再配以加热器、小量样品适配器、加强型超低黏度适配器、升降支架、恒温水浴、黏度标准品、黏度测量软件等。

试验步骤如下：

1）选择黏度计的转筒（子）及转速，使测定读数落在满刻度值的 20%～90%，尽可能落在 45%～90%之间。

2）把试样装入容器，将温度调到 25℃左右，然后把容器放入温度为（25±0.5)℃的恒温水浴中（或将试样倒入黏度计的测定容器)，水浴面应比试样面略高。

3）将黏度计转筒（子）垂直浸入试作中心，没入深度应符合黏度计的规定，与此同时开始计时。

4）在整个测定过程中，应将试样温度控制在（25±0.5)℃，当转筒（子）浸入试样中达 8min 时，开启电机，转高旋转 2min 后读数。读数后关闭电机，停留 1min 后再开启电机，旋转 1min 后第二次读数。

每测定一个试样后，应将黏度计转筒（子）等用溶剂清洗干净。每个试样测定二次，将读数按黏度计规定进行计算，以算术平均值表示，取三位有效数字，测定结果以“Pa・s”为单位。

3. 树脂凝胶时间测试方法

《不饱和聚酯树脂试验方法》GB/T 7193—2008 规定了在室温条件下测量不饱和聚酯树脂凝胶时间的方法，测定的温度范围是 18～30℃，推荐温度为 25℃，适用于液态不饱和聚酯树脂。树脂的凝胶时间指将引发剂加到树脂中后，发生化学反应，其黏度达到 50Pa・s，引发剂加到树脂中后试样沿玻璃棒开始上升（爬杆）时，引发剂加到树脂中后出现拉丝状态时的时间。

引发剂、促进剂种类和使用量可根据树脂的种类和用途选择，建议引发剂使用过氧化环己酮邻苯二甲酸二丁酯糊，促进剂使用环烷钴苯乙烯溶液。根据凝胶时间测试方法要求，其主要仪器和设备包括：凝胶时间测定仪、电动搅拌器、恒温水浴、秒表、直筒形烧杯、温度计、药物天平、移液管、滴瓶等。

凝胶时间测定移法，如图 10.9-6 所示，以烧杯为容器，用药物天平称量 100g 试样引发剂，准确至±0.2g。将烧杯放在水浴中（试样液面低于水面 2mm）恒温，小心搅匀。当试样温度为（25±0.5)℃时，用移液管准确加入促进剂，当加入最后一滴时，开动凝胶时间测定移，并充分搅拌。待试样搅匀后将凝胶时间测定仪的联杆放入试样中央，调节其高度，使杆上升高到最高时，联杆底部圆片与试样液面一致。当试样凝胶时，凝胶时间测定仪自动停止运动，记下凝胶时间读数。

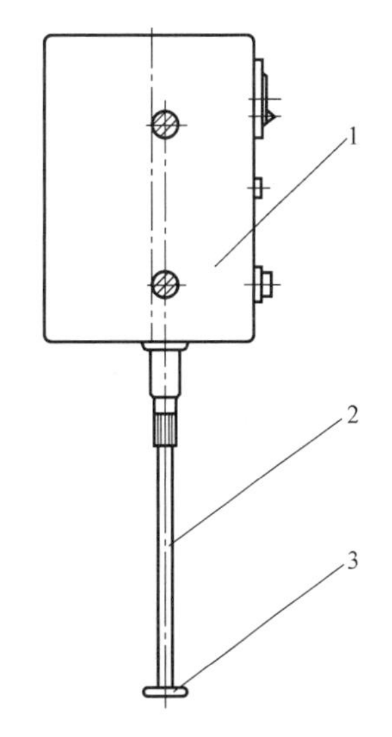

图 10.9-6　树脂凝胶时间测定仪

1—提供简谱运动自动终点检测和计时装置；2—联杆；3—圆片

搅拌器法：当试样温度为（25±0.5)℃时，用移液管准确加入促进剂，当加入最后一滴时，启动秒表，用玻璃棒将试样搅匀，并将下端圆滑的直径约为 6mm 的玻璃棒装在搅拌器上。开动搅拌器，使其读数为 60r/min，并使其玻璃棒插在试样中央。当试样沿玻璃棒开始上升（爬杆）时停止秒表，记下秒表所示的时间即为凝胶时间。

手动法：当试样温度为（25±0.5)℃时，用移液管准确加入促进剂，当加入最后一滴时，启动秒表，用玻璃棒将试样搅匀，每隔 30s 观察，用玻璃棒试验试样流动情况，直至出现拉丝状态时，停止秒表，记下秒表所示时间即为凝胶时间。

试验结果：凝胶时间以分、秒计。进行两次平行试验，两次试验结果的相对误差不超过10%，超过10%时重新进行试验。取其算术平均值作为测定的最终结果。

10.9.3 芯材检测

夹芯材料主要作为填充材料，并兼具部分功能性要求，主要力学指标包括剪切强度、平压强度、模量，物理性能主要包括密度、吸水性等，表10.9-3为夹芯材料基本性能试验标准。

夹芯材料基本性能试验标准 **表10.9-3**

测试项目	国家标准	美国标准	欧洲标准
剪切强度	《夹层结构或芯子剪切性能试验方法》GB/T 1455—2022	ASTM C 273 Standard Test Method for Shear Properties of Sandwich Core Materials	EN ISO 14129 Fibre-reinforced plastic composites-Determination of the in-plane shear stress/shear strain response, including the in-plane shear modulus and strength, by 45° tension test method
平压强度	《夹层结构或芯子平压性能试验方法》GB/T 1453—2022	ASTM C 365 Standard Test Method for Flatwise Compressive Properties of Sandwich Cores	EN ISO 14126 Fibre-reinforced plastic composites-Determination of compressive properties in the in-plane direction
模量	《夹层结构或芯子平压性能试验方法》GB/T 1453—2022	ASTM C 365 Standard Test Method for Flatwise Compressive Properties of Sandwich Cores	EN ISO 14126 Fibre-reinforced plastic composites-Determination of compressive properties in the in-plane direction
密度	《夹层结构或芯子密度试验方法》GB/T 1464—2005	ASTM C 271 Standard Test Method for Density of Sandwich Core Materials	ISO 1183-1 Methods for determining the density of non-cellular plastics-Part 1: Immersion method, liquid pyknometer method and titration method
吸水性	《夹层结构或芯子吸水性试验方法》GB/T 14207—2008	ASTM C 272 Standard Test Method for Water Absorption of Core Materials for Structural Sandwich Constructions	EN 2378 Aerospace series-Fibre reinforced plastics-Determination by immersion

1. 平压性能测试方法

平压试验方法适用于硬质泡沫芯材、轻木芯材等连续芯材，根据试验规范规定，试样形状可为方形或者圆形，试样边长或直径为60mm，厚度为15mm；对于蜂窝、波纹等格子型芯子，试样边长或直径为60mm，厚度为15mm。根据试件的具体情况，可以适当考虑连同面板一并进行试验，面板的厚度一般取0.3～1.0mm。

在测定芯材平压性能时，对所测材料每组试样应多于5个，保证同批有5个有效试样。测定平压强度时，以0.5～2mm/min均匀连续加载直至破坏，记录破坏形式；测定平压弹性模量时，施加初载（破坏载荷的5%～10%），调整仪表，再加一定载荷（破坏载荷的15%～20%），检查仪表读数，卸至初载。然后以破坏载荷的5%～10%级差，按规定加载速度0.5～2.0mm/min，分级加载至破坏载荷的50%左右，记录各级载荷和相应的变形值。

芯材的平压强度应按式（10.9-7）计算：

$$\sigma = \frac{P}{A} \tag{10.9-7}$$

式中 σ——平压强度（MPa）；

P——破坏载荷（N）；

A——试样横截面面积（mm^2）。

芯子平压弹性模量计算，用夹层结构试样测量时，按式（10.9-8）计算：

$$E_c = \frac{\Delta P(h - 2t_f)}{\Delta h \times A} \tag{10.9-8}$$

式中 E_c——芯子平压弹性模量（MPa）；

ΔP——载荷-变形曲线上直线段的载荷增量值（N）；

h——试样厚度（mm）；

t_f——面板厚度（mm）；

Δh——对应于 ΔP 的压缩变形增量值（mm）。

用芯材试样直接测量其弹性模量时，计算公式基本与式（10.9-8）相同。

2. 剪切性能测试方法

芯材的剪切试验方法通过平行拉伸或压缩芯材，迫使芯材发生剪切破坏，用以测试芯材的剪切强度、剪切模量等数据。根据试验规范规定，试样形状及尺寸如图 10.9-7 所示，对于硬质泡沫塑料、轻木等连续芯子，试样宽度 b 为 60mm；对于蜂窝、波纹等格子型芯子，试样宽度为 60mm 或至少包含 4 个完整格子，试样厚度可取 12mm，面板厚度 t_f 小于 1mm，长度取 150mm。

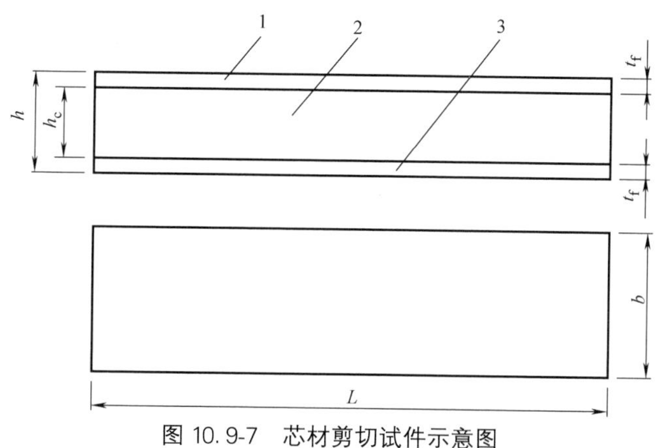

图 10.9-7 芯材剪切试件示意图

1、3—面板；2—芯材；L—芯材长度；b—试样宽度；h—试样厚度；h_c—芯材厚度；t_f—面板厚度

芯材的剪切试验分拉剪和压剪两种，拉剪试验装置示意图如图 10.9-8（a）所示，压剪试验装置示意图如图 10.9-8（b）所示。测定剪切强度时，按规定的加载速度 0.5～1.0mm/min，对试样施加拉力或压力，均匀连续加载直至试样破坏，读取破坏载荷，观察并记录破坏形式。

测定剪切弹性模量时，施加初载（破坏载荷的 5%），调整仪表，再加一定载荷（破坏载荷的 15%～20%），检查仪表读数，卸至初载。然后以破坏载荷的 5%为级差，按规定的加载速度 0.5～1.0mm/min，分级加载至破坏载荷的 30%～50%，记录各级载荷和

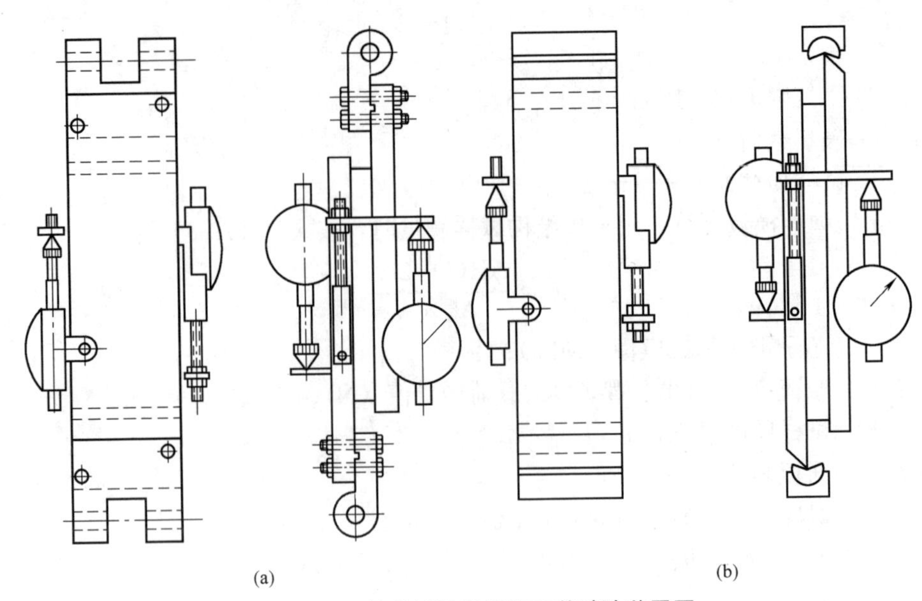

图 10.9-8 拉剪试验装置和压剪试验装置图

相应的变形值。若需整个载荷-变形资料，则测到破坏为止。

剪切应力按式（10.9-9）计算：

$$\tau=\frac{P}{l\times b} \tag{10.9-9}$$

式中 τ——平剪切应力（MPa）；

P——试样上的荷载（N）；

l——试样长度（mm）；

b——试样宽度（mm）。

芯子剪切弹性模量按式（10.9-10）计算：

$$G_{\mathrm{c}}=\frac{\Delta P(h-2t_{\mathrm{f}})}{\Delta h\times l\times b} \tag{10.9-10}$$

式中 G_{c}——芯子剪切弹性模量（MPa）；

ΔP——载荷-变形曲线上直线段的载荷增量值（N）；

h——试样厚度（mm）；

t_{f}——面板厚度（mm）；

Δh——对应于 ΔP 的剪切变形增量值（mm）。

3. 芯材密度测试方法

夹芯材料密度测试一般采用几何法，以规则几何体作试样，用测量试样尺寸来计算试样体积的方法。此法适用于吸水性强或多孔材料，方法较为简单，但需要注意的是严格按照规范要求的试验条件进行。

此试验所需要设备包括：烘箱（能保持±3℃精度）、干燥器、天平（感量 0.01g）、游标卡尺（精度为 0.01mm）。试验环境条件按《纤维增强塑料性能试验方法总则》GB/T 1446—2005 规定，保持室内温度为（23±2）℃，相对湿度（50±10）%。

本试验对于过程要求较高，首先试样状态调节，按《纤维增强塑料性能试验方法总则》GB/T 1446—2005 中的规定，试样应在试验室标准环境下放置 24h、105±3℃的烘箱里、50±3℃的烘箱里，亦或是其他约定的试件条件。在无特殊要求的情况下，状态调节时间为 24h，或是持续到达试样恒重（1%）的时间；状态调节后，在室温下冷却，有一些芯子会很快凝聚湿气，这时必须放入干燥器内冷却。

用于密度测试的试样形状为方形或圆形，厚度与夹层结构制品或芯子厚度相同。对于泡沫塑料、轻木等连续芯子，试样边长或直径为 60mm。对于蜂窝、波纹等格子型芯子，试样边长或直径为 60mm，或至少要包括 4 个完整格子。当夹层结构制品厚度未定时，芯子厚度取 15mm，面板厚度取 0.3～1.0mm。按《纤维增强塑料性能试验方法总则》GB/T 1446—2005 中的规定，试样不少于 5 个，并且有效数据不少于 5 个。

试样外观检查按《纤维增强塑料性能试验方法总则》GB/T 1446—2005 中的规定，应无外观缺陷。将合格试样编号，测量试样任意三处的边长或直径，取算术平均值。面板厚度取名义厚度或同一批试样的平均厚度。测量精度应符合《纤维增强塑料性能试验方法总则》GB/T 1446—2005 中的规定，精确至 0.01mm。称量试样质量，精确到 0.01g。

夹层结构密度按下式计算：

$$\rho=\frac{m}{F\cdot h}\times10^{6} \tag{10.9-11}$$

$$F=a_1\times a_2(方形试样) \tag{10.9-12a}$$

$$F=\frac{1}{4}\times\pi\times d^2(圆形试样) \tag{10.9-12b}$$

式中 ρ——夹层结构密度（kg/m^3）；
m——夹层结构试样质量（g）；
F——试样横截面面积（mm^2）；
h——夹层结构试样厚度（mm）；
a_1、a_2——试样边长（mm）；
d——试样直径（mm）。

芯子密度按式计算：

$$\sigma_c=\frac{m_c}{F\cdot h_c} \tag{10.9-13}$$

式中 σ_c——芯子密度（kg/m^3）；
m_c——芯子试样质量（g）；
h_c——芯子试样厚度（mm）。

10.9.4 复合材料层合板检测

层合板为复合材料制品之一，其主要组成部分为各型纤维，并配以相应的树脂固化而成。层合板结构可采用多种工艺制造，包括：手糊工艺、缠绕工艺、真空袋工艺、热压罐工艺、真空导入成型工艺等。决定其工艺方法的主要因素之一为最终制品的性能，层合板主要性能指标包括拉伸性能、压缩性能、弯曲性能、剪切性能、冲击性能等，表 10.9-4 为层合板力学性能试验标准。

层合板力学性能试验标准 表 10.9-4

测试项目	国家标准	美国标准	欧洲标准
拉伸性能	《纤维增强塑料性能试验方法总则》GB/T 1446—2005 《纤维增强塑料拉伸性能试验方法》GB/T 1447—2005	ASTM D 5766 Standard Test Method for Open Hole Tensile Strength of Polymer Matrix Composite Laminates	EN 2597 Aerospace series-Carbon Fibre Reinforced Plastics-Unidirectional laminates-Tensile test perpendicular to the fibre direction
压缩性能	《纤维增强塑料压缩性能试验方法》GB/T 1448—2005	ASTM D 6641 Standard Test Method for Compressive Properties of Polymer Matrix Composite Materials Using a Combined Loading Compression (CLC) Test Fixture	prEN 2580 Aerospace series-Carbon fibre thermosetting resin unidirectional laminates-Compression test parallel to fibre direction
弯曲性能	《纤维增强塑料弯曲性能试验方法》GB/T 1449—2005	ASTM D 7264 Standard Test Method for Flexural Properties of Polymer Matrix Composite Materials	EN 2562 Aerospace series-Carbon fibre reinforced plastics-Unidirectional laminates - Flexural test parallel to the fibre direction
剪切性能	《纤维增强塑料层间剪切强度试验方法》GB/T 1450.1—2005	ASTM D 4255 Standard Test Method for In-Plane Shear Properties of Polymer Matrix Composite Materials by the Rail Shear Method	EN 2563 Aerospace series-Carbon fibre reinforced plastics-Unidirectional laminates-Determination of the apparent interlaminar shear strength
冲击性能	《纤维增强塑料简支梁式冲击韧性试验方法》GB/T 1451—2005	ASTM D 7136 Standard Test Method for Measuring the Damage Resistance of a Fiber-Reinforced Polymer Matrix Composite to a Drop-Weight Impact Event	EN ISO 179-2 Plastics-Determination of Charpy impact properties-Part 2：Instrumented impact test

1. 层合板拉伸试验

层合板受拉后会有连续的损伤破坏，这些破坏反映了层合板的力学性能变化。如图10.9-9所示，不同铺层的纤维交叉叠层，在纵向施加轴向荷载，0°是沿其加强纤维方向加载，90°是垂直纤维方向加载。由于聚合物基体的强度是远小于纤维，整个纤维板的纤维强度低于沿纤维强度，因此90°方向的基体开裂发生在加载周期的早期阶段。随着拉伸载荷的增加，进一步损伤发生，由于在界面三维方向影响不同，在0°方向和90°方向之间形成分层。在横向铺层中出现不连续的基体裂纹，生成三维剥离应力，促进分层。相同的三维效果将导致0°方向裂层承受较高的拉伸载荷。如果荷载继续增加，0°方向最终会由于纤维断裂失效，不能再承受荷载。这个简单的0°/90°的例子表明，在复合材料层压板的内部损伤可以发生在相对较低的应力水平，以基体开裂的形式呈现；也可发生在中、高应力水平，以层间分层和开裂的形式呈现。如果施加的应力是循环的，如疲劳载荷，这些低级别的损伤状态可以随着每个负载周期的增加和进一步扩展到复合材料中。增强纤维具有较高的强度和良好的承载性能，但基体开裂、分层和层间分裂机制通常导致复合材料结构需要一些替代。

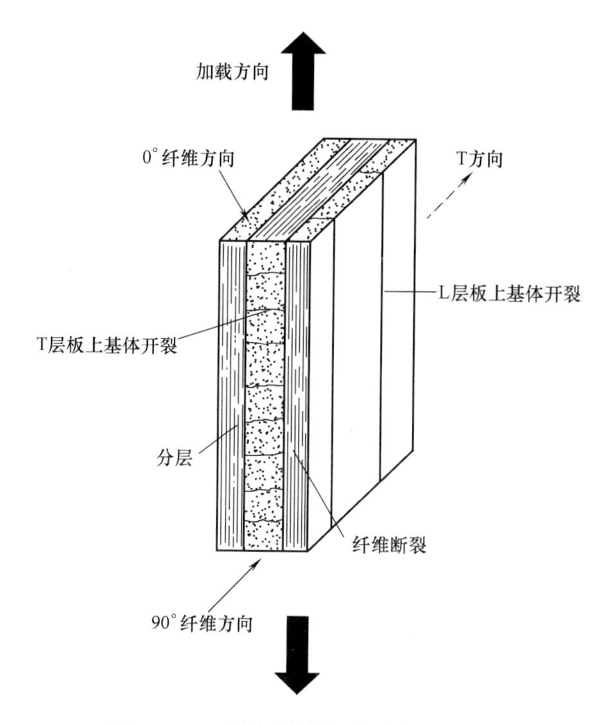

图 10.9-9 层合板受拉破坏基本原理图

根据《纤维增强塑料拉伸性能试验方法》GB/T 1447—2005 要求，拉伸试验方法主要适用于测定试样的拉伸应力、拉伸弹性模量等，试件形式和尺寸如图 10.9-10、图 10.9-11 所示，Ⅰ型试样适用于纤维增强热塑性和热固性塑料板材，Ⅱ型试样适用于纤维增强热固性塑料板材。

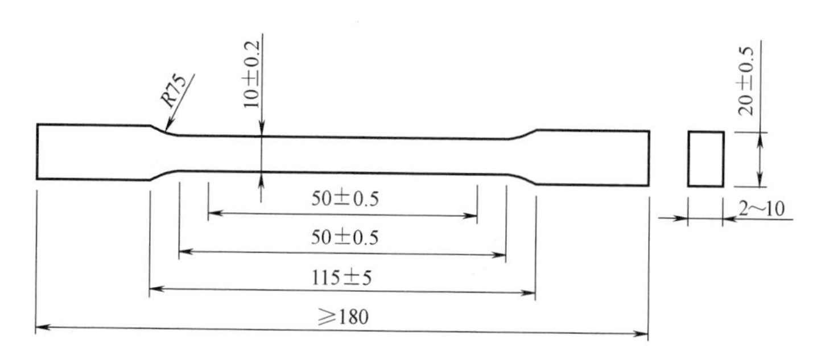

图 10.9-10 Ⅰ型试样形式

在测定试样拉伸性能时，所测材料每组试样应多于 5 个，保证同批有 5 个有效试样。测定拉伸应力时连续加载直至试样破坏，记下试样的屈服荷载和破坏荷载；测定弹性模量时采用分级加载，级差为破坏荷载的 5%～10%，至少分五级加载，施加荷载不宜超过破坏荷载的 50%，至少重复测定 3 次，记录下荷载和变形。

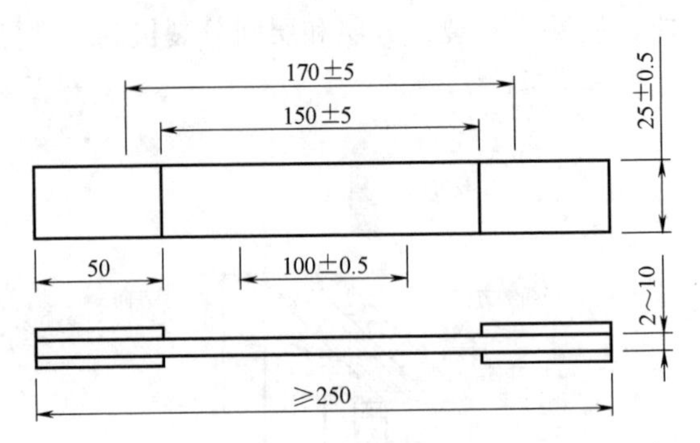

图 10.9-11 Ⅱ型试样形式

拉伸应力按（10.9-14）计算：

$$\sigma_1 = \frac{F}{b \times d} \tag{10.9-14}$$

式中 σ_1——拉伸应力（MPa）；

F——屈服荷载或破坏荷载（N）；

b——试样宽度（mm）；

d——试样厚度（mm）。

拉伸弹性模量按（10.9-15）计算：

$$E_1 = \frac{L_0 \times \Delta F}{b \times d \times \Delta L} \tag{10.9-15}$$

式中 E_1——拉伸弹性模量（MPa）；

ΔF——载荷-变形曲线（N）；

ΔL——试样宽度（mm）；

L_0——测量标距（mm）。

2. 层合板板材压缩试验

当受到轴向压缩时，复合材料的失效是通过弹性稳定性（屈曲）的损失确定的。屈曲可以通过复合材料长度与弯曲刚度的比值来避免，在给定的边界条件和荷载等级下不会发生屈曲。复合材料本身可以在压缩下失效是通过屈曲机理（图 10.9-12），包裹在聚合物基体中的高强度纤维可以被看作是一个弹性地基上的梁，轴压下弹性地基梁最终波动形状如图 10.9-12（a）。发生屈曲的压应力值取决于纤维的弯曲刚度和矩阵的压缩刚度。由于压缩载荷进一步增加，微屈曲进一步加剧直到局部故障发生在弯折带的形式（图 10.9-12b）。对于一个给定的复合材料体系，具有一定的纤维基体组合，微屈曲的抗压强度是固定的，不能改变。为了修改微屈曲的抗压强度，必须关注其复合材料系统的组成成分。例如，较厚的硼纤维比较薄的碳纤维具有较高的压缩屈曲强度。当材料的压缩强度很重要时，首选硼纤维复合材料。

该方法适用于测定玻璃纤维织物增强塑料板材和短切玻璃纤维增强塑料的压缩强度和压缩弹性模量。试件尺寸如图 10.9-13 所示，分为Ⅰ型和Ⅱ型试件，Ⅰ型试件采用机械加工法制备，Ⅱ型试件采用模塑法制备，上下端面需相互平行，且与试样中心线垂直，不平行度应小于试样高度的 0.1%，避免发生局部破坏，具体尺寸参数见表 10.9-5。

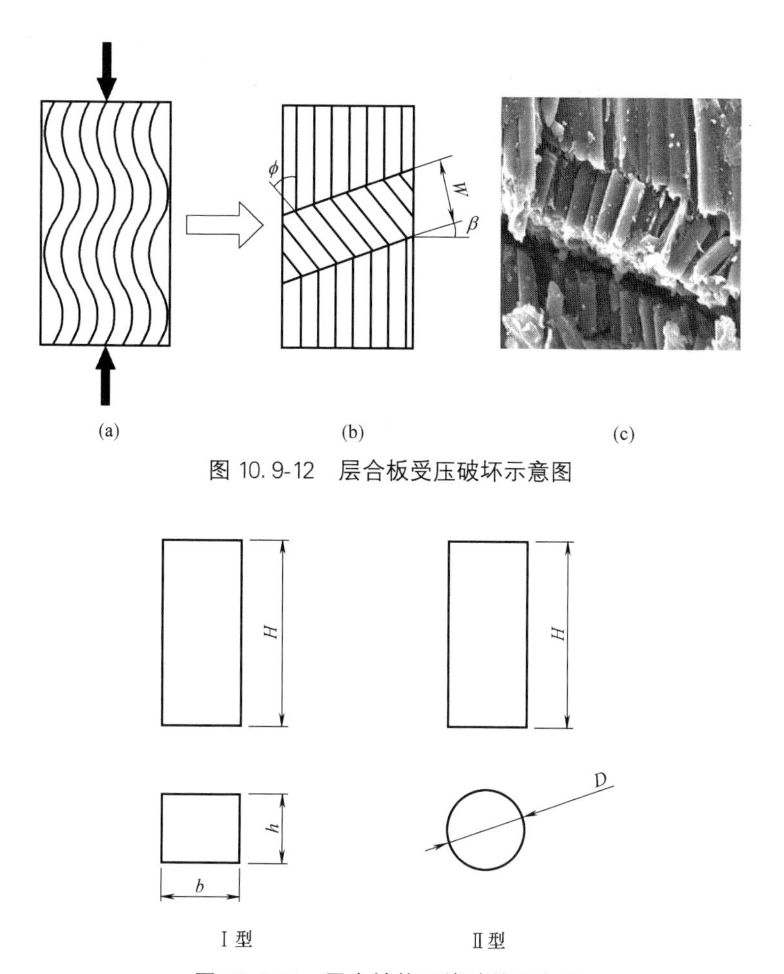

图 10.9-12　层合板受压破坏示意图

图 10.9-13　层合结构压缩试件示意图

板材压缩性能试样尺寸　　**表 10.9-5**

尺寸符号	Ⅰ型		尺寸符号	Ⅱ型	
	一般试样	仲裁试样		一般试样	仲裁试样
宽度 b	10～14	10±0.2	—	—	—
厚度 d	4～14	10±0.2	直径 D	4～16	10±0.2
高度 H	$\frac{\lambda}{3.46}d$	30±0.5	高度 H	$\frac{\lambda}{4}d$	25±0.5

注：λ 为长细比（等截面柱状体的高度与其最小惯性半径之比）。

一般情况下，Ⅰ型试样厚度 d 小于 10mm 时，宽 b 均取 10±0.2mm，试样厚度 d 大于 10mm 时，宽度 b 取厚度尺寸。测定压缩强度时，长细比 λ 取 10。若试验过程中有失稳现象，长细比 λ 取 6；测定压缩弹性模量时，长细比 λ 取 15 或根据测量变形的仪表而定。

测定压缩弹性模量时，在试样高度中间位置安放测量变形的仪表，施加初载（约 5%的破坏载荷），检查并调整试样及变形测量系统，使整个系统处于正常工作状态以及使试样两侧压缩变形比较一致，无自动记录装置可采用分级加载，级差为破坏荷载的5%～10%，至少分五级加载，所施加的载荷不宜超过破坏载荷的50%，一般至少重复测定三次，取其二次稳定的变形增量；有自动记录装置，可连续加载；测定压缩强度时，加载速度为1～6mm/min，仲裁试验速度为2mm/min；测定压缩弹性模量时，加载速度为2mm/min。试件数量每组不小于5个，并保证同批5个有效试件。试件有明显内部缺陷或端部挤压破坏的试样，应予作废。同批有效试样不足5个时，应重做试验。

3. 层合板平压试验

平压性能试验方法适用于测定平板的压缩强度、弹性模量、泊松比及应力-应变曲线。试样尺寸可为160mm×6mm×(2～3)mm。测定层合板平压性能时，保证每组试样数量应不少于5个。测定压缩强度时，以1～2mm/min的速度均匀、连续加载，直到试样破坏，记录最大载荷值及试样破坏形式；测量压缩模量、泊松比及应力-应变曲线时，施加初载（约5%的破坏载荷），检查和调整试样及仪表，使其处于正常工作状态，然后连续加载荷，自动记录相应的应变；或采用分级加载，级差为5%～10%破坏载荷（测定压缩弹性模量和泊松比时，至少5级）记录各级载荷和相应的应变值。

压缩强度按式（10.9-16）计算：

$$\sigma_c = \frac{P_b}{b \times h} \tag{10.9-16}$$

式中 σ_c——压缩强度（MPa）；

P_b——破坏荷载（N）；

b——试样宽度（mm）；

h——试样厚度（mm）。

压缩弹性模量按式（10.9-17）计算：

$$E_c = \frac{\Delta P}{b \times h \times \Delta\varepsilon} \tag{10.9-17}$$

式中 E_c——压缩强度（MPa）；

ΔP——载荷-应变曲线上初始直线段的载荷增量；

$\Delta\varepsilon$——与ΔP对应的应变增量。

压缩泊松比按式（10.9-18）计算：

$$\mu_c = \frac{-\varepsilon_2}{\varepsilon_1} \tag{10.9-18}$$

式中 μ_c——压缩泊松比；

ε_1——应力-应变曲线初始直线段内的纵向应变；

ε_2——对应于ε_1的横向应变。

4. 层合板弯曲试验

本试验适用于测定玻璃纤维织物增强塑料板材和短切玻璃纤维增强塑料的弯曲性能，采用简支梁中心加载的方式测定其弯曲强度、弯曲挠度、弯曲弹性模量以及弯曲荷载-挠度曲线。试件尺寸和样式如图10.9-14所示，其尺寸可以根据表10.9-6和表10.9-7进行选取。

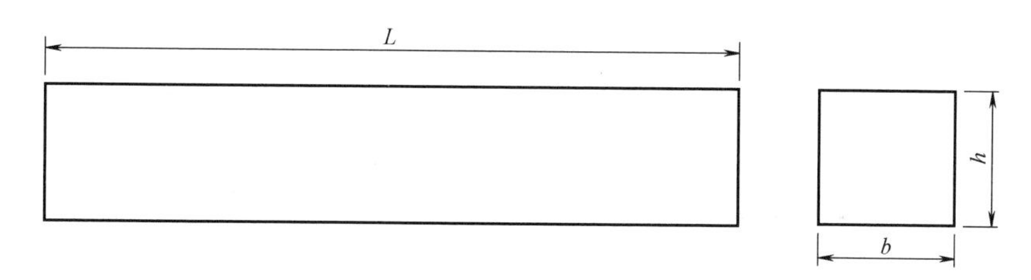

图 10.9-14 层合结构弯曲性能试件规格尺寸

弯曲性能试验试件尺寸表 1（mm） **表 10.9-6**

厚度	纤维增强热塑性塑料宽度(b)	纤维增强热固性塑料宽度(b)	最小长度(L_{min})
$1<h\leqslant 3$	25±0.5	15±0.5	20h
$3<h\leqslant 5$	10±0.5	15±0.5	
$5<h\leqslant 10$	15±0.5	15±0.5	
$10<h\leqslant 20$	20±0.5	30±0.5	
$20<h\leqslant 35$	35±0.5	50±0.5	
$35<h\leqslant 50$	50±0.5	80±0.5	

弯曲性能试验试件尺寸表 2（mm） **表 10.9-7**

材料	长度(L)	宽度(b)	厚度(h)
纤维增强热塑性塑料	≥80	10±0.5	4±0.2
纤维增强热固性塑料	≥80	15±0.5	4±0.2
短切纤维增强塑料	≥120	15±0.5	6±0.2

对很厚的试样，为避免层间剪切破坏，跨厚比 l/h 可以取大于 16；对很薄的试样，为使其载荷落在试验机许可的载荷容量范围内，跨厚比 l/h 可以取小于 16。需要注意的是，为防止试样受压失效，在试样上表面与加载压头间放置薄片或薄垫块。

测定弯曲载荷-挠度曲线和弯曲弹性模量时，分级加载，级差为破坏载荷的 5%～10%（测定弯曲弹性模量时，至少分五级加载，所施加载荷不宜超过破坏载荷的 50%，一般至少重复测定三次，取其二次稳定的变形增量），记录各级载荷和相应的挠度。试验装置如图 10.9-15 所示，试验采用万能试验机进行加载，测定弯曲强度时，常规试验速度为 10mm/min；仲裁试验速度为 h/2mm/min（h 为试样厚度）。测定弯曲弹性模量及荷载-挠度曲线时，试验速度为 2mm/min。试样呈层间剪切破坏，有明显内部缺陷或在试样中间的三分之一跨距以外破坏的应予作废。同批有效试样不足 5 个时，应重做试验。

层合板的试验方法可以参照《聚合物基复合材料纵横剪切试验方法》GB 3355—2014，该方法适用于测定平板的纵横剪切强度、纵横剪切弹性模量。试件的几何形状及尺寸见图 10.9-16，每组试样数量不少于 5 个。测定纵横向剪切强度时，以 1～5mm/min 的速度对试样进行连续加载，直至试样破坏，记录最大荷载值；测定纵横向剪切弹性模量时，以 1～2mm/min 的速度对试样进行连续加载，直至试样破坏，绘制剪切应力-应变曲线。

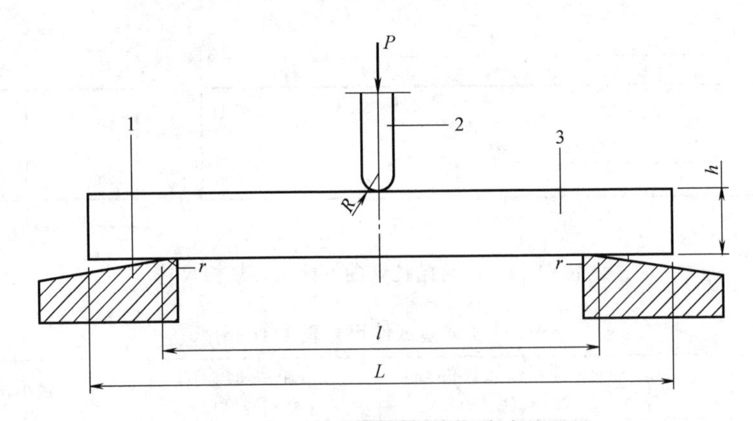

图 10.9-15 层合板弯曲性能试验装置图

1—试样支座；2—加载上压头；3—试样；l—跨距；P—荷载；L—试样长度；h—试样厚度；R—加载上压头圆角半径；r—支座圆角半径

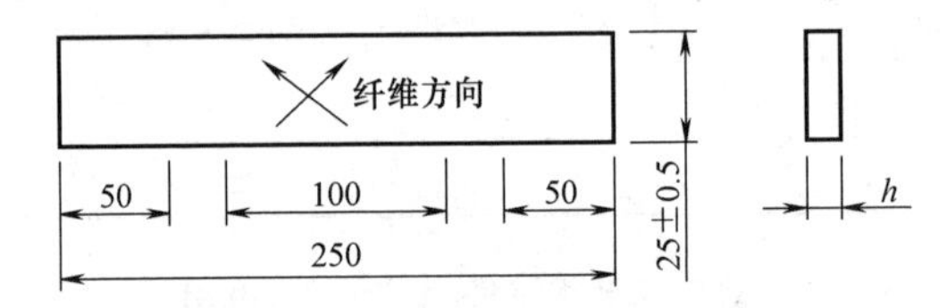

图 10.9-16 试件的几何形状及尺寸

（试样两端 50mm 处为试样夹持部位；100mm 为工作段）

纵横向剪切强度按式（10.9-19）计算：

$$\tau=\frac{P_{\mathrm{b}}}{b\times h} \tag{10.9-19}$$

式中 τ——纵横向剪切强度（MPa）；

P_{b}——试样破坏时最大荷载（N）；

b——试样宽度（mm）；

h——试样厚度（mm）。

纵横向剪切弹性模量按式（10.9-20）计算：

$$G=\frac{\Delta P}{2bh(\Delta\varepsilon_{x}-\Delta\varepsilon_{y})} \tag{10.9-20}$$

式中 G——纵横向剪切弹性模量（MPa）；

ΔP——试样破坏时最大荷载（N）；

$\Delta\varepsilon_{x}$——与 ΔP 相对应的试样轴向应变增量；

$\Delta\varepsilon_{y}$——与 ΔP 相对应的试样横向应变增量。

10.9.5 复合材料夹层结构测试

夹层结构与层合板不同，其主要承受的是面外荷载，因而其主要性能指标包括：平面性能、弯曲性能剪切性能以及抗剥离性能等，表 10.9-8 为夹层结构主要试验标准，下面选取了平压性能、弯曲性能、抗剥离性能进行介绍，其中剪切性能测试方法与芯材的剪切性能基本一致，不再赘述。

夹层结构主要试验标准 表 10.9-8

测试项目	国家标准	美国标准	欧洲标准
平压性能	《夹层结构或芯子平压性能试验方法》GB/T 1453—2022	ASTM C 365 Standard Test Method for Flatwise Compressive Properties of Sandwich Cores	EN ISO 14126 Fibre-reinforced plastic composites - Determination of compressive properties in the in-plane direction
弯曲性能	《夹层结构弯曲性能试验方法》GB/T 1456—2021	ASTM C 393 Standard Test Method for Flexural Properties of Sandwich Constructions	DIN 53293 Testing of sandwiches:Bending test
剪切性能	《夹层结构或芯子剪切性能试验方法》GB/T 1455—2022	ASTM C 273 Standard Test Method for Shear Properties of Sandwich Core Materials	DIN 53294 Testing of sandwiches:Shear test
抗剥离性能	《夹层结构滚筒剥离强度试验方法》GB/T 1457—2022	ASTM C 363 Standard Test Method for Delamination Strength of Honeycomb Core Material	EN 14173 Structural Adhesives-T-peel Test for Flexible-to-flexible Bonded Assemblies

1. 夹层结构平压性能试验

平压试验方法适用于硬质泡沫芯材、轻木芯材等连续芯材，根据试验规范规定，试样形状可为方形或者圆形，试样边长或直径为 60mm，厚度为 15mm；对于蜂窝、波纹等格子形芯子，试样边长或直径为 60mm，厚度为 15mm。根据试件的具体情况，可以适当考虑连同面板一并进行试验，面板的厚度一般取 0.3～1.0mm。

在测定芯材平压性能时，对所测材料每组试样应多于 5 个，保证同批有 5 个有效试样。测定平压强度时，以 0.5～2mm/min 均匀连续加载直至破坏，记录破坏形式；测定平压弹性模量时，施加初载（破坏载荷的 5%～10%），调整仪表，再加一定载荷（破坏载荷的 15%～20%），检查仪表读数，卸至初载。然后以破坏载荷的 5%～10%级差，按规定加载速度 0.5～2.0mm/min，分级加载至破坏载荷的 50%左右，记录各级载荷和相应的变形值。平压试验装置如图 10.9-17 所示。

芯材的平压强度应按式（10.9-21）计算：

$$\sigma=\frac{P}{A} \tag{10.9-21}$$

式中 σ——平压强度（MPa）；

P——破坏载荷（N）；

A——试样横截面面积（mm^2）。

芯子平压弹性模量计算，用夹层结构试样测量时，按下式计算：

$$E_c=\frac{\Delta P(h-2t_f)}{\Delta h\times A} \tag{10.9-22}$$

$$或\ E_c=\frac{\Delta P(h-t_{f1}-t_{f2})}{\Delta h\cdot F} \tag{10.9-23}$$

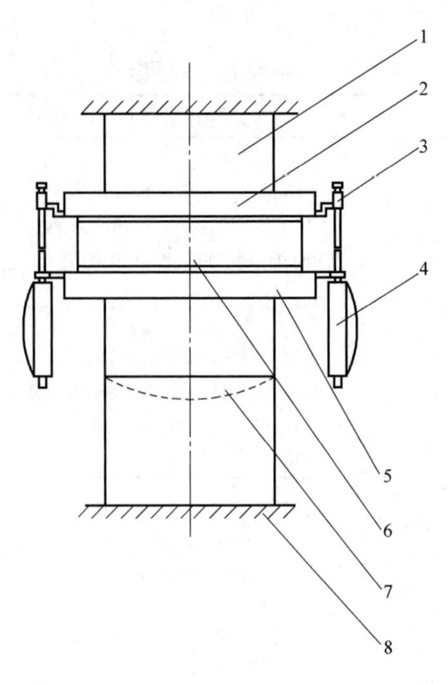

图 10.9-17 夹层结构平压试验装置示意图

1—上压头；2—上垫头；3—测变形附件；4—变形针；5—下垫块；6—试样；7—球形支座；8—试验机平台

式中 E_c——芯子平压弹性模量（MPa）；

ΔP——载荷-变形曲线上直线段的载荷增量值（N）；

h——试样厚度（mm）；

t_f——面板厚度（mm）；

t_{f1}，t_{f2}——面板厚度（mm）；

Δh——对应于 ΔP 的压缩变形增量值（mm）。

2. 夹层结构弯曲性能试验

该试验适用于测定夹层结构承受弯曲时面板的应力和芯子的剪切应力，夹层结构的弯曲刚度和剪切刚度，夹层结构面板的弹性模量和芯子的剪切模量，也适用于测定面板与芯子之间的胶接强度。

通过夹层结构长梁试样的三点弯曲试验测定面板的弯曲强度，通过夹层结构短梁试样的三点弯曲测定芯子的剪切强度，通过夹层结构长梁试样的外伸梁三点弯曲测定弯曲刚度和剪切刚度，从而测定面板的弹性模量和芯子的剪切模量。

试样为矩形横截面的长方形形状，试样厚度与夹层结构制品厚度相同。当夹层结构制品厚度未定时，为测定面板弯曲强度和芯子剪切性能，芯子厚度取 15mm，面板厚度取 0.3～1.0mm，试样宽度应小于跨距的二分之一。

对于硬质泡沫塑料、轻木等连续芯子，试样宽度为 60mm，对于蜂窝、波纹等格子形芯子，试样宽度为 60mm，或至少应包括 4 个完整格子。试样长度为跨距加 40mm 或加二分之一厚度，选其中数值大者，跨距根据试验目的而定。

测定芯子剪切强度时，三点弯曲的跨距应满足式（10.9-24）：

$$l \leqslant \frac{2 \times \sigma_f \times t_f}{\tau_{cb}} \tag{10.9-24}$$

式中　l——跨距（mm）；

σ_f——面板的拉、压需用应力（MPa）；

t_f——面板厚度（mm）；

τ_{cb}——芯子的剪切强度（MPa）。

测定面板强度时，三点弯曲的跨距应满足式（10.9-25）：

$$l \geqslant \frac{2 \times \sigma_f \times t_f}{\tau_c} \tag{10.9-25}$$

式中　σ_f——面板的拉、压需用应力（MPa）；

τ_c——芯子的剪切强度（MPa）。

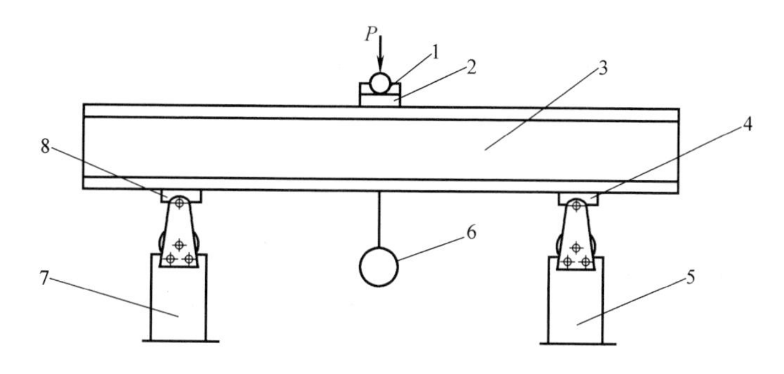

图 10.9-18　三点弯曲试验装置示意图

1—加载压头垫块；2—橡胶垫片；3—试样；4、8—支座垫块；5、7—支座垫块；6—位移传感器

本试验的试验装置如图 10.9-18 所示，按选定跨距调整支座，跨中安装位移传感器，见图 10.9-19，测刚度时，按外伸梁三点弯曲方法安装三只位移传感器。测定强度时，把试样安放在弯曲试验的支座上，加上加载压头，并在压头与试样之间垫上一块硬质橡胶垫片，调整试验机零点，按选定的加载速度，均匀连续加载至试样破坏，读取破坏载荷，观察并记破坏形式；测定刚度时，施加预加载荷（破坏载荷的 15%～20%），消除试样与支座间的空隙，卸至初载（破坏载荷的 5%）调整仪表零点，然后以破坏载荷的 5%为级差，按规定的加载速度，分级加载至破坏载荷的 40%～50%，记录各级载荷和相应挠度值。若需整个载荷-挠度资料，则应测到破坏为止。如有自动记录仪表，可以连续加载；同样，试件数量每组不小于 5 个，并保证同批 5 个有效试件。

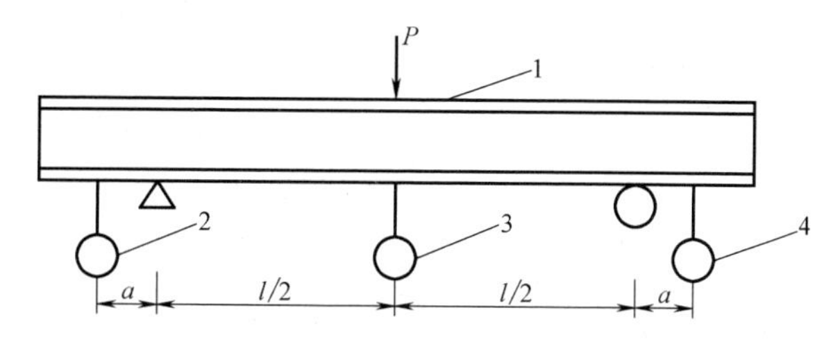

图 10.9-19　外伸梁三点弯曲示意图

1—试样；2、4—外伸点的位移传感器；3—跨中的位移传感器；l—跨距；a—外伸臂长度

3. 夹层结构抗剥离性能试验

滚筒剥离强度：夹层结构用滚筒剥离试验测得的面板与芯子分离时单位宽度上的剥离力矩。滚筒剥离装置如图 10.9-20 所示。

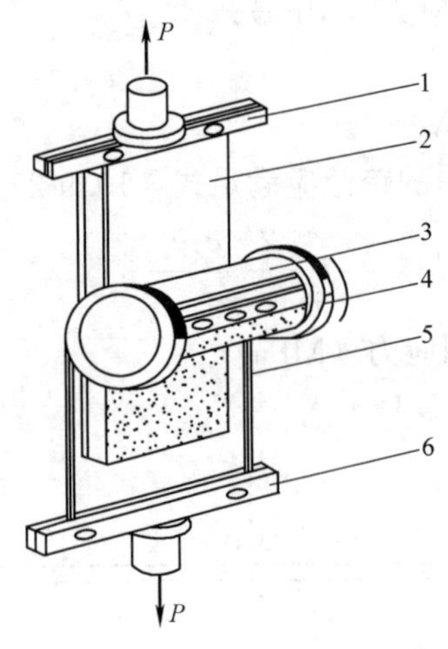

图 10.9-20 夹层结构滚筒剥离装置示意图

1—上夹具；2—试样；3—滚筒；4—滚筒凸缘；5—加载带；6—下夹具；P—荷载

试样尺寸见图 10.9-21，厚度为 h 与夹层结构相同；当制品厚度未确定时，可以取 20mm，面板厚度 t_f 小于或等于 1mm。对于泡沫、塑料等连续芯子，试样宽度 b 为 60mm。对于蜂窝、波纹等格子形芯子，试样宽度为 60mm，当格子边长或波距较大时(格子边长大于 8mm，波距大于 20mm)，试样宽度为 80mm。对于正交各向异性夹层结构，试样应分剥离上面板和下面板两种。用作空白试验的面板试样、材料、宽度厚度应与相应的夹层结构试样的面板相同。

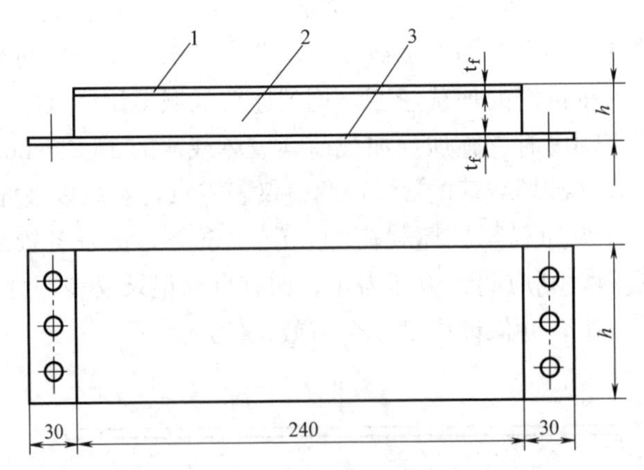

图 10.9-21 滚筒剥离试验试样构造图

1—面板；2—芯材；3—被剥离面板

将试样剥离面的一头夹入滚筒夹具上，使试样轴线与滚筒轴线垂直，另一头装在上夹具中，然后将上夹具与试验机相连接，调整试验机载荷零点，再将下夹具与试验机连接。按规定的加载速度进行试验。使用自动绘图仪记录载荷剥离曲线。无自动绘图仪时，在开始施加荷载约 5s 后，按一定时间间隔读取载荷，不得少于 10 个读数。试样被剥离到 150～180mm 时，便卸载，使滚筒回到未剥离前的初始位置，记录破坏形式。若面板无损伤则重复试验，记录抗力荷载。

平均剥离强度按下式计算：

$$\overline{M}=\frac{(P_{b}-P_{0})(D-d)}{2b} \tag{10.9-26}$$

式中 $\overline{M}$——平均剥离强度（N·mm/mm）；

P_{b}——平均剥离荷载（N）；

P_{0}——抗力荷载（N）；

D——滚筒凸缘直径（mm）；

d——滚筒直径（mm）；

b——试样宽度（mm）。

最小剥离强度按下式算：

$$M_{min}=\frac{(P_{min}-P_{0})(D-d)}{2b} \tag{10.9-27}$$

式中 M_{min}——最小剥离强度（N·mm/mm）；

P_{min}——最小剥离荷载（N）。

本章小结

本章系统地介绍了竹木结构及复合材料结构相关检测、鉴定与加固改造方法。从竹木常见缺陷、损坏现象开始，依次介绍了缺陷检测技术，竹木结构维修加固的基本原则、方法及实施要点，竹木梁、柱、屋顶架、楼盖等部位的加固或修复，纤维材料、树脂、芯材的检测，复合材料层合板及夹层结构的检测或测试等。通过对本章内容的学习，可以对竹木结构各部位加固方法及复合材料结构相关检测方法进行基本了解。

思考与练习题

10-1 竹木常见的缺陷有哪些？他们的检测技术有哪些？

10-2 竹木结构维修加固遵循哪些基本原则？竹木结构维修和加固的主要方法及实施要点有哪些？

10-3 竹木梁的加固方法有哪些？竹木柱的加固方法有哪些？

10-4 竹木屋顶架的加固方法有哪些？竹木楼盖的加固方法有哪些？

10-5 简述纤维材料的检测方法、树脂的检测方法、芯材的检测方法。

10-6 简述复合材料层合板检测的检测方法、复合材料夹层结构的测试方法。

第 11 章　公路隧道混凝土结构

本章要点及学习目标

本章要点：

本章首先讲述了公路隧道混凝土结构的相关灾害及其治理的必要性，然后详细说明了隧道结构检测方法、隧道结构的技术状况评测和相应的结构加固与维护等方面内容。最后根据某隧道工程衬砌结构的评定案例，介绍了该隧道检测的具体内容以及最终的检测结果。本章内容可以为读者系统地学习公路隧道混凝土结构的灾害检测评定与加固处理技术提供参考。

学习目标：

(1) 了解公路隧道常见病害及治理原则；

(2) 掌握隧道各种支护及衬砌结构具体检测内容和方法；

(3) 理解公路隧道技术状况及病害形式评定；

(4) 掌握公路隧道结构加固与维护关键技术；

(5) 结合具体工程案例更深入了解公路隧道衬砌检测评定方法和内容。

11.1　常见病害及治理原则

随着现代交通运输业的飞速发展，公路隧道成为城市交通建设中不可或缺的一部分。公路隧道为人们解决了繁琐的交通拥堵问题，改善了出行环境，促进了经济的发展和进步。但是，这些公路隧道在建造和使用过程中也会出现各种各样的病害，给交通运输和人们的安全带来威胁。因此，在进行公路隧道设计、施工和运营时，必须对可能出现的病害有一个充分的了解和掌握，并采取适当的措施加以治理。

11.1.1　常见病害类型

1. 渗漏

渗漏是公路隧道中最为普遍的病害之一。由于隧道内部水文地质条件的变化，孔隙压力、水侵蚀等原因，导致其表现为湿度过高、渗水和浸润等现象。当隧道防水措施不到位或者施工不合格时，渗漏病害发生的可能性会增加。

2. 螺栓松动或断裂

连接隧道构件的螺栓出现不稳定情况可能导致桥梁板块移位、隧道整体变形等后果。这种问题可能由于螺栓数量不足、螺栓材料质量低、螺栓安装不合格等原因导致。此外，螺栓的破损和老化也可能是问题的根源。

3. 地基沉降

地基沉降是由隧道底部接地处受到交通负荷和地质力学性质的共同作用所致，常见的成因包括地质问题、基础设计不当以及复杂地形等。过度的地基沉降会导致隧道产生较大的变形，并可能威胁隧道的结构安全。

4. 岩体破碎或坍塌

岩体破碎或坍塌通常由挖掘和承载过程中对岩体造成的不同程度的变形、裂缝及其他病害所致。造成岩体破碎或坍塌的原因包括采掘方式不当、挖掘进度控制不力等。

5. 其他病害

除了以上四类病害外，隧道墙体开裂、排水问题、风化和振动等，也是公路隧道中常见的病害。这些问题的成因较为复杂，可能由多种因素造成。例如，隧道墙体开裂可能与支护结构设计不当、岩石特性以及施工质量等有关。

11.1.2 病害产生原因

1. 自然因素

隧道所处地区的地质条件、气候环境和自然灾害等都会对隧道使用过程中产生的各种病害产生影响。例如，自然因素如洪水、地震、滑坡等灾害，长时间段的高温、寒冷、紫外线照射以及海盐侵蚀等都会对公路隧道结构性能产生不良影响，其可能导致隧道支护结构承载增大，致使隧道内部结构损伤或破裂，并进一步恶化隧道墙体的完整性。

2. 设计与施工因素

若在设计和施工过程中存在缺陷或不规范操作，也会导致隧道病害的产生。例如，在构造设计方面，如果隧道施工前未对地质情况进行充分调查和分析，就可能导致地基沉降问题；在施工方面，如果没有严格按照要求进行施工，使用了劣质材料或采用了错误的支撑方式等，也会导致各种病害的产生。

3. 日常运营管理因素

大型车辆的通过和重载运输对公路隧道产生了巨大影响，长期的超载行驶会对隧道结构造成持久性的负荷，导致隧道墙体和支撑桥梁出现微小破损，同时加剧了整体结构的疲劳形变。交通事故往往在瞬间发生，虽然交通事故很少发生，但其一旦发生就会对隧道安全产生极大威胁，交通事故可能会导致隧道内部出现大规模破裂，甚至引起隧道顶部的崩塌，从而造成更为严重的隧道损伤问题。因为地理位置偏远、交通流量大等原因，有时候公路隧道维护不及时也会对隧道产生影响。例如，隧道内积水没有及时清除，会导致隧道渗漏和结冰；隧道设施检修和维护困难，如果维护不到位，则可能导致很多其他问题，如灯光系统、通风系统、振动隔离等。

因此，公路隧道损伤是多方面因素共同导致的，为了减少这些问题的发生，需要从设计和施工阶段就加强管理和监督，选择合适的材料和技术，在运营阶段要及时做好巡检和维护等工作，以确保隧道的安全性和可靠性。司机也应该遵守交通规则，避免超速行驶或不当驾驶方式，尽量减少对公路隧道的损害。

11.1.3 治理原则

1. 渗漏

治理渗漏问题需要加强隧道防水措施，可选择采用排水系统、防水涂料等方式来减少渗漏问题，应加强隧道日常维护管理，及时清理积水并保证隧道内外通风良好。

2. 螺栓松动或断裂

治理螺栓松动或断裂需要加固螺栓连接处，并且在设计和施工过程中应选择优质材料，确保施工质量合格，定期对隧道进行检查和维护，及时更换老化或损坏的螺栓。

3. 地基沉降

治理地基沉降问题主要有两种方式：一是增加地基强度；二是针对减少负荷的问题，可以进行限制超载行驶、调整车流等方式。

4. 岩体破碎或坍塌

预防岩体破碎或坍塌的措施包括选择合适的采掘方式、控制挖掘进度以及支护工艺等，同时需对岩体裂缝和松动情况检测，进而调整隧道支护结构。

5. 其他病害

其他病害的治理方法需要综合考虑具体情况。例如，墙体开裂问题需要对支护结构进行加固；排水问题需要设计科学合理的排水系统；风化和振动问题则需要对结构进行加固或更换等处理。

总之，公路隧道常见病害的治理需要综合考虑多种因素，根据实际情况采取相应的措施，除了治理已经发生的病害外，预防也是非常重要的一环。在设计、施工及运行管理过程中，需要严格按照规范要求进行操作，避免各类不利因素对隧道建筑结构带来不必要的损害。只有这样，才能保证公路隧道在运营和使用过程中更加安全可靠。

11.2 公路隧道结构检测内容及方法

11.2.1 隧道总体

1. 隧道总体质量要求

1）隧道衬砌内轮廓及所有运营设施均不得侵入建筑限界。

2）洞口和洞内外的排水系统设置应满足设计要求。

3）高速公路、一级公路和二级公路隧道拱部、边墙、路面、设备箱洞应不渗水，有冻害地段的隧道衬砌背后不积水、排水沟不冻结，车行横通道、人行横通道等服务通道拱部不滴水，边墙不淌水；三级、四级公路隧道拱部、边墙应不滴水，设备箱洞不渗水，路面不积水，有冻害地段的隧道衬砌背后不积水、排水沟不冻结。

2. 隧道总体实测项目质量要求

隧道总体实测项目质量要求应符合表 11.2-1 的规定。

隧道总体实测项目质量要求 **表 11.2-1**

序号	检查项目	规定值或允许偏差	检查方法和频率
1	行车道宽度(mm)	±10	尺量检查：曲线每 20m、直线每 40m 检查 1 个断面
2	内轮廓宽度(mm)	不小于设计值	
3	内轮廓高度(mm)	不小于设计值	激光测距仪或曲线每 20m、直线每 40m 检查 1 个断面，每个断面测拱顶和两侧拱腰共 3 点
4	隧道偏位(mm)	20	全站仪：曲线每 20m、直线每 40m 测 1 处
5	边坡或仰坡坡度	不大于设计值	尺量：每洞口检查 10 处

3. 隧道总体外观质量要求

1）洞口边坡、仰坡应无落石。

2）排水系统应不淤积、不堵塞。

11.2.2 明洞结构

1. 明洞结构质量基本要求

1）基础的地基承载力应满足设计要求并符合施工技术要求，严禁超挖后回填虚土。

2）钢筋的加工及安装应满足设计要求。

3）明洞与暗洞之间的沉降缝应满足设计要求。

2. 明洞结构实测项目质量要求

明洞结构实测项目质量要求应符合表 11.2-2 的规定。

明洞结构实测项目质量要求 表 11.2-2

序号	检查项目	规定值或允许偏差	检查方法和频率
1	混凝土强度(MPa)	在合格标准内	符合设计标准
2	混凝土厚度(mm)	不小于设计值	尺量：每 10m 检查 1 个断面，每个断面测拱顶、两侧拱腰和两侧边墙共 5 点
3	墙面平整度(mm)	施工缝、变形缝处 20	2m 直尺：每 10m 每侧连续检查 2 尺，测最大间隙
		其他部位 5	

3. 明洞结构外观质量要求

1）蜂窝麻面面积不得超过该面总面积的 0.5%，深度不得超过 10mm。

2）隧道衬砌钢筋混凝土结构裂缝宽度不得超过 0.2mm。

11.2.3 隧道洞身开挖

1. 洞身开挖基本要求

1）当围岩自稳能力差时，开挖前应做好预加固、预支护。

2）当隧道地质出现变化或接近围岩分界线时，应采用地质雷达、超前小导坑、超前探孔等方法探明工程地质和水文地质状况，方可进行开挖。

3）开挖轮廓应预留变形量，并根据量测反馈信息及时调整。

4）应采用控制爆破减少开挖对围岩的扰动。

5）应严格控制欠挖，拱脚、墙脚以上 1m 范围内严禁欠挖；当石质坚硬完整且岩石抗压强度大于 30MPa 并确认不影响衬砌结构稳定和强度时，岩石个别凸出部分（每 $1m^2$ 不大于 $0.1m^2$）可突入衬砌断面，锚喷支护时不得大于 30mm，衬砌时欠挖值不得大于 50mm。

6）洞身开挖在清除浮石后应及时进行初喷支护。

2. 洞身开挖实测项目要求

洞身开挖实测项目要求应符合表 11.2-3 的规定。

洞身开挖实测项目要求 表 11.2-3

序号	检查项目		规定值或允许偏差	检查方法和频率
1	拱部超挖（mm）	Ⅰ级围岩(硬岩)	平均100,最大200	全站仪检查:每20m检查1个断面,每个断面自拱顶起每2m测1点
		Ⅱ、Ⅲ、Ⅳ级围岩（中硬岩、软岩）	平均150,最大250	
		Ⅴ、Ⅵ级围岩（破碎岩、土）	平均100,最大150	
2	边墙超挖（mm）	每侧	+100,0	
		全宽	+200,0	
3	仰拱、隧底超挖(mm)		平均100,最大250	水准仪:每20m检查3处

11.2.4 喷射混凝土

1. 喷射混凝土应符合下列基本要求

1）开挖断面量、超欠挖处理、围岩表面渗漏水处理应符合施工技术规范规定，受喷岩面应清洁。

2）喷射混凝土支护应与围岩紧密粘结，结合牢固，不得有空洞，喷层内不应存在片石和木板等杂物，严禁挂模喷射混凝土。

3）钢架与围岩之间的间隙应采用喷射混凝土充填密实。

4）喷射混凝土表面平整度应符合施工技术规范规定。

2. 喷射混凝土实测项目质量要求

喷射混凝土实测项目质量要求应符合表 11.2-4 的规定。

喷射混凝土实测项目质量要求 表 11.2-4

序号	检查项目	规定值或允许偏差	检查方法和频率
1	喷射混凝土强度(MPa)	在合格标准内	按设计标准
2	喷层厚度(mm)	平均厚度不小于设计厚度;60%的检查点的厚度不小于设计厚度;最小厚度不小于0.6倍设计厚度	凿孔法:每10m检查1个断面,每个断面从拱顶中线起每3m测1点;或沿隧道纵向分别在拱顶、两侧拱腰、两侧边墙连续测试,共5条测线,每10m检查1个断面,每个断面测5点
3	喷层与围岩接触状况	无空洞,无杂物	

3. 喷射混凝土外观质量要求

喷射混凝土表面应无漏喷、离鼓以及钢筋网和钢架外露。

11.2.5 锚杆

1. 锚杆质量基本要求

1）锚杆长度应不小于设计长度，锚杆插入孔内的长度不得短于设计长度的 95%。

2）砂浆锚杆和注浆锚杆的灌浆强度应不小于设计值和规范要求，锚杆孔内灌浆密实饱满。

3）锁脚锚杆（管）的数量、长度、打入角度应满足设计要求。

2. 锚杆实测项目质量要求

锚杆实测项目质量要求应符合表 11.2-5 的规定。

锚杆实测项目质量要求 表 11.2-5

序号	检查项目	规定值或允许偏差	检查方法和频率
1	数量(根)	不少于设计值	目测:现场逐根清点
2	抗拔力(kN)	28d 抗拔力平均值不小于设计值,最小抗拔力不小于 0.9 倍设计值	拉拔仪:抽查 1%,且不少于 3 根
3	孔位(mm)	±150	尺量:抽查 10%
4	孔深(mm)	±50	尺量:抽查 10%
5	孔径(mm)	不小于锚杆杆体直径+15	尺量:抽查 10%

3. 锚杆外观质量要求

锚杆垫板与岩面间应无间隙。

11.2.6 钢筋网

1. 钢筋网质量基本要求

钢筋网铺设应在初喷混凝土后进行。

2. 钢筋网实测项目质量要求

钢筋网实测项目质量要求应符合表 11.2-6 的规定。

钢筋网实测项目质量要求 表 11.2-6

序号	检查项目	规定值或允许偏差	检查方法和频率
1	钢筋网喷射混凝土保护层厚度(mm)	≥20	凿孔法:每 10m 测 5 点
2	网格尺寸(mm)	±10	尺量:每 100m^2 检查 3 个网眼
3	搭接长度(mm)	≥50	尺量:每 20m 测 3 点

3. 钢筋网外观质量要求

钢筋网与锚杆或其他固定构件连接不得松脱。

11.2.7 钢架

1. 钢架质量基本要求

1) 钢架之间应采用纵向钢筋连接,安装基础应牢固。

2) 钢架安装基底高程不足时,不得用石块、碎石砌垫,应设置钢板或采用强度等级不小于 C20 混凝土垫块。

3) 钢架应紧靠初喷面。

4) 连接钢板与钢架应焊接牢固,焊缝饱满密实;钢架节段之间通过钢板应用螺栓连接或焊接牢固。

2. 钢架实测项目质量要求

钢架实测项目质量要求应符合表 11.2-7 的规定。

钢架实测项目质量要求 表 11.2-7

序号	检查项目		规定值或允许偏差	检查方法和频率
1	榀数(榀)		不少于设计值	目测:逐榀检查
2	间距(mm)		±50	尺量:逐榀检查
3	喷射混凝土保护层厚度(mm)		外侧保护层不小于 40 内侧保护层不小于 20	凿孔法:每 20m 测 5 点
4	倾斜度(°)		±2	铅锤法:逐榀检查
5	拼装偏差(mm)		±3	尺量:逐榀检查
6	安装偏差(mm)		横向	±50
7	安装偏差(mm)	竖向	不低于设计高程	尺和水准仪:逐榀检查
8	连接钢筋	数量(根)	不少于设计值	
9	连接钢筋	间距(mm)	±50	目测:逐榀检查

3. 钢架外观质量要求

焊接应无假焊、漏焊，基底应无虚渣及杂物。

11.2.8 仰拱

1. 仰拱质量基本要求

1）仰拱基底承载力应满足设计要求。

2）仰拱超挖后严禁回填虚土、虚渣。

3）仰拱浇筑前应无积水、杂物、虚渣。

4）仰拱曲率、仰拱与边墙连接应满足设计要求并符合施工技术要求。

2. 仰拱实测项目质量要求

仰拱实测项目质量要求应符合表 11.2-8 的规定。

仰拱实测项目质量要求 表 11.2-8

序号	检查项目	规定值或允许偏差	检查方法和频率
1	混凝土强度(MPa)	在合格标准内	按设计要求检查
2	厚度(mm)	不小于设计值	尺量:每 20m 检查 1 个断面,每个断面测 5 点
3	钢筋保护层厚度(mm)	+10,−5	尺量:每 20m 测 5 点
4	底面高程(mm)	±15	水准仪:每 20m 测 5 点

3. 仰拱外观质量要求

混凝土表面应无露筋。

11.2.9 衬砌钢筋

1. 衬砌钢筋质量基本要求

1）钢筋的连接方式、同一连接区段内的接头面积应满足设计要求；接头位置应设在受力较小处。

2）钢筋的搭接长度、焊接和机械接头质量应满足施工技术规定。

3）钢筋安装时，应保证设计要求的钢筋根数。

4）受力钢筋应平直，表面不得有裂纹及其他损伤。

5）钢筋的保护层垫块应分布均匀，数量及材料性能应满足设计和有关技术规定。

6）多层钢筋网应有足够的钢筋支撑，并应保证钢筋骨架的施工刚度，使其在混凝土浇筑过程中不出现移位。

2. 衬砌钢筋实测项目质量要求

衬砌钢筋实测项目质量要求应符合表 11.2-9 的规定。

衬砌钢筋实测项目质量要求　　表 11.2-9

序号	检查项目	规定值或允许偏差	检查方法和频率
1	主筋间距(mm)	±10	尺量：每模板测 3 点
2	两层钢筋间距(mm)	±5	尺量：每模板测 3 点
3	箍筋间距(mm)	±20	尺量：每模板测 3 点
4	钢筋长度(mm)	满足设计要求	尺量：每模板检查 2 根
5	钢筋保护层厚度(mm)	+10，−5	尺量：每模板检查 3 点

3. 衬砌钢筋外观质量要求

1）如钢筋表面无颗粒状或片状老锈及焊渣、烧伤，绑扎或焊接的钢筋网和钢筋骨架不得松脱和开焊。

2）焊接接头、连接套筒不得出现裂纹。

11.2.10　混凝土衬砌

1. 混凝土衬砌质量基本要求

1）衬砌施工前初期支护背部存在空洞、断面严重侵限时应及时处理。

2）衬砌背后的空隙应回填注浆。

2. 混凝土衬砌实测项目质量要求

混凝土衬砌实测项目质量要求应符合表 11.2-10 的规定。

混凝土衬砌实测项目质量要求　　表 11.2-10

序号	检查项目	规定值或允许偏差	检查方法和频率
1	混凝土强度(MPa)	在合格标准内	按设计值检查
2	衬砌厚度(mm)	90%的检查点的厚度不小于设计厚度，且最小厚度不小于 0.5 设计厚度	尺量：每 20m 检查 1 个断面，每个断面测 5 点；或沿隧道纵向分别在拱顶、两侧拱腰、两侧边墙连续测试，共 5 条测线，每 20m 检查 1 个断面，每个断面测 5 点
3	墙面平整度(mm)	施工缝、变形缝处不大于 20	2m 直尺：每 20m 每侧连续检查 5 尺，每尺测最大间隙
		其他部位不大于 5	
4	衬砌背部密实状况	无空洞，无杂物	地质雷达：沿隧道纵向分别在拱顶、两侧拱腰、两侧边墙连续测试，共 5 条测线

3. 混凝土衬砌外观质量要求

1）蜂窝麻面面积不得超过该面总面积的 0.5%，深度不得超过 10mm。

2）隧道衬砌钢筋混凝土结构裂缝宽度不得超过 0.5mm，混凝土结构裂缝宽度不得超过 0.4mm。

11.2.11　超前锚杆

1. 超前锚杆质量基本要求

1）超前锚杆的打入角度应满足设计要求并符合施工技术规定。

2）超前锚杆纵向两排之间水平搭接长度应不小于 1m。

3）锚杆孔内灌注砂浆应饱满密实。

2. 超前锚杆实测项目质量要求

超前锚杆实测项目质量要求应符合表 11.2-11 的规定。

超前锚杆实测项目质量要求　　**表 11.2-11**

序号	检查项目	规定值或允许偏差	检查方法和频率
1	长度(mm)	不小于设计值	尺量:逐根检查
2	数量(根)	不少于设计值	目测:逐根清点
3	孔位(mm)	±50	尺量:每 5 环抽查 5 根
4	孔深(mm)	±50	尺量:每 5 环抽查 5 根
5	孔径(mm)	⩾40	尺量:每 5 环抽查 5 根

3. 超前锚杆外观质量要求

锚杆尾端与钢架焊接应无假焊、漏焊。

11.2.12　超前小导管

1. 超前小导管质量基本要求

1）超前小导管注浆浆液强度、配合比、注浆压力和注浆量应满足设计要求，且浆液应充满钢管及周围的空隙。

2）超前小导管的打入角度应满足设计要求并符合施工技术规定。

3）两组小导管之间纵向水平搭接长度不小于 1m。

2. 超前小导管实测项目质量要求

超前小导管实测项目质量要求应符合表 11.2-12 的规定。

超前小导管实测项目质量要求　　**表 11.2-12**

序号	检查项目	规定值或允许偏差	检查方法和频率
1	长度(mm)	不小于设计值	尺量:逐根检查
2	数量(根)	不少于设计值	目测:现场逐根清点
3	孔位(mm)	±50	尺量:每 5 环抽查 5 根
4	孔深(mm)	大于钢管长度设计值	尺量:每 5 环抽查 5 根

3. 超前小导管外观质量要求

钢管尾端与钢架焊接应无假焊、漏焊。

11.2.13 管棚

1. 管棚质量基本要求

1）管棚注浆浆液强度、配合比、注浆压力和注浆量应满足设计要求。

2）管棚套拱基底承载力应满足设计要求并符合施工技术要求。

3）超前钢管的打入角度应满足设计要求并符合施工技术要求。

4）两组管棚之间纵向水平搭接长度应不小于 3m。

2. 管棚实测项目质量要求

管棚实测项目质量要求应符合表 11.2-13 的规定。

管棚实测项目质量要求 表 11.2-13

序号	检查项目	规定值或允许偏差	检查方法和频率
1	长度(mm)	不小于设计值	尺量:逐根检查
2	数量(根)	不少于设计值	目测:现场逐根清点
3	孔位(mm)	±50	尺量:每环抽查 10 根
4	孔深(mm)	大于钢管长度设计值	尺量:每环抽查 10 根

3. 管棚外观质量要求

钢管尾端与钢架焊接应无假焊、漏焊。

11.3 公路隧道技术状况评定

公路隧道属于地下工程，病害产生、发展原因多样，存在病害时结构技术状况评定需要较为丰富的知识和经验。评定时应根据结构类型、病害形式、部位、状态以及发展趋势等因素进行综合分析，对比做出判断。土建结构定期检查和应急检查采用了更为全面专业的检查设备，对隧道进行了更为细致全面的检查，对检查结果应进行技术状况评定。评定工作应作为定期检查的工作内容之一，可由负责定期检查者完成。专项检查往往是在经常性、定期和应急检查的基础上，对于需要进一步查明破损或病害的详细情况和产生原因而进行更深入的专门检测，其目的是为制订病害处治方案提供基础资料，更多情况是针对破损或病害局部开展的检查。因此，专项检查不适合上述的技术状况评定，但可以对所检局部的分项进行状况值评定。具体采用考虑各分项权重，以及破损程度、破损发展趋势、对行车和结构安全影响等相关因素的量化评定方法。土建结构技术状况评定应根据定期检查资料，综合考虑洞门、结构、路面和附属设施等各方面的影响，确定隧道的技术状况等级。专项检查时，应按照规定对所检项目进行技术状况评定。

11.3.1 技术状况评定分类

公路隧道总体技术状况评定应分为 1 类、2 类、3 类、4 类和 5 类，评定类别描述见表 11.3-1，评定应先逐洞、逐段对隧道土建结构各分项技术状况进行状况值评定，在此基础上确定各分项技术状况，再进行土建结构技术状况评定。

公路隧道总体技术状况评定类别 表 11.3-1

技术状况	评定类别描述
	土建结构
1类	完好状态。无异常情况,或异常情况轻微,对交通安全无影响
2类	轻微破损。存在轻微破损,现阶段趋于稳定,对交通安全不会有影响
3类	中等破损。存在破坏,发展缓慢,可能会影响行人、行车安全
4类	严重破损。存在较严重破坏,发展较快,已影响行人、行车安全
5类	危险状态。存在严重破坏,发展迅速,已危及行人、行车安全

11.3.2 各分项技术状况评定

隧道洞口、洞门、衬砌结构、衬砌渗漏水、路面、检修道、排水设施、吊顶、内装饰、交通标志标线等各分项技术状况评定标准应按表 11.3-2～表 11.3-11 执行。

隧道洞口技术状况评定标准 表 11.3-2

状况值	技术状况描述
0	完好,无破坏现象
1	山体及岩体、挡土墙、护坡等有轻微裂缝产生,排水设施存在轻微破坏
2	山体及岩体裂缝发育,存在滑坡、崩塌的初步迹象,坡面树木或电线杆轻微倾斜,挡土墙、护坡等产生开裂、变形,土石零星掉落,排水设施存在一定裂损、阻塞
3	山体及岩体严重开裂,坡面树木或电线杆明显倾斜,挡土墙、护坡等产生严重开裂、明显的永久变形,墙角或坡面有土石堆积,排水设施完全堵塞、破坏,排水功能失效
4	山体及岩体有明显而严重的滑动、崩塌现象,挡土墙、护坡断裂、外倾失稳、部分倒塌,坡面树木或电线杆倾倒等

洞门技术状况评定标准 表 11.3-3

状况值	技术状况描述
0	完好,无破坏现象
1	墙身存在轻微的开裂、起层、剥落
2	墙身结构局部开裂,墙身轻微倾斜、沉陷或错台,壁面轻微渗水,尚未妨害交通
3	墙身结构严重开裂、错台;边墙出现起层、剥落,混凝土块可能掉落或已有掉落;钢筋外露、受到锈蚀,墙身有明显倾斜、沉陷或错台趋势,壁面严重渗水(挂冰),将会妨害交通
4	洞门结构大范围开裂、砌体断裂、混凝土块可能掉落或已有掉落;墙身出现部分倾倒、垮塌,存在喷水或大面积挂冰等,已妨碍交通

衬砌破损技术状况评定标准 表 11.3-4

状况值	技术状况描述	
	外荷载作用所致	材料劣化所致
0	结构无裂损、变形和背后空洞	材料无劣化
1	出现变形、位移、沉降和裂缝,但无发展或已停止发展	存在材料劣化,钢筋表面局部腐蚀,衬砌无起层、剥落,对断面强度几乎无影响

续表

状况值	技术状况描述	
	外荷载作用所致	材料劣化所致
2	出现变形、位移、沉降和裂缝，发展缓慢，边墙衬砌背后存在空隙，有扩大的可能	材料劣化明显，钢筋表面全部生锈、腐蚀，断面强度有所下降，结构物功能可能受到损害
3	出现变形、位移、沉降，裂缝密集，出现剪切性裂缝，发展速度较快；边墙处衬砌压裂，导致起层、剥落，边墙混凝土有可能掉下；拱部背面存在大的空洞，上部落石可能掉落至拱背；衬砌结构侵入内轮廓界限	材料劣化严重，钢筋断面因腐蚀而明显减小，断面强度有相当程度的下降，结构物功能受到损害；边墙混凝土起层、剥落，混凝土块可能掉落或已有掉落
4	衬砌结构发生明显的永久变形，裂缝密集，出现剪切性裂缝，裂缝深度贯穿衬砌混凝土，并且发展快速；由于拱顶裂缝密集，衬砌开裂，导致起层、剥落，混凝土块可能掉下；衬砌拱部背面存在大的空洞，且衬砌有效厚度很薄，空腔上部可能掉落至拱背；衬砌结构侵入建筑限界	材料劣化非常严重，断面强度明显下降，结构物功能损害明显；由于拱部材料劣化，导致混凝土起层、剥落，混凝土块可能掉落或已有掉落

衬砌渗漏水技术状况评定标准　　表 11.3-5

状况值	技术状况描述
0	无渗漏水
1	衬砌表面存在浸渗，对行车无影响
2	衬砌拱部有滴漏，侧墙有小股涌流，路面有浸渗但无积水，拱部、边墙因渗水少量挂冰，边墙脚积冰，不久可能会影响行车安全
3	拱部有涌流，侧墙有喷射水流，路面积水，砂土流出，拱部衬砌因渗水形成较大挂冰、胀裂；或涌水积冰至路面边缘，影响行车安全
4	拱部有喷射水流，侧墙存在严重影响行车安全的涌水，地下水从检查井涌出，路面积水严重，伴有严重的砂土流出和衬砌挂冰，严重影响行车安全

路面技术状况评定标准　　表 11.3-6

状况值	技术状况描述
0	路面有浸湿、轻微裂缝、落物等，引起使用者轻微不舒适感
1	衬砌表面存在浸渗，对行车无影响
2	路面有局部的沉陷、隆起、坑洞、表面剥落、露骨、破损、裂缝，轻微积水，引起使用者明显的不舒适感，可能会影响行车安全
3	路面出现较大面积的沉陷、隆起、坑洞、表面剥落、露骨、破损、裂缝、积水严重等，影响行车安全；抗滑系数过低引起车辆打滑
4	路面出现大面积的明显沉陷、隆起、坑洞，路面板严重错台、断裂、表面剥落、露骨、破损、裂缝，出现漫水、结冰或堆冰，严重影响交通安全，可能导致交通意外事故

检修道技术状况评定标准　　表 11.3-7

状况值	技术状况描述	
	定性描述	定量描述
0	护栏、路缘石及检修道面板均完好	—

续表

状况值	技术状况描述	
	定性描述	定量描述
1	护栏变形,路缘石或检修道面板少量缺角、缺损,金属有局部锈蚀,尚未影响其使用功能	护栏、面板、路缘石损坏长度不大于10%,缺失长度不大于3%
2	护栏变形损坏,螺栓松动、扭曲,金属表面锈蚀,部分路缘石或检修道面板缺损、开裂,部分功能丧失,可能会影响行人和交通安全	护栏、面板、路缘石损坏长度大于10%且不大于20% ,缺失长度大于3% 且不大于10%
3	护栏倒伏、严重损坏,侵入限界,路缘石或检修道面板缺损开裂或缺失严重,原有功能丧失,影响行人和交通安全	护栏、西板、路缘石缺失率大于20%,缺失长度大于10%

排水设施技术状况评定标准 **表11.3-8**

状况值	技术状况描述
0	设施完好,排水功能正常
1	结构有轻微破损,但排水功能正常
2	轻微淤积,结构有破损,暴雨季节出现溢水,可能会影响交通安全
3	严重淤积,结构较严重破损,溢水造成路面局部积水、结冰,影响行车安全
4	完全阻塞,结构严重破损,溢水造成路面积水漫流、大面积结冰,严重影响行车安全

吊顶技术状况评定标准 **表11.3-9**

状况值	技术状况描述
0	吊顶完好
1	存在轻微变形、破损、浸水,尚未妨碍交通
2	吊顶破损、开裂、滴水,吊杆等预埋件锈蚀,尚未影响交通安全
3	吊顶存在较严重的变形、破损,出现涌流、挂冰,吊杆等预埋件严重锈蚀,可能影响交通安全
4	吊顶严重破损、开裂甚至掉落,出现喷涌水、严重挂冰,各种预埋件和悬吊件严重锈蚀或断裂,各种桥架和挂件出现严重变形或脱落,严重影响行车安全

内装饰技术状况评定标准 **表11.3-10**

状况值	技术状况描述	
	定性描述	定量描述
0	内装饰完好	—
1	个别内装饰板或瓷砖变形、破损,不影响交通	损坏率不大于10%
2	部分内装饰板或瓷砖变形、破损、脱落,对交通安全有影响	损坏率大于10%且不大于20%
3	大面积内装饰板或瓷砖变形、破损、脱落,严重影响行车安全	损坏率大于20%

交通标志标线技术状况评定标准 **表11.3-11**

状况值	技术状况描述	
	定性描述	定量描述
0	完好	—
1	存在脏污、不完整,尚未妨碍交通	损坏率不大于10%

续表

状况值	技术状况描述	
	定性描述	定量描述
2	存在脏污、部分脱落、缺失，可能会影响交通安全	损坏率大于10%且不大于20%
3	大部分存在脏污、脱落、缺失，影响行车安全	损坏率大于20%

11.3.3 病害形式评定

各分项技术状况评定状况值是在专项检查判定依据的基础上，吸取国内外相关成果，从定量和定性的角度，并考虑破损对行车安全和结构功能的影响程度、破损发展变化趋势而制定的。主要引起病害的原因有：外荷载作用所致、衬砌材料破损所致渗漏水所致，表11.3-12是土建结构技术状况评定标准。

土建结构技术状况评定标准表 表11.3-12

状况值	评定因素			
	缺损程度	发展趋势	对行人、车辆安全的影响	对隧道结构安全的影响
0	无或非常轻微	无	无影响	无影响
1	轻微	趋于稳定	目前尚无影响	目前尚无影响
2	中等	较慢	将来会影响行人、车辆安全、隧道结构安全	将来会影响行人、车辆安全、隧道结构安全
3	较严重	较快	已经妨害行人、车辆安全	已经妨害行人、车辆安全
4	严重	迅速	严重影响行人、车辆安全	严重影响行人、车辆安全

1. 外荷载作用所致

1）衬砌的变形、移动、沉降一般为逐渐变化，在地震、滑坡、暴雨后可能发生明显的变化。在北方寒冷地区，结构由于冻胀而变形，并随季节的循环而反复发生。洞口附近的覆盖层厚度较薄，结构的变形、移动、沉降即使不大，也可能导致斜坡不稳、拱背产生空洞和漏水增加等，检查时需充分注意。当断面变形时，一般是路面、边沟等处首先发生变化，因此检查时需特别留意这些地方。国内外在技术状况评定时，外荷载作用所致变形也有定量评定标准，见表11.3-13。

基于变形速度的评定标准 表11.3-13

结构	变形速度 v(mm/年)				评定状况值
	$v\geq10$	$3\leq v<10$	$1\leq v<3$	$v<1$	
衬砌	√	—	—	—	4
	—	√	—	—	3
	—	—	√	—	2
	—	—	—	√	1

2）对衬砌开裂等破损进行评定时，应考虑裂缝有无发展等因素。国内外对于衬砌开裂也有定量评定标准，见表11.3-14、表11.3-15。表中的裂缝主要以水平方向的裂缝或

剪断裂缝为对象，对于横向裂缝，将评定状况值相应地降低1个等级即可。当宽为0.3～0.5mm以上的裂缝，其分布密度大于200cm/m^{2}时，可升高1个评定等级或者采用判定分类中较高的判定。此外，当裂缝众多时，宜将宽度最大的裂缝作为主要检查对象。

当裂缝存在发展时的评定标准 **表11.3-14**

结构	裂缝宽度 b(mm)		裂缝长度 l(m)		评定状况值
	$b>3$	$b\leqslant3$	$l>5$	$l\leqslant5$	
衬砌	√	—	√	—	3/4
	√	—	—	√	2/3
	—	√	√	—	2
	—	√	—	√	2

当无法确定裂缝是否存在发展时的评定标准 **表11.3-15**

结构	裂缝宽度 b(mm)			裂缝长度 l(m)			评定状况值
	$b>5$	$3<b\leqslant5$	$b\leqslant3$	$l>10$	$5<l\leqslant10$	$l\leqslant5$	
衬砌	√	—	—	√	—	—	3/4
	√	—	—	—	√	—	2/3
	√	—	—	—	—	√	2/3
	—	√	—	√	—	—	3
	—	√	—	—	√	—	2/3
	—	√	—	—	—	√	2
	—	—	√	√	√	√	1/2

3）对于衬砌起层、剥落等破损的评定，国内外也有定性评定标准，见表11.3-16。对于混凝土衬砌的起层、剥落，如果可能落下，则在拱部评定为4，在侧墙评定为3；对于防水砂浆等材料的掉落，由于剥落层较薄，可降低1个评定状况值。

衬砌起层、剥落的评定标准 **表11.3-16**

结构	部位	掉落的可能性		判定
		有	无	
衬砌	拱部	√	—	4
		—	√	1
	侧墙	√	—	3
		—	√	1

4）当拱背存在高30cm以上的空洞且有效衬砌厚度小于30cm时，空腔落石就可能砸坏衬砌结构，国内外均有过类似事例。因此，发现类似情况时，可按3/4状况值评定。尤其是曾经发生塌方的地方或节理发育、漏水严重的地段，尤其应给予充分的注意。

2. 衬砌材料破损所致

对衬砌材质劣化等破损的检查，主要从结构物的功能和行车安全性的角度进行评定。

因此，以衬砌混凝土的强度要求和混凝土剥落的有无作为评定因素。对于钢筋混凝土结构物等，还应从钢材腐蚀的角度进行附加评定。对于衬砌混凝土的起层、剥落，从确保行车安全的角度看，其评定标准与外荷载作用时的评定标准一致。材质劣化的速度，除火灾等异常情况外，与外荷载作用产生的变化相比，一般比较缓慢，通过采取适当的措施，有可能防止或抑制劣化的发展。国内外对此也有定性和定量评定标准，见表 11.3-17 和表 11.3-18。

衬砌断面强度降低、起层和剥落的评定标准 **表 11.3-17**

结构	主要原因	起层和剥落的可能性		劣化程度			评定状况值
				有效厚度/设计厚度			
		有	无	＜1/2	1/2～2/3	＞2/3	
拱部	劣化、冻害、设计或施工不当等	√	—	—	—	—	4
		—	√	—	—	—	1
		—	—	√	—	—	3
		—	—	—	√	—	2
		—	—	—	—	√	1
侧墙		√	—	—	—	—	3
		—	√	—	—	—	1
		—	—	√	—	—	3
		—	—	—	√	—	2
		—	—	—	—	√	1

钢材腐蚀的评定标准 **表 11.3-18**

结构	主要原因	腐蚀程度	评定状况值
衬砌	盐害、渗漏水、酸（碱）化等	表面或小面积的腐蚀	1
		浅孔蚀或钢筋全周生锈	2
		钢材断面减小程度明显，钢结构功能受损	3

衬砌断面强度的变化以有效衬砌厚度和设计衬砌厚度之比来表示。所谓有效厚度，是指混凝土强度不小于设计标准强度的衬砌厚度，当不了解设计标准强度时，可取 15MPa 为标准。例如，设计衬砌厚度为 50cm，实际衬砌厚度为 60cm，其中低于设计标准强度的部分厚度为 20cm，有效厚度就为 40cm，则衬砌劣化程度就是 40/50，尚有 2/3 以上部分是符合设计要求的。实际的衬砌有效厚度必须确保 30cm，如小于 30cm 即可考虑评定状况值为 2/3，再考虑其他有关因素综合判定。

3. 渗漏水所致

对于裂缝或施工缝漏水，一般无须采取紧急措施的居多。当漏水与冻害或盐害以及其他病害结合时，可能会促使衬砌材质劣化、混凝土腐蚀等，对此需引起注意。国内外对此也有定性评定标准，见表 11.3-19，水范围扩大和漏水量增加可能与拱背岩体松动和降水量增加有关。前者可能由于岩体松动，产生新的水流通路，使漏水范围扩大；后者可能由于降水量增加，渗入地下，致使地下水量增大而致。

渗漏水的评定标准 表 11.3-19

结构	主要异状	漏水程度				是否影响行车		评定状况值
		喷射	涌流	滴漏	浸渗	是	否	
拱部	漏水	√	—	—		√	—	4
		—	√	—	—	√	—	3
		—	—	√	—	√	—	2
		—	—	—	√	—	√	1
	挂冰	—	—	—	—	√	—	3
		—	—	—	—	—	√	1
侧墙	漏水	√	—	—	—	√	—	3
		—	√	—	—	√	—	2
		—	—	√	—	√	—	2
		—	—	—	√	—	√	1
	冰柱	—	—	—	—	√	—	3
		—	—	—	—	—	√	1
路面	沙土流出	—	—	—	—	√	—	3/4
		—	—	—	—	—	√	1
	积水	—	—	—	—	√	—	3/4
		—	—	—	—	—	√	1
	结冰	—	—	—	—	√	—	3/4
		—	—	—	—	—	√	1

路面积水不仅影响车辆行驶，而且积水渗入路基会降低其强度，破坏铺砌部分。在寒冷地区，积水结冰，严重影响行车。因此，应经常保持排水畅通。

11.3.4 评定规定

1）土建结构技术状况评分应按下式计算：

$$JGCI=100\left[1-\frac{1}{4}\sum_{i=1}^{n}\left(JGCI_i\times\frac{w_i}{\sum_{i=1}^{n}w_i}\right)\right] \tag{11.3-1}$$

式中 w_i——分项权重；

$JGCI_i$——分项状况值，值域 0～4。

2）隧道分项检查结果应按照隧道病害最严重段落的分段评价结果选取。分项的分段方法依据分项各自特点确定，例如：洞口分项按照洞口数量分段，分进口和出口分别进行评价；衬砌分项按照长度分段，一般单位长度可取模板长度，或者取 10～100m 之间的某值；车行和人行横通道可以作为主洞衬砌的一个评定单元，纳入衬砌评定，分项状况值应按式（11.3-2）计算。

$$JGCI_i=\max(JGCI_{ij}) \tag{11.3-2}$$

式中 $JGCI_{ij}$——各分项检查段落状况值；

j——检查段落号，按实际分段数量取值。

3）在技术状况评定时，依据各分项的重要程度给予了不同的权重。本规范的权重值建议方案是通过全国征求意见后经统计分析后提出的。由于各地条件不一样，各地在制定地方公路隧道养护标准时，可采用专家评估法，根据实际情况调整。“吊顶及预埋件”中的预埋件是指悬挂风机、灯具和线缆等设备的预埋件，其损坏可能导致设备掉落，直接危及行车安全或结构安全。土建结构各分项权重宜按表 11.3-20 取值。

土建结构各分项权重表 **表 11.3-20**

分项		分项权重 w_i	分项	分项权重 w_i
洞口		15	检修道	2
洞门		5	排水设施	6
衬砌	结构破损	40	吊顶及预埋件	10
	渗漏水		内装饰	2
路面		15	交通标志及标线	3

4）土建结构技术状况评定分类界限值宜按表 11.3-21 规定执行。

土建结构技术状况评定分类界限值 **表 11.3-21**

技术状况评分	结构技术状况评定分类				
	1类	2类	3类	4类	5类
JGCI	≥85	≥70，<85	≥55，<70	≥40，<55	<40

5）当洞口、洞门、衬砌、路面和吊顶及预埋件项目的评定状况值达到 3 或 4 时，对应土建结构技术状况应直接评为 4 类或 5 类。对 4、5 类隧道的技术状况附加条件是基于保护结构安全和交通安全而制定的。当重要项目评定状况值达到 3 时，整座隧道评为 4 类；当重要项目评定状况值达到 4 时，整座隧道评为 5 类。

6）在公路隧道技术状况评定中，有下列情况之一时，隧道土建技术状况评定应评为 5 类隧道：①隧道洞口边仰坡不稳定，出现严重的边坡滑动、落石等现象；②隧道洞门结构大范围开裂、砌体断裂、脱落现象严重，可能危及行车道内的通行安全；③隧道拱部衬砌出现大范围开裂、结构性裂缝深度贯穿衬砌混凝土；④隧道衬砌结构发生明显的永久变形，且有危及结构安全和行车安全的趋势；⑤地下水大规模涌流、喷射，路面出现涌泥砂或大面积严重积水等威胁交通安全的现象；⑥隧道路面发生严重隆起，路面板严重错台、断裂，严重影响行车安全；⑦隧道洞顶各种预埋件和悬吊件严重锈蚀或断裂，各种桥架和挂件出现严重变形或脱落。

11.4 公路隧道结构加固与维护

由于地质条件、气候、设计施工水平和运营环境等诸多因素的影响，隧道在运营过程中病害和缺陷往往逐步显现，世界各国都存在着不同程度的隧道病害问题。对部分铁路和公路隧道病害的调查表明 70%的隧道要发生衬砌裂损病害，占整个隧道病害的 40%左右。对隧道病害不进行及时、有效的处置，会对结构造成进一步损坏，甚至造成隧道破坏，导致巨大的经济损失和不良社会影响。在隧道结构物使用期间进行维修加固，防止隧道病害发展乃至提高原结构性能指标，可保证隧道结构物具有良好的运营条件和安全使用功能，延长结构物的使用寿命，减少了工程建设成本和安全隐患，从而带来很高的社会经济效益。

11.4.1 公路隧道衬砌结构加固技术

1. 衬砌结构加固的基本原则

隧道的基面处理是加固施工当中最关键的工序，需认真进行，具体处理措施为：对干净的衬砌混凝土粘结面，先用硬毛刷蘸清洗液洗表面，再用清水清洗，待完全干燥即可；对污染的衬砌混凝土粘结面，先用硬毛刷沾高效洗涤剂除去2～3mm厚表层，直至完全露出新的混凝土后用清水冲洗，直至完全露出新的混凝土面，最后用压缩空气吹基面上的粉尘；对于湿度较大的衬砌混凝土，需进行干燥处理，在潮湿的基层上，一般胶粘剂的粘结强度会大幅度降低。

2. 粘贴纤维复合材料加固

粘贴纤维复合材料加固粘贴应符合以下规定：粘贴纤维复合材料宜在环境温度5～35℃、混凝土表面含水率小于4%的条件下进行；将配制好的浸渍，粘贴结构胶均匀涂在底胶上，及时粘贴纤维复合材料，搭接长度不宜小于100mm，搭接端部应平整无翘曲；沿纤维方向滚压，使胶液充分浸渍纤维复合材料，均匀充实，无气泡粘贴多层纤维复合材料时，应待上层指触干燥后及时粘贴下一层；粘贴多层纤维复合材料时，各层搭接位置应不在同一截面，每层搭接位置的净值应大于200mm；粘贴结束后，应按设计要求涂刷防护材料或防火材料。

另外，浸渍及粘结用的结构胶拌合一般采用低速搅拌机充分搅拌，拌好的胶液色泽均匀、无气泡，其初黏度要符合设计要求。胶液注入成胶容器后，要采取措施防止水、油、灰尘等杂质混入；结合常用胶粘剂性能，本款规定了粘贴纤维复合材料施工的条件，若胶粘剂产品说明书与之有差异，按说明书中相关规定执行。当混凝土表面含水率超限时，需进行人工干燥处理或改用高潮湿面专用的结构胶粘贴；根据国内外对纤维复合材料与混凝土间的粘结锚固的试验结果，粘结应力主要集中于端部100mm范围内，粘结应力一般不会产生扩展，本款规定旨在避开粘结应力最大区域。

3. 粘贴钢板带加固

固定钢板（带）的锚栓施工应符合如下要求：施工流程应为孔位标定、钻孔、清孔、植入锚栓；应依据锚栓直径确定钻孔孔径；钻孔前，应探明并标记衬砌内钢筋位置，钻孔与钢筋位置冲突时，适当调整孔位；应将钻孔清理干净，保持干燥，不得有油污。

钢板（带）的制作应符合如下要求：钢板（带）边缘表面应光滑，无毛刺、咬口及翘曲；钢板（带）粘贴面应打磨至呈现金属光泽后，进行粗糙处理，并保持干燥清洁；钢板（带）外露面应除锈并按设计要求做好防腐处理；钢板（带）钻孔应与螺栓位置对应，孔边无毛刺。

钢板（带）安装施工应符合如下要求：钢板（带）与衬砌间空隙采用垫片调节，其空间满足胶液灌注厚度要求；钢板（带）接头应按设计要求进行坡口或平口焊接；钢板（带）接头位置的钢板应与钢板（带）采用胶粘剂连接，相邻两环钢板应按设计要求采用短钢板进行纵向连接。钢板采用压力注胶法进行粘贴施工时应注意以下事项：先用封边胶将钢板周围封闭，预留注胶、出胶孔，注胶孔间距不宜大于500mm；粘贴注胶嘴并通气试漏后，应以不小于0.1MPa的压力压入胶粘剂，当出胶孔出现胶液后停止加压，并用封边胶封堵，稳压10min以上；注胶应按从下至上的顺序进行。W钢带宜采用涂胶法或压力注胶法进行粘贴施工，采用涂胶法粘贴时应注意以下事项：涂刷胶粘剂前，应对衬砌表面缺损处及不平整处采用改性环氧水泥砂浆进行找平处理；在衬砌表面及W钢带粘贴面均匀地涂刷胶粘剂，胶层厚度不应小于5mm；W钢带和衬砌进行粘贴时，适当加压至有胶体从钢带两边流出。

4. 喷射混凝土加固

喷射混凝土前应预先设置喷射厚度标志其间距不宜大于1.50m，喷层厚度应满足设计要求。喷射混凝土施工前，工作面应冲洗干净并保持湿润。在干燥的衬砌上进行喷射混凝土作业，会导致喷射混凝土中水分被原衬砌混凝土吸收较多，改变混凝土的含水率影响和效果，故要求先对处置范围内衬砌混凝土表面喷水湿润，防止喷射混凝土的含水率明显改变。喷射混凝土施工应采用湿喷工艺，当加固层厚度大于70mm时，宜分层喷射。湿喷工艺在喷射混凝土质量、材料利用率及保护工作场地环境方面，较干喷工艺具有明显优势，现如今隧道工程多数都采用湿喷工艺。喷射作业面积较大时，应分段、分片由下而上顺序进行每次作业区段纵向长度不宜超过6m，变形缝位置应与原衬砌一致。喷射混凝土表面应平整，对超喷欠喷部位应进行刮除或补喷，与周边衬砌混凝土连接圆顺口。挂网喷射混凝土时，按设计要求在衬砌表面埋设锚固筋，钢筋网应与锚固筋连接牢固。当钢筋网与锚固筋绑扎连接时，锚固筋要预留弯钩与钢筋网进行连接；当钢筋网与锚固筋焊接时，需采取降温措施防止锚固筋温度过高使锚固端的胶粘剂失效。

5. 嵌入钢架加固

钢架的结构形式、断面尺寸、加工工艺等应符合设计要求，分段安装时应连接牢固。开槽前应在衬砌表面放样，按标出位置进行开槽施工。开槽施工宜采用机械切割工艺，开槽尺寸应满足设计要求，槽内应平顺。开槽时应对开槽部位衬砌加强观测，必要时采取钢管、钢架支撑等临时措施。槽内填充自密实补偿收缩混凝土时，应符合如下要求：自密实补偿收缩混凝土应搅拌均匀，分层连续浇筑；混凝土下落的自由倾落高度不得超过1m；槽内应填充密实，与原衬砌混凝土应平顺连接；采用锁脚锚杆、锚固筋等固定钢架时，其设置角度、长度应满足设计要求，并与钢架焊接牢固。

6. 锚杆加固

在进行锚杆加固之前，做好钻孔工作，钻孔应按设计图纸所示的位置、孔径、长度和方位进行，在不稳定地层中宜采用套管护壁钻孔，并不得损伤周边衬砌。常见的锚杆孔径控制应满足以下要求：水泥砂浆锚杆孔径通常大于杆体直径15mm；树脂锚杆和快硬水泥卷锚杆孔径通常为42～50mm，小直径锚杆孔直径通常为28～32mm。

实际施工中常见锚杆钻孔深度控制要求为：水泥砂浆锚杆孔深允许偏差一般要求为50mm；树脂锚杆和快硬水泥卷锚杆的孔深较杆体有效长度长0～30mm；摩擦型锚杆孔深比杆体长10～50m；预应力锚杆孔深需满足设计要求，且不大于规定值200mm，钻孔保持直线；围岩裂裂发育或富含地下水可能影响锚杆施工质量时，应对钻孔周边孔壁进行渗水试验，必要时应采用固结注浆或其他方法进行处理；进行钻孔周边孔壁渗水试验，通常向孔内注入 0.2～0.4MPa 压力水 10min 后，锚固段钻孔周边渗水率超过 0.01m/min 时，考虑进行孔壁防渗水处理。

锚杆杆体制作和组装具体要求为：低预应力锚杆或非预应力锚杆应严格按照设计要求制备杆体、垫板、螺母等部件，除摩擦型锚杆外，杆体应附有居中隔离架，间距应不大于 2.0m；预应力锚杆杆体组装应按设计的形状、尺寸和构造要求进行组装，居中隔离架间距应不大于 2.0m；杆体自由段应设置隔离套管，杆体外露长度应满足台座尺寸及张拉锁定的要求。

7. 套拱加固

套拱加固施工前，应对加固段落净空断面进行复查。套拱加固方式对隧道净空断面影响大，若施工时净空断面核查结果较检查结果明显减小，往往影响套拱加固方案的可行性，为防止该类情况发生规定如下。喷射混凝土套拱加固钢架基本要求为：钢架应垂直于隧道中线，竖向不倾斜、不扭曲，墙脚应置于牢靠基础上，不得悬空；钢架安装后，喷射混凝土施工应由两侧墙脚向上对称喷射并将钢架覆盖；钢架拱背喷射混凝土应填充密实钢架保护层厚度应满足设计要求。喷射混凝土套拱加固采用挂网喷射混凝土时，应确保钢筋网应与锚固筋连接牢靠，当采用双层钢筋网时第二层钢筋网应在第一层钢筋网被喷射混凝土全部覆盖后进行铺挂。喷射混凝土、模筑混凝土加固施工质量控制应满足表 11.4-1 中各项指标要求；粘贴纤维复合材料加固施工质量控制应符合表 11.4-2 的要求；粘贴钢板加固施工质量控制见表 11.4-3。

喷射混凝土、模筑混凝土加固施工质量控制　　表 11.4-1

控制项目		规定值或者允许偏差	控制措施
喷射混凝土	强度	符合设计要求	抗压强度试验
	厚度	90%的检查点的厚度不小于设计厚度，且最小厚度不小于 0.8 设计厚度	凿孔、地质雷达检测
	平整度(mm)	不大于 40	2m 靠尺测量
模筑混凝土	强度	符合设计要求	抗压强度试验
	厚度	90% 的检查点的厚度不小于设计厚度，且最小厚度不小于 0.8 设计厚度	凿孔、地质雷达检测
	平整度(mm)	不大于 20	2m 靠尺测量

粘贴纤维复合材料加固施工质量控制　　表 11.4-2

控制项目	规定值或者允许偏差	控制措施
基面处理后平整度(mm)	±5	2m 靠尺测量
粘贴位置偏差(mm)	不大于 10	靠尺测量或者全站仪定位
粘贴数量(条数、层数)	不小于设计值	现场量测
总有效粘贴面	不小于总面积的 95%	敲击法检查
与 C20 的混凝土的正拉粘结强度(MPa)	不小于 1.5(混凝土内聚破坏)	粘结强度试验检查

粘贴钢板加固施工质量控制 表 11.4-3

控制项目		规定值或者允许偏差	控制措施
钢板	强度(mm)	±3	尺测
	厚度(mm)	+0.5,0	尺测
	粘贴位置(mm)	±5	尺测
锚栓	钻孔直径(mm)	+2,0	尺测
	锚固深度(mm)	+20,0	尺测
钢板有效粘贴面积		不小于 95%	敲击法检验
与 C20 混凝土的正拉粘结强度(MPa)		不小于 1.5(混凝土内聚破坏)	粘结强度试验检查
铜板防腐涂装厚度		符合设计要求	漆膜测厚仪检查;每块钢板检查 2 处

11.4.2 公路隧道换拱加固技术

1. 整体换拱

当隧道衬砌开裂、错台、变形、劣化严重时进行的换拱加固，对于隧道较差围岩段落，预加固是保障衬砌拆除施工安全的主要措施之一，因此在衬砌拆除前施作预加固结构。若为突发事件或其他原因导致需进行隧道换拱加固，且围岩条件较好，加固设计中未考虑围岩加固措施时，可不施作预加固结构。

整体换拱施工应符合下列规定：宜先拆除拱部后边墙，每次拆除纵向长度不宜大于2m；接近不拆除段落前，宜在分界处解除纵向 0.5～1m 范围的衬砌，断开两段衔接；钢架拆除宜采用乙炔切割；拆除原初期支护后，应及时进行喷射混凝土、架设钢架、打设锚杆等；衬砌混凝土宜采用模板台车浇筑施工，换拱段落短时可采用小模板浇筑施工，应满足衬砌表面平整度要求；新浇筑衬砌与原衬砌相接处及围岩变化处应设置变形缝，且连接平顺。

2. 局部衬砌更换

原衬砌局部拆除时应注意保护背后防水板，对于破损的防水板应进行修复。原素混凝土衬砌与新增混凝土采用植筋连接时，植筋应牢固，锚固长度应符合要求。钢筋混凝土衬砌拆除时宜预留原环向、纵向钢筋，与新增钢筋绑扎连接。

11.4.3 公路隧道注浆加固技术

对于围岩松弛、衬砌背后空洞引起的衬砌开裂、变形、渗漏水等病害的处理方式，多采用注浆的加固处置施工技术。注浆材料具有较好的流动性，在压注孔、压注管、孔隙内能够通畅地流动。渗漏水严重地段往往是富水段落，注浆加固过程中要注意控制硬化时间，特别是有涌水的环境下，易于发生材料离析、溢出等现象。关于注浆浆液配制应满足下列要求：注浆材料宜采用现场集中拌制，配制的浆液应具有较好的流动性、可注性和渗入性；浆液掺合料和外加剂的种类、数量，应通过室内和现场注浆试验确定；渗漏水严重地段的注浆加固，应现场试验确定凝胶时间。注浆孔布置方式、孔径及孔深应符合设计要求，孔位与预埋管线、排水管（沟）、钢筋、钢架有干扰时，可进行适当调整。注浆加固施工应按由下向上、由少水处向多水处、先两端后中间顺序施工。地下水富集、有水压的段落，宜先设置泄水孔排水，再进行注浆。

注浆设备和工艺的选择应满足如下要求：注浆泵的技术性能应与浆液的类型、浓度相适应。额定工作压力应大于最大注浆压力的1.5倍，压力波动范围宜小于注浆压力的20%；浆液在注浆管路中应流动畅通，注浆管路应能承受1.5倍的最大注浆压力；注浆泵和注浆孔口处应安装压力表，注浆压力宜在其量程的1/4～3/4；注浆塞应与所采用的注浆方式、压力及地质条件相适应，具有良好的膨胀和耐压性能。

在注浆过程中应加强监测，当发生串浆、堵塞排水系统、围岩或衬砌变形、危及地面建筑物、污染水源等异常情况时，宜采取下列措施：降低注浆压力或采用间歇注浆；改变注浆材料或调整浆液凝胶时间；停止注浆，调整注浆方案。对于围岩进行注浆，在注浆前宜进行地层吸浆速度、注浆压力、配合比等参数的试验。通过施工现场的试验，优化参数确保注浆效果。注浆施工应满足下列要求：

1）注浆施工宜采用分段注浆或全段一次注浆。①分段注浆。分段上行式注浆：注浆孔一次钻到设计全深，使用注浆塞由孔底分段向外注浆；其优点是无须重复钻孔，能加快注浆进度；但需使用性能良好、工作可靠的注浆塞；一般在岩层较稳定和裂隙、节理不甚发育的条件下采用。分段下行式注浆：注浆孔钻进一段压一段，由外向里反复交替，直至全深。其优点是上段注浆后，下段注浆时获得复压，填充围岩裂隙和堵水效果好；但交替进行，加大了钻孔工作量，影响注浆进度；一般在岩层破碎或裂隙极发育的条件下采用。②全段一次注浆：注浆孔一次钻至设计深度，一次完成注浆。其优点是工艺简单，由于减少装拔止浆塞工作，因而可缩短注浆施工时间；其缺点是由于一次注浆孔段增长，较难保证质量，因而要求严格执行注浆技术规定；岩层吸浆量大时，要求能力大的注浆设备；易出现不均匀扩散，影响堵水和裂隙填充效果；一般在注浆孔不太深，且岩层裂隙较均匀的条件下采用。全段一次注浆较分段注浆简易，条件适宜时通常优先考虑采用。

2）注浆过程中冒浆时，宜采用低压、小泵量、间歇注浆等方式进行处理；注浆过程中相邻孔串浆时，宜两孔同时注浆或封堵串浆孔。

3）设计终压条件下，注浆孔段吸浆率小于5～10L/min时，稳压10～20min，可停止注浆；注浆结束后，应按设计要求封孔。

对于隧道的衬砌背后空洞注浆，注浆前为了保证注浆的有效性和密实性，防止注浆时产生跑浆、漏浆现象，浆液大量浪费也对隧道内环境造成污染，应对衬砌施工缝及缺陷进行检查，对可能漏浆部位进行封堵处理。注浆孔应根据设计要求布设并结合钻孔情况核查空洞，适当调整注浆孔位置。注浆时邻近的上方注浆孔可作为排气孔和检查孔。注浆孔径应与注浆管匹配，注浆管的外径宜小于孔径10～20mm。钻孔时衬砌上开孔尺寸满足注浆需要即可，过大的注浆孔会增加对衬砌的损伤，同时导致注浆时止浆困难，也增加了注浆完成后注浆孔封堵难度。对于初期支护与二次衬砌之间空洞注浆，宜采取渐进式控制钻进方式，要精细作业，尽量避免损伤原有防水板，以免引起渗漏水次生病害。注浆时，应设置孔口封闭器等止浆措施。在设计终压条件下，注浆孔停止吸浆，稳压5min后结束注浆。注浆完成后，应采用防水砂浆等材料将注浆孔及检查孔封堵密实。注浆加固施工质量控制项目应符合表11.4-4的规定。

注浆加固施工质量控制项目　表 11.4-4

项目		允许偏差	质量控制
注浆孔	深度(mm)	不小于设计值	尺量
	孔间距(mm)	±50	尺量
	孔径(mm)	+5,0	尺量
浆液	配合比	符合设计要求	试验
	强度	符合设计要求	试验
	填充率	≥90	压力控制、稳压时间、完成时进浆量满足要求
注浆管	数量	符合设计要求	统计
	长度(mm)	+5,0	尺量
	排距(mm)	±10	尺量

11.4.4　公路隧道洞口加固技术

加固施工前应按设计要求，先加固边仰坡，清除边仰坡以上不稳定坡体、危石等，施工过程中应同时监测边仰坡的稳定性，发现有失稳趋势时应及时采取措施。当洞口山体存在局部土石失稳或有危石时，要在其他工程施工前采取处理措施，确保洞口工程加固施工的质量和安全以及运营安全。洞口工程加固采取洞内和洞外综合治理措施时，宜先进行洞外工程处治。洞口存在滑坡、泥石流等地质灾害时，应对其进行专项治理后再进行其他工程施工。

对于洞门结构加固，洞门墙加固施工应符合下列规定：基础承载力不足造成洞门结构病害，应先进行基础加固施工；洞门墙拆除宜采用机械、静态爆破等方式进行，施工如需爆破，应采取微震动控制爆破，桥隧相接处隧道洞门墙拆除施工前应对桥梁结构体进行防护；采用增大截面法加固洞门时，应先对原砌体结构或混凝土洞门墙的裂缝进行修补，并做好新旧结构间的连接；扩大基础、增设桩基等施工时，应采取相应的临时支撑措施。增设结构体应与原墙体连接紧密、牢靠；洞门墙面渗漏水严重时，加固施工前应先在墙体底部增设泄水孔引排，泄水孔应与洞外排水系统连通。

接长明洞、棚洞施工应符合下列规定：应现场核查接长明洞、棚洞段地基承载力是否满足设计要求，不满足时应进行地基处理；新增明洞、棚洞与原结构相接处应做好接缝防水措施及新旧防水板的粘结；新增明洞、棚洞拱圈混凝土达到设计强度后，应由人工对称分层回填至拱顶 1m 以上后，方可采用机械分层回填，每层厚度不宜大于 0.3m。

对于洞口仰边坡加固，应先完善边仰坡顶部排水系统，根据现场情况可设置临时排水设施。边仰坡加固施工需重新刷坡时，宜自上而下进行，并及时防护；不需刷坡时，可自下而上进行加固施工。防护用的主、被动防护网应采用成品材料，钢丝绳网的编织应满足下列要求：应为上下交错编织；编织成网的钢丝绳不得有断丝、脱丝现象；交叉节点处应用扣压件固定，接头处应用搭接件压接，不得遗漏，钢丝绳露出搭接件长度不应小于 10mm；编网时扣压件和搭接件应用机械压接，表面不得有破裂和明显损伤，应满足受力要求；网的形状应平整网绳不得有打结和明显扭曲现象。当洞口区采用主、被动防护网综合防治时，宜先施作主动防护网防护，再施作被动防护网防护。主动防护网防护施工应满足下列要求：应先清除防护区域的浮土、浮石，再进行锚杆施工；应在锚杆抗拔力达到设计要求后进行纵、横向支撑绳安装；纵、横向支撑绳安装时，应穿过锚杆尾部的环套，进行张拉后两端应用绳卡与环套固定连接；宜由上向下铺设钢丝绳网，钢丝绳网间搭接不应小于 50mm，并采用缝合绳连接；每张钢丝绳网均应采用缝合绳与支撑绳进行缝合并张拉，缝合绳宜为 1 整根；宜对支撑绳进行二次张拉，张拉力不宜小于 5kN。

11.5 隧道衬砌检测评定案例

11.5.1 工程概况

杨家岭隧道位于太行山脉西侧的构造剥蚀基岩中低山区，隧道呈东南走向，山势由西北向南东呈降低趋势，山梁为黄土所覆盖，砖壁端洞口为黄土覆盖。隧道两端洞口所在的微地貌属于黄土覆盖的基岩中缓坡。地表最低海拔高程 939.2m，最高海拔高程 1023.5m，相对高差 84.3m。杨家岭隧道全长 560m，属于中隧道。隧道主洞为单洞断面，净宽 9.0m，限高 5.0m，两侧设检修道，内轮廓采用三心圆。隧道相关设计参数查阅依据为交工文件图纸；为使本次检测更具有针对性，检测前收集、查阅了隧道既有和前期对隧道进行注浆加固及维修的相关资料；进场检测前进行了详细的踏勘工作，明确了检测的重点所在；本次隧道检测时段降雨不频繁，所以隧道渗漏水比较隐蔽，渗痕较多即雨季表现出的渗漏水及浸渗；本次隧道检测未对整个隧道进行检测，仅对受采动影响较大的部分进行检测，具体范围为 K6＋580～ K6＋880，报告中所称左右侧按照面向里程减小方向区分；部分隧道路面脏污，对行车无影响，本次评定未进行扣分，但请及时清理维护，保持路面清洁。

本隧道检测主要目的包括：①全面收集隧道土建结构既有资料，针对隧道在采动影响下出现的变形和注浆加固效果进行全面检查；②结合日常养护情况和外观检查结果，利用地质雷达等先进仪器，有针对性地进行一些衬砌质量、变形、渗漏水及裂缝等方面的无损检测和特殊检查；③通过本次定期检查全面掌握并判定隧道土建结构的技术状况，分析隧道下覆煤层采动对隧道结构安全状况的影响，评定结构物的工作性能，确保结构安全，同时为管养及维修提供基础数据；④为相关部门搜集、整理隧道养护技术数据，并根据隧道的技术状况等级和使用功能，提出相应隧道的养护维修建议。

本次隧道安全检测根据《公路隧道养护技术规范》JTG H12—2015 及其他现行的有关规范规定、合同文件要求，采用地质雷达、望远镜、数码相机、钢尺、手电筒等探察工具设备；对隧道各部件功能的缺损情况进行仔细检查，详细描绘裂缝等病害的位置、长度、宽度；并有针对性地进行工程实体检测，全面掌握并评定隧道土建结构的技术状况。通过对检测数据进行分类统计、汇总，结合隧道原设计、竣工文件、维修处置文件等资料，对病害原因进行详细科学分析，确定部件缺损程度及部件缺损对结构使用功能的影响状况，为业主下一步管理和养护工作提供基础资料。

11.5.2 检测内容方法

1. 外观检查

本次隧道全面、系统地逐座、逐步外观检查，目测及结合放大镜、裂缝观测仪检查内容按表 11.5-1 执行。

隧道检查内容一览表 表 11.5-1

项目名称	检测内容
洞口	山体滑坡、岩石崩塌的征兆及发展趋势;边坡、碎落台、护坡道的缺口、冲沟、潜流涌水、沉陷、塌落等及其发展趋势
	护坡、挡土墙有无裂缝、断缝、倾斜、鼓肚、滑动、下沉的位置、范围及程度,有无表面风化、泄水孔堵塞、墙后积水、地基错台、空隙等现象及其程度
洞门	墙身裂缝的位置、宽度、长度、范围或程度
	结构倾斜、沉陷、断裂范围、变位量、发展趋势
	洞门与洞身连接处环向裂缝开展情况、外倾趋势
	混凝土起层、剥落的范围和深度,钢筋有无外漏、受到锈蚀
	墙背填料流失范围和程度
衬砌	衬砌裂缝的位置、宽度、长度、范围或程度,墙身施工缝开裂宽度、错位量
	衬砌表层起层、剥落的范围和深度
	衬砌渗漏水的位置、水量、浑浊、冻结状况
路面	路面拱起、沉陷、错台、开裂、溜滑的范围和程度,路面积水、结冰等范围和程度
检修道	检修道毁坏、盖板缺损的位置和状况,栏杆变形、锈蚀、缺损等的位置和状况
排水系统	结构缺损程度,中央窨井盖、边沟盖板等完好程度,沟管开裂漏水状况,排水沟(管)、积水井等淤积堵塞、沉砂、滞水、结冰等状况
吊顶及各种预埋件	吊顶板变形、缺损的位置和程度,吊杆等预埋件是否完好,有无锈蚀、脱落等危及安全的现象及其程度,漏水(挂冰)范围及程度
内装饰	表面脏污、缺损的范围和程度,装饰板变形、缺损的范围和程度等
标志、标线、轮廓标	外观缺损、表面脏污状况,连接件牢固状况,光度是否满足要求等

外观检测内容包括:①洞口边仰坡的稳定性。检查洞口边仰坡有无异常,目测及必要时候结合相应仪器进行观测,对有异常的边仰坡进行记录边坡变形或损害的程度。②洞门。检查洞门的墙身是否开裂及程度;结构是否倾斜、沉陷、断裂范围、变位量、发展趋势;混凝土起层、剥落的范围和深度,钢筋有无外漏、受到锈蚀等;墙背填料流失范围及程度。通过目测及必要时结合相应仪器进行观测。③衬砌裂缝。检查裂缝的长度、宽度、走向等,检查裂缝周围有无锈迹,判断裂缝是否趋于稳定,目测结合放大镜进行检查,详细描述其性质及范围。④渗漏水。检查渗漏水位置及程度,描述渗漏水的位置及程度。⑤隧道路面。检查路面状况,是否有落物、油污、路面拱起、坑槽、开裂及错台等,目测及结合仪器进行,对存在缺陷的位置进行详细记录及拍照。⑥检修道。检查结构是否完好,有无变形、破坏,目测结合仪器进行,对存在缺陷的位置进行详细记录及拍照。⑦排水设施。排查排水设施是否存在破损、堵塞、积水等,目测及结合仪器对存在缺陷的位置进行详细记录及拍照。⑧吊顶及各种预埋件。检查是否存在变形、破损、漏水,目测结合仪器对存在缺陷的位置进行详细记录及拍照。⑨内装饰。检查是否存在脏污、变形、破损,目测结合仪器进行观测,对存在病害的位置进行详细记录及拍照。⑩标志、标线、轮廓标。检查是否完好,是否影响行车安全等,目测结合仪器进行观测,对存在缺陷的位置

进行详细记录及拍照。

2. 实体检测

实体检测是在外观检查的基础上，结合结构物的地质勘察、设计、竣工等资料进行更全面的检查。其具体检测内容包括：衬砌与岩体空洞、岩溶、富水等情况；检测结构性破损，裂缝位置、大小等。根据相关规范要求，本检测内容采用地质雷达进行扫描检测，根据病害位置对隧道进行针对性的测线布置检测。由于本隧道受到明显采动影响，故在检测范围内衬砌布置了 9 条测线，根据检测深度和精度要求，衬砌结构采用 900MHz 天线进行检测；在路面布设两条测线，采用 400MHz 天线进行检测，各测线布置如图 11.5-1 所示。

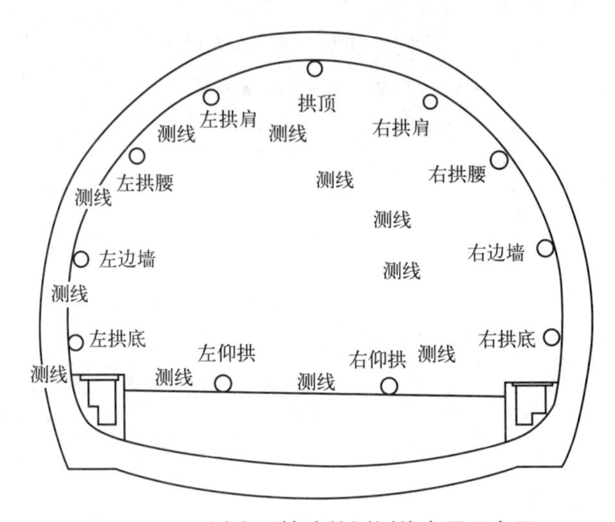

图 11.5-1 衬砌后缺陷检测测线布置示意图

11.5.3 隧道土建结构评定方法

隧道土建结果评定按照式（11.3-1）和式（11.3-2）进行定量计算，并按照表 11.3-12 和表 11.3-20 进行评定分类，各分项权重见表 11.3-19。

11.5.4 检测结果

1. 外观检查结果

1）洞口。隧道洞口情况见图 11.5-2，洞口未发现异常。

2）衬砌。衬砌检查结果见表 11.5-2，其缺陷情况见图 11.5-3。

衬砌检查结果统计表 表 11.5-2

序号	桩号	位置	缺陷描述	评定
1	K6+805	右侧施工缝	环向裂缝，缝宽 1cm	2
2	K6+795	施工缝	环向裂缝，缝宽 2.5cm	2
3	K6+786	施工缝	环向裂缝，缝宽 2cm	2
4	K6+732	拱顶施工缝	环向裂缝，缝宽 2cm	2
5	K6+727	拱顶施工缝	环向裂缝，缝宽 1cm	2

续表

序号	桩号	位置	缺陷描述	评定
6	K6+706	拱顶施工缝	环向裂缝，缝宽 1cm	2
7	K6+690	施工缝	环向裂缝，缝宽 1cm	2
8	K6+685	左侧	环向裂缝，缝宽 3mm	2
9	K6+680	右侧、拱顶施工缝	环向裂缝，缝宽 5mm	2
10	K6+671	施工缝	环向裂缝，缝宽 3mm	2
11	K6+662	施工缝	环向裂缝，缝宽 5mm	2

图 11.5-2 隧道洞口正面照

图 11.5-3 部分衬砌损坏情况

3）路面。路面检查结果见表 11.5-3，部分缺陷情况见图 11.5-4。

路面检查结果统计表 **表 11.5-3**

序号	桩号	位置	缺陷描述	评定
1	K6+880	左右车道各一	横向裂缝	1
2	K6+863	道路中线	纵向裂缝，长约 13m	2
3	K6+832	道路左侧	横向裂缝	1

续表

序号	桩号	位置	缺陷描述	评定
4	K6+811	道路中部	横向裂缝	2
5	K6+805	道路右侧	横向裂缝	1
6	K6+800	道路左侧	纵向裂缝，长约 2m	1
7	K6+792	道路右侧	横向裂缝	2
8	K6+790	道路左侧	纵向裂缝，长约 2m	2
9	K6+784	道路两侧	横向裂缝	2
10	K6+778	道路右侧	横向裂缝	2
11	K6+754	道路两侧	横向裂缝	1
12	K6+735	道路中部	纵向裂缝，长约 25m	2
13	K6+732	道路左侧	横向裂缝	1
14	K6+720	道路右侧	横向裂缝	2
15	K6+700	道路两侧	横向裂缝	1
16	K6+693	道路左侧	横向裂缝	1
17	K6+625	道路右侧	横向裂缝	1
18	K6+610	道路左侧	横向裂缝	1

图 11.5-4 部分路面损坏情况

4）检修道。检修道检查结果见表 11.5-4，其缺陷情况见图 11.5-5。

检修道检查结果统计表 **表 11.5-4**

序号	桩号	位置	缺陷描述	评定
1	K6+793	右侧	1 块盖板错台沉陷	1
2	K6+670	右侧	1 块盖板错台沉陷	1

5）标志、标线及轮廓标。内装饰检查结果见表 11.5-5，其缺陷情况见图 11.5-6。

图 11.5-5　部分检修道损坏情况

内装饰检查结果统计表　表 11.5-5

序号	桩号	位置	缺陷描述	评定
1	K6+835	左侧	逃生指示灯不亮	1
2	K6+580	左侧	逃生指示灯不亮	1
3	K6+580	右侧	逃生指示灯损坏	1
4	K6+590	右侧	指示灯损坏	1

图 11.5-6　部分标识牌损坏情况

6）其他。隧道内吊顶、各种预埋件、内装饰和排水系统未见异常。

2. 实体检测结果

1）渗漏水检测结果。渗漏水检查结果见表 11.5-6，其缺陷情况见图 11.5-7。

渗漏水检查结果统计表　表 11.5-6

序号	桩号	位置	缺陷描述	评定
1	K6+880	拱顶	水痕	1
2	K6+818	左侧原注浆孔	渗水	1

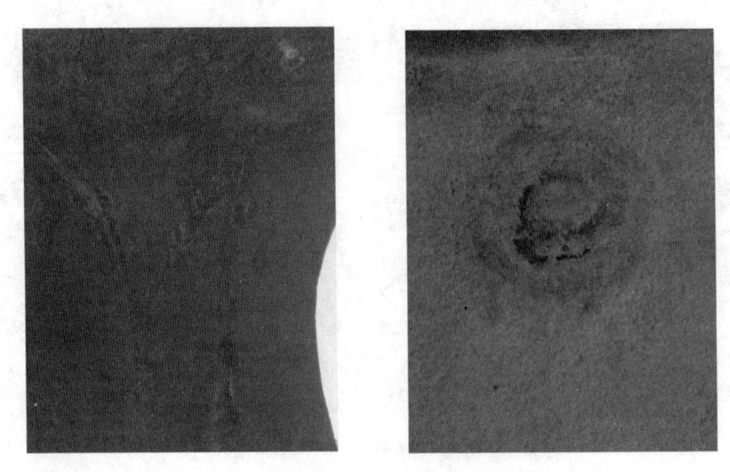

图 11.5-7　局部衬砌渗漏水情况

2）衬砌背后缺陷检测结果。主要检测内容为衬砌厚度、密实度与钢筋、钢拱架情况。检测结果显示，衬砌厚度、钢筋和钢拱架间距满足设计要求，左边墙 K6＋820 处有地下水渗出，衬砌与背后围岩存在局部脱空，典型衬砌结构缺陷地质雷达扫描结果如图 11.5-8 所示。

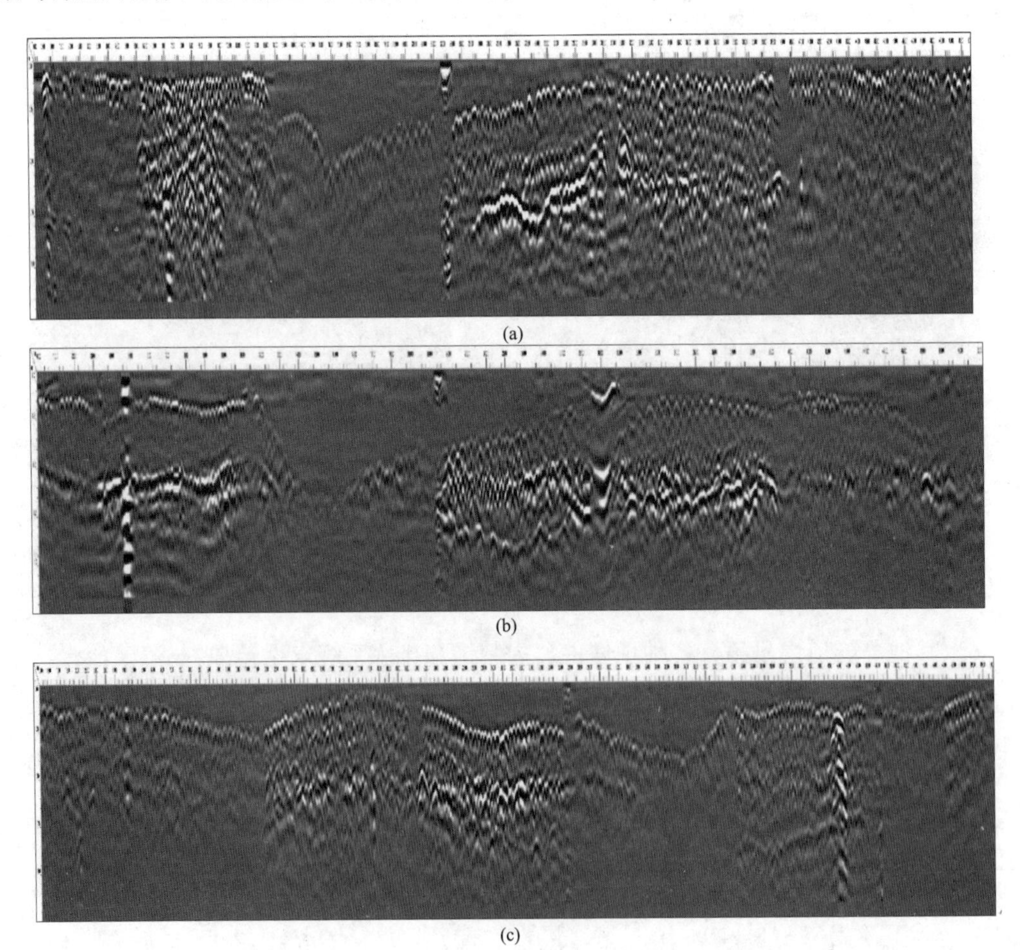

(a)

(b)

(c)

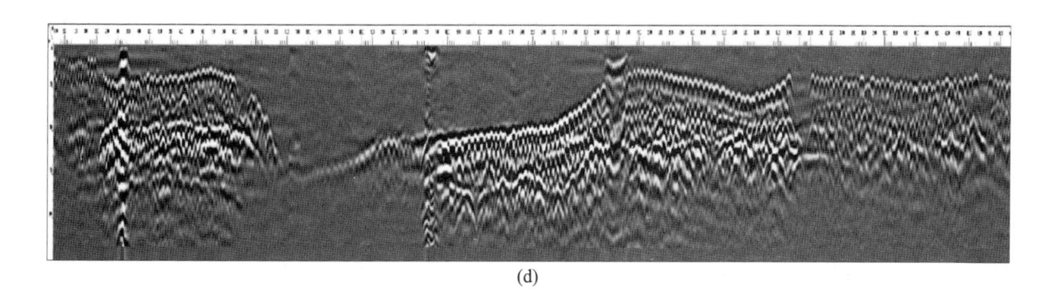

(d)

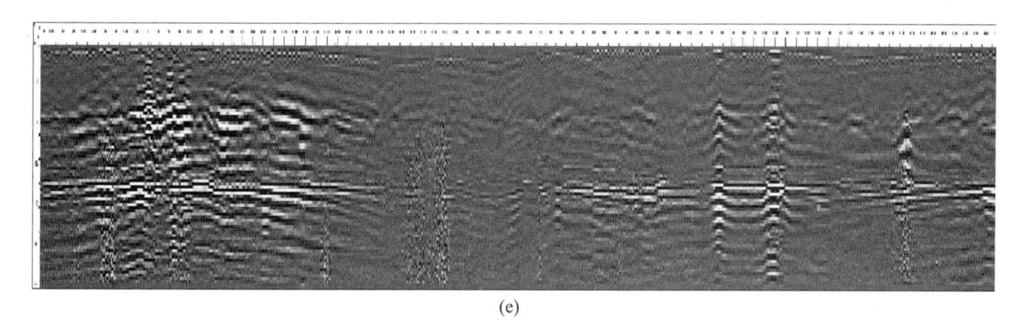

(e)

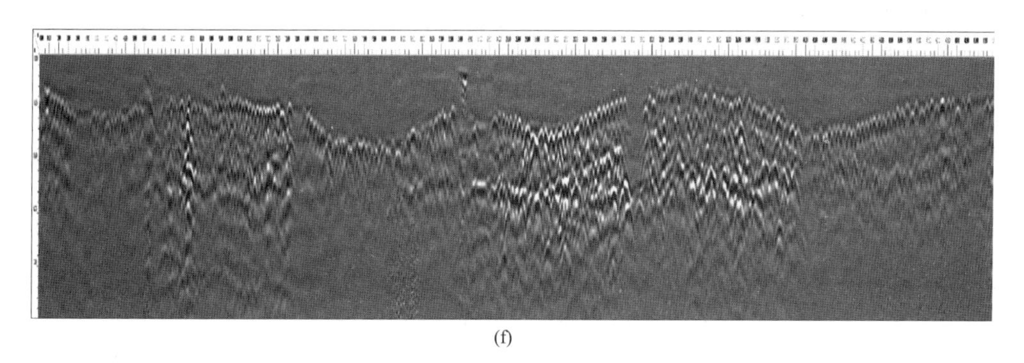

(f)

图 11.5-8 部分测线地质雷达扫描结果

(a) 拱顶测线；(b) 右拱肩测线；(c) 右边墙测线；

(d) 左拱肩测线；(e) 左边墙测线；(f) 右拱底测线

3. 检测评定结果

该隧道检测评定结果见表 11.5-7，各项具体评定结果为：①隧道洞口山体稳定，无滑坡、无崩石及无崩塌迹象；边坡稳定，无滑坡迹象；②洞门结构完好；③洞内衬砌结构稳定，隧道衬砌存在裂缝、衬砌浸渗或渗痕、施工缝开裂现象，对隧道结构安全与行人、车辆安全目前尚无影响；④路面状况基本良好；⑤检修道盖板整体基本完好，隧道少数盖板存在破损情况；⑥排水沟结构基本完好；⑦交通安全设施实体、线条基本完好；⑧衬砌与围岩之间，局部存在孔隙、不密实现象；⑨衬砌混凝土局部存在缺陷，但未发现其裂缝影响结构的整体稳定性。根据检测评定结果，本隧道检测段土建评分值为 75.5，属 2 类隧道。

土建结构技术状况评定表 表 11.5-7

隧道情况		隧道名称	杨家岭隧道	路线名称	—	隧道长度	560m	建成时间	—
评定情况		管养等级	—	上次评定等级	—	上次评定日期	—	本次评定日期	2021.09.06
—		分项名称	位置	状况值	权重 w_i	检测项目	位置	状况值	权重 w_i
洞门、洞口技术状况评定		洞口	进口	0	15	洞门	进口	0	5
编号	里程	状况值							
		衬砌破损	渗漏水	路面	检修道	排水设施	吊顶	内装饰	标志标线
1	K6+580～K6+680	2	0	1	1	0	0	0	0
2	K6+680～K6+780	2	0	2	0	0	0	0	0
3	K6+780～K6+880	2	1	2	1	1	0	0	0
$\max(JGCI_{ij})$		2	1	2	1	1	0	0	0
权重 w_i		20	20	15	2	6	10	2	5
$JGCI = 100\left[1-\frac{1}{4}\sum_{i=1}^{n}\left(JGCI_i \times \frac{w_i}{\sum_{i=1}^{n} w_i}\right)\right]$				75.5		土建评定等级		2类	

根据隧道的检测结果，以及隧道下卧煤层的开采特点，提出如下建议：①对隧道以及道路的沉降变形进行定期观测，以及必要时对隧道围岩和结构的稳定性进行分析和评价；②隧道应根据实际需要进行保养维修，定期进行隧道检查，必要时对隧道进行专项检测；③隧道局部曾出现渗漏水，需观测雨水对隧道的影响程度，必要时对存在渗漏水及渗痕的隧道进行处置维修；④对检修道破损、盖板缺失及路缘石损坏的隧道应尽快增设、更换以及修补；⑤对于车行通道和人行通道存在的缺陷应及时维修；⑥K6＋820 部位衬砌与围岩之间存在孔隙，建议进行注浆充填；⑦衬砌裂缝较大及较密集部位，建议对混凝土进行补强；⑧应参照养护要求进行隧道结构养护。

本章小结

本章首先介绍了公路隧道常见的灾害及其治理原则，然后针对隧道具体的支护和衬砌结构，系统地阐述了对应的检测内容及其相关方法。其次，根据检测的内容说明了隧道结构技术评定的分类及相关规定；同时针对隧道的病害问题，给出了目前公路隧道结构主流的加固与维护方法。最后，通过引入具体的隧道工程案例，详细地介绍了该工程对应的检测方法和评定内容，并根据隧道的检测结果，提出了对隧道当前加固和后期相关维护的具体建议。

思考与练习题

11-1　公路隧道常见的病害类型有哪些，如何进行有效防治？

11-2　公路隧道质量检测主要内容包含哪些，实际检测如何开展？

11-3　公路隧道结构病害类型有哪些，如何选择合理的加固措施？

11-4　对于实际公路隧道而言，其土建结构质量检测内容包含哪些，如何评定其等级？

11-5　隧道衬砌结构整体质量控制因素主要包含哪些内容？

11-6　影响隧道衬砌质量检测评定结果的因素有哪些？

第 12 章　工程结构改造技术

本章要点及学习目标

本章要点：

(1) 工程结构改造分类及改造加固方案选择；(2) 结构改造加固中具有代表性的新技术及应用。

学习目标：

(1) 掌握工程结构改造的分类和方案选择；(2) 了解工程结构改造中增设楼盖、截柱扩跨、结构减震加固和结构顶升的相关知识；(3) 掌握体内外同索预应力混凝土结构计算方法。

12.1　工程结构改造分类

现有工程结构改造的原因及方式很多，但最主要还是使用功能升级、城市规划调整以及灾后结构加固综合改造等。

1. 拆除工程

现有建筑由于功能改造等原因，需要做整体或局部拆除，具体包括以下 7 类：

1）整体拆除。因规划调整原因违章建筑物质量极差以及老旧房屋寿命到期等要进行的结构整体拆除，通常情况下采用爆破或挖掘机等拆除方式。

2）整层拆除。因规划原因进行的上部整层拆除。

3）部分梁、板、柱拆除。现有房屋上楼板开洞，现有楼梯改造或移除，钢筋混凝土等结构截柱改造，悬挑结构移除、附属结构移除等均需进行混凝土结构或钢结构梁板柱的拆除。

4）墙体拆除。墙体开洞，砌体结构使用空间扩大及拆墙改造，附属房屋移除等均需进行墙体拆除。

5）楼（扶）梯、坡道等拆除。房屋垂直通道的改变将会引起原有楼梯、扶梯、电梯井、汽车、自行车坡道的拆除。

6）旧桥拆除。

7）老旧水库、大坝拆除。

2. 建筑物使用空间扩大改造

1）框架结构的截柱扩跨

应用得最多的是将框架的中柱截去后改造为会议室、大礼堂、餐厅或者多功能厅。例如某三层框架结构，因顶层拟改造为大礼堂，其顶层被抽去四根中柱，使两个 8m 跨变为

16m 跨，建成了可容纳 500 人的大礼堂。又如南京某大厦七楼会议室，主席台前原有一柱，使会议室无法使用，通过截柱扩跨的办法使会议室成了通透的大空间。

多层工业厂房改造工程中也经常因新工艺、新设备需求较大空间而需截去框架结构的部分框架柱。

2）排架截柱扩跨

单层厂房改造中，由于工艺的需要而要求将排架柱的边柱或中柱截去。例如，某轧钢厂的旧厂房改造，即是采用托梁截柱的办法将排架两根边柱截去。

3）拆墙改造扩大空间

对于砖混结构，使用功能改变的需要，将一道或多道承重墙体拆除扩大空间。

某办公楼为内廊式砖混结构，经采用预应力转换梁方法拆去底层四道横墙和两道纵墙，成为底层大空间房屋，将底层改造为大餐厅满足了银行职工的就餐和饭店的经营需要。

某临街商业建筑，采用预应力转换梁法拆除底层多道丁字形墙体，使营业大厅成为整体大空间。

3. 增加楼屋面荷载的改造

1）多层建筑的楼层上加建浴池、游泳池、超市水产区等

近年来，旧的多层建筑结构承受的荷载较小，远远不能满足作为浴池或游泳池的荷载的需要，因此，在进行此类改造时需对与其相关的梁板柱进行全面加固。例如，南京某娱乐休闲中心将游泳池设在原框架结构二层，新增荷载 $14kN/m^2$，则在对柱及基础进行加固的同时，采用了新浇一层预应力梁板的方法解决原楼板承载力不足的问题。某大厦原有地下室三层，拟将地下室一层改建为健身馆，其中加建的两个 25m 标准游泳池，新增荷载达 $16kN/m^2$，经采用高效预应力加固梁板，解决了改造工程时间等技术要求高的难题。某市浅水湾休闲中心则将浴池设在二楼，增加荷载达 $1.4kN/m^2$，改造面积为 $1000m^2$，分别采取了高效预应力加固梁板扩大截面法加固柱以及锚杆静压桩加固基础的改造方法。

2）原为办公楼或教学楼部分楼面等改为资料室、档案室等

由于使用功能的改变，许多行政事业单位、企业公司及学校原有的布局不合理或国家要求的标准档案管理要求而需将原办公室或教室改建为资料室或档案室，由于资料室或档案室荷载较大，特别是安装有密集架时，荷载可达 $7kN/m^2$ 甚至 $12kN/m^2$，需要对原有楼层结构进行加固。例如某市教育局大楼、某市交通业务大楼均是原办公室改造为资料室，近年来，行政机关的档案管理标准化建设规定，单位的标准化档案室应配备密集架，则原有楼面需进行承载力加固后才能满足改造要求。

3）设备上楼

有些多层厂房因技术改造、工艺变化，需在原承受较轻荷载的楼层上布置较重的设备，使楼面荷载大量增加，也有些综合大楼因用途改变需安装一些较重的设备，例如移动、联通及电信的通信大楼随着业务的发展需在上部楼层上增设通信主机设备使楼面荷载增为 $5kN/m^2$，电池间荷载可达 $8kN/m^2$ 以上，相应楼面结构需采取加固措施，而需全面加固。南京某空调生产企业因技术改造，大量重型设备上楼，荷载增加到 $10kN/m^2$，通过对柱采用扩大截面法加固，梁板采用高效预应力加固法加固，实现了工厂快速技改增加效益的目的。

4）屋顶绿化、地下室顶板绿化

屋顶绿化是近年来改变城市环境的新举措之一，种植屋面引起的荷载增加可达 $8kN/m^2$ 以上。住宅楼间小区广场下的地下室顶板上进行景观绿化等是高档小区建设的常用手段，增加的荷载达 $8 \sim 13kN/m^2$ 以上。这类改造工程中，结构加固是主要的工程内容。

5）屋顶增设太阳能设备、空调设备或平改坡这类改造是近十几年来建筑环境优化改善的热门举措，改造加固量较大。

4. 使用功能的完全改变

1）办公楼等改造为住宅或宾馆等

将办公楼及公共建筑改造为住宅或宾馆，需要对原有建筑平面进行重新布置，这就带来了一系列结构问题：①楼板上增加隔墙；②卫生间、厨房间荷载加大；③卫生间管道开洞以及防渗漏问题。

2）大空间房屋内改造

单层仓库、试验楼、厂房及大礼堂等宽大空间内改建为多层住宅、办公及商业用房等，结构功能完全改变，存在许多改造方面的内容。北京的798艺术街区、南京的1865街区等均为原工厂生产或办公区，位于城市内，因城市建造发展需要，工厂移往新址，原建筑需保留历史记忆，则对厂房内进行加层加固改造、厂房等外形保持原貌。某大礼堂原为大空间两层看台结构，通过室内加层改为大学生创意园。改造过程中解决了新旧基础相连、原木屋架加固、原砖柱加固等技术难题。

3）新建续建房屋功能改变使用

（1）用途改变

新建建筑中，由于业主更换，经营方向改变，缓建以及其他原因，缓停建一段时间以后改变原有用途，则形成了上下结构体系不一致或楼层荷载增加等，而需对已施工的结构进行加固和改造。例如，某市的天华大厦原设计为三十层高档写字楼，建至十二层时业主方更换，规划调整将十二层以上改为住宅，则需对已建好的十二层主体结构进行全面的梁、板、柱、墙的改造加固，原第十一层进行相应加固。

（2）烂尾楼

在近十几年的经济大发展中，出现了一定数量的因投资失误、资金链断裂等工程长期停建形成烂尾楼的工程。烂尾楼续建存在如下一些加固内容：续建部分的结构连接措施；部分房屋功能改变；新旧规范差别造成的加固。

5. 房屋增层改造

1）直接增层

（1）增层的建筑、结构构造及材料与原有房屋一致。

（2）增层部分的构造与原有房屋类似，但改用轻质材料。

（3）增层部分的构造改变后，荷载传递路线也改变，典型的实例如：原有房屋为横墙承重的砖混结构，顶层增加一层无横隔墙的空旷房屋，增层的荷载通过纵墙传递。同时，原屋面变楼面的结构加固。

2）外套框架增层

（1）脱离式增层。增层用的外套框架与旧房完全脱离，这种形式一层的框架柱很高。

（2）整体式增层。增层的外套框架与旧房相连接，一般在外套框架一层柱上有水平支点与旧房连接。

3）室内增建地下室

在框架结构中，开间及进深较大，一定条件下可在室内开挖拓展地下空间形成地下室。

4）原有商业大厦地下空间拓展改造，将大厦地下商场与地铁站连接，形成新的地下商业长廊。

6. 建筑扩建工程

1）水平向扩建

（1）增加梁、板、柱及墙体等方法扩建。

（2）通过悬挑等办法扩建。

2）两幢楼间搭建房屋

某大酒楼为原有两幢多层框架结构组成，为了扩大营业面积和改善大厅条件，将两幢六层大楼之间用钢结构加建透光屋顶，获得了超大豪华营业大厅。

3）两幢房屋间增设连廊

某装饰城原为十几幢单体组成，经营发展后为方便顾客，将这十几幢楼均用走廊连接，营造了良好的购物环境。

4）将楼层周边的凹凸部分补平改造

5）加建观光电梯、室外扶梯及既有多层住宅的加装电梯改造等

7. 抗震加固同时进行改扩建

唐山地震后，我国兴起了抗震加固的热潮。2008 年汶川地震后，许多工程均在进行抗震加固的同时对建筑物进行扩建和改造。

8. 桥梁升级改造

1）桥梁宽度拓宽

近年来公路拓宽改造特别是高速公路拓宽改造带来的桥梁拓宽数量很大，典型的例子是沪宁高速从双向六车道变双向八车道，全长 249km 上所有桥梁均要拓宽。

2）桥梁桥面通行载重车辆等级提高

我国 20 世纪 90 年代前建造的桥梁，国道桥多为汽-20、挂-100，省道桥多为汽-15、挂-80，甚至汽-13、挂-60 以下，大多数桥梁已不适应社会发展需要甚至成为危桥，此类桥梁改造加固面广量大。

3）桥面系改造及桥上护栏改造

4）单柱桥梁的结构抗倾覆加固

5）提高桥体标高的顶升改造

既有桥梁不能满足新的通行要求而顶升改造的主要原因：

（1）高速公路上跨立交桥净空不足，发生桥梁被超高车辆刮擦的事故，危及桥梁安全。

（2）由于航道标准提高，内河航道中既有桥梁净空不能满足要求。

（3）跨越铁路的桥梁由于受到铁路提速电气化改造而原净高不够。

（4）施工错误修正。

（5）城市桥梁中既有立交桥落地匝道需要变为高架的部分。

（6）既有桥梁基础质量问题、地铁施工、地下采空区原因等引起的桥体下沉。

12.2 房屋改造结构方案选择

12.2.1 改造思路及方案设计原则

1. 结构改造工程必须符合国家及地方主管部门的建设管理规定

1）房屋室外增层、扩建、增设连廊以及凹凸立面补平等涉及房屋外形改变的改造工程，其外形改造方案必须按规定报该地方规划管理部门批准。

2）室内空间扩大（砌体结构承重墙开洞、拆除，混凝土结构柱、钢结构柱拆除，剪力墙开洞）；室内增层，地下空间拓展等涉及竖向承重构件传力体系改变的改造工程必须满足如下要求：

（1）改造工程影响到上下、左右及其他业主房屋结构构件受力的，必须在征得相关业主的同意条件下进行。

（2）改造工程结构设计必须通过相关部门图审或组织专家审核通过，结构改造加固设计必须以拟改造房屋结构检测鉴定报告为依据。

2. 结构改造设计前必须对原结构进行检测鉴定

结构检测内容及工作量可根据房屋改造内容、改造工程量的大小，原结构形式及改造涉及的范围来确定。结构鉴定要求是在检测结果基础上依据《民用建筑可靠性鉴定标准》GB 50292—2015、《工业建筑可靠性鉴定标准》GB 50144—2019、《危险房屋鉴定标准》JGJ 125—2016 以及《建筑抗震鉴定标准》GB 50023—2009 进行结构验算分析，对比标准条文找出薄弱环节，评价结构的安全性和抗震性，提出改造加固建议，提供检测鉴定报告。

3. 结构改造方案设计原则

1）应明确改造后的使用功能和后续设计工作年限。

2）结构改造方案必须做到传力明确、连接构造可靠、施工操作可行，经济相对合理。

3）结构改造方案必须遵守新旧结构共同工作原则，采取措施确保改造加固后的结构具备整体安全性和抗震能力。

4. 施工单位技术水平和管理能力是保质保量实施房屋改造工程的基础

房屋改造工程宜采取总承包方式，改造加固设计时直接与承担施工的单位配合，根据该施工单位的特长、经验和水平确定合理的方案。如果由于招标投标等因素在设计时未能确定施工单位，则选择施工单位时应要求施工单位具备加固改造设计方法、加固方法的施工经验和业绩，设计人员应参与招标过程中对施工方案的审核。

5. 房屋改造工程的所有资料必须建档保存

房屋改造工程建设完成后必须将项目建设审批文件、检测鉴定报告、改造加固设计文件及施工图、工程施工竣工资料等汇总建档保存，涉及使用胶粘剂的加固内容必须十年检查一次，建档保存。

12.2.2 改造方案选择

1. 结构改造涉及的加固内容

1）使用空间扩大主要涉及框架结构的截柱扩跨和拆墙改造；

2）附加楼面荷载、使用功能升级及改变等主要涉及梁、板、柱（墙）的加固，当出现板上增加墙体、梁上增加柱的情况应专门对板、梁进行加固。

3）房屋增层改造主要涉及传力体系的合理确定和新增结构的体系选择。

4）扩建工程中主要涉及新建结构设计、原有结构受影响加固及新旧结构连接构造设计。

5）抗震加固同时进行改扩建时，应分析改扩建对原结构受力和抗震性能的影响，将扩建加固与抗震加固结合，统一处理。

2. 框架截柱扩跨

截柱扩跨结构方案的选择关键是如何选择转换结构，通过结构计算确定柱或基础是否需要加固。以下给出常用转换结构方案。

1）框架顶层截柱扩跨的屋顶增梁方法

直接连接屋面上新增预应力转换梁，将截柱后屋面荷载通过竖向吊杆传到新增梁上，新增转换梁的荷载传到相邻柱上，本方法适用于截柱等跨度 $L>12$m 以上的结构。

该结构方案需要预应力转换梁计算，即将荷载转到相邻柱后柱上承载力计算。结构构造措施关键是：

（1）应力转换梁与柱顶采取铰接。

（2）将原屋盖荷载传到转换梁的竖向吊杆布置。

2）体内外同索预应力技术用于截柱扩跨

当截柱位于中间楼层或即使在顶层但屋面不允许增设大梁时，体内外同索预应力技术将是首选，本方法适用于截柱后梁跨度在 12～18m 的情况。

3）其他截柱扩跨技术

当框架截柱后转换梁跨度在 6～16m 之间时，可采用如下改造技术：

（1）体外预应力加固原梁技术。

（2）扩大截面梁加固技术。

（3）型钢转换梁技术。

3. 排架截柱扩跨改造

工业厂房升级改造中，遇到将原有排架柱截去的要求，通常是采用托梁截柱的方法，将柱的荷载通过托梁技术转换到相邻排架柱上。

该方案的技术关键：

1）托梁采用型钢梁或桁架梁需通过计算选择。

2）托梁与相邻柱的传力构造要结合排架实际情况确定，要求做到传力可靠并满足厂房生产过程中振动的要求。

3）受力排架柱及基础需进行加固处理。

4. 砌体结构拆墙改造

拆墙改造的跨度大于 6m 以上，拆除墙体对结构的整体影响较长，特别是抗震设防区，承重墙体拆除后会影响到相邻结构甚至整体结构的抗震能力。此类改造应采取如下措施：

1）采取局部封闭桁架方案

将墙承重改为梁承重可解决竖向传力问题，但解决不了砌体结构抵抗地震作用的水平受力问题。因此，应采用梁柱转换的封闭框架方案。

2）应进行整体抗震分析

通过整体抗震分析，采取措施确保改造后结构具有可靠的抗震能力，必要时要对相邻墙体采用实板墙方法进行加强。

3）下部结构及基础的加固处理

当拆墙改造位于砌体房屋中上层时，需通过结构计算确定，其下层及基础的加固措施以满足传力和抗震的要求。

当拆墙改造位于砌体结构房屋底层时，宜新增地梁并加固地基基础使转换体系形成封闭框架。

5. 楼屋面增加荷载的改造加固

楼面上加建设施、结构使用功能改变、屋顶绿化改造、屋顶增设太阳能设备及屋面平改坡等都会造成楼屋面荷载增加而需要加固处理。

1）楼面增加荷载加固的结构计算

除了楼面增加量较小的情况外，需根据增加荷载的情况进行结构整体计算。通过计算分析增加荷载范围内梁板柱的加固量和分析相邻结构构件受影响的程度后进行加固设计。

2）加固方法的选择

（1）一般荷载增加量较小时，采用粘贴碳纤维布加固法或粘贴钢板加固法加固梁板。

（2）当荷载增加量较大时，按计算要求采取加大截面加固法、体外预应力加固法或型钢加固法加固梁板。

（3）当计算柱的承载力不足时，通过计算可采用外包角钢加固法和扩大截面加固法加固柱。

以上所有加固方法选择以及加固设计均需通过结构加固计算并进行施工难易程度和经济合理性对比分析，最后确定加固方案。

6. 建筑改扩建工程的加固方案

1）具有自己独立受力体系的扩建工程

此类扩建工程应独立进行设计计算，新旧结构之间尽量通过铰接或搭接方式，减少扩建部分对原结构的影响。

2）以原结构为主要传力体系的改扩建工程

（1）跨度在6m以内的补楼盖、增连廊的改造

可采用钢结构楼盖的方式。钢结构楼盖与原结构间采用铰接，节点设计是改造加固设计的重点。

（2）跨度在6～8m的补楼盖、增连廊改造

当要求新增楼盖（连廊）与原结构为固结时，可采用体内外同索预应力结构技术。

当要求新增楼盖与原结构为铰接时，可采用钢结构楼盖方案。

增补楼盖（连廊）改造应进行加建后整体分析。除加建结构设计计算外，应计算确定相邻结构以及承载新加楼盖（连廊）传来荷载的柱及基础是否需要加固。若需要加固应按计算结果进行加固设计。

（3）跨度大于18m的补楼盖（连廊）以及两幢楼之间加屋盖

跨度大于 18m 宜采取增设柱减小梁的跨度。两幢楼之间加楼盖可采取增加钢桁架或门式钢梁的方案。此时连接节点设计、承受新增荷载的柱以及加楼屋盖（连廊）后的整体计算是加固改造计算的关键。

7. 原屋盖上部增层改造

增层改造结构方案选择涉及增层本身结构设计、增层荷载的结构传力体系确定以及增层结构与原房屋结构的连接节点构造设计等。

1）在进行增层本身结构设计时应考虑与原房屋结构形式协调；同时，应尽量采用轻质材料减轻增层部分的重量，减少对原结构的影响。

2）当通过对原结构的竖向承载力构件加固后可承担增层荷载时，可采取直接增层法。

3）当增加层数较多，经加固处理后原结构仍不能承担增层荷载时，可采取外套框架增层法。外套框架增层法可实现层数较多的增层改造要求，具有充分利用空间、节约建房用地等优点。外套框架增层的结构方案有如下 3 种类型。

（1）内柱不落地的外套框架增层方案

将外套框架底层梁做成大跨度预应力梁（或托架），上部各层按需要设柱。当外柱与原结构分离、结构不相连时，称为独立式外套框架法。其缺点是高腿外套框架，柱截面较大。当外柱通过拉杆、锚筋连接梁板及壁筋等与原结构在楼盖处连接时，可降低底层柱的计算长度。

（2）内柱落地的外套框架增层方案

外框架做法与前一方案相同，不同点是利用原房屋的结构特点在原结构柱的部位（将柱扩大截面）或凿洞独立设柱，使内柱落地。此方案减少了外套框架的跨度，但对原房屋的使用功能影响较大。

（3）外套底层复式框架增层方案

将外套框架每边设置为两排柱，且两排柱可根据需要设计成与原结构对应的若干层。此方案的原高腿柱变成了多层结构，外套层刚度增加，外套框架按复式框架计算。优点是结构受力较合理，缺点是对原房屋的使用有影响。若原房屋周边不具备扩建空间，此方案不可行。

8. 室内增层改造

利用原有厂房、食堂、礼堂及体育馆等大空间房屋内部进行室内增层改造时，增层结构应自成结构体系，尽量与原结构软连接，不影响原结构的受力。

9. 地下空间拓展

原有房屋地下空间涉及上部结构的埋深改变对结构安全的影响，拓展空间的挡土墙设计和防水处理以及逆作法施工等技术，应进行专门的结构设计。

12.3 地基基础加固技术及比较

地基基础加固技术及比较如表 12.3-1 所示。

地基基础加固技术及比较 表 12.3-1

常用加固方法	优点	缺点	适用范围
锚杆静压桩加固法	无噪声、无污染、清洁文明，安全可靠；设备简单，操作简便灵活，成本较低，施工速度较快；桩型轻巧，配筋量小，入桩的损耗报废率较低；对倾斜建筑物可实现可控纠倾	须破坏原基础开孔和设置锚杆；要较大的反力设备和设置平衡重量；要求地基中不能有摩阻力较大的夹层；对既有建筑物产生一定附加沉降	锚杆静力压桩法适用于原基础下地基较软弱，原建筑物为钢筋混凝土条形或独立基础
树根桩加固法	所需场地小，施工噪声小，机具操作振动也小；施工操作都在地面上进行，施工较为方便；能够保持结构物与地基之间原有的平衡状态，保证在加固地基的同时，又不破坏地基土对结构物的支撑作用	施工时泥浆会冒出地面，有一定污染要进行泥浆处理	适用于饱和软黏土地层和大面积淤泥地层，也适用于其他砂性土地层、杂填土 、粒径较小的建筑垃圾，可钻穿 1m 厚的钢筋混凝土板或岩石层
高压喷射注浆加固法	设备简单；施工方便；固结体可以形成各种形状；材料价格低廉	施工时水泥浆冒出地面流失大，用量大	适用于淤泥、淤泥质土、流塑或软塑黏性土、粉土、砂土、人工填土和碎石土等地基
人工挖孔灌注桩加固法	设备简单，质量可靠，单桩承载力高；无噪声、无振动、无污染，对四邻影响小；工程造价较低；施工速度快、适应性强	劳动强度较大；安全性较差，遇流沙难以成孔，地下水丰富时施工困难	适用于地下水少的黏土、粉质黏土，含少量的砂、砂卵石、黏土层
石灰桩加固法	省时省力、投资少见效快；施工过程中无振动、无噪声，对房屋、环境没什么影响	石灰桩不适用于高层结构基础；石灰桩的施工受气候条件影响大；石灰桩施工时振动大，不宜在精密仪器厂附近施工	适用于土体中潜水水力坡度小、流速较慢、易于排干的黏性土、淤泥类土、素填土、杂填土、湿陷性黄土等软土地基

12.4 桥梁结构改造加固方法

桥梁结构改造加固方法如表 12.4-1 所示。

桥梁结构改造加固方法 表 12.4-1

改造加固类型	改造加固方法
既有拱桥升级改造加固	1)主拱圈加固 (1)粘贴钢板、碳布等粘贴加固法；(2)拱肋扩大截面加固法；(3)拱肋预应力加固法以及改变结构体系加固法；(4)钢筋网(预应力钢丝绳)+高强复合砂浆加固法。 2)增强拱间横向联系加固 3)减轻上部结构重量加固法 (1)改变拱上建筑减轻荷载；(2)用轻质材料改换原有填料

续表

改造加固类型	改造加固方法
既有预应力混凝土桥梁改造加固	1)预应力加固法 (1)预应力钢绞线加固法;(2)预应力碳布加固法;(3)体外模张预应力加固法。 2)粘贴钢板、碳布加固法 3)桥面铺装的加固法 4)改变传力体系加固法
既有钢混梁桥改造加固	1)体外预应力加固法 2)钢梁裂纹或锈蚀等缺陷修补 3)桥面板更换 4)剪力键更换 5)钢板局部失稳处理
斜拉桥、悬索桥、提篮式拱桥改造加固	1)更换拉索或吊杆 2)动力性能改造 (1)改变结构体系调整自振频率;(2)改变结构阻尼
桥梁拓宽改造	1)拓宽桥梁的新老基础沉降等控制 2)上部结构拓宽拼接技术方案 (1)结构拼接方法;(2)纵向接缝处理
桥体顶升改造	1)直接顶升法 2)液压控制技术 3)限位控制技术

12.5 体内外同索预应力混凝土结构研究及其应用

如图 12.5-1 所示建筑物，原来的两幢建筑物或者同一建筑物内中庭共享空间之间因使用功能的需要连接为一体。常规处理方法为在两部分框架柱 B、C 处植筋，并现浇混凝土形成框架梁 BC。这种现浇接跨梁节点处理方法存在两个方面的不足：其一是由于接跨的 BC 梁受荷载作用使原框架相邻 AB 梁 B 支座弯矩和 CD 梁 C 支座弯矩有较大程度的增加；其二是接跨 BC 梁在 B、C 节点仅靠植筋与原结构连接且新旧混凝土结合面没有处理而形成施工缝，则接跨 BC 梁使用后必然会在结合面出现裂缝。

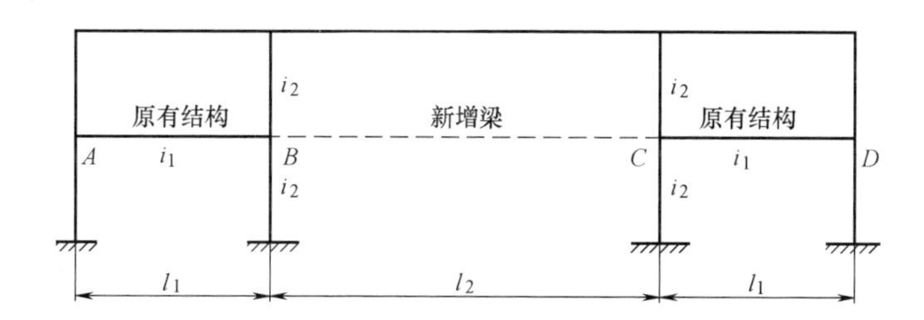

图 12.5-1 需要改造的框架示意图

针对上述接跨技术的特点和问题，李延和等提出了体内外同索预应力混凝土结构的概念。具体做法为将接跨梁设计成体内外同索无粘结预应力混凝土梁（图 12.5-2 中 JM

梁），将无粘结钢绞线伸出接跨梁绕过柱边，一部分锚固于柱边，另一部分采用体外布索的方式加强相邻梁（图 12.5-2 中的 GJ 梁、MP 梁）支座负弯矩承载力。这种做法使同一根预应力钢绞线一部分置于接跨梁的新浇混凝土内，另一部分置于原有梁体外。通过计算分析和合理布索，体内外同索预应力混凝土结构在满足接跨梁受力要求条件下，可以做到对相邻梁负弯矩增量进行加固。本结构同时解决了节点锚固和梁柱节点的施工缝控制问题。

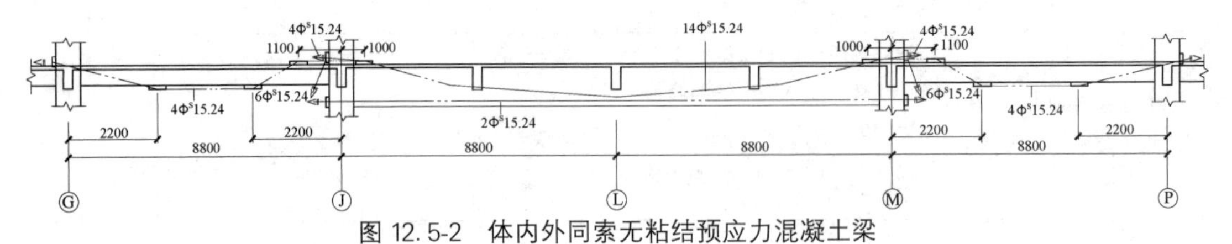

图 12.5-2　体内外同索无粘结预应力混凝土梁

12.5.1　设计计算理论

1. 内力分析

内力分析的目的是求出荷载作用下计算截面的内力值（弯矩和剪力），如图 12.5-2 所示，GJ 梁 J 端的弯矩增量 ΔM 和 JM 梁跨中的弯矩 M_0、支座弯矩 $M_{支}$。为考虑预应力筋在结构截面中所产生的次内力的影响，跨中设计弯矩 $M_{中}$ 按下式计算：

$$M_{中}=1.2M_0 \tag{12.5-1}$$

因次弯矩对支座负弯矩有利，所以 JM 梁的支座负弯矩增量不调整。

2. 接跨梁 JM 梁截面尺寸及配筋估算

体内外同索预应力混凝土结构的接跨梁截面尺寸可按如下方法确定：

1）接跨梁宽 b_1，取 b_1 与相连接柱的宽度一致。

2）接跨梁的高度可按高跨比为 14～18 选定。

3）配筋估算（以跨中截面为例）：

$$x=h_0-\sqrt{h_0^2-2M_{中}/(\alpha_1 f_{c1} b_1)} \tag{12.5-2}$$

式中，f_{c1}、h_0、b_1 为 JM 梁参数，其中 h_0 取非预应力筋有效高度 h_s 与预应力索有效高度 h_p 的平均值。

$$A_{p0}=\frac{M_{中}\cdot PPR}{f_{py}\left(h_p-\dfrac{x}{2}\right)} \tag{12.5-3}$$

式中　A_{p0}——JM 梁预应力筋估算面积；

PPR——预应力度，一般取 $PPR=0.6$；

f_{py}——预应力筋抗拉强度设计值。

$$A_{s1}=\frac{M_{中}(1-PPR)}{f_{y1}\left(h_s-\dfrac{x}{2}\right)} \tag{12.5-4}$$

式中　A_{s1}——JM 梁非预应力筋面积；

f_{y1}——非预应力筋抗拉强度设计值。

4）预应力索布筋分类。体内外同索预应力混凝土结构的布筋方式比普通的预应力要复杂。从减少预应力损失，使结构受力均匀、便于张拉和锚固等方面分析，应对预应力索布筋进行合理分类，以图 12.5-2 情况为例，预应力索可分为三类（图 12.5-3），其中 1 类索与 2 类索在图 12.5-3 中为以曲线段中心左右对称布置。

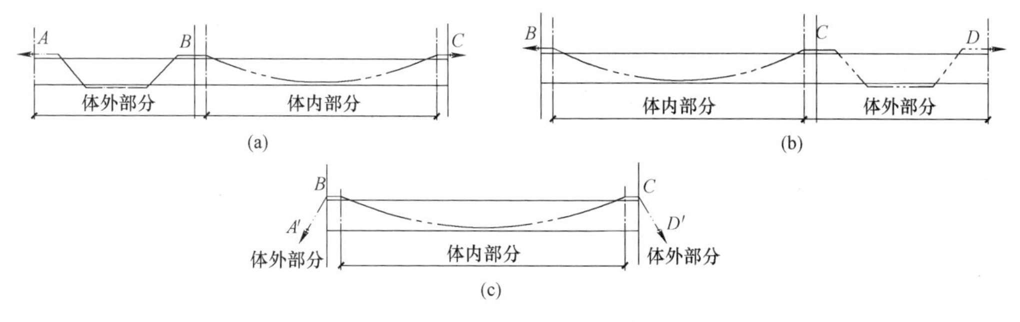

图 12.5-3　预应力索分类

（a）1 类索布筋方式；（b）2 类索布筋方式；（c）3 类索布筋方式

3. 张拉控制应力及张拉顺序

体内外同索预应力混凝土结构的预应力筋均锚固在没有配置螺旋筋或钢筋网片的原结构上，由于碳化和局部损伤等影响，原结构的局部承压能力低于设置有加强措施的新建预应力梁。同时，体外部分预应力索弯折较多，不宜张拉力太大。建议取张拉控制应力：

$$\sigma_{\mathrm{con}}=(0.6-0.7)f_{\mathrm{ptk}} \tag{12.5-5}$$

式中　σ_{con}——张拉控制应力；

f_{ptk}——预应力筋抗拉强度标准值。

4. 预应力损失计算

体内外同索预应力混凝土结构的体内段预应力损失计算与无粘结预应力结构一致，体外段则具有一定特殊性。以图 12.5-3 为例，1、3 类索的预应力损失计算见表 12.5-1（2 类索同 1 类索）。

1、2、3 类索的预应力损失计算　　表 12.5-1

1、2 类索预应力损失计算				3 类索预应力损失计算	
GJ 梁 *J* 支座，*G* 端张拉	*JM* 梁跨中，*M* 端张拉			*JM* 梁跨中，两端张拉	
σ_{12}	σ_{11}	σ_{12}	σ_{15}	σ_{11}	σ_{12}
$\dfrac{4\mu\sin\alpha\cos\alpha}{(\cos\alpha+\mu\sin\alpha)}$	$2i_2(l_{\mathrm{f}}-x)$	$(kx+\varphi\theta)\sigma_{\mathrm{con}}$	$\dfrac{25+220\sigma_{\mathrm{pc}}/f_{\mathrm{cn}}}{1+15p}$	0	$(kx+\varphi\theta)\sigma_{\mathrm{con}}$

注：1. 2 类索与 1 类索对称；

2. 1、2、3 类索均存在损失 $\sigma_{14}=\varphi\left(0.36\dfrac{\sigma_{\mathrm{con}}}{f_{\mathrm{ptk}}}-0.18\right)$，表中符号含义见文献［84］。

截面上各类索预应力总损失 $(\sigma_l)_j$：

$$(\sigma_l)_j=(\sum\sigma_{li})_j \tag{12.5-6}$$

式中，下标 j 为 1～3 类索的类型，下同。

5. 有效预应力，极限应力及应力增量

1）有效预应力 σ_{pej}

$$\sigma_{pej}=\sigma_{con}-(\sigma_l)_j \tag{12.5-7}$$

2）极限应力

体内外同索预应力混凝土结构的预应力筋极限应力在不同的梁段上是不同的。

（1）体内部分（JM 梁跨中）

因体内不同的索有效预应力不一致，参照规范方法，导得：

$$\sigma_{pj1}=\frac{\sigma_{pej}+(500-770\beta_0)}{1.2}\leqslant f_{py} \tag{12.5-8}$$

式中 σ_{pj1}——部分 j 类预应力索的极限应力。

$$\beta_0=\frac{A_{p0}\sum_{j=1}^{3}\sigma_{pej}}{3\alpha_1 f_{c1}b_1h_p}+\frac{A_{s1}f_y}{\alpha_1 f_{c1}b_1h_s} \tag{12.5-9}$$

（2）体外部分（GJ 梁 J 支座和 MP 梁的 M 支座）

$$\sigma_{pj0}=\sigma_{pej}+\Delta\sigma \tag{12.5-10}$$

式中 $\Delta\sigma$——预应力索的应力增量。

在不同的预应力索布筋方式和不同索段上 $\Delta\sigma$ 是不一样的，为简化计算和偏于安全建议取：

$$\Delta\sigma=\begin{cases}150\quad \text{N/mm}^2 & \text{(1、2 类索时)}\\ 100\quad \text{N/mm}^2 & \text{(3 类索时)}\end{cases} \tag{12.5-11}$$

6. 承载力极限状态计算

1）体外部分预应力索总拉力 N_{T0} 计算

体外部分控制截面为 GJ 梁 J 端支座，配置体外索的目的是抵抗支座处的弯矩增量 ΔM。按预应力加固法计算理论进行推导，J 端支座体外预应力索的计算公式如下：

$$N_0=H_{p0}\alpha_1 f_{c0}b_0-f_{y0}A_{s0} \tag{12.5-12}$$

$$H_{p0}=(1.025h+1.05a_p)-(f_{y0}A_{s0}-f'_{y0}A'_{s0})/\alpha_1 f_{c0}b_0 \tag{12.5-13}$$

$$N_{T0}=N_0-\sqrt{N_0^2-2\alpha_1 f_{c0}b_0\Delta M} \tag{12.5-14}$$

式中 f_{y0}、f'_{y0}、A_{s0}、A'_{s0}、f_{c0}、h、b_0——原梁参数；

a_p——预应力索到梁底的距离。

2）体内部分预应力索总拉力 N_{T1} 计算体内部分控制截面为 JM 梁的跨中截面和支座截面

按文献［84］方法推导得：

$$N_{T1}=N_1-\sqrt{N_1^2-2\alpha_1 f_{c1}b_1\overline{\Delta M}} \tag{12.5-15}$$

$$\overline{\Delta M}=M_{中}\cdot PPR$$

$$N_1=H_{1p}\alpha_1 f_{c1}b_1-f_{y1}A_{s1}$$

$$H_{1p}=1.025h-1.05a_p-x$$

JM 梁计算参数 x 按式（12.5-2）计算，A_{s1} 按式（12.5-4）计算。

7. 预应力索面积计算

$$A_{p1}=A_{p2}$$

$$N_{T0}=A_{p1}\sigma_{p10} \quad (12.5\text{-}16a)$$

$$N_{T1}=2A_{p1}\sigma_{p11}+A_{p3}\sigma_{p31} \quad (12.5\text{-}16b)$$

式中 A_{p1}、A_{p3}——分别为 1、3 类索截面积，未知量；

σ_{p11}、σ_{p31}、σ_{p10}——1、3 类索极限应力，分别按式（12.5-8）、式（12.5-10）计算。

$$A_{p1}=N_{T0}/\sigma_{p10} \quad (12.5\text{-}17)$$

$$A_{p2}=A_{p1} \quad (12.5\text{-}18)$$

$$A_{p3}=(N_{T1}-2A_{p1}\sigma_{p11})/\sigma_{p31} \quad (12.5\text{-}19)$$

8. 验算体内部分预应力梁承载力

$$x=(f_{y1}A_{s1}+2A_{p1}\sigma_{p11}+A_{p3}\sigma_{p31})/(\alpha_1 f_{c1}b_1) \quad (12.5\text{-}20a)$$

$$M_u=\alpha_1 f_{c1}b_1 x\left(h_0-\frac{x}{2}\right)\geqslant M_{中} \quad (12.5\text{-}20b)$$

设 h_s、h_p 为非预应力筋和预应力索位置到梁体的距离，非预应力筋还需满足如下配筋最小截面的面积要求：

$$A_{s1}\geqslant 0.003b_1h \quad (12.5\text{-}21a)$$

$$f_{y1}A_sh_s/(f_{y1}A_{s1}h_s+2A_{p1}\sigma_{p11}h_p+A_{p3}\sigma_{p31}h_p)\geqslant 0.25 \quad (12.5\text{-}21b)$$

9. 正常使用极限状态计算方法

体内外混合配筋预应力混凝土结构应进行正常使用状态下挠度和裂缝验算。梁体的挠度取决于外荷载和力筋的共同作用，可以将预应力转换成等效荷载施加在结构上进行计算。由于正常使用状态下体外力筋的应力增量较小，工程中可以不考虑该项应力对挠度的贡献。预应力混凝土受弯构件的挠度是由使用荷载产生的下挠度和预应力引起的上拱度两部分组成。因此预应力受弯构件在使用阶段的挠度 f 等于按荷载短期效应组合（M_s）并考虑荷载长期效应组合影响的长期刚度 B_1 计算 f_1，减去考虑预应力长期影响求得的 f_2。计算结果不应超过规范的要求。对于裂缝宽度的验算，应根据结构所处不同的环境采取不同的裂缝控制等级，最大裂缝宽度不应超过规范规定的限值。

12.5.2 工程实例分析

南京某广场，其结构平面图如图 12.5-4 所示。由于功能的需要，需将原有结构⑩-⑬/Ⓙ-Ⓜ间原中厅补建楼盖，楼盖转换大梁截面尺寸为 800mm×1200mm，经过内力计算，转换大梁的跨中弯矩 2500.9kN·m，考虑次弯矩的不利作用，乘荷载系数 1.2，则 $M_{中}$=3001.8kN·m。梁端节点弯矩增加量 ΔM=190.28kN·m。已知原有梁截面为 300mm×600mm，保护层厚度为 30mm，预应力筋 f_{ptk}=1860MPa，普通钢筋采用 HRB335。原有结构混凝土强度等级为 C30，现浇混凝土的强度等级为 C40。

1. 体内部分配筋面积估算和预应力索总拉力计算

1）配筋面积估算

取预应力筋和非预应力筋的保护层厚度分别为 50mm 和 30mm，PPR=0.6 则：

$$x=h_0-\sqrt{h_0{}^2-2M/\alpha_1 f_c b}=182\text{mm}$$

$$A_p=\frac{0.6M_{中}}{f_{py}\times(h_p-x/2)}=1288.4\text{mm}^2$$

$$A_{s1}=\frac{1}{f_{y1}(h_0-x/2)}M_{中}(1-PPR)=3709.4\text{mm}^2$$

2）预应力索总拉力 N_{T1} 计算

$$N_1=H_{p1}\alpha_1 f_{c1}b_1-f_{y1}A_{s1}=19\ 755\ 502.75\text{N}$$

$$M_{uo}=f_{y1}A_{s1}h_0-f_{y1}^2A_{s1}^2/(2\alpha_1 f_{c1}b_1)=1332.9\text{kN}\cdot\text{m}$$

$$\Delta M=M-M_{uo}=1669\text{kN}\cdot\text{m}$$

$$N_{T1}=N_1-\sqrt{N_1^2-2\alpha_1 f_{c1}b_1\Delta M}=1\ 336\ 076.9\text{N}$$

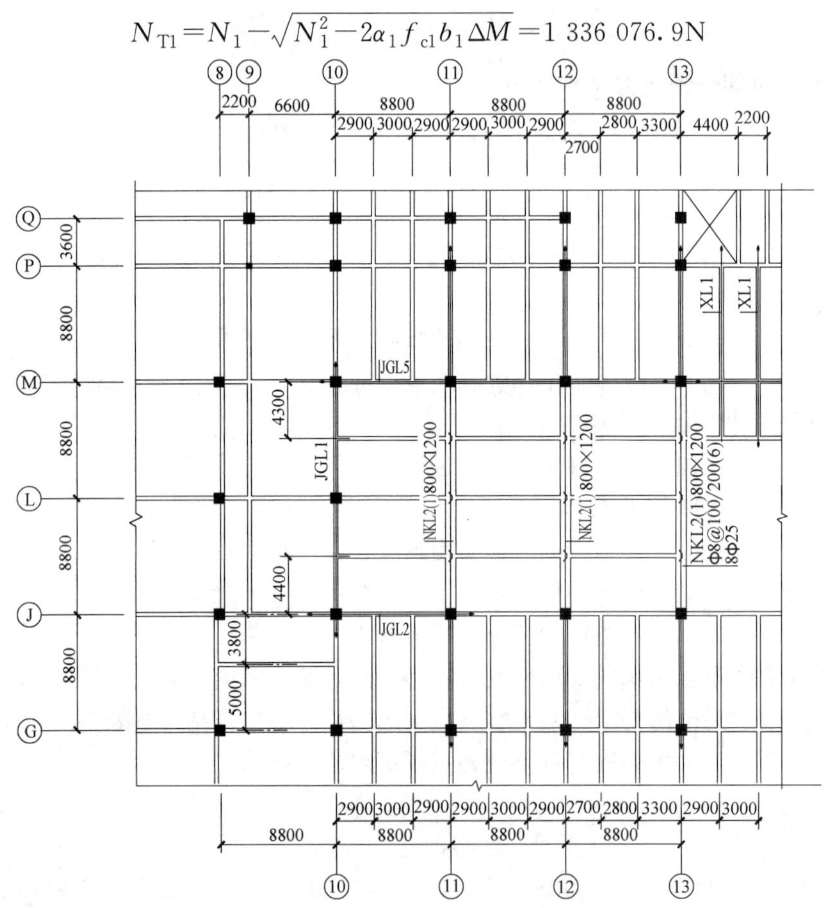

图 12.5-4 某广场结构改造平面图

2. 体外部分预应力索的总拉力 N_{T0} 计算

$$N_0=H_{p0}\alpha_1 f_{c0}b_0-f_{y0}A_{s0}=2\ 585\ 551.4\text{N}$$

$$N_{T0}=N_0-\sqrt{N_0^2-2\alpha_1 f_{c0}b_0\Delta M}=337\ 781.04\text{N}$$

3. 1～3 类索损失计算

张拉控制应力 $\sigma_{con}=0.65f_{ptk}=1209\text{MPa}$。$\mu=0.1$，$\alpha=30°$，$\varphi=0.9$；预应力损失见表 12.5-2。

预应力损失表 表 12.5-2

1、2类索							3类索		
AB 梁 *B* 支座，*A* 端张拉			*BC* 梁跨中，*C* 端张拉				*BC* 梁跨中，两端张拉		
σ_{11}(MPa)	σ_{12}(MPa)	σ_{14}(MPa)	σ_{11}(MPa)	σ_{12}(MPa)	σ_{14}(MPa)	σ_{15}(MPa)	σ_{11}(MPa)	σ_{12}(MPa)	σ_{14}(MPa)
0	249.55	58.75	101.1	105.8	58.74	65	0	105.8	58.74

4. 极限应力计算

$$\sigma_{p10}=\sigma_{con}-\sigma_l+\Delta\sigma=1050.7\text{MPa}$$

$$\sigma_{pe1}=\sigma_{pe2}=878.36\text{MPa}$$

$$\sigma_{pe3}=1044.46\text{MPa}$$

$$\beta_0=\frac{A_p\sum_{j=1}^{3}\sigma_{pej}}{3\alpha_1 f_c bh_p}+\frac{A_s f_y}{\alpha_1 f_c bh_p}=0.15$$

$$\sigma_{p11}=\sigma_{p21}=\frac{\sigma_{pej}+(500-770\beta_0)}{1.2}=1052.4\text{MPa}\leqslant f_{py}$$

$$\sigma_{p31}=\frac{\sigma_{pej}+(500-770\beta_0)}{1.2}$$

$$=1190.8\text{MPa}\leqslant f_{py}$$

5. 求解 A_p

$$A_{p1}=\frac{N_{T0}}{\sigma_{p10}}=321.5\text{mm}^2,\ n=321.5/140=2.3$$

$$A_{p3}=\frac{N_{T1}\sigma_{p10}-2N_{T0}\sigma_{p11}}{\sigma_{p10}\sigma_{p31}}=553.8\text{mm}^2,\ n=553.8/140=4$$

实际取 1、2 类索各 4 根，3 类索 6 根。

6. 转换大梁实际承载力

正截面承载能力验算按照相应的公式计算。

$$x=(f_{y1}A_{s1}+2A_{p1}\sigma_{p11}+A_{p3}\sigma_{p31})/(\alpha_1 f_c b_1)=219.7\text{mm}$$

$$M_u=\alpha_1 f_{c1} b_1 x(h_0-x/2)=3558.9\text{kN}\cdot\text{m}>3001.8\text{kN}\cdot\text{m}$$

12.6 预应力扩大截面法在框架结构抽柱改造中的应用

某商业广场为四层框架结构，带一层地下室，四层上另增设有设备夹层用来放置冷却塔等设备。目前地下室作为车库使用，一至三层作为商业场地使用，四层租赁给某餐饮有限公司作为餐厅使用。根据餐饮有限公司要求，为在顶层设置婚宴大厅，拟将顶层轴Ⓒ/⑭～⑰共计四根中柱拆除。拆除后需对相关结构进行加固处理。具体拆除中柱位置见图 12.6-1。

12.6.1 抽柱改造结构方案

具体方案如下：

1）将布置在拟抽柱部位顶部的原设备夹层上设备移除，另行处理。

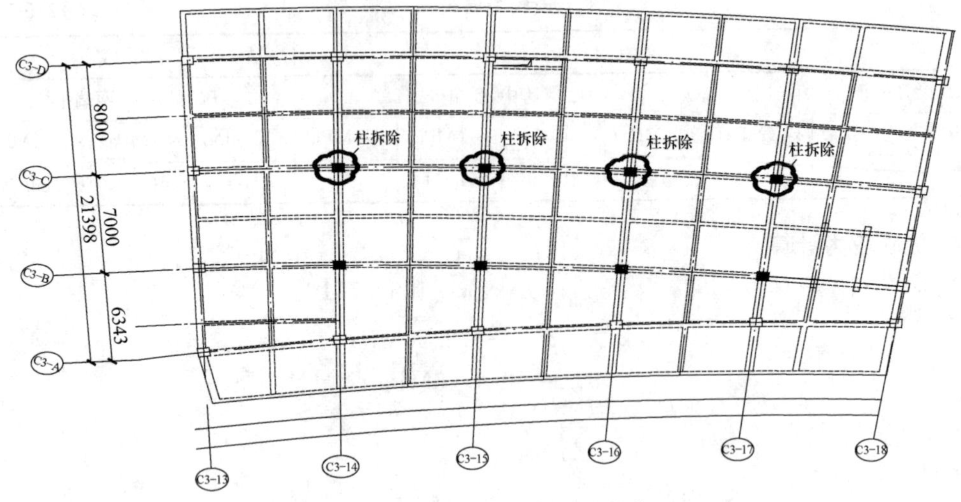

图 12.6-1　某商业广场拆除中柱位置

2）针对拟抽柱部位的顶层梁进行加固处理：抽柱后顶层梁采用预应力转换梁方法进行转换加固，负弯矩处采用体内外同索的预应力加固方法进行加固。梁体截面扩大为800mm×1300mm，局部增设钢筋植入原结构。同时设置体内外同索预应力钢绞线。

3）针对拟加固柱局部采用预应力撑杆等做法进行加固处理。

4）全部加固完成后，采用机械切割法断开拟拆柱与原结构连系后破除。

12.6.2　抽柱后模型复算

使用2010版PKPM软件进行计算，采用原结构模型，荷载取值基本按照原结构模型取值，仅部分楼板结构恒荷载根据实际情况取为4kN/m^2。

将模型中四层Ⓒ轴线上⑭、⑮、⑯、⑰的四根柱去除，转换梁尺寸设定为800mm×1300mm，并去除上部设备荷载。经PKPM复算，下部柱不需要加固，顶层⑭～⑰/Ⓑ轴柱配筋也满足要求。为偏于安全考虑对顶层余量较小的⑮～⑯/B轴柱采用预应力撑杆进行加固处理。本工程转换梁的加固计算是关键。经PKPM计算，抽柱后的⑭、⑮、⑯、⑰轴线上的BC梁弯矩增大很多，以⑮轴框架为例抽柱后弯矩见图12.6-2。

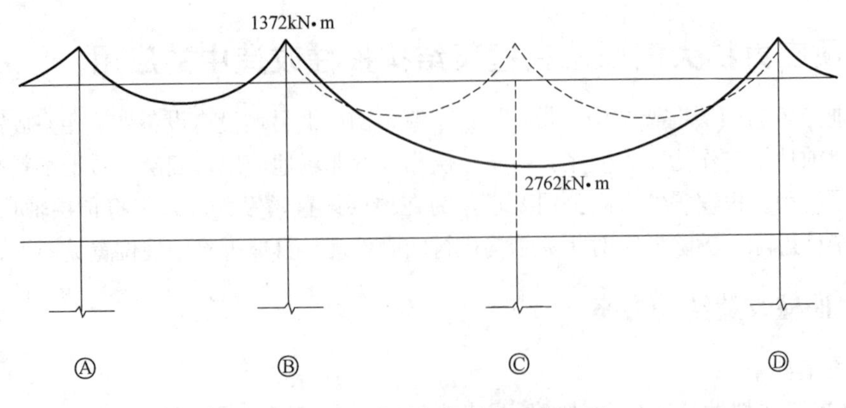

图 12.6-2　⑮轴框架抽柱后弯矩图

12.6.3 加固计算

1. 预应力转换梁跨中截面计算

根据抽柱后 PKPM 计算结果得出⑭、⑮、⑯、⑰轴转换梁的 B-D 跨中截面设计弯矩：$M_{14}=2419\text{kN}\cdot\text{m}$、$M_{15}=2762\text{kN}\cdot\text{m}$、$M_{16}=2642\text{kN}\cdot\text{m}$、$M_{17}=2164\text{kN}\cdot\text{m}$。以最大的⑮轴 B-D 跨跨中截面计算 $M_{15}=2762\text{kN}\cdot\text{m}$。

1）预应力筋估算

$PPR=M_{\text{P}}/(M_{\text{P}}+M_{\text{S}})=0.6$

$\sigma_{\text{con}}=0.48f_{\text{ptk}}=0.48\times1860=892.8\text{N/mm}^2$

$b\times h=800\times1300$

$h_{\text{op}}=1300-150=1150\text{mm}$

$M_{\max}=2762\text{kN}\cdot\text{m}$

$A_{\text{p}}=0.6\times M_{\max}/(0.85\times\sigma_{\text{con}}\times0.85h_{\text{op}})$

$=2234\text{mm}^2$

取 16 Φ^{s}15.2 的钢绞线，$A_{\text{p}}=16\times140=2240\text{mm}^2\geqslant2234\text{mm}^2$。

2）非预应力筋计算

$h_0=1300-60=1240\text{mm}$

$f_{\text{y}}=360\text{N/mm}^2$，$f_{\text{c}}=19.1\text{N/mm}^2$

$M=2762\times0.4=1105\text{kN/m}$

$$x=h_0-\sqrt{h_0{}^2-\frac{2M}{\alpha_1 f_{\text{c}}b}}=1240-\sqrt{1240^2-\frac{2\times1105\times10^6}{19.1\times800}}=60\text{mm}$$

$$A_{\text{s}}=\frac{\alpha_1 f_{\text{c}}b_x}{f_{\text{y}}}=2547\text{mm}^2$$

偏保守受拉区配 10Φ25（$A_{\text{s}}=4900\text{mm}^2$）。

受压区构造配 8Φ25（$A_{\text{s}}=3920\text{mm}^2$），作为安全储备。

3）截面承载力复核

（1）预应力损失计算

$\sigma_{l1}=aE_{\text{P}}/l=5\times180\times10^3/18000=50\text{N/mm}^2$

$\rho=(A_{\text{s}}+A_{\text{p}})/A=(4900+2240)/800\times1300=0.0069$

$$\sigma_{l5}=25/(1+15\rho)=\frac{25}{1+15\times0.0069}=22.66\text{N/mm}^2$$

$\sigma_1=50+22.66=72.66\text{N/mm}^2$

（2）有效预应力计算

$$\sigma_{\text{pe}}=0.48\times1860-72.66=820.14\text{N/mm}^2$$

（3）截面承载力复核

$$\beta_0=\frac{1}{f_{\text{cm}}bh_{\text{op}}}(A_{\text{p}}\sigma_{\text{pe}}+A_{\text{s}}f_{\text{y}})$$

$$=\frac{2240\times820.14+4900\times360}{19.1\times800\times1240}=0.19\leqslant0.45$$

$\sigma_{py}=\frac{1}{1.2}\times(820.14+500-770\times0.19)=978.2>820.14\text{N/mm}^2$，取 $\sigma_{py}=820\text{N/mm}^2$

$x/h_{op}=\frac{235.65}{1150}=0.205<\varepsilon_b$

$M=f_c bx(h_{op}-\frac{x}{2})=19.1\times800\times235.65\times(1150-\frac{235.65}{2})=3716.58\text{kN}\cdot\text{m}>2762\text{kN}\cdot\text{m}$

满足要求。

2. 预应力转换梁支座截面计算

⑮轴线梁B支座处负弯矩最大，$M=1372\text{kN}\cdot\text{m}$。

1）预应力筋估算

$M=1372\text{kN}\cdot\text{m}$

$PPR=M_P/(M_P+M_S)=0.6$

$\sigma_{con}=0.48f_{ptk}=0.48\times1860=892.8\text{N/mm}^2$

$b\times h=600\text{mm}\times1300\text{mm}$

$h_{op}=1300-200=1100\text{mm}$

$M_{max}=1372\text{kN}\cdot\text{m}$

$A_p=0.6\times1372\times10^6/(0.85\times\sigma_{con}\times0.85h_{op})$

$=1160\text{mm}^2$

取16Φ^s15.2的钢绞线，$A_p=16\times140=2240\text{mm}^2\geqslant1160\text{mm}^2$。

2）非预应力筋计算

$h_0=1300-60=1240\text{mm}$

$f_y=360\text{N/mm}^2$，$f_c=19.1\text{N/mm}^2$

$M=1372\times0.4=548.8\text{kN/m}$

$$x=h_0-\sqrt{h_0{}^2-\frac{2M}{\alpha_1 f_c b}}=1240-\sqrt{1240^2-\frac{2\times548.8\times10^6}{19.1\times800}}=29.3\text{mm}$$

$$A_s=\frac{\alpha_1 f_c b_x}{f_y}=1244\text{mm}^2$$

偏保守考虑配8Φ25（$A_s=3920\text{mm}^2$）。

3）预应力损失

（1）锚具内缩损失

$\sigma_{l1}=aE_P/l=5\times180\times10^3/18\,000=50\text{N/mm}^2$

（2）徐变

$\rho=(A_s+A_p)/A=(3920+2240)/600\times1300=0.0079$

$\sigma_{l5}=25/(1+15\rho)=\frac{25}{1+15\times0.0079}=22.35\text{N/mm}^2$

（3）总损失

$\sigma_1=50+22.35=72.35\text{N/mm}^2$

（4）有效预应力

$\sigma_{pe}=0.48\times1860-72.35=820.45\text{N/mm}^2$

4）支座处承载力验算

$$\beta_0=\frac{1}{f_{cm}bh_{op}}(A_p\sigma_{pe}+A_sf_y)$$

$$=\frac{2240\times820.45+3920\times360}{19.1\times600\times1100}=0.258\leqslant0.45$$

$\sigma_{py}=\frac{1}{1.2}\times(820.14+500-770\times0.19)=978.2>820.14\text{N/mm}^2$，取 $\sigma_{py}=820\text{N/mm}^2$

$$x=(f_yA_s+f_{py}A_p)/\alpha_1f_cb=\frac{360\times3920+820\times2240}{19.1\times620}=283.42\text{mm}$$

$x/h_{op}=283.42/1100=0.258<\varepsilon_b$

$M=f_cbx\left(h_{op}-\frac{x}{2}\right)=19.1\times600\times283.42\times\left(1100-\frac{283.42}{2}\right)=3112.5\text{kN}\cdot\text{m}>1372\text{kN}\cdot\text{m}$

满足要求。

12.6.4 加固设计

预应力加大截面法设计见图 12.6-3。

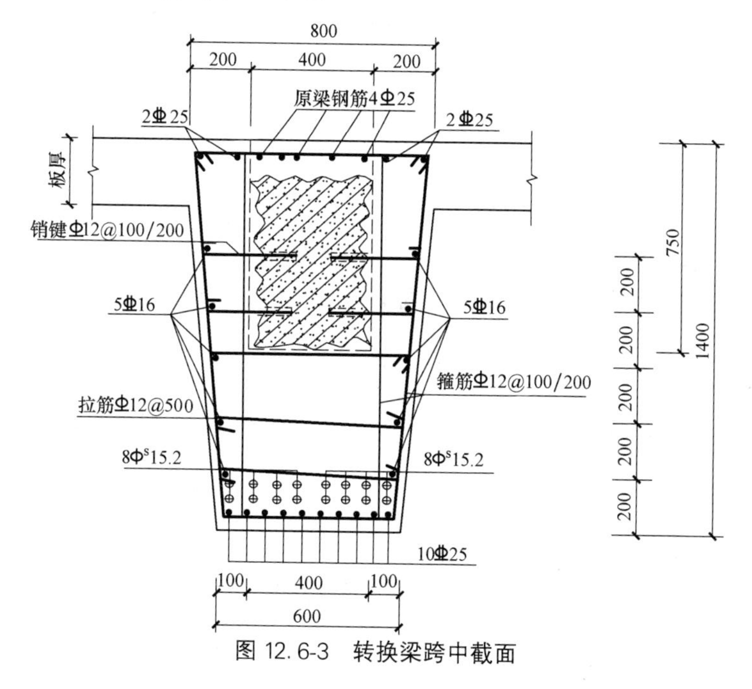

图 12.6-3 转换梁跨中截面

12.7 黏滞阻尼器在结构改造抗震加固中的应用

某饭店（图 12.7-1），建设年代为 20 世纪 90 年代初期，地下二层，地上十九层。现对其进行全面结构改造，将周围地坪下挖一层，改为地下一层，地上二十层。原有地下一层开洞后作为地上一层使用。因此地下室及地上部分调整，原结构需进行加固处理。

图 12.7-1 某饭店外观图

在该饭店建筑 6 层以上已完成精装修后，经抗震审查，该改造工程原结构抗震能力不满足抗震设防要求，应全面进行抗震加固。

因装修标准较高，装修费用较大，不允许对已装修部分楼层有较大破坏，6 层及以下未装修可以进行加固施工。因此普通的加固方法无法满足这样的要求。

12.7.1 原结构计算

根据原结构竣工图、鉴定报告，按现行国家规范，采用 PKPM 建模 SATWE 计算结果显示如下：

1. 负一层

原地下室二层配筋没有按照剪力墙约束边缘构件配筋，故此区域需按计算进行约束边缘构件或者构造边缘构件进行配筋。负一层顶（窗间）连梁配筋不满足计算要求。剪力墙其余部分基本满足设计要求。

2. 一层

原地下室一层配筋没有按照剪力墙约束边缘构件配筋，故此区域需按计算进行约束边缘构件或者构造边缘构件进行配筋。一层顶（窗间）连梁配筋不满足计算要求。剪力墙其余部分基本满足设计要求。

3. 二层、设备层

二层和设备层部分剪力墙 T 形位置不符合构造要求。部分（窗间）连梁配筋不满足计算要求，部分框架梁不满足计算要求，配筋不足，个别位置梁配筋较计算相差较大。内外剪力墙相连位置的梁，基本不满足计算要求。

4. 四层～七层

部分剪力墙 T 形位置不符合构造要求（16 轴、20 轴、23 轴和弧形部分），部分（窗间）连梁配筋不满足计算要求。

5. 八层～二十层

部分（窗间）连梁配筋不满足计算要求。

6. 工况 5 偶然偏心地震作用下的楼层最大位移比

大于 1.2 小于 1.5。

12.7.2 加固方案比较

原该工程加固方案为从现 1 层至顶部均采用普通加固方法加固，该加固方案加固范围大，施工工期长，工程造价高，并且对6层以上精装修部分需进行较大的拆改后加固，牵扯到的精装修及管道等项目拆改较多，拆改成本较大。原加固方案，仅加固费用约四百万（不含装修拆除、恢复及相关措施费），施工工期也至少长达6个月。

考虑到本结构为既有建筑，且6层以上精装修已完成。现在6层以下部分采用消能减震的方法进行加固设计，主要方案为：

1）在6F以下楼层布设黏滞阻尼器达到提高整体结构抗震性能的目标。

2）根据《建筑抗震设计规范》GB 50011—2010（2016年版）：当消能减震结构抗震性能明显提高时，主体结构的抗震构造要求可适度降低。降低程度可根据消能减震结构地震影响系数与不设置消能减震装置结构的地震影响系数之比确定，最大降低程度应控制在1度以内。经综合分析后确定所有加固工作在六层以下进行，采用部分消能减震，辅助使用常规方法加固的方案。使用此加固方案，后加固施工费用约254万，节省新装修的拆除和恢复的费用；加固施工工期2个月，取得了巨大经济效益和社会效益。

12.7.3 阻尼器抗震加固优化方案

1. 阻尼器技术参数

见表12.7-1。

阻尼器技术参数　　表12.7-1

规格型号	缸外径(mm)	缸内径(mm)	最大输出阻尼力(kN)	极限位移(mm)
VFD-85×859×30×200	85	63	30	±200
VFD-108×1480×80×200	108	80	80	±200
VFD-132×2955×150×450	132	100	150	±450
VFD-192×3225×400×450	192	160	400	±450
VFD-222×5240×600×800	222	180	600	±800

2. 加阻尼器抗震加固计算

利用有限元软件ETABS建立了建筑的三维模型。其中墙、板为壳单元，梁、柱为线单元。在2～6层布置了阻尼器，阻尼器选用DAMPER单元，考虑其非线性，采用人字撑和斜撑两种布置形式，如图12.7-2和图12.7-3所示。楼层人字形布置的阻尼器共5层60个，斜向布置的阻尼器共1层3个。分别采用Holister波、Lome prieten波、南京（人工波）、宿迁（人工波）、Kobe波、Taft波共七条地震区进行多遇地震作用下结构时程分析。布置阻尼器后，本层及上部各层的层间剪力、层间位移角减小率最大（顶层）为44%，最小（2层）为5%，七层以上平均减小率为26.5%。等效阻尼比经用PKPM和SAP2000建模进行模态分析后得附加阻尼比为4%，故计算阻尼比取9%。采用减震措施后，7层及以上结构不需采取抗震加固措施。

安装黏滞阻尼器后给结构提供了附加阻尼，消耗地震时输入的地震能量，达到预期的抗震目的。本工程仅在六层及以下设置，黏滞阻尼器作为消能装置，克服了普通方法需全楼层加固的缺点。

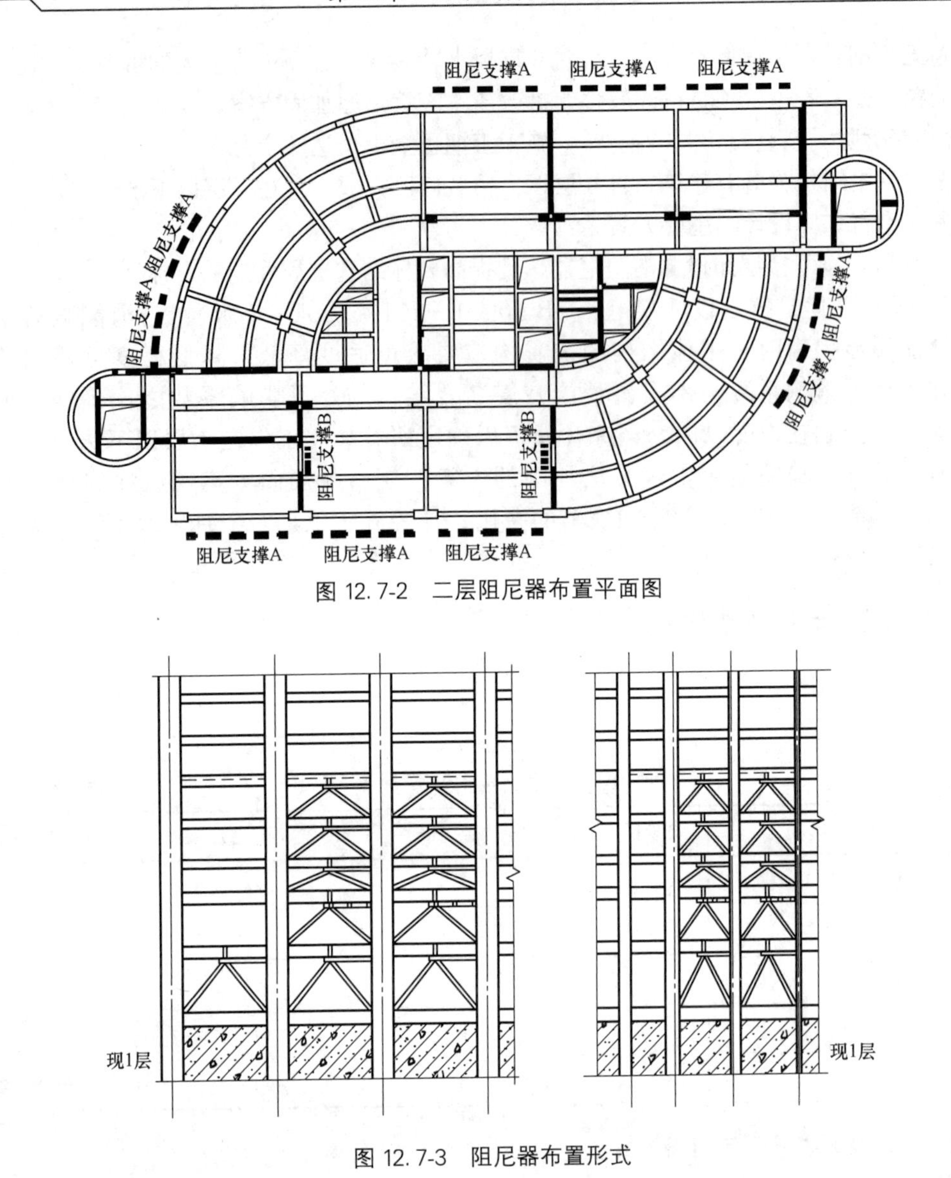

图 12.7-2　二层阻尼器布置平面图

图 12.7-3　阻尼器布置形式

12.8　某儿童诊疗中心屋面顶升改造工程

某酒店为混凝土框架结构，建筑平面长 83m，宽 60m，二层层高 3m，现欲改造成中心医院并将调整层高至 4.5m。经过对现场的实际考察之后，拟采用二层钢筋混凝土柱全部截断，液压千斤顶同步顶升法整体升高钢筋混凝土框架施工技术。

12.8.1　施工方案

由于整体顶升面积较大，若采用一次同步顶升，顶升施工过程中一次投入使用的千斤顶数量较大，指挥困难，容易出现盲点，标高控制相对困难；故采用分区顶升，将整个结构分为三个分区，逐一支撑顶升，可有效大幅度减少一次投入使用的千斤顶，易于指挥，方便流水施工，缩短工期。其具体施工工艺如下：对欲截断柱进行有效支撑（柱转换结构安装）→截柱→清运截下的柱段→分区顶升→截柱。具体顶升分区见图 12.8-1。

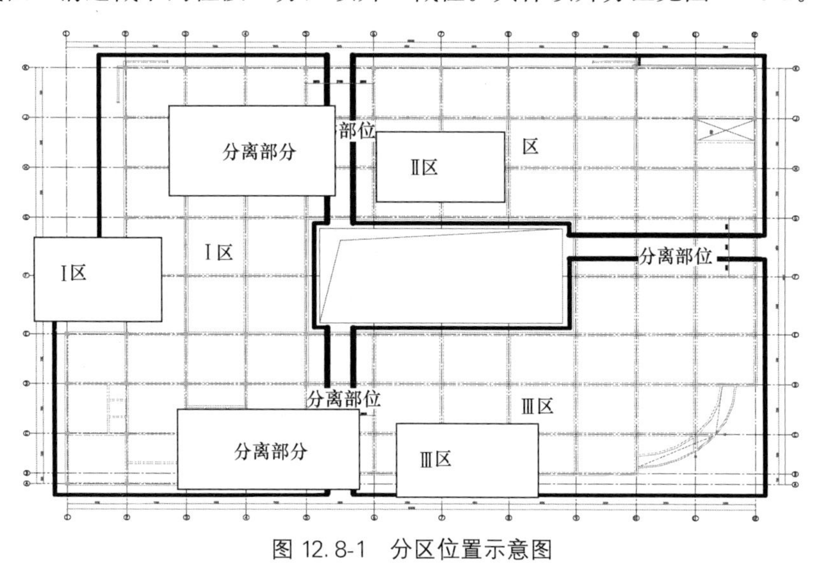

图 12.8-1 分区位置示意图

12.8.2 分区分离部位的切割分离

分离部位分别定在：轴线 5 与轴线 6 中间三分之一跨处，将一区分离开来；轴线 G 与轴线 F 中间三分之一跨处，将二区、三区分离开来。

分离前，首先保证分离部位相近的钢筋混凝土柱已完成托换支撑，即轴线 5、轴线 6 上的柱，以及轴线 G、轴线 F 交轴线 9～轴线 12 之间的柱。保证已托换支撑后，对轴线 5、轴线 6 之间的跨和轴线 G、轴线 F 交轴线 9～轴线 12 之间采取有效支撑，为分离切割做准备。

1. 对欲切割的柱上部结构进行有效支撑

本工程对欲切割的柱的有效支撑，主要通过对柱的转换支撑来实现。具体做法是利用 H 型钢对称布置完成对柱的承载转换，如图 12.8-2 所示。

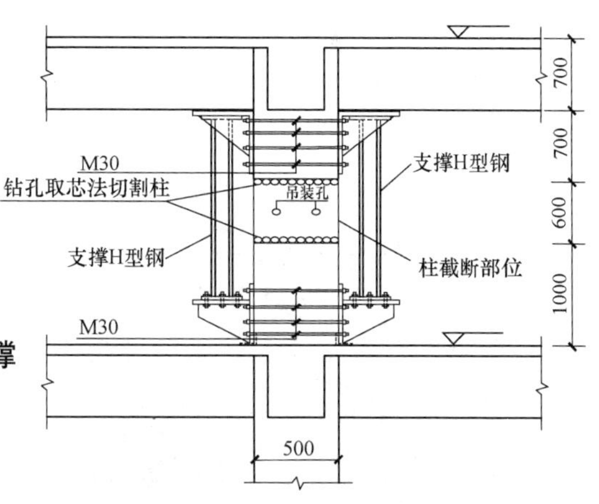

图 12.8-2 柱截断支撑与切割示意图

对转换支撑的 H 型钢计算：根据原结构设计图纸可知，三层柱最大受荷区域为 7.2m×8.4m，柱底部抬升荷载计算如下。

一层区域柱荷载：

楼面恒荷载

250 厚钢筋混凝土空心板：　$4.0\times7.2\times8.4=241.92$kN

框架梁自重：　$(0.45\times0.7)\times(7.2+8.4)\times25=122.85$kN

柱自重：　$0.5\times0.5\times2.3\times25=14.38$kN

379.15kN

二层区域柱荷载：

楼面恒荷载

250 厚钢筋混凝土空心板：　　4.0×7.2×8.4×2 = 483.84.92kN

框架梁自重：　　(0.45×0.7)×(7.2+8.4)×25×2= 245 .70kN

柱自重：　　0.5×0.5×2.3×25×2 = 28.76kN

758.30kN

本工程柱的转换支撑采用 Q235H 型钢，总长度为 3.4m。其抗压强度设计值 f 为 215N/mm^2，H 型钢规格为 125mm×125mm×6.5mm×9mm×10mm。

1）H 型钢抗压强度计算

$$N=(379.15+758.30)/2\text{kN}=568.725\text{kN}$$
$$\sigma=N/A_n=568.725\times1000/31030\text{N/mm}^2$$
$$=187.62\text{N/mm}^2<f=215\text{N/mm}^2$$

可知，H 型钢抗压强度满足要求。

2）H 型钢稳定性计算

$I_x=847\text{cm}^4$；$I_y=294\text{cm}^4$；$L_0=0.7\times3400\text{mm}=2380\text{mm}$；$i_x=5.29\text{cm}$；$i_y=3.11\text{cm}$；$\lambda_x=L_0/i_x=23.8/5.29=45$；$\lambda_y=23.8/3.11=76$；$\psi=0.878$。

$N/\psi\cdot A=568725\text{N}/0.878\times3031\text{mm}^2=213.7<f=215\text{N/mm}^2$

可知，H 型钢稳定性满足要求。

待支撑结束后，进行分离，主要运用无损静力拆除技术中的钻孔机取芯切割柱。实际现场施工如图 12.8-3 所示。

图 12.8-3 现场施工图

2. 截柱

1）对单根柱的截断切割：在欲拆除柱部位打吊装孔，由于块体较小，在柱欲截断部位中轴线对称打两个吊装孔即可。对截断柱部位钻孔切割，切割时应左右打孔取芯，钻完左边第一个孔后，再钻右边第一个孔，一左一右循序渐进打孔，待切割分离结束后，利用钢管穿过吊装孔人工抬出切割混凝土块体，将块体清运出现场。

2）对整个楼层的柱的截断切割：按照三个分区，逐一分区进行截柱切割施工，在每个分区截柱切割施工时，应隔柱进行，间隔一个柱切割，然后再切割空留下的柱，循序进行。具体切割顺序见图 12.8-4。

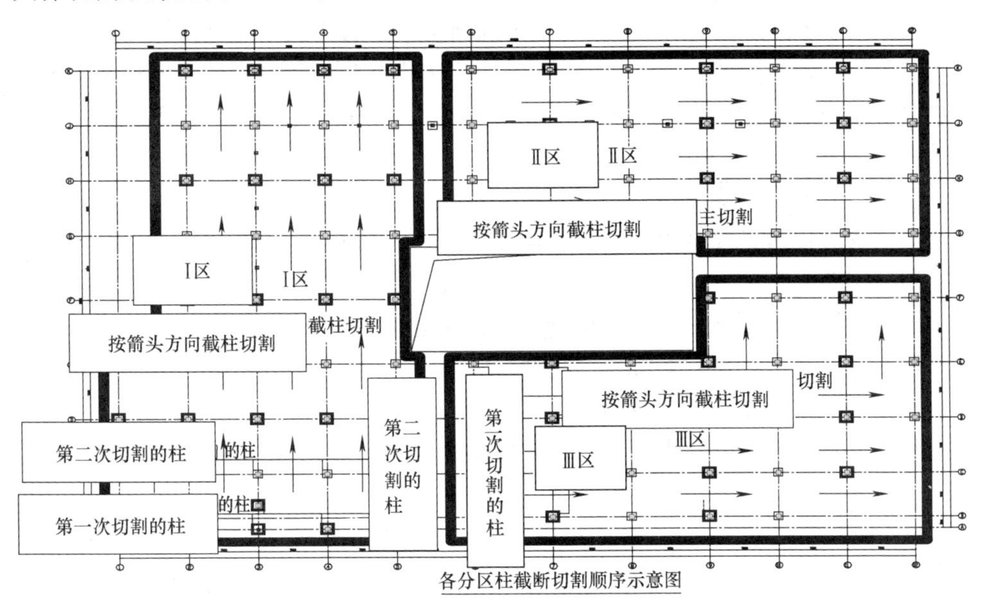

图 12.8-4　各分区柱截断切割顺序示意图

12.8.3　顶升准备

1. 千斤顶的置放

待柱切割后，将切割面清理干净，在柱上植高强度螺栓，将一块与柱截面相同的钢板放置上面，通过高强度螺栓与下柱连接，作为千斤顶的垫板。千斤顶放至垫板上柱中心处，调整好后，进油顶实柱上截断面，锁定千斤顶，将 H 型钢与下牛腿之间的连接螺栓解开，为第一次顶升做准备。

2. 第一、二、三阶段的顶升与换撑

该工程整体总顶升高度为 1.5m，根据千斤顶的顶升能力，决定分六次进行，每次顶升 250mm，顶升过程中，需要对临时支撑钢结构进行换撑，以一次顶升后为例说明换撑方法：

1）柱两侧 H 型钢的换撑

一次顶升 250mm 后，千斤顶自锁，保留千斤顶顶升系统，严格采集和控制标高，待标高达到预期稳定后，开始进行换撑，将 250mm 高的上下底面带有垫板的 H 型钢放至下牛腿顶面上，H 型钢上面垫板与原 H 型钢连接，下底面垫板与下牛腿连接，采用高强度螺栓的方式连接，拼接时必须保证换撑拼接上的 H 型钢与原 H 型钢在同一轴线。

2）千斤顶垫块的换撑

千斤顶的换撑采用垫块，本工程垫块用 ϕ350 钢管制作，为了方便换撑，减少垫块数量，采用两种垫块，规格分别为转换垫块 1（ϕ350 钢管，$h=250$mm）和转换垫块 2（ϕ350 钢管，$h=500$mm），钢管上下两端焊接法兰盘。本工程顶升高度 1500mm，每次顶升量 250mm，则每个柱顶升时，千斤顶下需要一个转换垫块 1 作为工具垫块，需要两个转换垫块作为支承垫块。

柱两侧 H 型钢换撑结束后，千斤顶解锁，取下，将钢管垫块放至柱下截断面上的垫板上，保证垫块位于柱子中心线且垫块水平的前提下，通过法兰盘进行螺栓拼接，拼接结束后，将千斤顶放至垫块上，调整好后，进油顶实柱上截断面，锁定千斤顶，将新拼接上的 H 型钢与原 H 型钢之间的连接螺栓解开，为下一次顶升做准备，完成千斤顶的换撑。

12.8.4 顶升施工及监测

1）本屋盖在柱被换撑结束并布置好监测系统后，即开始顶升。

2）顶升按照，三区→二区→一区的顺序，逐一顶升。

3）顶升采用同步顶升系统，对顶升力及位移进行同步监测。

4）顶升速度为，每顶升 20mm，监测一次。

5）每个柱子放置竖向位移监测标尺。

6）及时汇总分析观测结果，作为顶升的结果依据，及时发现问题，采取相应措施进行纠正。

通过理论分析和实际工程安排，可以发现，采用本工程中的无损技术对结构物扰动较小，而且安全可靠，不会出现飞石、粉尘等，提高施工高效，减少施工成本，同时为整体顶升技术带来了便利，进一步验证了此方案的可行性。最终该中心医院的改造工程屋盖顶升项目顺利完成。

本章小结

本章首先介绍了工程结构改造的基本概念、改造原因及分类、改造方案分析及选择，进而结合工程实例介绍体内外同索预应力新技术在增补楼盖中的应用，截柱扩跨新技术及应用，减震加固新技术及应用，房屋顶升新技术及应用。

思考与练习题

12-1 工程结构改造分哪些类型？

12-2 列出体内外同索预应力混凝土结构计算步骤。

12-3 针对如何综合应用现有加固方法进行结构改造写一篇学习体会。

参考文献

［1］ 中华人民共和国住房和城乡建设部. 既有建筑鉴定与加固通用规范：GB 55021—2021［S］. 北京：中国建筑工业出版社，2021.

［2］ 中华人民共和国住房和城乡建设部. 既有建筑维护与改造通用规范：GB 55022—2021［S］. 北京：中国建筑工业出版社，2021.

［3］ 中华人民共和国交通运输部. 公路工程质量检验评定标准 第一册 土建工程：JTG F80/1—2017［S］. 北京：人民交通出版社，2021.

［4］ 中华人民共和国交通运输部. 公路隧道加固技术规范：JTG/T 5440—2018［S］. 北京：人民交通出版社，2019.

［5］ 中华人民共和国交通运输部. 公路隧道养护技术规范：JTG H12—2015［S］. 北京：人民交通出版社，2015.

［6］ 练强，冯恺. 公路隧道复合衬砌结构裂缝成因分析与处治措施［J］. 土工基础，2022，36（3）：383-386.

［7］ 刘德军，仲飞，黄宏伟，等. 运营隧道衬砌病害诊治的现状与发展［J］. 中国公路学报，2021，34（11）：178-199.

［8］ 张明臣，魏燧，蒋斌松，等. 地质雷达在寒区隧道衬砌质量检测中的应用研究［J］. 现代隧道技术，2016，53（01）：187-191＋201.

［9］ 侯建斌，夏永旭. 公路隧道的养护及病害防治［J］. 公路交通科技，2006，（3）：5-9.

［10］ 高小旺，邸小坛. 建筑结构工程检测鉴定手册［M］. 北京：中国建筑工业出版社，2008.

［11］ 李延和. 建筑物火灾后鉴定与加固工作流程与管理方法［J］. 中国勘察设计，2011（2）：61-64.

［12］ 李延和，从卫民，吕恒林，李树林. 砌体结构房屋抗震鉴定与加固成套技术［M］. 北京：知识产权出版社，2014.

［13］ 中华人民共和国住房和城乡建设部. 建筑砂浆基本性能试验方法标准：JGJ/T 70—2009［S］. 北京：中国建筑工业出版社，2009.

［14］ 中华人民共和国住房和城乡建设部. 砌体工程现场检测技术标准：GB/T 50315—2011［S］. 北京：中国建筑工业出版社，2012.

［15］ 中华人民共和国住房和城乡建设部. 砌体结构加固设计规范：GB 50702—2011［S］. 北京：中国建筑工业出版社，2012.

［16］ 中华人民共和国住房和城乡建设部. 民用建筑可靠性鉴定标准：GB 50292—2015［S］. 北京：中国建筑工业出版社，2015.

［17］ 中华人民共和国住房和城乡建设部. 贯入法检测砌筑砂浆抗压强度技术规程：JGJ/T 136—2017［S］. 北京：中国建筑工业出版社，2017.

［18］ 王元清，江见鲸，龚晓南，等. 建筑工程事故分析与处理［M］. 北京：中国建筑工业出版社，2018.

［19］ 中国工程建设标准化协会. 超声法检测混凝土缺陷技术规程：CECS 21—2000［S］. 北京：中国建筑工业出版社，2000.

［20］ 中华人民共和国住房和城乡建设部. 建筑结构检测技术标准：GB/T 50344—2019［S］. 北京：中国建筑工业出版社，2020.

［21］ 中国工程建设标准化协会. 超声回弹综合法检测混凝土抗压强度技术规程：T/CECS 02—2020［S］. 北京：中国建筑工业出版社，2007.

[22] 中华人民共和国住房和城乡建设部. 混凝土强度检验评定标准：GB/T 50107—2010 [S]. 北京：中国建筑工业出版社，2010.

[23] 中华人民共和国住房和城乡建设部. 回弹法检测混凝土抗压强度技术规程：JGJ/T 23—2011 [S]. 北京：中国建筑工业出版社，2011.

[24] 中国工程建设标准化协会. 拔出法检测混凝土强度技术规程：CECS 69—2011 [S]. 北京：中国建筑工业出版社，2011.

[25] 中华人民共和国住房和城乡建设部. 高强混凝土强度检测技术规程：JGJ/T 294—2013 [S]. 北京：中国建筑工业出版社，2013.

[26] 中华人民共和国住房和城乡建设部. 混凝土结构现场检测技术标准：GB/T 50784—2013 [S]. 北京：中国建筑工业出版社，2013.

[27] 中华人民共和国住房和城乡建设部. 混凝土结构工程施工质量验收规范：GB 50204—2015 [S]. 北京：中国建筑工业出版社，2015.

[28] 中华人民共和国住房和城乡建设部. 钻芯法检测混凝土强度技术规程：JGJ/T 384—2016 [S]. 北京：中国建筑工业出版社，2016.

[29] 曹双寅，舒赣平，冯健，等. 工程结构设计原理 [M]. 南京：东南大学出版社，2002.

[30] 良桃，周锡全. 工程结构可靠性鉴定与加固 [M]. 北京：中国建筑工业出版社，2009.

[31] 郭兵，雷淑忠. 钢结构的检测鉴定与加固改造 [M]. 北京：中国建筑工业出版社，2006.

[32] 雷宏刚. 钢结构事故分析与处理 [M]. 中国建材工业出版社，2003.

[33] 中华人民共和国住房和城乡建设部. 工业建筑可靠性鉴定标准：GB 50144—2019 [S]. 北京：中国建筑工业出版社，2019.

[34] 中华人民共和国交通运输部. 公路桥涵设计通用规范：JTG D60—2015 [S]. 北京：人民交通出版社，2015.

[35] 中华人民共和国交通运输部. 公路钢筋混凝土及预应力混凝土桥涵设计规范：JTG 3362—2018 [S]. 北京：人民交通出版社，2018.

[36] 中华人民共和国交通运输部. 公路桥涵养护规范：JTG 5120—2021 [S]. 北京：人民交通出版社，2021.

[37] 中华人民共和国交通运输部. 公路桥梁荷载试验规程：JTG/T J21-01—2015 [S]. 北京：人民交通出版社，2011.

[38] 中华人民共和国交通运输部. 公路桥梁承载能力检测评定规程：JTG/T J21—2011 [S]. 北京：人民交通出版社，2011.

[39] 中华人民共和国交通运输部. 公路桥梁加固设计规范：JTG/T J22—2008 [S]. 北京：人民交通出版社，2008.

[40] 姚国文. 桥梁检测与加固技术 [M] . 北京：人民交通出版社，2014.

[41] 张树仁. 桥梁病害诊断与加固设计 [M] . 北京：人民交通出版社，2013.

[42] 福建省公路管理局，东南大学. 公路桥梁养护维修与加固改造设计 [M]. 北京：人民交通出版社，2013.

[43] 黄平明，陈万春. 桥梁养护与加固 [M]. 北京：人民交通出版社，2009.

[44] 金伟良，钟小平. 结构全寿命的耐久性与安全性、适用性的关系 [J]. 建筑结构学报，2009，30 (06)：1-7.

[45] 宗周红，任伟新，郑振飞. 既有桥梁承载能力评估方法 [J]. 地震工程与工程振动，2005 (05)：149-154.

[46] 宗周红，牛杰，王浩. 基于模型确认的结构概率损伤识别方法研究进展 [J]. 土木工程学报，2012，45 (08)：121-130.

[47] 向天宇，赵人达，刘海波. 基于静力测试数据的预应力混凝土连续梁结构损伤识别 [J]. 土木工程学报，2003，36 (11)：79-82.

[48] 沈祖炎，董宝，曹文衔. 结构损伤累积分析的研究现状和存在的问题 [J]. 同济大学学报（自然科学版），1997 (2)：135-140.

[49] 吕恒林，吴元周，周淑春. 煤矿地面环境中既有钢筋混凝土结构损伤劣化机理和防治技术 [M]. 徐州：中国矿业大学出版社，2014.

[50] 牛荻涛. 混凝土结构耐久性与寿命预测 [M]. 北京：科学出版社，2003.

[51] 卫军，张华，徐港，等. 锈蚀钢筋与混凝土粘结性能的试验研究 [J]. 铁道科学与工程学报，2009，6 (4)：28-31.

[52] 王景全，戚家南. 有腹筋与无腹筋钢筋混凝土梁抗剪承载力统一计算方法 [J]. 土木工程学报，2013 (7)：47-57.

[53] 金伟良. 腐蚀混凝土结构学 [M]. 北京：科学出版社，2011.

[54] 中华人民共和国住房和城乡建设部. 混凝土结构设计规范：GB 50010—2010（2015 年版）[S]. 北京：中国建筑工业出版社，2015.

[55] 张克波，胡俊，张建仁，等. 锈蚀钢筋混凝土偏心受压构件试验及其承载力计算方法研究 [J]. 实验力学，2010，25 (6)：625-632.

[56] 中华人民共和国住房和城乡建设部. 工业建筑防腐蚀设计标准：GB/T 50046—2018 [S]. 北京：中国计划出版社，2019.

[57] 国家环境保护总局. 空气和废气监测分析方法（增补版）[M]. 4 版. 北京：中国环境科学出版社，2003，9.

[58] 国家环境保护总局. 水和废水监测分析方法（增补版）[M]. 4 版. 北京：中国环境科学出版社，2002，12.

[59] Tepfers R. Cracking of concrete cover along anchored deformed reinforcing bars [J]. Magazine of Concrete Research，1979，31 (106)：3-12.

[60] WangXH，LiuXL. Modeling effects of corrosion on cover cracking and bond in reinforced concrete [J]. Magazine of Concrete Research，2004，56 (4)：191-199.

[61] Pothisiri T，Panedpojaman P. Modeling of mechanical bond - slip for steel-reinforced concrete under thermal loads [J]. Engineering Structures，2013，48：497-507.

[62] 陆新征，叶列平，滕锦光，等. FRP-混凝土界面粘结滑移本构模型 [J]. 建筑结构学报，2005，26 (4)：10-18.

[63] 张普，朱虹，孟少平，等. FRP 片材增强钢筋混凝土梁刚度与变形计算 [J]. 建筑结构学报，2011，32 (4)：87-94.

[64] 张伟平，王晓刚，顾祥林. 碳纤维布加固锈蚀钢筋混凝土梁抗弯性能研究 [J]. 土木工程学报，2010 (6)：34-41.

[65] 孙志恒. 水工混凝土建筑物的检测、评估与缺陷修补工程应用 [M]. 北京：中国水利水电出版社，2004.

[66] 吴中如. 重大水工混凝土结构病害检测与健康诊断 [M]. 北京：高等教育出版社，2005.

[67] 姜福田. 水工混凝土工程质量检测与控制 [M]. 北京：中国电力出版社，2014.

[68] 中国地震局工程力学研究所. 汶川 8.0 级地震工程震害概览 [J]. 地震工程与工程振动，2008，(S1)：1-114.

[69] 国家能源局. 水工混凝土建筑物缺陷检测和评估技术规程：DL/T 5251—2010 [S]. 北京：中国电力出版社，2010.

[70] 国家能源局. 水工混凝土建筑物修补加固技术规程：DL/T 5315—2014 [S]. 北京：中国电力出

版社，2014.

[71] 中华人民共和国交通运输部. 港口水工建筑物修补加固技术规范：JTS/T 311—2023 [S]. 北京：人民交通出版社，2023.

[72] 中华人民共和国交通运输部. 海港工程钢筋混凝土结构电化学防腐蚀技术规范：JTS 153-2—2012 [S]. 北京：人民交通出版社，2012.

[73] 苏林王，李平杰，肖永顺，等. CT 扫描技术在混凝土结构检测中的应用 [J]. 水运工程，2015 (12)：28-31.

[74] 李斌，金利军，洪佳，等. 三维成像声呐技术在水下结构探测中的应用 [J]. 水资源与水工程学报，2015 (3)：184-188.

[75] 钮新强. 水库大坝安全评价 [M]. 北京：中国水利水电出版社，2007.

[76] 魏涛，董建军. 环氧树脂在水工建筑物中的应用 [M]. 北京：化学工业出版社，2007.

[77] 杨红. 病险水工程碳纤维补强加固技术 [M]. 北京：中国水利水电出版社，2008.

[78] 荀勇，支正东. 织物增强混凝土理论研究与应用探索 [M]. 北京：科学出版社，2019.

[79] 《木结构设计手册》编辑委员会. 木结构设计手册 [M]. 3 版. 北京：中国建筑工业出版社，2005.

[80] 丁伟彪，王宝金. 木材缺陷检测技术研究概况与发展趋势 [J]. 林业机械与木工设备，2019，47 (01)：5-9.

[81] 《建筑结构试验检测技术与鉴定加固修复实用手册》编辑委员会. 建筑结构试验检测技术与鉴定加固修复实用手册 [M]. 北京：世图音像电子出版社，2002.

[82] 李爱群，周坤朋，王崇臣，等. 中国古建筑木结构修复加固技术分析与展望 [J]. 东南大学学报（自然科学版），2019，49 (01)：198-209.

[83] 李延和，沙浩，周镭. 工程结构改造技术发展综述 [J]. 生态智慧城市建设新理念与技术应用 [C]. 沈阳：辽宁科学技术出版社，2016.

[84] 李延和，陈贵，李树林，等. 高效预应力加固法理论及应用 [M]. 北京：科学出版社，2008.

[85] 李延和，袁爱民，王景全，等. 体内外同索预应力混凝土结构研究及应用 [J]. 工业建筑，2006，36 (2)，94-97.